T0223030

Transportvorgänge in der Verfahrenstechnik

Matthias Kraume

Transportvorgänge in der Verfahrenstechnik

Aufgaben und Lösungen

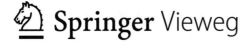 Springer Vieweg

Matthias Kraume
Technische Universität Berlin
Berlin, Deutschland

Unter freundlicher Mitarbeit von:

Lutz Böhm
Joschka M. Schulz
Frederic Krakau
Institut für Prozess- und Verfahrenstechnik
Technische Universität Berlin, Deutschland

Anja Drews
Fachbereich 2: Ingenieurwissenschaften – Technik und Leben
Hochschule für Technik und Wirtschaft Berlin, Deutschland

ISBN 978-3-662-60392-5   ISBN 978-3-662-60393-2 (eBook)
https://doi.org/10.1007/978-3-662-60393-2

Die Deutsche Nationalbibliothek verzeichnet diese Publikation in der Deutschen Nationalbibliografie; detaillierte bibliografische Daten sind im Internet über http://dnb.d-nb.de abrufbar.

Springer Vieweg
© Springer-Verlag GmbH Deutschland, ein Teil von Springer Nature 2020

Springer Vieweg ist ein Imprint der eingetragenen Gesellschaft Springer-Verlag GmbH, DE und ist ein Teil von Springer Nature.
Die Anschrift der Gesellschaft ist: Heidelberger Platz 3, 14197 Berlin, Germany

Vorwort

Die vorliegende Aufgabensammlung umfasst die detailliert ausgeführten Lösungen sämtlicher Übungsaufgaben aus dem Lehrbuch „Transportvorgänge in der Verfahrenstechnik – Grundlagen und apparative Umsetzungen". Dieser Band ergänzt damit das Lehrbuch und zielt auf die Vertiefung verfahrenstechnischer Kenntnisse durch deren methodische Umsetzung in technischen Anwendungsbeispielen. Hierfür ist die eigenständige Bearbeitung und Lösung entsprechender Beispielaufgaben zur Berechnung prozessrelevanter Größen sowie zur Auslegung von Maschinen und Apparaten essenziell. Allein durch das selbstständige Berechnen wird einerseits der persönliche Kenntnisstand deutlich und andererseits die Befähigung zum Transfer des Wissens auf konkrete Aufgabenstellungen der eigenen beruflichen Praxis geschult.

Aufgrund der Zahl von 200 Aufgaben war die Auslagerung der Lösungen aus dem Lehrbuch in ein eigenes Lösungsbuch unumgänglich. Für eine bessere Nutzbarkeit des vorliegenden Buchs sowie eine übersichtliche Zuordnung der Lösungen werden zunächst die jeweiligen Aufgabenstellungen aus dem Lehrbuch wiederholt. Damit ist dieses Aufgaben- und Lösungsbuch auch ohne das Lehrbuch grundsätzlich nutzbar.

Leserinnen und Leser können die Richtigkeit der von ihnen selbst erarbeiteten Lösungen anhand der ausführlich dokumentierten Lösungswege detailliert überprüfen. Dies umfasst auch die Berechnungen sämtlicher Zahlenwerte, die in Form von MS Excel-Arbeitsblättern per SpringerLink (https://link.springer.com/book/10.1007/978-3-662-60393-2) verfügbar und damit nachvollziehbar sind. Die kapitelweise in Mappen abgelegten Arbeitsblätter ermöglichen zusätzlich Parameterstudien, Sensitivitätsanalysen sowie grafische Darstellungen der Zusammenhänge.

Zur besseren Orientierung werden die Aufgaben nach ihrem Schwierigkeitsgrad in drei Gruppen von der einfachsten Stufe * bis zur höchsten Stufe *** eingeteilt. Die aus dem Lehrbuch entnommenen Gleichungen und Abbildungen werden zur besseren Unterscheidbarkeit durch die vorangestellten Buchstaben Lb gekennzeichnet.

Etwa 40 % der Aufgabenstellungen wurden der Literatur entnommen. Im Text sind die zugehörigen Quellen zitiert. Genauere Angaben, wie Seitenzahl, Beispielnummer, ob das Beispiel vollständig übernommen oder modifiziert wurde, finden sich in den jeweiligen Excel-Arbeitsblättern. Für einige Aufgaben konnten die Quellen nicht mehr identifiziert werden.

Zu der Erstellung dieses Buchs haben zahlreiche Personen über nunmehr zwanzig Jahre beigetragen. Neben einer ganzen Reihe von wissenschaftlichen Mitarbeiterinnen und Mitarbeitern waren es vielfach Studierende, die letztlich zu dem detaillierten Ausbau der Lösungen beigetragen haben. Auch der Fehlerteufel konnte nur durch gemeinsame Anstrengungen bekämpft werden. Ihnen allen möchte ich meinen herzlichen Dank aussprechen. Explizit danken will ich Dr. Lutz Böhm, Professor Anja Drews, Frederic Krakau und Joschka Schulz für ihre Beiträge, insbesondere die intensiven, konstruktiven Diskussionen der letzten vier Jahre, innerhalb derer dieses Buch entstanden ist.

Besonders danken möchte ich meiner Familie, die mich mit großer Geduld und viel Verständnis bei der Erstellung dieses Buches über die Jahre unterstützt hat.

Berlin   Matthias Kraume
im August 2019

Symbolverzeichnis

Lateinische Zeichen[1]

Symbole	Einheit	Größe
A	[m²]	Fläche
A	[–]	Konstante
$\dot{A}$	[variabel]	Summe der aus einem System austretenden Mengen (Impuls, Masse, Energie)
a	[m²/s]	Temperaturleitfähigkeit (Gl. (1.7))
a	[m⁻¹]	Volumenspezifische Oberfläche (Gln. (8.2) und (12.37))
a_P	[m⁻¹]	Spezifische Oberfläche (Gl. (8.1))
B	[m]	Breite
B	[m²]	Durchlässigkeit (Gl. (9.17))
B	[–]	Konstante
B	[–]	Schwerkraftparameter (Gl. (16.27))
B^*	[–]	Berieselungsdichte (Gl. (13.35))
b	[m]	Breite
C	[–]	Dimensionsloses Geschwindigkeitsverhältnis (Gl. (16.13))
C	[–]	Konstante
c	[mol/m³]	Molare Konzentration
c_p, c_v	[J/(kg K)]	Massenspezifische Wärmekapazität
D	[m²/s]	Dispersionskoeffizient (Gl. (4.15))
D	[m]	Durchmesser
D_{AB}	[m²/s]	Diffusionskoeffizient der Komponente A im Gemisch mit B
d	[m]	Durchmesser/Rührer- oder Rohrdurchmesser
d_h	[m]	Hydraulischer Durchmesser (Gln. (5.41) und (8.8))
d_P	[m]	Charakteristischer Partikeldurchmesser (Gl. (8.3))
d_V	[m]	Volumenäquivalenter Kugeldurchmesser (Gl. (7.19))
d_{32}	[m]	Sauterdurchmesser (Gl. (8.4))
d^*	[m]	Äquivalenter mittlerer Kanaldurchmesser

---

[1] Sämtliche Gleichungsnummern beziehen sich auf das Lehrbuch

Symbole	Einheit	Größe
E	[–]	Beschleunigungsfaktor (Gl. (2.20))
E	[J]	Energie
$E(t)$	[s^{-1}]	Verteilungsdichtefunktion der Verweilzeit
E_g	[–]	Punktverstärkungsverhältnis (Gl. (12.43))
E_{gM}	[–]	Bodenverstärkungsverhältnis (Gl. (12.44))
e	[J/kg]	Massenspezifische Energie
e	[J/m^3]	Volumenspezifische Energie
F	[bar$^{1/2}$]	F-Faktor (Gl. (12.20))
F	[N]	Kraft
$F(t)$	[–]	Verteilungssummenfunktion der Verweilzeit (Gl. (4.27))
F^*	[–]	Wandreibungsparameter
f	[–]	Beiwert (Gl. (16.19))
f	[–]	Flächenanteil
f_ε	[–]	Anordnungsfaktor (Gl. (8.27))
$\dot{G}$	[mol/s]	Gas- bzw. Dampfstrom
g	[m/s^2]	Erdbeschleunigung
H	[m]	Bodenabstand
H	[m]	Förderhöhe (Gl. (14.1))
H	[Pa]	Henry Koeffizient (Gl. (1.143))
H	[m]	Höhe
HTU	[m]	Height of a Transfer Unit (Gl. (13.50))
H_H	[m]	Haltedruckhöhe (Gl. (14.54))
H_S	[m]	Saughöhe (Gl. (14.58))
H^*	[–]	Henryzahl (Gl. (7.83))
$\dot{H}$	[W]	Enthalpiestrom
h	[m]	Höhe, Bodenabstand
h	[J/kg]	Massenspezifische Enthalpie
$\dot{I}$	[N]	Impulsstrom (Gl. (1.26))
J_P	[L/(m^2 h)]	Permeatfluss (Gl. (9.36))
K	[Währung]	Kosten
K	[–]	Verteilungskoeffizient (Gl. (1.145))
$K(\varepsilon)$	[–]	Kozeny-Konstante (Gl. (9.12))
K_V	[m/s]	Gasbelastungsfaktor (Gl. (12.21))
K_f	[–]	Flüssigkeitskennzahl (Gl. (7.27))
k	[–]	Formfaktor (Gl. (13.51))
k	[kg/(ms$^{2-\mathrm{n}}$)]	Konsistenz- oder Ostwaldfaktor (Gl. (1.17))
k	[m]	Rauigkeitstiefe
k	[variabel]	Reaktionsgeschwindigkeitskonstante (Gl. (1.110))
k	[variabel]	Spezifische Kosten
k	[–]	Verengungsfaktor (Gl. (14.5))
k	[W/(m^2 K)]	Wärmedurchgangskoeffizient (Gl. (3.6))
k_f, k_g	[m/s]	Stoffdurchgangskoeffizient (Gln. (3.17) und (3.19))

Symbole	Einheit	Größe
k_ψ	[–]	Formkorrekturkoeffizient (Gln. (17.17) und (17.18))
k_1	[1/s]	Reaktionsgeschwindigkeitskonstante, homogene Reaktion 1. Ordnung
L	[m]	Länge
$\dot{L}$	[mol/s]	Flüssigkeitsstrom
M	[kg]	Masse
M	[–]	Mischungsgrad bzw. Mischgüte (Gl. (4.8))
$\dot{M}$	[kg/s]	Massenstrom
$\tilde{M}$	[kg/kmol]	Molmasse
m	[–]	Exponent (Gl. (7.51))
m	[–]	Gleichgewichtskoeffizient (Gl. (3.13))
m	[–]	Konstante
$\dot{m}$	[kg/(m²s)]	Massenstromdichte
N	[–]	Anzahl/Größe der Stichprobe
N	[mol]	Molmenge
NTU	[–]	Number of Transfer Units (Gl. (13.49))
N_{og}	[–]	Anzahl der Übergangseinheiten (Gl. (12.48))
$\dot{N}$	[mol/s]	Molenstrom
n	[–]	Anzahl
n	[s⁻¹]	Drehfrequenz
n	[–]	Fließexponent (Gl. (1.17))
$\dot{n}$	[kmol/(m²s)]	Molstromdichte
P	[W]	Leistung
p	[bar]	Druck
p_S	[bar]	Sättigungsdampfdruck
Q	[–]	Gasdurchsatzkennzahl (Gl. (18.32))
Q	[mbar·L/s]	Leckagerate (Gl. (5.109))
$\dot{Q}$	[W]	Wärmestrom
q	[J/kg]	Massenspezifische Energie (Gl. (10.31))
$\dot{q}$	[W/m²]	Wärmestromdichte
R	[m]	Radius
R	[J/(mol K)]	Universelle/allgemeine Gaskonstante
R	[1/m]	Widerstand (Gln. (9.44) und (9.50))
R_i	[–]	Rückhaltevermögen (Gl. (9.39))
r	[m]	Radiale Ortskoordinate
r	[m]	Rohrinnenradius
$\dot{r}$	[mol/(m³·s)]	Reaktionsstromdichte für eine homogene Reaktion (Gl. (1.107))
$\dot{r}_w$	[mol/(m²·s)]	Reaktionsstromdichte für eine heterogene Reaktion (Gl. (1.112))
S	[–]	Schlupf (Gl. (17.14))
S_{ij}	[–]	Selektivität (Gl. (9.40))

Symbole	Einheit	Größe
$\dot{S}$	[variabel]	Änderung der in einem System gespeicherten Menge (Impuls, Masse, Energie)
T	[K]	Temperatur
T_D	[–]	Strömungskoeffizient (Gl. (17.20))
T_f	[–]	Schubspannungskennzahl (Gl. (13.42))
t	[m]	Bohrungsabstand/Teilung
t	[s]	Zeit
U	[J]	Innere Energie
U	[m]	Umfang
u	[J/mol]	Spezifische innere Energie
$\vec{u}$	[m/s]	Umfangsgeschwindigkeit
V	[m^3]	Volumen
$\dot{V}$	[m^3/s]	Volumenstrom
v	[m/s]	Leerrohrgeschwindigkeit (Gl. (7.45))
v	[m^3/kg]	Massenspezifisches Volumen
$\vec{v}$	[m/s]	Relativgeschwindigkeit zum Laufrad
W	[J]	Arbeit
$\dot{W}$	[variabel]	Summe der in einem System gewandelten Mengen (Impuls, Masse, Energie)
w	[m/s]	Geschwindigkeit
$\vec{w}$	[m/s]	Absolute Geschwindigkeit
w_τ	[m/s]	Schubspannungsgeschwindigkeit (Gl. (5.30))
X	[–]	Beladung der Flüssigkeit (Gl. (12.12))
X	[–]	Feststoffanteil (Gl. (18.27))
X	[–]	Gutsfeuchte (Gl. (10.2))
X	[–]	Martinelli-Parameter (Gl. (17.16))
X	[–]	Massenbeladung des Adsorptionsmittels (Gl. (1.146))
X	[–]	Umsatz (Gl. (1.152))
x	[mol/mol]	Molenbruch (Flüssigphase)
x	[m]	Ortskoordinate
x^*	[m]	Einlaufkennzahl (Gl. (11.30))
$\dot{x}_g$	[–]	Strömungsmassengasgehalt (Gl. (17.9))
Y	[–]	Beladung des Dampfes (Gl. (12.12)), Dampfgehalt (Gl. (10.6))
Y	[m^2/s^2]	Spezifische Arbeit (Gl. (14.2))
y	[mol/mol]	Molenbruch (Gas)
y	[m]	Ortskoordinate
Z	[–]	Anzahl der Freiheitsgrade
$\dot{Z}$	[kg/s]	Summe der in ein System eintretenden Mengenströme (Impuls, Masse, Energie)
z	[m]	Ortskoordinate
z^*	[m]	Einlaufkennzahl (Gl. (5.70))

Griechische Zeichen

Symbole	Einheit	Größe
α	[rad]	Steigungswinkel
α	[–]	Volumenanteil
α	[W/(m^2 K)]	Wärmeübergangskoeffizient (Gl. (1.126))
α_V	[1/m^2]	Volumenbezogener Filterkuchenwiderstand
β	[–]	Beiwert für den Widerstand infolge Gutgewicht (Gl. (16.24))
β	[1/m]	Filtermediumwiderstand (Gl. (9.23))
β	[m/s]	Stoffübergangskoeffizient (Gl. (1.127))
β	[rad]	Winkel
Δ	[–]	Differenz
δ	[m]	Dicke/Filmdicke
δ	[m]	Durchmesserzahl (Gl. (14.73))
δ	[m]	Grenzschichtdicke
δ	[–]	Relative Abweichung (Gln. (4.6) und (4.7))
ε	[–]	Gas- bzw. Flüssigkeitsgehalt (Gln. (17.3) und (19.7))
ε	[–]	Lückengrad, Porosität oder bezogenes Lückenvolumen (Gl. (8.5) und (13.1))
ε	[W/kg]	Massenspezifische Rührerleistung
$\dot{\varepsilon}_g$	[–]	Strömungsgasgehalt (Gl. (17.8))
ζ	[–]	Widerstandsbeiwert (Gln. (5.35), (7.3) und (8.13))
ζ_f	[–]	Reibungsbeiwert (Gl. (6.14))
η	[kg/(m s)]	Dynamische Viskosität (Gl. (1.1))
η	[–]	Wirkungsgrad (Gl. (14.44))
Θ_M	[s]	Mischzeit
ϑ	[–]	Flüssigkeitsrandwinkel
ϑ	[°C]	Temperatur
κ	[–]	Konstante
λ	[–]	Konstante
λ	[W/(m K)]	Wärmeleitfähigkeit (Gl. (1.5))
λ_s^*	[–]	Widerstandsbeiwert durch Partikel-Wandstöße (Gl. (16.12))
μ	[–]	Feststoffbeladung (Gl. (16.1))
ν	[m^2/s]	Kinematische Viskosität (Gl. (1.2))
ν	[–]	Rücklaufverhältnis (Gln. (12.8a) und (12.8b))
ν_i	[–]	Stöchiometrische Koeffizienten (Gl. (1.106))
ξ	[–]	Dimensionslose Konzentrationsdifferenz (Gl. (5.72))
ξ	[–]	Massenanteil
π_i	[1/s]	Osmotischer Druck (Gl. (9.58))
ρ	[kg/m^3]	Dichte/Massenkonzentration
σ	[N/m]	Oberflächenspannung
σ	[–]	Schnellläufigkeit (Gl. (14.72))
σ_t, σ_t^2	[–]	Standardabweichung bzw. Varianz (Gl. (4.25))

Symbole	Einheit	Größe
τ	[s]	Hydraulische Verweilzeit (Gl. (4.2))
τ	[N/m^2]	Impulsstromdichte, Schubspannung (Gl. (1.1))
τ	[s]	Kontaktzeit
φ	[–]	Gesamtabscheidegrad bzw. -trenngrad (Gl. (9.5))
φ	[–]	Öffnungsverhältnis
φ	[–]	Relative Feuchte (Gl. (10.11))
φ	[–]	Relative freie Querschnittsfläche
φ_V	[–]	Volumenanteil (Gl. (7.47))
χ_V	[–]	Filterkuchenkonstante (Gl. (9.27))
Ψ	[–]	Formfaktor/Sphärizität (Gl. (7.16))
Ψ_K	[–]	Korrekturfunktion (Gln. (17.44) und (17.45))
ω	[1/s]	Winkelgeschwindigkeit

Indizes

Symbole	Bezeichnung
A, Anl	Anlage
A	Auftrieb
A	Komponente A
a	Außen
abs	Absolut
ak	Aktive Bodenfläche
anf	Anfang (zeitlich)
ax	Axial
B	Behälter
B	Beharrung
B	Betrieb
B	Bingham
B	Boden
B	Kolonnensumpf
B	Komponente B
Bs	Blasenschwarm
Bl	Blase
b	Beschleunigung
C	Komponente C
c	Konzentration
c	Kontinuierliche Phase
D	Dampf
D	Deckschicht
D	Destillat

Symbole	Bezeichnung
D	Dispersion
D	Komponente D
Disp	Dispersion
d	Disperse Phase
dyn	Dynamisch
E	Einbauten
E	Größte stabile fluide Partikel
ES	Größte stabile fluide Partikel im Schwarm
e, eff	Effektiv
ein	Einlauf
el	Elektrisch
end	Ende (zeitlich)
F	Feed
Fl	Flutpunkt
FM	Filtermedium
f	Fluid
f	Flüssigkeit
f	Reibung
frei	Freie Ober-/Querschnittsfl.
G	Gewicht
Gem	Gemisch
Gl	Glocke
GST	Grenzschicht
Gut	Feuchtes Gut
g	Gasphase
ges	Gesamt
HA	Hauptausführung
h	Horizontal
h	Hydraulisch
h	Hydrostatisch
het	Heterogen
hom	Homogen
i	Innen
i	Komponente
j	Komponente
K	Konvektion
K	Krümmer
K	Kuchen
K	Kugel
K	Kühlgrenze
k	Ordnung

Symbole	Bezeichnung
konv	Konvektiv
krit	Kritisch
L	Länge
L	Loch
L	Lockerungspunkt
L	Luft
Lös	Lösung
lam	Laminar
ln	Logarithmisch
M	Masse
M	Membran
M, Mod	Modell
m	Meridiankomponente
max	Maximal
min	Minimal
mR	Mit Reaktion
N	Newton-Bereich/Newton'sch
N	Norm
n	Ordnung
n	Anzahl
n-N	Nicht-Newton'sch
OW	Oberer Flüssigkeitsspiegel
oR	Ohne Reaktion
og	Gasseitig
opt	Optimal
P	Partikel
P	Permeat
P	Produkt
PGF	Phasengrenzfläche
Pl	Platte
p	Druck
R	Reaktion/Reaktor
R	Retentat
R	Rohr
R	Rücklauf
r	Radial
rel	Relativ
S	Sättigung
S	Saug
Sch	Schaufel
St	Stokes-Bereich

Symbole	Bezeichnung
Stopf	Stopfgrenze
$S\ddot{U}$	Stoffübergang
Sus	Suspension
s	Feststoff (solids)
s	Sink
saug	Saugseitig
ss	Partikelschwarm
st, stat	Statisch
T	Temperatur
T	Trägheit
T	Tropfen
t	Trocken
t	Turbulent
t	Zeit
tip	Blattspitze eines Rührers
tot	Gesamt
turb	Turbulent
UW	Unterer Flüssigkeitsspiegel
u	Umfangskomponente
V, v	Verdampfung
V, v	Volumen
v	Verdrängung
v	Vertikal
Verl	Verlust
vS	Vollständige Suspension
W	Wasser
W, w	Wehr
W	Widerstand
WS	Wirbelschicht
$W\ddot{U}$	Wärmeübergang
w	Feste Wand
w	Geschwindigkeit
x	In x-Richtung
y	In y-Richtung
Z	Zusatz
z	In z-Richtung
zu	Zugegeben
α	Eintritt
Δ	Differenz
η	Zähigkeit
σ	Oberflächenspannung

Symbole	Bezeichnung
τ	Impuls
τ	Kontaktzeit
τ	Schubspannung
φ	Azimutwinkel
ψ	Sphärizität
ω	Austritt
ω	Endwert
∞	Unendlich
0	Anzahl
0	Oberfläche/Phasengrenzfläche
1	Eintritt
$1f$	Einphasenströmung flüssig
$1g$	Einphasenströmung gasförmig
$1+Y$	Spezifische Größe bezogen auf 1 kg trockene Luft
2	Austritt
$2ph$	Zweiphasenströmung
50	50 %-Wert
0,01	1 % vom Ursprungswert
0,95/0,99	95 %/99 % Mischgüte

Exponenten

Symbole	Bezeichnung
eins	Einseitig
n	Ordnung
n_i	Individuelle Ordnung
$-$	Gemittelt
$*$	Gleichgewicht
$*$	Bezogener dimensionsloser Wert
$'$	Zustandsgröße in Flüssigphase
$''$	Zustandsgröße in Gasphase

Dimensionslose Kennzahlen

Symbole	Definition	Bezeichnung	Gleichung
Ar	$\equiv d^3 g(\rho_s - \rho_c)/(\nu_c^2 \rho_c)$	Archimedeszahl	(7.9)
Bo	$\equiv wL/D_{ax}$	Bodensteinzahl	(4.16)
Da	$\equiv k_1 L^2/D_{AB}$	Damköhlerzahl (Reaktion 1. Ordn.)	(2.17)
Eo	$\equiv g(\rho_P - \rho_c)d_P^2/\sigma$	Eötvöszahl	(7.31)
Fo	$\equiv at/L^2$	Fourierzahl	(2.42)
Fr	$\equiv w^2/(gL)$	Froudezahl	(16.18), (17.18) und (18.10)
Ha	$\equiv (k_1 D_{AB}/\beta^2)^{1/2}$	Hattazahl	(2.25)
Le	$\equiv a/D$	Lewiszahl	(10.19)
Ne	$\equiv P/(\rho n^3 d^5)$	Newtonzahl	(18.9)
Nu	$\equiv \alpha L/\lambda$	Nußeltzahl	(3.50)
Pe	$\equiv wL/D_{AB}$	Pecletzahl	(3.38)
Pr	$\equiv \nu/a$	Prandtlzahl	(5.90)
Re	$\equiv wL/\nu$	Reynoldszahl	(3.36) und (18.1)
Sc	$\equiv \nu/D$	Schmidtzahl	(3.40)
Sh	$\equiv \beta L/D_{AB}$	Sherwoodzahl	(2.63)

Inhaltsverzeichnis

Grundlagen der Transportprozesse

1

Inhalte dieses Kapitels sind die Erläuterung von Transportprozessen anhand der auftretenden Transportmechanismen und deren Berechnung mit Hilfe der zugehörigen mathematischen Beziehungen. Hierzu gehören die molekularen, konvektiven und turbulenten Transportvorgänge einschließlich der jeweiligen Transportgleichungen. Aufbauend auf der allgemeinen Bilanzgleichung erfolgt die Bilanzierung der in den Transportgleichungen auftretenden Erhaltungsgrößen Masse, Energie und Impuls in Form differenzieller und integraler Bilanzgleichungen. Die in der allgemeinen Bilanzgleichung auftretenden Terme werden im Einzelnen dargestellt. Dabei wird auch die Stoffumwandlung durch chemische Reaktionen betrachtet. Abschließend werden elementare Grundlagen unterschiedlicher Phasengleichgewichte und ihre mathematische Beschreibung erläutert.

1.1 Rheologisches Verhalten von Belebtschlamm[*]

▶ **Thema** Viskosität – Nicht-Newton'sche Flüssigkeiten

In einem Rotationsviskosimeter wurden die in Tab. 1.1 dargestellten Daten für Belebtschlamm gemessen. Das rheologische Verhalten des Schlamms ist nicht-Newton'sch und soll mittels Ostwald-de Waele-Ansatz beschrieben werden.

a) Berechnen Sie aus den Messdaten den Ostwaldfaktor k und den Fließexponenten n.
b) Bestimmen Sie die rheologischen Eigenschaften des Schlamms.

Elektronisches Zusatzmaterial Die Online-Version dieses Kapitels (https://doi.org/10.1007/978-3-662-60393-2_1) enthält Zusatzmaterial, das für autorisierte Nutzer zugänglich ist.

Tab. 1.1 Gemessene Schubspannungen für unterschiedliche Scherraten

dw/dy [1/s]	5,4	62,8	143,4	270,5	690,9	1112,3	1532,1	2164
τ [Pa]	1,55	3,22	4,52	6,08	9,87	12,95	15,36	19,33

Lösung

Lösungsansatz:
Charakterisierung des Fließverhaltens durch grafische Darstellung der Messwerte in einem doppeltlogarithmischen Diagramm und Anwendung des Ostwald-de Waele-Ansatzes.

Lösungsweg:
a) Zur Bestimmung der Parameter k und n aus den Messdaten wird der Ostwald-de Waele-Ansatz angewandt und die Ergebnisse grafisch aufgetragen. Der Ansatz lautet nach Gl. (Lb 1.17):

$$\tau = k \left(\frac{dw}{dy} \right)^n .$$
(1.1)

Eine doppeltlogarithmische Auftragung der Messwerte ist in Abb. 1.1 dargestellt. Durch lineare Regression einer in einem doppeltlogarithmischen Diagramm als Gerade dargestellten Funktion durch die Messwerte, können die Parameter k und n des Ostwald-de Waele-Ansatzes ermittelt werden. Der Messwert bei der geringsten Scherrate weicht offensichtlich deutlich von dem durch Gl. (1.1) prognostizierten Verhalten ab. Tatsächlich gilt die Ostwald-de Waele Beziehung nur für einen Bereich der Scherrate. Daher wird dieser Messwert nicht berücksichtigt bei der linearen Regression, die zu folgendem funktionalen Zusammenhang führt:

$$\tau = 0{,}373\,\text{Pa} \cdot \text{s}^{0{,}507} \left(\frac{dw}{dy} \right)^{0{,}507} .$$
(1.2)

b) Der Belebtschlamm besitzt strukturviskose Eigenschaften, da $n = 0{,}507 < 1$ ist. Zu erklären ist dieses Verhalten durch die filamentösen Mikroorganismen, die eine flockenartige Struktur ausbilden, wodurch eine erhöhte Viskosität entsteht. Die Struktur wird durch zunehmende Scherspannungen immer weiter zerstört, was zu einer abnehmenden Viskosität führt.

Abb. 1.1 Fließkurve des Belebtschlamms

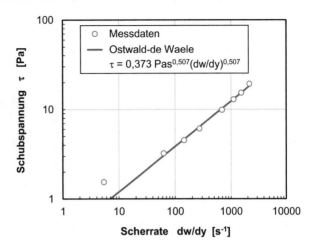

1.2   Temperaturfeld um eine Kugel*

▶   **Thema** Differenzielle Bilanzgleichungen – Differenzielle Energiebilanz

Eine beheizte Kugel mit dem Radius R und konstanter Oberflächentemperatur T_W befindet sich in einem ruhenden Fluid (Wärmeleitfähigkeit λ_f), dessen Temperatur in großer Entfernung von der Kugel T_∞ beträgt. Durch molekularen Transport wird Energie von der Kugel auf das Medium übertragen.

a) Berechnen Sie das stationäre eindimensionale Temperaturfeld $T(r)$ um die Kugel.
b) Bestimmen Sie den von der Kugel an das Fluid übertragenen Wärmestrom.

Lösung

Lösungsansatz:
Aufstellen einer Energiebilanz für ein differenzielles Bilanzvolumen um die Kugel.

Lösungsweg:
a) Für eine dünne Kugelschale der Dicke Δr (s. Abb. 1.2) wird eine Energiebilanz aufgestellt. Es handelt sich um ein stationäres Problem, somit tritt kein Speicherterm auf ($\dot{S} = 0$). Der Wandlungsterm $\dot{W}$ ist ebenfalls gleich null, sodass aus der allgemeinen Bilanzgleichung (Gl. (Lb 1.49)) folgt:

$$0 = \dot{Z} - \dot{A} \quad \rightarrow \quad 0 = \dot{Q}_{|r} - \dot{Q}_{|r+\Delta r}. \tag{1.3}$$

Abb. 1.2 Bilanzvolumen zur
Bestimmung des Temperaturfelds um eine Kugel

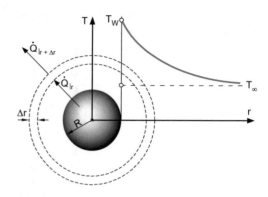

Nach Division durch Δr und dem Grenzübergang $\Delta r \to 0$ resultiert hieraus:

$$0 = \frac{\dot{Q}|_r - \dot{Q}|_{r+\Delta r}}{\Delta r} \quad \to \quad \frac{d\dot{Q}}{dr} = 0. \tag{1.4}$$

Für den Fall eines ausschließlich molekularen Energietransports ergibt sich unter Nutzung des Fourier'schen Gesetzes (Gl. (Lb 1.5)) für $\dot{Q}$:

$$\frac{d}{dr}\left(-\lambda_f \pi r^2 \frac{dT}{dr}\right) = 0 \quad \to \quad \frac{d}{dr}\left(r^2 \frac{dT}{dr}\right) = 0. \tag{1.5}$$

Die zweifache Integration dieser Differenzialgleichung führt zu:

$$T(r) = -\frac{C_1}{r} + C_2. \tag{1.6}$$

Die Lösung erfolgt für folgende Randbedingungen:

1. RB: bei $r = R$ $T = T_W$
2. RB: bei $r \to \infty$ $T = T_\infty$

Damit ergeben sich die Integrationskonstanten

$$C_2 = T_\infty \quad \text{sowie} \quad C_1 = (T_\infty - T_W)\,R \tag{1.7}$$

und hieraus der Temperaturverlauf:

$$\boxed{T(r) = (T_W - T_\infty)\frac{R}{r} + T_\infty}. \tag{1.8}$$

b) Der Energietransport von der Kugel an das Fluid geschieht allein durch Wärmeleitung. Demzufolge gilt für den Wärmestrom an der Kugeloberfläche:

$$\dot{Q} = -\lambda_f \pi R^2 \left.\frac{dT}{dr}\right|_{r=R}. \tag{1.9}$$

Unter Verwendung des Temperaturprofils ergibt sich der Wärmestrom:

$$\boxed{\dot{Q} = \lambda_f \pi R \left(T_W - T_\infty\right)}.$$ (1.10)

1.3 Zeitliche Änderung der Austrittskonzentration eines ideal durchmischten Rührbehälters [1]*

▶ **Thema** Integrale Bilanzgleichungen – Integrale Stoffbilanzgleichungen

Ein ideal durchmischter Rührbehälter mit einem Flüssigkeitsinhalt von $15\,\text{m}^3$ wird kontinuierlich von $0{,}01\,\text{m}^3/\text{s}$ Kokosnussöl (K) durchströmt. Zum Zeitpunkt t_0 wird auf Palmöl (P) umgestellt, welches mit dem gleichen Volumenstrom in den Behälter gefördert wird.

Bestimmen Sie die Zeit $t_{0{,}01}$, nach der das ausströmende Öl weniger als $1\,\%$ Kokosnussöl enthält.

Annahmen:

1. Beide Öle sind vollständig miteinander mischbar
2. Die Dichten der Öle sind identisch und entsprechen der Dichte des Gemisches
3. Der Flüssigkeitsinhalt bleibt konstant bei $15\,\text{m}^3$

Lösung

Lösungsansatz:
Aufstellen der integralen Stoffbilanz für Kokosnussöl unter Verwendung der vorliegenden Randbedingungen.

Lösungsweg:
Für den Rührbehälter als Bilanzvolumen lautet die integrale Stoffbilanz (Gl. (Lb 1.49)) für das Kokosnussöl:

$$\underbrace{\frac{dN_K}{dt}}_{\dot{S}} = \underbrace{\dot{N}_{K\alpha}}_{\dot{Z}} - \underbrace{\dot{N}_{K\omega}}_{\dot{A}}.$$ (1.11)

Aufgrund des konstanten Flüssigkeitsinhalts folgt hieraus mit $\dot{N} = \dot{V} \cdot c$:

$$V_R \frac{dc_K(t)}{dt} = \dot{V}\left(c_{K\alpha} - c_{K\omega}(t)\right).$$ (1.12)

Zum Zeitpunkt $t = 0$ wird am Eingang auf Palmöl umgestellt, demzufolge ist die Eintrittskonzentration des Kokosnussöls $c_{K\alpha}$ zum Zeitpunkt $t = 0$ gleich null. Auf Grund der idealen Durchmischung des Behälters ist die Konzentration am Austritt $c_{K\omega}$ stets gleich der Konzentration c_K innerhalb des Behälters und es gilt:

$$\frac{dc_K(t)}{dt} = -\frac{\dot{V}}{V_R}c_K(t). \tag{1.13}$$

Mit den Integrationsgrenzen vom Zeitpunkt $t = 0$ mit c_{K0} bis zum Zeitpunkt $t_{0,01}$ mit $0{,}01 \cdot c_{K0}$ folgt:

$$\int_{c_{K0}}^{0{,}01 \cdot c_{K0}} \frac{1}{c_K}dc_K = \int_{t=0}^{t_{0,01}} -\frac{\dot{V}}{V_R}dt. \tag{1.14}$$

Aus der Integration ergibt sich:

$$\ln\left(\frac{0{,}01\,c_{K0}}{c_{K0}}\right) = -\frac{\dot{V}}{V_R}t_{0,01} \quad \rightarrow \quad t_{0,01} = -\frac{V_R}{\dot{V}}\ln(0{,}01). \tag{1.15}$$

Damit ergibt sich die erforderliche Zeit:

$$\boxed{t_{0,01} = 6908\,\text{s} = 1{,}92\,\text{h}}. \tag{1.16}$$

1.4 Auflösung eines Salzkorns in Wasser [2]**

▶   **Thema** Integrale Bilanzgleichungen – Integrale Stoffbilanzgleichungen

Ein NaCl-Korn mit einem Durchmesser $d_{K,\text{anf}}$ von 2 mm wird in ruhendem Wasser aufgelöst. Während dieses Vorgangs bleibt das Salzkorn stets kugelförmig. Das Wasser liegt in einem so großen Überschuss vor, dass die NaCl-Konzentration in der Lösung vernachlässigt werden kann.

a) Stellen Sie die Änderung des Korndurchmessers grafisch dar.
b) Berechnen Sie die erforderliche Zeit $t_{\text{Lös}}$ für die vollständige Auflösung des Salzkorns.

Gegeben:

Dichte der gesättigten Lösung	$\rho_{\text{Lös}}$	$= 1190\,\text{kg/m}^3$
Dichte des festen NaCl	$\rho_{\text{NaCl},s}$	$= 2163\,\text{kg/m}^3$
Massenanteil NaCl in der gesättigten Lösung	$\xi = M_{\text{NaCl}}/M_{\text{ges}}$	$= 0{,}265$
Diffusionskoeffizient NaCl in Wasser	$D_{\text{NaCl/H}_2\text{O}}$	$= 1{,}2 \cdot 10^{-9}\,\text{m}^2/\text{s}$
Sherwoodzahl	Sh	$= \beta \cdot d_K/D_{\text{NaCl/H}_2\text{O}} = 2$

Lösung

Lösungsansatz:
Aufstellen der integralen Stoffbilanz für das Salzkorn unter Verwendung der vorliegenden Randbedingungen.

Lösungsweg:
Zur Bestimmung der Abhängigkeit des Korndurchmessers von der Zeit wird eine integrale Bilanz für die Masse des aus NaCl bestehenden Korns aufgestellt. Die allgemeine Bilanzgleichung (Gl. (Lb 1.49)) wird entsprechend auf das Salzkorn angewendet. Hierbei sind lediglich der Speicherterm $\dot{S}$ und der an das Fluid übertragene Massenstrom $\dot{A}$ zu berücksichtigen:

$$\dot{S} = -\dot{A} \quad \rightarrow \quad \frac{dM_{\text{NaCl}}}{dt} = -\dot{M}_{\text{NaCl}} = -\beta(t)A(t)\Delta\rho_{\text{NaCl}}. \tag{1.17}$$

Die Dichte des festen Salzkorns $\rho_{\text{NaCl},s}$ ist zeitunabhängig. Zudem tritt der Stofftransport über die Oberfläche des als Kugel angenommenen Salzkorns auf.

$$\rho_{\text{NaCl}}\frac{dV_K(t)}{dt} = -\beta(t)\pi\, d_K^2(t)\Delta\rho_{\text{NaCl}}. \tag{1.18}$$

Der Stoffübergangskoeffizient $\beta(t)$ ergibt sich aus der gegebenen Beziehung für die Sherwoodzahl Sh:

$$\rho_{\text{NaCl}}\frac{\pi}{6}\frac{d\left[d_K^3(t)\right]}{dt} = -\frac{Sh D_{\text{NaCl/H}_2\text{O}}}{d_K(t)}\pi\, d_K^2(t)\Delta\rho_{\text{NaCl}}. \tag{1.19}$$

$$\rightarrow \quad \rho_{\text{NaCl}}\frac{d\left[d_K^3(t)\right]}{dt} = -6\,Sh D_{\text{NaCl/H}_2\text{O}}d_K(t)\Delta\rho_{\text{NaCl}}. \tag{1.20}$$

Diese Differenzialgleichung kann durch Trennung der Variablen gelöst werden.

$$\frac{d\left[d_K^3(t)\right]}{d_K(t)} = -6\,Sh D_{\text{NaCl/H}_2\text{O}}\frac{\Delta\rho_{\text{NaCl}}}{\rho_{\text{NaCl},s}}dt. \tag{1.21}$$

Zur Vereinfachung der Integration kann die Substitution $d_K^3 = b$ angewandt werden:

$$\frac{db}{b^{1/3}} = -6\,Sh D_{\text{NaCl/H}_2\text{O}}\frac{\Delta\rho_{\text{NaCl}}}{\rho_{\text{NaCl},s}}dt. \tag{1.22}$$

Die zur Lösung der Differenzialgleichung notwendigen Randbedingungen ergeben sich aus dem Anfangswert und einem offenen Endwert. Demzufolge erfolgt die Integration von der Korngröße zum Zeitpunkt $t = 0$ bis zum Wert b zur Zeit t:

$$\int_{b_0}^{b}\frac{1}{b^{1/3}}db = -6\int_{0}^{t}Sh D_{\text{NaCl/H}_2\text{O}}\frac{\Delta\rho_{\text{NaCl}}}{\rho_{\text{NaCl},s}}dt. \tag{1.23}$$

Abb. 1.3 Auflösung eines
Salzkornes in Wasser

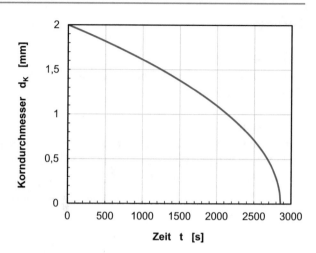

Damit ergibt sich folgender Zusammenhang:

$$\frac{3}{2}\left(b^{2/3} - b_0^{2/3}\right) = -6\,Sh\,D_{\mathrm{NaCl/H_2O}}\frac{\Delta\rho_{\mathrm{NaCl}}}{\rho_{\mathrm{NaCl},s}}t. \tag{1.24}$$

Die für den Stofftransport treibende Massenkonzentrationsdifferenz $\Delta\rho_{\mathrm{NaCl}}$ ergibt sich aus der Differenz zwischen Oberflächenkonzentration in der Lösung $\rho_{\mathrm{NaCl,Lös}}$ und der NaCl-Konzentration im Kern der Lösung $\rho_{\mathrm{NaCl},\infty}$. Dabei kann annahmegemäß die Konzentration $\rho_{\mathrm{NaCl},\infty}$ vernachlässigt werden.

$$\Delta\rho_{\mathrm{NaCl}} = \rho_{\mathrm{NaCl,Lös}} - \rho_{\mathrm{NaCl},\infty} = \rho_{\mathrm{NaCl,Lös}}. \tag{1.25}$$

$\rho_{\mathrm{NaCl,Lös}}$ berechnet sich aus dem gegebenen Massenanteil ξ in der gesättigten Lösung:

$$\xi = \frac{M_{\mathrm{NaCl}}}{M_{\mathrm{ges}}} = \frac{\rho_{\mathrm{NaCl,Lös}}V}{\rho_{\mathrm{Lös}}V} \quad \rightarrow \quad \rho_{\mathrm{NaCl,Lös}} = \xi\rho_{\mathrm{Lös}}. \tag{1.26}$$

Zusammen mit der Rücksubstitution mit $b = d_K^3$ ergibt sich aus Gl. (1.24) für die gesuchte Abhängigkeit zwischen Korndurchmesser und Zeit:

$$d_K^2(t) - d_{K,\mathrm{anf}}^2 = -4\,Sh\,D_{\mathrm{NaCl/H_2O}}\frac{\xi\rho_{\mathrm{Lös}}}{\rho_{\mathrm{NaCl},s}}t$$

$$\rightarrow \quad \boxed{d_K(t) = \sqrt{d_{K,\mathrm{anf}}^2 - 4\,Sh\,D_{\mathrm{NaCl/H_2O}}\frac{\xi\rho_{\mathrm{Lös}}}{\rho_{\mathrm{NaCl},s}}t}}. \tag{1.27}$$

Der graphische Zusammenhang gemäß Gl. (1.27) ist in Abb. 1.3 dargestellt.

b) Um die Zeit $t_{\text{Lös}}$ zu berechnen, nach der sich das Salzkorn aufgelöst hat, wird Gl. (1.27) nach t aufgelöst und der Korndurchmesser $d_K(t)$ gleich null gesetzt:

$$t_{\text{Lös}} = \frac{d_{K,\text{anf}}^2}{4\,ShD_{\text{NaCl/H}_2\text{O}}} \frac{\rho_{\text{NaCl},s}}{\xi\rho_{\text{Lös}}} \quad \rightarrow \quad \boxed{t_{\text{Lös}} = 2858\,\text{s}}. \tag{1.28}$$

1.5 Erwärmung von Wasser in einem elektrisch beheizten Rohr [2]*

▶ **Thema** Integrale Bilanzgleichungen – Integrale Energiebilanzgleichungen

Wasser soll in einem Rohr von der Eintrittstemperatur $\vartheta_\alpha = 20\,°\text{C}$ auf eine Austrittstemperatur $\vartheta_\omega = 60\,°\text{C}$ erwärmt werden. Das Rohr aus Stahl besitzt einen Innendurchmesser von 25,4 mm und einen Außendurchmesser von 55 mm. An der Außenseite ist es vollständig isoliert. Das Stahlrohr wird elektrisch beheizt mit einer konstanten Leistung von $10^4\,\text{kW/m}^3$ Stahl.

a) Berechnen Sie die erforderliche Rohrlänge, um einen Massenstrom von 0,15 kg/s Wasser auf die gewünschte Temperatur zu erwärmen.
b) Bestimmen Sie die Wandtemperatur ϑ_{Wand}, wenn der über die Rohrlänge gemittelte Wärmeübergangskoeffizient $8000\,\text{W/(m}^2 \cdot \text{K})$ beträgt.

Gegeben:
Mittlere spezifische Wärmekapazität von Wasser zwischen 20–60 °C:
$c_p = 4,185\,\text{kJ/(kg·K)}$.

Annahmen: **Für die Berechnung unter b)**

1. Vereinfachend wird infolge der hohen Wärmeleitfähigkeit des Stahls eine längenunabhängige Wandtemperatur T_{Wand} unterstellt.
2. Für die Wassertemperatur wird ein arithmetisches Mittel zwischen Ein- und Austritt angenommen.

Lösung

Lösungsansatz:
Aufstellen der integralen Energiebilanz um den Innenraum des Rohres.

Lösungsweg:

a) Um die benötigte Länge L des Rohres zu bestimmen, wird eine integrale Energiebilanz um den Innenraum des Rohres aufgestellt:

$$\frac{dU}{dt} = \dot{H}_\alpha - \dot{H}_\omega + \dot{Q}_{\text{Heiz}}. \tag{1.29}$$

Unter Annahme stationärer Bedingungen ergibt sich hieraus:

$$0 = \dot{M} c_p \left(\vartheta_\alpha - \vartheta_\omega\right) + \dot{q}_{\text{Heiz}} V_{\text{Rohrwand}}. \tag{1.30}$$

Dabei berechnet sich das Volumen der Rohrwand nach:

$$V_{\text{Rohrwand}} = \left(A_a - A_i\right) \cdot L \quad \text{mit } A = \frac{\pi}{4} d^2. \tag{1.31}$$

Damit ergibt sich für die Länge des Rohres:

$$L = \frac{\dot{M} c_p \left(\vartheta_\omega - \vartheta_\alpha\right)}{\dot{q}_{\text{Heiz}} \frac{\pi}{4} \left(d_a^2 - d_i^2\right)} \quad \rightarrow \quad \boxed{L = 1{,}34 \,\text{m}}. \tag{1.32}$$

b) Da die äußere Oberfläche isoliert ist, wird der durch die elektrische Beheizung erzeugte Wärmestrom ausschließlich über die innere Oberfläche des Rohres A_{Rohrwand} konvektiv an das Wasser übertragen:

$$\alpha A_{\text{Rohrwand}} \Delta\vartheta = \dot{Q}_{\text{Heiz}} \quad \rightarrow \quad \alpha\pi \, d_i \, L \Delta\vartheta = \dot{q}_{\text{Heiz}} \frac{\pi}{4} \left(d_a^2 - d_i^2\right) L. \tag{1.33}$$

Die treibende Temperaturdifferenz $\Delta\vartheta$ ergibt sich gemäß:

$$\Delta\vartheta = \vartheta_{\text{Wand}} - \overline{\vartheta}_{\text{H}_2\text{O}} = \vartheta_{\text{Wand}} - \frac{\vartheta_\alpha + \vartheta_\omega}{2}. \tag{1.34}$$

Damit ergibt sich die Wandtemperatur ϑ_{Wand}:

$$\vartheta_{\text{Wand}} = \frac{\vartheta_\alpha + \vartheta_\omega}{2} + \frac{\dot{q}_{\text{Heiz}} \frac{\pi}{4} \left(d_a^2 - d_i^2\right)}{\alpha\pi \, d_i} = \frac{\vartheta_\alpha + \vartheta_\omega}{2} + \frac{\dot{q}_{\text{Heiz}} \left(d_a^2 - d_i^2\right)}{4\alpha d_i}$$

$$\rightarrow \quad \boxed{\vartheta_{\text{Wand}} = 69{,}3\,°\text{C}}. \tag{1.35}$$

1.6 Aufheizen eines Lösungsmittelstroms [3]***

▶ **Thema** Integrale Bilanzgleichungen – Integrale Energiebilanzgleichungen

Ein Lösungsmittelstrom ($\dot{M} = 12\,\mathrm{kg/min}$, $c_P = 2{,}3\,\mathrm{kJ/(kg \cdot K)}$, Eintrittstemperatur $\vartheta_\alpha = 25\,°\mathrm{C}$) wird in einem vollständig vermischten Rührkessel aufgeheizt. Der Rührkessel ist mit Heizschlangen ausgestattet, in welchen Sattdampf bei 7,5 bar bei einer konstanten Temperatur T_{Kond} kondensiert. Anfänglich befinden sich 760 kg des Lösungsmittels bei 25 °C im Rührkessel. Über die gesamte Austauschfläche wird ein spezifischer Wärmestrom von $k \cdot A = 11{,}5\,\mathrm{kJ/(min \cdot K)}$ übertragen.

a) Berechnen Sie die stationäre Austrittstemperatur $\vartheta_{\omega\infty}$.
b) Ermitteln Sie den instationären Temperaturverlauf und stellen Sie diesen grafisch dar.
c) Bestimmen Sie die erforderliche Zeit, um die stationäre Austrittstemperatur bis auf 1 °C zu erreichen.

Gegeben:
Konstanten der Antoine-Gleichung (Lb 1.140) für Wasser: $A = 18{,}3036$; $B = 3816{,}44$; $C = -46{,}13$ [5] (die Daten gelten für die Temperatur in Kelvin, den Druck in Torr (1 bar = 750,062 Torr) und den natürlichen Logarithmus)

Hinweis:
Die Lösung einer heterogenen Differenzialgleichung 1. Ordnung der Form

$$\frac{dT(t)}{dt} + P(t)\,T = Q(t) \tag{1.36}$$

lautet

$$T(t) = \exp\left[-\int P(t)dt\right]\left\{\int Q(t)\exp\left[\int P(t)dt\right]dt + C\right\}. \tag{1.37}$$

wobei für $t = t_0$ der Funktionswert $T(t_0)$ gleich der Konstanten C ist.

Lösung

Lösungsansatz:
Aufstellen der integralen Energiebilanz (je nach Aufgabenteil stationär oder instationär) um den Rührkesselinhalt.

Lösungsweg:

a) Um die Austrittstemperatur im stationären Zustand zu bestimmen, wird eine integrale Energiebilanz um den Rührkesselinhalt als Bilanzvolumen aufgestellt:

$$\frac{dU}{dt} = \dot{H}_\alpha - \dot{H}_\omega + \dot{Q}_{\text{Heiz}} \rightarrow 0 = \dot{M}c_p\,(T_\alpha - T_{\omega\infty}) + kA\Delta T. \qquad (1.38)$$

Die Temperaturdifferenz ΔT besteht dabei zwischen dem Heizmedium mit der Kondensationstemperatur T_{Kond} und dem zu erwärmenden Fluid, dessen Temperatur aufgrund der idealen Vermischung des Rührkessels gleich der Austrittstemperatur $T_{\omega\infty}$ ist:

$$\Delta T = T_{\text{Kond}} - T_{\omega\infty}. \qquad (1.39)$$

Zur Berechnung der Kondensationstemperatur des Sattdampfes T_{Kond}, welcher als Heizmedium fungiert, wird die Antoine-Gleichung (siehe Gl. (Lb 1.140)) genutzt, da der Sättigungsdampfdruck p_S und die Antoine Parameter bekannt sind:

$$\ln\left(\frac{p_S}{\text{Torr}}\right) = A - \frac{B}{T_{\text{Kond}}/K + C} \quad \rightarrow \quad T_{\text{Kond}} = \frac{B}{A - \ln\left(p_S/\text{Torr}\right)} - C$$
$$\rightarrow \quad T_{\text{Kond}} = 441\,\text{K}. \qquad (1.40)$$

Damit folgt aus der Energiebilanz Gl. (1.38) nach Ausklammern

$$0 = \dot{M}c_p T_\alpha + kAT_{\text{Kond}} - T_{\omega\infty}\left(\dot{M}c_p + kA\right) \qquad (1.41)$$

die Austrittstemperatur $T_{\omega\infty}$ des zu erwärmenden Fluids:

$$T_{\omega\infty} = \frac{\dot{M}c_P T_\alpha + kAT_{\text{Kond}}}{\dot{M}c_p + kA} \quad \rightarrow \quad \boxed{T_{\omega\infty} = 340\,\text{K}}. \qquad (1.42)$$

b) Für den Vorgang des Aufwärmens wird eine instationäre Energiebilanz um den inkompressiblen Reaktorinhalt aufgestellt:

$$\frac{dU}{dt} = \dot{H}_\alpha - \dot{H}_\omega + \dot{Q}_{\text{Heiz}} \quad \rightarrow \quad Mc_p\frac{dT_\omega}{dt} = \dot{M}c_p\,(T_\alpha - T_\omega) + kA\,(T_{\text{Kond}} - T_\omega) \qquad (1.43)$$

Damit ergibt sich für die Temperatur des zu erwärmenden Fluids eine Differenzialgleichung, die folgendermaßen vereinfacht werden kann:

$$\frac{dT_\omega}{dt} + \underbrace{\frac{\dot{M}c_p + kA}{Mc_p}}_{P}T_\omega = \underbrace{\frac{\dot{M}c_p T_\alpha + kAT_{\text{Kond}}}{Mc_p}}_{Q}, \qquad (1.44)$$

wobei P und Q von t unabhängig sind. Gemäß Gl. (1.37) lautet die Lösung der Differenzialgleichung dann:

$$T_\omega (t) = \exp(-Pt) \left[\int Q \exp(Pt)\,dt + C \right]$$

$$= Q \exp(-Pt) \left[\frac{1}{P} \exp(Pt) + C \right] \tag{1.45}$$

Die Integrationskonstante C ergibt sich aus der Anfangsbedingung

AB: bei $t = 0$ $T_\omega = T_{\text{anf}}$,

aus der folgt:

$$T_{\text{anf}} = Q \left[\frac{1}{P} + C \right] \quad \rightarrow \quad C = \frac{T_{\text{anf}}}{Q} - \frac{1}{P}. \tag{1.46}$$

Damit ergibt sich der Temperaturverlauf:

$$T_\omega(t) = \exp(-Pt) \left[\frac{Q}{P} \exp(Pt) + T_{\text{anf}} - \frac{Q}{P} \right]. \tag{1.47}$$

Da für das Verhältnis P/Q gemäß Gl. (1.42) gilt

$$\frac{Q}{P} = \frac{\dot{M} c_P T_\alpha + kAT_{\text{Kond}}}{\dot{M} c_p + kA} = T_{\omega\infty}, \tag{1.48}$$

folgt für die zeitliche Abhängigkeit der Austrittstemperatur:

$$T_\omega(t) \exp(Pt) = [T_{\omega\infty} \exp(Pt) + T_{\text{anf}} - T_{\omega\infty}]$$

$$\rightarrow \boxed{\frac{T_{\omega\infty} - T_\omega(t)}{T_{\omega\infty} - T_{\text{anf}}} = \exp(-Pt) = \exp\left(-\frac{\dot{M} c_p + kA}{Mc_p} t \right).} \tag{1.49}$$

Der zeitliche Verlauf der Austrittstemperatur ist in Abb. 1.4 dargestellt.

c) Die Berechnung der Zeit, nach der die Austrittstemperatur mit 339 K lediglich 1 °C geringer als die stationäre Austrittstemperatur ist, erfolgt analog zu Aufgabenteil b). Daher lautet Gl. (1.49) umgestellt nach der Zeit t:

$$t = -\frac{\ln\left[\frac{T_{\omega\infty} - T_\omega(t)}{T_{\omega\infty} - T_{\text{anf}}} \right]}{P}. \tag{1.50}$$

Die Temperaturdifferenz im Zähler $T_{\omega\infty} - T_\omega(t)$ beträgt 1 K. Der zugehörige Punkt ist in dem Temperaturverlauf in Abb. 1.4 enthalten. Es ergibt sich eine Zeit von:

$$\boxed{t = 167\,\text{min}}. \tag{1.51}$$

Abb. 1.4 Zeitlicher Verlauf
der Austrittstemperatur

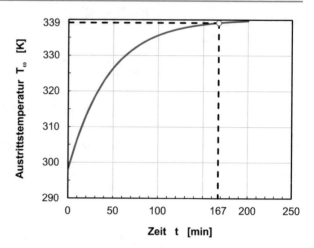

1.7 Bestimmung einer Formalkinetik[**]

▶   **Thema** Stoffumwandlung – Stöchiometrische Formalkinetiken

Für eine Reaktion

$$A + B \rightarrow C + D$$

sind in einem vollständig vermischten Laborreaktor die in Tab. 1.2 dargestellten Messwerte aufgenommen worden.

Überprüfen Sie, ob es sich um eine Reaktion 1. oder 2. Ordnung handelt.

Hinweise:

1. Die Lösung ergibt sich aus Linearisierung der jeweiligen Ansätze

$$\dot{r}_1 = k_1 c_A = \frac{1}{-1}\frac{dc_A}{dt} \quad \text{und} \quad \dot{r}_2 = k_2 c_A c_B = \frac{1}{-1}\frac{dc_A}{dt}, \qquad (1.52)$$

   d. h. durch Integration und Auftragung der Daten über t.

Tab. 1.2 Zeitliche Abhängigkeit der Konzentrationen der
Edukte

t [s]	c_A [kmol/m^3]	c_B [kmol/m^3]
0	0,51	0,26
450	0,443	0,193
720	0,41	0,16
950	0,392	0,142
1280	0,367	0,117

2. Integrationsregel:

$$\int \frac{dx}{xy} = -\frac{1}{b} \ln \frac{y}{x}; \quad y = ax + b. \tag{1.53}$$

3. Infolge der Stöchiometrie wird pro Molekül A ein Molekül B verbraucht, d. h.:

$$c_{A_{\mathrm{anf}}} - c_{B_{\mathrm{anf}}} = c_A - c_B. \tag{1.54}$$

Lösung

Lösungsansatz:
Bestimmung der Kinetik durch Linearisierung der Ansätze für die Reaktionsordnungen und grafische Auftragung der angepassten Messwerte.

Lösungsweg:
Um zu überprüfen, ob es sich um eine Reaktion 1. Ordnung handelt, wird auf den Hinweis eingegangen und der Ansatz für eine Reaktion 1. Ordnung durch Lösung linearisiert:

$$\dot{r}_1 = k_1 c_A = \frac{1}{-1} \frac{dc_A}{dt}. \tag{1.55}$$

Die Differenzialgleichung wird durch Trennung der Variablen gelöst. Dabei erfolgt die Integration vom Zeitpunkt $t = 0$ bis zur Zeit t:

$$\int_{c_{A_{\mathrm{anf}}}}^{c_A(t)} \frac{dc_A}{c_A} = -\int_0^t k_1 dt \quad \rightarrow \quad \ln \frac{c_{A_{\mathrm{anf}}}}{c_A(t)} = k_1 t. \tag{1.56}$$

Dies entspricht der Form einer linearen Gleichung $y_1 = m \cdot x$, mit $y_1 = \ln(c_{A_{\mathrm{anf}}}/c_A)$, $m = k_1$ und $x = t$. Die Linearisierung des Ansatzes für eine Reaktion 2. Ordnung

$$\dot{r}_2 = k_2 c_A c_B = \frac{1}{-1} \frac{dc_A}{dt} \tag{1.57}$$

erfolgt wiederum durch Lösung dieser Differenzialgleichung mittels Trennung der Variablen:

$$\int_{c_{A_{\mathrm{anf}}}}^{c_A(t)} \frac{dc_A}{c_A c_B} = -k_2 t. \tag{1.58}$$

Tab. 1.3 Werte für das Produkt aus Reaktionsgeschwindigkeitskonstante und Zeit für unterschiedliche Ordnungen	t [s]	$\ln\left[\frac{c_{A_{\text{anf}}}}{c_A(t)}\right]$ [−]	$\frac{1}{c_{B_{\text{anf}}}-c_{A_{\text{anf}}}}\ln\left[\frac{c_B(t)\,c_{A_{\text{anf}}}}{c_A(t)\,c_{B_{\text{anf}}}}\right]$ $\left[\frac{m^3}{\text{kmol}}\right]$
	0	0	0
	450	0,141	0,629
	720	0,218	1,07
	950	0,263	1,37
	1280	0,329	1,88

Aufgrund der Stöchiometrie (Gl. (1.54)) gilt

$$c_B(t) = c_A(t) + \left(-c_{A_{\text{anf}}}\right) + c_{B_{\text{anf}}}, \tag{1.59}$$

was dem linearen Zusammenhang $y = a \cdot x + b$ mit $y = c_B$, $x = c_A$ und $b = c_{B_{\text{anf}}} - c_{A_{\text{anf}}}$ entspricht. Für die Integration wird die im Hinweis angegebene Integrationsregel verwandt. Damit ergibt sich für eine Reaktion 2. Ordnung folgende linearisierte Form:

$$\int_{c_{A_{\text{anf}}}}^{c_A(t)} \frac{dc_A}{c_A c_B} = -\frac{1}{c_{B_{\text{anf}}} - c_{A_{\text{anf}}}} \ln\left[\frac{c_B(t)\,c_{A_{\text{anf}}}}{c_A(t)\,c_{B_{\text{anf}}}}\right] = -k_2 t. \tag{1.60}$$

Um über die graphische Auftragung der Messwerte eine Aussage über die Ordnung der Reaktion treffen zu können, werden diese den linearisierten Formen angepasst und sind in Tab. 1.3 angegeben.

Die Auftragung der umgeformten Messwerte über der Zeit in Abb. 1.5 zeigt, dass der Verlauf der Messwerte bei Annahme einer Reaktion 1. Ordnung nicht zu einem linearen

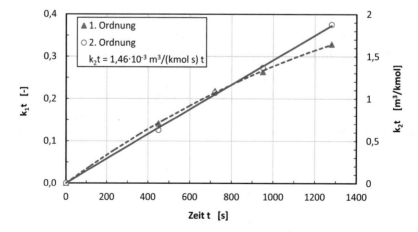

Abb. 1.5 Auftragung der umgeformten Messdaten zur Bestimmung der Reaktionsordnung

Zusammenhang führt, während sich bei Annahme einer Reaktion 2. Ordnung ein linearer Verlauf einstellt. Demzufolge handelt es sich um eine Reaktion zweiter Ordnung mit einer Geschwindigkeitskonstanten von $k_2 = 0,00146 \, \text{m}^3/(\text{kmol} \cdot \text{s})$.

1.8 Bestimmung einer Reaktionsordnung sowie der Reaktionsgeschwindigkeitskonstanten[***]

▶ **Thema** Stoffumwandlung – Stöchiometrische Formalkinetiken

Die homogene Zersetzung von Acetaldehyd verläuft wie folgt:

$$CH_3CHO \rightarrow CH_4 + CO$$

Zur Bestimmung der Reaktionskinetik wird die Reaktion isotherm bei 800 K und einem Druck von 1 bar in einem 0,8 m langen Rohrreaktor mit einem Durchmesser von 3,3 cm durchgeführt. Dabei wird der Umsatz X_A in Abhängigkeit von dem eintretenden Molenstrom $\dot{N}_{A\alpha}$ des CH_3CHO(A) gemessen. Die Messergebnisse sind in Tab. 1.4 aufgeführt. Bestimmen Sie die Reaktionsgeschwindigkeitskonstante und die Reaktionsordnung.

Annahmen:

1. Die Konzentration ist über den Rohrquerschnitt konstant.
2. Das Gasgemisch verhält sich wie ein ideales Gas

Hinweise:

1. Der Umsatz ist definiert als:

$$X_A \equiv \frac{\dot{N}_{A\alpha} - \dot{N}_{A\omega}}{\dot{N}_{A\alpha}}. \tag{1.61}$$

2. Integrationsregeln:

$$\int \frac{1+x}{1-x} dx = -x - 2\ln(1-x) \quad \text{und}$$

$$\int \left(\frac{1+x}{1-x}\right)^2 dx = \frac{4}{1-x} + 4\ln(1-x) + x - 4. \tag{1.62}$$

Tab. 1.4 Abhängigkeit des Umsatzes von dem eintretenden Molenstrom

$\dot{N}_{A\alpha}$ [10^{-4} mol/s]	9,65	3,16	1,31	0,68	0,425
X_A [–]	0,05	0,13	0,24	0,35	0,44

Abb. 1.6 Bilanzvolumen dV
für die differenzielle Stoffbilanz

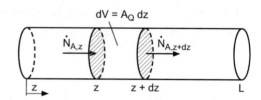

Lösung

Lösungsansatz:
Bestimmung einer Reaktionsordnung aus kinetischen Messungen durch Aufstellen der
differenziellen Komponenten-Stoffmengenbilanz unter Verwendung geeigneter Randbedingungen.

Lösungsweg:
Die im Rohrreaktor stattfindende Reaktion folgt der Form

$$A \xrightarrow{k} B + C$$

mit der Geschwindigkeitskonstanten k. Für die individuelle Reaktionsgeschwindigkeit $\dot{r}_A$
kann nach Gl. (Lb 1.110) folgende Beziehung angenommen werden:

$$\dot{r}_A = -k c_A^n. \tag{1.63}$$

Um Reaktionsordnung und Reaktionsgeschwindigkeitskonstante für die Messwerte zu bestimmen, wird die Abhängigkeit des Umsatzes von der Ortskoordinate z bestimmt. Hierzu ist eine differenzielle Komponenten-Stoffmengenbilanz aufzustellen. Eine Skizze des
zugehörigen Bilanzvolumens ist in Abb. 1.6 dargestellt. Die differenzielle Komponenten-
Stoffmengenbilanz für die Komponente A ergibt:

$$\frac{dN_A}{dt} = \dot{N}_{A,z} - \dot{N}_{A,z+dz} + \dot{r}_A dV. \tag{1.64}$$

Unter Annahme eines stationären Prozesses verschwindet die Zeitabhängigkeit und
demzufolge der Speicherterm auf der linken Gleichungsseite. Für den an der Stelle
$z + dz$ austretenden Stoffmengenstrom wird eine Taylorreihenentwicklung durchgeführt
und nach dem zweiten Glied abgebrochen. Das betrachtete differenzielle Volumen dV
entspricht dem Produkt $A_Q \cdot dz$. Damit ergibt sich:

$$0 = -\frac{d\dot{N}_A}{dz} dz + \dot{r}_A A_Q dz \quad \rightarrow \quad 0 = -\frac{d\dot{N}_A}{dz} + \dot{r}_A A_Q. \tag{1.65}$$

Für den Reaktionsterm $\dot{r}_A \cdot A_Q$ werden nun Annahmen bezüglich der Ordnung der Reaktion getroffen. Zunächst wird eine Reaktion 1. Ordnung angenommen. Damit folgt für die

Reaktionsgeschwindigkeit:

$$\dot{r}_A = -k_1 c_A = -k_1 \frac{\dot{N}_A}{\dot{V}}. \tag{1.66}$$

Damit ändert sich die Stoffbilanz (Gl. (1.65)) zu:

$$\frac{1}{A_Q} \frac{d\dot{N}_A}{dz} = -k_1 \frac{\dot{N}_A}{\dot{V}}. \tag{1.67}$$

Für diese Gleichung können mehrere Beziehungen aufgestellt werden. Aus den Annahmen geht hervor, dass sich das Gasgemisch wie ein ideales Gas verhält, damit kann der Volumenstrom durch das ideale Gasgesetz bestimmt werden:

$$\dot{V} = \dot{N} \frac{RT}{p}. \tag{1.68}$$

Zudem kann aus der Definition des Umsatzes eine Beziehung für den Stoffstrom $\dot{N}_A$ der Komponente A aufgestellt werden:

$$\dot{N}_A = \dot{N}_{A\alpha} \left(1 - X_A\right). \tag{1.69}$$

Da sich die Komponenten B und C aus der Komponente A bilden, folgen aus der Stöchiometrie deren Beziehungen zum Umsatz der Komponente A. Der gesamte Stoffmengenstrom $\dot{N}$ setzt sich aus den Stoffmengenströmen der einzelnen Komponenten zusammen:

$$\dot{N} = \dot{N}_A + \dot{N}_B + \dot{N}_C = \dot{N}_{A\alpha} \left(1 - X_A\right) + \dot{N}_{A\alpha} X_A + \dot{N}_{A\alpha} X_A = \dot{N}_{A\alpha} \left(1 + X_A\right). \tag{1.70}$$

Mit den Gln. (1.68), (1.69) und (1.70) ändert sich die Stoffbilanz zu:

$$-\dot{N}_{A\alpha} \frac{1}{A_Q} \frac{dX_A}{dz} = -k_1 \frac{\dot{N}_{A\alpha} \left(1 - X_A\right)}{\dot{N}_{A\alpha} \left(1 + X_A\right)} \frac{p}{RT}. \tag{1.71}$$

Diese Differenzialgleichung kann durch Trennung der Variablen gelöst werden. Die Integration erfolgt dabei über die gesamte Rohrlänge L, nach der sich der gemessene Umsatz der Komponente A eingestellt hat:

$$\int_0^{X_A} \frac{1 + X_A}{1 - X_A} dX_A = \frac{k_1}{\dot{N}_{A\alpha}} \frac{p A_Q}{RT} \int_0^L dz. \tag{1.72}$$

Für die Auflösung des Integrals wird die in den Hinweisen angegebene Integrationsregel verwandt. Damit folgt für die Reaktionsgeschwindigkeitskonstante:

$$k_1 = -\frac{RT}{p A_Q L} \dot{N}_{A\alpha} \left[X_A + 2\ln\left(1 - X_A\right)\right]. \tag{1.73}$$

Tab. 1.5 Berechnete Werte der Reaktionsgeschwindigkeitskonstante unter Annahme einer Reaktion 1. bzw. 2. Ordnung

$\dot{N}_{A\alpha}\ [10^{-4}\,\mathrm{mol/s}]$	9,65	3,16	1,31	0,68	0,425
$k_1\ [10^{-3}/\mathrm{s}]$	4,93	4,56	3,93	3,38	2,97
$k_2\ [10^{-4}\,\mathrm{m^3/(mol\cdot s)}]$	3,45	3,49	3,43	3,43	3,47

Anhand dieser Gleichung kann nun die Reaktionsgeschwindigkeitskonstante für die Messwerte berechnet werden. Die Ergebnisse dazu sind in Tab. 1.5 aufgeführt. Es wird deutlich, dass k_1 für die verschiedenen Messwerte keinen konstanten Wert annimmt, obwohl die Reaktionsgeschwindigkeitskonstante unabhängig von den Konzentrationen der Reaktionspartner sein muss. Demzufolge handelt es sich *nicht* um eine Reaktion 1. Ordnung.

In einem zweiten Schritt wird nun eine Reaktion 2. Ordnung angenommen mit der Reaktionsgeschwindigkeit:

$$\dot{r}_A = -k_2 c_A^2 = -k_2 \left(\frac{\dot{N}_A}{\dot{V}}\right)^2. \tag{1.74}$$

Damit ergibt sich die Stoffbilanz (Gl. (1.65)) zu:

$$\frac{1}{A_Q}\frac{d\dot{N}_A}{dz} = -k_2 \left(\frac{\dot{N}_A}{\dot{V}}\right)^2. \tag{1.75}$$

Analog zum Vorgehen bei Annahme einer Reaktion 1. Ordnung kann nun ein Zusammenhang für die Reaktionsgeschwindigkeitskonstante für eine Reaktion 2. Ordnung aufgestellt werden:

$$k_2 = \left(\frac{RT}{p}\right)^2 \frac{1}{A_Q L}\dot{N}_{A\alpha}\left[\frac{4}{1-X_A} + 4\ln(1-X_A) + X_A - 4\right]. \tag{1.76}$$

Anhand dieser Gleichung kann nun die Reaktionsgeschwindigkeitskonstante für die Messwerte berechnet werden. Die Ergebnisse dazu sind in Tab. 1.5 aufgeführt. Es wird deutlich, dass die auftretenden Unterschiede für die Reaktionsgeschwindigkeitskonstante k_2 wesentlich geringer als im Fall der Reaktionsgeschwindigkeit 1. Ordnung sind. Die Mittelung der berechneten Geschwindigkeitskonstanten ergibt $k_2 = 3{,}46\cdot10^{-4}\,\mathrm{m^3/(mol\cdot s)}$. Die Reaktionskinetik entspricht demzufolge näherungsweise einer Reaktion 2. Ordnung. Für die Reaktionsgeschwindigkeit ergibt sich folgender Zusammenhang:

$$\boxed{\dot{r}_A = -3{,}46\cdot10^{-4}\,\frac{\mathrm{m^3}}{\mathrm{mol\cdot s}}c_A^2.} \tag{1.77}$$

1.9   Dampfdruckkurve von Wasser[*]

▶   **Thema** Gas/Flüssigkeits-Gleichgewichte – Dampfdruck reiner Stoffe

Für die Dampfdruckkurve von Wasser finden sich die in Tab. 1.6 aufgeführten Messwerte.

a) Berechnen Sie die Dampfdruckkurve von Wasser mit Hilfe der Antoine-Gleichung
   (Lb 1.140).
b) Bestimmen Sie die mittlere relative Abweichung der berechneten Dampfdrücke von
   den Messwerten in diesem Temperaturbereich.

Hinweis:
Die Antoine-Konstanten für Wasser sowie die Einheitenumrechnung Torr in bar sind in
Aufg. 1.6 aufgeführt.

Lösung

Lösungsansatz:
Berechnung des Dampfdrucks durch die Antoine-Gleichung.

Lösungsweg:
a) Die Antoine-Gleichung lautet nach Gl. (Lb 1.140):

$$\ln\left(\frac{p}{\text{Torr}}\right) = A - \frac{B}{C + T/\text{K}}. \tag{1.78}$$

Mit dieser Gleichung ergeben sich die in Tab. 1.7 aufgeführten Dampfdrücke p_{Antoine}.

b) Die in Tab. 1.7 ebenfalls enthaltene relative Abweichung für jede Temperatur berechnet
sich gemäß:

$$f = \frac{p_S - p_{\text{Antoine}}}{p_S}. \tag{1.79}$$

Hieraus ergibt sich als mittlere Abweichung gemäß:

$$\overline{f} = \frac{1}{N_{\text{Messwerte}}} \sum_{i}^{N_{\text{Messwerte}}} \frac{|p_S - p_{\text{Antoine}}|_i}{p_{S_i}} \quad \rightarrow \quad \boxed{\overline{f} = 1{,}41\,\%}. \tag{1.80}$$

Tab. 1.6 Gemessene Dampfdrücke von Wasser für unterschiedliche Temperaturen [4]

ϑ [°C]	0,01	20	50	100	140	200	300	370
p_S [bar]	0,00611	0,0234	0,123	1,013	3,614	15,55	85,92	210,5

Tab. 1.7 Vergleich gemessener
und berechneter Dampfdrücke
von Wasser für unterschiedliche Temperaturen

ϑ [°C]	p_S [bar]	$p_{Antoine}$ [bar]	f [%]
0,01	0,00611	0,005935	2,86
20	0,0234	0,02313	1,14
50	0,123	0,1233	−0,22
100	1,013	1,0132	−0,02
140	3,614	3,615	−0,02
200	15,55	15,58	−0,20
300	85,92	84,94	1,15
370	210,5	198,5	5,68

1.10 Siede- und Taupunkt eines Benzol/Toluol Gemisches [2]*

▶ **Thema** Gas/Flüssigkeits-Gleichgewichte – Raoult'sches Gesetz

Ein binäres Gemisch besteht aus Benzol (B) (Molanteil 30 %) und Toluol (T) (Molanteil 70 %). Für die drei Gesamtdrücke 0,1 bar, 1,013 bar und 10 bar sollen berechnet werden:

a) Die Siedetemperatur des flüssigen Gemischs und die Molanteile in der Gasphase,
b) die Taupunkttemperatur des gasförmigen Gemischs und die Molanteile in der Kondensatphase.

Gegeben:
Antoine Konstanten [5]:

	A	B	C
Benzol	15,9008	2788,51	−52,36
Toluol	16,0137	3096,52	−53,67

Die Daten gelten für die Temperatur in Kelvin, den Druck in Torr und den natürlichen Logarithmus.

Hinweis:
Der Taupunkt ist die Temperatur, die vorliegt, wenn sich bei gegebener Dampfzusammen-
setzung die Summe der Molanteile in der flüssigen Phase mit eins ergibt.

Lösung

Lösungsansatz:
Berechnung der Siede- und Taupunkttemperaturen durch das vereinfachte Raoult'sche Gesetz und die Antoine-Gleichung.

Tab. 1.8 Siedetemperaturen und Zusammensetzungen der Gasphase für unterschiedliche Drücke	p_{ges} [bar]	ϑ [°C]	y_B [–]	y_T [–]	f [–]
	0,1	34,3	0,577	0,423	$2{,}9 \cdot 10^{-8}$
	1,013	98,4	0,511	0,489	$-6{,}1 \cdot 10^{-7}$
	10	203	0,447	0,553	$1{,}9 \cdot 10^{-6}$

Lösungsweg:

a) Das Gemisch siedet, wenn die Summe der Dampfdrücke der beiden Komponenten gleich dem Gesamtdruck ist. Für ideale flüssige Gemische gilt das Raoult'sche Gesetz (Gl. (Lb 1.141)):

$$p_{\text{ges}} = x_B \, p_{SB}(T) + x_T \, p_{ST}(T). \tag{1.81}$$

Die jeweiligen Dampfdrücke werden mit der Antoine-Gleichung (Gl. (Lb 1.140))

$$\ln\left(\frac{p_S}{\text{Torr}}\right) = A - \frac{B}{C + T/\text{K}}. \tag{1.82}$$

berechnet. Das demzufolge vorliegende Gleichungssystem muss iterativ gelöst werden beispielsweise mit der Zielwertsuche in Excel. Die Ergebnisse sind in Tab. 1.8 zusammen mit den analog zu Gl. (1.79) berechneten Abweichungen f aufgeführt. Unter der Annahme einer idealen Gasphase (ideales Gasgesetz) gilt für die Partialdrücke:

$$y_B \, p_{\text{ges}} = x_B \, p_{SB}(T) \quad \text{bzw.} \quad y_T \, p_{\text{ges}} = x_T \, p_{ST}(T). \tag{1.83}$$

Hieraus ergeben sich die in der Tabelle enthaltenen Molanteile der korrespondierenden Gasphase.

b) Die Kondensation setzt bei der Temperatur ein für die gilt:

$$p_{\text{ges}} = y_B \, p_{\text{ges}} + y_T \, p_{\text{ges}} = x_B \, p_{SB}(T) + x_T \, p_{ST}(T). \tag{1.84}$$

Für beide Phasen wird ein ideales Verhalten vorausgesetzt, sodass sich die einzelnen Partialdrücke wiederum mit Gl. (1.83) berechnen lassen. Da die Summe der Molanteile im Kondensat gleich eins sein muss, folgt die Bedingung für die Kondensation:

$$1 = \frac{y_B \, p_{\text{ges}}}{p_{SB}(T)} + \frac{y_T \, p_{\text{ges}}}{p_{ST}(T)} \quad \text{bzw.} \quad p_{\text{ges}} = \left[\frac{y_B}{p_{SB}(T)} + \frac{y_T}{p_{ST}(T)}\right]^{-1}. \tag{1.85}$$

Analog zum Aufgabenteil a) werden die Dampfdrücke der Komponenten mit der Antoine-Gleichung berechnet. Die Molanteile der Komponenten in der Gasphase betragen gemäß Aufgabenstellung mit $y_B = 0{,}3$ und $y_T = 0{,}7$. Gl. (1.85) wird wiederum iterativ gelöst.

p_{ges} [bar]	ϑ [°C]	x_B [–]	x_T [–]	f [–]
0,1	40,2	0,122	0,878	$-1,6 \cdot 10^{-6}$
1,013	104	0,152	0,848	$2,4 \cdot 10^{-7}$
10	208	0,186	0,814	$3,6 \cdot 10^{-7}$

Tab. 1.9 Taupunkttemperaturen und Zusammensetzungen der Flüssigphase für unterschiedliche Drücke

Mit den Taupunkttemperaturen lassen sich die Sättigungsdampfdrücke der beiden Reinstoffe berechnen und hieraus gemäß

$$x_B = y_B \frac{p_{ges}}{p_{SB}(T)}. \tag{1.86}$$

die Molanteile des Benzols in der Kondensatphase. Die Ergebnisse sind in Tab. 1.9 zusammen mit den analog zu Gl. (1.79) berechneten Abweichungen f aufgeführt.

1.11 Druck in einer Sektflasche [2]**

► **Thema** Gas/Flüssigkeits-Gleichgewichte – Henry-Gesetz

In einer Sektflasche befinden sich 0,75 L Sekt und darüber 20 mL Gasraum bei 0 °C. Der Gasraum bestehe nur aus CO_2 bei einem Druck von 2 bar.

a) Berechnen Sie den Druck in der Flasche, wenn sie auf 25 °C erwärmt wird.
b) Bestimmen Sie den sich einstellenden Druck, wenn die Wasserdampfsättigung berücksichtigt wird. Zur Berechnung des Wasserdampfdrucks können die Antoine-Parameter aus Aufg. 1.6 verwendet werden.

Gegeben:

Dichte des Sekts	ρ_{Sekt}	$= 1000\,g/L = konst.$
Molare Masse des Sekts (Wasser + Alkohol + etc.)	M_{Sekt}	$= 20\,g/mol$
Henry-Koeffizienten	$H(0\,°C)$	$= 771,3\,bar,$
	$H(25\,°C)$	$= 1606,3\,bar$

Annahme:

Die Gasphase verhält sich wie ein ideales Gas.

Lösung

Lösungsansatz:
Verwendung des Henry- sowie des idealen Gasgesetzes.

Lösungsweg:

a) Der Druck in der Flasche ist abhängig davon, wie viel CO_2 sich im Gasraum befindet. Damit wird zunächst die gesamte Stoffmenge an CO_2 $N_{CO,ges}$ in der Flasche bestimmt, welche sich aus den Anteilen in der flüssigen Phase und im Gasraum zusammensetzt:

$$N_{CO_2,ges} = N_{CO_2,g} + N_{CO_2,f}. \tag{1.87}$$

Da sich die Gasphase wie ein ideales Gas verhält, kann die Stoffmenge des CO_2 im Gasraum durch das ideale Gasgesetz bestimmt werden. Zudem ist der Gasraum ausschließlich mit CO_2 ausgefüllt ($y_{CO_2} = 1$).

$$y_{CO_2} p V_g = N_{CO_2,g} RT \quad \rightarrow \quad N_{CO_2,g} = \frac{p V_g}{RT}. \tag{1.88}$$

Um zu bestimmen, wie viel Gas in der Flüssigkeit gelöst ist, wird das Henry-Gesetz nach Gl. (Lb 1.143) angewandt:

$$y_{CO_2} p = x_{CO_2} H \quad \rightarrow \quad x_{CO_2} = \frac{p}{H}. \tag{1.89}$$

Da der Molanteil des CO_2 in der Flüssigkeit x_{CO_2} gering ist, lässt sich die gelöste Molmenge vereinfacht berechnen gemäß:

$$N_{CO_2,f} = N_f x_{CO_2} = \frac{M_{Sekt}}{\tilde{M}_{Sekt}} \frac{p}{H} = \frac{\rho_{Sekt} V_{Sekt}}{\tilde{M}_{Sekt}} \frac{p}{H}. \tag{1.90}$$

Damit kann die Gesamtstoffmenge an CO_2 im System für 0 °C und 2 bar berechnet werden:

$$N_{CO_2,ges} = \frac{\rho_{Sekt} V_{Sekt}}{\tilde{M}_{Sekt}} \frac{p}{H} + \frac{p V_g}{RT} \quad \rightarrow \quad N_{CO_2,ges}(0°C) = 0{,}099 \, \text{mol}. \tag{1.91}$$

Da die Stoffmenge unabhängig von der Temperatur ist, gilt Gl. (1.91) auch für $T = 25\,°C$ und kann für die Berechnung des Druckes verwendet werden, indem sie nach p aufgelöst wird:

$$p = \frac{N_{CO_2,ges}}{\frac{\rho_{Sekt} V_{Sekt}}{\tilde{M}_{Sekt} H} + \frac{V_g}{RT}} \quad \rightarrow \quad \boxed{p(25\,°C) = 4{,}1 \, \text{bar}}. \tag{1.92}$$

b) Wird die Wasserdampfsättigung mitberücksichtigt, so wird der Druck in der Flasche nicht allein durch CO_2 gebildet, sondern auch durch Wasser. Gemäß Gl. (1.88) ergibt sich für die Molmenge des CO_2 in der Gasphase:

$$y_{CO_2} p V_g = N_{CO_2,g} RT \quad \rightarrow \quad N_{CO_2,g} = \frac{y_{CO_2} p V_g}{RT} = \left(1 - \frac{p_{H_2O}}{p}\right) \frac{p V_g}{RT}. \tag{1.93}$$

Für die Gasphase gilt gemäß Henry-Gesetz:

$$y_{CO_2}\, p = x_{CO_2}\, H \quad \rightarrow \quad x_{CO_2} = \left(1 - \frac{p_{H_2O}}{p}\right) \frac{p}{H}. \tag{1.94}$$

Analog zu Gl. (1.90) ergibt sich der Molanteil des CO_2 in der Flüssigkeit x_{CO_2} zu:

$$N_{CO_2,f} = N_f\, x_{CO_2} = \frac{M_{Sekt}}{\tilde{M}_{Sekt}} \left(1 - \frac{p_{H_2O}}{p}\right) \frac{p}{H} = \frac{\rho_{Sekt} V_{Sekt}}{\tilde{M}_{Sekt}} \left(1 - \frac{p_{H_2O}}{p}\right) \frac{p}{H}. \tag{1.95}$$

Damit kann die Gesamtstoffmenge an CO_2 im System für $0\,°C$ und 1 bar unter Berücksichtigung der Wasserdampfsättigung berechnet werden:

$$N_{CO_2,ges} = \left(1 - \frac{p_{H_2O}}{p}\right) \left(\frac{\rho_{Sekt} V_{Sekt}}{\tilde{M}_{Sekt}} \frac{p}{H} + \frac{p V_g}{RT}\right). \tag{1.96}$$

Mit der Antoine-Gleichung ergibt sich für den Wasserdampfpartialdruck bei $0\,°C$:

$$p_{H_2O}(0\,°C) = 5,93\,\text{mbar}. \tag{1.97}$$

Die Gesamtstoffmenge an CO_2 in der Flasche beträgt demzufolge:

$$N_{CO_2,ges} = 0,0987\,\text{mol}. \tag{1.98}$$

Analog zu a) gilt Gl. (1.96) auch für eine Temperatur von $25\,°C$. Der Wasserdampfpartialdruck bei dieser Temperatur beträgt:

$$p_{H_2O}(25\,°C) = 31,4\,\text{mbar}. \tag{1.99}$$

Nach p aufgelöst ergibt sich der Gesamtdruck in der Flasche:

$$p = \frac{N_{CO_2,ges}}{\left(\frac{\rho_{Sekt} V_{Sekt}}{\tilde{M}_{Sekt}} \frac{1}{H} + \frac{V_g}{RT}\right)} + p_{H_2O} \quad \rightarrow \quad \boxed{p(25\,°C) = 4,12\,\text{bar}}. \tag{1.100}$$

1.12 Extraktion von Phenol aus Wasser [2][*]

▶   **Thema** Flüssig/flüssig-Gleichgewichte

Eine wässrige Lösung enthält 1 g/L Phenol. Es wird jeweils ein Liter der wässrigen Lösung mit 10, 50, 100, 500, 1000 und 2000 mL eines mit Wasser praktisch nicht mischbaren organischen Lösungsmittel extrahiert.

Bestimmen Sie die Gleichgewichtskonzentrationen, die sich in beiden Phasen einstellen.

Gegeben:

Verteilungskoeffizient $K_{Phenol} = c_{Phenol/org}/c_{Phenol/wässr} = 100$

Lösung

Lösungsansatz:
Aufstellen einer Gesamtmassenbilanz für Phenol.

Lösungsweg:
Die eingesetzte Gesamtmasse an Phenol berechnet sich als Produkt aus der Massenkonzentration des Phenols in der wässrigen Ausgangslösung und deren Volumen:

$$M_{Phenol} = \rho_{Phenol/w,\text{anf}} V_w = 1\,\text{g}. \tag{1.101}$$

Zur Berechnung der Gleichgewichtskonzentrationen bei den gegebenen Verhältnissen wird eine Gesamtmassenbilanz für die Komponente Phenol aufgestellt:

$$M_{Phenol} = M_{Phenol/w} + M_{Phenol/o} \quad \rightarrow \quad M_{Phenol} = \rho_{Phenol/w} V_w + \rho_{Phenol/o} V_o. \tag{1.102}$$

Da die molare Masse des Phenols unabhängig davon ist, in welcher Phase es gelöst ist, stellt der Verteilungskoeffizient ebenfalls das Verhältnis der Massenkonzentrationen an Phenol in den jeweiligen Phasen dar:

$$K_{Phenol} = \frac{\rho_{Phenol/o}}{\rho_{Phenol/w}} = 100. \tag{1.103}$$

Damit ergibt sich für die Gesamtmasse und die Massenkonzentration in der wässrigen Phase an Phenol:

$$M_{Phenol} = \rho_{Phenol/w} V_w + K_{Phenol} \rho_{Phenol/w} V_o$$

$$\rightarrow \quad \boxed{\rho_{Phenol/w} = \frac{M_{Phenol}}{V_w + K_{Phenol} V_o}}. \tag{1.104}$$

Mit dem Verteilungskoeffizienten kann aus der Phenolkonzentration im Wasser die Gleichgewichtskonzentration in der organischen Phase bestimmt werden (Gl. (1.103)). Die Ergebnisse sind in Tab. 1.10 aufgeführt.

Tab. 1.10 Massenkonzentration des Phenols in wässriger und organischer Phase im Gleichgewicht	V_o [mL]	$\rho_{Phenol/w}$ [g/L]	$\rho_{Phenol/o}$ [g/L]
	10	0,5	50
	50	0,167	16,7
	100	$9,09 \cdot 10^{-2}$	9,09
	500	$1,96 \cdot 10^{-2}$	1,96
	1000	$9,9 \cdot 10^{-3}$	0,99
	2000	$4,98 \cdot 10^{-3}$	0,498

1.13   Adsorption von Abwasserinhaltsstoffen an Aktivkohle [2][*]

▶   **Thema**   Sorptionsgleichgewichte

Zur Reduktion der Abwasserbelastung mit TOC (Total Organic Carbon) wird ein Abwasser aus einem biologischen Prozess mit Aktivkohle als Adsorptionsmittel behandelt. Aus Labormessungen sind die in Tab. 1.11 aufgeführten Zusammenhänge bekannt.

Bestimmen Sie die Konstanten der Langmuir-Adsorptionsisotherme.

Hinweis:

Die Langmuir-Isotherme (Gl. (Lb 1.146)) kann linearisiert und die Parameter grafisch bestimmt werden:

$$\frac{1}{X} = \frac{1}{X_{max}} + \frac{1}{X_{max} k \rho_{TOC}}.$$ (1.105)

Lösung

Lösungsansatz:

Linearisierung und graphische Bestimmung der Parameter.

Tab. 1.11 Sorptionsgleichgewichte des TOC	TOC in Lösung ρ_{TOC} [mg/L]	TOC auf Aktivkohle X [mg_{TOC}/mg_{AK}]
	1,8	0,011
	4,2	0,029
	7,4	0,046
	11,7	0,062
	15,9	0,085
	20,3	0,097

Abb. 1.7 Langmuir-Adsorptionsisotherme

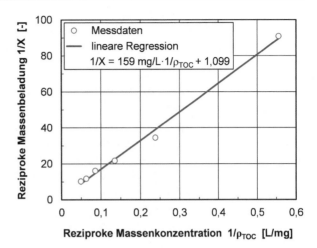

Lösungsweg:

Zur Linearisierung der Langmuir Adsorptionsisothermen wird Gl. (1.105) verwandt. Um die maximale Beladung X_{max} und den Langmuir-Sorptionskoeffizienten k zu bestimmen, werden die Messwerte an die lineare Form angepasst und in einem $1/X$, $1/\rho_{TOC}$-Diagramm aufgetragen. Der Messwertverlauf wird anschließend durch eine Gerade angenähert, wie dies in Abb. 1.7 dargestellt ist. Die Geradengleichung ist von der Form $y = m \cdot x + b$:

$$b = \frac{1}{X_{max}} \quad \text{und} \quad m = \frac{1}{X_{max}k}. \tag{1.106}$$

Aus diesen Gleichungen und den Regressionswerten können nun die gesuchten Parameter berechnet werden:

$$\boxed{X_{max} = 0{,}91} \quad \text{und} \quad \boxed{k = 6{,}91 \cdot 10^{-3}\,\mathrm{L\,mg^{-1}}}. \tag{1.107}$$

Literatur

1. Beek WJ, Muttzall KMK, van Heuven JW (1999) Transport phenomena, 2. Aufl. John Wiley & Sons Ltd, Chichester
2. Draxler J, Siebenhofer M (2014) Verfahrenstechnik in Beispielen. Springer Vieweg, Wiesbaden
3. Felder RM, Rousseau RW (2000) Elementary principles of chemical processes, 3. Aufl. John Wiley & Sons, New York
4. Wagner W, Kretzschmar HJ (2013) Wasser. In: VDI e.V. (Hrsg) VDI-Wärmeatlas, 11. Aufl. Springer, Berlin Heidelberg https://doi.org/10.1007/978-3-642-19981-3_12
5. Reid RC, Prausnitz JM, Poling BE (1987) The properties of gases and liquids, 4. Aufl. McGraw-Hill, New York

Energie- und Stofftransport in ruhenden Medien

2

Inhalt dieses Kapitels ist die mathematische Modellierung molekularer Transportvorgänge. Hierbei wird allein die Diffusion dargestellt, da der molekulare Energietransport analog zu behandeln ist. Allerdings zeigen Stofftransportprobleme eine deutlich größere Anzahl und höhere Komplexität der Randbedingungen. Um eine analytische mathematische Behandlung der betrachteten Transportvorgänge zu ermöglichen, werden lediglich eindimensionale Geometrien betrachtet. Zunächst wird mit der rein stationären, äquimolaren Diffusion durch eine Wand ein einfacher Anwendungsfall beschrieben. Anschließend wird die für zahlreiche technische Anwendungen relevante einseitige Diffusion betrachtet. Die Auswirkungen chemischer Reaktionen auf den diffusiven Transport werden zunächst für eine parallele homogene und dann für heterogene Reaktionen erläutert. Den Abschluss bilden instationäre Diffusions- und Wärmeleitungsvorgänge in einer ebenen Platte sowie einer Kugel.

2.1 Diffusion von Wasserstoff durch eine Stahlwand [4]**

► **Thema** Äquimolare Diffusion in einer ebenen Schicht

In einem kugelförmigen 1-Liter-Stahltank mit 2 mm Wandstärke wird Wasserstoff bei 400 °C gelagert. Der Anfangsdruck beträgt 9 bar, außen herrscht ein Vakuum. Die Stahldichte beträgt 7800 kg/m^3, der Diffusionskoeffizient $D_{H_2/Stahl}(400\,°C) = 1{,}7 \cdot 10^{-9}\,\text{m}^2/\text{s}$. Für die Löslichkeit von H_2 in Stahl gilt folgende Beziehung zur Berechnung der Massen-

Elektronisches Zusatzmaterial Die Online-Version dieses Kapitels (https://doi.org/10.1007/978-3-662-60393-2_2) enthält Zusatzmaterial, das für autorisierte Nutzer zugänglich ist.

© Springer-Verlag GmbH Deutschland, ein Teil von Springer Nature 2020
M. Kraume, *Transportvorgänge in der Verfahrenstechnik*,
https://doi.org/10.1007/978-3-662-60393-2_2

konzentration:

$$\rho_{H_2/\text{Stahl}} = \rho_{\text{Stahl}} 2{,}09 \cdot 10^{-4} \exp\left(-\frac{3950\,\text{K}}{T}\right)\left(\frac{p}{1\,\text{bar}}\right)^{1/2}. \tag{2.1}$$

Bestimmen Sie die Zeit, nach der der Druck auf 5 bar gefallen ist.

Annahmen:

1. Die Wandstärke ist klein im Vergleich zum Tankradius, daher kann der Vorgang als Diffusion durch eine ebene Schicht betrachtet werden.
2. Wasserstoff verhält sich wie ein ideales Gas.
3. Wasserstoff ist in Stahl nur wenig löslich, sodass eine äquimolare Diffusion angenommen werden kann.
4. Die Konzentrationsänderung in der Wand verläuft so langsam, dass dort zu jedem Zeitpunkt ein stationärer Zustand vorliegt (quasistationäre Behandlung).

Lösung

Lösungsansatz:
Aufstellen einer instationären Bilanz für das Behälterinnere unter Berücksichtigung des austretenden Diffusionsstroms durch die vereinfachend als eben betrachtete Behälterwand.

Lösungsweg:
Die Massenbilanz für H_2 über den Tankinhalt ergibt:

$$\frac{dM_{H_2}}{dt} = -\dot{M}_{H_2}. \tag{2.2}$$

Um die Änderung der gespeicherten Masse berechnen zu können, muss der austretende Massenstrom bekannt sein. Aufgrund der Ann. 3 lässt sich der Massenstrom durch die Wand mit dem Fick'schen Gesetz für die äquimolare Diffusion ermitteln:

$$\dot{M}_{H_2} = -D_{H_2/\text{Stahl}} A_{\text{Tank}} \frac{d\rho_{H_2/\text{Stahl}}}{dx}. \tag{2.3}$$

Gemäß Ann. 4 wird ein quasistationärer Vorgang betrachtet. Da die Wand als eben angenommen werden kann (Ann. 1), liegt ein lineares Konzentrationsprofil des gelösten H_2 in der Wand vor. Der Gradient kann demzufolge durch den Differenzenquotienten aus der Massenkonzentration des Wasserstoffs $\rho_{H_2/\text{Stahl}}$ und der Wandstärke s ausgedrückt werden. Auf der Innenseite des Behälters besteht ein Gleichgewicht mit der Gasphase, auf der Außenseite gilt aufgrund des Vakuums $\rho_{H_2} = 0$:

$$\dot{M}_{H_2} = D_{H_2/\text{Stahl}} A_{\text{Tank}} \frac{\rho_{H_2/\text{Stahl}}}{s} = -\frac{dM_{H_2}}{dt}. \tag{2.4}$$

Da sich H_2 wie ein ideales Gas verhält (Ann. 2), berechnet sich die Masse des Wasserstoffs im Tank nach:

$$M_{H_2} = p \frac{V_{\text{Tank}}}{RT} \tilde{M}_{H_2}. \tag{2.5}$$

Dies wird in den instationären Term der Gl. (2.4) eingesetzt. Die Massenkonzentration von Wasserstoff in der Stahlwand wird über Gl. (2.1) berechnet. Bei konstanter Temperatur ergibt sich der Zusammenhang:

$$\rho_{H_2/\text{Stahl}} = \underbrace{\rho_{\text{Stahl}} \frac{2{,}09 \cdot 10^{-4}}{(10^5\,\text{Pa})^{1/2}} \exp\left(-\frac{3950\,\text{K}}{T}\right)}_{K} p^{1/2} \quad \rightarrow \quad \rho_{H_2/\text{Stahl}} = K p^{1/2}. \tag{2.6}$$

Die Bilanzgleichung (2.4) kann damit als Differenzialgleichung des Drucks dargestellt werden:

$$\frac{dp}{dt} = -C_1 p^{1/2} \quad \text{mit } C_1 = \frac{RT}{\tilde{M}_{H_2}} \frac{D_{H_2/\text{Stahl}}}{s} \frac{A_{\text{Tank}}}{V_{\text{Tank}}} K. \tag{2.7}$$

Für eine Kugel ergibt sich das Verhältnis von Oberfläche zu Volumen durch:

$$\frac{A_{\text{Tank}}}{V_{\text{Tank}}} = \frac{\pi D_K^2}{\frac{\pi}{6} D_K^3} = \frac{6}{D_K} = \frac{6}{\left(\frac{6}{\pi} V_{\text{Tank}}\right)^{1/3}} \quad \rightarrow \quad \frac{A_{\text{Tank}}}{V_{\text{Tank}}} = \left(\frac{36\pi}{V_{\text{Tank}}}\right)^{1/3}. \tag{2.8}$$

Die Differenzialgleichung (2.7) wird über Trennung der Variablen gelöst und bestimmt integriert:

$$\int_{p_{\text{anf}}}^{p_{\text{end}}} p^{-1/2} dp = -\int_0^t C_1 dt \quad \rightarrow \quad t = \frac{2}{C_1}\left(p_{\text{anf}}^{1/2} - p_{\text{end}}^{1/2}\right). \tag{2.9}$$

Bei der vorliegenden Temperatur von $400\,°C$ ergeben sich die Konstanten zu:

$$K = 1{,}46 \cdot 10^{-5} \frac{\text{kg}}{\text{m}^3 \text{Pa}^{1/2}} \quad \rightarrow \quad C_1 = 1{,}68 \cdot 10^{-3} \frac{\text{Pa}^{1/2}}{s}. \tag{2.10}$$

Eingesetzt in die Lösung der Integration folgt für die Zeit bis zum Abfall auf 5 bar:

$$\boxed{t = 2{,}88 \cdot 10^5\,\text{s} \approx 80\,\text{h}}. \tag{2.11}$$

2.2   Heliumabtrennung aus Erdgas [2][**]

▶   **Thema** Einseitige Diffusion

Helium lässt sich aus Erdgas über ein Diffusionsverfahren gewinnen. Dieses Verfahren basiert darauf, dass bestimmte Materialien (z. B. Borosilikatglas) für sämtliche gasförmigen Komponenten bis auf Helium nahezu undurchlässig sind. Bei einem solchen Diffusionsverfahren durchströmt das heliumhaltige Erdgas ein zylindrisches Borosilikatglasrohr der Länge L. Dabei diffundiert Helium durch die Rohrwand (Innendurchmesser D, Wanddicke s, Diffusionskoeffizient $D_{He/Glas}$) nach außen (s. Abb. 2.1). Die Änderung der Heliumkonzentration mit der Lauflänge ist gering, sodass über die gesamte Rohrlänge c_{He_i} an der Innenseite und c_{He_a} an der Außenseite des Rohres vorliegt.

Bestimmen Sie, ausgehend von der differenziellen Stoffbilanz in der Glasrohrwand, den Massenstrom des Heliums durch die Rohrwand.

Annahmen:

1. Da die Änderung der Heliumkonzentration in der Rohrströmung minimal ist, bleibt die molare Gesamtkonzentration c_{ges} des Erdgases konstant.
2. Die anderen Komponenten des Erdgasgemisches diffundieren nicht durch die Glasrohrwand.
3. Der Diffusionskoeffizient $D_{He/Glas}$ ist konstant.

Abb. 2.1 Borosilikatglasrohr mit dünnem Hohlzylinder als Bilanzvolumen

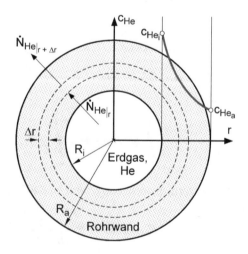

Lösung

Lösungsansatz:
Aufstellen einer differenziellen Stoffbilanz in der Glasrohrwand (Hohlzylinder).

Lösungsweg:
Es wird ein stationäres System gemäß Abb. 2.1 betrachtet. Es tritt kein Wandlungsterm auf. In der Stoffbilanz über einen dünnen Hohlzylinder der Dicke Δr in der Rohrwand werden daher nur ein- und austretende Ströme betrachtet:

$$0 = \dot{N}_{\text{He}|_r} - \dot{N}_{\text{He}|_{r+\Delta r}}. \tag{2.12}$$

Nach der Division dieser Gleichung durch die Dicke Δr und anschließendem Grenzübergang für Δr gegen null ergibt sich:

$$0 = \frac{\dot{N}_{\text{He}|_r} - \dot{N}_{\text{He}|_{r+\Delta r}}}{\Delta r} \xrightarrow{\Delta r \to 0} \frac{d\dot{N}_{\text{He}|_r}}{dr} = 0. \tag{2.13}$$

Für den Stoffstrom wird das Produkt aus Stofffluss und Fläche eingesetzt:

$$\frac{d\dot{N}_{\text{He}|_r}}{dr} = \frac{d}{dr}\left(2\pi L r \dot{n}_{\text{He}|_r}\right) = 0 \quad \to \quad \frac{d}{dr}\left(r\dot{n}_{\text{He}|_r}\right) = 0. \tag{2.14}$$

Diese Gleichung wird integriert und die Integrationskonstante als C_1 bezeichnet:

$$r\dot{n}_{\text{He}|_r} = C_1. \tag{2.15}$$

Da ausschließlich Helium durch das Pyrex-Glas diffundieren kann, liegt eine einseitige Diffusion vor. Gl. (Lb 2.9) beschreibt den Massenfluss bei einseitiger Diffusion über die Partialdrücke. Mit dem idealen Gasgesetz wird diese Gleichung für den Molenfluss in Abhängigkeit vom Molanteils y_{He} dargestellt. Die Gesamtkonzentration c_{ges} wird als konstant angenommen (Ann. 1) und aus dem Differenzial gezogen:

$$\dot{n}_{\text{He}|_r} = -D_{\text{He/Glas}} c_{\text{ges}} \frac{1}{1 - y_{\text{He}}} \frac{dy_{\text{He}}}{dr}. \tag{2.16}$$

Das Einfügen dieses Molenflusses in Gl. (2.15) ergibt die Differenzialgleichung

$$r\dot{n}_{\text{He}|_r} = -D_{\text{He/Glas}} c_{\text{ges}} \frac{r}{1 - y_{\text{He}}} \frac{dy_{\text{He}}}{dr} = C_1, \tag{2.17}$$

die durch Trennung der Variablen gelöst wird:

$$C_1 \frac{dr}{r} = -D_{\text{He/Glas}} c_{\text{ges}} \frac{dy_{\text{He}}}{1 - y_{\text{He}}}$$

$$\to \quad C_1 \ln r = D_{\text{He/Glas}} c_{\text{ges}} \ln\left(1 - y_{\text{He}}\right) + C_2. \tag{2.18}$$

Bei der Lösung der Differenzialgleichung werden folgende Randbedingungen berücksichtigt:

1. RB: bei $r = R_a$ $c_{He} = c_{He_a}$
2. RB: bei $r = R_i = D/2$ $c_{He} = c_{He_i}$

Damit ergeben sich für die die Bestimmung der Integrationskonstanten folgende beiden Beziehungen:

$$C_1 \ln R_a = D_{He/Glas} c_{ges} \ln (1 - y_{He_a}) + C_2 \quad \text{und}$$
$$C_1 \ln R_i = D_{He/Glas} c_{ges} \ln (1 - y_{He_i}) + C_2. \tag{2.19}$$

Hieraus folgt für die Konstante C_1:

$$C_1 = D_{He/Glas} c_{ges} \frac{\ln (1 - y_{He_a}) - \ln (1 - y_{He_i})}{\ln \frac{R_a}{R_i}}. \tag{2.20}$$

Unter Verwendung der Gl. (2.17) ergibt sich damit für den gesamten Massenstrom des Heliums:

$$\dot{M}_{He} = \dot{N}_{He} \tilde{M}_{He} = 2\pi R_i L \dot{n}_{He} \tilde{M}_{He} = 2\pi R_i L \frac{C_1}{R_i} \tilde{M}_{He}$$

$$\rightarrow \quad \boxed{\dot{M}_{He} = 2\pi L D_{He/Glas} c_{ges} \tilde{M}_{He} \frac{\ln (1 - y_{He_a}) - \ln (1 - y_{He_i})}{\ln \frac{R_a}{R_i}}}. \tag{2.21}$$

2.3 Auflösung eines Kupferkristalls[**]

▶   **Thema** Einseitige Diffusion

Ein kugelförmiger Kupfersulfatkristall ($CuSO_4$, Abk. C) mit dem anfänglichen Radius R_0 fällt durch ruhendes, reines Wasser von 30 °C. Dabei löst sich das Sulfat langsam auf. Für eine erste Abschätzung der Auflösungsgeschwindigkeit wird angenommen, dass das Teilchen von einem mitbewegten Flüssigkeitsfilm der Dicke δ umgeben ist, in dem ein reiner Diffusionsprozess abläuft (s. Abb. 2.2). An der Filmaußenseite liegt reines Wasser vor.

a) Bestimmen Sie den radialen Verlauf des Molanteils an Kupfersulfat im Wasserfilm.
b) Berechnen Sie die anfängliche Auflösungsgeschwindigkeit des Kristalls dR_0/dt.

Abb. 2.2 Kugelförmiger
Kristall mit dem Radius R_0
umgeben von einem Wasser-
film der Dicke δ

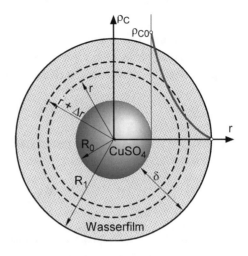

Gegeben:

Feststoffdichte Kupfersulfat	ρ_{Cs}	$= 3600\,\text{kg/m}^3$
Sättigungskonzentration $CuSO_4$ in Wasser	c_{C0}	$= 169\,\text{kg/m}^3$
Molekulargewicht Kupfersulfat	$\tilde{M}_C$	$= 159{,}6\,\text{g/mol}$
Diffusionskoeffizient $CuSO_4$ in Wasser	D_{CuSO_4/H_2O}	$= 6{,}2 \cdot 10^{-10}\,\text{m}^2/\text{s}$
Mittlere Lösungskonzentration	c_{Lsg}	$= 56\,\text{mol/L}$
Anfänglicher Kristallradius	R_0	$= 5\,\text{mm}$
Filmdicke	δ	$= 0{,}2\,\text{mm}$

Hinweise:

1. Die Durchmesserabnahme des Kristalls verläuft derart langsam, dass im Film zu jedem Zeitpunkt ein stationärer Zustand angenommen werden kann (Quasistationarität).
2. Für den Film wird vereinfachend eine mittlere molare Konzentration der Lösung c_{Lsg} von 56 mol/L angesetzt.

Lösung

Lösungsansatz:
Aufstellen einer differenziellen Stoffbilanz um eine dünne Kugelschale innerhalb des mitbewegten Flüssigkeitsfilms unter Einbeziehung des Massenstroms bei einseitiger Diffusion.

Lösungsweg:

a) Die Auflösung erfolgt ohne chemische Umwandlung des Kupfersulfats, sodass die Molmenge erhalten bleibt. Daher gilt für die Molbilanz des Kupfersulfats in dem in Abb. 2.2 dargestellten dünnen Wasserfilm (Kugelschale):

$$\dot{N}_{C}|_r - \dot{N}_{C}|_{r+\Delta r} = 0. \tag{2.22}$$

Der Vorgang wird als stationär betrachtet und es tritt kein Wandlungsterm auf. Nach der Division beider Seiten durch Δr

$$\frac{\dot{N}_{C}|_r - \dot{N}_{C}|_{r+\Delta r}}{\Delta r} = 0 \tag{2.23}$$

ergibt sich für $\Delta r \to 0$ und das Ersetzen des Molenstroms durch das Produkt aus Molenfluss und Kugeloberfläche sowie Division durch den konstanten Wert 4π:

$$\frac{d\dot{N}_{C}|_r}{dr} = 0 \quad \to \quad \frac{d}{dr}\left(\dot{n}_{C}|_r 4\pi r^2\right) = 0 \quad \to \quad \frac{d}{dr}\left(\dot{n}_{C}|_r r^2\right) = 0. \tag{2.24}$$

Weil Wasser nicht in den Kristall diffundieren kann, tritt eine einseitige Diffusion auf. In diesem Fall gilt für die Molenstromdichte nach Gl. (Lb 2.9)

$$\dot{n}_{C}|_r = -D_{CuSO_4/H_2O}\frac{c_{Lsg}}{c_{Lsg} - c_C}\frac{dc_C}{dr}$$

$$\to \quad \dot{n}_{C}|_r = -D_{CuSO_4/H_2O}c_{Lsg}\frac{1}{1 - y_C}\frac{dy_C}{dr} \tag{2.25}$$

mit dem Molanteil $y_C = c_C/c_{Lsg}$. Für einen konstanten Diffusionskoeffizienten folgt aus Gl. (2.24):

$$\frac{d}{dr}\left(\frac{r^2}{1 - y_C}\frac{dy_C}{dr}\right) = 0. \tag{2.26}$$

Die Integration der Gleichung führt zu:

$$\left(\frac{r^2}{1 - y_C}\frac{dy_C}{dr}\right) = C_1. \tag{2.27}$$

Diese Differenzialgleichung wird durch Trennung der Variablen integriert:

$$-\ln\left(1 - y_C\right) = -\frac{C_1}{r} + C_2. \tag{2.28}$$

Die Lösung dieser Gleichung erfolgt mit den Randbedingungen:

1. RB: bei $r = R_0$ $\qquad y_C = c_{C0}/c_{Lsg} = y_{C0}$

2. RB: bei $r = R_1 = R_0 + \delta$ $\qquad y_C = 0$

Damit ergeben sich folgende Konstanten:

$$C_1 = \frac{R_1 R_0}{\delta} \ln(1 - y_{C0}) \quad \text{und} \quad C_2 = \frac{C_1}{R_1}. \tag{2.29}$$

Eingesetzt in die allgemeine Lösung der Differenzialgleichung (Gl. (2.28)) ergibt sich für den Verlauf des Molanteils:

$$\ln(1 - y_C) = C_1 \left(\frac{1}{r} - \frac{1}{R_1} \right) = \frac{R_1 R_0}{\delta} \ln(1 - y_{C0}) \frac{1}{R_1} \left(\frac{R_1}{r} - 1 \right)$$

$$\rightarrow \quad \boxed{ y_C = 1 - (1 - y_{C0})^{\left(\frac{R_1}{r} - 1 \right) \frac{R_0}{\delta}} }. \tag{2.30}$$

b) Die Berechnung des Molenstroms erfolgt mit Gl. (2.25), wobei sich mit dem Term für C_1 (Gl. (2.29)) ergibt:

$$\dot{N}_{CuSO_4} = -4\pi c_{Lsg} D_{CuSO_4/H_2O} \frac{r^2}{1 - y_C} \frac{dy_C}{dr} = -4\pi c_{Lsg} D_{CuSO_4/H_2O} C_1$$

$$\rightarrow \quad \dot{N}_{CuSO_4} = -4\pi c_{Lsg} D_{CuSO_4/H_2O} R_0 \left(\frac{R_0}{\delta} + 1 \right) \ln(1 - y_{C0}). \tag{2.31}$$

Dieser Molenstrom führt zur Auflösung des Kristalls, woraus die Molbilanz

$$\frac{dN_{CuSO_4}}{dt} = \frac{1}{\tilde{M}_C} \frac{dM_{CuSO_4}}{dt} = \frac{\rho_{Cs}}{\tilde{M}_C} \frac{dV_{CuSO_4}}{dt} = \frac{\rho_{Cs}}{\tilde{M}_C} \frac{d\left(\frac{4}{3}\pi R_0^3 \right)}{dt}$$

$$= 4\pi \frac{\rho_{Cs}}{\tilde{M}_C} R_0^2 \frac{dR_0}{dt} = -\dot{N}_{CuSO_4} \tag{2.32}$$

resultiert. Wird der Molenstrom gemäß Gl. (2.31) eingesetzt, so folgt

$$4\pi \frac{\rho_{Cs}}{\tilde{M}_C} R_0^2 \frac{dR_0}{dt} = 4\pi c_{Lsg} D_{CuSO_4/H_2O} \frac{R_0 (R_0 + \delta)}{\delta} \ln(1 - y_{C0}) \tag{2.33}$$

und daraus die anfängliche Auflösungsgeschwindigkeit:

$$\frac{dR_0}{dt} = \frac{c_{Lsg}}{\rho_{Cs}} \tilde{M}_C D_{CuSO_4/H_2O} \left(\frac{1}{\delta} + \frac{1}{R_0} \right) \ln(1 - y_{C0})$$

$$\rightarrow \quad \boxed{ \frac{dR_0}{dt} = -0{,}153 \cdot 10^{-3} \, \frac{mm}{s} }. \tag{2.34}$$

2.4 Verdunstungsrate eines Stausees[**]

▶ **Thema** Einseitige Diffusion

Bei Stauseen in heißen, trockenen Gebieten ist der Wasserverlust durch Verdunstung ein ernstes Problem. Der Karibastausee[1], welcher den Sambesi aufstaut, bedeckt eine Fläche von $5180\,km^2$. In dem angeschlossenen Wasserkraftwerk werden pro Kubikmeter Wasser $0,23\,kWh$ elektrischer Energie erzeugt. Die relative Luftfeuchtigkeit $\varphi = p_{H_2O}/p_{S\,H_2O}$ beträgt bei Windstille $0,5\,m$ über dem See konstant $20\,\%$. Die Temperatur betrage $30\,°C$ bei $1\,bar$ Umgebungsdruck. Der Sättigungsdampfdruck von Wasser $p_{S\,H_2O}$ beträgt bei dieser Temperatur $42\,mbar$ und der Diffusionskoeffizient des Wassers in Luft $D_{H_2O/Luft}$ $2,58\cdot10^{-5}\,m^2/s$.

Berechnen Sie:

a) den täglichen Verdunstungsmassenstrom an Wasser,
b) dessen Geschwindigkeit,
c) welche Energie dem vorhandenen Wasserkraftwerk dadurch täglich verloren geht.

Annahmen:

1. In der Luftschicht bis $0,5\,m$ oberhalb des Wasserspiegels findet eine einseitige Diffusion statt.
2. Das Luft/Wasserdampf-Gemisch verhält sich wie ein ideales Gas.

Hinweis:

Für die Ableitung der Funktion $f(y) = a^{my}$ gilt:

$$\frac{d}{dy}a^{my} = ma^{my}\ln a. \tag{2.35}$$

Lösung

Lösungsansatz:
Herleitung der Abhängigkeit des Wasserdampfpartialdrucks p_{H_2O} von der Höhenkoordinate y und Einsetzen in die Stofftransportgleichung für die einseitige Diffusion.

---

[1] Der 1959 fertiggestellte Stausee befindet sich an der Landesgrenze zwischen Sambia und Simbabwe. Gemäß der Liste der größten Stauseen der Erde ist er der volumenmäßig zweit- und flächenmäßig fünftgrößte der Erde. Er ist $280\,km$ lang, durchschnittlich $18\,km$ breit und ca. $29\,m$ tief. Die Wasseroberfläche ist etwa zehnmal so groß wie die des Bodensees, die Speicherkapazität beträgt mit $180,6\,km^3$ das 3,7-fache des Bodensees.

Lösungsweg:

a) Für den verdunsteten Massenfluss gilt für ein ideales Gas nach Gl. (Lb 2.9)

$$\dot{m}_{H_2O}^{eins}(H) = -\frac{D_{H_2O/Luft}\tilde{M}_{H_2O}}{TR}\frac{p}{p - p_{H_2O}(H)}\left(\frac{dp_{H_2O}}{dy}\right)_{y=H}. \tag{2.36}$$

Aufgrund der Randbedingungen ergeben sich die Wasserdampfpartialdrücke:

$$p_{H_2O}(y = 0\,\text{m}) = p_{S\,H_2O} = 42\,\text{mbar} \quad \text{und}$$

$$p_{H_2O}(H = 0{,}5\,\text{m}) = \varphi p_{S\,H_2O} = 8{,}4\,\text{mbar}. \tag{2.37}$$

Das zugehörige örtliche Profil des Wasserdampfpartialdrucks berechnet sich gemäß Gl. (Lb 2.10):

$$\frac{p - p_{H_2O}(y)}{p - p_{S\,H_2O}} = \left[\frac{p - p_{H_2O}(H)}{p - p_{S\,H_2O}}\right]^{y/H}. \tag{2.38}$$

Für die Berechnung des Massenflusses nach Gl. (2.36) wird der Druckgradient benötigt. Hierzu wird Gl. (2.38) nach $p_{H_2O}(y)$ umgestellt, gemäß Gl. (2.35) nach y abgeleitet

$$\frac{dp_{H_2O}}{dy} = -\frac{1}{H}\left[p - p_{H_2O}(0)\right]\left[\frac{p - p_{H_2O}(H)}{p - p_{S\,H_2O}}\right]^{y/H}\ln\left[\frac{p - p_{H_2O}(H)}{p - p_{S\,H_2O}}\right]. \tag{2.39}$$

und für die Stelle $y = H$ berechnet:

$$\left.\frac{dp_{H_2O}}{dy}\right|_{y=H} = -\frac{1}{H}\left[p - p_{H_2O}(H)\right]\ln\left[\frac{p - p_{H_2O}(H)}{p - p_{S\,H_2O}}\right]$$

$$\rightarrow \quad \left.\frac{dp_{H_2O}}{dy}\right|_{y=H} = -\frac{1}{H}\left(p - \varphi p_{S\,H_2O}\right)\ln\left(\frac{p - \varphi p_{S\,H_2O}}{p - p_{S\,H_2O}}\right). \tag{2.40}$$

Eingesetzt in Gl. (2.36) folgt für den Massenfluss, der aufgrund der Massenerhaltung keine Funktion von y ist:

$$\dot{m}_{H_2O}^{eins} = \frac{D_{H_2O/Luft}\tilde{M}_{H_2O}}{TR}\frac{p}{H}\ln\left(\frac{p - \varphi p_{S\,H_2O}}{p - p_{S\,H_2O}}\right)$$

$$\rightarrow \quad \dot{m}_{H_2O}^{eins} = 1{,}27 \cdot 10^{-6}\,\frac{\text{kg}}{\text{s}\,\text{m}^2}. \tag{2.41}$$

Der Verdunstungsmassenstrom an Wasser ergibt sich aus dem Produkt von Fläche und Massenstromdichte:

$$\dot{M}_{H_2O}^{eins} = \dot{m}_{H_2O}^{eins}A_{Stausee} \quad \rightarrow \quad \boxed{\dot{M}_{H_2O}^{eins} = 568 \cdot 10^3\,\frac{t}{d}}. \tag{2.42}$$

b) Die Verdrängungsgeschwindigkeit lässt sich mit Gl. (Lb 2.7) unter Verwendung des Druckgradienten gemäß Gl. (2.40) berechnen:

$$w_v = -\frac{D_{H_2O/Luft}}{p - p_{H_2O}(H)} \frac{dp_{H_2O}}{dy}\bigg|_{y=H} = \frac{D_{H_2O/Luft}}{H} \ln\left[\frac{p - p_{H_2O}(H)}{p - p_{S\,H_2O}}\right]$$

$$\rightarrow \quad \boxed{w_v = 1,78 \cdot 10^{-6}\,\frac{m}{s}}. \tag{2.43}$$

c) Das Produkt aus dem täglich verdunstenden Wasservolumen und dem volumenspezifischen Energieverlust ergibt den täglichen Energieverlust:

$$E = \frac{\dot{M}_{H_2O}}{\rho_{H_2O}} e_{Verlust} t \quad \rightarrow \quad \boxed{E = 131\,\text{MWh} = 472\,\text{GJ}}. \tag{2.44}$$

2.5   Absorption von Wasserdampf in Schwefelsäure[**]

▶   **Thema**   Einseitige Diffusion

In einem zylindrischen, offenen Behälter von 0,5 m Durchmesser befindet sich Schwefelsäure. Die obere Behälteröffnung liegt 1 m oberhalb der Flüssigkeitsoberfläche. Darüber strömt Luft laminar mit einer Temperatur von 20 °C und einer relativen Feuchte φ von 0,5. Der Sättigungsdampfdruck von Wasser $p_{S\,H_2O}$ beträgt bei diesen Bedingungen 23 mbar. Der in der Luft vorhandene Wasserdampf wird von der Schwefelsäure absorbiert. Dabei tritt in der flüssigen Phase kein Diffusionswiderstand auf, d. h., der Wasserdampfpartialdruck der flüssigen Phase ist gleich null. Der Diffusionskoeffizient für Wasserdampf in Luft $D_{H_2O/Luft}$ beträgt $2{,}45 \cdot 10^{-5}\,\text{m}^2/\text{s}$.

a) Berechnen Sie den übergehenden Wassermassenstrom mittels der Partialdrücke als treibende Kraft.

b) Bestimmen Sie nun den übergehenden Wassermassenstrom, indem Sie die molaren Konzentrationen als Triebkraft einsetzen.

c) Skizzieren Sie den Partialdruckverlauf des Wassers $p_{H_2O}(H)$ über die Höhe im Behälter von der Flüssigkeitsoberfläche ($H = 0\,\text{m}$) bis zum oberen Rand des Behälters ($H = 1\,\text{m}$). im Behälter.

d) Erklären Sie die Ursache für die unterschiedlichen Konzentrationsgradienten an der Flüssigkeitsoberfläche und am oberen Rand des Behälters.

Hinweis:

Für die Ableitung der Funktion $f(y) = a^{my}$ gilt:

$$\frac{d}{dy} a^{my} = m a^{my} \ln a. \tag{2.45}$$

Lösung

Lösungsansatz:
Ableiten der Abhängigkeit des Wasserdampfpartialdrucks p_{H_2O} von der Ortskoordinate y und Einsetzen in die Massenstromgleichung für einseitige Diffusion, Übertragung der Funktion auf die beiden Feldgrößen.

Lösungsweg:
a) Da die Phasengrenzfläche lediglich für Wasser und nicht für Luft permeabel ist, kommt es zu einseitiger Diffusion. Der auftretende Massenstrom kann unter Verwendung des Partialdrucks mit Gl. (Lb 2.9) beschrieben werden:

$$\dot{m}_{H_2O}^{eins}(H) = -\frac{D_{H_2O/Luft}\tilde{M}_{H_2O}}{TR}\frac{p}{p - p_{H_2O}(H)}\left(\frac{dp_{H_2O}}{dy}\right)_{y=H}. \tag{2.46}$$

Der Partialdruckgradient wird durch die Ableitung des Partialdruckverlaufs von p_{H_2O} (s. Gl. (Lb 2.10))

$$\frac{p - p_{H_2O}(y)}{p - p_{S\,H_2O}} = \left[\frac{p - p_{H_2O}(H)}{p - p_{S\,H_2O}}\right]^{y/H} \tag{2.47}$$

berechnet. Hierbei ist zu berücksichtigen, dass p_{H_2O} für $y = 0$ gleich null ist. Aus der Ableitung von p_{H_2O} nach y gemäß Gl. (2.45) und dem Einsetzen des Partialdrucks für die Höhe H resultiert:

$$\left.\frac{dp_{H_2O}}{dy}\right|_{y=H} = -\frac{1}{H}\left[p - p_{H_2O}(H)\right]\ln\left[\frac{p - p_{H_2O}(H)}{p}\right]. \tag{2.48}$$

Der Prozess wird als stationär angenommen. Aufgrund der Massenerhaltung ist die Massenstromdichte keine Funktion der Höhe. Das Einsetzen von Gl. (2.48) in führt zu:

$$\dot{m}_{H_2O}^{eins}(H) = \frac{D_{H_2O/Luft}\tilde{M}_{H_2O}}{TR}\frac{p}{H}\ln\left[\frac{p - p_{H_2O}(H)}{p}\right]. \tag{2.49}$$

Der Massenstrom ergibt sich als Produkt von Querschnittsfläche und Massenstromdichte. Da der Massenfluss in negative y-Richtung stattfindet muss der Betrag des Massenflusses verwendet werden:

$$\dot{M}_{H_2O}^{eins} = \left|\dot{m}_{H_2O}^{eins}\right| A_{Behälter} \quad \rightarrow \quad \boxed{\dot{M}_{H_2O}^{eins} = 4{,}11 \cdot 10^{-8}\,\frac{kg}{s}}. \tag{2.50}$$

b) Um den absorbierten Massenstrom über die Konzentration zu bestimmen, werden die Drücke in Gl. (2.46) durch die Anwendung des idealen Gasgesetzes durch molare Konzentrationen ersetzt

$$c_{H_2O} = \frac{p_{H_2O}}{RT} \quad \text{bzw.} \quad c_{ges} = \frac{p}{RT}, \tag{2.51}$$

Abb. 2.3 Verlauf des Wasserdampfpartialdrucks in dem Gasraum des Schwefelsäurebehälters

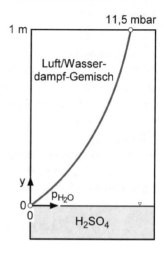

womit für die absorbierte Stoffstromdichte folgt:

$$\dot{n}_{H_2O}^{eins}(H) = -D_{H_2O/Luft} \frac{c_{ges}}{c_{ges} - c_{H_2O}(H)} \left(\frac{dc_{H_2O}}{dy}\right)_{y=H}. \tag{2.52}$$

Analog zu Gl. (2.38) ergibt sich der Konzentrationsverlauf und damit analog zu Gl. (2.48) auch der Konzentrationsgradient an der Stelle $y = H$:

$$\left.\frac{dc_{H_2O}}{dy}\right|_{y=H} = -\frac{1}{H}\left[c_{ges} - c_{H_2O}(H)\right]\ln\left[\frac{c_{ges} - c_{H_2O}(H)}{c_{ges}}\right]. \tag{2.53}$$

Für die Molenstromdichte gilt demzufolge:

$$\dot{n}_{H_2O}^{eins}(H) = D_{H_2O/Luft} \frac{c_{ges}}{H} \ln\left[\frac{c_{ges} - c_{H_2O}(H)}{c_{ges}}\right]. \tag{2.54}$$

Der Massenstrom ergibt sich aus dem Produkt von Molenstromdichte, Querschnittsfläche und Molekulargewicht:

$$\dot{N}_{H_2O}^{eins} = \left|\dot{n}_{H_2O}^{eins}\right| A_{Behälter}\tilde{M}_{H_2O} \quad \rightarrow \quad \boxed{\dot{M}_{H_2O}^{eins} = 4{,}11 \cdot 10^{-8} \frac{kg}{s}}. \tag{2.55}$$

c) Der aus Gl. (2.38) folgende Wasserdampfpartialdruckverlauf ist in Abb. 2.3 qualitativ dargestellt.

d) Aus Gl. (2.46) folgt, dass das Produkt

$$\frac{p}{p - p_{H_2O}(H)} \frac{dp_{H_2O}}{dy}$$

konstant sein muss. Das Druckverhältnis an der Phasengrenzfläche ist aufgrund des Wasserdampfpartialdrucks von null geringer als am oberen Rand des Behälters. Im Umkehrschluss muss der Partialdruckgradient an der Phasengrenzfläche größer als am Behälterrand sein.

2.6   Ranzigwerden von Butter [3]**

▶   **Thema** Diffusion mit homogener chemischer Reaktion

Das Ranzigwerden von Butter beruht zum Teil darauf, dass ungesättigte Fettsäuren (ca. 35 Gew.-%) durch Sauerstoff oxidiert werden. Durch diese Oxidation entstehen Peroxide, deren Abbauprodukte den Geschmack der Butter beeinträchtigen. Experimentelle Untersuchungen haben gezeigt, dass eine maximale Peroxidkonzentration von $5 \, \text{mol}_{\text{Peroxid}}/\text{m}^3$ Butter gerade noch zulässig ist. Vereinfacht entstehen die Peroxide durch eine bimolekulare Reaktion:

$$RH + O_2 \rightarrow ROOH.$$

Die Reaktion sei bezüglich der Sauerstoffkonzentration 1. Ordnung mit einer Reaktionsgeschwindigkeitskonstanten k_1 von $0{,}43 \cdot 10^{-5} \, 1/\text{s}$. Untersuchungen an kompakten Lebensmitteln haben gezeigt, dass das Feld der Sauerstoffkonzentration schnell ausgebildet ist und sich dann zeitlich kaum noch ändert. Demzufolge kann ein quasistationärer Verlauf der Sauerstoffkonzentration unterstellt werden. Dabei ist die Oberflächenkonzentration konstant und die Unterlage der Butterschicht stoffundurchlässig.

a) Bilanzieren Sie in einem infinitesimalen Volumenelement den Sauerstofftransport in der Butter. Stellen Sie die Gleichung für die Sauerstoffkonzentration in der Butter über eine eindimensionale Stoffbilanz für die Richtung senkrecht zur Oberfläche auf.

b) Stellen Sie die instationäre Differenzialgleichung für die Peroxidkonzentration analog zum Teil a) auf und bestimmen Sie die Abhängigkeit der Peroxidkonzentration von Ortskoordinate und Zeit.

c) Berechnen Sie die Lagerzeit einer Butterschicht der Dicke $s = 0{,}035 \, \text{m}$, wenn die zulässige Peroxidkonzentration 3 mm unterhalb der Oberfläche der Butterschicht nicht überschritten werden darf. Die Oberflächenkonzentration beträgt $7{,}3 \, \text{mol}_{O_2}/\text{m}^3$ Butter und der Diffusionskoeffizient $D_{O_2/\text{Butter}}$ von Sauerstoff in Butter $0{,}22 \cdot 10^{-10} \, \text{m}^2/\text{s}$.

d) Zeichnen Sie die Verläufe der Sauerstoffkonzentration sowie der Peroxidkonzentration für 2, 4, 6 und 8 Tage in der Butterschicht.

Hinweise:

1. Der Diffusionskoeffizient $D_{\text{Peroxid/Butter}}$ der Peroxide ist nahezu null, weil sie in der Butter fest gebunden sind.

2. Die Diffusion des Sauerstoffs kann als äquimolar betrachtet werden.
3. Die allgemeine Lösung der Differenzialgleichung

$$\frac{d^2 c\,(y)}{dy^2} - a^2 c\,(y) = 0 \tag{2.56}$$

      lautet:

$$c(y) = C_1 \exp\,(ay) + C_2 \exp\,(-ay)\,. \tag{2.57}$$

Lösung

Lösungsansatz:
Ableiten der Abhängigkeit der Sauerstoffkonzentration c_{O_2} von der Ortskoordinate y durch Aufstellen einer Stoffbilanz für eine dünne Schicht innerhalb des Butterstücks.

Lösungsweg:
a) Der Diffusionsprozess von Sauerstoff wird als stationär angenommen. Für eine dünne Schicht der Dicke Δy ergibt sich die Stoffbilanz

$$0 = \dot{N}_{O_2|y} - \dot{N}_{O_2|y+\Delta y} + \dot{W}_{O_2}\,. \tag{2.58}$$

Aus dem Einsetzen des Wandlungsterms und anschließender Division durch die Querschnittsfläche der Butter resultiert:

$$0 = \dot{n}_{O_2|y} - \dot{n}_{O_2|y+\Delta y} + \dot{r}_{O_2}\Delta y \quad \rightarrow \quad 0 = \frac{\dot{n}_{O_2|y} - \dot{n}_{O_2|y+\Delta y}}{\Delta y} + \dot{r}_{O_2}\,. \tag{2.59}$$

Für $\Delta y \rightarrow 0$ unter Berücksichtigung des kinetischen Ansatzes für die Reaktionsgeschwindigkeit folgt:

$$\frac{d\dot{n}_{O_2|y}}{dy} = -k_1 c_{O_2}\,. \tag{2.60}$$

Nach Ersetzten des Molenfluss durch das Fick'sche Gesetz ergibt sich die Differenzialgleichung:

$$D_{O_2/\text{Butter}}\frac{d^2 c_{O_2}}{dy^2} = k_1 c_{O_2} \quad \rightarrow \quad \frac{d^2 c_{O_2}}{dy^2} - \frac{k_1}{D_{O_2/\text{Butter}}}c_{O_2} = 0\,. \tag{2.61}$$

Die Randbedingungen für die Lösung der DGL folgen aus den Annahmen, dass die Konzentration an der Butteroberfläche bekannt ist und Sauerstoff nicht durch die Unterlage der Butter diffundieren kann:

1. RB: bei $y = 0$ $c_{O_2} = c_{O_2 0}$
2. RB: bei $y = s$ $dc_{O_2}/dy = 0$

Gemäß Gl. (2.57) folgen damit folgende Beziehungen zur Bestimmung der Integrationskonstanten:

$$c_{O_2 0} = C_1 + C_2 \quad \text{und}$$

$$\frac{dc_{O_2}}{dy}\bigg|_{y=s} = C_1 a \exp(as) - C_2 a \exp(-as) = 0 \quad \text{mit } a = \sqrt{\frac{k_1}{D_{O_2/\text{Butter}}}}. \tag{2.62}$$

Daraus ergeben sich die Integrationskonstanten als:

$$\left(c_{O_2 0} - C_2\right) a \exp(as) - C_2 a \exp(-as) = 0$$

$$\rightarrow \quad C_2 = c_{O_2 0} \frac{\exp(as)}{\exp(as) + \exp(-as)} \tag{2.63}$$

sowie

$$C_1 = c_{O_2 0} - C_2 \quad \rightarrow \quad C_1 = c_{O_2 0} \frac{\exp(-as)}{\exp(as) + \exp(-as)}. \tag{2.64}$$

Damit folgt für den Konzentrationsverlauf als Lösung der Differenzialgleichung (2.61):

$$c_{O_2}(y) = c_{O_2 0} \frac{\exp(-as)}{\exp(as) + \exp(-as)} \exp(ay)$$

$$+ c_{O_2 0} \frac{\exp(as)}{\exp(as) + \exp(-as)} \exp(-ay)$$

$$\rightarrow \quad c_{O_2}(y) = c_{O_2 0} \frac{\exp[a(s - y)] + \exp[-a(s - y)]}{\exp(as) + \exp(-as)}. \tag{2.65}$$

Nach Ersetzen der Exponentialfunktionen durch den Kosinus hyperbolicus und dem Einsetzen von a resultiert:

$$c_{O_2}(y) = c_{O_2 0} \frac{\cosh\left[\sqrt{\frac{k_1 s^2}{D_{O_2/\text{Butter}}}}\left(1 - \frac{y}{s}\right)\right]}{\cosh\sqrt{\frac{k_1 s^2}{D_{O_2/\text{Butter}}}}} = c_{O_2 0} \frac{\cosh\left[\sqrt{Da}\left(1 - \frac{y}{s}\right)\right]}{\cosh\sqrt{Da}}. \tag{2.66}$$

b) Infolge der Reaktion kommt es zu einer Anreicherung der Peroxide in der Butter. Daher muss bei der Bilanzierung von Peroxid der Speicherterm einbezogen werden. Die zu Gl. (2.58) analoge Bilanzgleichung für Peroxid lautet:

$$\frac{\partial c_P}{\partial t} A \Delta y = \dot{N}_{P|y} - \dot{N}_{P|y+\Delta y} + \dot{r}_P A \Delta y. \tag{2.67}$$

Da der Diffusionskoeffizient $D_{\text{Peroxid/Butter}}$ gleich null ist (Ann. 1), entfallen die Diffusionsströme und die Gleichung vereinfacht sich zu:

$$\frac{\partial c_P}{\partial t} = \dot{r}_P = k_1 c_{O_2}. \tag{2.68}$$

Die Differenzialgleichung wird durch einfache Integration über t gelöst. C_1 wird als Integrationskonstante eingeführt:

$$c_P(t) = k_1 c_{O_2} t + C_1. \tag{2.69}$$

Zu Beginn des Prozesses gilt:

AB: bei $t = 0$ $c_P = 0$,

sodass für die Entwicklung der Peroxidkonzentration mit der Zeit folgt:

$$c_P(t) = k_1 c_{O_2} t \quad \rightarrow \quad \boxed{c_P(t) = k_1 c_{O_2 0} \frac{\cosh\left[\sqrt{Da}\left(1 - \frac{y}{s}\right)\right]}{\cosh\sqrt{Da}} t}. \tag{2.70}$$

c) Um die maximale Lagerzeit zu berechnen, wird die Gl. (2.70) nach t umgestellt:

$$t = \frac{c_P}{k_1 c_{O_2}}. \tag{2.71}$$

Für die Eindringtiefe $y = 0{,}003\,\text{m}$ ergibt sich aus Gl. (2.66) eine Sauerstoffkonzentration von:

$$c_{O_2} = 1{,}94\,\frac{\text{mol}}{\text{m}^3}. \tag{2.72}$$

Zusammen mit dem Maximalwert für die Peroxidkonzentration an dieser Stelle resultiert aus Gl. (2.71) eine maximale Lagerzeit von:

$$\boxed{t = 6 \cdot 10^5\,\text{s} = 167\,\text{h} = 6{,}95\,\text{d}}. \tag{2.73}$$

d) Den berechneten Verlauf der Sauerstoffkonzentration (Gl. (2.66)) sowie der Peroxidkonzentrationen für 2, 4, 6 und 8 Tage (Gl. (2.70)) in der Butterschicht zeigt Abb. 2.4.

Abb. 2.4 Verlauf der
Sauerstoff- und der Per-
oxidkonzentration in der
Butterschicht

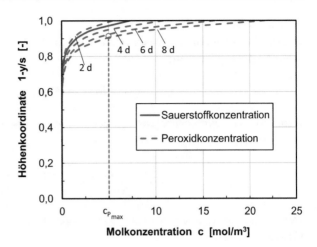

2.7 Heterogen katalysierte Oxidation von CO[*]

▶ **Thema** Diffusion mit heterogener chemischer Reaktion

Bei der heterogenen Reaktion 1. Ordnung von CO zu CO_2 ist die Güte der Katalysatoren von großer Bedeutung. Es herrschen konstanter Druck und konstante Temperatur. Der Diffusionskoeffizient von CO in CO_2 D_{CO/CO_2} beträgt $4,0 \cdot 10^{-5}\,\mathrm{m^2/s}$. Es stehen drei unterschiedlich alte Katalysatoren mit unterschiedlichen Reaktionsgeschwindigkeitskonstanten $k_{wI} = 6,7 \cdot 10^{-4}\,\mathrm{m/s}$, $k_{wII} = 8,3 \cdot 10^{-2}\,\mathrm{m/s}$ und $k_{wIII} = 5,2\,\mathrm{m/s}$ zur Verfügung.

a) Ermitteln Sie die Wandkonzentrationen an Kohlenmonoxid unter der Annahme, dass die Konzentration an CO außerhalb einer wandnahen Schicht von mehr als 0,5 mm 500 mol/m³ beträgt.
b) Zeichnen Sie den örtlichen Verlauf der Kohlenmonoxidkonzentration über den Wandabstand innerhalb der wandnahen Schicht für die drei Katalysatoren in einem Diagramm. Bestimmen Sie hierzu auch die jeweiligen Damköhlerzahlen an der Wand für die Katalysatoren.

Lösung

Lösungsansatz:
Ableiten der Abhängigkeit der Kohlenmonoxidkonzentration c_{CO} von der Ortskoordinate y durch Aufstellen einer Stoffbilanz für eine dünne Schicht innerhalb der Grenzschicht.

Lösungsweg:

a) Die Stoffbilanz für CO in einer dünnen Schicht der Dicke Δy innerhalb der Grenz-schicht führt für den stationären Fall zu:

$$0 = \dot{N}_{CO}|_y - \dot{N}_{CO}|_{y+\Delta y}. \tag{2.74}$$

Dabei ist das Koordinatensystem so gelegt, dass an der Reaktorwand $y = 0$ gilt. Nach Division durch Δy folgt:

$$0 = \frac{\dot{N}_{CO}|_y - \dot{N}_{CO}|_{y+\Delta y}}{\Delta y} \xrightarrow{\Delta y \to 0} \frac{d\,\dot{N}_{CO}|_y}{dy} = 0. \tag{2.75}$$

Der Stoffstrom resultiert aus einer äquimolaren Diffusion und wird über das Fick'sche Gesetz beschrieben:

$$D_{CO/CO_2} \frac{d^2 c_{CO}}{dy^2} = 0 \quad \rightarrow \quad c_{CO} = C_1 y + C_2. \tag{2.76}$$

Die Integrationskonstanten ergeben sich durch folgende Randbedingungen:

1. RB: bei $y = 0$ $-\dot{n}_{CO}(y=0) = D_{CO/CO_2} \left(\frac{dc_{CO}}{dy} \right)_{y=0} = -\dot{r}_w = k_w c_{CO_w}$

2. RB: bei $y = \delta_c$ $c_{CO} = c_{CO_\delta} = 500\,\mathrm{mol/m^3}$

Aus der 1. Randbedingung folgt

$$D_{CO/CO_2} C_1 = k_w c_{CO_w} \quad \rightarrow \quad C_1 = \frac{k_w c_{CO_w}}{D_{CO/CO_2}} \tag{2.77}$$

und aus der 2. Randbedingung:

$$c_{CO_\delta} = \frac{k_w c_{CO_w}}{D_{CO/CO_2}} \delta_c + C_2 \quad \rightarrow \quad C_2 = c_{CO_\delta} - \frac{k_w c_{CO_w}}{D_{CO/CO_2}} \delta_c. \tag{2.78}$$

Damit ergibt sich der Konzentrationsverlauf

$$c_{CO}(y) = c_{CO_\delta} - \frac{k_w \delta_c}{D_{CO/CO_2}} \left(1 - \frac{y}{\delta_c} \right) c_{CO_w}$$

$$\rightarrow \quad c_{CO}(y) = c_{CO_\delta} - Da_w \left(1 - \frac{y}{\delta_c} \right) c_{CO_w}, \tag{2.79}$$

aus dem mit $y = 0$ die Wandkonzentration resultiert:

$$c_{CO_w} = c_{CO_\delta} - Da_w c_{CO_w} \quad \rightarrow \quad \boxed{c_{CO_w} = \frac{1}{1 + Da_w} c_{CO_\delta}}. \tag{2.80}$$

Tab. 2.1 Reaktionsge-schwindigkeitskonstanten, Damköhlerzahlen und Wand-konzentrationen für die drei Katalysatoren

Katalysator	k_w [m/s]	Da_w [–]	c_{CO_w} [mol/m^3]
I	$6{,}7 \cdot 10^{-4}$	$8{,}38 \cdot 10^{-3}$	496
II	$8{,}3 \cdot 10^{-2}$	1,04	245
III	5,2	65	7,58

Abb. 2.5 Verlauf der Kohlen-monoxidkonzentration in der wandnahen Grenzschicht

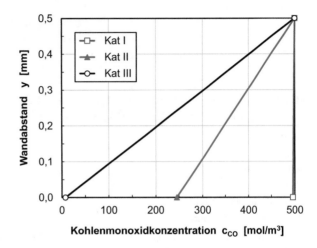

Für die Oberflächenkonzentrationen ergeben sich die in Tab. 2.1 aufgeführten Zahlenwerte.

b) Die in Abb. 2.5 dargestellten Verläufe der Kohlenmonoxidkonzentration ergeben sich durch Gl. (2.79).

2.8   Gleichzeitige Diffusion von Edukt und Produkt [2]***

►   **Thema** Diffusion mit heterogener chemischer Reaktion

In einem Reaktor findet eine heterogen katalysierte Reaktion statt, die sich modellmäßig folgendermaßen beschreiben lässt: Jedes Katalysatorkorn ist umgeben von einem stagnierenden Gasfilm, durch den die Komponente A zur Katalysatoroberfläche diffundiert. An der Katalysatoroberfläche läuft die Reaktion

$$3A \rightarrow B$$

augenblicklich ab. Das Produkt B diffundiert durch den Gasfilm in die turbulente Gaskernströmung (bestehend aus den Komponenten A und B, s. Abb. 2.6).

Bestimmen Sie unter Berücksichtigung der Stöchiometrie den molaren Fluss der Komponente A, wenn die effektive Gasfilmdicke δ und die Zusammensetzung im Hauptgas-

Abb. 2.6 Schematische
Darstellung des Diffusions-
problems in der Nähe eines
Katalysatorkorns

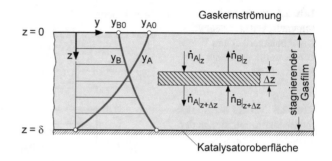

strom (y_{A0} und y_{B0}) bekannt sind. Berechnen Sie dazu zunächst ausgehend von einer differenziellen Molbilanz für ein Volumenelement des Gasfilms das Molanteilprofil im Gasfilm.

Annahmen:

1. Stationäres System,
2. isothermes System,
3. eindimensionaler Vorgang; Partikelkrümmung wird vernachlässigt,
4. konstante molare Gesamtkonzentration c_{ges}, da die Konzentrationen von A und B im Gasfilm klein sind,
5. konstante Diffusionskoeffizienten,
6. vernachlässigbare Reaktionswärme.

Hinweise:

1. Im stationären System gilt in z-Richtung für die molaren Stoffflüsse der Komponenten A und B im Gasfilm unter Berücksichtigung der Stöchiometrie:

$$\dot{n}_B = -\frac{1}{3}\dot{n}_A. \tag{2.81}$$

2. Differenziationsregel für die Funktion $f(z) = a^{mz}$:

$$\frac{d}{dz}a^{mz} = ma^{mz}\ln a. \tag{2.82}$$

Lösung

Lösungsansatz:
Aufstellen einer Stoffbilanz für eine dünne Schicht innerhalb des stagnierenden Gasfilms unter Berücksichtigung eines konvektiven Molenstroms, um die Abhängigkeit der Konzentration c_A von der Ortskoordinate z abzuleiten.

Lösungsweg:

Für das in Abb. 2.6 skizzierte System wird eine Stoffbilanz der Komponente A in einer Schicht der Dicke Δz aufgestellt. Der Prozess ist stationär:

$$\frac{dN_A}{dt} = 0 = \dot{N}_{A|z} - \dot{N}_{A|z+\Delta z}. \tag{2.83}$$

Nach Division durch Δz folgt:

$$0 = \frac{\dot{N}_{A|z} - \dot{N}_{A|z+\Delta z}}{\Delta z} = A\frac{\dot{n}_{A|z} - \dot{n}_{A|z+\Delta z}}{\Delta z} \xrightarrow{\Delta z \to 0} \frac{d\dot{n}_A}{dz} = 0. \tag{2.84}$$

Die Stoffstromdichte ist noch unbekannt, da der Stoffstrom aufgrund der ungleichen stöchiometrischen Koeffizienten nicht äquimolar ist, sodass ein Stefan-Strom auftritt. Für das vorliegende binäre System werden bei konstanter Gesamtkonzentration die Stoffstromdichten für die beiden Komponenten über die Kombination aus Diffusion und Konvektion beschrieben. Für die Komponente A gilt:

$$\dot{n}_A = w c_{\text{ges}} y_A - D_{AB} c_{\text{ges}} \frac{dy_A}{dz}. \tag{2.85}$$

Die analoge Stoffstromdichte der Komponente B kann auch über den Gradienten des Stoffanteils von A beschrieben werden:

$$\dot{n}_B = w c_{\text{ges}} y_B - D_{AB} c_{\text{ges}} \frac{d(1-y_A)}{dz} = w c_{\text{ges}}(1-y_A) + D_{AB} c_{\text{ges}} \frac{dy_A}{dz}, \tag{2.86}$$

wobei die senkrecht zur Katalysatoroberfläche gerichtete Verdrängungsgeschwindigkeit w unbekannt ist. Durch Addition der Gln. (2.85) und (2.86) ergibt sich:

$$\dot{n}_A + \dot{n}_B = w c_{\text{ges}}, \tag{2.87}$$

wird $w c_{\text{ges}}$ in Gl. (2.85) für die Stoffstromdichte von A eingesetzt und berücksichtigt, folgt aufgrund der Stöchiometrie (Gl. (2.81))

$$\dot{n}_B = -\frac{1}{3}\dot{n}_A, \tag{2.88}$$

sodass gilt:

$$\dot{n}_A = y_A\left(\dot{n}_A - \frac{1}{3}\dot{n}_A\right) - D_{AB} c_{\text{ges}} \frac{dy_A}{dz}. \tag{2.89}$$

Damit ergibt sich für die Stoffstromdichte der Komponente A:

$$\dot{n}_A = -\frac{D_{AB} c_{\text{ges}}}{1 - \frac{2}{3} y_A} \frac{dy_A}{dz}. \tag{2.90}$$

Die Stoffstromdichte wird in die Bilanz (Gl. (2.84)) eingesetzt und die Konstanten werden gekürzt:

$$\frac{d\dot{n}_A}{dz} = 0 = \frac{d}{dz}\left(\frac{1}{1-\frac{2}{3}y_A}\frac{dy_A}{dz}\right). \tag{2.91}$$

Die Gleichung wird einmal integriert und C_1 als erste Integrationskonstante eingeführt:

$$\left(\frac{1}{1-\frac{2}{3}y_A}\frac{dy_A}{dz}\right) = C_1 = \text{konst.} \tag{2.92}$$

Diese Differenzialgleichung wird durch Trennung der Variablen gelöst:

$$C_2 - \frac{3}{2}\ln\left(1-\frac{2}{3}y_A\right) = C_1 z. \tag{2.93}$$

Mit den Randbedingungen:

1. RB: bei $z = 0$ $y_A = y_{A0}$
2. RB: bei $z = \delta$ $y_A = 0$ (instantane Reaktion)

Aus der zweiten Randbedingung folgt für C_2:

$$C_2 = C_1\delta. \tag{2.94}$$

Aus der ersten Randbedingung resultiert für C_1:

$$\frac{3}{2}\ln\left(1-\frac{2}{3}y_{A0}\right) = C_1\delta \quad \rightarrow \quad C_1 = \frac{3}{2\delta}\ln\left(1-\frac{2}{3}y_{A0}\right). \tag{2.95}$$

Die Lösung der Differenzialgleichung ergibt sich dann zu:

$$\frac{3}{2}\ln\left(1-\frac{2}{3}y_{A0}\right) - \frac{3}{2}\ln\left(1-\frac{2}{3}y_A\right) = \frac{3}{2}\ln\left(1-\frac{2}{3}y_{A0}\right)\frac{z}{\delta}$$

$$\rightarrow \quad \ln\left(1-\frac{2}{3}y_A\right) = \ln\left(1-\frac{2}{3}y_{A0}\right)\left(1-\frac{z}{\delta}\right) \rightarrow \left(1-\frac{2}{3}y_A\right) = \left(1-\frac{2}{3}y_{A0}\right)^{1-z/\delta}$$

$$\rightarrow \quad y_A(z) = \frac{3}{2}\left[1-\left(1-\frac{2}{3}y_{A0}\right)^{1-z/\delta}\right]. \tag{2.96}$$

Um den molaren Fluss zu bestimmen, wird in Gl. (2.90) der Gradient der Funktion $y_A(z)$ gemäß Gl. (2.82)

$$\frac{dy_A(z)}{dz} = -\frac{3}{2\delta}\ln\left(1-\frac{2}{3}y_{A0}\right)\left[-\left(1-\frac{2}{3}y_{A0}\right)^{1-z/\delta}\right] \tag{2.97}$$

eingesetzt:

$$\dot{n}_A = -\frac{D_{AB}c_{\text{ges}}}{1 - \frac{2}{3}y_A}\frac{3}{2\delta}\ln\left(1 - \frac{2}{3}y_{A0}\right)\left(1 - \frac{2}{3}y_{A0}\right)^{1-z/\delta}. \tag{2.98}$$

Der Stofffluss muss aufgrund der Kontinuität unabhängig von der Koordinate z sein, sodass sich für den Stofffluss, beispielhaft an der Stelle $z = 0$ gebildet, folgender Zusammenhang ergibt:

$$\boxed{\dot{n}_A = -\frac{3D_{AB}c_{\text{ges}}}{2\delta}\ln\left(1 - \frac{2}{3}y_{A0}\right).} \tag{2.99}$$

2.9 Sauerstoffabreicherung in einer Luftblase[***]

▶ **Thema** Diffusion mit heterogener chemischer Reaktion

Eine in wässriger Lösung von 25 °C dispergierte, kugelförmige Luftblase (Molanteil $y_{O_2} = 0,21$) mit dem Anfangsdurchmesser $d_{B0} = 5\,\text{mm}$ verarmt durch eine chemische Reaktion an der Gas/Flüssigkeits-Phasengrenzfläche an Sauerstoff. Für die Molstromdichte des abreagierenden Sauerstoffs gilt die Reaktionskinetik

$$\dot{r}_{O_2} = -kc_{O_2}^{*\,2/3} \tag{2.100}$$

mit $k = 3,02 \cdot 10^{-3}\,\text{mol}^{1/3}/\text{s}$. Die Phasengrenzflächenkonzentration $c_{O_2}^*$ ergibt sich aus dem thermodynamischen Gleichgewicht und lässt sich mittels Henry-Gesetz (Gl. (Lb 1.143)):

$$y_{O_2}p_{\text{ges}} = Hc_{O_2}^*. \tag{2.101}$$

($H = 9,46 \cdot 10^4\,\text{Nm/mol}$, gebildet mit der molaren Konzentration in der Flüssigkeit und dem Partialdruck im Gas) berechnen. Der Gesamtdruck $p_{\text{ges}} = 1,2 \cdot 10^5\,\text{Pa}$ sei ebenso wie der Wasserdampfpartialdruck $p_{SW} = 3,2 \cdot 10^3\,\text{Pa}$ konstant ($\vartheta = 25\,°\text{C}$).

a) Geben Sie eine Beziehung für den zeitlichen Verlauf der molaren Konzentration des Sauerstoffs an.
b) Berechnen Sie die erforderliche Zeit zum Verbrauch des gesamten Sauerstoffs.

Annahmen:

1. In der Gasphase treten keine Konzentrationsgradienten auf.
2. Die Luft besteht lediglich aus Sauerstoff, Stickstoff und Wasser.
3. Für Luft gilt das ideale Gasgesetz.

Lösung

Lösungsansatz:
Um die Blase wird eine instationäre Stoffbilanz für Sauerstoff aufgestellt, um dessen zeitliche Konzentrationsänderung in der Blase zu bestimmen. Hierbei muss die Größenabnahme der Gasblase berücksichtigt werden.

Lösungsweg:
a) Für den in der Blase enthaltenen Sauerstoff wird eine Komponentenbilanz aufgestellt. Die Änderung der Sauerstoffmenge wird durch die Verbrauchsreaktion an der Blasenoberfläche (Gl. (2.100)) verursacht. Der Blasendurchmesser ist dabei zeitabhängig:

$$\frac{dN_{O_2}}{dt} = -\dot{N}_{O_2} = \dot{r}_{O_2}\pi d_B^2(t) = -kc_{O_2}^{*2/3}\pi d_B^2(t). \tag{2.102}$$

Da Sauerstoff als ideales Gas angenommen wird, ergibt sich die Molmenge des Sauerstoffs in der Blase gemäß:

$$N_{O_2} = \frac{p_{O_2}V_B}{RT} = y_{O_2}\frac{p}{RT}\frac{\pi}{6}d_B^3(t). \tag{2.103}$$

Die für die Reaktion relevante Sauerstoffkonzentration in der Flüssigphase wird über das Henry-Gesetz (Gl. (2.101)) in Abhängigkeit von dem Stoffanteil in der Blase bestimmt:

$$c_{O_2}^* H = p_{O_2} \quad \rightarrow \quad c_{O_2}^* = y_{O_2}\frac{p}{H}. \tag{2.104}$$

Die Terme für N_{O_2} und $c_{O_2}^*$ werden in die Bilanzgleichung (Gl. (2.102)) eingesetzt:

$$\frac{d}{dt}\left(y_{O_2}d_B^3\right)\frac{p}{RT}\frac{\pi}{6} = -k\left(y_{O_2}\frac{p}{H}\right)^{2/3}\pi d_B^2 = -k\pi\left(\frac{p}{H}\right)^{2/3}\left(y_{O_2}d_B^3\right)^{2/3}$$

$$\rightarrow \quad \frac{d}{dt}\left(y_{O_2}d_B^3\right) = \frac{-6kRT}{p^{1/3}H^{2/3}}\left(y_{O_2}d_B^3\right)^{2/3}. \tag{2.105}$$

Für die Lösung der Differenzialgleichung wird

$$b = y_{O_2}d_B^3 \tag{2.106}$$

substituiert, was zu

$$\frac{db}{dt} = \frac{-6kRT}{p^{1/3}\,H^{2/3}}b^{2/3} \tag{2.107}$$

führt. Die Differenzialgleichung wird durch Trennung der Variablen gelöst:

$$b^{1/3} = \frac{-2kRT}{p^{1/3}\,H^{2/3}}t + C_1. \tag{2.108}$$

Die Integrationskonstante ergibt sich mit der Anfangsbedingung

AB: bei $t = 0 \quad y_{O_2} = y_{O_20}, d_B = d_{B0}$

als:

$$C_1 = b_0^{1/3} = \left(y_{O_20}d_{B0}^3\right)^{1/3}. \tag{2.109}$$

Die Lösung der Differenzialgleichung in rücksubstituierter Form lautet damit:

$$\left(y_{O_20}d_{B0}^3 - y_{O_2}d_B^3\right)^{1/3} = \frac{2kRT}{p^{1/3}H^{2/3}}t. \tag{2.110}$$

Die Lösung ist noch vom Blasendurchmesser abhängig. Die Stickstoffmenge N_{N_2} in der Blase ist konstant:

$$N_{N_2} = \text{konst.} = y_{N_2}\frac{p\frac{\pi}{6}d_B^3(t)}{RT} \quad \rightarrow \quad y_{N_2}d_B^3(t) = \text{konst.}$$

$$\rightarrow \quad d_B^3 = \frac{y_{N_20}}{y_{N_2}}d_{B0}^3. \tag{2.111}$$

Der Blasendurchmesser lässt sich damit abhängig vom Eintrittsdurchmesser und Eintritts-stoffanteil sowie dem aktuellen Stoffanteil darstellen. Der Gasraum der Blase besteht aus einem Dreistoffgemisch aus Stickstoff, Wasser und Sauerstoff

$$y_{N_2} = 1 - \left(y_{H_2O} - y_{O_2}\right) = 1 - \left(\frac{p_{S,H_2O}}{p} - y_{O_2}\right), \tag{2.112}$$

wobei der Stoffanteil des Wassers y_{H_2O} konstant ist. Der Blasendurchmesser kann so über den Sauerstoffanteil beschrieben werden:

$$d_B^3 = \frac{1 - \left(y_{H_2O} - y_{O_20}\right)}{1 - \left(y_{H_2O} - y_{O_2}\right)}d_{B0}^3. \tag{2.113}$$

Die Gleichung wird in die Lösung der Differenzialgleichung (2.110) eingesetzt und nach t aufgelöst:

$$t = \frac{p^{1/3}H^{2/3}d_{B0}}{2RTk}\left\{y_{O_20}^{1/3} - \left[y_{O_2}\frac{1 - \left(y_{H_2O} - y_{O_20}\right)}{1 - \left(y_{H_2O} + y_{O_2}\right)}\right]^{1/3}\right\}. \tag{2.114}$$

b) Um die Zeit bis zum völligen Sauerstoffverbrauch zu berechnen, wird $y_{O_2} = 0$ gesetzt:

$$t_E = \frac{p^{1/3}H^{2/3}d_{B0}}{2RTk}y_{O_20}^{1/3} \quad \rightarrow \quad t_E = 20,3 \text{ s}. \tag{2.115}$$

2.10   Trocknung einer Kunststoffplatte[**]

▶   **Thema** Instationäre Diffusion in einer Platte

Aus einer ebenen Kunststoffplatte der Dicke $\delta = 1\,\text{mm}$ soll Wasser durch Trocknung entfernt werden. Dabei wird die Wasserkonzentration in den beiden Oberflächen der Platte auf null reduziert. Die Anfangsfeuchte $\rho_{\text{H}_2\text{O}_{\text{anf}}}$ beträgt überall in der Platte $50\,\text{g/L}$ und der Diffusionskoeffizient $D_{\text{H}_2\text{O/Platte}} = 4 \cdot 10^{-8}\,\text{m}^2/\text{h}$.

a) Stellen Sie algebraische Gleichung zur Berechnung der mittleren Wasserkonzentration in der Platte auf.
b) Bestimmen Sie die erforderliche Zeit, um die mittlere Wasserkonzentration auf $1\,\text{g/L}$ bzw. $0{,}1\,\text{g/L}$ abzusenken.

Lösung

Lösungsansatz:
Aufstellen einer Komponentenmassenbilanz für eine dünne Schicht innerhalb der Platte, um die Abhängigkeit der Massenkonzentration $\rho_{\text{H}_2\text{O}}$ von der Ortskoordinate y abzuleiten.

Lösungsweg:
a) Die Masse des Wassers in einer Schicht der Dicke Δy in der Platte wird bilanziert:

$$\frac{dM_{\text{H}_2\text{O}}}{dt} = A\Delta y \frac{\partial \rho_{\text{H}_2\text{O}}}{\partial t} = \dot{M}_{\text{H}_2\text{O}|_y} - \dot{M}_{\text{H}_2\text{O}|_{y+\Delta y}}. \tag{2.116}$$

Nach Division durch $A \cdot \Delta y$ folgt:

$$\frac{\partial \rho_{\text{H}_2\text{O}}}{\partial t} = \frac{\dot{m}_{\text{H}_2\text{O}|_y} - \dot{m}_{\text{H}_2\text{O}|_{y+\Delta y}}}{\Delta y}$$

$$\xrightarrow{\Delta y \to 0} \quad \frac{\partial \rho_{\text{H}_2\text{O}}}{\partial t} = -\frac{\partial \dot{m}_{\text{H}_2\text{O}}}{\partial y} = D_{\text{H}_2\text{O/Platte}} \frac{\partial^2 \rho_{\text{H}_2\text{O}}}{\partial y^2}. \tag{2.117}$$

Die zur Lösung erforderlichen Anfangs- und Randbedingungenlauten lauten:

AB	bei	$t = 0$,	$0 < y < \delta$	$\rho_{\text{H}_2\text{O}} = \rho_{\text{H}_2\text{O}_{\text{anf}}}$
1. RB:	bei	$y = 0$,	$t \geq 0$	$\rho_{\text{H}_2\text{O}} = 0$
2. RB:	bei	$y = \delta$,	$t \geq 0$	$\rho_{\text{H}_2\text{O}} = 0$

Mit diesen Bedingungen lautet die Lösung der Differenzialgleichung gemäß Gl. (Lb 2.41):

$$\frac{\rho_{\text{H}_2\text{O}}(y,t)}{\rho_{\text{H}_2\text{O}_{\text{anf}}}} = \frac{4}{\pi} \sum_{n=0}^{\infty} \left\{ \frac{1}{2n+1} \exp\left[-(2n+1)^2 \pi^2 \frac{D_{\text{H}_2\text{O/Platte}}t}{\delta^2} \right] \sin\left[(2n+1)\,\pi\frac{y}{\delta} \right] \right\}. \tag{2.118}$$

Abb. 2.7 Abhängigkeit der bezogenen mittleren Wasserkonzentration in der Platte von der Fourierzahl

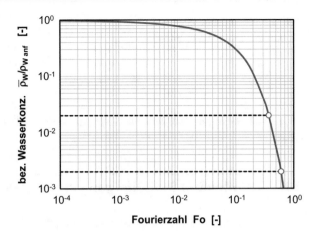

Für die mittlere Konzentration $\bar{\rho}_{H_2O}$ wird der Mittelwert gebildet:

$$\bar{\rho}_{H_2O}(t)$$

$$= \rho_{H_2O_{anf}} \frac{4}{\pi} \sum_{n=0}^{\infty} \left\{ \frac{1}{2n+1} \exp\left[-(2n+1)^2 \pi^2 Fo^2\right] \frac{1}{\delta} \int_0^{\delta} \sin\left[(2n+1)\pi\frac{y}{\delta}\right] dy \right\}.$$

$$(2.119)$$

Hierbei berechnet sich das bestimmte Integral gemäß:

$$\frac{1}{\delta} \int_0^{\delta} \sin\left[\frac{(2n+1)\pi y}{\delta}\right] dy = -\left[\cos\frac{(2n+1)\pi\delta}{\delta} - \cos 0\right] \frac{\delta}{(2n+1)\pi\delta}$$

$$= \frac{2}{(2n+1)\pi}.$$

$$(2.120)$$

Damit folgt für die bezogene mittlere Konzentration:

$$\boxed{\frac{\bar{\rho}_{H_2O}(t)}{\rho_{H_2O_{anf}}} = \frac{8}{\pi^2} \sum_{n=0}^{\infty} \left\{ \frac{1}{(2n+1)^2} \exp\left[-(2n+1)^2 \pi^2 Fo^2\right] \right\}.}$$

$$(2.121)$$

b) Der Verlauf der bezogenen mittleren Wasserkonzentration gemäß Gl. (2.121) ist in Abb. 2.7 dargestellt. Aus dieser Abbildung können die Fourierzahlen für die beiden Wasserkonzentrationen abgelesen werden. Bei der Erstellung des Diagramms wird berücksichtigt, dass die Terme in Gl. (2.121) für große n immer kleiner werden, sodass für die Bestimmung der bezogenen Wasserkonzentration eine Summation bis $n = 10$ ausreicht.

Die exakten Zeiten zum Erreichen einer mittleren Wasserkonzentration von 0,1 g/L bzw. 1 g/L können iterativ in Excel mit einer Zielwertsuche unter Verwendung von

Tab. 2.2 Trocknungszeiten für verschiedene mittlere Endfeuchten

$\bar{\rho}_{H_2O}$ [g/L]	$\bar{\rho}_{H_2O}/\bar{\rho}_{H_2O\,anf}$ [–]	Fo [–]	t [h]
1	0,02	0,375	9,38
0,1	0,002	0,608	15,2

Gl. (2.121) bestimmt werden. Die Ergebnisse dieser Rechnung sind in Tab. 2.2 aufgeführt.

2.11   Instationärer Stoffübergang in einen Tropfen [1]**

▶   **Thema** Instationäre Diffusion in einer Kugel

Ein kugelförmiger Wassertropfen ($\rho_f = 998\,\text{kg/m}^3$) mit einem konstanten Durchmesser d_T von 2 mm fällt mit einer stationären Geschwindigkeit w_{Fall} von 1,8 m/s über eine Strecke L von 4 m durch Luft bei einem Druck von 1 bar. Zu Beginn enthält er keinen Sauerstoff. Die thermodynamische Gleichgewichtskonzentration des Sauerstoffs in Wasser lässt sich mit dem Henry-Gesetz (Gl. (Lb 1.143)) und einem Henry-Koeffizienten H von $4,3 \cdot 10^4$ bar berechnen. Der Diffusionskoeffizient O$_2$ in Luft $D_{H_2O/Luft}$ beträgt $2,51 \cdot 10^{-9}\,\text{m}^2/\text{s}$ und der Molanteil des Sauerstoffs 0,21.

a) Berechnen Sie die mittlere Sauerstoffkonzentration nach 4 m.
b) Bestimmen Sie die Konzentration nach 4 m für den Fall, dass der Tropfen zu Beginn bereits eine Sauerstoffkonzentration von 5 mg/L enthält.
c) Ermitteln Sie die zur Verdopplung des Stoffübergangskoeffizienten erforderliche Tropfengröße. Die Fallgeschwindigkeit ist proportional zur Wurzel des Durchmessers.

Annahmen:

1. An der Phasengrenzfläche liegt thermodynamisches Gleichgewicht vor.
2. Im Tropfen finden keinerlei Bewegungen statt, die Konvektion kann vernachlässigt werden.

Lösung

Lösungsansatz:
Aufstellen der instationären Stoffbilanz für eine dünne Kugelschale im Tropfen.

Lösungsweg:

a) Die instationäre Massenbilanz für eine Kugelschale im Tropfen mit dem Volumen ΔV und der Dicke Δr lautet:

$$\frac{dM_{O_2}}{dt} = \dot{M}_{O_2|r} - \dot{M}_{O_2|r+\Delta r}$$

$$\rightarrow \quad \frac{\partial \left(\Delta V \rho_{O_2}\right)}{\partial t} = \Delta V \frac{\partial \rho_{O_2}}{\partial t} = 4\pi r^2 \Delta r \frac{\partial \rho_{O_2}}{\partial t} = \dot{M}_{O_2|r} - \dot{M}_{O_2|r+\Delta r}. \quad (2.122)$$

Hieraus resultiert die differenzielle Massenbilanz:

$$4\pi r^2 \frac{\partial \rho_{O_2}}{\partial t} = \frac{\dot{M}_{O_2|r} - \dot{M}_{O_2|r+\Delta r}}{\Delta r} \quad \xrightarrow{\Delta r \to 0} \quad 4\pi r^2 \frac{\partial \rho_{O_2}}{\partial t} = -\frac{\partial \dot{M}_{O_2}}{\partial r}. \quad (2.123)$$

Da der Stoffstrom rein diffusiv entsteht, ergibt sich durch das Einsetzen des Fick'schen Gesetzes:

$$4\pi r^2 \frac{\partial \rho_{O_2}}{\partial t} = -\frac{\partial}{\partial r}\left[-4\pi r^2 D_{O_2/H_2O} \frac{\partial \rho_{O_2}}{\partial r}\right]$$

$$\rightarrow \quad \frac{\partial \rho_{O_2}}{\partial t} = D_{O_2/H_2O} \frac{1}{r^2} \frac{\partial}{\partial r}\left(r^2 \frac{\partial \rho_{O_2}}{\partial r}\right). \quad (2.124)$$

Für folgende Anfangs- und Randbedingungen:

AB	bei	$t = 0$,	$0 \leq r < R$	$\rho_{O_2} = \rho_{O_2\,anf}$	
1. RB:	bei	$r = 0$,	$t \geq 0$	$\partial \rho_{O_2}/\partial r = 0$	(aufgrund der Symmetrie)
2. RB:	bei	$r = R$,	$t \geq 0$	$\rho_{O_2} = \rho_{O_2}^*$	

ergibt sich die Lösung gemäß Gl. (Lb 2.56):

$$\xi_{O_2}(r,t) \equiv \frac{\rho_{O_2}(r,t) - \rho_{O_2}^*}{\rho_{O_2\,anf} - \rho_{O_2}^*}$$

$$= -\frac{2R}{\pi r} \sum_{n=1}^{\infty}\left[\frac{(-1)^n}{n} \sin\left(\frac{n\pi r}{R}\right) \exp\left(-\frac{D_{O_2/H_2O} n^2 \pi^2 t}{R^2}\right)\right]. \quad (2.125)$$

Durch Integration über den Radius bestimmt sich die mittlere bezogene Konzentration:

$$\bar{\xi}_{O_2} = \frac{6}{\pi^2} \sum_{n=1}^{\infty}\left[\frac{1}{n^2} \exp\left(-n^2 \pi^2 Fo\right)\right]. \quad (2.126)$$

Die Fallzeit beträgt:

$$t_{Fall} = \frac{L}{w_{Fall}} \quad \rightarrow \quad t_{Fall} = 2{,}22\,\text{s}. \quad (2.127)$$

Daraus folgt für die Fourierzahl:

$$Fo = \frac{D_{O_2/H_2O} t_{\text{Fall}}}{R_T^2} \quad \rightarrow \quad Fo = 5{,}58 \cdot 10^{-3}. \tag{2.128}$$

Die mittlere, bezogene Sauerstoffkonzentration berechnet sich mit Gl. (2.126). Da die Terme für große n immer kleiner werden, reicht die Summation bis $n = 10$ aus und ergibt für die mittlere bezogene Konzentration:

$$\overline{\xi}_{O_2} = 0{,}764. \tag{2.129}$$

Alternativ kann dieser Wert aus Abb. Lb 2.12 abgelesen werden. Für die Berechnung der mittleren Konzentration

$$\overline{\rho}_{O_2} = \overline{\xi}_{O_2} \rho_{O_2\,\text{anf}} + \left(1 - \overline{\xi}_{O_2}\right) \rho_{O_2}^* \tag{2.130}$$

muss die Grenzflächenkonzentration über das Henry Gesetz bestimmt werden:

$$x_{O_2}^* = \frac{y_{O_2} p}{H} = \frac{N_{O_2}}{N_{O_2} + N_{H_2O}} \approx \frac{N_{O_2}}{N_{H_2O}}$$

$$\rightarrow \quad \frac{N_{O_2} \cdot \tilde{M}_{O_2}}{N_{H_2O} \tilde{M}_{H_2O}} = \frac{M_{O_2}}{\rho_f V} = \frac{y_{O_2} p}{H} \frac{\tilde{M}_{O_2}}{\tilde{M}_{H_2O}}. \tag{2.131}$$

Damit ergibt sich für die Gleichgewichtskonzentration:

$$\rho_{O_2}^* = \frac{y_{O_2} p}{H} \frac{\tilde{M}_{O_2}}{\tilde{M}_{H_2O}} \rho_f. \tag{2.132}$$

Mit Gl. (2.130) folgt hiermit die mittlere Massenkonzentration:

$$\overline{\rho}_{O_2} = \overline{\xi}_{O_2} \rho_{O_2\,\text{anf}} + \left(1 - \overline{\xi}_{O_2}\right) \frac{y_{O_2} p}{H} \frac{\tilde{M}_{O_2}}{\tilde{M}_{H_2O}} \rho_f \quad \rightarrow \quad \boxed{\overline{\rho}_{O_2} = 2{,}05 \, \frac{\text{mg}}{\text{L}}}. \tag{2.133}$$

b) Analog gilt für die Anfangskonzentration von 5 mg O_2/L

$$\overline{\rho}_{O_2} = \overline{\xi}_{O_2} \rho_{O_2\,\text{anf}} + \left(1 - \overline{\xi}_{O_2}\right) \frac{y_{O_2} p}{H} \frac{\tilde{M}_{O_2}}{\tilde{M}_{H_2O}} \rho_f \quad \rightarrow \quad \boxed{\overline{\rho}_{O_2} = 5{,}87 \, \frac{\text{mg}}{\text{L}}}. \tag{2.134}$$

c) Der Durchmesser wirkt sich auf die Fallgeschwindigkeit und damit auf die Kontaktzeit aus:

$$w_{\text{Fall}} \sim d_T^{1/2} \quad \rightarrow \quad t = \frac{L}{w_{\text{Fall}}} \sim d_T^{-1/2}. \tag{2.135}$$

Sowohl Durchmesser als auch Kontaktzeit beeinflussen die Fourierzahl:

$$Fo = \frac{D_{O_2/H_2O}t}{(d_T/2)^2} \quad \rightarrow \quad Fo \sim \frac{d_T^{-1/2}}{d_T^2} \sim d_T^{-5/2}. \tag{2.136}$$

In dem hier betrachteten Bereich geringer Fourierzahlen gilt gemäß Gl. (Lb 2.65):

$$Sh = \frac{\beta d_T}{D_{O_2/H_2O}} = \frac{4}{\sqrt{\pi}}Fo^{-1/2} \quad \rightarrow \quad \beta d_T \sim d_T^{5/4} \quad \rightarrow \quad \boxed{\beta \sim d_T^{1/4}}. \tag{2.137}$$

Für eine Verdopplung von β wäre der sechzehnfache Tropfendurchmesser $d_T = 32\,\text{mm}$ erforderlich. Dieser Wert ist allerdings lediglich theoretischer Natur, da derart große Wassertropfen weder kugelförmig noch überhaupt stabil sind (s. Abschn. Lb 7.1.3).

2.12 Abkühlung in einem selbstkühlenden Bierfass[**]

▶ **Thema** Instationärer Wärmetransport in einer Kugel

In selbstkühlenden Bierfässern ist die mit Bier gefüllte Fassblase von einer wassergetränkten saugfähigen Schicht umgeben (Abb. 2.8). Um diese Schicht herum befindet sich eine zunächst räumlich abgetrennte zweite Schicht, die einen aktivierten Zeolithen enthält. Die beiden Schichten sind evakuiert. Hierbei weist die Zeolithschicht den geringeren Druck auf, weil sie stärker evakuiert werden kann als der Raum mit der wassergetränkten Schicht, da dort der Dampfdruck von Wasser vorliegt. Wird nun durch Öffnen eines Ventils eine Verbindung zwischen beiden Schichten geschaffen, sinkt der Druck in der wassergetränkten Schicht schlagartig infolge des Druckausgleichs ab. Dadurch wird der Dampfdruck des Wassers unterschritten, worauf dieses verdampft. Der entstandene Wasserdampf wird vom Zeolith wieder adsorbiert. Dadurch kann sich nicht sofort ein Gleichgewicht einstellen und der Druck bleibt unter dem Dampfdruck des Wassers, was zu weiterem Verdampfen führt. Die Verdampfungsenthalpie, die das Wasser benötigt, um von der Flüssig- in die Dampfphase überzutreten, muss dem Bier innerhalb der Fassblase in Form von Wärme entzogen werden. Der Effekt ist stark genug, dass ein Teil des Wassers in der getränkten Schicht sogar gefrieren kann. Die Hersteller geben für ein 20 L-Fass einen Zeitbedarf von 45 min an, um ideal temperiertes Bier zu erhalten.

a) Bestimmen Sie den Zeitbedarf, um die mittlere Temperatur $\overline{\vartheta}$ innerhalb der Fassblase allein durch Wärmeleitung von einer Anfangstemperatur von 20 °C auf 8 °C herabzusetzen, sowie den mittlere Wärmeübergangskoeffizienten.

b) Erklären Sie die Ursache für den Zeitunterschied zwischen der berechneten Lösung und der von den Bierproduzenten angegebenen Abkühlzeit.

Abb. 2.8 Schematische
Darstellung eines selbstkühlenden Bierfasses. [https://
commons.wikimedia.org/wiki/
File:Selfcool barrel.svg abgerufen am 2.12.2018]

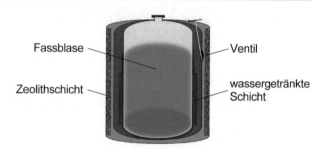

Gegeben:

Wärmeleitfähigkeit Bier $\lambda = 0{,}585\,\mathrm{W/(m \cdot K)}$

Temperaturleitfähigkeit Bier $a = 1{,}41 \cdot 10^{-7}\,\mathrm{m^2/s}$

Annahmen:

1. Die Fassblase ist kugelförmig.
2. Die gesamte Oberfläche der Fassblase ist mit der wassergetränkten Schicht bedeckt, deren Temperatur 0 °C beträgt.
3. Der Wärmedurchgangswiderstand durch die Wand des Bierfasses ist vernachlässigbar gering.

Lösung

Lösungsansatz:
Nutzung der Beziehungen für den molekularen Transport in kugelförmigen Geometrien.

Lösungsweg:
a) Der Durchmesser der als kugelförmig angenommenen Fassblase ergibt sich gemäß:

$$d_K = \sqrt[3]{\frac{6\,V}{\pi}} \quad \rightarrow \quad d_K = 0{,}337\,\mathrm{m}. \tag{2.138}$$

Für die dimensionslose mittlere Temperatur in der Kugel gilt in Analogie zu Gl. (Lb 2.58):

$$\vartheta^* = \frac{\overline{\vartheta} - \vartheta_0}{\vartheta_{\mathrm{anf}} - \vartheta_0} = \frac{6}{\pi^2} \sum_{n=1}^{\infty} \frac{1}{n^2} \exp\left(-n^2 \pi^2 \frac{at}{R^2}\right). \tag{2.139}$$

Da die einzelnen Terme in der Summe stark mit n abnehmen, kann die Reihe nach dem 5. Glied abgebrochen werden. Der angestrebte Wert der mittleren Temperatur entspricht einer dimensionslosen mittleren Temperatur von:

$$\vartheta^* = 0,4 = \frac{6}{\pi^2} \sum_{n=1}^{5} \frac{1}{n^2} \exp\left(-n^2 \pi^2 \frac{at}{R^2}\right). \tag{2.140}$$

Durch Zielwertsuche lässt sich hieraus die zugehörige Fourierzahl und damit die Abkühldauer t bestimmen:

$$Fo = 4\frac{at}{d_K^2} = 4,84 \cdot 10^{-2} \quad \rightarrow \quad t = \frac{Fo d_K^2}{4a} \quad \rightarrow \quad \boxed{t = 162\,\text{min}}. \tag{2.141}$$

Die mittlere Nußeltzahl für den Abkühlungsvorgang berechnet sich analog zu Gl. (Lb 2.64)

$$Nu = -\frac{2}{3\,Fo} \ln\left[\frac{6}{\pi^2} \sum_{n=1}^{\infty} \frac{1}{n^2} \exp\left(-Fo\pi^2 n^2\right)\right] = -\frac{2}{3\,Fo} \ln\vartheta^* \quad \rightarrow \quad Nu = 12{,}6,$$

$$\tag{2.142}$$

woraus der mittlere Wärmeübergangskoeffizient folgt:

$$Nu = \frac{\alpha d_K}{\lambda} \quad \rightarrow \quad \alpha = \frac{Nu\lambda}{d_K} \quad \rightarrow \quad \boxed{\alpha = 21{,}9\,\frac{\text{W}}{\text{m}^2\,\text{K}}}. \tag{2.143}$$

b) Die berechnete Zeit liegt deutlich oberhalb von 45 min, die von den Herstellern der Fässer angegeben wird. Ursächlich für diesen Unterschied ist neben der Betrachtung der Fassblase als Kugel die freie Konvektion, die sich in der Fassblase ausbildet.

Literatur

1. Beek WJ, Muttzall KMK, van Heuven JW (1999) Transport phenomena, 2. Aufl. John Wiley & Sons, Chichester
2. Bird RB, Stewart WE, Lightfoot EN (2002) Transport phenomena, 2. Aufl. John Wiley & Sons, New York
3. Mersmann A (1986) Stoffübertragung. Springer, Berlin Heidelberg New York
4. Mills AF (1995) Basic heat and mass transfer. Irwin, Chicago

Wärme- und Stoffübergangstheorien

3

Inhalt dieses Kapitels ist die Erklärung der wesentlichen Ansätze für das Verständnis und zur vereinfachten Modellierung des Wärme- und Stoffaustausches zwischen zwei Fluiden. Um die Komplexität der Vorgänge nicht weiter ohne wesentlichen, zusätzlichen Erkenntnisgewinn zu steigern, werden ausschließlich zweiphasige Systeme und eindimensionale Geometrien betrachtet. Zunächst wird der Wärmedurchgang behandelt. Es schließt sich die Anwendung der beiden wesentlichen Stoffübergangstheorien, der Film- und der Penetrationstheorie, einschließlich der relevanten mathematischen Beziehungen an. Abschließend werden die Auswirkungen einer homogenen chemischen Reaktion auf den Stoffübergang dargestellt und unter Verwendung von Stoffübergangstheorien mathematisch beschrieben.

3.1 Wärmedurchgang durch ein isoliertes Rohr[**]

► **Thema** Wärmedurchgang

Ein Rohr wird von einem Fluid 1 mit der Temperatur T_i laminar durchströmt. Zur Verringerung der Wärmeverluste ist die Rohrwand mit einem bündig sitzenden zylindrischen Mantel aus Isolationsmaterial versehen. Außerhalb der Isolationsschicht ströme ein Fluid 2 mit der Temperatur T_a.

a) Berechnen Sie den auftretenden, längenbezogenen Wärmefluss.
b) Bestimmen Sie den Wärmedurchgangskoeffizienten, wenn für die Wärmeübertragungsfläche die äußere Oberfläche des Isolationsmaterials eingesetzt wird.

Elektronisches Zusatzmaterial Die Online-Version dieses Kapitels (https://doi.org/10.1007/978-3-662-60393-2_3) enthält Zusatzmaterial, das für autorisierte Nutzer zugänglich ist.

© Springer-Verlag GmbH Deutschland, ein Teil von Springer Nature 2020
M. Kraume, *Transportvorgänge in der Verfahrenstechnik*,
https://doi.org/10.1007/978-3-662-60393-2_3

c) Ermitteln Sie die Wärmeleitfähigkeit des Isolationsmaterials λ_{Iso}, die nicht überschritten werden darf, damit in jedem Fall eine Verringerung des Wärmeverlusts gegenüber dem nicht isolierten Zustand auftritt.

Gegeben:

Rohrinnendurchmesser	d_i	$= 17\,\mathrm{mm}$
Rohraußendurchmesser	d_a	$= 20\,\mathrm{mm}$
Außendurchmesser Isolation	d_{Iso}	$= 30\,\mathrm{mm}$
Wärmeleitfähigkeit Rohrwand	λ_{Rohr}	$= 42\,\mathrm{W}/(\mathrm{m}\cdot\mathrm{K})$
Wärmeleitfähigkeit Isolation	λ_{Iso}	$= 0{,}03\,\mathrm{W}/(\mathrm{m}\cdot\mathrm{K})$
Wärmeübergangskoeffizient Rohrinnenwand	α_i	$= 1000\,\mathrm{W}/(\mathrm{m}^2\cdot\mathrm{K})$
Wärmeübergangskoeffizient Rohraußenwand	α_a	$= 20\,\mathrm{W}/(\mathrm{m}^2\cdot\mathrm{K})$
Innentemperatur	T_i	$= 353{,}15\,\mathrm{K}$
Außentemperatur	T_a	$= 283{,}15\,\mathrm{K}$

Lösung

Lösungsansatz:
Aufstellen einer differenziellen Energiebilanz in einem dünnen Hohlzylinder innerhalb der Rohrwand und Berechnung der verschiedenen Anteile des Wärmetransports zur Bestimmung des Gesamtwärmeflusses.

Lösungsweg:
a) Der Wärmefluss geht von Fluid 1 über die Rohrwand und die Isolationsschicht an Fluid 2 über (s. Abb. 3.1) und nimmt im stationären Fall einen konstanten Wert an. Somit können vier Gleichungen aufgestellt werden, welche die verschiedenen Anteile des Wärmeflusses beschreiben. Die erste Gleichung beschreibt den Übergang des Wärmeflusses von Fluid 1 an das Rohr:

$$\dot{Q} = \alpha_i \pi L d_i \left(T_i - T_{Wi} \right). \tag{3.1}$$

Analog gilt für den äußeren Wärmeübergang:

$$\dot{Q} = \alpha_a \pi L d_{\mathrm{Iso}} \left(T_{Ia} - T_a \right). \tag{3.2}$$

Der Energietransport in der Rohrwand und der Isolation findet ausschließlich durch Wärmeleitung statt. Der Temperaturverlauf in beiden Gebieten ergibt sich durch eine differenzielle Energiebilanz für einen dünnen Hohlzylinder der Dicke Δr. Im stationären Fall gilt (s. Abb. 3.1):

$$0 = \dot{Q}_r - \dot{Q}_{r+\Delta r}. \tag{3.3}$$

Abb. 3.1 Isoliertes Rohr mit dünnem Hohlzylinder als Bilanzvolumen

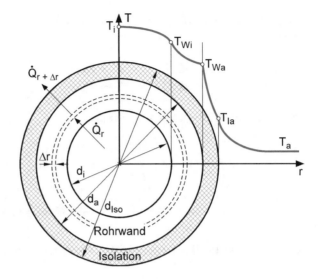

Wird diese Gleichung durch die Dicke Δr dividiert und geht Δr dann gegen null, so folgt:

$$0 = \frac{\dot{Q}_r - \dot{Q}_{r+\Delta r}}{\Delta r} \quad \xrightarrow{\Delta r \to 0} \quad \frac{d\dot{Q}_r}{dr} = 0. \tag{3.4}$$

Für den Wärmestrom wird das Produkt aus Wärmefluss und Fläche eingesetzt:

$$\frac{d\dot{Q}_r}{dr} = \frac{d}{dr}(2\pi L r \dot{q}_r) = 0 \quad \to \quad \frac{d}{dr}(r\dot{q}_r) = 0. \tag{3.5}$$

Die Gleichung wird integriert mit der Integrationskonstante C_1:

$$r\dot{q}_r = C_1. \tag{3.6}$$

Wird der Wärmefluss gemäß der Fourier'schen Wärmeleitungsbeziehung (Gl. (Lb 1.5)) eingefügt, ergibt sich die Differenzialgleichung

$$r\dot{q}_r = -r\lambda_R \frac{dT}{dr} = C_1, \tag{3.7}$$

die durch Trennung der Variablen gelöst wird:

$$C_1 \frac{dr}{r} = -\lambda_R dT. \tag{3.8}$$

Bei der Lösung der Differenzialgleichung sind folgende Randbedingungen zu berücksichtigen:

1. RB: bei $r = d_i/2$ $T = T_{Wi}$
2. RB: bei $r = d_a/2$ $T = T_{Wa}$

Durch bestimmte Integration folgt daraus:

$$C_1 \int_{R_i}^{r} \frac{dr}{r} = -\lambda_R \int_{T_{wi}}^{T(r)} dT \quad \rightarrow \quad C_1 \ln \frac{r}{R_i} = -\lambda_R \left[T(r) - T_{Wi} \right]$$

$$\rightarrow \quad C_1 = -\lambda_R \frac{\left[T(r) - T_{Wi} \right]}{\ln \frac{r}{R_i}}. \tag{3.9}$$

Aus der zweiten Randbedingung ergibt sich für die Konstante C_1:

$$C_1 \ln \frac{R_a}{R_i} = -\lambda_R \left(T_{Wa} - T_{Wi} \right) \quad \rightarrow \quad C_1 = -\lambda_R \frac{\left(T_{Wa} - T_{Wi} \right)}{\ln \frac{R_a}{R_i}}. \tag{3.10}$$

Zusammen mit Gl. (3.9) resultiert damit der Temperaturverlauf in der Rohrwand:

$$-\lambda_R \frac{\left[T(r) - T_{Wi} \right]}{\ln \frac{r}{R_i}} = -\lambda_R \frac{\left(T_{Wa} - T_{Wi} \right)}{\ln \frac{R_a}{R_i}} \quad \rightarrow \quad \frac{T(r) - T_{Wi}}{T_{Wa} - T_{Wi}} = \frac{\ln \frac{r}{R_i}}{\ln \frac{R_a}{R_i}}. \tag{3.11}$$

Der Wärmestrom durch die Rohrwand berechnet sich unter Verwendung des Temperaturgradienten an der Innenseite der Rohrwand gemäß:

$$\dot{Q} = \pi d_i L \, \dot{q}_r|_{r=R_i} = \pi d_i L \left[-\lambda_R \left. \frac{dT(r)}{dr} \right|_{r=R_i} \right]$$

$$= \pi d_i L \left(-\lambda_R \frac{T_{Wa} - T_{Wi}}{\ln \frac{R_a}{R_i}} \frac{1}{R_i} \right) \quad \rightarrow \quad \dot{Q} = 2\pi L \lambda_R \frac{T_{Wi} - T_{Wa}}{\ln \frac{d_a}{d_i}}. \tag{3.12}$$

In analoger Weise wird der Wärmestrom durch die Isolationsschicht berechnet:

$$\dot{Q} = 2\pi L \lambda_{\mathrm{Iso}} \frac{T_{Wa} - T_{Ia}}{\ln \frac{d_{\mathrm{Iso}}}{d_a}}. \tag{3.13}$$

Werden die Gln. (3.1), (3.2), (3.12) und (3.13) jeweils nach der darin auftretenden Temperaturdifferenz aufgelöst, so ergeben sich folgende Beziehungen:

$$T_i - T_{Wi} = \frac{\dot{Q}}{\alpha_i \pi L d_i}, \quad T_{Wi} - T_{Wa} = \frac{\dot{Q}}{2\pi L \lambda_R} \ln \frac{d_a}{d_i},$$

$$T_{Wa} - T_{Ia} = \frac{\dot{Q}}{2\pi L \lambda_{\mathrm{Iso}}} \ln \frac{d_{\mathrm{Iso}}}{d_a}, \quad T_{Ia} - T_a = \frac{\dot{Q}}{\alpha_a \pi L d_{\mathrm{Iso}}}. \tag{3.14}$$

Werden diese Gleichungen addiert und die Summe nach dem längenbezogenen Wärme-strom $\dot{Q}/L$ aufgelöst, so folgt:

$$\frac{\dot{Q}}{L} = \pi \, (T_i - T_a) \left(\frac{1}{\alpha_i d_i} + \frac{1}{2\lambda_R} \ln \frac{d_a}{d_i} + \frac{1}{2\lambda_{\text{Iso}}} \ln \frac{d_{\text{Iso}}}{d_a} + \frac{1}{\alpha_a d_{\text{Iso}}} \right)^{-1}$$

$$\rightarrow \quad \boxed{\frac{\dot{Q}}{L} = 25{,}9 \, \frac{\text{W}}{\text{m}}} . \tag{3.15}$$

b) Wird Gl. (3.15) umgestellt, so lässt sich der Wärmedurchgangskoeffizient bestimmen:

$$\dot{Q} = \pi L d_{\text{Iso}} \, (T_i - T_a) \underbrace{\left[d_{\text{Iso}} \left(\frac{1}{\alpha_i d_i} + \frac{1}{2\lambda_R} \ln \frac{d_a}{d_i} + \frac{1}{2\lambda_{\text{Iso}}} \ln \frac{d_{\text{Iso}}}{d_a} + \frac{1}{\alpha_a d_{\text{Iso}}} \right) \right]^{-1}}_{k}$$

$$\rightarrow \quad \boxed{k = 3{,}93 \, \frac{\text{W}}{\text{m}^2 \, \text{K}}} . \tag{3.16}$$

c) Ohne Isolation ergibt sich ein Wärmeverlust gemäß

$$\frac{\dot{Q}}{L} = \pi \, (T_i - T_a) \left(\frac{1}{\alpha_i d_i} + \frac{1}{2\lambda_R} \ln \frac{d_a}{d_i} + \frac{1}{\alpha_a d_a} \right)^{-1} , \tag{3.17}$$

der größer als derjenige mit Isolation sein soll. Dies bedeutet:

$$\left(\frac{1}{\alpha_i d_i} + \frac{1}{2\lambda_R} \ln \frac{d_a}{d_i} + \frac{1}{\alpha_a d_a} \right)^{-1} > \left(\frac{1}{\alpha_i d_i} + \frac{1}{2\lambda_R} \ln \frac{d_a}{d_i} + \frac{1}{2\lambda_{\text{Iso}}} \ln \frac{d_{\text{Iso}}}{d_a} + \frac{1}{\alpha_a d_{\text{Iso}}} \right)^{-1} .$$
$$\tag{3.18}$$

Hieraus folgt die maximale Wärmeleitfähigkeit:

$$\frac{1}{\alpha_a d_a} < \frac{1}{2\lambda_{\text{Iso}}} \ln \frac{d_{\text{Iso}}}{d_a} + \frac{1}{\alpha_a d_{\text{Iso}}} \quad \rightarrow \quad \lambda_{\text{Iso}} < \frac{1}{2} \alpha_a \frac{d_a d_{\text{Iso}}}{d_{\text{Iso}} - d_a} \ln \frac{d_{\text{Iso}}}{d_a}$$

$$\rightarrow \quad \boxed{\lambda_{\text{Iso}} < 0{,}243 \, \frac{\text{W}}{\text{m} \, \text{K}}} . \tag{3.19}$$

3.2 Stoffaustausch zwischen zwei flüssigen Phasen [1]**

▶ **Thema** Stoffdurchgang/Stoffübergangstheorien

Auf eine Wasserschicht wird eine Schicht aus Toluol zum Zeitpunkt $t = 0$ aufgebracht. Beide nicht mischbaren Flüssigkeiten enthalten $10 \, \text{kg/m}^3$ einer jodhaltigen Komponente I. Der Verteilungskoeffizient dieser Komponente I zwischen Toluol und Wasser beträgt $K = c_{It}/c_{Iw} = 10$. Das Verhältnis der Diffusionskoeffizienten von I in Wasser und Toluol beträgt 4.

a) Bestimmen Sie die Richtung, in die Komponente I transportiert wird.

b) Berechnen Sie für kurze Zeiten die Konzentrationen an der Phasengrenzfläche in beiden Phasen unter der Annahme, dass der Transport rein diffusiv erfolgt.

c) Skizzieren Sie die Konzentrationsverläufe in beiden Phasen. Hierbei sind die unterschiedlichen Eindringtiefen von I in den beiden Phasen zu berücksichtigen.

Lösung

Lösungsansatz:
Zur Lösung der Aufgabe wird der übergehende Massenstrom der jodhaltigen Komponente mit der Penetrationstheorie betrachtet.

Lösungsweg:
a) Der Verteilungskoeffizient gibt das Verhältnis der Konzentration der jodhaltigen Komponente im Toluol zur Konzentration im Wasser für den stationären Fall, also im thermodynamischen Gleichgewicht, an. Da K größer eins ist, stellt sich der Stofftransort in Richtung der Toluolphase ein.

b) Zur Berechnung der Konzentration an der Phasengrenzfläche für kurze Zeiten wird die Penetrationstheorie verwandt. Der Massenfluss der aus dem Wasser austretenden jodhaltigen Komponente I ist gleich dem Massenfluss in das Toluol derselben Komponente:

$$\dot{m}_I = \beta_{H_2O} \left(\rho_{I/H_2O} - \rho^*_{I/H_2O} \right) = -\beta_T \left(\rho_{I/T} - \rho^*_{I/T} \right). \tag{3.20}$$

Zum Zeitpunkt $t = 0$ hat noch kein Stofftransport stattgefunden, demzufolge entsprechen die Massenkonzentrationen von I im Wasser und im Toluol dem Anfangswert von $10\,kg/m^3$. Für die Bestimmung der Stoffübergangskoeffizienten wird die Beziehung nach der Penetrationstheorie verwendet. Diese lautet nach Gl. (Lb 3.52):

$$\beta = \frac{2}{\sqrt{\pi}} \sqrt{\frac{D_{AB}}{\tau}}. \tag{3.21}$$

Damit ändert sich Gl. (3.20) zu:

$$\sqrt{D_{I/H_2O}} \left(\rho_{I/H_2O} - \rho^*_{I/H_2O} \right) = \sqrt{D_{I/T}} \left(\rho^*_{I/T} - \rho_{I/T} \right). \tag{3.22}$$

Für den Stofftransport durch Diffusion ist bekannt, dass der Diffusionskoeffizient von Jod in Wasser viermal so groß ist wie der Diffusionskoeffizient von Jod in Toluol:

$$\frac{\sqrt{D_{I/H_2O}}}{\sqrt{D_{I/T}}} = \frac{\sqrt{4 D_{I/T}}}{\sqrt{D_{I/T}}} = 2 = \frac{\rho^*_{I/T} - \rho_{I/T}}{\rho_{I/H_2O} - \rho^*_{I/H_2O}}. \tag{3.23}$$

Der Verteilungskoeffizient ist als Verhältnis der Molkonzentrationen angegeben und kann über das Molekulargewicht auf Massenkonzentrationen angewandt werden:

$$K = \frac{c_{I/T}}{c_{I/H_2O}} = \frac{\rho^*_{I/T}}{\rho^*_{I/H_2O}} \frac{\tilde{M}_I}{\tilde{M}_I} = 10. \tag{3.24}$$

Durch Umstellung dieser Gleichung nach der Gleichgewichtskonzentration von I in Toluol $\rho^*_{I/T}$ ergibt sich mit Gl. (3.23) die Gleichgewichtskonzentration von I in der wässrigen Phase:

$$2 = \frac{10\rho^*_{I/H_2O} - \rho_{I/T}}{\rho_{I/H_2O} - \rho^*_{I/H_2O}} \quad \rightarrow \quad \rho^*_{I/H_2O} = \frac{2\rho_{I/H_2O} + \rho_{I/T}}{12}$$

$$\rightarrow \quad \boxed{\rho^*_{I/H_2O} = 2{,}5 \, \frac{\text{kg}}{\text{m}^3}}. \tag{3.25}$$

Mit dem Verteilungskoeffizienten folgt die Gleichgewichtskonzentration von I in der Toluolphase:

$$\boxed{\rho^*_{I/T} = 25 \, \frac{\text{kg}}{\text{m}^3}}. \tag{3.26}$$

c) In Abb. 3.2 sind die Konzentrationsverläufe von Jod in den beiden Phasen qualitativ grafisch dargestellt. Da der Stofftransport nur durch Diffusion erfolgt, ist nach dem Fick'schen Gesetz (s. Gl. (Lb 1.8)) der Gradient der Massenkonzentration von I an der Phasengrenzfläche in der Toluolphase aufgrund der unterschiedlichen Diffusionskoeffizient viermal so groß wie in der wässrigen Phase. Außerhalb der Eindringtiefe bleibt der anfängliche Wert der Massenkonzentration von I mit $10\,\text{kg}/\text{m}^3$ erhalten. Die Eindringtiefen lassen sich abschätzen mit (s. Abschn. Lb 2.2.1, Gl. (Lb 2.49)):

$$\delta \sim \sqrt{\pi D_{AB} t} \quad \rightarrow \quad \frac{\delta_{cT}}{\delta_{cH_2O}} = \sqrt{\frac{D_{I/T}}{D_{I/H_2O}}} = \frac{1}{2}. \tag{3.27}$$

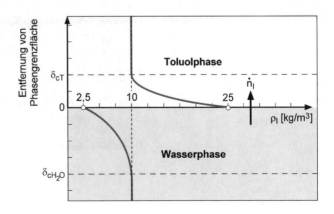

Abb. 3.2 Konzentrationsprofile beim Stoffübergang einer jodhaltigen Komponente von der wässrigen in die Toluolphase gemäß der Penetrationshypothese

3.3   Stoffübergang mit einer instantanen Reaktion 2. Ordnung [2]*

▶   **Thema** Stoffübergangstheorien – Filmtheorie

Ein Feststoff A löst sich in einer strömenden Flüssigkeit F unter stationären Bedingungen auf. In Übereinstimmung mit dem Filmmodell soll zunächst angenommen werden, dass die Oberfläche von A mit einem ruhenden Flüssigkeitsfilm der Dicke δ bedeckt ist. Die Flüssigkeit außerhalb des Films ist völlig vermischt und enthält eine vernachlässigbare Menge an A.

a) Bestimmen Sie den Molenstrom, mit dem sich die Komponente A auflöst.
b) Die Flüssigkeit soll zusätzlich eine Komponente B mit der Konzentration $c_{B\infty}$ enthalten. A und B reagieren augenblicklich und irreversibel in der Ebene $z = \kappa \cdot \delta$:

$$A + B \rightarrow P$$

    (s. Abb. 3.3). Die strömende Flüssigkeit bestehe praktisch nur aus B und F. Bestimmen Sie den Molenstrom, mit dem sich die Komponente A in diesem Fall auflöst.
c) Berechnen Sie den Beschleunigungsfaktor für den Fall b).

Hinweise:

1. A und B diffundieren beide zu dem Reaktionsort. Aufgrund der instantanen Reaktionen kann jeweils nur eine der beiden Komponenten vorliegen.
2. Die Produktkonzentration im Film sei vernachlässigbar.

Abb. 3.3 Konzentrationsprofile für die Diffusion mit einer instantanen Reaktion 2. Ordnung

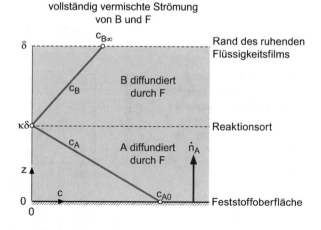

Lösung

Lösungsansatz:
Anwenden der Definition für den Stoffstrom gemäß Filmtheorie gegebenenfalls unter Einbeziehung der homogenen chemischen Reaktion.

Lösungsweg:
a) Der stationäre Stoffstrom wird durch folgende Beziehung beschrieben:

$$\dot{N}_A = A\beta\Delta c_A. \tag{3.28}$$

Mit dem Stoffübergangskoeffizient gemäß Filmtheorie nach Gl. (Lb 3.27) ergibt sich der Molenstrom:

$$\beta = \frac{D_{AF}}{\delta} \quad \rightarrow \quad \boxed{\dot{N}_A = AD_{AF}\frac{c_{A0}}{\delta}}. \tag{3.29}$$

b) Infolge der Reaktion unterscheidet sich nunmehr die Dicke der Konzentrationsgrenzschicht δ_c von der Filmdicke δ des ruhenden Films durch den Faktor κ. Die Beziehung für den Stoffstrom von A ergibt sich nun als:

$$\dot{N}_A = AD_{AF}\frac{c_{A0}}{\kappa\delta}. \tag{3.30}$$

Gleichzeitig muss der aufgrund der Stöchiometrie gleich große Stoffstrom von B an den Reaktionsort transportiert werden:

$$\dot{N}_B = AD_{BF}\frac{c_{B0}}{\delta\left(1-\kappa\right)}. \tag{3.31}$$

Aus der Gleichheit der beiden Stoffmengenströme ergibt sich für den Reaktionsort:

$$AD_{AF}\frac{c_{A0}}{\kappa\delta} = AD_{BF}\frac{c_{B0}}{\delta\left(1-\kappa\right)} \quad \rightarrow \quad \kappa = \left(1+\frac{D_{BF}c_{B0}}{D_{AF}c_{A0}}\right)^{-1}. \tag{3.32}$$

Damit folgt für den Stoffstrom $\dot{N}_A$ gemäß Gl. (3.30):

$$\boxed{\dot{N}_A = \frac{A}{\delta}\left(D_{AF}c_{A0} + D_{BF}c_{B0}\right)}. \tag{3.33}$$

c) Der Beschleunigungsfaktor E_A gibt gemäß Gl. (Lb 2.20) das Verhältnis des Stofftransportes mit einer chemischen Reaktion zum Stofftransport ohne chemische Reaktion an.

$$E_A \equiv \frac{\beta_{\text{mit Reaktion}}}{\beta_{\text{ohne Reaktion}}}. \tag{3.34}$$

Unter Verwendung der Gln. (3.29) und (3.30) ergibt sich für den Beschleunigungsfaktor:

$$E_A = \frac{\frac{D_{AB}}{\kappa \delta_c}}{\frac{D_{AB}}{\delta_c}} \quad \rightarrow \quad \boxed{E_A = \frac{1}{\kappa}}. \tag{3.35}$$

3.4 Stofftransport in einen Rieselfilm[**]

▶ **Thema** Stoffübergangstheorien – Filmtheorie/Penetrationstheorie

Am Beispiel eines Rieselfilms soll ein Vergleich der Filmtheorie mit der Penetrationstheorie durchgeführt werden. Beide Ergebnisse sollen anschließend mit einer theoretisch abgesicherten, numerisch bestimmten Lösung verglichen werden.

a) Filmtheorie
   i) Skizzieren Sie den Konzentrationsverlauf unter Annahme der Filmtheorie.
   ii) Erläutern Sie den Ansatz für die Berechnung des Stoffübergangskoeffizienten.
   iii) Bestimmen Sie die für die Filmtheorie gemittelte Filmdicke.
   iv) Berechnen Sie den Stoffübergangskoeffizienten.
b) Penetrationstheorie
   i) Bestimmen Sie die Kontaktzeit eines Fluidelementes.
   ii) Berechnen Sie den Stoffübergangskoeffizienten.
c) Berechnen Sie den Stoffübergangskoeffizienten mit Hilfe der für den Rieselfilm numerisch bestimmten Gleichung für die Sherwoodzahl (s. Abschn. Lb 11.3.1, Gl. (Lb 11.31)):

$$Sh_\delta = 3{,}41 + \frac{0{,}276 x^{*-1{,}2}}{1 + 0{,}2 x^{*-0{,}7}} \tag{3.36}$$

mit $x^* = \frac{1}{Pe_\delta} \frac{x}{\delta_f}$, $Pe_\delta = Re\, Sc = \frac{\overline{w}\delta_f}{D_{AB}}$, $\overline{w} = \frac{w_{max}}{1{,}5}$ und $w_{max} = \frac{g\, \delta_f^2}{2\nu}$

d) Vergleichen Sie die drei Ergebnisse und erklären Sie auftretende Abweichungen.

Gegeben:

Länge des Rieselfilms	L	$= 0{,}5\,\mathrm{m}$
Rieselfilmdicke	δ_f	$= 0{,}5\,\mathrm{mm}$
Filmdicke für Filmtheorie	$\delta_c(x = L)$	$= \delta_f/2$
Viskosität des Fluids	η_f	$= 10\,\mathrm{mPa \cdot s}$
Dichte des Fluids	ρ_f	$= 1000\,\mathrm{kg/m^3}$
Diffusionskoeffizient	D_{AB}	$= 1 \cdot 10^{-9}\,\mathrm{m^2/s}$

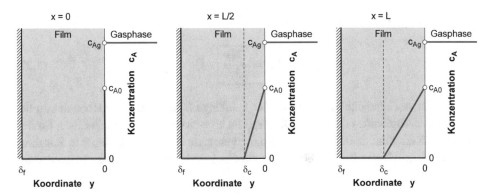

Abb. 3.4 Konzentrationsprofile für verschiedene Lauflängen unter Annahme der Filmtheorie

Annahmen:

1. Der Stofftransport erfolgt von der Gas- in die Flüssigphase.
2. Widerstand gegen den Stofftransport tritt nur in der Flüssigphase auf.
3. An der Phasengrenzfläche gilt das Henry'sche Gesetz.

Lösung

Lösungsansatz:
Die Beziehungen für die Stoffkoeffizienten Gl. (Lb 3.27) und Gl. (Lb 3.52), die aus beiden Theorien resultieren, stellen die Grundlage zur Lösung dieser Aufgabe dar.

Lösungsweg:
a) Filmtheorie

i) In Abb. 3.4 ist der Konzentrationsverlauf unter Annahme der Filmtheorie in y-Richtung für verschiedene x schematisch dargestellt. Der Stoffübergang tritt dabei nur in einem dünnen oberflächennahen Film der Dicke δ_c auf. Es wird deutlich, dass sich dieser Film mit zunehmender Lauflänge x ausdehnt und sich die Konzentration in diesem Bereich durch den diffusiven Transport linear ändert. Dies folgt aus den Annahmen für die Filmtheorie und wird mit dem Stoffübergangskoeffizienten gemäß Gl. (Lb 3.27) mathematisch beschrieben.

ii) Der Ansatz für die Beschreibung des Stoffübergangskoeffizienten resultiert aus dem infolge reiner Diffusion entstehenden linearen Konzentrationsverlauf im Film der Dicke δ_c, siehe Gl. (Lb 3.24). Damit ergibt sich für den Stoffübergangskoeffizienten der in Gl.

(Lb 3.27) aufgestellte Zusammenhang:

$$\boxed{\beta = \frac{D_{AB}}{\delta_c}}.$$ (3.37)

iii) Die fiktive Filmdicke δ_c hängt von der Lauflänge x und damit der Höhe des zu betrachtenden Abschnittes des Rieselfilms ab. Um eine charakteristische Filmdicke für den gesamten Rieselfilm zu definieren, wird diese gemittelt. Aufgrund der linearen Zunahme der Filmdicke mit der Höhe x entspricht die charakteristische Filmdicke derjenigen bei $x = 0,5\,\text{L}$:

$$\delta_c\left(x = \frac{L}{2}\right) = \frac{1}{2}\delta_c(x = L) = \frac{1}{4}\delta_f \quad \rightarrow \quad \boxed{\delta_c = 0,125\,\text{mm}}.$$ (3.38)

iv) Der Stoffübergangskoeffizient berechnet sich nach Gl. (3.37):

$$\beta = \frac{D_{AB}}{\delta_c} \quad \rightarrow \quad \boxed{\beta = 8 \cdot 10^{-6}\,\frac{\text{m}}{\text{s}}}.$$ (3.39)

b) Penetrationstheorie

i) Die Flüssigkeitselemente an der Filmoberfläche sind für die Penetration und damit den Stoffübergang relevant. Sie bewegen sich mit einer Geschwindigkeit w_{max}. Zur Berechnung der Kontaktzeit τ wird daher das Verhältnis aus der Länge des Rieselfilmes L und der Oberflächengeschwindigkeit gebildet:

$$\tau = \frac{L}{w_{max}}.$$ (3.40)

Für die Geschwindigkeit ergibt sich:

$$w_{max} = w(y = 0) = \frac{g\delta_f^2}{2\nu_f} = \frac{\rho_f g \delta_f^2}{2\eta_f}.$$ (3.41)

Daraus resultiert die Kontaktzeit:

$$\tau = L\frac{2\eta}{\rho_f g \delta_f^2} \quad \rightarrow \quad \boxed{\tau = 4,08\,\text{s}}.$$ (3.42)

ii) Die Beziehung für den Stoffübergangskoeffizienten gemäß Penetrationstheorie ist in Gl. (Lb 3.52) gegeben.

$$\beta = \frac{2}{\sqrt{\pi}}\sqrt{\frac{D_{AB}}{\tau}} \quad \rightarrow \quad \boxed{\beta = 1,77 \cdot 10^{-5}\,\frac{\text{m}}{\text{s}}}.$$ (3.43)

c) Zur Berechnung des Stoffübergangskoeffizienten aus empirisch aufgestellten Beziehungen werden die in Aufgabenteil c) angegebenen Gleichungen verwendet. Die Definition der Sherwoodzahl lautet nach Gl. (Lb 2.63):

$$Sh = \frac{\beta L_{\text{char}}}{D_{AB}}. \tag{3.44}$$

Die charakteristische Länge ist hier die Filmdicke δ_f. Der Stoffübergangskoeffizient kann damit folgendermaßen berechnet werden:

$$\beta = \frac{Sh_\delta D_{AB}}{\delta_f}. \tag{3.45}$$

Mit der dimensionslosen Lauflänge

$$x^* = \frac{1}{Pe_\delta}\frac{L}{\delta_f} = \frac{D_{AB}}{\overline{w}\delta_f}\frac{L}{\delta_f} = 3\frac{D_{AB}\eta L}{\rho g \delta_f^4} \quad \rightarrow \quad x^* = 0{,}0245 \tag{3.46}$$

ergibt sich nach Gl. (3.36) die Sherwoodzahl

$$Sh_\delta = 3{,}41 + \frac{0{,}276 x^{*-1{,}2}}{1 + 0{,}2 x^{*-0{,}7}} \quad \rightarrow \quad Sh_\delta = 9{,}84 \tag{3.47}$$

und damit ein Stoffübergangskoeffizient β von:

$$\boxed{\beta = 1{,}97 \cdot 10^{-5}\,\frac{\text{m}}{\text{s}}}. \tag{3.48}$$

d) Der Vergleich der Stoffübergangskoeffizienten zeigt, dass mit der Filmtheorie ein etwa 60 % und mit der Penetrationstheorie ein ca. 10 % kleinerer Stoffübergangskoeffizient als mit der numerischen Simulation ermittelt wird. Bei der Filmtheorie wurde die mittlere Filmdicke lediglich abgeschätzt, sodass es sich hier z. T. um einen Schätzfehler handelt. Im Fall der Penetrationstheorie ist die Annahme einer nur geringen Eindringtiefe in den Flüssigkeitsfilm ($\delta_c \ll \delta_f$) nicht vollständig gültig. Deshalb besitzt der konvektive Transport größeren Einfluss und erhöht den Stoffübergangskoeffizienten.

3.5   Stofftransport in einen Flüssigkeitsstrahl [1]***

▶   **Thema** Stoffübergangstheorien – Penetrationstheorie

Ein kurzer laminarer Wasserstrahl ($\vartheta = 20\,°C$) fällt durch reines SO_2 ($\vartheta = 20\,°C$, $p = 1$ bar).

a) Begründen Sie, warum die Penetrationstheorie die geeignete Stofftransporttheorie darstellt, mit der sich die Absorptionsrate des Gases beschreiben lässt.

b) Berechnen Sie die Oberflächentemperatur des Wasserstrahls T_0 unter der Annahme einer Gleichgewichtskonzentration des SO_2 in Wasser von $1{,}54 \, \mathrm{kmol/m^3}$ unter den herrschenden Bedingungen. Die molare Lösungsenthalpie Δh_s beträgt $28 \, \mathrm{kJ/mol}$ und die Lewiszahl ($Le = a/D_{AB}$) ist gleich 90. Der Wärmeübergang in die Gasphase kann vernachlässigt werden. Das eintretende Wasser ist frei von SO_2 ($c_{SO_2\infty} = 0$).

c) Berechnen Sie, wie stark sich die Absorptionsrate durch Verdopplung der Strahlgeschwindigkeit erhöht.

d) Ermitteln Sie den Einfluss des Strahldurchmessers bei konstantem Volumenstrom auf die Absorptionsrate.

Hinweis:

Die relevanten Stoffdaten für Wasser finden sich in Tabelle Lb 1.2.

Lösung

Lösungsansatz:
Sowohl der Stoff- als auch der Wärmestrom in den Strahl werden mit der Penetrationstheorie berechnet und beide Ströme über die Lösungsenthalpie miteinander gekoppelt.

Lösungsweg:
a) Der Fall des kurzen Wasserstrahls kann durch einen raumfesten Beobachter als Vorgang von kurzer Dauer betrachtet werden. Demzufolge stellt sich eine kurze Kontaktzeit zwischen den Molekülen im Gasraum mit dem Wasserstrahl ein, sodass der Vorgang durch die Penetrationstheorie charakterisiert werden kann.

b) Der Wärmeeintrag in den Wasserstrahl erfolgt infolge der freiwerdenden Lösungsenthalpie, welche bei der Lösung des SO_2 im Wasser auftritt. Zur Berechnung der Oberflächentemperatur ist es notwendig, den absorbierten Molenstrom an SO_2 an der Oberfläche des Wasserstrahls zu bestimmen. Dazu wird der Stofffluss in den Film betrachtet:

$$\dot{n}_{SO_2} = \beta \Delta c_{SO_2} \quad \rightarrow \quad \dot{n}_{SO_2} = \beta \left(c_{SO_2}^* - c_{SO_2\infty} \right) \quad \rightarrow \quad \dot{n}_{SO_2} = \beta c_{SO_2}^*. \tag{3.49}$$

Der mittlere flüssigkeitsseitige Stoffübergangskoeffizient kann dabei durch die Penetrationstheorie nach Gl. (Lb 3.52) abgeschätzt werden:

$$\dot{n}_{SO_2} = \frac{2}{\sqrt{\pi}} \sqrt{\frac{D_{SO_2/H_2O}}{\tau}} \, c_{SO_2}^*. \tag{3.50}$$

Mit der Annahme, dass die gesamte Lösungsenthalpie an der Oberfläche frei und in den Flüssigkeitsstrahl transportiert wird, ergibt sich für den Wärmefluss in den Film:

$$\dot{q} = \alpha \Delta \vartheta \quad \rightarrow \quad \dot{q} = \alpha \left(\vartheta_0 - \vartheta_\infty \right). \tag{3.51}$$

Der mittlere Wärmeübergangskoeffizient für den Wärmetransport in das Strahlinnere kann analog zum Stoffübergangskoeffizienten mit der Penetrationstheorie nach Gl. (Lb 3.52) abgeschätzt werden:

$$\alpha = \frac{2}{\sqrt{\pi}} \sqrt{\frac{\lambda \rho c_p}{\tau}} \quad \rightarrow \quad \dot{q} = \frac{2}{\sqrt{\pi}} \sqrt{\frac{\lambda \rho c_p}{\tau}} \left(\vartheta_0 - \vartheta_\infty \right). \tag{3.52}$$

Die Kopplung der Energie- und Stoffmengenbilanz erfolgt dadurch, dass die Lösungsenthalpie mit dem übergehenden Stoffstrom frei wird. Damit folgt für den Wärmefluss:

$$\dot{q} = \dot{n}_{SO_2} \cdot \Delta h_s \quad \rightarrow \quad \frac{2}{\sqrt{\pi}} \sqrt{\frac{\lambda \rho c_p}{\tau}} \left(\vartheta_0 - \vartheta_\infty \right) = \frac{2}{\sqrt{\pi}} \sqrt{\frac{D_{SO_2/H_2O}}{\tau}} c_{SO_2}^* \Delta h_s. \tag{3.53}$$

Aufgelöst nach der Oberflächentemperatur T_0 ergibt sich:

$$\vartheta_0 = \vartheta_\infty + \sqrt{\frac{D_{SO_2/H_2O}}{\lambda \rho c_p}} c_{SO_2}^* \Delta h_s = \vartheta_\infty + \frac{c_{SO_2}^* \Delta h_s}{\rho c_p \sqrt{Le}} \quad \rightarrow \quad \boxed{\vartheta_0 = 21{,}1\,^\circ C}. \tag{3.54}$$

c) Für die Absorptionsrate gilt folgender Zusammenhang:

$$\dot{N}_{SO_2} = \frac{2}{\sqrt{\pi}} \sqrt{\frac{D_{SO_2/H_2O}}{L/w}} A c_{SO_2}^* \quad \rightarrow \quad \dot{N}_{SO_2} \sim \sqrt{w}. \tag{3.55}$$

Bei einer Verdopplung der Strahlgeschwindigkeit ergibt sich für die Absorptionsrate:

$$\boxed{\dot{N}_{SO_2,2\cdot w} = \sqrt{2}\,\dot{N}_{SO_2}}. \tag{3.56}$$

d) Mit der Annahme eines zylinderförmigen Wasserstrahls gilt gemäß Gl. (3.55) folgender Zusammenhang für die Absorptionsrate:

$$\dot{N}_{SO_2} = \frac{2}{\sqrt{\pi}} \sqrt{\frac{D_{SO_2/H_2O}}{\tau}} \pi d L c_{SO_2}^*. \tag{3.57}$$

Wird die Kontaktzeit τ gemäß

$$\tau = \frac{L}{w} = \frac{L \pi d^2}{4 \dot{V}} \tag{3.58}$$

eingesetzt, dann folgt für die Absorptionsrate:

$$\dot{N}_{SO_2} = \frac{2}{\sqrt{\pi}} \sqrt{\frac{4\dot{V}D_{SO_2/H_2O}}{L\pi d^2}} \pi d L c^*_{SO_2} = 4\sqrt{L\dot{V}D_{SO_2/H_2O}}c^*_{SO_2}$$

$$\rightarrow \quad \boxed{\dot{N}_{SO_2} \neq f(d)}. \tag{3.59}$$

Die Absorptionsrate hängt damit für einen konstanten Volumenstrom nicht von dem Durchmesser des Wasserstrahls ab und bleibt konstant.

3.6 Stoffübergang bei laminarer Rohrströmung[*]

▶ **Thema** Stoffübergangstheorien – Penetrationstheorie

Für reibungsfreie Fluide ergibt sich für den Stoffübergang bei laminarer Rohrströmung und geringen Einlaufkennzahlen z^* der Zusammenhang

$$Sh = \frac{2}{\sqrt{\pi}} \sqrt{Pe\frac{d}{z}}, \tag{3.60}$$

wie in Abb. Lb 5.17 dargestellt.

a) Leiten Sie diese Beziehung unter Anwendung der Penetrationstheorie ab.
b) Überprüfen Sie die Gültigkeit der Penetrationshypothese. Hierzu ist die Eindringtiefe zu bestimmen, bis zu der die diffundierende Komponente eingedrungen ist, wenn die Sherwoodzahl gemäß Abb. Lb 5.17 signifikant von derjenigen der Penetrationstheorie abweicht.

Hinweis:

Aufgrund der geringen Eindringtiefe kann die Aufgabe als ebenes Problem behandelt werden.

Lösung

Lösungsansatz:
Nutzung der Definitionsgleichung für die Sherwoodzahl und der Berechnung des Stoffübergangskoeffizienten nach Penetrationstheorie.

Lösungsweg:

a) Die Definition der Sherwoodzahl lautet nach Gl. (Lb 2.63):

$$Sh = \frac{\beta d}{D_{AB}}.$$

(3.61)

Durch das Einsetzen der Beziehung für den Stoffübergangskoeffizienten (s. Gl. (Lb 3.52))
aus der Penetrationstheorie folgt für die Sherwoodzahl:

$$\beta = \frac{2}{\sqrt{\pi}} \sqrt{\frac{D_{AB}}{\tau}} \quad \rightarrow \quad Sh = \frac{2}{\sqrt{\pi}} \sqrt{\frac{D_{AB}}{\tau}} \frac{d}{D_{AB}}.$$

(3.62)

Wird für die Kontaktzeit τ das Verhältnis der Länge z und der Geschwindigkeit $\overline{w}$, mit
der diese Länge zurückgelegt wird, eingesetzt, so folgt:

$$\boxed{Sh = \frac{2}{\sqrt{\pi}} \sqrt{\frac{\overline{w}d}{D_{AB}} \frac{d}{z}}} \quad \rightarrow \quad \boxed{Sh = \frac{2}{\sqrt{\pi}} \sqrt{Pe \frac{d}{z}}}.$$

(3.63)

b) Signifikante Abweichungen treten in Abb. Lb 5.17 ab einer Einlaufkennzahl von etwa
$z^* \approx 0{,}01$ auf. Für größere z^* differieren die Kurvenverläufe deutlich. Für die Penetrationstiefe gilt nach Gl. (Lb 2.49) die Beziehung:

$$\delta = \sqrt{\pi D_{AB} t}.$$

(3.64)

Die Einlaufkennzahl bestimmt sich nach Gl. (Lb 5.70) aus:

$$z^* = \frac{z}{d} \frac{1}{ReSc} = \frac{z}{d} \frac{D_{AB}}{\overline{w} d} = \frac{D_{AB} t}{d^2} \quad \rightarrow \quad t = \frac{z^* d^2}{D_{AB}}.$$

(3.65)

Damit ergibt sich ein Verhältnis aus der Penetrationstiefe δ und dem Rohrradius R:

$$\delta = \sqrt{\pi D_{AB} \frac{z^* (2R)^2}{D_{AB}}} \quad \rightarrow \quad \frac{\delta}{R} = 2\sqrt{\pi z^*} \quad \rightarrow \quad \boxed{\frac{\delta}{R} = 0{,}354}.$$

(3.66)

Die Herleitung der Penetrationstheorie basiert auf der Annahme, dass die Eindringtiefe
um mindestens eine Größenordnung kleiner als die gesamte, verfügbare Schichttiefe ist.
Demzufolge müsste etwa gelten $y/R < 0{,}1$. Durch das höhere Längenverhältnis ist die
Penetrationstheorie demzufolge nicht mehr genau.

3.7 Stoffübergang in einer Füllkörperkolonne[*]

▶   **Thema** Stoffübergangstheorien – Penetrationstheorie

Der Stoffübergang in einer Füllkörperkolonne soll auf Basis der Penetrationstheorie ermittelt werden. Hierzu wird der Film betrachtet, der einen einzelnen Füllkörper überströmt. Während der Film an dem Füllkörper abfließt, findet der Stoffaustausch zwischen Gas- und Flüssigphase statt. Dieser wird durch den flüssigkeitsseitigen Stoffübergangskoeffizienten bestimmt. Wenn der Film den Füllkörper verlässt, vermischt er sich vollständig mit den anderen Flüssigkeitsströmen, bevor die Flüssigkeit wieder einen anderen Füllkörper überströmt. Die Dicke des Films an einem Füllkörper δ_f berechnet sich nach Gl. (Lb 13.9) durch:

$$\delta_f = \sqrt[3]{\frac{3v_f\eta_f}{\rho_f g a_t}}. \tag{3.67}$$

Hierbei ist v_f die Flüssigkeitsleerrohrgeschwindigkeit $\dot{V}_f/A_{\text{Kol}}$. Der Flüssigkeitsinhalt ε_f in einer Füllkörperkolonne lässt sich bei niedrigen Gasbelastungen in Anlehnung an die Gleichung des laminaren Rieselfilms berechnen gemäß Gl. (Lb 13.11):

$$\varepsilon_f = \frac{V_f}{V_{\text{ges}}} = a_t \delta_f = \sqrt[3]{\frac{3}{g} a_t^2 \frac{\eta_f v_f}{\rho_f}}. \tag{3.68}$$

Die mittlere Verweilzeit τ_f des Films an einem Füllkörper der Höhe H beträgt:

$$\tau_f = \varepsilon_f \frac{H}{v_f}. \tag{3.69}$$

a) Bestimmen Sie den Stoffübergangskoeffizienten in einer Füllkörperkolonne, die mit 25 mm Raschigringen ($a_t = 200\,\text{m}^2/\text{m}^3$, $H = 25\,\text{mm}$) bei einer Flüssigkeitsleerrohrgeschwindigkeit $v_f = 10^{-3}\,\text{m/s}$ mit Wasser betrieben wird ($D_{AB} = 2{,}5 \cdot 10^{-9}\,\text{m}^2/\text{s}$).
b) Überprüfen Sie, ob die Penetrationstheorie unter den herrschenden Bedingungen gültig ist.

Hinweis:

Die relevanten Stoffdaten für Wasser finden sich in Tabelle Lb 1.2.

Lösung

Lösungsansatz:
Anwendung der Penetrationstheorie unter Verwendung der Kontaktzeit bei der Überströmung eines Füllkörpers.

Lösungsweg:

a) Gemäß der Penetrationstheorie berechnet sich der Stoffübergangskoeffizient nach Gl. (Lb 3.52):

$$\beta = \frac{2}{\sqrt{\pi}} \sqrt{\frac{D_{AB}}{\tau_f}}. \tag{3.70}$$

Die Kontaktzeit τ_f entspricht der mittleren Verweilzeit des Flüssigkeitsfilms am Füllkörper und kann über Gl. (3.69) bestimmt werden. Der Flüssigkeitsinhalt ergibt sich aus Gl. (3.68):

$$\varepsilon_f = a_t \sqrt[3]{\frac{3 v_f \eta_f}{\rho_f g a_t}} \quad \rightarrow \quad \tau_f = a_t H \sqrt[3]{\frac{3 \eta_f}{\rho_f g a_t v_f^2}}. \tag{3.71}$$

Damit ergibt sich für den Stoffübergangskoeffizienten:

$$\beta = \sqrt{\frac{4 D_{AB}}{\pi \tau_f}} \quad \rightarrow \quad \beta = \sqrt[6]{\frac{64}{3\pi^3} \frac{D_{AB}^3 \rho_f g v_f^2}{a_t^2 H^3 \eta_f^2}} \quad \rightarrow \quad \boxed{\beta = 7{,}43 \cdot 10^{-5} \frac{m}{s}}. \tag{3.72}$$

b) Zur Überprüfung der Anwendungsberechtigung der Penetrationstheorie wird die Penetrationstiefe mit der Filmdicke des Rieselfilms verglichen. Für die Penetrationstiefe gilt nach Gl. (Lb 2.49):

$$\delta = \sqrt{\pi D_{AB} \tau_f} = \sqrt{\frac{\pi D_{AB} a_t \delta_f H}{v_f}}. \tag{3.73}$$

Bezogen auf die Filmdicke δ_f nach Gl. (3.67) ergibt sich:

$$\frac{\delta}{\delta_f} = \sqrt[6]{\frac{\pi^3}{3} \frac{D_{AB}^3 a_t^4 H^3 \rho_f g}{v_f^4 \eta_f}} \quad \rightarrow \quad \boxed{\frac{\delta}{\delta_f} = 0{,}584}. \tag{3.74}$$

Die Penetrationstiefe erreicht demzufolge etwa 60 % der Filmdicke. Dieser Wert liegt deutlich über dem Maximalwert von 0,1 bis zu dem die Penetrationstheorie gültig ist. Der Stoffübergangskoeffizient β ist mit Gl. (3.72) dementsprechend nicht zuverlässig bestimmt.

3.8 Chemiesorption einer gasförmigen Komponente [3]***

▶ **Thema** Stoffaustausch mit homogener chemischer Reaktion/Stoffdurchgang

Ein Reaktant A liegt gasförmig mit der Konzentration $\bar{c}_{Ag} = 10\,\text{mol/m}^3$ in einer Mischung mit Stickstoff vor. Das Gas wird in einer Flüssigkeit dispergiert, in der A absorbiert und in einer Reaktion 1. Ordnung umgesetzt wird. Dabei bleibt die mittlere Konzentration an A in der flüssigen Phase $\bar{c}_{Af}$ vernachlässigbar klein. Die absorbierte Menge ist so gering, dass die Konzentration von A in der Gasphase als konstant betrachtet werden kann. Der Gleichgewichtskoeffizient $m = c_{Ag}/c_{Af}$ zur Beschreibung des thermodynamischen Gleichgewichts an der Phasengrenze ist gleich eins. Weiterhin gilt $\beta_g = 10^{-2}\,\text{m/s}$, $\beta_f = 10^{-4}\,\text{m/s}$ und $D_{AB} = 10^{-9}\,\text{m}^2/\text{s}$. Die Reaktionsgeschwindigkeitskonstante k_1 variiert je nach Katalysatorkonzentration zwischen $4{\cdot}10^{-3}$ und $40 \cdot 10^6\,\text{s}^{-1}$.

a) Es soll ein analytischer Ausdruck für die Stoffstromdichte $\dot{n}_A$ von A durch die Phasengrenzfläche hergeleitet werden, der die Beschleunigung durch die homogene chemische Reaktion berücksichtigt.

b) Auf Basis der Filmtheorie ist die Abhängigkeit des Molenflusses $\dot{n}_A$ sowie des Beschleunigungsfaktors E_A von $Ha = \sqrt{k_1 D_{AB}}/\beta_f$ grafisch darzustellen.

Lösung

Lösungsansatz:
Bestimmung des Stoffdurchgangs anhand der Molenströme in den beiden Phasen.

Lösungsweg:
a) Die Komponente A wird aus der gasförmigen in die flüssige Phase absorbiert. Demzufolge entspricht der Stoffstrom, der aus der gasförmigen Phase g austritt, dem Stoffstrom, der in die flüssige Phase f eintritt. Die Stoffstromdichten der Komponente A in der gasförmigen und flüssigen Phase berechnen sich gemäß:

$$\dot{n}_A = \beta_g \left(\bar{c}_{Ag} - c_{A0g} \right) \quad \text{und} \quad \dot{n}_A = E_A \beta_f \left(c_{A0f} - 0 \right). \tag{3.75}$$

Die durch die Reaktion aufgrund des erhöhten Konzentrationsgradienten hervorgerufene Beschleunigung des Stofftransportes wird in der flüssigen Phase durch den Beschleunigungsfaktor E_A berücksichtigt. Dieser gibt das Verhältnis des Stofftransportes mit einer chemischen Reaktion zum Stofftransport ohne chemische Reaktion an. Die Konzentrationen c_{A0} kennzeichnen die Konzentration der Komponente A an der Phasengrenze. An der Phasengrenzfläche wird das thermodynamische Gleichgewicht unterstellt, sodass gilt:

$$m = \frac{c_{A0g}}{c_{A0f}}. \tag{3.76}$$

Aus den Gln. (3.75) und (3.76) lassen sich die unbekannten Konzentrationen an der Phasengrenzfläche eliminieren:

$$\boxed{\dot{n}_A = \frac{\beta_g \overline{c}_{Ag}}{1 + \frac{m\beta_g}{\beta_f E_A}} = \frac{1}{\frac{1}{\beta_g} + \frac{m}{\beta_f E_A}} \overline{c}_{Ag}} \,. \tag{3.77}$$

b) Bei Gültigkeit der Filmtheorie hängt der Beschleunigungsfaktor für eine vernachlässigbare Konzentration von A in der flüssigen Phase ($\overline{c}_{Af} = 0$) folgendermaßen von der Hattazahl ab (Gl. (Lb 2.24)):

$$E_A = \frac{Ha}{\tan hHa}. \tag{3.78}$$

(In Abb. Lb 2.6 ist dieser Zusammenhang graphisch dargestellt.) Aufgrund der verschiedenen Reaktionsgeschwindigkeitskonstanten ergibt sich für die Hattazahl ein Bereich von:

$$2 \cdot 10^{-2} \le Ha = \sqrt{\frac{D_{AB}k_1}{\beta^2}} \le 2 \cdot 10^3.$$

Für die Abhängigkeit der Stoffstromdichte von der Hattazahl müssen demzufolge zwei Grenzfälle betrachtet werden. Im ersten Grenzfall I wird der Widerstand in der Gasphase vernachlässigt. Demzufolge muss gemäß Gl. (3.77) gelten:

$$\frac{1}{\beta_g} \ll \frac{m}{\beta_f E_{A,I}} \quad \rightarrow \quad E_{A,I} \ll m\beta_g/\beta_f = 100. \tag{3.79}$$

Für die Stoffstromdichte $\dot{n}_A$ gilt dann nach Gl. (3.77):

$$\frac{\dot{n}_A}{\beta_f \overline{c}_{Ag}/m} = E_{A,I} \ll 100. \tag{3.80}$$

Der zweite Grenzfall II betrachtet den Widerstand in der Gasphase als geschwindigkeitsbestimmenden Schritt. Demzufolge erfolgt der Stofftransport in der Gasphase wesentlich langsamer als in der flüssigen Phase. Dies liegt dann vor, wenn durch die Beschleunigung der ansonsten langsame flüssigkeitsseitige Stoffübergang drastisch verbessert wird. Es gilt dann:

$$\frac{1}{\beta_g} \gg \frac{m}{\beta_f E_{A,II}} \quad \rightarrow \quad E_{A,II} \gg m\beta_g/\beta_f = 100. \tag{3.81}$$

Für die Stoffstromdichte ergibt sich gemäß Gl. (3.77) nach Erweiterung m und β_f folgende Beziehung:

$$\frac{\dot{n}_A m}{\beta_f \overline{c}_{Ag}} = \frac{m}{\beta_f \cdot \left(\frac{1}{\beta_g} + \frac{m}{\beta_f E_{A,II}} \right)} = \frac{m}{\frac{\beta_f}{\beta_g} + \frac{m}{E_{A,II}}}. \tag{3.82}$$

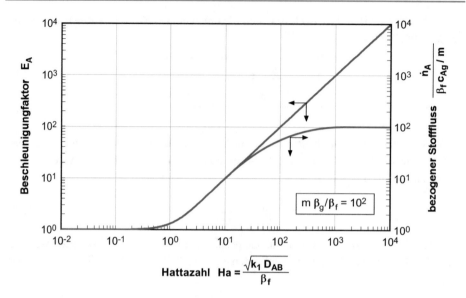

Abb. 3.5 Stofffluss und Beschleunigungsfaktor als Funktion der Hattazahl

Da der Beschleunigungsfaktor $E_{A,II}$ wesentlich größer als 100 und damit auch als m ist, kann der zweite Summand im Nenner vernachlässigt werden:

$$\frac{\dot{n}_A}{\beta_f \overline{c}_{Ag}/m} = m\frac{\beta_g}{\beta_f} = 100 \qquad (3.83)$$

Die spezifische Stoffstromdichte entspricht demzufolge für kleine E_A dem Beschleunigungsfaktor E_A und nimmt für große E_A in einen konstanten Wert von $m \cdot \beta_g/\beta_f$ an. Dies ist in Abb. 3.5 graphisch dargestellt.

Literatur

1. Beek WJ, Muttzall KMK, van Heuven JW (1999) Transport phenomena, 2. Aufl. John Wiley & Sons, Chichester
2. Bird RB, Stewart WE, Lightfoot EN (2002) Transport phenomena, 2. Aufl. John Wiley & Sons, New York
3. Westerterp KR, van Swaaij WPM, Beenackers AACM (1984) Chemical reactor design and operation. John Wiley & Sons, New York

Mischungszustände in technischen Systemen

4

Inhalt dieses Kapitels ist die Erklärung der physikalischen Hintergründe von Ausgleichs-
vorgängen und ihre mathematische Beschreibung. Die mathematische Modellierung zur
Beschreibung dieser Vorgänge und der resultierenden Vermischungszustände basiert auf
den allgemeinen Energie-, Impuls- und Stoffbilanzen. Zunächst werden mit dem idealen
Strömungsrohr sowie dem idealen Rührkessel die Apparate behandelt, die die beiden Ex-
treme des Mischungsverhaltens kontinuierlicher Apparate repräsentieren. Dabei wird auch
die Bedeutung des Vermischungsverhaltens für etwaige chemische Reaktionen behandelt.
Mit der Verweilzeitanalyse wird abschließend eine häufig angewendete experimentelle Methode zur quantitativen Charakterisierung des Vermischungszustands technischer
Apparate verwendet. Die bei realen Apparaten auftretenden Abweichungen von den idea-
lisierten Mischungszuständen lassen sich mit verschiedenen mathematischen Ansätzen
beschreiben. Von diesen werden das Dispersionsmodell sowie die Kombination idealer
Apparate angewendet.

4.1 Abwasserbehandlung mit einem Membranbioreaktor[*]

► **Thema** Kontinuierlicher idealer Rührkessel

In einem kontinuierlich betriebenen, stationären Membranbioreaktor (s. Abb. 4.1) befinden sich 23 L Belebtschlamm[1]. Diesem werden stündlich 2 L Abwasser mit einer CSB-

---

[1] Als Belebtschlamm wird eine Ansammlung von Mikroorganismen, die bei der aeroben biologischen Abwasserbehandlung unter Sauerstoffzufuhr organische Abwasserinhaltsstoffe abbauen,
bezeichnet.

Elektronisches Zusatzmaterial Die Online-Version dieses Kapitels (https://doi.org/10.1007/978-
3-662-60393-2_4) enthält Zusatzmaterial, das für autorisierte Nutzer zugänglich ist.

Abb. 4.1 Schematische
Darstellung eines Membranbioreaktors

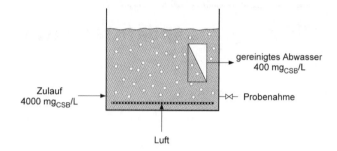

Konzentration[2] von 4000 mg/L zugeführt. Über die Membran wird das bis auf 400 mg CSB/L gereinigte, organismenfreie Wasser abgezogen. Täglich werden 500 mL Probe aus dem Reaktor entnommen.

a) Berechnen Sie die Reaktionsstromdichte $\dot{r}_{CSB}$, mit der der CSB abgebaut wird.
b) Bestimmen Sie das erforderliche Volumen eines großtechnischen Membranbioreaktors, der täglich 1000 L desselben Abwassers behandelt, dieses jedoch bis auf eine Ablaufkonzentration von 200 mg/L reinigt.

Hinweise:

1. Die im Abwasser enthaltenen Schadstoffe werden pauschal über den Parameter CSB zusammengefasst und können als eine einzige Komponente bilanziert werden.
2. Der Membranreaktor ist ideal vermischt.
3. Die Membran hält den Belebtschlamm vollständig zurück, während die gelösten organischen Stoffe ungehindert die Membran passieren.
4. Die Reaktionsstromdichte kann als unabhängig von der CSB-Konzentration angenommen werden.

Lösung

Lösungsansatz:
Aufstellen der integralen Massenbilanz für die Komponente CSB für den ideal vermischten Membranbioreaktor.

---

[2] Der CSB (Chemischer Sauerstoffbedarf) ist die auf das Flüssigkeitsvolumen bezogene Masse an Sauerstoff, die benötigt wird, um organische Stoffe auf chemischem Wege zu oxidieren; er ist ein pauschales Maß für die organische Schadstoffkonzentration eines Abwassers.

Lösungsweg:

Für den Membranbioreaktor als Bilanzvolumen unter Annahme eines stationären Vorgangs lautet die integrale Massenbilanz für die pauschale Komponente CSB:

$$\frac{dM_{CSB}}{dt} = 0 = \dot{V}_\alpha \rho_{CSB_\alpha} - \dot{V}_\omega \rho_{CSB_\omega} - \dot{V}_{Probe} \rho_{CSB_{Probe}} - \dot{r}_{CSB} V_R. \tag{4.1}$$

Da stationäre Bedingungen vorliegen, entspricht der zugeführte Volumenstrom der Summe aus abgeführtem, gereinigtem Abwasserstrom und dem je Probe entnommenen Volumenstrom:

$$\dot{V}_\alpha = \dot{V}_\omega + \dot{V}_{Probe}. \tag{4.2}$$

Aufgrund des ideal durchmischten Reaktors (Hinw. 2) sowie der ungehinderten Passage der gelösten organischen Stoffe durch die Membran (Hinw. 3) sind die CSB-Konzentrationen in der entnommenen Probe und im abgeführten, gereinigten Abwasser identisch:

$$\rho_{CSB_{Probe}} = \rho_{CSB_\omega}. \tag{4.3}$$

Somit vereinfacht sich die Komponenten-Massenbilanz für CSB wie folgt:

$$0 = \dot{V}_\alpha \left(\rho_{CSB_\alpha} - \rho_{CSB_\omega} \right) - \dot{r}_{CSB} V_R. \tag{4.4}$$

Damit ergibt sich für die gesuchte Reaktionsstromdichte:

$$\dot{r}_{CSB} = \frac{\dot{V}_\alpha}{V_R} \left(\rho_{CSB_\alpha} - \rho_{CSB_\omega} \right) \quad \rightarrow \quad \boxed{\dot{r}_{CSB} = 8{,}7 \cdot 10^{-5} \, \frac{kg}{m^3 s}}. \tag{4.5}$$

b) Die Komponenten-Massenbilanz (Gl. (4.1)) wird nach dem Volumen umgestellt und dieses aus den für den großtechnischen Reaktor gegebenen Daten sowie der eben bestimmten Reaktionsstromdichte berechnet:

$$V_{R,groß} = \frac{\dot{V}_{\alpha,groß}}{\dot{r}_{CSB}} \left(\rho_{CSB_\alpha} - \rho_{CSB_{\omega,groß}} \right) \quad \rightarrow \quad \boxed{V_{R,groß} = 0{,}506 \, m^3}. \tag{4.6}$$

4.2   Umsatz einer Reaktion 1. Ordnung in einem Rohrreaktor und einem kontinuierlichen Rührkessel[*]

▶   **Thema** Idealisierte Modellapparate mit Reaktion 1. Ordnung

Es sollen ein Rohrreaktor und ein Rührkessel betrachtet werden, in denen die Komponente A durch eine Verbrauchsreaktion 1. Ordnung:

$$A \rightarrow B$$

mit einer Reaktionsgeschwindigkeitskonstante von $k_1 = 0{,}87 \cdot 10^{-2}\,1/\mathrm{s}$ abgebaut wird. Die Reaktion verläuft bei konstanter Dichte (volumenbeständig).

a) Berechnen Sie die Verweilzeit im Rohrreaktor für den Fall, dass der Ausgangsstoff A mit $1{,}25\,\mathrm{kmol/m^3}$ in den Reaktor eintritt und dort zu 80 % umgesetzt werden soll.
b) Ermitteln Sie den Umsatz, wenn die gleiche Reaktion in einem kontinuierlichen, ideal durchmischten Rührreaktor mit gleicher mittlerer Verweilzeit durchgeführt wird.
c) Erklären Sie die Unterschiede.

Hinweis:

Der *Umsatz* der Komponente A in einer kontinuierlichen Reaktion ist definiert als:

$$X_A \equiv \frac{\dot{N}_{A\alpha} - \dot{N}_{A\omega}}{\dot{N}_{A\alpha}}, \tag{4.7}$$

mit dem eintretenden Molenstrom $\dot{N}_{A\alpha}$ und dem austretenden Molenstrom $\dot{N}_{A\omega}$.

Lösung

Lösungsansatz:
Aufstellen einer differenziellen bzw. integralen Stoffbilanz für die Komponente A zur Berechnung der Zeitabhängigkeit der Austrittskonzentration bzw. des Umsatzes.

Lösungsweg:
a) Für den Umsatz der Komponente A im Rohrreaktor gilt aufgrund eines konstanten Volumenstroms der Zusammenhang:

$$X_A \equiv \frac{\dot{N}_{A\alpha} - \dot{N}_{A\omega}}{\dot{N}_{A\alpha}} = \frac{c_{A\alpha} - c_{A\omega}}{c_{A\alpha}}. \tag{4.8}$$

Hieraus folgt für die Austrittskonzentration bei dem gewünschten Umsatz der Komponente A:

$$c_{A\omega} = c_{A\alpha} (1 - X_A) \,. \tag{4.9}$$

Zur Berechnung der Verweilzeit wird eine differenzielle Stoffmengenbilanz im Rohrreaktor aufgestellt. Unter der Annahme eines stationären Vorganges lautet diese für eine Scheibe mit der Querschnittsfläche A_{quer} und der Dicke Δz:

$$\frac{dN_A}{dt} = 0 = \dot{N}_{A,z} - \dot{N}_{A,z+\Delta z} + \dot{r}_A A_{\mathrm{quer}} \Delta z \,. \tag{4.10}$$

Nach Division der Gleichung durch Δz sowie dem anschließenden Grenzübergang $\Delta z \to 0$ ergibt sich die Differenzialgleichung:

$$0 = -\frac{d\dot{N}_{A,z}}{dz} + \dot{r}_A A_{\mathrm{quer}} \,. \tag{4.11}$$

Für die Reaktionsgeschwindigkeit wird der Ansatz einer Reaktion 1. Ordnung verwendet. Unter Annahme eines über die Lauflänge konstanten Volumenstromes folgt damit:

$$\dot{V} \frac{dc_A(z)}{dz} = \nu_A k_1 A_{\mathrm{quer}} c_A(z) = -k_1 A_{\mathrm{quer}} c_A(z) \,. \tag{4.12}$$

Diese Differenzialgleichung kann mittels der Methode *Trennung der Variablen* separiert und gelöst werden:

$$\int_{c_{A\alpha}}^{c_{A\omega}} \frac{dc_A}{c_A} = -k_1 \frac{A_{\mathrm{quer}}}{\dot{V}} \int_0^L dz \,. \tag{4.13}$$

Der Quotient aus der Querschnittsfläche A_{quer} und dem Volumenstrom bildet den Kehrwert der mittleren Strömungsgeschwindigkeit w_z:

$$\ln\left(\frac{c_{A\omega}}{c_{A\alpha}}\right) = \ln (1 - X_A) = -k_1 \frac{1}{w_z} L \,. \tag{4.14}$$

Der Quotient aus der Länge L und der mittleren Strömungsgeschwindigkeit entspricht der hydraulischen Verweilzeit, die im Fall eines idealen Reaktors gleich der mittleren Verweilzeit $\bar{t}$ ist. Unter Verwendung der Austrittskonzentration berechnet sich diese zu:

$$\bar{t} = \frac{L}{w_z} = -\frac{1}{k_1} \ln (1 - X_A) \quad \rightarrow \quad \boxed{\bar{t} = 185\,\mathrm{s}} \,. \tag{4.15}$$

b) Der Umsatz in einem kontinuierlich betriebenen Rührkessel berechnet sich analog zu Aufgabenteil a):

$$X_A \equiv \frac{\dot{N}_{A\alpha} - \dot{N}_{A\omega}}{\dot{N}_{A\alpha}} = 1 - \frac{c_{A\omega}}{c_{A\alpha}}. \tag{4.16}$$

Die Konzentration der Komponente A am Austritt des kontinuierlich betriebenen, ideal durchmischten Rührkessels wird über eine integrale Komponenten-Stoffbilanz hergeleitet. Der Vorgang wird als stationär angenommen:

$$\frac{dN_A}{dt} = 0 = \dot{N}_{A\alpha} - \dot{N}_{A\omega} + \dot{R}_A. \tag{4.17}$$

Unter der Annahme eines konstanten Volumenstromes $\dot{V}$ ergibt sich:

$$0 = \dot{V}\,(c_{A\alpha} - c_{A\omega}) + \dot{r}_A V_R. \tag{4.18}$$

Zur Berechnung der Reaktionsgeschwindigkeit wird der gleiche Ansatz wie in Aufgabenteil a) verwendet, wobei in diesem Fall aufgrund der idealen Durchmischung die Konzentration im Reaktor gleich der Austrittskonzentration ist:

$$c_{A\alpha} - c_{A\omega} = \nu_A k_1\, c_{A\omega} \frac{V_R}{\dot{V}} = -k_1\, c_{A\omega} \frac{V_R}{\dot{V}}. \tag{4.19}$$

Der Quotient aus dem Reaktionsvolumen und dem Volumenstrom entspricht der mittleren Verweilzeit $\bar{t}$ des kontinuierlich betriebenen Rührkessels. Damit resultiert für die Konzentration $c_{A\omega}$ am Austritt:

$$c_{A\omega} = \frac{c_{A\alpha}}{1 + k_1\bar{t}} \quad \rightarrow \quad \boxed{c_{A\omega} = 479\,\frac{\text{mol}}{\text{m}^3}}. \tag{4.20}$$

Der Umsatz für den kontinuierlich betriebenen, ideal durchmischten Rührkessel berechnet sich somit zu:

$$X_A = 1 - \frac{c_{A\omega}}{c_{A\alpha}} \quad \rightarrow \quad \boxed{X_A = 0{,}617}. \tag{4.21}$$

c) Bei gleicher Verweilzeit ergeben sich für den kontinuierlichen, ideal durchmischten Rührkesselreaktor ein kleinerer Umsatz und demzufolge eine größere Austrittskonzentration. Der wesentliche Unterschied der beiden Reaktorarten besteht in der Vermischung. Aufgrund der vollständigen Vermischung des idealen Rührkessels liegt dort an jedem Ort die gleiche Konzentration der Komponente A vor, die demzufolge der Austrittskonzentration entspricht. Der ideale Rohrreaktor hingegen weist keinerlei Durchmischung in Strömungsrichtung auf. Die Konzentration der Komponente A im Rohrreaktor ändert sich über die Lauflänge. Daraus resultieren im Mittel größere Konzentrationen von A, was aufgrund der Reaktionskinetik zu einer erhöhten Reaktionsgeschwindigkeit und demzufolge einem höheren Umsatz führt.

4.3 Volumen eines Rohrreaktors und eines kontinuierlichen idealen Rührkessels für eine Reaktion 2. Ordnung [2]**

▶ **Thema** Idealisierte Modellapparate mit Reaktion 2. Ordnung

Es soll ein Reaktor ausgelegt werden für die volumenbeständige Reaktion 2. Ordnung

$$A + B \rightarrow R + S \quad \text{mit } \dot{r}_A = -k_2 \, c_A c_B.$$

Die jährliche Produktionskapazität $\dot{M}_R$ für R betrage 3200 t/a bei einer Betriebszeit von 8000 h/a. Der Umsatz der limitierenden Komponente soll $X_A = 95\,\%$ betragen. Die Eintrittskonzentration $c_{R\alpha}$ ist null.

Berechnen Sie die Reaktionsvolumina für einen idealen:

a) Rohrreaktor mit stöchiometrischem Einsatz,
b) Rohrreaktor mit 100 % Überschuss an Komponente B,
c) Rührkessel mit 100 % Überschuss an Komponente B.

Gegeben:

Geschwindigkeitskonstante	k_2	$= 628\,\text{L}/(\text{kmol} \cdot \text{h})$
Dichte der Reaktionsmischung	ρ_{Gem}	$= 960\,\text{kg}/\text{m}^3$
Molmasse Komponente A	$\tilde{M}_A$	$= 40\,\text{kg}/\text{kmol}$
Molmasse Komponente B	$\tilde{M}_B$	$= 80\,\text{kg}/\text{kmol}$
Molmasse Komponente R	$\tilde{M}_R$	$= 60\,\text{kg}/\text{kmol}$
Molmasse Komponente S	$\tilde{M}_S$	$= 60\,\text{kg}/\text{kmol}$

Lösung

Lösungsansatz:
Aufstellen einer differenziellen bzw. integralen Stoffbilanz für die Komponente A zur Berechnung des erforderlichen Reaktorvolumens.

Lösungsweg:
a) Die Berechnung des Reaktorvolumens erfolgt über eine Stoffmengenbilanz für die Komponente A in einem dünnen Rohrabschnitt der Dicke Δz (analog Gl. (4.10)):

$$\frac{dN_A}{dt} = 0 = \dot{N}_{A,z} - \dot{N}_{A,z+\Delta z} + \dot{r}_A A_{\text{quer}} \Delta z. \tag{4.22}$$

Aus der Division der Gleichung durch Δz sowie dem anschließenden Grenzübergang $\Delta z \rightarrow 0$ resultiert die Differenzialgleichung:

$$0 = -\frac{d\dot{N}_{A,z}}{dz} + \dot{r}_A A_{\text{quer}}. \tag{4.23}$$

Für die Reaktionsgeschwindigkeit wird die in der Aufgabenstellung angegebene Beziehung verwendet. Zudem wird der Volumenstrom gemäß Aufgabenstellung als konstant über die Rohrlänge angenommen. Daraus folgt:

$$\dot{V}\frac{dc_A}{dz} = -k_2\, c_A c_B A_{\text{quer}}. \tag{4.24}$$

Das Reaktionsvolumen soll zunächst für den stöchiometrischen Einsatz berechnet werden. Demzufolge entsprechen sich die Stoffmengen an A und B sowie analog die molaren Konzentrationen an A und an B:

$$\int\limits_{c_{A\alpha}}^{c_{A\omega}} \frac{dc_A}{c_A^2} = -k_2\, \frac{A_{\text{quer}}}{\dot{V}} \int\limits_{0}^{L} dz. \tag{4.25}$$

Die resultierende Differenzialgleichung kann mithilfe der Methode der *Trennung der Variablen* gelöst werden:

$$\frac{1}{c_{A\alpha}} - \frac{1}{c_{A\omega}} = -k_2\frac{1}{\dot{V}} \underbrace{A_{\text{quer}}L}_{V_R}. \tag{4.26}$$

Das Produkt aus der Querschnittsfläche A_{quer} und der Länge L entspricht dem Reaktionsvolumen. Damit gilt für dieses die Beziehung:

$$V_R = \left(\frac{1}{c_{A\omega}} - \frac{1}{c_{A\alpha}}\right) \frac{\dot{V}}{k_2}. \tag{4.27}$$

Von den Parametern in dieser Gleichung für das Reaktorvolumen ist zunächst nur die Geschwindigkeitskonstante k_2 bekannt. Die Bestimmung der unbekannten Parameter erfolgt über den Produktmassenstrom $\dot{M}_R$ der Komponente R, welcher in der Aufgabenstellung gegeben ist. Für den Molenstrom der Komponente R gilt:

$$\dot{N}_{R\omega} = \frac{\dot{M}_{R\omega}}{\tilde{M}_R}. \tag{4.28}$$

Da in diesem Prozess nur eine Reaktion abläuft, kann eine Beziehung zwischen dem Produkt- und dem Eduktstrom hergestellt werden. Unter Verwendung der stöchiometrischen Koeffizienten ergibt sich ($\dot{N}_{R\alpha} = 0$):

$$\frac{\dot{N}_{A\omega} - \dot{N}_{A\alpha}}{\nu_A} = \frac{\dot{N}_{R\omega} - \dot{N}_{R\alpha}}{\nu_R} \quad \rightarrow \quad \dot{N}_{A\alpha} - \dot{N}_{A\omega} = \dot{N}_{R\omega} - \dot{N}_{R\alpha} = \dot{N}_{R\omega}. \tag{4.29}$$

Mit Hilfe des Umsatzes der Komponente A im Rohrreaktor

$$X_A = \frac{\dot{N}_{A\alpha} - \dot{N}_{A\omega}}{\dot{N}_{A\alpha}} \quad \rightarrow \quad \dot{N}_{A\alpha} - \dot{N}_{A\omega} = \dot{N}_{A\alpha} \cdot X_A \qquad (4.30)$$

kann der Stoffstrom der Komponente A am Eintritt des Reaktors berechnet werden. Dazu wird Gl. (4.30) in (4.29) eingesetzt. Aufgrund der Stöchiometrie ergibt sich zugleich der Stoffstrom der Komponente B am Eintritt:

$$\dot{N}_{A\alpha} = \frac{\dot{N}_{R\omega}}{X_A} = \dot{N}_{B\alpha}. \qquad (4.31)$$

Die Stoffströme der Komponenten A und B am Austritt des Rohres ergeben sich über den Umsatz:

$$\dot{N}_{A\omega} = \dot{N}_{A\alpha}(1 - X_A) = \dot{N}_{R\omega}\frac{1 - X_A}{X_A} = \dot{N}_{B\omega}. \qquad (4.32)$$

Zur Berechnung der molaren Konzentrationen der Komponente A am Eingang und Ausgang wird der Stoffstrom durch den Gesamtvolumenstrom $\dot{V}$ dividiert:

$$c_{A\alpha} = \frac{\dot{N}_{A\alpha}}{\dot{V}} \quad \text{und} \quad c_{A\omega} = \frac{\dot{N}_{A\omega}}{\dot{V}}. \qquad (4.33)$$

Der Gesamtvolumenstrom $\dot{V}$ wird über den Gesamtmassenstrom und die Dichte des Reaktionsgemisches ρ_{Gem} berechnet. Die Massenströme der Komponenten werden aus dem Produkt aus Stoffmengenstrom und molarer Masse bestimmt. Der Stoffmengenstrom der Komponente S ist gleich dem von R aufgrund des stöchiometrischen Einsatzes:

$$\dot{V} = \frac{\dot{M}_{\text{ges}}}{\rho_{\text{Gem}}} = \frac{\left(\dot{M}_{A\omega} + \dot{M}_{B\omega} + \dot{M}_{R\omega} + \dot{M}_{S\omega}\right)}{\rho_{\text{Gem}}}$$

$$= \frac{\dot{M}_{R\omega}}{\tilde{M}_R \rho_{\text{Gem}}}\left[\frac{1 - X_A}{X_A}\left(\tilde{M}_A + \tilde{M}_B\right) + \tilde{M}_R + \tilde{M}_S\right]. \qquad (4.34)$$

Damit berechnen sich mit den Gln. (4.31), (4.32), (4.33) und (4.34) die Konzentrationen der Komponente A am Ein- und Austritt des Rohres:

$$c_{A\alpha} = \frac{\dot{N}_{A\alpha}}{\dot{V}} = \frac{\rho_{\text{Gem}}}{(1 - X_A)\left(\tilde{M}_A + \tilde{M}_B\right) + X_A\left(\tilde{M}_R + \tilde{M}_S\right)} = \frac{c_{A\omega}}{1 - X_A}. \qquad (4.35)$$

Für den betrachteten Prozess ergibt sich mit Gl. (4.27) für einen idealen Rohrreaktor mit stöchiometrischem Einsatz ein Reaktionsvolumen von:

$$
\begin{aligned}
V_R &= \left(\frac{1}{c_{A\omega}} - \frac{1}{c_{A\alpha}} \right) \frac{\dot{V}}{k_2} = \left(\frac{X_A}{1 - X_A} \right) \frac{\dot{V}}{c_{A\alpha} k_2} \\
&= \left(\frac{1}{1 - X_A} \right) \frac{\dot{M}_{R\omega}}{k_2 \rho_{\text{Gem}}^2 \tilde{M}_R} \left[(1 - X_A) \left(\tilde{M}_A + \tilde{M}_B \right) + X_A \left(\tilde{M}_R + \tilde{M}_S \right) \right]^2 \\
&\rightarrow \quad \boxed{V_R = 3{,}32\,\text{m}^3}.
\end{aligned}
\tag{4.36}
$$

b) Ein Überschuss der Komponente B von $100\,\%$ bedeutet, dass zu Beginn doppelt so viele Moleküle von B wie von A vorhanden sind. Nach einer vollständigen Reaktion aller Moleküle der Komponente A liegen noch die Hälfte der am Eintritt vorliegenden Moleküle der Komponente B vor. Damit resultiert für den Stoffmengenstrom der Komponente B an jeder Stelle des Rohrreaktors:

$$
\dot{N}_B(z) = \dot{N}_{A\alpha} + \dot{N}_A(z).
\tag{4.37}
$$

Mit der Annahme eines konstanten Volumenstroms ergibt sich folgender Zusammenhang der Konzentrationen der Komponenten A und B:

$$
c_B(z) = c_{A\alpha} + c_A(z).
\tag{4.38}
$$

Zur Bestimmung des Reaktionsvolumens wird analog zum Aufgabenteil a) eine differenzielle Stoffmengenbilanz für die Komponente A aufgestellt:

$$
\dot{V} \frac{dc_A(z)}{dz} = -k_2\, c_A(z) c_B(z) A_{\text{quer}}.
\tag{4.39}
$$

Unter Verwendung von Gl. (4.38) folgt daraus:

$$
\int\limits_{c_{A\alpha}}^{c_{A\omega}} \frac{dc_A}{c_A (c_{A\alpha} + c_A)} = -k_2 \frac{A_{\text{quer}}}{\dot{V}} \int\limits_0^L dz.
\tag{4.40}
$$

Mittels Partialbruchzerlegung kann das Integral auf der linken Seite der Gleichung folgendermaßen vereinfacht werden:

$$
\frac{1}{c_{A\alpha}} \int\limits_{c_{A\alpha}}^{c_{A\omega}} \left(\frac{1}{c_A} - \frac{1}{c_A + c_{A\alpha}} \right) dc_A = -k_2 \frac{A_{\text{quer}}}{\dot{V}} \int\limits_0^L dz.
\tag{4.41}
$$

Durch Integration ergibt sich für das Reaktorvolumen folgende Beziehung:

$$
\left[\frac{\ln{(c_A)} - \ln{(c_A + c_{A\alpha})}}{c_{A\alpha}} \right]_{c_{A\alpha}}^{c_{A\omega}} = -\frac{k_2}{\dot{V}} V_R
$$

$$
\rightarrow \quad V_R = -\frac{\dot{V}}{k_2\, c_{A\alpha}} \ln\left(\frac{2c_{A\omega}}{c_{A\omega} + c_{A\alpha}} \right) = \frac{\dot{V}}{k_2 c_{A\alpha}} \ln\left[\frac{1}{2}\left(1 + \frac{c_{A\alpha}}{c_{A\omega}} \right) \right]
$$

$$
= \frac{\dot{V}}{k_2\, c_{A\alpha}} \ln\left(\frac{1 - 0{,}5 X_A}{1 - X_A} \right). \tag{4.42}
$$

Analog zu Aufgabenteil a) werden nun die Konzentrationen von A am Ein- und Ausgang des Rohrreaktors ermittelt. Durch den Überschuss der Komponente B von $100\,\%$ ist der eintretende Stoffstrom der Komponente B doppelt so groß wie derjenige der Komponente A, wohingegen der Stoffstrom der Komponente A unverändert zu Aufgabenteil a vorliegt:

$$
\dot{N}_{B\alpha} = 2\,\dot{N}_{A\alpha} = 2\frac{\dot{N}_{R\omega}}{X_A}. \tag{4.43}
$$

Für den Stoffstrom der Komponente B am Austritt ergibt sich analog zu Gl. (4.38) folgende Beziehung:

$$
\dot{N}_{B\omega} = \dot{N}_{A\alpha} + \dot{N}_{A\omega} = (2 - X_A)\,\frac{\dot{N}_{R\omega}}{X_A}. \tag{4.44}
$$

Infolge des unveränderten Produktstroms bleiben die Stoffströme für die Komponenten R und S identisch. Analog zum vorangegangenen Aufgabenteil werden die benötigten Konzentrationen der Komponente A über den Quotienten aus Stoffmengenstrom und Volumenstrom ermittelt. Zur Berechnung des gesamten Volumenstroms wird der Massenstrom der Komponente B bestimmt:

$$
\dot{M}_{B\omega} = \dot{N}_{B\omega}\,\tilde{M}_B = (2 - X_A)\,\frac{\dot{N}_{R\omega}}{X_A}\,\tilde{M}_B. \tag{4.45}
$$

Damit ergibt sich für den Gesamtmassenstrom analog zum vorangegangenen Aufgabenteil a):

$$
\dot{V} = \frac{\dot{M}_{\text{ges}}}{\rho_{\text{Gem}}} = \frac{\left(\dot{M}_{A\omega} + \dot{M}_{B\omega} + \dot{M}_{R\omega} + \dot{M}_{S\omega} \right)}{\rho_{\text{Gem}}}
$$

$$
= \frac{\dot{M}_{R\omega}}{\tilde{M}_R\,\rho_{\text{Gem}}} \left[\frac{1 - X_A}{X_A}\,\tilde{M}_A + \frac{2 - X_A}{X_A}\,\tilde{M}_B + \tilde{M}_R + \tilde{M}_S \right]. \tag{4.46}
$$

Mit dem Volumenstrom werden nun erneut die Konzentrationen der Komponente A am Eintritt des Rohres bestimmt:

$$
c_{A\alpha} = \frac{\dot{N}_{A\alpha}}{\dot{V}} = \frac{\rho_{\text{Gem}}}{(1 - X_A)\,\tilde{M}_A + (2 - X_A)\,\tilde{M}_B + X_A\left(\tilde{M}_R + \tilde{M}_S \right)}. \tag{4.47}
$$

Das Reaktionsvolumen für einen Überschuss von 100 % an Komponente B im idealen Rohrreaktor berechnet sich unter Verwendung der Gln. (4.42) und (4.47):

$$V_R = \frac{\dot{M}_{R\omega}}{\tilde{M}_R} \frac{1}{X_A k_2 \rho_{\text{Gem}}^2} \left[(1 - X_A)\,\tilde{M}_A + (2 - X_A)\,\tilde{M}_B + X_A \left(\tilde{M}_R + \tilde{M}_S \right) \right]^2$$
$$\cdot \ln \left(\frac{1 - 0{,}5 X_A}{1 - X_A} \right)$$
$$\rightarrow \quad \boxed{V_R = 1{,}14\,\text{m}^3}. \tag{4.48}$$

c) Das benötigte Reaktionsvolumen eines Rührkesselreaktors resultiert aus einer integralen Stoffbilanz für die Komponente A. Der Vorgang wird wiederum als stationär und der Volumenstrom als konstant angenommen. Damit ergibt sich folgende Bilanz:

$$\frac{dN_A}{dt} = 0 = \dot{N}_{A\alpha} - \dot{N}_{A\omega} + \dot{r}_A V_R. \tag{4.49}$$

Unter Verwendung der in der Aufgabenstellung gegebenen Beziehung für Reaktionsgeschwindigkeit folgt für den ideal vermischten Rührkessel:

$$\dot{V} \left(c_{A\alpha} - c_{A\omega} \right) = k_2\, c_{A\omega} c_{B\omega} V_R. \tag{4.50}$$

Die Konzentrationen c_A und c_B am Ein- und Austritt des Reaktors berechnen sich analog zu Aufgabenteil b):

$$c_{A\alpha} = \frac{\rho_{\text{Gem}}}{(1 - X_A)\,\tilde{M}_A + (2 - X_A)\,\tilde{M}_B + X_A \left(\tilde{M}_R + \tilde{M}_S \right)},$$
$$c_{A\omega} = (1 - X_A)\, c_{A\alpha}, \quad c_{B\omega} = (2 - X_A)\, c_{A\alpha}. \tag{4.51}$$

Zudem ergibt sich der gleichen Volumenstrom wie unter b). Daraus resultiert das Reaktionsvolumen:

$$\dot{V} X_A c_{A\alpha} = k_2\, c_{A\alpha}^2 \left(1 - X_A \right) \left(2 - X_A \right) V_R$$
$$\rightarrow \quad V_R = \frac{\dot{V}}{k_2\, c_{A\alpha}} \frac{X_A}{(1 - X_A)(2 - X_A)} \tag{4.52}$$
$$\rightarrow \quad V_R = \frac{\dot{M}_{R\omega}}{k_2 \tilde{M}_R \rho_{\text{Gem}}^2} \frac{\left[(1 - X_A)\,\tilde{M}_A + (2 - X_A)\,\tilde{M}_B + X_A \left(\tilde{M}_R + \tilde{M}_S \right) \right]^2}{(1 - X_A)(2 - X_A)}$$
$$\rightarrow \quad \boxed{V_R = 8{,}78\,\text{m}^3}. \tag{4.53}$$

Der Vergleich der Ergebnisse für den Rohrreaktor und den idealen Rührkessel zeigt, dass das Reaktorvolumen des Rührkessels deutlich größer als das des Rohrreaktors ist. Diese Differenz wird umso größer, je höher der angestrebte Umsatz ist.

4.4 Charakteristika von Verweilzeitfunktionen[**]

▶ **Thema** Verweilzeitverteilung

Zwei wesentliche Charakteristika von Verweilzeitverteilungen bestehen darin, dass sich einerseits aus der Verweilzeitdichtefunktion eines Apparates mit konstantem Inhalt gemäß Gl. (Lb 4.24) die mittlere Verweilzeit berechnen lässt:

$$\bar{t} = \int\limits_0^\infty t E(t) dt. \tag{4.54}$$

Andererseits kann die Genauigkeit einer experimentellen Verweilzeitmessung überprüft werden, indem die Verweilzeitsummenfunktion betrachtet wird. Die in Abb. 4.2 dargestellten Flächen A_1 und A_2 müssen aufgrund der Massenerhaltung gleich groß sein.

Es ist anhand entsprechender Massenbilanzen abzuleiten:

a) der Nachweis für die Gültigkeit der Flächengleichheit sowie
b) die Gültigkeit von Gl. (4.54).

Lösung

Lösungsansatz:
Aufstellen einer integralen Stoffmengenbilanz für den Tracer.

Lösungsweg:
a) Die instationäre integrale Stoffmengenbilanz für den Tracer im Reaktor lautet:

$$\frac{dN_T}{dt} = \dot{N}_{T\alpha} - \dot{N}_{T\omega}. \tag{4.55}$$

Mit der Annahme, dass das Reaktorvolumen über die Zeit konstant bleibt und der Tracer kontinuierlich mit einer konstanten Konzentration $c_{T\alpha}$ zugegeben wird, ändert sich die

Abb. 4.2 Wahrscheinlichkeit für den Austritt eines Fluidelementes aus einem Reaktor in Form der Wahrscheinlichkeitssummenfunktion $F(t)$

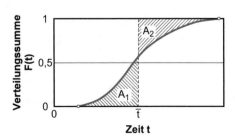

Bilanz zu:

$$V_R \frac{dc_{T\omega}}{dt} = \dot{V} \left[c_{T\alpha} - c_{T\omega}(t) \right].$$ (4.56)

Auf der linken Seite der Gleichung beschreibt der Gradient die zeitliche Änderung der mittleren Konzentration des Tracers und die rechte Seite die damit verbundenen Unterschiede zwischen ein- und austretender Tracerkonzentration. Durch Integration der Gleichung über das Zeitintervall von $t = 0$ bis $t \rightarrow \infty$ folgt:

$$V_R \int_{c_{T0}}^{c_{T\alpha}} dc_T = \dot{V} \int_0^\infty \left[c_{T\alpha} - c_{T\omega}(t) \right] dt$$

$$\rightarrow \quad V_R \left(c_{T\alpha} - c_{T0} \right) = \dot{V} \int_0^\infty \left[c_{T\alpha} - c_{T\omega}(t) \right] dt.$$ (4.57)

Mit der Annahme, dass zu Beginn kein Tracer im System vorliegt ($c_{T0} = 0$), vereinfacht sich die Beziehung zu:

$$\frac{V_R}{\dot{V}} = \int_0^\infty \left[1 - \frac{c_{T\omega}(t)}{c_{T\alpha}} \right] dt.$$ (4.58)

Der Quotient aus dem durchströmten Reaktionsvolumen und dem Volumenstrom ist gleich der mittleren Verweilzeit. Zudem entspricht nach Gl. (Lb 4.31) das Konzentrationsverhältnis $c_{T\omega}/c_{T\alpha}$ der Verweilzeitsummenfunktion des Tracers. Damit ergibt sich:

$$\bar{t} = \int_0^\infty \left[1 - F(t) \right] dt.$$ (4.59)

Wird dieses Integral aufgeteilt, so folgt:

$$\bar{t} = \int_0^\infty \left[1 - F(t) \right] dt = \int_0^{\bar{t}} \left[1 - F(t) \right] dt + \int_{\bar{t}}^\infty \left[1 - F(t) \right] dt$$

$$= \int_0^{\bar{t}} dt - \int_0^{\bar{t}} F(t) dt + \int_{\bar{t}}^\infty \left[1 - F(t) \right] dt$$

$$\rightarrow \quad \bar{t} = \bar{t} - \int_0^{\bar{t}} F(t) dt + \int_{\bar{t}}^\infty \left[1 - F(t) \right] dt$$

$$\rightarrow \quad \boxed{ \underbrace{\int_0^{\bar{t}} F(t) dt}_{A_1} = \underbrace{\int_{\bar{t}}^\infty \left[1 - F(t) \right] dt}_{A_2} }.$$ (4.60)

b) Aus Gl. (4.56) ergibt sich nach Umstellung:

$$\frac{dc_{T\omega}}{dt} = \frac{\dot{V}}{V_R}\left[c_{T\alpha} - c_{T\omega}(t)\right] = \frac{1}{\bar{t}}\left[c_{T\alpha} - c_{T\omega}(t)\right]. \tag{4.61}$$

Die Austrittskonzentration $c_{T\omega}$ lässt sich wie folgt substituieren:

$$F(t) = \frac{c_{T\omega}(t)}{c_{T\alpha}} \quad \rightarrow \quad dF(t) = \frac{1}{c_{T\alpha}}dc_{T\omega}(t). \tag{4.62}$$

Eingesetzt in Gl. (4.61) resultiert:

$$c_{T\alpha}\frac{dF(t)}{dt} = \frac{1}{\bar{t}}\left[c_{T\alpha} - c_{T\omega}(t)\right] = \frac{c_{T\alpha}}{\bar{t}}\left[1 - F(t)\right]. \tag{4.63}$$

Zwischen Verweilzeitsummen- und Verweilzeitdichtefunktion besteht der Zusammenhang

$$\frac{dF(t)}{dt} = E(t), \tag{4.64}$$

der sich in Gl. (4.63) einsetzen lässt:

$$E(t) = \frac{1}{\bar{t}}\left[1 - F(t)\right] \quad \rightarrow \quad \left[1 - F(t)\right] = \bar{t}E(t). \tag{4.65}$$

Mit Gl. (4.59) folgt die gesuchte Gl. (4.54):

$$\bar{t} = \int_0^\infty \left[1 - F(t)\right]dt \quad \rightarrow \quad \boxed{\bar{t} = \int_0^\infty \bar{t}E(t)dt}. \tag{4.66}$$

4.5 Berechnung der Ablaufkonzentration aus einem ideal durchmischten Apparat [1]*

▶ **Thema** Verweilzeitverteilung idealer Apparate

Ein sehr kleiner Abwasserstrom mit einem Schadstoff A wird in einem ideal vermischten Behälter mit einem wesentlich größeren Abwasserstrom $\dot{V}_f$ von $0{,}1\,\mathrm{m}^3$ zusammengeführt, bevor der Gesamtstrom in eine Abwasserbehandlung geleitet wird. Messungen zeigen, dass sich die Konzentration an A im Ablaufstrom nach Abschalten des Zulaufs an A innerhalb von $100\,\mathrm{min}$ um die Hälfte reduziert. Im Rahmen einer Sicherheitsbetrachtung wird der Fall analysiert, dass in dem Mischer in den größeren, A-freien Abwasserstrom plötzlich über einen Zeitraum von $10\,\mathrm{min}$ insgesamt $1\,\mathrm{kg}$ des Schadstoffs A kontinuierlich dosiert wird.

Bestimmen Sie die maximale Ablaufkonzentration an A aus dem Mischbehälter.

Lösung

Lösungsansatz:
Bestimmung des Mischervolumens durch eine integrale, instationäre Massenbilanz des Ausspülprozesses und anschließende, analoge Bilanzierung des Dosierungsvorgangs.

Lösungsweg:
Nach Abschalten des A-haltigen kleinen Abwasserstroms in den Mischbehälter lautet die integrale Massenbilanz für die Komponente A (Gl. (Lb 4.32)):

$$V_{\text{ges}} \frac{dc_A}{dt} = -\dot{V}_f c_A. \tag{4.67}$$

Durch Trennung der Variablen lässt sich die Gleichung integrieren:

$$\int_{c_{A_{\text{anf}}}}^{c_A(t_{50\%})} \frac{dc_A}{c_A} = -\int_0^{t_{50\%}} \frac{\dot{V}_f}{V_{\text{ges}}} dt. \tag{4.68}$$

Die Integration wird von Beginn des Ausspülprozesses bis zur Halbwertszeit $t_{50\%}$ vorgenommen, zu der die Konzentration A auf die Hälfte des Anfangswerts gesunken ist:

$$\ln\left[\frac{c_A(t_{50\%})}{c_{A_{\text{anf}}}}\right] = -\frac{\dot{V}_f}{V_{\text{ges}}} t_{50\%} \quad \rightarrow \quad \frac{\dot{V}_f}{V_{\text{ges}}} = \frac{\ln 2}{t_{50\%}}. \tag{4.69}$$

Ganz analog wird die Bilanz für den betrachteten Fall der Dosierung von A aufgestellt:

$$V_{\text{ges}} \frac{dc_A}{dt} = \dot{M}_A - \dot{V}_f c_A. \tag{4.70}$$

Aufgrund des im Vergleich zu $\dot{V}_f$ wesentlich geringen Volumenstroms, mit dem die Dosierung von A erfolgt, wird dieser bei der Bestimmung des austretenden Volumenstroms vernachlässigt. Die Lösung von Gl. (4.70) erfolgt wieder durch Trennung der Variablen und Integration über die gesamte Dosierzeit:

$$\int_{c_{A_{\text{anf}}}}^{c_A(t_{\text{Dos}})} \frac{dc_A}{\dot{M}_A - \dot{V}_f c_A} = \int_0^{t_{\text{Dos}}} \frac{1}{V_{\text{ges}}} dt$$

$$\rightarrow \quad -\frac{1}{\dot{V}_f} \ln\left[\frac{\dot{M}_A - \dot{V}_f c_A(t_{\text{Dos}})}{\dot{M}_A}\right] = \frac{1}{V_{\text{ges}}} t_{\text{Dos}}. \tag{4.71}$$

Durch Umstellung und Einsetzen der Gl. (4.69) folgt für die gesuchte Konzentration:

$$
c_A(t_{\mathrm{Dos}}) = \frac{\dot{M}_A}{\dot{V}_f} \left[1 - \exp\left(-\frac{\dot{V}_f}{V_{\mathrm{ges}}} t_{\mathrm{Dos}} \right) \right] = \frac{\dot{M}_A}{\dot{V}_f} \left[1 - \exp\left(-\ln 2 \, \frac{t_{\mathrm{Dos}}}{t_{50\%}} \right) \right]
$$

$$
= \frac{\dot{M}_A}{\dot{V}_f} \left[1 - 2^{-\frac{t_{\mathrm{Dos}}}{t_{50\%}}} \right]
$$

$$
\rightarrow \quad \boxed{c_A(t_{\mathrm{Dos}}) = 1{,}12 \, \frac{\mathrm{g}}{\mathrm{m}^3}} . \tag{4.72}
$$

4.6   Charakterisierung des Verweilzeitverhaltens einer Desodorierungsanlage [1]**

▶   **Thema** Modellierung des Verweilzeitverhaltens realer Apparate

In einer kontinuierlichen Desodorierungsanlage werden Aromastoffe aus Speiseölen entfernt. Zum Zeitpunkt $t = 0$ wird der Zulauf von Bohnenöl auf Kokosnussöl umgestellt. Am Austritt wird der Massenanteil ξ des Kokosöls mittels Brechungsindexmessung in Abhängigkeit von der Zeit bestimmt. Dabei ergeben sich die in Tab. 4.1 dargestellten Werte.

a) Bestimmen Sie die mittlere Verweilzeit.
b) Berechnen Sie die Anzahl der idealen Rührkessel in Reihe, die die gleiche Verweilzeitverteilung ergeben.
c) Bestimmen Sie die Bodensteinzahl aus den Messdaten sowie mit Hilfe der Gl. (Lb 4.45).
d) Vergleichen Sie grafisch die Messdaten mit dem auf Basis der unter c) bestimmten Bodensteinzahl berechneten Verlauf von $F(t)$. Ermitteln Sie die maximale und die mittlere Abweichung zwischen gemessenen berechneten Werten.

Tab. 4.1 Massenanteile des Kokosöls am Ausgang der Desodorierungsanlage

Zeit t [min]	Massenanteil ξ [%]
30	0
40	5
45	16,5
50	34,5
55	52
60	70,5
65	83
70	92
80	99

Hinweis:

Für die näherungsweise Berechnung der mittleren Verweilzeit und der Varianz ist eine Diskretisierung der zugehörigen Integrale erforderlich. Hierzu existiert eine Reihe von Ansätzen. Bei der Trapezregel wird die Fläche unter der Kurve $f(x)$ im gegebenen Intervall ersetzt durch die Fläche eines oder mehrerer Trapeze. Es gibt verschiedene Möglichkeiten zur Bestimmung dieser Trapeze: So kann die Kurve zum Beispiel näherungsweise durch eine Sehne zwischen den Funktionswerten an den Stützstellen a und b ersetzt werden. Für das Intervall von a bis b ergibt sich die Fläche unter der Kurve dann näherungsweise aus dem Mittelwert der Funktionswerte an beiden Stützstellen $f(a)$ und $f(b)$ multipliziert mit der Intervallbreite $(b - a)$. In dieser Aufgabe sind aus Messungen die Funktionswerte zu diskreten Zeiten (t_i) bekannt, die für die Berechnung als Stützstellen verwendet werden. Im Fall der mittleren Verweilzeit $\bar{t}$ führt dies zu folgender Vorgehensweise:

$$\bar{t} = \int_0^\infty [1 - F(t)] \, dt$$

$$\text{Näherung:} \quad \bar{t} \approx \sum_{i=1}^\infty [1 - F(t_i)] \, \Delta t_i$$

$$\approx \sum_{i=1}^\infty \frac{(1 - F(t_i)) + (1 - F(t_{i-1}))}{2} (t_i - t_{i-1}) . \tag{4.73}$$

Lösung

Lösungsansatz:
Berechnung von mittlerer Verweilzeit und Varianz durch Diskretisierung der jeweiligen Integrale sowie der Bodensteinzahl durch die passende Korrelation im Lehrbuch.

Lösungsweg:
a) Die mittlere Verweilzeit berechnet sich nach Gl. (Lb 4.28) folgendermaßen:

$$\bar{t} = \int_0^\infty [1 - F(t)] \, dt . \tag{4.74}$$

Zur näherungsweisen numerischen Berechnung der mittleren Verweilzeit aus den Messwerten wird das Integral gemäß Trapezregel (s. Hinweis) diskretisiert und über eine Summe ermittelt:

$$\bar{t} \approx \sum_{i=1}^\infty [1 - F(t_i)] \, \Delta t_i \approx \sum_{i=1}^\infty \frac{(1 - F(t_i)) + (1 - F(t_{i-1}))}{2} (t_i - t_{i-1}) . \tag{4.75}$$

Damit lässt sich aus den Messdaten die mittlere Verweilzeit berechnen (s. Tab. 4.2):

$$\boxed{\bar{t} = 55\,\text{min}}.$$ (4.76)

b) Zur Bestimmung der Anzahl der in Reihe geschalteten kontinuierlichen idealen Rührkessel wird der Zusammenhang zwischen der Varianz, der mittleren Verweilzeit und der Anzahl der Rührkessel nach Gl. (Lb 4.39) verwandt:

$$\sigma^2 = \frac{\sigma_t^2}{\bar{t}^2} = \frac{1}{n}.$$ (4.77)

Die Varianz wird nach Gl. (Lb 4.25) bestimmt. Zur Berechnung wird das Integral analog zu Aufgabenteil a) diskretisiert und die Verweilzeitdichtefunktion $E(t)$ nach Gl. (Lb 4.27) durch die Verweilzeitsummenfunktion $F(t)$ ersetzt:

$$\sigma_t^2 \equiv \int_0^{\infty} \left(t_i - \bar{t}\right)^2 E(t_i)dt \approx \sum_{i=1}^{N_{\text{Mess}}} \left(t_i - \bar{t}\right)^2 E(t_i)\Delta t_i = \sum_{i=1}^{N_{\text{Mess}}} \left(t_i - \bar{t}\right)^2 \Delta F(t_i).$$ (4.78)

Demzufolge ergibt sich aus den Messdaten eine Varianz σ_t^2 von (s. Tab. 4.2)

$$\sigma_t^2 = 109\,\text{min}^2,$$ (4.79)

aus der die Anzahl n der in Reihe geschalteten Rührkessel gemäß Gl. (4.77) folgt:

$$n = \frac{\bar{t}^2}{\sigma_t^2} \quad \rightarrow \quad \boxed{n = 27{,}8}.$$ (4.80)

Mit einer Reihenschaltung von 27,8 Rührkesseln entspricht das Mischungsverhalten des betrachteten Reaktors eher einem idealen Strömungsrohr, wie die Abb. Lb 4.11 und Lb 4.12 verdeutlichen.

c) Um die Bodensteinzahl zu bestimmen, können die Gln. (Lb 4.44), (Lb 4.45) und (Lb 4.46) verwendet werden, wobei die Gln. (Lb 4.44) und (Lb 4.46) nur für Bodensteinzahlen > 100 gelten. Eine erste Abschätzung mit Gl. (Lb 4.47)

$$n = \frac{Bo}{2} \quad \rightarrow \quad \boxed{Bo = 55{,}6}$$ (4.81)

zeigt, dass zur Bestimmung der Bodensteinzahl nur Gl. (Lb 4.45) in Frage kommt:

$$\sigma^2 = \frac{2}{Bo} - \frac{2}{Bo^2}\left[1 - \exp\left(-Bo\right)\right].$$ (4.82)

Tab. 4.2 Berechnete Werte aus den Messdaten

Zeit t	Massenanteil	Intervall i	Δt_i	Mittelwert $1-F_i(t)$	Δt_i $[1-F_i(t)]$	Mittelwert $\bar{t}_i$	$(\bar{t}_i-\bar{t})^2$	$\Delta F_i(t)$	$(\bar{t}_i-\bar{t})^2$ $\Delta F_i(t)$	$F(t)$ berechnet
[min]	[%]	[-]	[min]	[-]	[min]	[min]	[min²]	[-]	[min²]	[-]
0	0	0	-	-	-	-	-	-	-	0
30	0	1	30	1	30	15	622,5	0,000	0,00	0,001
40	5	2	10	0,975	9,75	35	223,5	0,050	11,2	0,048
45	16,5	3	5	0,8925	4,4625	42,5	99,0	0,115	11,4	0,148
50	34,5	4	5	0,745	3,725	47,5	24,5	0,180	4,41	0,311
55	52	5	5	0,5675	2,8375	52,5	0,0	0,175	0,00	0,502
60	70,5	6	5	0,3875	1,9375	57,5	25,5	0,185	4,72	0,677
65	83	7	5	0,2325	1,1625	62,5	101,0	0,125	12,6	0,81
70	92	8	5	0,125	0,625	67,5	226,5	0,090	20,4	0,898
80	99	9	10	0,045	0,45	75	627,5	0,070	43,9	0,976
					$\sum=55$				$\sum=109$	

Abb. 4.3 Vergleich der Verteilungssummenfunktionen aus dem Experiment und der Berechnung nach Gl. (4.85)

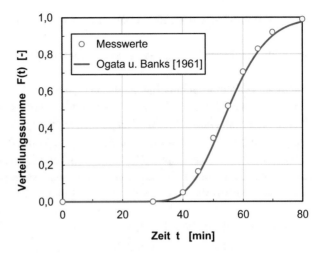

Zur Lösung dieser Gleichung wird die dimensionslose Varianz σ^2 über Gl. (4.77) bestimmt:

$$\sigma^2 = \frac{\sigma_t^2}{\bar{t}^2} = \frac{1}{n} \quad \rightarrow \quad \sigma^2 = 3{,}6 \cdot 10^{-2}. \tag{4.83}$$

Die Berechnung der Bodensteinzahl über Gl. (4.82) erfolgt iterativ, da die Gleichung implizit ist. Die Iteration liefert als Ergebnis:

$$\boxed{Bo = 54{,}5}, \tag{4.84}$$

was etwa 2 % von dem nach Gl. (4.81) berechneten Wert abweicht.

d) Für die Berechnung der Verweilzeitsummenfunktion wird aufgrund des Wertes der Bodensteinzahl die Beziehung von Ogata u. Banks [4] verwendet:

$$F(t^*) = \xi = \frac{1}{2}\left[1 - \mathrm{erf}\left(\sqrt{\frac{Bo}{t^*}}\frac{1-t^*}{2}\right)\right]$$
$$+ \frac{1}{2}\left[1 - \mathrm{erf}\left(\sqrt{\frac{Bo}{t^*}}\frac{1+t^*}{2}\right)\right]\exp\left(Bo\right). \tag{4.85}$$

Die entsprechend berechneten Werte sind in Tab. 4.2 aufgeführt. Den Vergleich der Messwerte mit den nach Gl. (4.85) berechneten Werten für $F(t)$ zeigt Abb. 4.3. Die maximale Abweichung zwischen gemessenen und berechneten Werten beträgt 12 % und die mittlere Abweichung 5,3 %.

4.7 Verweilzeitverhalten eines Strahldüsenreaktors**

▶ **Thema** Modellierung des Verweilzeitverhaltens realer Apparate

Für einen verfahrenstechnischen Apparat (s. Abb. 4.4 links), einen sogenannten Strahldü-
senreaktor, der für Gas/Flüssigkeits-Reaktionen geeignet ist, wird das Vermischungsverhalten bestimmt. Hierzu wird die Verweilzeitverteilung mit einer NaCl-Lösung als Tracer
aufgenommen. Die Salzlösung wird durch Ausnutzung der Selbstansaugung der Strahl-
düse (Prinzip Wasserstrahlpumpe) isokinetisch[3] annähernd als Sprung zugegeben und die
Leitfähigkeit im Ablauf als Funktion der Zeit gemessen. Nach der entsprechenden Umrechnung resultiert die in Abb. 4.4 rechts dargestellte Sprungantwort $F(t)$.

a) Bestimmen Sie die mittlere Verweilzeit $\bar{t}$ im Reaktor aus der Verweilzeitverteilung und
    vergleichen Sie diesen Wert mit der rechnerischen hydraulischen Verweilzeit τ.
b) Ermitteln Sie die Standardabweichung σ_t und die Varianz σ_t^2 der Verweilzeitvertei-
    lung.
c) Berechnen Sie die Anzahl idealer Rührkessel in einer Kaskade, deren Verweilzeitver-
    halten dem dieses Reaktors entspricht.
d) Ermitteln Sie die Bodensteinzahl, um die gleiche Varianz zu erreichen.
e) Bewerten Sie das Mischungsverhalten des Strahldüsenreaktors.

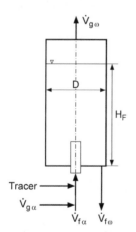 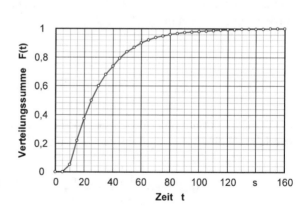

Abb. 4.4 *Links:* Schematische Darstellung des Strahldüsenreaktors; *rechts:* experimentell bestimmte Sprungantwort als Verteilungssummenfunktion $F(t)$

---

[3] Der Begriff *isokinetische Zugabe* bezeichnet ein Verfahren zur Einmischung eines Fluids in ein
strömendes Medium, bei der das zugegebene Fluid die gleiche Geschwindigkeit wie das Fluid in
der unmittelbaren Umgebung des Zugabeorts aufweist. Dieses Verfahren soll dafür sorgen, dass die
Tracerkonzentration im Zulauf während des Versuchs konstant bleibt.

Gegeben:

Reaktordurchmesser	D	$= 450\,\mathrm{mm}$
Flüssigkeitshöhe	H_F	$= 1150\,\mathrm{mm}$
Flüssigkeitsvolumenstrom	$\dot{V}_{f\alpha} = \dot{V}_{f\omega}$	$= 18{,}4\,\mathrm{m^3/h}$

Lösung

Lösungsansatz:
Berechnung von mittlerer Verweilzeit und Varianz durch Diskretisierung der jeweiligen Integrale sowie der Bodensteinzahl durch die passende Korrelation aus dem Lehrbuch.

Lösungsweg:
a) Die mittlere Verweilzeit berechnet sich nach Gl. (Lb 4.28) folgendermaßen:

$$\bar{t} = \int_0^\infty [1 - F(t)]dt. \tag{4.86}$$

Zur numerischen Berechnung der mittleren Verweilzeit aus den insgesamt N_{Mess} Messwerten wird das Integral diskretisiert und über eine Summe ermittelt:

$$\bar{t} \approx \sum_{i=1}^{N_{\mathrm{Mess}}} [1 - F(t_i)]\,\Delta t_i. \tag{4.87}$$

Damit lässt sich aus den Messdaten die mittlere Verweilzeit berechnen (s. Tab. 4.3)

$$\boxed{\bar{t} = 28{,}9\,\mathrm{s}}. \tag{4.88}$$

Die hydraulische Verweilzeit (Gl. (Lb 4.2)) ergibt sich gemäß:

$$\tau = \frac{V_R}{\dot{V}_{f\alpha}} \quad \rightarrow \quad \boxed{\tau = 35{,}8\,\mathrm{s}}. \tag{4.89}$$

Ursächlich für die Diskrepanz zwischen der gemessenen mittleren Verweilzeit und der berechneten hydraulischen Verweilzeit ist im Wesentlichen der Gasgehalt im Reaktor. Dieser führt zu einem verringerten Flüssigkeitsvolumen im Vergleich zum gesamten Reaktorvolumen V_R, sodass $\bar{t}$ kleiner als τ ist.

b) Die Varianz wird nach Gl. (Lb 4.25) bestimmt. Zur Berechnung wird das Integral analog zum Vorgehen bei der Bestimmung der mittleren Verweilzeit diskretisiert und die Verweilzeitdichtefunktion $E(t)$ wird nach Gl. (Lb 4.27) durch die Verweilzeitsummenfunktion

Tab. 4.3 Berechnete Werte aus den Messdaten

Zeit t_i	$F_i(t)$	Intervall i	Δt_i	Mittelwert $1-F_i(t)$	$\Delta t_i [1-F_i(t)]$	Mittelwert $\bar{t}_i$	$(\bar{t}_i-\bar{t})^2$	$\Delta F_i(t)$	$(t_i-\bar{t})^2 \Delta F_i(t)$
[s]	[–]	[–]	[s]	[–]	[s]	[s]	[s²]	[–]	[s²]
5	0	1	5	1	5	2,5	696	0,000	0,00
10	0,05	2	5	0,95	4,75	7,5	458	0,050	22,88
15	0,22	3	5	0,78	3,9	12,5	269	0,170	45,67
20	0,37	4	5	0,63	3,15	17,5	130	0,150	19,46
25	0,5	5	5	0,5	2,5	22,5	40,8	0,130	5,31
30	0,6	6	5	0,4	2	27,5	1,93	0,100	0,19
35	0,68	7	5	0,32	1,6	32,5	13,0	0,080	1,04
40	0,74	8	5	0,26	1,3	37,5	74,1	0,060	4,45
45	0,8	9	5	0,2	1	42,5	185	0,060	11,11
50	0,84	10	5	0,16	0,8	47,5	346	0,040	13,85
55	0,88	11	5	0,12	0,6	52,5	557	0,040	22,30
60	0,9	12	5	0,1	0,5	57,5	819	0,020	16,37
65	0,92	13	5	0,08	0,4	62,5	1130	0,020	22,59
70	0,94	14	5	0,06	0,3	67,5	1491	0,020	29,81
80	0,96	15	10	0,04	0,4	75	2126	0,020	42,52
90	0,97	16	10	0,03	0,3	85	3148	0,010	31,48
100	0,98	17	10	0,02	0,2	95	4371	0,010	43,71
110	0,99	18	10	0,01	0,1	105	5793	0,010	57,93
120	0,995	19	10	0,005	0,05	115	7415	0,005	37,07
160	0,999	20	40	0,001	0,04	140	12345	0,004	49,38
					$\sum = 28{,}9$				$\sum = 477$

$F(t)$ ersetzt:

$$\sigma_t^2 \equiv \int\limits_0^\infty \left(t_i - \bar{t}\right)^2 E(t_i)\,dt$$

$$\approx \sum_{i=1}^{N_{\text{Mess}}} \left(\frac{t_i - t_{i-1}}{2} - \bar{t}\right)^2 E(t_i)\Delta t_i = \sum_{i=1}^{N_{\text{Mess}}} \left(\frac{t_i - t_{i-1}}{2} - \bar{t}\right)^2 \Delta F_i(t_i). \qquad (4.90)$$

Demzufolge ergibt sich aus den Messdaten eine Varianz σ_t^2 von (s. Tab. 4.3)

$$\boxed{\sigma_t^2 = 477\,\text{s}^2} \qquad (4.91)$$

sowie eine Standardabweichung σ_t von:

$$\boxed{\sigma_t = 21{,}8\,\text{s}}. \qquad (4.92)$$

c) Die Anzahl der kontinuierlichen idealen Rührkessel n berechnet sich mit Hilfe der Varianz und der mittleren Verweilzeit nach Gl. (Lb 4.39):

$$\sigma^2 = \frac{\sigma_t^2}{\bar{t}^2} = \frac{1}{n} \quad \rightarrow \quad n = \frac{\bar{t}^2}{\sigma_t^2} \quad \rightarrow \quad \boxed{n = 1{,}75}. \qquad (4.93)$$

d) Um die Bodensteinzahl zu bestimmen, können die Gln. (Lb 4.44), (Lb 4.45) und (Lb 4.46) verwendet werden, wobei die Gln. (Lb 4.44) und (Lb 4.46) nur für $Bo > 100$ gelten. Eine erste Abschätzung mit Gl. (4.47)

$$n = \frac{Bo}{2} \quad \rightarrow \quad Bo = 3{,}5 \qquad (4.94)$$

zeigt, dass zur Bestimmung der Bodensteinzahl nur Gl. (Lb 4.45) in Frage kommt:

$$\sigma^2 = \frac{2}{Bo} - \frac{2}{Bo^2}\left[1 - \exp\left(-Bo\right)\right]. \qquad (4.95)$$

Zur Lösung dieser Gleichung wird die dimensionslosen Varianz σ^2 über Gl. (4.93) berechnet:

$$\sigma^2 = \frac{\sigma_t^2}{\bar{t}^2} = \frac{1}{n} \quad \rightarrow \quad \sigma^2 = 0{,}572. \qquad (4.96)$$

Die Berechnung der Bodensteinzahl über Gl. (4.95) erfolgt iterativ, da die Gleichung implizit ist. Die in Excel mittels Zielwertsuche ausgeführte Iteration liefert als Ergebnis:

$$\boxed{Bo = 1{,}97}, \qquad (4.97)$$

was deutlich von dem mit Gl. (4.93) abgeschätzten Wert abweicht.

e) Das Vermischungsverhalten des betrachteten Schlaufenreaktors entspricht dem Vermischungsverhalten einer Kaskade von 1,75 kontinuierlichen idealen Rührkesseln. Die
Verteilungsdichte- und Verteilungssummenfunktion sind für unterschiedliche n in den
Abb. Lb 4.11 und Lb 4.12 dargestellt. Demzufolge verhält sich der Schlaufenreaktor sehr
ähnlich zu einem vollständig vermischten Rührkessel und ist entsprechend gut vermischt.

4.8   Verweilzeitverteilung in einer zweistufigen Kaskade idealer Rührkessel***

▶   **Thema**   Modellierung des Verweilzeitverhaltens realer Apparate

Es werde eine Kaskade aus zwei gleich großen ideal durchmischten Rührkesseln betrachtet. Die mittlere Verweilzeit in beiden Behältern beträgt $\bar{t}/2$.

a) Für die Kaskade soll die Verweilzeitdichte- und die Verweilzeitsummenfunktion her-
    geleitet werden.
b) Die Ergebnisse sind anhand der Gln. (Lb 4.36) und (Lb 4.37) zu überprüfen.

Hinweis:

Die Lösung einer heterogenen Differenzialgleichung 1. Ordnung der Form

$$\frac{dc_T(t)}{dt} + P(t)c_T = Q(t) \tag{4.98}$$

lautet

$$c_T(t) = \exp\left[-\int P(t)dt\right]\left\{\int Q(t)\exp\left[\int P(t)dt\right]dt + C\right\}, \tag{4.99}$$

wobei für $t = t_0$ der Funktionswert $c_T(t_0)$ gleich der Konstanten C ist.

Lösung

Lösungsansatz:
Aufstellen der integralen Stoffbilanz des Tracers über beide Rührkessel.

Lösungsweg:
a) Zur Herleitung der Verweilzeitdichte- und -summenfunktion wird die zeitliche Änderung der Konzentration des Tracers T bestimmt. Dies erfolgt über integrale Stoffbilanzen
um die einzelnen Rührkessel für den inerten Tracer. Für den ersten Rührkessel folgt:

$$\frac{dN_{T1}(t)}{dt} = \dot{V}[c_{T1\alpha} - c_{T1}(t)] \quad \rightarrow \quad V_1\frac{dc_{T1}(t)}{dt} = \dot{V}[c_{T1\alpha} - c_{T1}(t)]. \tag{4.100}$$

Mit Gl. (Lb 4.2), die die hydraulische Verweilzeit eines Rührkessels beschreibt, und der Tatsache, dass in jedem Rührkessel die Verweilzeit gleich der Hälfte der gesamten Verweilzeit des Vorganges ist, vereinfacht sich die Gleichung zu:

$$\frac{dc_{T1}(t)}{dt} = \frac{2}{\bar{t}} \left[c_{T1\alpha} - c_{T1}(t) \right]. \tag{4.101}$$

Diese Differenzialgleichung kann mit der Methode *Trennung der Variablen* separiert und gelöst werden. Die Integration erfolgt dabei unter Berücksichtigung der Anfangsbedingung

AB: bei $t = 0 \quad c_{T1} = 0$

von der Konzentration des Tracers zu Beginn des Vorganges bis zum Zeitpunkt t mit der Konzentration $c_{T1}(t)$:

$$\int_{0}^{c_{T1}(t)} \frac{dc_{T1}}{(c_{T1\alpha} - c_{T1})} = \frac{2}{\bar{t}} \int_{0}^{t} dt \quad \rightarrow \quad c_{T1}(t) = c_{T1\alpha} \left[1 - \exp\left(-\frac{2t}{\bar{t}} \right) \right]. \tag{4.102}$$

Eine integrale Stoffbilanz für den Tracer um den zweiten Rührkessel ergibt:

$$V_2 \frac{dc_{T2}(t)}{dt} = \dot{V} \left[c_{T1}(t) - c_{T2}(t) \right]. \tag{4.103}$$

Durch Einsetzen der Gl. (4.102) für die Austrittskonzentration des ersten Rührkessels folgt für die Tracerkonzentration im zweiten Rührkessel die Beziehung:

$$\frac{dc_{T2}(t)}{dt} = \frac{2}{\bar{t}} \left\{ c_{T1\alpha} \left[1 - \exp\left(-\frac{2t}{\bar{t}} \right) \right] - c_{T2}(t) \right\}$$

$$\rightarrow \quad \frac{dc_{T2}(t)}{dt} + \frac{2}{\bar{t}} c_{T2}(t) = \frac{2\, c_{T1\alpha}}{\bar{t}} \left[1 - \exp\left(-\frac{2t}{\bar{t}} \right) \right]. \tag{4.104}$$

Diese Beziehung stellt eine inhomogene, lineare Differenzialgleichung 1. Ordnung dar, deren Lösung gemäß Gl. (4.99) erfolgt:

$$c_{T2}(t) = \exp\left[-\int \frac{2}{\bar{t}} dt \right] \left\{ \int \frac{2\, c_{T1\alpha}}{\bar{t}} \left[1 - \exp\left(-\frac{2t}{\bar{t}} \right) \right] \exp\left[\int \frac{2}{\bar{t}} dt \right] dt + C \right\}$$

$$= \exp\left(-\frac{2t}{\bar{t}} \right) \left\{ \frac{2\, c_{T1\alpha}}{\bar{t}} \int \left[\exp\left(\frac{2t}{\bar{t}} \right) - 1 \right] dt + C \right\}$$

$$= \exp\left(-\frac{2t}{\bar{t}} \right) \left\{ \frac{2\, c_{T1\alpha}}{\bar{t}} \left[\frac{\bar{t}}{2} \exp\left(\frac{2t}{\bar{t}} \right) - t \right] + C \right\}$$

$$= C \exp\left(-\frac{2t}{\bar{t}} \right) + c_{T1\alpha} \left[1 - \frac{2t}{\bar{t}} \exp\left(-\frac{2t}{\bar{t}} \right) \right]. \tag{4.105}$$

Mit der Anfangsbedingung, dass zu Beginn kein Tracer im Rührkessel vorhanden ist

AB: bei $t = 0$ $c_{T2} = 0$,

folgt für die Konstante C:

$$c_{T2}(t = 0) = 0 = C + c_{T1\alpha} \quad \rightarrow \quad C = -c_{T1\alpha}. \tag{4.106}$$

Zur Verallgemeinerung der Gleichung wird diese in eine dimensionslose Form überführt. Unter Verwendung der dimensionslosen Zeit

$$t^* = \frac{t}{\bar{t}} \tag{4.107}$$

ergibt sich für die Konzentration des Tracers im zweiten Rührkessel in Abhängigkeit von der Zeit:

$$c_{T2}(t^*) = c_{1\alpha} \left[1 - (1 + 2t^*) \exp(-2t^*) \right]. \tag{4.108}$$

Hiermit wird die Verweilzeitsummenfunktion $F(t^*)$ des Tracers über die dimensionslose Zeit t^* nach Gl. (Lb 4.36) für das System der beiden Rührkessel aufgestellt:

$$F(t^*) = \frac{c_{T2}(t^*)}{c_{T1\alpha}} \quad \rightarrow \quad \boxed{F(t^*) = 1 - (1 + 2t^*) \exp(-2t^*)}. \tag{4.109}$$

Die Verweilzeitdichtefunktion des Tracers wird über die Ableitung der Verweilzeitsummenfunktion gebildet:

$$E(t^*) = \frac{dF(t^*)}{dt^*} \quad \rightarrow \quad \boxed{E(t^*) = 4t^* \exp(-2t^*)}. \tag{4.110}$$

b) Die Gleichung für die Verweilzeitsummenfunktion für eine dimensionslose Zeit t^* lautet nach Gl. (Lb 4.36):

$$F(t^*) = \frac{c_n(t^*)}{c_\alpha} = 1 - \exp(-nt^*) \sum_{i=1}^{n} \frac{(nt^*)^{i-1}}{(i-1)!}. \tag{4.111}$$

Dabei steht n für die Anzahl der in Reihe geschalteten Rührkessel. Für $n = 2$ ergibt sich somit die in Aufgabenteil a) hergeleitete Beziehung für die Verweilzeitsummenfunktion:

$$F(t^*) = \frac{c_{T2}(t^*)}{c_{T1\alpha}} \quad \rightarrow \quad \boxed{F(t^*) = 1 - (1 + 2t^*) \exp(-2t^*)}. \tag{4.112}$$

Die Gleichung für der Verweilzeitdichtefunktion für eine dimensionslose Zeit t^* lautet nach Gl. (Lb 4.37):

$$E(t^*) = n \exp(-nt^*) \frac{(nt^*)^{n-1}}{(n-1)!}.$$ (4.113)

Für $n = 2$ ergibt sich wiederum die in Aufgabenteil a hergeleitete Beziehung für die Verweilzeitdichtefunktion:

$$E(t^*) = \frac{dF(t^*)}{dt^*} \quad \rightarrow \quad \boxed{E(t^*) = 4t^* \exp(-2t^*)}.$$ (4.114)

4.9 Varianz der Verweilzeitdichtefunktion eines idealen Rührkessels sowie einer Rührkesselkaskade[***]

▶ **Thema** Modellierung des Verweilzeitverhaltens realer Apparate

Für die Verteilungsdichtefunktion $E(t^*)$ eines idealen Rührkessels sowie eine Kaskade idealer Rührkessel lässt sich die dimensionslose Varianz σ^2 gemäß Gl. (Lb 4.39) berechnen nach:

$$\sigma^2 = \frac{\sigma_t^2}{\bar{t}^2} = \frac{1}{n}.$$ (4.115)

a) Bestimmen Sie für einen idealen Rührkessel die Varianz σ^2.
b) Weisen Sie für eine Kaskade mit n idealen Rührkesseln die Gültigkeit der Beziehung (4.115) für die Varianz σ^2 nach.

Hinweis:
Zur Lösung der auftretenden Differenzialgleichungen wird die *Regel der partiellen Integration* verwendet, nach der gilt:

$$\int_a^b f'(x)g(x)dx = [f(x)g(x)]_a^b - \int_a^b f(x)g'(x)dx$$

$$= f(b)g(b) - f(a)g(a) - \int_a^b f(x)g'(x)dx.$$ (4.116)

Lösung

Lösungsansatz:
Einsetzen der Verweilzeitdichtefunktion in die Definitionsgleichung (Lb 4.25) der Varianz.

Lösungsweg:

a) Die Varianz σ_t^2 für ideale Rührkessel ergibt sich nach Gl. (Lb 4.25):

$$\sigma_t^2 = \int_0^\infty (t - \bar{t})^2 \, E(t) dt. \tag{4.117}$$

Zur Bestimmung der dimensionslosen Varianz σ^2 wird die Gleichung auf beiden Seiten mit $1/\bar{t}^2$ erweitert. Zudem wird Gl. (Lb 4.35) für die Verweilzeitdichtefunktion $E(t)$ für einen Rührkessel

$$E(t) = \frac{dF(t)}{dt} = \frac{1}{\bar{t}} \exp\left(-\frac{t}{\bar{t}}\right) \tag{4.118}$$

eingefügt:

$$\frac{\sigma_t^2}{\bar{t}^2} = \int_0^\infty \left(\frac{t}{\bar{t}} - 1\right)^2 \frac{1}{\bar{t}} \exp\left(-\frac{t}{\bar{t}}\right) dt. \tag{4.119}$$

Durch die Einführung der dimensionslosen Varianz $\sigma^2 = \sigma_t^2/\bar{t}^2$ nach Gl. (Lb 4.39) und der dimensionslosen Zeit $t^* = t/\bar{t}$ vereinfacht sich die Gleichung zu:

$$\sigma^2 = \int_0^\infty (t^* - 1)^2 \exp\left(-t^*\right) dt^*. \tag{4.120}$$

Das Integral wird mittels *partieller Integration* (s. Hinweis) gelöst:

$$\int_a^b f'(t^*)g(t^*)dt^* = [f(t^*)g(t^*)]_a^b - \int_a^b f(t^*)g'(t^*)dt^*. \tag{4.121}$$

Hieraus ergibt sich mit

$$f'(t^*) = \exp\left(-t^*\right) \quad \rightarrow \quad f(t^*) = -\exp\left(-t^*\right) \quad \text{sowie}$$
$$g(t^*) = (t^* - 1)^2 \quad \rightarrow \quad g'(t^*) = 2(t^* - 1) \tag{4.122}$$

für die Varianz

$$\sigma^2 = \left[-\exp\left(-t^*\right)\left(t^{*2} - 2t^* + 1\right)\right]_0^\infty - \int_0^\infty 2\exp\left(-t^*\right)(t^* - 1) \, dt^*. \tag{4.123}$$

Für den ersten Summanden auf der rechten Seite gilt:

$$\left[-\exp\left(-t^*\right)\left(t^{*2} - 2t^* + 1\right)\right]_0^\infty = \lim_{t \to \infty} \left[-\exp\left(-t^*\right)\left(t^{*2} - 2t^* + 1\right)\right] + 1. \tag{4.124}$$

Die zweifache Anwendung der *Regel von L'Hospital* liefert für den Grenzwert

$$\lim_{t \to \infty} \left[- \exp\left(-t^*\right) \left(t^{*2} - 2t^* + 1\right) \right] = 0, \tag{4.125}$$

sodass für den ersten Summanden auf der rechten Seite von Gl. (4.123) gilt:

$$\left[- \exp\left(-t^*\right) \left(t^{*2} - 2t^* + 1\right) \right]_0^\infty = 1. \tag{4.126}$$

Eingesetzt in Gl. (4.123) und erneute Ausführung der partiellen Integration:

$$\sigma^2 = 1 - 2 \int_0^\infty t^* \exp\left(-t^*\right) dt^* + 2 \int_0^\infty \exp\left(-t^*\right) dt$$

$$= 1 - 2 \left\{ \left[-t^* \exp\left(-t^*\right)\right]_0^\infty + \int_0^\infty \exp\left(-t^*\right) dt^* \right\} + 2 \int_0^\infty \exp\left(-t^*\right) dt$$

$$= 1 - 2 \left[-t^* \exp\left(-t^*\right)\right]_0^\infty. \tag{4.127}$$

Die *Regel von L'Hospital* zeigt, dass der Term in eckigen Klammern gleich null ist, sodass für die Varianz eines idealen Rührkessels gilt:

$$\boxed{\sigma^2 = 1}. \tag{4.128}$$

b) Die Varianz für eine Kaskade idealer Rührkessel berechnet sich analog zu Aufgabenteil a) nach Gl. (Lb 4.25):

$$\sigma_t^2 = \int_0^\infty \left(t - \bar{t}\right)^2 E(t) dt. \tag{4.129}$$

Die dimensionslose Darstellung ergibt sich analog zu Aufgabenteil a) durch das Erweitern beider Seiten der Gleichung mit $1/\bar{t}^2$ sowie dem Einsetzen von Gl. (Lb 4.39):

$$E(t^*) = \bar{t} E(t) \quad \to \quad \frac{\sigma_t^2}{\bar{t}^2} = \sigma^2 = \int_0^\infty \left(\frac{t}{\bar{t}} - 1\right)^2 \frac{1}{\bar{t}} E(t^*) dt \tag{4.130}$$

$$= \int_0^\infty \left(t^* - 1\right)^2 \frac{1}{\bar{t}} E(t^*) dt^*.$$

Mit dem Einsetzen der dimensionslosen Größen und der Gl. (Lb 4.38) für die dimensionslose Verweilzeitdichtefunktion

$$E(t^*) = n \cdot \exp\left(-nt^*\right) \frac{(nt^*)^{n-1}}{(n-1)!} \tag{4.131}$$

folgt für die Varianz einer Rührkesselkaskade mit n Rührkesseln die Beziehung:

$$\sigma^2 = \int_0^\infty (t^* - 1)^2 \, n \cdot \exp(-nt^*) \, \frac{(nt^*)^{n-1}}{(n-1)!} dt^*. \tag{4.132}$$

Nach Auflösung des Klammerterms $(t^* - 1)^2$ vereinfacht sich die Gleichung zu:

$$\sigma^2 = \frac{n^n}{(n-1)!} \left[\int_0^\infty t^{*(n+1)} \exp(-nt^*) \, dt^* - 2 \int_0^\infty t^{*n} \exp(-nt^*) \, dt^* \right.$$

$$\left. + \int_0^\infty t^{*(n-1)} \exp(-nt^*) \, dt^* \right]. \tag{4.133}$$

Analog zum ersten Aufgabenteil werden die Integrale durch *partielle Integration* gelöst. Für den ersten Term in der Klammer ergibt sich mit

$$f'(t^*) = \exp(-nt^*) \quad \rightarrow \quad f(t^*) = -\frac{1}{n} \exp(-nt^*) \quad \text{und}$$

$$g(t^*) = t^{*n+1} \quad \rightarrow \quad g'(t^*) = (n+1) \, t^{*n} \tag{4.134}$$

sowie der Anwendung der *Regel von L'Hospital* folgende Umformung:

$$\int_0^\infty t^{*(n+1)} \exp(-nt^*) \, dt^* = \underbrace{\left[-\frac{1}{n} t^{*n} \exp(-nt^*) \right]_0^\infty}_{=0 \ (\text{L'Hospital})} + \int_0^\infty \frac{n+1}{n} t^{*n} \exp(-nt^*) \, dt^*. \tag{4.135}$$

Damit resultiert aus Gl. (4.133):

$$\sigma^2 = \frac{n^n}{(n-1)!} \left[\frac{n+1}{n} \int_0^\infty t^{*n} \exp(-nt^*) \, dt^* - 2 \int_0^\infty t^{*n} \exp(-nt^*) \, dt^* \right.$$

$$\left. + \int_0^\infty t^{*(n-1)} \exp(-nt^*) \, dt^* \right]$$

$$= \frac{n^n}{(n-1)!} \left[\frac{1-n}{n} \int_0^\infty t^{*n} \exp(-nt^*) \, dt^* + \int_0^\infty t^{*(n-1)} \exp(-nt^*) \, dt^* \right]. \tag{4.136}$$

Für den ersten Term in der Klammer wird eine erneute *partielle Integration* durchgeführt mit

$$f'(t^*) = \exp(-nt^*) \quad \rightarrow \quad f(t^*) = -\frac{1}{n}\exp(-nt^*) \quad \text{und}$$

$$g(t^*) = t^{*n} \quad \rightarrow \quad g'(t^*) = nt^{*(n-1)} \tag{4.137}$$

sowie die aus der *Regel von L'Hospital* folgende Umformung angewendet:

$$\int_0^\infty t^{*n} \exp(-nt^*)\,dt^* = \underbrace{\left[-\frac{1}{n}t^{*n}\exp(-nt^*)\right]_0^\infty}_{=0\ (\text{L'Hospital})} + \int_0^\infty \frac{n}{n}t^{*(n-1)}\exp(-nt^*)\,dt^*.$$

$$\tag{4.138}$$

Damit ergibt sich aus Gl. (4.136):

$$\sigma^2 = \frac{n^n}{(n-1)!}\left[\frac{1-n}{n}\int_0^\infty t^{*(n-1)}\exp(-nt^*)\,dt^* + \int_0^\infty t^{*(n-1)}\exp(-nt^*)\,dt^*\right]$$

$$= \frac{n^{n-1}}{(n-1)!}\int_0^\infty t^{*(n-1)}\exp(-nt^*)\,dt^*. \tag{4.139}$$

Das auftretende Integral muss durch $(n-1)$-fache Anwendung der *partiellen Integration* gelöst werden. Die nächste Anwendung führt zu:

$$\int_0^\infty t^{*(n-1)}\exp(-nt^*)\,dt^* = \left(\frac{n-1}{n}\right)\int_0^\infty t^{*(n-2)}\exp(-nt^*)\,dt^*. \tag{4.140}$$

Durch analoges Vorgehen folgt für die $(n-1)$-te Umformung:

$$\int_0^\infty t^{*[n-(n-1)]}\exp(-nt^*)\,dt^* = \int_0^\infty \frac{1}{n}\exp(-nt^*)\,dt^*$$

$$= \frac{1}{n}\left[-\frac{1}{n}\exp(-nt^*)\right]_0^\infty = \frac{1}{n^2}. \tag{4.141}$$

Die Betrachtung der Vorfaktoren für die $n-1$ Integrale aus den Gln. (4.140) und (4.141) liefert:

$$\int_0^\infty t^{*(n-1)}\exp(-nt^*)\,dt^* = \frac{n-1}{n}\cdot\frac{n-2}{n}\cdot\ldots\cdot\frac{n-(n-1)}{n}\frac{1}{n^2}$$

$$= \frac{(n-1)!}{n^{n-1}}\frac{1}{n^2}. \tag{4.142}$$

Eingesetzt in Gl. (4.139) resultiert die gesuchte Varianz einer n-stufigen Kaskade idealer Rührkessel:

$$\sigma^2 = \frac{n^{n-1}}{(n-1)!} \int_0^\infty t^{*(n-1)} \exp\left(-nt^*\right) dt^* = \frac{n^{n-1}}{(n-1)!} \frac{(n-1)!}{n^{n-1}} \frac{1}{n^2}$$

$$\rightarrow \boxed{\sigma^2 = \frac{1}{n^2}}.$$
(4.143)

4.10 Anzahl der idealen Rührkessel in einer Kaskade [2]**

▶ **Thema** Modellierung des Verweilzeitverhaltens realer Apparate

Zur Durchführung einer chemischen Reaktion wird eine mittlere Verweilzeit in einer Kaskade idealer Rührkesselreaktoren von 20 min gefordert, wobei der Anteil der Moleküle, welche 15 min oder kürzer im Reaktor sind, 30 % nicht überschreiten darf.

a) Bestimmen Sie die notwendige Anzahl an Reaktoren.
b) Ermitteln Sie die Zeit, nach der 90 %, 95 % und 99 % aller Moleküle die Kaskade wieder verlassen haben.

Lösung

Lösungsansatz:
Bestimmung der Anzahl der Rührkessel über die Verweilzeitsummenfunktion für Rührkesselkaskaden.

Lösungsweg:
a) Der Anteil der Moleküle, welche 15 min oder kürzer im Reaktor sind, berechnet sich für eine ideale Rührkesselkaskade über die Verweilzeitsummenfunktion E nach Gl. (Lb 4.36):

$$F(t^*) = \frac{c(t^*)}{c_{zu}} = 1 - \exp\left(-nt^*\right) \sum_{i=1}^n \frac{(nt^*)^{i-1}}{(i-1)!}.$$
(4.144)

Die dimensionslose Zeit entspricht hierbei dem Verhältnis der Zeit t zur mittleren Verweilzeit $\bar{t}$:

$$t^* = t/\bar{t}.$$
(4.145)

Die Bestimmung der Anzahl der Rührkessel erfolgt nun für zunehmende n mit dem Kriterium, dass $F(t)$ kleiner gleich 0,3 gelten muss (s. Tab. 4.4).

Tab. 4.4 Nach Gl. (4.144) berechnete Werte für die Verweilzeitsumme bei Rührkesselkaskaden mit verschiedenen Stufenanzahlen	n	$F(t^*)$
	1	0,528
	2	0,442
	3	0,391
	4	0,353
	5	0,322
	6	0,297

Tab. 4.5 Zeitbedarf für das Erreichen bestimmter Werte der Verweilzeitsummenfunktion	$F(t)$ [–]	t [min]
	0,9	30,9
	0,95	35
	0,99	43,5

Damit ergibt sich eine Rührkesselkaskade von:

$$\boxed{n = 6}. \tag{4.146}$$

b) Die Zeiten, in denen 90 %, 95 % und 99 % aller Moleküle die Kaskade verlassen haben, berechnen sich wiederum nach Gl. (4.144). Diese muss iterativ nach der Zeit gelöst werden, wie beispielsweise mit der Zielwertsuche in Excel. Hieraus resultieren die in Tab. 4.5 angegeben Zeiten.

4.11 Bestimmung der Bodensteinzahl aus einer Verweilzeitmessung [3]**

▶ **Thema** Modellierung des Verweilzeitverhaltens realer Apparate

Eine Verweilzeitmessung mit einem stoßförmig zugeführten Tracer führte zu den in Tab. 4.6 dargestellten Konzentrationen des Tracers am Ausgang des kontinuierlich einphasig betriebenen Apparates.

a) Bestimmen Sie die mittlere Verweilzeit.
b) Stellen Sie den Verlauf $E(t)$ sowie $E(t^*)$ grafisch dar.
c) Unter der Annahme, dass das Antwortverhalten mittels des Dispersionsmodells erfasst werden kann, ist die Bodensteinzahl zu bestimmen.
d) Vergleichen Sie in einem Diagramm das Ergebnis der mit der Bodensteinzahl berechneten Verteilungssummenfunktion (Gl. (Lb 4.42)) mit den Messwerten.

Tab. 4.6 Zeitliche Abhängigkeit der Tracerkonzentration am Austritt des Apparats

Zeit t [min]	Tracer Konzentration ρ_T [g/L]
0	0
5	3
10	5
15	5
20	4
25	2
30	1
35	0

Hinweis:

Für die näherungsweise Berechnung der auftretenden Integrale kann die Trapezregel (s. Hinweis zu Aufg. 4.6) verwendet werden.

Lösung

Lösungsansatz:

Die Bodensteinzahl ergibt sich über die dimensionslose Varianz der Messwerte, die durch Überführung der beschreibenden Integrale in Summen mittels Diskretisierung bestimmt wird.

Lösungsweg:

a) Die Verweilzeitdichtefunktion berechnet sich nach Gl. (Lb 4.29), wonach gilt:

$$E(t) = \frac{M(t)/\Delta t}{M_{zu}} = \frac{\Delta V \rho_T(t)/\Delta t}{\int_0^\infty \rho_T(t)\dot{V}\,dt} = \frac{\rho_T(t)}{\int_0^\infty \rho_T(t)\,dt}$$

$$\approx \frac{\rho_T(t)}{\sum_{i=1}^\infty \frac{\rho_T(t_i)+\rho_T(t_{i-1})}{2}\Delta t_i}. \tag{4.147}$$

In der Summe muss für die Massenkonzentration ρ_T ein Mittelwert aus den beiden Randwerten des Bereichs i gebildet werden.

Die mittlere Verweilzeit $\bar{t}$ ergibt sich nach Gl. (Lb 4.24). Mit der Überführung des Integrals in eine Summenfunktion ergibt sich damit folgende Beziehung:

$$\bar{t} = \int_o^\infty t E(t)\,dt \approx \sum_{i=1}^\infty \frac{t_i + t_{i-1}}{2} \frac{E(t_i) + E(t_{i-1})}{2} \Delta t_i. \tag{4.148}$$

Wie bei der Berechnung von $E(t)$ nach Gl. (4.147) müssen in der Summe die jeweiligen Mittelwerte für t und $E(t)$ eingesetzt werden. Aus den Messwerten folgt die mittlere

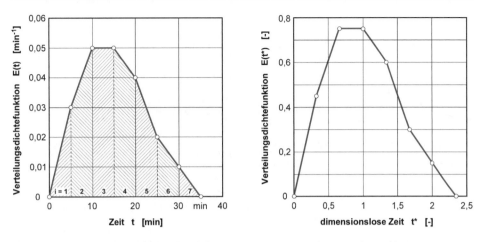

Abb. 4.5 Berechnete Verweilzeitdichtefunktionen; *links:* dimensionsbehaftet $E(t)$; *rechts:* dimensionslos $E(t^*)$

Verweilzeit (s. Tab. 4.7):

$$\boxed{\bar{t} = 15 \,\text{min}}. \tag{4.149}$$

b) Die dimensionslose Verweilzeitdichtefunktion bezieht sich auf die dimensionslose Zeitvariable $t^* = t/\bar{t}$. Ein Zusammenhang mit der dimensionsbehafteten Verweilzeitdichtefunktion ist in Gl. (Lb 4.38) gegeben.

$$E(t^*) = E(t)\bar{t}. \tag{4.150}$$

Die Verläufe von $E(t)$ und $E(t^*)$ sind in Abb. 4.5 dargestellt.

c) Die Bestimmung der Bodensteinzahl über die experimentell bestimmte Kurve der Verweilzeitdichtefunktion erfolgt nach Gl. (Lb 4.45):

$$\sigma^2 = \frac{2}{Bo} - \frac{2}{Bo^2} \left[1 - \exp\left(-Bo\right)\right]. \tag{4.151}$$

Dazu wird zunächst die dimensionslose Varianz der Messwerte über Gl. (Lb 4.25) berechnet

$$\sigma_t^2 = \int\limits_0^\infty \left(t - \bar{t}\right)^2 E\left(t\right) dt, \tag{4.152}$$

Tab. 4.7 Berechnete Werte aus den Messdaten

Zeit t	Tracerkonz. ρ_T	Intervall i	Δt_i	Mittelwert $\rho_{T_i}(t)$	$\rho_{T_i} \cdot \Delta t_i$	$E(t)$	Mittelwert t_i	$E(t_i) \cdot t_i \cdot \Delta t_i$	t^*	$E(t^*)$	Varianz σ^2	$F(t^*)$
[min]	[g/L]	[-]	[min]	[g/L]	[min·g/L]	[min⁻¹]	[min]	[min]	[-]	[-]	[min²]	[-]
0	0	0	0	0	0	0	0	0	0,00	0	0	0
5	3	1	5	1,5	7,5	0,03	2,5	0,1875	0,33	0,45	0,052	0,075
10	5	2	5	4	20	0,05	7,5	1,5	0,67	0,75	0,050	0,275
15	5	3	5	5	25	0,05	12,5	3,125	1,00	0,75	0,007	0,525
20	4	4	5	4,5	22,5	0,04	17,5	3,9375	1,33	0,6	0,006	0,75
25	2	5	5	3	15	0,02	22,5	3,375	1,67	0,3	0,038	0,9
30	1	6	5	1,5	7,5	0,01	27,5	2,0625	2,00	0,15	0,052	0,975
35	0	7	5	0,5	2,5	0	32,5	0,8125	2,33	0	0,034	1
					$\sum = 100$			$\sum = 15$			$\sum = 0{,}239$	

welche durch Gl. (Lb 4.39) in eine dimensionslose Form überführt wird:

$$\sigma^2 = \frac{\sigma_t^2}{\bar{t}^2} \quad \rightarrow \quad \sigma^2 = \frac{1}{\bar{t}^2} \int\limits_0^\infty \left(t - \bar{t} \right)^2 E\left(t \right) dt. \tag{4.153}$$

Mit der Überführung des Integrals durch Diskretisierung in eine Summenfunktion ergibt sich damit folgende Gleichung, um die Varianz aus den einzelnen Messpunkten zu ermitteln:

$$\sigma^2 = \frac{1}{\bar{t}^2} \sum_i^{N_{\text{Mess}}} \left(\bar{t}_i - \bar{t} \right)^2 E\left(t_i \right) \Delta t_i \quad \rightarrow \quad \sigma^2 = 0{,}239. \tag{4.154}$$

Die Berechnung der Bodensteinzahl über Gl. (4.151) erfolgt iterativ (analog zu Aufgabe 4.5c), da die Gleichung implizit ist. Durch die Iteration z. B. mittels Zielwertsuche in Excel ergibt sich für die Bodensteinzahl der Wert:

$$\boxed{Bo = 7{,}21}. \tag{4.155}$$

d) Die Verteilungssummenfunktion $F(t^*)$ ergibt sich aus der Verteilungsdichtefunktion $E(t^*)$ gemäß

$$F(t^*) = \int\limits_0^\infty E(t^*) dt^*, \tag{4.156}$$

aus der durch Diskretisierung folgt:

$$F(t^*) \approx \sum_i^{N_{\text{Mess}}} \frac{E(t_i^*) - E(t_{i-1}^*)}{2} \left(t_i^* - t_{i-1}^* \right). \tag{4.157}$$

Dieser Wert entspricht der Fläche unter der $E(t^*)$, wie Abb. 4.5 verdeutlicht. Die zugehörigen Werte enthält Tab. 4.7. Da der Wert der Bodensteinzahl bekannt ist, kann die Verteilungssummenfunktion mittels Gl. (Lb 4.42) berechnet werden:

$$F(t^*) = \xi = \frac{1}{2} \left[1 - \text{erf} \left(\sqrt{\frac{Bo}{t^*}} \frac{1 - t^*}{2} \right) \right]$$
$$+ \frac{1}{2} \left[1 - \text{erf} \left(\sqrt{\frac{Bo}{t^*}} \frac{1 + t^*}{2} \right) \right] \exp\left(Bo \right). \tag{4.158}$$

Die Gegenüberstellung der Messdaten (s. Tab. 4.7) mit der berechneten Kurve in Abb. 4.6 zeigt eine gute Übereinstimmung. Die für $Bo > 100$ als Vereinfachung von Gl. (4.158)

Abb. 4.6 Vergleich der experimentell bestimmten Verteilungssummenfunktion $F(t^*)$ mit den Ergebnis der Gln. (4.158) und (4.159)

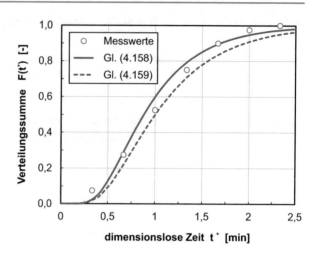

Abb. 4.6 Vergleich der experimentell bestimmten Verteilungssummenfunktion $F(t^*)$ mit den Ergebnis der Gln. (4.158) und (4.159)

vorgeschlagene Gleichung (Lb 4.44)

$$F(t^*) = \xi = \frac{1}{2}\left[1 - \mathrm{erf}\left(\sqrt{\frac{Bo}{t^*}} \frac{1 - t^*}{2} \right) \right] \tag{4.159}$$

weist dagegen etwas deutlichere Abweichungen auf.

4.12   Umsatz in einem idealen Strömungsrohr mit Rückführung[**]

▶   **Thema** Modellierung des Verweilzeitverhaltens realer Apparate

Ein ideales Strömungsrohr (Querschnittsfläche A) ist mit einer externen Rückführung versehen (s. Abb. 4.7). Hierbei kann das Volumenstromverhältnis von Zirkulations- zu Zulaufvolumenstrom $\dot{V}_{zirk}/\dot{V}$ variiert werden. Das Volumen des Rücklaufs ist vernachlässigbar klein gegenüber demjenigen des Strömungsrohrs, sodass der im Rücklaufrohr stattfindende Umsatz vernachlässigt werden kann. In dem Reaktor findet eine volumen-

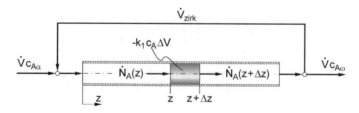

Abb. 4.7 Ideales Strömungsrohr mit Rückführung

beständige Reaktion 1. Ordnung (Geschwindigkeitskonstante k_1) statt, durch welche die Komponente A verbraucht wird.

a) Bestimmen Sie die Änderung der Konzentration c_A über der Rohrlänge.
b) Ermitteln Sie das Verweilzeitverhalten für die Extremfälle $\dot{V}_{\text{zirk}} = 0$ bzw. $\dot{V}_{\text{zirk}} \to \infty$.

Hinweis:

Im Fall $\dot{V}_{\text{zirk}} \to \infty$ muss die auftretende Exponentialfunktion als Potenzreihe entwickelt werden gemäß:

$$\exp(-a) = 1 - \frac{a}{1!} + \frac{a^2}{2!} - \frac{a^3}{3!} + \ldots \tag{4.160}$$

Lösung

Lösungsansatz:
Aufstellen einer differenziellen Stoffmengenbilanz für die Komponente A im Strömungsrohr.

Lösungsweg:
a) Zur Bestimmung des Konzentrationsverlaufes im Rohr wird eine differenzielle Stoffmengenbilanz für die Komponente A durchgeführt. Unter Annahme stationärer Bedingungen ergibt sich für ein differenzielles Volumenelement (s. Abb. 4.7):

$$\frac{dN_A}{dt} = 0 = \dot{N}_{A,z} - \dot{N}_{A,z+\Delta z} - k_1 c_A A \Delta z. \tag{4.161}$$

Der letzte Summand entspricht dem Wandlungsterm, welcher aus der chemischen Reaktion resultiert. Das negative Vorzeichen ergibt sich aus der Tatsache, dass die Komponente A in einer Reaktion 1. Ordnung zu einem Produkt P reagiert, $A \to P$. Das betrachtete Reaktionsvolumen entspricht hierbei dem Produkt aus der Querschnittsfläche A und der differenziellen Längeneinheit Δz. Nach Division durch Δz und dem Grenzübergang $\Delta z \to 0$ resultiert aus der Bilanzgleichung:

$$\frac{d\dot{N}_{A,z}}{dz} = -k_1 c_A A. \tag{4.162}$$

Damit folgt mit der Annahme eines konstanten Volumenstromes, welcher sich aus dem Zirkulations- und dem Zulaufvolumenstrom zusammensetzt, die vereinfachte Beziehung:

$$\left(\dot{V} + \dot{V}_{\text{zirk}}\right) \frac{dc_A}{dz} = -k_1 c_A A. \tag{4.163}$$

Die Lösung der Differenzialgleichung erfolgt mit der Methode der *Trennung der Variablen* und anschließender unbestimmter Integration:

$$\int \frac{dc_A}{c_A} = -\frac{k_1\, A}{\dot{V} + \dot{V}_{\text{zirk}}} \int dz. \tag{4.164}$$

Für den Konzentrationsverlauf ergibt sich damit folgender Zusammenhang:

$$c_A(z) = C_1 \exp\left(-\frac{k_1\, A}{\dot{V} + \dot{V}_{\text{zirk}}} z\right). \tag{4.165}$$

Die Bestimmung der Integrationskonstanten C_1 geschieht über die Konzentration der Komponente A am Eintritt des Rohrreaktors:

RB: bei $z = 0 \quad c_A = C_1$

Zur Bestimmung dieser Konzentration wird eine integrale Stoffmengenbilanz für die Komponente A für den Mischungspunkt des Zu- und des Rücklaufes aufgestellt. Unter Annahme stationärer Strömungsverhältnisse resultiert somit:

$$\dot{N}_{A,z=0} = \dot{N}_{A_\alpha} + \dot{N}_{A_{\text{zirk}}} \tag{4.166}$$

$$c_A(z = 0) = c_{A_\alpha} \frac{\dot{V}}{\dot{V} + \dot{V}_{\text{zirk}}} + c_{A_\omega} \frac{\dot{V}_{\text{zirk}}}{\dot{V} + \dot{V}_{\text{zirk}}}. \tag{4.167}$$

Für die Konzentration der Komponente A am Ende des Rohres c_{A_ω} wird die Gl. (4.165) für den Konzentrationsverlauf der Komponente A am Punkt L, welcher der Länge des Rohres entspricht, eingesetzt. Damit ergibt sich für die Integrationskonstante C_1

$$c_A(z = 0) = C_1 = c_{A_\alpha} \frac{\dot{V}}{\dot{V} + \dot{V}_{\text{zirk}}} + C_1 \exp\left(-\frac{k_1\, A}{\dot{V} + \dot{V}_{\text{zirk}}} L\right) \frac{\dot{V}_{\text{zirk}}}{\dot{V} + \dot{V}_{\text{zirk}}} \tag{4.168}$$

bzw. nach C_1 umgestellt:

$$C_1 = \frac{c_{A_\alpha} \frac{\dot{V}}{\dot{V} + \dot{V}_{\text{zirk}}}}{1 - \exp\left(-\frac{k_1\, A}{\dot{V} + \dot{V}_{\text{zirk}}} L\right) \frac{\dot{V}_{\text{zirk}}}{\dot{V} + \dot{V}_{\text{zirk}}}}$$

$$\rightarrow \quad C_1 = c_{A_\alpha} \frac{1}{1 + \frac{\dot{V}_{\text{zirk}}}{\dot{V}} \left[1 - \exp\left(-\frac{k_1\, A}{\dot{V} + \dot{V}_{\text{zirk}}} L\right)\right]}. \tag{4.169}$$

Unter Verwendung von C_1 folgt mit Gl. (4.165) für den Konzentrationsverlauf der Komponente A im Rohr die Beziehung:

$$c_A(z) = c_{A_\alpha} \frac{\exp\left(-\frac{k_1\, A}{\dot{V} + \dot{V}_{\text{zirk}}} z\right)}{1 + \frac{\dot{V}_{\text{zirk}}}{\dot{V}} \left[1 - \exp\left(-\frac{k_1\, A}{\dot{V} + \dot{V}_{\text{zirk}}} L\right)\right]}. \tag{4.170}$$

b) Für den Grenzfall $\dot{V}_{zirk} = 0$ ergibt sich für den Konzentrationsverlauf:

$$\boxed{c_A(z) = c_{A_\alpha} \exp\left(-\frac{k_1 A}{\dot{V}} z\right).}$$ (4.171)

Dies entspricht dem Konzentrationsverlauf der Komponente A in einem Strömungsrohr ohne Rückführung.

Der zweite Grenzfall betrachtet eine unendliche Rückführung $\dot{V}_{zirk} \to \infty$. Zur Bestimmung des Konzentrationsverlaufes der Komponente A wird gemäß Hinweis die Exponentialfunktion zunächst durch die Potenzreihe ersetzt:

$$\exp(-a) = 1 - \frac{a}{1!} + \frac{a^2}{2!} - \frac{a^3}{3!} + \dots$$ (4.172)

Für den betrachteten Prozessschritt beschreibt die Variable a folgende Beziehung:

$$a = \frac{k_1 A}{\dot{V} + \dot{V}_{zirk}} L.$$ (4.173)

Damit ergibt sich für den zweiten Grenzfall ein Konzentrationsverlauf der Komponente A im Rohr nach folgender Beziehung:

$$c_A(z) = c_{A_\alpha} \frac{\exp\left(-\frac{k_1 A}{\dot{V}+\dot{V}_{zirk}} z\right)}{1 + \frac{\dot{V}_{zirk}}{\dot{V}}\left[1 - \left(1 - a + \frac{a^2}{2!} - \frac{a^3}{3!} + \dots\right)\right]}$$

$$= c_{A_\alpha} \frac{\exp\left(-\frac{k_1 A}{\dot{V}+\dot{V}_{zirk}} z\right)}{1 + \frac{k_1 AL}{\dot{V}}\left(\frac{\dot{V}_{zirk}}{\dot{V}+\dot{V}_{zirk}} - \frac{k_1 AL}{2!}\frac{\dot{V}_{zirk}}{(\dot{V}+\dot{V}_{zirk})^2} + \frac{(k_1 AL)^2}{3!}\frac{\dot{V}_{zirk}}{(\dot{V}+\dot{V}_{zirk})^3} - \dots\right)}.$$ (4.174)

Da $\dot{V}_{zirk} \to \infty$ sind alle Summanden in der Klammer des Nenners bis auf den ersten Term gleich null:

$$c_A(z) = c_{A_\alpha} \frac{\exp\left(-\frac{k_1 A}{\dot{V}+\dot{V}_{zirk}} z\right)}{1 + \frac{k_1 AL}{\dot{V}}\frac{1}{\frac{\dot{V}}{\dot{V}_{zirk}}+1}}.$$ (4.175)

Für $\dot{V}_{zirk} \to \infty$ geht der Exponentialterm im Zähler gegen eins, das Volumenstromverhältnis $\dot{V}/\dot{V}_{zirk} \to 0$, sodass sich für die Konzentration c_A ergibt:

$$c_A = c_{A_\alpha} \frac{1}{1 + \frac{k_1 AL}{\dot{V}}} \quad \to \quad \boxed{c_A = \frac{c_{A_\alpha}}{1 + k_1 \tau}.}$$ (4.176)

Die Konzentration c_A ist demzufolge keine Funktion der Lauflänge und daher für alle z konstant. Dabei entspricht das Produkt aus der Querschnittsfläche A und der Rohrlänge L dem Volumen und das Verhältnis aus Volumen und Volumenstrom der hydraulischen Verweilzeit τ (s. Gl. (Lb 4.2)). Der zweite Grenzfall entspricht einem idealen Rührkessel.

4.13 Verweilzeitverteilung in einem idealen Rührkessel mit Totzone und Kurzschlussströmung[**]

▶ **Thema** Modellierung des Verweilzeitverhaltens realer Apparate

In Abb. 4.8 ist das Ersatzschaltbild für einen weitgehend gut durchmischten Apparat, der jedoch ein Totvolumen enthält und eine Kurzschlussströmung aufweist, dargestellt. Der gesamte flüssige Reaktorinhalt V_R teilt sich auf in ein ideal vermischtes, aktives Volumen V_a und ein Totvolumen V_t. Ein Teil des zugeführten Volumenstroms $\dot{V}_\alpha$ bildet einen Kurzschlussstrom $\dot{V}_b$, der sich sofort mit dem Reaktoraustrag vermischt. Die Flüssigkeitsdichte aller Volumenströme ist gleich.

Bestimmen Sie die Verweilzeitsummenfunktion für dieses System in Abhängigkeit von dem Volumenverhältnis $\alpha = V_a/V_R$ sowie dem Volumenstromverhältnis $\beta = \dot{V}_b/\dot{V}_\alpha$.

Lösung

Lösungsansatz:
Aufstellen der Beziehung zwischen der Verweilzeit und dem Volumenstrom- sowie dem Volumenverhältnis.

Lösungsweg:
Die Verweilzeitsummenfunktion des idealen Rührkessels berechnet sich nach Gl. (Lb 4.34):

$$F_a(t) = 1 - \exp\left(-\frac{t}{\tau}\right). \tag{4.177}$$

Dabei bestimmt sich die hydraulische Verweilzeit unter Beachtung des Totvolumens durch die Beziehung:

$$\tau = \frac{V_a}{\dot{V}_a}. \tag{4.178}$$

Abb. 4.8 Idealer Rührkessel mit Totzone und Kurzschlussströmung

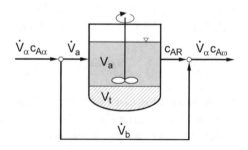

Die Einbeziehung des Kurzschlussstromes $\dot{V}_b$ erfolgt über eine integrale Stoffmengenbilanz für die Komponente A um den Strömungsteiler vor dem Rührkessel:

$$\dot{N}_{A_\alpha} = \dot{N}_{A_a} + \dot{N}_{A_b}. \tag{4.179}$$

Da die Dichten aller Volumenströme gleich sind, ergibt sich aus der Massenerhaltung folgender Zusammenhang:

$$\dot{V}_\alpha = \dot{V}_a + \dot{V}_b. \tag{4.180}$$

Damit folgt für das Volumenstromverhältnis β:

$$\beta = \frac{\dot{V}_b}{\dot{V}_\alpha} = \frac{\dot{V}_\alpha - \dot{V}_a}{\dot{V}_\alpha} = 1 - \frac{\dot{V}_a}{\dot{V}_\alpha}. \tag{4.181}$$

Das Volumenverhältnis α ist definiert als:

$$\alpha = \frac{V_a}{V_R}. \tag{4.182}$$

Die Verweilzeit τ kann durch die Gln. (4.178), (4.181) und (4.182) in Abhängigkeit von α und β beschrieben werden:

$$\tau = \frac{\alpha V_R}{(1 - \beta)\,\dot{V}_\alpha}. \tag{4.183}$$

Eingesetzt in Gl. (4.177) ergibt sich damit folgender Zusammenhang für den idealen Rührkessel, welcher die Abhängigkeit von Kurzschlussstrom und Totvolumen berücksichtigt:

$$F_a(t) = 1 - \exp\left[-\frac{t}{\left(\frac{\alpha V_R}{(1-\beta)\dot{V}_\alpha} \right)} \right]. \tag{4.184}$$

Die Verweilzeitsummenfunktion des Systems berechnet sich ebenfalls nach Gl. (Lb 4.34):

$$F(t) = \frac{c_{A_\omega}(t)}{c_{A_\alpha}}. \tag{4.185}$$

Die Bestimmung von $c_{A_\omega}(t)$ erfolgt durch eine integrale Stoffmengenbilanz für die Komponente A um die Zusammenführung nach dem Rührkessel:

$$c_{A_\omega}(t) = \frac{c_{AR}(t)\dot{V}_a + c_{A_\alpha}\dot{V}_b}{\dot{V}_\alpha}. \tag{4.186}$$

Die Austrittskonzentration aus dem Rührbehälter berechnet sich nach

$$c_{AR}(t) = c_{A_\alpha} F_a(t), \tag{4.187}$$

sodass für die Austrittskonzentration aus dem Gesamtsystem $c_{A\omega}$(t) gilt:

$$c_{A_\omega}(t) = \frac{c_{A_\alpha}(t) F_a(t) \left(\dot{V}_\alpha - \dot{V}_b \right) + c_{A_\alpha} \dot{V}_b}{\dot{V}_\alpha} = c_{A_\alpha} \left[\frac{F_a(t) \left(\dot{V}_\alpha - \dot{V}_b \right)}{\dot{V}_\alpha} + \beta_b \right]. \tag{4.188}$$

Hieraus folgt die Verweilzeitsummenfunktion des Systems:

$$F(t) = \frac{c_{A_\omega}(t)}{c_{A_\alpha}} = \frac{F_a(t) \left(\dot{V}_\alpha - \dot{V}_b \right)}{\dot{V}_\alpha} + \beta \quad \rightarrow \quad F(t) = F_a(t) - \beta F_a(t) + \beta, \tag{4.189}$$

bzw. unter Verwendung von Gl. (4.184) in Abhängigkeit vom Volumenverhältnis $\alpha = V_a/V_R$ sowie vom Volumenstromverhältnis $\beta = \dot{V}_b/\dot{V}_\alpha$:

$$F(t) = 1 - (1 - \beta) \exp \left[-\frac{(1 - \beta) \dot{V}_\alpha}{\alpha V_R} t \right]. \tag{4.190}$$

Literatur

1. Beek WJ, Muttzall KMK, van Heuven JW (1999) Transport phenomena, 2. Aufl. John Wiley & Sons, Chichester
2. Draxler J, Siebenhofer M (2014) Verfahrenstechnik an Beispielen. Springer Vieweg, Wiesbaden
3. Levenspiel O (1999) Chemical reaction engineering, 3. Aufl. Wiley, New York
4. Ogata A, Banks RB (1961) A solution of differential equation of longitudinal dispersion in porous media. US Geol Surv Prof Pap 411-A7-12

Strömungen in Rohrleitungen

5

Inhalte dieses Kapitels sind die Erläuterung und Berechnung des Druckverlusts sowie des konvektiven Wärme- und Stoffübergangs bei unterschiedlichen Rohrströmungen. Zunächst werden eindimensionale Geschwindigkeitsprofile bei laminarer Strömung in nicht kreisförmigen Geometrien bestimmt. Für turbulente Strömungen werden Druckverluste in kreisförmigen und nicht kreisförmigen Rohrquerschnitten unter Verwendung des Widerstandsbeiwerts ermittelt. Die Berechnung konvektiver Wärme- und Stoffübergangsvorgänge erfolgt anschließend unter Verwendung dimensionsloser Berechnungsgleichungen für die Nußelt- bzw. Sherwoodzahlen. Die Auswirkungen von Dispersionseffekten auf axiale Konzentrationsverteilungen werden in dem abschließenden Beispiel analysiert.

5.1 Laminare Strömung in einem ebenen Spalt[*]

▶ **Thema** Impulstransport

Ein Newton'sches Fluid strömt laminar und stationär durch einen horizontalen ebenen Spalt, der durch zwei parallele Platten der Breite B und der Länge L mit einem Abstand von 2δ gebildet wird. Hierbei ist $\delta \ll B$, sodass Randeffekte vernachlässigt werden können.

a) Stellen Sie eine differenzielle Impulsbilanz auf und bestimmen das Geschwindigkeitsprofil im Spalt.
b) Berechnen Sie das Verhältnis von maximaler und mittlerer Geschwindigkeit.
c) Bestimmen Sie die Abhängigkeit des Widerstandsbeiwerts von der Reynoldszahl, die mit dem hydraulischen Durchmesser zu bilden ist.

Elektronisches Zusatzmaterial Die Online-Version dieses Kapitels (https://doi.org/10.1007/978-3-662-60393-2_5) enthält Zusatzmaterial, das für autorisierte Nutzer zugänglich ist.

© Springer-Verlag GmbH Deutschland, ein Teil von Springer Nature 2020
M. Kraume, *Transportvorgänge in der Verfahrenstechnik*,
https://doi.org/10.1007/978-3-662-60393-2_5

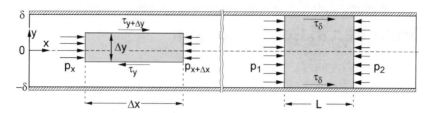

Abb. 5.1 Darstellung des zu bilanzierenden Spalts

Annahme:

Die Strömung ist vollständig ausgebildet.

Lösung

Lösungsansatz:
Impulsbilanz in einem ebenen Spalt

Lösungsweg:
a) In dem ebenen Spalt wird eine Impuls- bzw. Kräftebilanz für das in Abb. 5.1 links skizzierte Bilanzvolumen aufgestellt. Diese beinhaltet nur Druck- und Schubspannungskräfte:

$$\frac{\partial I}{\partial t} = F_{p,x} - F_{p,x+\Delta x} + F_{\tau,y+\Delta y} - F_{\tau,y}$$
$$= B\Delta y \left(p_x - p_{x+\Delta x} \right) + B\Delta x \left(\tau_{y+\Delta y} - \tau_y \right). \quad (5.1)$$

Die Bilanz wird für ein stationäres System aufgestellt, sodass die zeitliche Impulsänderung gleich null ist. Nach Division durch $B\Delta x\Delta y$, den Grenzübergängen $\Delta x \to 0$ bzw. $\Delta y \to 0$ und Berücksichtigung des Newton'schen Schubspannungsansatzes folgt:

$$0 = \frac{p_x - p_{x+\Delta x}}{\Delta x} + \frac{\tau_{y+\Delta y} - \tau_y}{\Delta y} \quad \to \quad 0 = -\frac{\partial p}{\partial x} + \frac{\partial \tau}{\partial y} = -\frac{\partial p}{\partial x} + \eta \frac{\partial^2 w_x}{\partial y^2}. \quad (5.2)$$

Da eine ausgebildete, stationäre, laminare Strömung vorliegt, ist der längenbezogene Druckverlust konstant:

$$\frac{\partial^2 w_x}{\partial y^2} = \frac{1}{\eta} \frac{\partial p}{\partial x} = -\frac{1}{\eta} \frac{p_1 - p_2}{\Delta x} = -\frac{1}{\eta} \frac{\Delta p}{\Delta x}. \quad (5.3)$$

Die zweifache Integration führt zu:

$$\frac{\partial w_x}{\partial y} = -\frac{y}{\eta} \frac{\Delta p}{\Delta x} + C_1, \quad (5.4)$$

$$w_x = -\frac{y^2}{2\eta} \frac{\Delta p}{\Delta x} + C_1 y + C_2. \quad (5.5)$$

Zur Bestimmung der Integrationskonstanten müssen zwei Randbedingungen angegeben werden. Diese basieren auf der bezüglich der Spaltmitte vorherrschenden Symmetrie im ebenen Kanal sowie auf der Wandhaftung:

1. RB: bei $y = 0$ $\quad \frac{\partial w_x}{\partial y} = 0$ $\quad C_1 = 0$

2. RB: bei $y = \delta$ $\quad w_x = 0$ $\quad C_2 = \frac{\delta^2}{2\eta} \frac{\Delta p}{\Delta x}$

Dies führt zu dem Geschwindigkeitsprofil im ebenen Spalt:

$$\boxed{w_x = \frac{1}{2\eta} \frac{\Delta p}{\Delta x} \left(\delta^2 - y^2 \right)}. \tag{5.6}$$

b) Die maximale Geschwindigkeit liegt an der Stelle $y = 0$ vor und folgt aus:

$$w_{x,\text{max}} = w_x(y = 0) = \frac{\delta^2}{2\eta} \frac{\Delta p}{\Delta x}. \tag{5.7}$$

Die mittlere Geschwindigkeit ergibt sich aus dem Quotienten von Volumenstrom und durchströmter Fläche, wobei sich der Volumenstrom aus dem Integral der Geschwindigkeit über die durchströmte Fläche berechnet. Der Einfachheit halber wird im Folgenden aufgrund der vorliegenden Symmetrie nur die halbe Kanalhöhe betrachtet:

$$\overline{w}_x = \frac{\dot{V}}{A} = \frac{1}{B\delta} \int_0^A w_x \, dA = \frac{1}{B\delta} \int_0^\delta w_x B \, dy = \frac{1}{\delta} \int_0^\delta w_x \, dy$$

$$= \frac{1}{\delta} \int_0^\delta \left[\frac{1}{2\eta} \frac{\Delta p}{\Delta x} \left(\delta^2 - y^2 \right) \right] dy$$

$$\rightarrow \quad \overline{w}_x = \frac{1}{\delta} \left[\frac{1}{2\eta} \frac{\Delta p}{\Delta x} \left(\delta^2 y - \frac{1}{3} y^3 \right) \right]_0^\delta = \frac{\delta^2}{3\eta} \frac{\Delta p}{\Delta x}. \tag{5.8}$$

Daraus folgt für das Verhältnis aus maximaler und mittlerer Geschwindigkeit:

$$\boxed{\frac{w_{x,\text{max}}}{\overline{w}_x} = \frac{3}{2}}. \tag{5.9}$$

Aufgrund der unterschiedlichen geometrischen Verhältnisse im Vergleich zum Rohr unterscheidet sich dieses Verhältnis von dem im Rohr gefundenen Wert von zwei.

c) Für die Bestimmung der Abhängigkeit des Widerstandsbeiwerts von Reynoldszahl wird eine stationäre Impulsbilanz für die gesamte Spaltweite aufgestellt:

$$F_{p,2} - F_{p,1} - 2F_\tau = 0. \tag{5.10}$$

Durch Einsetzen des Drucks und der Wandschubspannung jeweils multipliziert mit den Flächen, auf die sie wirken, ergibt sich:

$$(p_1 - p_2)\, B2\delta = |\tau_\delta|\, 2BL \quad \rightarrow \quad \Delta p = |\tau_\delta|\, \frac{L}{\delta}. \tag{5.11}$$

Werden sowohl die Darcy-Weisbach-Gleichung (Lb 5.35) als auch der Newton'sche Schubspannungsansatz eingesetzt, so folgt:

$$\Delta p = \zeta \frac{\rho}{2}\overline{w}_x^2 \frac{L}{d_h} = \tau \frac{L}{\delta} = \eta \left|\left(\frac{\partial w_x}{\partial y}\right)_{y=\delta}\right| \frac{L}{\delta}. \tag{5.12}$$

Wird der hydraulische Durchmesser d_h (Gl. (Lb 5.41))

$$d_h \equiv 4\frac{\text{durchströmte Fläche}}{\text{benetzter Umfang}} = 4\frac{2\delta B}{2\,(2\delta + B)} = 4\frac{2\delta}{2\left(2\frac{\delta}{B} + 1\right)} \quad \rightarrow \quad d_h \approx 4\delta \tag{5.13}$$

als charakteristische Länge für die Definition des Widerstandsbeiwerts verwendet, dann berechnet sich der Widerstandsbeiwert mit Gl. (5.12) gemäß:

$$\zeta = \frac{\eta \left|\left(\frac{\partial w_x}{\partial y}\right)_{y=\delta}\right| \frac{L}{\delta}}{\frac{\rho}{2}\overline{w}_x^2 \frac{L}{4\delta}} = \frac{8\eta}{\rho \overline{w}_x^2}\left|\left(\frac{\partial w_x}{\partial y}\right)_{y=\delta}\right|. \tag{5.14}$$

Mit dem Gradienten der Geschwindigkeit w_x nach Gl. (5.6) sowie der mittleren Geschwindigkeit $\overline{w}_x$ nach Gl. (5.8) folgt:

$$\zeta = \frac{8\eta}{\rho \overline{w}_x^2}\frac{\delta}{\eta}\frac{\Delta p}{\Delta x} = \frac{8\nu}{\overline{w}_x}\frac{\frac{\delta}{\eta}\frac{\Delta p}{\Delta x}}{\overline{w}_x} = \frac{8\nu}{\overline{w}_x}\frac{\frac{\delta}{\eta}\frac{\Delta p}{\Delta x}}{\frac{\delta^2}{3\eta}\frac{\Delta p}{\Delta x}} = \frac{24\nu}{\overline{w}_x\delta}. \tag{5.15}$$

Nach Einsetzen des hydraulischen Durchmesser d_h gemäß Gl. (5.13) für δ ergibt sich:

$$\zeta = \frac{24\nu}{\overline{w}_x\delta} = \frac{24\nu}{\overline{w}_x\frac{d_h}{4}} \quad \rightarrow \quad \boxed{\zeta = \frac{96\nu}{\overline{w}_x d_h} = \frac{96}{Re_{d_h}}}. \tag{5.16}$$

Damit ist dieser Widerstandsbeiwert um den Faktor 1,5 größer als derjenige der Strömung in kreisförmigen Rohren, wie dies Abb. Lb 5.10 zeigt.

5.2 Strömung in einem Ringspalt [1]***

► **Thema** Impulstransport

In einem Ringspalt zwischen zwei konzentrischen Rohren strömt ein inkompressibles Newton'sches Fluid (s. Abb. 5.2). Die laminare Strömung ist horizontal ausgerichtet und vollständig ausgebildet. Der Innenradius des äußeren Rohres ist R und der Außenradius des Innenrohres beträgt $\kappa \cdot R$.

a) Bestimmen Sie das Geschwindigkeitsprofil im Ringraum.
b) Berechnen Sie die maximale und die mittlere Geschwindigkeit in dem Ringraum.
c) Ermitteln Sie die Abhängigkeit des Widerstandsbeiwerts von der Reynoldszahl, wobei als charakteristische Länge der hydraulische Durchmesser des Ringspalts zu verwenden ist.
d) Zeigen Sie, dass für $\kappa = 0$ die Gleichung für den Widerstandsbeiwert in den für die Rohrströmung bekannten Zusammenhang $\zeta = 64/Re$ übergeht.

Hinweis:

Folgende Lösung des unbestimmten Integrals kann verwendet werden:

$$\int r^m \ln r\, dr = r^{m+1} \left[\frac{1}{m+1} \ln r - \frac{1}{(m+1)^2} \right]. \tag{5.17}$$

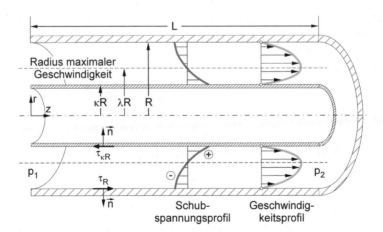

Abb. 5.2 Geschwindigkeits- und Schubspannungsprofil in einem Ringspalt

Lösung

Lösungsansatz:
Verwendung der Navier-Stokes'schen Bewegungsgleichung sowie des Newton'schen Schubspannungsansatzes

Lösungsweg:
a) Für die Aufstellung der differenziellen Impulsbilanz im Ringraum wird die Navier-Stokes'sche Bewegungsgleichung für zylindrische Koordinaten in z-Richtung nach Gl. (Lb 1.83) angewandt:

$$\rho \left(\underbrace{\frac{\partial w_z}{\partial t}}_{=0\,(i)} + \underbrace{w_r \frac{\partial w_z}{\partial r}}_{=0\,(iii)} + \underbrace{\frac{w_\varphi}{r} \frac{\partial w_z}{\partial \varphi}}_{=0\,(ii)} + \underbrace{w_z \frac{\partial w_z}{\partial z}}_{=0\,(ii)} \right)$$

$$= -\frac{\partial p}{\partial z} + \eta \left[\frac{1}{r} \frac{\partial}{\partial r} \left(r \frac{\partial w_z}{\partial r} \right) + \underbrace{\frac{1}{r^2} \frac{\partial^2 w_z}{\partial \varphi^2}}_{=0\,(ii)} + \underbrace{\frac{\partial^2 w_z}{\partial z^2}}_{=0\,(ii)} \right] + \underbrace{\rho g_z}_{=0\,(iv)} \qquad (5.18)$$

Diese Gleichung wird durch folgende Annahmen vereinfacht:

i.   stationärer Zustand: $\partial w_z / \partial t = 0$
ii. w_z hängt lediglich von r ab, der Druck p nur von z
iii. Rotationssymmetrie $w_r = w_\varphi = 0$, Ableitungen nach φ gleich 0
iv. es gibt keine Volumenkraft in z-Richtung

Damit folgt aus Gl. (5.18):

$$0 = -\frac{\partial p}{\partial z} + \eta \left[\frac{1}{r} \frac{\partial}{\partial r} \left(r \frac{\partial w_z}{\partial r} \right) \right] \qquad (5.19)$$

Damit gilt für die Änderung des Druckes in z-Richtung

$$\eta \left[\frac{1}{r} \frac{\partial}{\partial r} \left(r \frac{\partial w_z}{\partial r} \right) \right] = \frac{\partial p}{\partial z} \qquad (5.20)$$

bzw. unter Einbeziehung der Tatsache, dass bei ausgebildeter Strömung der Druck linear mit der Länge abnimmt:

$$\frac{\partial}{\partial r} \left(r \frac{\partial w_z}{\partial r} \right) = \frac{\partial p}{\partial z} \frac{r}{\eta} = \frac{p_2 - p_1}{\Delta z} \frac{r}{\eta} = -\frac{p_1 - p_2}{\Delta z} \frac{r}{\eta} = -\frac{\Delta p}{\Delta z} \frac{r}{\eta}. \qquad (5.21)$$

Die einmalige Integration liefert:

$$r\frac{\partial w_z}{\partial r} = -\frac{\Delta p}{\Delta z}\frac{r^2}{2\eta} + C_1 \quad \rightarrow \quad \frac{\partial w_z}{\partial r} = -\frac{\Delta p}{\Delta z}\frac{r}{2\eta} + \frac{C_1}{r}. \tag{5.22}$$

Aus einer zweiten Integration folgt die unbestimmte Lösung des Integrals mit zwei Integrationskonstanten:

$$w_z = -\frac{\Delta p}{\Delta z}\frac{r^2}{4\eta} + C_1 \ln r + C_2. \tag{5.23}$$

Die Randbedingungen ergeben sich aus den Haftbedingungen am Innen- und Außenrohr, wobei der Radius des Innenrohrs als unbestimmter Wert zwischen 0 und dem Außenradius durch den Faktor κ angesetzt wird:

1. RB: bei $r = \kappa R$ $w_z = 0$ mit $0 \leq \kappa \leq 1$
2. RB: bei $r = R$ $w_z = 0$

Diese Randbedingungen liefern folgende Lösungen für die Integrationskonstanten

$$C_1 = -\frac{\Delta p}{\Delta z}\frac{R^2}{4\eta}\frac{\left(1-\kappa^2\right)}{\ln \kappa}, \tag{5.24}$$

$$C_2 = -\frac{\Delta p}{\Delta z}\frac{R^2}{4\eta}\left[-\kappa^2 - \left(1-\kappa^2\right)\frac{\ln\left(\kappa R\right)}{\ln \kappa}\right] \tag{5.25}$$

und somit aus Gl. (5.23) das Geschwindigkeitsprofil im Ringspalt:

$$\boxed{w_z = \frac{\Delta p}{\Delta z}\frac{R^2}{4\eta}\left[1 - \frac{r^2}{R^2} + \frac{\left(1-\kappa^2\right)}{\ln \kappa}\ln\left(\frac{R}{r}\right)\right].} \tag{5.26}$$

b) Die Maximalgeschwindigkeit liegt am Umkehrpunkt des Geschwindigkeitsprofils zwischen Innen- und Außenrohr vor. Daher wird eine Extremwertbetrachtung durchgeführt:

$$\frac{\partial w_z}{\partial r} = 0 = -\frac{2r_{\max}}{R^2} - \frac{1}{r_{\max}}\frac{\left(1-\kappa^2\right)}{\ln \kappa}. \tag{5.27}$$

Hieraus resultiert der Radius $r_{\max}$ der maximalen Geschwindigkeit:

$$r_{\max}^2 = -\frac{R^2\left(1-\kappa^2\right)}{2\ln \kappa} \quad \rightarrow \quad r_{\max} = \sqrt{\frac{\kappa^2-1}{2\ln \kappa}}R = \lambda R. \tag{5.28}$$

Mit Gl. (5.26) ergibt sich als maximale Geschwindigkeit im Ringspalt

$$w_{\max} = \frac{\Delta p}{\Delta z}\frac{R^2}{4\eta}\left[1 - \frac{\lambda^2 R^2}{R^2} + 2\lambda^2 \ln \lambda\right] \tag{5.29}$$

und somit:

$$w_{\max} = \frac{\Delta p}{\Delta z} \frac{R^2}{4\eta} \left[1 - \lambda^2 \left(1 - \ln \lambda^2\right)\right].$$ (5.30)

Die mittlere Geschwindigkeit berechnet sich aus dem Quotienten des Volumenstroms und der durchströmten Querschnittsfläche, wobei der Volumenstrom wiederum aus dem Integral der Geschwindigkeit über die durchströmte Fläche folgt:

$$\overline{w}_z = \frac{\dot{V}}{A} = \frac{1}{\pi \left(R^2 - \kappa^2 R^2\right)} \int_0^A w_z(r)\, dA = \frac{1}{\pi \left(R^2 - \kappa R^2\right)} \int_{\kappa R}^R w_z(r) 2\pi r\, dr.$$ (5.31)

Aus dem Einsetzen von Gl. (5.26) für die Geschwindigkeit $w_z(\mathrm{r})$

$$\overline{w}_z = \frac{1}{\pi \left(R^2 - \kappa^2 R^2\right)} \int_{\kappa R}^R \frac{\Delta p}{\Delta z} \frac{R^2}{4\eta} \left[1 - \frac{r^2}{R^2} + \frac{\left(1 - \kappa^2\right)}{\ln \kappa} \ln\left(\frac{R}{r}\right)\right] 2\pi r\, dr$$ (5.32)

ergibt sich als Zwischenergebnis:

$$\overline{w}_z = \frac{\Delta p}{\Delta z} \frac{1}{2\eta \left(1 - \kappa^2\right)} \int_{\kappa R}^R \left[r - \frac{r^3}{R^2} - 2\lambda^2 \left(r \ln R - r \ln r\right)\right] dr.$$ (5.33)

Die Integration führt zu

$$\overline{w}_z = \frac{\Delta p}{\Delta z} \frac{1}{2\eta \left(1 - \kappa^2\right)} \left[\frac{r^2}{2} - \frac{r^4}{4R^2} - 2\lambda^2 \left(\frac{r^2}{2} \ln R - \frac{r^2}{2} \ln r + \frac{r^2}{4}\right)\right]_{\kappa R}^R$$

$$= \frac{\Delta p}{\Delta z} \frac{1}{2\eta \left(1 - \kappa^2\right)} \left[\frac{r^2}{2} \left(1 - \lambda^2\right) - \frac{r^4}{4R^2} - \lambda^2 r^2 \ln\left(\frac{R}{r}\right)\right]_{\kappa R}^R$$ (5.34)

und nach Einsetzen der Randwerte:

$$\overline{w}_z = \frac{\Delta p}{\Delta z} \frac{1}{2\eta \left(1 - \kappa^2\right)} \left\{ \frac{R^2}{2} \left(1 - \kappa^2\right) \left(1 - \lambda^2\right) - \frac{R^4}{4R^2} \left(1 - \kappa^4\right) \right.$$

$$\left. - \lambda^2 \left[R^2 \ln\left(R/R\right) + \kappa^2 R^2 \ln \kappa\right] \right\}$$

$$= \frac{\Delta p}{\Delta z} \frac{R^2}{8\eta} \left[2 \left(1 - \lambda^2\right) - \frac{\left(1 - \kappa^4\right)}{\left(1 - \kappa^2\right)} - 4\lambda^2 \frac{\kappa^2 \ln \kappa}{\left(1 - \kappa^2\right)}\right]$$

$$= \frac{\Delta p}{\Delta z} \frac{R^2}{8\eta} \left[2 - 2\lambda^2 - 1 - \kappa^2 + 2\kappa^2\right].$$ (5.35)

Hieraus folgt mit dem Wert für λ (Gl. (5.28)) die mittlere Geschwindigkeit:

$$\overline{w}_z = \frac{\Delta p}{\Delta z} \frac{R^2}{8\eta} \left[1 + \kappa^2 + \frac{1 - \kappa^2}{\ln \kappa} \right]. \tag{5.36}$$

c) Zur Bestimmung des Widerstandsbeiwerts wird eine integrale Impulsbilanz für den Ringspalt aufgestellt, wobei zu beachten ist, dass sich die Schubspannungskräfte, die am Innen- und Außenrohr wirken, unterscheiden können:

$$F_{p_1} - F_{p_2} - F_{\tau,\kappa\,R} + F_{\tau,R} = 0. \tag{5.37}$$

Aufgrund der Vorzeichenkonvention für die Schubspannung weist die Schubspannung an der inneren Rohrwand in negative Richtung und besitzt in der Bilanz ein negatives Vorzeichen. Trotzdem wirkt die Kraft effektiv in die gleiche Richtung wie die Schubspannungskraft am Außenrohr, da sich die Vorzeichen der jeweiligen Geschwindigkeitsgradienten unterscheiden. Werden die Kräfte durch die Drücke bzw. die Schubspannungen und die jeweiligen Flächen, auf die sie wirken, ersetzt, so folgt:

$$(p_1 - p_2)\, \pi \left(R^2 - \kappa^2 R^2 \right) - \tau_{\kappa R} 2\pi \kappa R L + \tau_R 2\pi R L$$
$$= \Delta p \pi R^2 \left(1 - \kappa^2 \right) - 2\pi R L \left(\tau_{\kappa R} \kappa - \tau_R \right) = 0. \tag{5.38}$$

Durch Umstellung ergibt sich:

$$\Delta p = (\tau_{\kappa R} \kappa - \tau_R) \frac{2L}{R \left(1 - \kappa^2 \right)}. \tag{5.39}$$

Der hydraulische Durchmesser des Ringspalts berechnet sich nach:

$$d_h = 4 \frac{\pi \left(R^2 - \kappa^2 R^2 \right)}{2\pi \left(R + \kappa R \right)} = 2R \left(1 - \kappa \right). \tag{5.40}$$

Für die Schubspannungen wird der Newton'sche Ansatz eingesetzt und dies gleich der Darcy-Weisbach-Gleichung gesetzt:

$$\Delta p = \eta \left(\kappa \left. \frac{\partial w_z}{\partial r} \right|_{\kappa R} - \left. \frac{\partial w_z}{\partial r} \right|_R \right) \frac{2L}{R \left(1 - \kappa^2 \right)} = \zeta \frac{\rho}{2} \overline{w}_z^2 \frac{L}{2R \left(1 - \kappa \right)}. \tag{5.41}$$

Für den Geschwindigkeitsgradienten gilt mit Gl. (5.26):

$$\frac{\partial w_z}{\partial r} = \frac{\Delta p}{\Delta z} \frac{R^2}{4\eta} \left(-2 \frac{r}{R^2} - \frac{1}{r} \frac{1 - \kappa^2}{\ln \kappa} \right). \tag{5.42}$$

Das Umstellen von Gl. (5.41) und Einsetzen der Geschwindigkeitsgradienten führt zu:

$$
\begin{aligned}
\zeta &= \frac{8\nu}{\overline{w}_z^2\,(1+\kappa)}\,\frac{\Delta p}{\Delta z}\,\frac{R^2}{4\eta}\left[\kappa\left(-2\frac{\kappa R}{R^2}-\frac{1}{\kappa R}\frac{1-\kappa^2}{\ln\kappa}\right)+2\frac{R}{R^2}+\frac{1}{R}\frac{1-\kappa^2}{\ln\kappa}\right] \\
&= \frac{4\nu}{\overline{w}_z^2}\,\frac{\Delta p}{\Delta z}\,\frac{R}{\eta}\,(1-\kappa)\,.
\end{aligned}
\tag{5.43}
$$

Durch Einsetzen der mittleren Geschwindigkeit $\overline{w}_z$ gemäß Gl. (5.36):

$$
\zeta = \frac{\frac{4\nu}{\overline{w}_z}\frac{\Delta p}{\Delta z}\frac{R}{\eta}(1-\kappa)}{\frac{\Delta p}{\Delta z}\frac{R^2}{8\eta}\left[1+\kappa^2+\frac{1-\kappa^2}{\ln\kappa}\right]} \quad \rightarrow \quad \boxed{\zeta = \frac{64\nu}{2R\overline{w}_z}\frac{1-\kappa}{1+\kappa^2+\frac{1-\kappa^2}{\ln\kappa}}}\,.
\tag{5.44}
$$

d) Für den Fall $\kappa = 0$ ergibt sich die Geometrie eines Kreisrohres. Wird dieser Wert in Gl. (5.44) eingesetzt, so ergibt sich:

$$
\zeta = \frac{64\nu}{2R\overline{w}_z}\frac{(1-0)}{1+0^2-\frac{1-0^2}{\ln(1/0)}} \quad \rightarrow \quad \boxed{\zeta = \frac{64\nu}{d\,\overline{w}_z} = \frac{64}{Re}}\,.
\tag{5.45}
$$

5.3 Quantifizierung von Leckageraten zur Bestimmung der Dichtheit[**]

▶ **Thema** Strömungswiderstand in Rohren

Leckagen treten sowohl beim Betrieb technischer Apparate und Maschinen als auch bei der Lagerung von Stoffen auf, wenn Druckunterschiede zwischen den Innen- und Außenseiten bestehen. Ursächlich hierfür sind Undichtigkeiten durch Risse in Wandungen oder Dichtungen. Zur Bewertung der Auswirkungen dieser Undichtigkeiten werden Leckageraten bestimmt, die ein Maß für die aus einem Körper austretenden Volumen- oder Masse-Einheiten sind. Die Leckagerate ist der Quotient aus dem Produkt pV eines Gases, das während einer Zeitspanne durch einen Leitungsquerschnitt strömt, und der Zeitspanne. Unter stationären Bedingungen gilt:

$$
Q = \frac{\Delta(pV)}{\Delta t} = p\dot{V}\,.
\tag{5.46}
$$

Dabei ist der pV-Wert das Produkt aus Druck und Volumen einer bestimmten Menge eines Gases bei der jeweils herrschenden Temperatur. Vakuumanlagen, für die $Q < 10^{-7}$ mbar·L/s ist, gelten qualitativ als gasdicht [4].

In einer 10 mm starken Behälterwand befinde sich ein Riss, der vereinfachend als gerades Rohr mit kreisförmigem Querschnitt bei einem Durchmesser von 10 µm angesehen werden soll (Kapillarleck). Der Innendruck p_i beträgt 4 bar, der Außendruck p_a 1 bar und die Temperatur innerhalb und außerhalb des Behälters $20\,°C$. Durch die Leckage strömt aufgrund des höheren Innendruck p_i aus dem Apparat ein ideales Gas nach außen.

a) Leiten Sie die Abhängigkeit der Leckagerate von den Drücken p_i und p_a für eine laminare Strömung ab.

b) Leiten Sie die Abhängigkeit der Leckagerate von den Drücken p_i und p_a für eine turbulente Strömung mit dem Widerstandsbeiwert ζ ab.

c) Überprüfen Sie, ob der Behälter bei einem Innendruck von $4\,bar$ als dicht angesehen werden kann, wenn eine Leckprüfung mit Helium als Prüfgas durchgeführt wird.

Gegeben:

Kin. Gasviskosität $\nu_g\;\;\; = 1{,}96 \cdot 10^{-5}\,\text{m}^2/\text{s}$

Molekulargewicht $\tilde{M}_{\text{He}} = 4\,\text{g/mol}$

Annahmen:

1. Einlaufeffekte in dem Kapillarleck können vernachlässigt werden.
2. Die dynamische Viskosität des Gases ist druckunabhängig.
3. Helium verhält sich wie ein ideales Gas.

Lösung

Lösungsansatz:
Aufgrund der Kompressibilität des Gases muss infolge der bei der Durchströmung des Risses auftretenden Gasexpansion durch eine differenzielle Impulsbilanz der Druckverlaufs im Riss bestimmt werden

Lösungsweg:
a) Da das Gas infolge des abnehmenden Drucks über der Lauflänge des Kapillarlecks expandiert, ist für die Ermittlung des Druckverlaufs in dem Leck eine differenzielle Betrachtung notwendig. Für einen kleinen Rohrabschnitt von x bis $x + \Delta x$ ist die Darcy-Weisbach-Gleichung anwendbar:

$$[p(x) - p(x + \Delta x)] = \zeta \frac{\rho(x)}{2} w(x)^2 \frac{\Delta x}{d}. \tag{5.47}$$

Im Fall der laminaren Strömung ist der Widerstandsbeiwert ζ gleich $64/Re$, sodass folgt:

$$[p(x) - p(x + \Delta x)] = 64 \frac{\eta}{\rho(x)w(x)d} \frac{\rho(x)}{2} w(x)^2 \frac{\Delta x}{d}$$

$$= 32\eta w(x) \frac{\Delta x}{d^2} = 32\eta \frac{\dot{V}(x)}{\frac{\pi}{4}d^2} \frac{\Delta x}{d^2} = \frac{128}{\pi} \eta \dot{V}(x) \frac{\Delta x}{d^4}. \tag{5.48}$$

Da es sich um ein ideales Gas handelt, gilt:

$$\dot{V}(x) = \frac{\dot{N}RT}{p(x)}.$$ (5.49)

Aus Gl. (5.48) folgt damit nach Division durch Δx und der Grenzwertbildung $\Delta x \to 0$:

$$-\frac{dp}{dx} = \frac{128}{\pi}\eta\frac{\dot{N}RT}{p(x)}\frac{1}{d^4} \quad \to \quad -p(x)dp = \frac{128}{\pi}\eta\frac{\dot{N}RT}{d^4}dx.$$ (5.50)

Die Integration dieser Beziehung führt zu:

$$-\int_{p_i}^{p_a} p(x)dp = \int_0^L \frac{128}{\pi}\eta\frac{\dot{N}RT}{d^4}dx \quad \to \quad \frac{1}{2}\left(p_i^2 - p_a^2\right) = \frac{128}{\pi}\eta\frac{\dot{N}RT}{d^4}L.$$ (5.51)

Aufgrund des idealen Gasgesetzes gilt

$$p(x)\dot{V}(x) = \dot{N}RT = Q,$$ (5.52)

woraus sich für die Leckagerate bei laminarer Strömung ergibt:

$$\boxed{Q = \frac{\pi}{256}\frac{d^4}{\eta L}\left(p_i^2 - p_a^2\right)}.$$ (5.53)

b) Für die turbulente Strömung folgt aus Gl. (5.47)

$$\frac{[p(x) - p(x + \Delta x)]}{\Delta x} = \zeta\frac{\rho(x)}{2}\left(\frac{\dot{V}(x)}{\frac{\pi}{4}d^2}\right)^2\frac{1}{d}.$$ (5.54)

Da

$$\rho(x)\dot{V}(x) = \dot{N}\tilde{M} = \text{konst.},$$ (5.55)

resultiert aus Gl. (5.54) nach dem Grenzübergang $\Delta x \to 0$ mit Gl. (5.49):

$$-\frac{dp}{dx} = \zeta\frac{8}{\pi^2}\dot{N}\tilde{M}\frac{\dot{N}RT}{p(x)}\frac{1}{d^5}.$$ (5.56)

Die Integration dieser Beziehung führt zu:

$$-\int_{p_i}^{p_a} p(x)dp = \int_0^L \zeta\frac{8}{\pi^2}\dot{N}\tilde{M}\dot{N}RT\frac{1}{d^5}dx$$

$$\to \quad \frac{1}{2}\left(p_i^2 - p_a^2\right) = \zeta\frac{8}{\pi^2}\dot{N}\tilde{M}\dot{N}RT\frac{1}{d^5}L.$$ (5.57)

Der Widerstandsbeiwert ζ hängt zwar von der Reynoldszahl ab, diese bleibt jedoch über der gesamten Länge des Kapillarlochs konstant (s Gl. (5.60)). und demzufolge auch ζ. Durch Verwendung von Gl. (5.52) folgt damit für die Leckagerate bei turbulenter Strömung:

$$Q^2 = \frac{\pi^2}{16} \frac{d^5 RT}{\zeta L \tilde{M}} \left(p_i^2 - p_a^2\right) \quad \rightarrow \quad \boxed{Q = \frac{\pi}{4} \sqrt{\frac{d^5 RT}{\zeta L \tilde{M}} \left(p_i^2 - p_a^2\right)}}. \tag{5.58}$$

c) Zur Bestimmung der auftretenden Lageeckrate muss überprüft werden, welcher Strömungszustand in dem Kapillarleck vorliegt. Dazu wird zunächst davon ausgegangen, dass laminare Bedingungen vorliegen. Gemäß Gl. (5.53) ergibt sich die Leckagerate und daraus die Geschwindigkeit des Gases:

$$p\dot{V} = \rho \frac{RT}{\tilde{M}} w \frac{\pi}{4} d^2 = \frac{\pi}{256} \frac{d^4}{\eta L} \left(p_i^2 - p_a^2\right) \quad \rightarrow \quad \rho w = \frac{1}{64} \frac{d^2 \tilde{M}}{\eta L} \frac{\left(p_i^2 - p_a^2\right)}{RT}. \tag{5.59}$$

Daraus folgt die Reynoldszahl, die sich über der Länge des Kapillarlochs nicht verändert:

$$Re = \frac{\rho w d}{\eta} = \frac{1}{64} \frac{d^3 \tilde{M}}{\eta^2 L} \frac{\left(p_i^2 - p_a^2\right)}{RT} \quad \rightarrow \quad Re = 1. \tag{5.60}$$

Damit liegen laminare Bedingungen vor, sodass sich die Leckagerate nach Gl. (5.53) berechnet:

$$Q = \frac{\pi}{256} \frac{d^4}{\eta L} \left(p_i^2 - p_a^2\right) \quad \rightarrow \quad \boxed{Q = 9{,}39 \cdot 10^{-4} \frac{\text{mbar} \cdot \text{L}}{\text{s}}}. \tag{5.61}$$

Die Anlage ist demgemäß nicht als gasdicht anzusehen.

5.4 Nikuradse Messungen: Vergleich der Höhe der Rauigkeitsspitzen mit der Dicke der laminaren Unterschicht[**]

▶ **Thema** Strömungswiderstand in Rohren

Nach den Messungen von Nikuradse [5] (s. Abb. Lb 5.6) weicht der Druckverlust eines Newton'schen Fluids in einem technisch rauen Rohr im turbulenten Zustand dann von dem des glatten Rohres ab, wenn die Rauigkeitsspitzen aus der laminaren Unterschicht herausragen.

Überprüfen Sie diese Tatsache am Beispiel der Kurve für $R/k = 126$ durch den Vergleich der Rauigkeitshöhe mit der Dicke der laminaren Unterschicht. Berechnen Sie dazu die Reynoldszahl, bei der die Grenzschichtdicke und die Rauigkeitstiefe übereinstimmen.

Annahmen:

1. Das Strömungsprofil ist voll ausgebildet.
2. Es handelt sich um eine quasi-stationäre turbulente zweidimensionale Grenzschicht-strömung mit vernachlässigbarem Druckgradienten.

Hinweis:

Der Widerstandsbeiwert des hydraulisch glatten Rohrs kann mit dem Blasius'schen Gesetz berechnet werden.

Lösung

Lösungsansatz:
Aufstellen einer Beziehung zwischen dem Widerstandsbeiwert und der Dicke der laminaren Unterschicht.

Lösungsweg:
Solange die Rauigkeitsspitzen vollständig in der laminaren Unterschicht liegen, ergibt sich der Widerstandsbeiwert des hydraulisch glatten Rohrs. Für die Dicke der laminaren Unterschicht gilt (s. Abschn. Lb 5.1.2):

$$\frac{w_\tau \delta}{\nu} \approx 5. \tag{5.62}$$

Dabei entspricht w_τ der Schubspannungsgeschwindigkeit nach Gl. (Lb 5.30):

$$w_\tau = \sqrt{\frac{\tau_w}{\rho}}. \tag{5.63}$$

Für die Schubspannung gilt nach dem Kräftegleichgewicht

$$F_{p_1} - F_{p_2} = \Delta p \frac{\pi}{4} D^2 = \zeta \frac{\rho}{2} \overline{w}^2 \frac{L}{D} \frac{\pi}{4} D^2 = F_\tau = \tau_w \pi D L \tag{5.64}$$

und somit:

$$\tau_w = \frac{1}{4} \zeta \frac{\rho}{2} \overline{w}^2. \tag{5.65}$$

Damit berechnet sich die Schubspannungsgeschwindigkeit mit Gl. (5.63)

$$w_\tau = \overline{w} \sqrt{\frac{1}{8} \zeta} \tag{5.66}$$

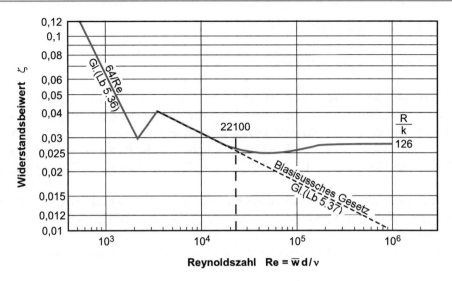

Abb. 5.3 Verlauf des Widerstandsbeiwerts für eine Rohrrauigkeit von $R/k = 126$ nach Nikuradse [5]

und dadurch die Dicke der laminaren Unterschicht mittels Gl. (5.62):

$$\frac{\overline{w}\delta}{\nu}\sqrt{\frac{1}{8}\zeta} \approx 5. \tag{5.67}$$

Zur Berechnung des Widerstandsbeiwerts ζ für hydraulisch glatte Rohre wird das Blasius'sche Gesetz (Gl. (Lb 5.37)) verwendet:

$$Re\frac{\delta}{2R}\sqrt{\frac{1}{8}(100Re)^{-1/4}} \approx 5. \tag{5.68}$$

Am Beispiel der Kurve für $R/k = 126$ und der Annahme, dass die Rauigkeitstiefe k gleich der Dicke der laminaren Unterschicht δ ist, wie dies an der Grenze der Einflussnahme der Rauigkeitsspitzen der Fall ist, ergibt sich eine Reynoldszahl von:

$$Re \approx \left(10 \cdot \sqrt{8 \cdot 100^{1/4}}\frac{R}{k}\right)^{8/7} \quad \rightarrow \quad \boxed{Re \approx 22.100}. \tag{5.69}$$

Dieser Wert stimmt nach Abb. 5.3 in etwa mit der Reynoldszahl überein, ab der sich der Kurvenverlauf für $R/k = 126$ von dem Kurvenverlauf für das hydraulisch glatte Rohr unterscheidet, weil die Rauigkeitsspitzen aus der laminaren Unterschicht herausragen.

5.5   Abfüllung von Olivenöl*

▶   **Thema** Strömungswiderstand in Rohren

Olivenöl soll durch eine 10 m lange horizontale Stahlrohrleitung (gereinigter Zustand) mit 3 cm Durchmesser von einem Kessel zur Flaschenabfüllung transportiert werden. Olivenöl besitzt eine Dichte von $890\,\text{kg}/\text{m}^3$ und eine kinematische Viskosität von $\nu = 1{,}1 \cdot 10^{-3}\,\text{m}^2/\text{s}$. Die mittlere Geschwindigkeit beträgt 0,55 m/s. In der Rohrleitung befinden sich zwei 90°-Krümmer ($\zeta_{\text{Krümmer}} = 1{,}2$) sowie ein Ventil ($\zeta_{\text{Ventil}} = 4{,}6$).

a) Bestimmen Sie die Anzahl der Flaschen á 0,7 L, die pro Stunde gefüllt werden können.

b) Berechnen Sie den Druckverlust in der Rohrleitung sowie die benötigte Pumpenleistung.

c) Ermitteln Sie die täglichen Kosten für den Betrieb der Pumpe, wenn eine Kilowattstunde 0,08 € kostet.

d) Bestimmen Sie den Leistungsbedarf bei einer Verdopplung der Abfüllkapazität.

Hinweis:

Der Wirkungsgrad der Pumpe kann vereinfachend mit 100 % angenommen werden.

Lösung

Lösungsansatz:
Nutzung der Druckverlustbeziehung und Berechnung der für die Aufrechterhaltung der Strömung erforderlichen Leistung.

Lösungsweg:
a) Die Bestimmung der Anzahl der Flaschen erfolgt aus dem Flaschenvolumen und dem Volumenstrom. Dieser entspricht dem Produkt aus der mittleren Fluidgeschwindigkeit und der Querschnittsfläche im Rohr und beträgt:

$$n_{\text{Flaschen}} = \frac{\dot{V}\,t}{V_{\text{Fasche}}} = \frac{\overline{w}\,\frac{\pi}{4}\,d^2\,t}{V_{\text{Flasche}}} \quad \rightarrow \quad \frac{n_{\text{Flaschen}}}{t} = \frac{\overline{w}\,\frac{\pi}{4}\,d^2}{V_{\text{Flasche}}}$$

$$\rightarrow \quad \boxed{\frac{n_{\text{Flaschen}}}{t} = 1999\,\frac{\text{Flaschen}}{\text{h}}}. \tag{5.70}$$

b) Der Druckverlust im Rohr berechnet sich nach Gl. (Lb 5.59):

$$\Delta p_{R_{\text{ges}}} = \sum_i \left(\zeta \frac{\rho}{2} \overline{w}^2 \frac{L}{d} \right)_i + \sum_j \left(\zeta_E \frac{\rho}{2} \overline{w}^2 \right)_j$$

$$= \zeta \frac{\rho}{2} \overline{w}^2 \frac{L}{d} + (2\zeta_{\text{Krümmer}} + \zeta_{\text{Ventil}}) \frac{\rho}{2} \overline{w}^2. \tag{5.71}$$

Der Widerstandsbeiwert ζ für die Einbauten ist bekannt, für den von der Rauigkeit des Rohres abhängigen rohreigenen Widerstandsbeiwert wird zunächst die Reynoldszahl des Fluids bestimmt:

$$Re = \frac{\overline{w} d}{\nu} \quad \rightarrow \quad Re = 15. \tag{5.72}$$

Da $Re < 2300$ liegt ein laminarer Strömungszustand vor, für den ζ nach Gl. (Lb 5.36) berechnet werden kann:

$$\zeta = \frac{64}{Re} \quad \rightarrow \quad \zeta = 4{,}27. \tag{5.73}$$

Mit Gl. (5.71) ergibt sich dann ein gesamter Druckverlust von:

$$\boxed{\Delta p_{R_{\text{ges}}} = 192.000 \, \text{Pa} = 1{,}92 \, \text{bar}}. \tag{5.74}$$

Für die Berechnung der Pumpenleistung wird ein Pumpenwirkungsgrad von 100 % angenommen. Daraus folgt die erforderliche Leistung:

$$P = F \overline{w} = \frac{F}{A} \dot{V} = \Delta p_{R_{\text{ges}}} \dot{V} \quad \rightarrow \quad \boxed{P = 74{,}8 \, \text{W}}. \tag{5.75}$$

c) Die pro Tag benötigte Energie berechnet sich aus der Leistung und der Arbeitszeit Δt pro Tag. Unter der Annahme, dass die Pumpe rund um die Uhr läuft, ergibt sich ein Energiebedarf pro Tag von:

$$E = P \Delta t = 6460 \, \text{kJ/d} = 1{,}80 \, \text{kWh/d}. \tag{5.76}$$

Die täglichen Kosten entsprechen dem Produkt aus den Kosten pro Energieeinheit k und dem täglichen Energiebedarf:

$$\text{Kosten} = kE \quad \rightarrow \quad \boxed{\text{Kosten} = 0{,}144 \, \frac{\text{€}}{\text{d}}}. \tag{5.77}$$

d) Aus der Berechnung der Pumpenleistung gemäß Gl. (5.75) folgt die nachstehende Proportionalität:

$$P = \Delta p_{R_{\text{ges}}} \dot{V} \propto \zeta \overline{w}^2 \overline{w}. \tag{5.78}$$

Die Bedeutung der Rohreinbauten kann vernachlässigt werden, da

$$\zeta \frac{L}{d} = 711 \gg 7 = \zeta_E. \tag{5.79}$$

Im Fall einer laminaren Rohrströmung ist der Widerstandsbeiwert umgekehrt proportional zur Reynoldszahl und damit zur mittleren Geschwindigkeit $\overline{w}$:

$$P \propto \frac{1}{\overline{w}} \overline{w}^2 \overline{w} \propto \overline{w}^2. \tag{5.80}$$

Eine Verdopplung der Abfüllkapazität entspricht einer Verdopplung des Volumenstromes. Mit der Annahme, dass die gleichen Anlagenkomponenten verwendet werden, verdoppelt sich bei konstantem Durchmesser die mittlere Fluidgeschwindigkeit $\overline{w}$, was zu einer Vervierfachung der benötigten Pumpleistung führt:

$$\boxed{P = 300{,}7\,\text{W}}. \tag{5.81}$$

5.6   Optimierung eines Rohrdurchmessers [2]**

▶   **Thema** Strömungswiderstand in Rohren

Bei langen Rohrleitungen – z. B. Überlandleitungen für Wasser, Dampf, Gas und Erdöl – ist eine Optimierung des Rohrdurchmessers von ökonomischer Bedeutung. Mit steigendem Durchmesser nehmen die Investitionskosten sowie die Instandhaltungskosten in etwa mit dem Rohrdurchmesser zu, während der Strömungswiderstand und damit die Betriebskosten abnehmen. Es wird also durch einen Mehraufwand an Investitionskosten beim Bau einer Rohrleitung eine Einsparung von Betriebskosten (Pumpenenergie) erreicht. Die Gesamtkosten müssen in Abhängigkeit vom Rohrdurchmesser ein Minimum aufweisen.

Durch eine 4 km lange horizontale Rohrleitung sollen in einer Stunde $6000\,\text{m}_N^3$ (m_N^3 = Norm-Kubikmeter; Bedingungen: $p = 1013\,\text{hPa}$, $T = 0\,°\text{C}$) Methan ($\tilde{M} = 16\,\text{g/mol}$) bei 20 °C Betriebstemperatur ($\eta = 0{,}0115\,\text{mPas}$) und einem Druck von 3 bar gefördert werden. Als Material wird gezogener Stahl (gereinigt) verwendet. Die Einzelwiderstände, hervorgerufen durch Rohrleitungseinbauten (Krümmer, Schieber etc.) sollen 10 % des Rohrreibungswiderstandes der geraden Rohrstrecke ausmachen. Der Gesamtwirkungsgrad der Fördereinrichtungen η_{el} (Gebläse und E-Motor) beträgt 50 %. Es handelt sich um eine isotherme und annähernd inkompressible Gasströmung ($\rho \approx$ konst.).

a) Ermitteln Sie den wirtschaftlich günstigsten Rohrleitungsdurchmesser D, wenn folgende Daten bekannt sind:

Spez. Kosten für die Elektroenergie (Strompreis): $k_E = 0,08 \,€/\text{kWh}$

Spez. jährliche Abschreibungskosten der Rohrleitung: $k_A = 51,13 \,€/(\text{a·m·m})$ (pro Jahr und Meter Rohrlänge und Meter Durchmesser)

Spez. jährliche Instandhaltungskosten: $k_I = 15,34 \,€/(\text{a·m·m})$

Hinweise:

1. Für die Optimierung kann von einer turbulenten Strömung in glatten Rohren ausgegangen werden, wobei der Widerstandsbeiwert mit dem Blasius'schen Gesetz (Gl. (Lb 5.37)) berechnet werden kann.
2. Ermitteln Sie die Abhängigkeit der jährlichen Gesamtkosten K_{ges} vom Rohrdurchmesser $K_{\text{ges}} = f(D)$ für 4 km Rohrlänge, die aus der Summe der Einzelkosten $K_{\text{ges}} = K_E + K_I + K_A$ resultiert.
3. Bei der Kostenermittlung ist mit 330 d/a (Arbeitstage/Jahr) und einer Betriebsdauer von 24 h/d zu rechnen.
4. Bei der Berechnung der Kosten für die Elektroenergie soll folgende Gleichung[1] zur Bestimmung der elektrischen Leistung verwendet werden:

$$P_{el} = \frac{\dot{V} \Delta p_{\text{ges}}}{\eta_{el}}. \tag{5.82}$$

5. Zur Bestimmung des Reibungsdruckverlusts kann das Blasius'sche Gesetz verwendet werden.
6. Die die Gesamtdruckdifferenz Δp_{ges} setzt sich aus dem Reibungsdruckverlust und dem Druckverlust durch Einbauten zusammen. Die Schätzung des Rohrdurchmessers liegt bei $D = 0,5 \,\text{m}$. Es stehen Rohre $D = 0,3; \, 0,5; \, 0,7 \,\text{m}$ zur Verfügung. Der Durchmesser, der dem errechneten am nächsten kommt, ist auszuwählen.

Nach der Ermittlung des günstigsten Rohrleitungsdurchmessers sind weiterhin zu bestimmen:

b) mittlere Strömungsgeschwindigkeit in der Rohrleitung,
c) Strömungsart,
d) Gesamtdruckverlust in der Rohrleitung (mit allen Anteilen) beim Nennvolumenstrom,
e) elektrische Verdichterleistung und
f) jährliche Gesamtkosten.

---

[1] Erläuterung zur Gleichung: $\eta_{\text{el}} = P_{\text{mech}}/P_{\text{el}}$, Wirkungsgrad mit $P_{\text{mech}} = \dot{V} \cdot \Delta p_{\text{ges}} \rightarrow P_{\text{el}} = \dot{V} \cdot \Delta p_{\text{ges}}/\eta_{\text{el}}$.

Lösung

Lösungsansatz:
Aufstellen der Beziehung zwischen Druckverlust und Durchmesser der Rohrleitung.

Lösungsweg:
a) Die Ermittlung des wirtschaftlich günstigsten Rohrleitungsdurchmessers erfolgt über die jährlichen Gesamtkosten des Rohrleitungssystems:

$$K_{\text{ges}} = K_E + K_I + K_A. \tag{5.83}$$

Die Energiekosten berechnen sich mit den jährlichen Betriebsstunden Δt gemäß:

$$K_E = k_E P_{el} \Delta t = k_E \frac{\dot{V} \Delta p_{\text{ges}}}{\eta_{el}} \Delta t. \tag{5.84}$$

Das Methan wird als ideales Gas behandelt, sodass sich der geförderte Betriebsvolumenstrom aus dem Normvolumenstrom und dem idealen Gasgesetz bestimmen lässt:

$$\dot{V}_B = \dot{V}_N \frac{T_B}{T_0} \frac{p_0}{p_B} = 0{,}604 \, \frac{\text{m}^3}{\text{s}}. \tag{5.85}$$

Der Druckverlust wird nach der Darcy-Weisbach-Gleichung (Lb 5.35) bestimmt, wobei der Druckverlust durch Einbauten mit 10 % angenommen wird:

$$\Delta p_{\text{ges}} = 1{,}1 \zeta \frac{\rho}{2} \overline{w}^2 \frac{L}{D}. \tag{5.86}$$

Die zur Berechnung des Druckverlusts benötigte mittlere Geschwindigkeit $\overline{w}$ des Fluids wird aus dem Volumenstrom und der Querschnittsfläche ermittelt, wobei der Durchmesser eine variable Größe darstellt:

$$\overline{w} = \frac{\dot{V}}{\frac{\pi}{4} D^2}. \tag{5.87}$$

Zur Bestimmung des Widerstandsbeiwertes ist die Kenntnis des Strömungszustandes und damit der Reynoldszahl erforderlich. Für deren Berechnung muss die Dichte des Fluids ermittelt werden:

$$\rho = \frac{\tilde{M}_{CH_4} p}{R T} = 1{,}97 \, \frac{\text{kg}}{\text{m}^3}, \tag{5.88}$$

$$Re = \frac{\overline{w} D}{\nu} = \frac{\dot{V} \rho}{\frac{\pi}{4} D \eta} \tag{5.89}$$

Mittels der Reynoldszahl kann der Widerstandsbeiwert ermittelt werden. Dazu wird das Blasius'sche Gesetz nach Gl. (Lb 5.37) als gültig für den betrachteten Bereich angenommen. Damit resultiert nach Gl. (5.86) für den Druckverlust in der Rohrleitung:

$$\Delta p_{\text{ges}} = 1{,}1 \, (100Re)^{-1/4} \frac{\rho}{2} \left(\frac{\dot{V}}{\frac{\pi}{4}D^2} \right)^2 \frac{L}{D}$$

$$= \frac{1{,}1}{100^{1/4}} \left(\frac{\frac{\pi}{4}D\eta}{\dot{V}\rho} \right)^{1/4} \frac{\rho}{2} \left(\frac{\dot{V}}{\frac{\pi}{4}D^2} \right)^2 \frac{L}{D}. \tag{5.90}$$

Nach dem Einsetzen von Gl. (5.89) in (5.90) besteht folgende Abhängigkeit zwischen dem Druckverlust und dem Durchmesser der Rohrleitung:

$$\Delta p_{\text{ges}} = \underbrace{\frac{1{,}1}{100^{1/4}} \cdot \frac{1}{2} \cdot \left(\frac{4}{\pi} \right)^{7/4} \rho^{3/4} \dot{V}^{7/4} \eta^{1/4} L}_{F_{\Delta p}} \cdot D^{-19/4} = \underbrace{42{,}5 \, \frac{\text{Pa}}{\text{m}^{-19/4}}}_{F_{\Delta p}} \cdot D^{-19/4}. \tag{5.91}$$

Anschließend wird der Einfluss des Druckverlustes auf die Kosten für die elektrische Energie ermittelt, indem Gln. (5.91) und (5.85) in (5.84) eingesetzt werden. Damit folgt eine Beziehung zwischen den Kosten für die elektrische Energie und dem Durchmesser der Rohrleitung:

$$K_E = \underbrace{k_E \frac{\dot{V} F_{\Delta p}}{\eta_{el}} 330 \frac{\text{d}}{\text{a}} 24 \frac{\text{h}}{\text{d}} 3600 \frac{\text{s}}{\text{h}}}_{F_{K_E}} \cdot D^{-19/4} = \underbrace{32{,}6 \, \frac{\text{\euro}}{\text{a}} \text{m}^{19/4}}_{F_{K_E}} \cdot D^{-19/4}. \tag{5.92}$$

Für die Abhängigkeit der Abschreibungs- und Investitionskosten vom Durchmesser der Rohrleitung gilt:

$$K_A + K_I = (k_A + k_I) \, L D = 312.000 \, \frac{\text{\euro}}{\text{a}} \text{m}^{-1} \cdot D. \tag{5.93}$$

Die Summe aus Gln. (5.92) und (5.93) ergibt eine Beziehung zwischen den jährlichen Gesamtkosten und dem Durchmesser der Rohrleitungen:

$$K_{\text{ges}} = 32{,}6 \, \frac{\text{\euro}}{\text{a}} \cdot \text{m}^{19/4} \cdot D^{-19/4} + 312.000 \frac{\text{\euro}}{\text{a}} \text{m}^{-1} \cdot D. \tag{5.94}$$

Diese Abhängigkeit ist in Abb. 5.4 dargestellt.

Zur Ermittlung des wirtschaftlich günstigsten Rohrleitungsdurchmessers wird das Minimum dieser Funktion gesucht, indem die Ableitung der Funktion nach dem Durchmesser zu Null gesetzt wird:

$$\frac{dK_{\text{ges}}}{dD} = -\frac{19}{4} 32{,}6 \, \frac{\text{\euro}}{\text{a}} \cdot \text{m}^{19/4} \cdot D^{-23/4} + 312.000 \, \frac{\text{\euro}}{\text{a}} \text{m}^{-1} = 0. \tag{5.95}$$

Abb. 5.4 Abhängigkeit der
jährlichen Gesamtkosten vom
Rohrdurchmesser

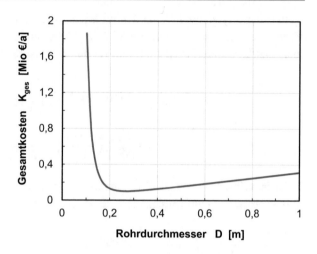

Diese Gleichung wird nach dem optimalen Durchmesser aufgelöst und ergibt ein Minimum bei:

$$D_{\text{opt}} = 0,266 \, \text{m}.\tag{5.96}$$

Der diesem Wert am nächsten kommende, verfügbare Rohrdurchmesser ist:

$$\boxed{D = 0,3 \, \text{m}}.\tag{5.97}$$

b) Die mittlere Strömungsgeschwindigkeit berechnet sich nach Gl. (5.87) und beträgt für den in Aufgabenteil a) ausgewählten Rohrdurchmesser:

$$\overline{w} = \frac{\dot{V}}{\frac{\pi}{4}D^2} \quad \rightarrow \quad \boxed{\overline{w} = 8,54 \, \frac{\text{m}}{\text{s}}}.\tag{5.98}$$

c) Der Strömungszustand ergibt sich aus der Reynoldszahl der Strömung:

$$Re = \frac{\overline{w}D\rho}{\eta} \quad \rightarrow \quad Re = 4,39 \cdot 10^5.\tag{5.99}$$

Da $Re > 2040$ liegt ein turbulenter Strömungszustand vor.

d) Der Gesamtdruckverlust in der Rohrleitung für den Nennvolumenstrom berechnet sich analog zu Gl. (5.86). Der Widerstandsbeiwert wird nun jedoch nicht über das Blasius'sche Gesetz, sondern über das Moody-Diagramm bestimmt, welches in Abb. Lb 5.8 dargestellt ist. Die Rauigkeitstiefe k beträgt für gereinigten gezogenen Stahl nach Tab. Lb 5.1 0,2 mm. Daraus resultiert eine bezogene Rauigkeit von:

$$k/D = 6{,}67 \cdot 10^{-4}. \tag{5.100}$$

Aus dem Moody-Diagramm ergibt sich mit der in Aufgabenteil c) berechneten Reynoldszahl ein Widerstandsbeiwert von etwa:

$$\zeta = 0{,}018. \tag{5.101}$$

Hieraus folgt für den Betriebsvolumenstrom der Druckverlust:

$$\Delta p_{ges} = 1{,}1 \zeta \frac{\rho}{2} \overline{w}^2 \frac{L}{D} \quad \rightarrow \quad \boxed{\Delta p_{ges} = 1{,}90 \cdot 10^4 \, \text{Pa}}. \tag{5.102}$$

Der Druckverlust unter den gleichen Bedingungen mit der Annahme eines glatten Rohres und der Gültigkeit des Blasius'schen Gesetzes, wie er in Aufgabenteil a) betrachtet wurde, beträgt etwa 70 % des mit Gl. (5.102) ermittelten Druckverlusts. Damit ist die Annahme eines glatten Rohres für die Optimierung nicht präzise, jedoch nach Gln. (5.92) und (5.93) von eher untergeordneter Bedeutung.

e) Da der Druckverlust weniger als 10 % des Betriebsdrucks ausmacht, kann der Effekt der Kompressibilität des Gases vernachlässigt werden. Die elektrische Verdichterleistung ergibt sich zu:

$$P_{el} = \frac{\dot{V} \Delta p_{ges}}{\eta_{el}} \quad \rightarrow \quad \boxed{P_{el} = 22{,}9 \, \text{kW}}. \tag{5.103}$$

f) Für die jährlichen Gesamtkosten berechnet sich nach Gl. (5.94) ein Betrag von:

$$K_{ges} = 32{,}6 \, \frac{€}{a} \cdot \text{m}^{19/4} \cdot D^{-19/4} + 312.000 \, \frac{€}{a} \text{m}^{-1} \cdot D$$

$$\rightarrow \quad \boxed{K_{ges} = 103.500 \, \frac{€}{a}}. \tag{5.104}$$

Unter Beachtung der Rauigkeit des Rohrmaterials betragen die jährlichen Gesamtkosten nach den Gln. (5.83), (5.84), (5.93) und (5.103):

$$K_{ges} = K_E + K_A + K_I = k_E 330 \, \frac{d}{a} 24 \, \frac{h}{d} 3600 \, \frac{s}{h} P_{el} + 312.000 \, \frac{€}{a} \text{m}^{-1} \cdot D$$

$$\rightarrow \quad \boxed{K_{ges} = 108.100 \, \frac{€}{a}}. \tag{5.105}$$

5.7   Leistungsverlust durch Abgaskatalysatoren[*]

▶   **Thema** Strömungswiderstand in Rohren

Autokatalysatoren bestehen aus keramischen Wabenkörpern als Katalysatorträger. Ein solcher Wabenkörper kann als Bündel quadratischer Kanäle betrachtet werden.

a) Berechnen Sie den Leistungsverlust, der durch den Einbau eines Abgas-Katalysators im Auto entsteht.
b) Diskutieren Sie, welche Vereinfachungen getroffen wurden, und wie sie das berechnete Ergebnis beeinflussen.

Gegeben:

Volumenstrom $\dot{V}$ $= 0{,}11\,\mathrm{m}^3/\mathrm{s}$

Dichte ρ $= 1{,}4\,\mathrm{kg}/\mathrm{m}^3$

kin. Viskosität ν $= 1{,}8 \cdot 10^{-5}\,\mathrm{m}^2/\mathrm{s}$

Kanalanzahl n $= 650$

Kanalbreite B $= 2\,\mathrm{mm}$

Kanallänge L $= 30\,\mathrm{cm}$

Rohrrauigkeit $k/d = 0{,}015$

Lösung

Lösungsansatz:
Berechnung des Druckverlusts in quadratischen Kanälen unter Verwendung des hydraulischen Durchmessers.

Lösungsweg:
a) Der durch den Autokatalysator entstehende Leistungsverlust wird durch den Druckverlust verursacht:

$$P = \dot{V}\,\Delta p_{\mathrm{ges}}. \tag{5.106}$$

Die Bestimmung des Druckverlustes erfolgt mit der Darcy-Weisbach-Gleichung (Lb 5.35)

$$\Delta p_{\mathrm{ges}} = \zeta \frac{\rho}{2}\overline{w}^2 \frac{L}{d_h}, \tag{5.107}$$

wobei der hydraulische Durchmesser d_h gemäß Gl. (Lb 5.41) verwendet wird:

$$d_h = 4\frac{\text{durchströmte Fläche}}{\text{benetzter Umfang}} = 4\frac{B^2}{4 \cdot B} \quad \rightarrow \quad d_h = B. \tag{5.108}$$

Die mittlere Geschwindigkeit, mit der das Fluid durch die Kanäle strömt, wird über den Volumenstrom und die Querschnittsfläche der Kanäle bestimmt. Dabei entspricht die Querschnittsfläche der Kanäle dem Produkt aus der Querschnittsfläche eines Kanals $A = B^2$ und der Anzahl der Kanäle n:

$$\overline{w} = \frac{\dot{V}}{nB^2} \quad \rightarrow \quad \overline{w} = 42{,}3 \, \frac{\text{m}}{\text{s}}. \tag{5.109}$$

Für die Ermittlung des Widerstandsbeiwertes wird das Moody-Diagramm (s. Abb. Lb 5.8) verwendet. Dazu ist die Kenntnis über den Strömungszustand und damit die Reynoldszahl notwendig, welche sich zu

$$Re = \frac{\overline{w}d_h}{\nu} = \frac{\dot{V}}{nB\nu} \quad \rightarrow \quad Re = 4701 \tag{5.110}$$

berechnet. Wegen $Re > 2040$ handelt es sich um eine turbulente Strömung. Aus dem Moody-Diagramm lässt sich unter diesen Bedingungen für die vorliegende Rohrrauigkeit ein Widerstandsbeiwert von

$$\zeta \approx 0{,}052 \tag{5.111}$$

ablesen. Nach Gl. (5.107) folgt für dieses System ein Druckverlust von:

$$\Delta p_{\text{ges}} = 9770 \, \text{Pa}. \tag{5.112}$$

Dies resultiert in einem Leistungsverlust von:

$$P = \dot{V} p_{\text{ges}} \quad \rightarrow \quad \boxed{P = 1075 \, \text{W}}. \tag{5.113}$$

b) In Aufgabenteil a) wird lediglich der Leistungsverlust zu Beginn der Arbeitszeit des Katalysators betrachtet, zu welchem sich noch keine Ablagerungen angelagert haben. Durch die Ablagerungen erhöht sich die Rohrrauigkeit, woraus bei gleicher mittlerer Geschwindigkeit erhöhte Widerstandsbeiwerte und somit höhere Druck- und Leistungsverluste resultieren. Zudem wird der Querschnitt der Wabenkörper als ideal angenommen. Abrundungen in den Ecken der quadratischen Kanäle führen zu einer kleineren Querschnittsfläche und einem kleineren hydraulischen Durchmesser. Dadurch vergrößern sich die mittlere Geschwindigkeit und die Reynoldszahl, was zwar zu einem leicht verminderten Widerstandsbeiwert aber letztendlich zu einer Erhöhung des Druck- und Leistungsverlustes führt. Weitere Vereinfachungen werden durch die Konstanz der Parameter getroffen, welche real durch Druck und Temperatur sowie Partikelkonzentrationen beeinflusst werden.

5.8 Druckverlust in einem Membranmodul*

▶ **Thema** Strömungen nicht-Newton'scher Flüssigkeiten

Für einen Membranbioreaktor soll die Crossflow-Pumpe dimensioniert werden. Das verwendete keramische Membranmodul weist eine Länge von 1 m und $N = 19$ parallele, zylindrische Kanäle mit jeweils 3,3 mm Innendurchmesser ($k/d = 0{,}05$) auf. Zur Aufrechterhaltung einer zum Deckschichtabtrag ausreichend hohen Scherspannung soll die mittlere Geschwindigkeit mindestens 1,2 m/s betragen. Die Geschwindigkeitsverringerung entlang eines Kanals aufgrund des Permeatabzugs sei vernachlässigbar ($\dot{V}_{\text{Feed}} \gg \dot{V}_{\text{Permeat}}$). Zu Beginn des Prozesses liegt wässriges Nährmedium ($\rho = 10^3$ kg/m³, $\nu = 10^{-6}$ m²s⁻¹) vor. Im weiteren Verlauf verändert sich durch Biomassewachstum das rheologische Verhalten der Suspension ($k_{\text{end}} = 110$ mPa·s^{0,6}, $n_{\text{end}} = 0{,}6$), die Dichte kann allerdings noch annähernd als Wasserdichte angesehen werden.

a) Berechnen Sie den Druckverlust im Membranmodul zu Beginn und am Ende des Prozesses.
b) Bestimmen Sie die Förderleistung der Pumpe.
c) Ermitteln Sie die mittlere Geschwindigkeit, die nicht unterschritten werden darf, damit eine zur Deckschichtabtragung mindestens notwendige Scherspannung $\tau_{\min}$ von 7 N/m² sichergestellt ist.

Lösung

Lösungsansatz:
Aufstellen der Beziehung für den Druckverlust in einem einzelnen Kanal und im gesamten Membranmodul.

Lösungsweg:
a) Der in einem Kanal des Membranmodules entstehende Druckverlust berechnet sich nach Gl. (Lb 5.35). Da die Kanäle im Modul parallel betrieben werden, entspricht dies auch dem Gesamtdruckverlust des Moduls:

$$\Delta p_{\text{Kanal}} = \Delta p_{\text{Membran}} = \zeta \frac{\rho}{2} \overline{w}^2 \frac{L}{d}. \tag{5.114}$$

Zur Berechnung des Druckverlustes ist die Kenntnis über den Widerstandsbeiwert erforderlich, wofür die Reynoldszahl benötigt wird. Zu Beginn des Prozesses liegt eine Reynoldszahl von

$$Re_{\text{anf}} = \frac{\overline{w}d}{\nu} \quad \rightarrow \quad Re_{\text{anf}} = 3960 \tag{5.115}$$

vor. Mit Hilfe des Moody-Diagramms (s. Abb. Lb 5.8) kann nun für die passende k/d-Kurve der Widerstandsbeiwert abgelesen werden:

$$\zeta_{\text{anf}} = 0{,}075. \tag{5.116}$$

Zu Beginn ergibt sich für einen Kanal und somit auch das gesamte Modul ein Druckverlust von:

$$\boxed{\Delta p_{\text{anf}} = 1{,}64 \cdot 10^4 \, \text{Pa}}. \tag{5.117}$$

Am Ende des Prozesses kann das rheologische Verhalten des Fluids aufgrund des Biomassewachstums nicht mehr als dasjenige eines Newton'sches Fluid angenommen werden. Damit erfolgt die Berechnung der Reynoldszahl nach Gl. (Lb 5.55):

$$Re_{n-N_{\text{end}}} = \frac{\overline{w}^{(2-n)} d^n \rho}{k \left(\frac{1+3n}{4n}\right)^n 8^{n-1}} \quad \rightarrow \quad Re_{n-N_{\text{end}}} = 796. \tag{5.118}$$

Wegen $Re < 2040$ handelt es sich um eine laminare Strömung, für die der Widerstandsbeiwert nach Gl. (Lb 5.51) bestimmt werden kann:

$$\zeta_{n-N} = \frac{64}{Re_{n-N_{\text{end}}}} \quad \rightarrow \quad \zeta_{n-N} = 0{,}0804. \tag{5.119}$$

Zum Ende des Prozesses ergibt sich für einen Kanal und somit das Gesamtmodul ein Druckverlust von:

$$\boxed{\Delta p_{\text{end}} = 1{,}75 \cdot 10^4 \, \text{Pa}}. \tag{5.120}$$

b) Die Förderleistung der Pumpe berechnet sich nach:

$$P = \dot{V} \Delta p. \tag{5.121}$$

Für das Membranmodul wird der Volumenstrom als Produkt aus der Anzahl der Kanäle, der mittleren Geschwindigkeit und der Querschnittsfläche eines Kanales bestimmt:

$$\dot{V} = \overline{w} A N. \tag{5.122}$$

Für die maximale Pumpenleistung ist der höchste auftretende Druckverlust einzusetzen, um über den gesamten Prozessablauf eine Förderung zu ermöglichen:

$$P = \overline{w} A N \Delta p_{\text{end}} \quad \rightarrow \quad \boxed{P = 3{,}42 \, \text{W}}. \tag{5.123}$$

c) Die zur Deckschichtabtragung unter Einhaltung der Mindestschubspannung notwendige mittlere Geschwindigkeit berechnet sich nach Gl. (Lb 5.47):

$$\overline{w} = \frac{(|\tau_{\min}| / k)^{1/n} \, R}{3 + 1/n}.$$

(5.124)

Daraus folgt für den Fall des nicht-Newton'schen Fluids

$$\boxed{\overline{w}_{n-N} = 0{,}359 \, \frac{\mathrm{m}}{\mathrm{s}}}$$

(5.125)

und für die Newton'sche Flüssigkeit ($k = \eta$ und $n = 1$):

$$\boxed{\overline{w}_N = 2{,}89 \, \frac{\mathrm{m}}{\mathrm{s}}}.$$

(5.126)

Für das Newton'sche Fluid muss aufgrund der geringeren Viskosität eine Lehrrohrgeschwindigkeit aufgeprägt werden, die annähernd um eine Größenordnung höher liegt.

5.9 Kontinuierliche Sterilisierung eines Nährmediums[*]

▶ **Thema** Konvektiver Wärmeübergang

Für eine kontinuierliche Fermentation soll das mit 50 L/h und einer Temperatur von 70 °C zulaufende Nährmedium kontinuierlich sterilisiert werden. Hierzu muss das Medium auf eine Temperatur von 121 °C erhitzt werden. Es soll ein Doppelmantelrohr mit einem Innendurchmesser von 2 cm eingesetzt werden. Die Beheizung erfolgt durch die Zufuhr von Hochdruckdampf der Druckstufe 16 bar in den Mantelraum. Diese Beheizung führt über der gesamten Rohrlänge zu einer konstanten Temperatur auf der Innenseite des Rohres von $\vartheta_0 = 200\,°\mathrm{C}$.

Berechnen Sie die erforderliche Länge der Heizstrecke.

Gegeben (Stoffdaten des Nährmediums bei der mittleren Temperatur):

Dichte	$\rho = 1000\,\mathrm{kg/m^3}$
kinematische Viskosität	$\nu = 2 \cdot 10^{-6}\,\mathrm{m^2/s}$
Spezifische Wärmekapazität	$c_p = 4{,}22\,\mathrm{kJ/(kg \cdot K)}$
Wärmeleitfähigkeit	$\lambda = 0{,}6\,\mathrm{W/(m \cdot K)}$

Lösung

Lösungsansatz:
Aufstellung der Energiebilanz und iterative Bestimmung des Wärmeübergangskoeffizienten unter Nutzung von Gl. (Lb 5.87) zur Berechnung der Nußeltzahl.

Lösungsweg:
Der zu übertragende Wärmestrom folgt zum einen aus einer integralen Energiebilanz über das gesamte Heizrohr

$$\dot{Q}_{W\ddot{U}} = \dot{Q}_\omega - \dot{Q}_\alpha = \dot{V}_{\text{Medium}}\rho c_p \left(\vartheta_\omega - \vartheta_\alpha\right), \tag{5.127}$$

zum anderen gilt für den konvektiven Wärmestrom (analog zu Gl. (Lb 5.77)):

$$\dot{Q}_{W\ddot{U}} = \alpha A \Delta\vartheta_{ln} = \alpha\pi dL \frac{\vartheta_\omega - \vartheta_\alpha}{\ln\frac{\vartheta_0-\vartheta_\alpha}{\vartheta_0-\vartheta_\omega}}. \tag{5.128}$$

Durch Gleichsetzen dieser beiden Gleichungen und Auflösen nach der Länge L folgt:

$$L = \frac{\dot{V}_{\text{Medium}}\rho c_p}{\alpha\pi d} \ln\frac{\vartheta_0 - \vartheta_\alpha}{\vartheta_0 - \vartheta_\omega}. \tag{5.129}$$

Zur Berechnung der Länge muss der Wärmeübergangskoeffizient bestimmt werden. Hierzu muss zunächst der Strömungszustand durch die Reynoldszahl ermittelt werden:

$$Re = \frac{wd}{\nu} = \frac{\frac{\dot{V}_{\text{Medium}}}{A}d}{\nu} \quad \rightarrow \quad Re = 442. \tag{5.130}$$

Für die vorliegende laminare Strömung kann der Wärmeübergangskoeffizient mit Gl. (Lb 5.87) berechnet werden:

$$Nu = \frac{\alpha d}{\lambda} = 3{,}66 + \frac{0{,}188\left(RePr\frac{d}{L}\right)^{0{,}80}}{1 + 0{,}117\left(RePr\frac{d}{L}\right)^{0{,}467}}. \tag{5.131}$$

Allerdings hängt der Wärmeübergangskoeffizient von der Länge ab, sodass eine iterative Berechnung der Länge erforderlich ist. Die Anwendung der Zielwertsuche in Excel führt zu folgender Rohrlänge:

$$\boxed{L = 2{,}53\,\text{m}}. \tag{5.132}$$

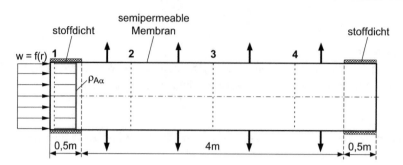

Abb. 5.5 Semipermeable Rohrmembran

5.10 Stoffdurchgang in einer Rohrmembran*

▶ **Thema** Konvektiver Stoffübergang

Über eine semipermeable Rohrmembran (s. Abb. 5.5) soll einem einphasigen flüssigen Zweikomponentengemisch ($D_{AB} = 10^{-7}\,\text{m}^2/\text{s}$, $\nu = 2 \cdot 10^{-6}\,\text{m}^2/\text{s}$) die Komponente A entzogen werden. Durch das Rohr ($d = 5\,\text{mm}$) fließt ein Volumenstrom von $15\,\text{cm}^3/\text{s}$. Die Eintrittskonzentration beträgt $\rho_{A\alpha} = 0{,}3\,\text{kg/m}^3$, die Wandkonzentration liegt bei konstant $\rho_{A0} = 0{,}01\,\text{kg/m}^3$. Vor der Rohrmembran ist eine 0,5 m lange, stoffdichte Einlaufstrecke installiert.

a) Ermitteln Sie die Strömungsform und klären Sie, ob die Strömung nach dem ersten halben Meter der Rohrleitung ausgebildet ist.

b) Bestimmen Sie für den Rohrabschnitt mit der Membran den mittleren Stoffübergangskoeffizienten.

c) Berechnen Sie die Anzahl der Rohre dieser Art, die benötigt werden, um pro Stunde 3 kg von Stoff A abzutrennen.

Hinweis:

Die mittlere Konzentration kann aus Abb. Lb 5.20 unter der Annahme, dass der Fall einer unendlich schnellen Reaktion quantitativ mit dem Fall rein physikalischer Absorption übereinstimmt, ermittelt werden.

d) Skizzieren Sie die radialen Konzentrationsprofile qualitativ an den Positionen 2 bis 4. Zeichnen Sie zusätzlich den Endzustand bei einer unendlich langen Membran ein. Markieren Sie die Wandkonzentration und die mittlere Konzentration an allen Positionen.

Lösung

Lösungsansatz:
Bestimmung des übergehenden Massenstroms mittels des Stoffübergangskoeffizienten und einer über der Länge variierenden treibenden Konzentrationsdifferenz zwischen Wand und Fluid.

Lösungsweg:
a) Zur Bestimmung der Strömungsform wird die Reynoldszahl nach Gl. (Lb 5.68) ermittelt:

$$Re = \frac{\overline{w}d}{\nu}. \tag{5.133}$$

Die benötigte mittlere Fluidgeschwindigkeit berechnet sich aus dem Volumenstrom und der Querschnittsfläche:

$$\overline{w} = \frac{\dot{V}}{\frac{\pi}{4}d^2} \quad \rightarrow \quad \overline{w} = 0{,}764\,\frac{m}{s}. \tag{5.134}$$

Damit ergibt sich eine Reynoldszahl von:

$$Re = 1910. \tag{5.135}$$

Mit $Re < 2040$ handelt es sich um eine laminare Strömung. Die fluiddynamische Einlauflänge für das betrachtete System berechnet sich nach Gl. (Lb 5.40):

$$z_{\text{ein}} \approx 0{,}058 Re \cdot d \quad \rightarrow \quad \boxed{z_{\text{ein}} \approx 0{,}554\,m} \tag{5.136}$$

und ist damit etwas länger als die stoffdichte Einlaufstrecke.

b) Der mittlere Stoffübergangskoeffizient lässt sich über die Sherwoodzahl (Gl. (Lb 5.81)) ermitteln, welche über die Korrelation nach Gl. (Lb 5.87) für das betrachtete System bestimmt werden kann:

$$Sh = 3{,}66 + \frac{0{,}188 z^{*-0{,}8}}{1 + 0{,}117 z^{*-0{,}467}}. \tag{5.137}$$

Die dafür benötigte dimensionslose Einlaufkennzahl z^* berechnet sich nach Gl. (Lb 5.70) und nimmt unter Verwendung der Schmidtzahl einen Wert von

$$z^* = \frac{L/d}{ReSc} \quad \rightarrow \quad z^* = 0{,}0209 \tag{5.138}$$

an. Mit Gl. (5.137) ergibt sich eine Sherwoodzahl von:

$$Sh = 6{,}08. \tag{5.139}$$

Hieraus folgt der mittlere Stoffübergangskoeffizient für das betrachtete System:

$$\beta = \frac{Sh\,D_{AB}}{d} \quad \rightarrow \quad \boxed{\beta = 1{,}22 \cdot 10^{-4}\,\frac{\mathrm{m}}{\mathrm{s}}}. \tag{5.140}$$

c) Die Anzahl der Rohre entspricht dem Verhältnis des gesamten abzutrennenden Massenstroms der Komponente A zum abgetrennten Massenstrom durch ein Rohr:

$$n = \frac{\dot{M}_{A_{\mathrm{ges}}}}{\dot{M}_{A_{\mathrm{Rohr}}}}. \tag{5.141}$$

Der durch ein Rohr absorbierte Massenstrom berechnet sich nach Gl. (Lb 5.77), wobei die Konzentrationsdifferenz aufgrund der Änderung der Konzentration der Komponente A im Fluid über die Lauflänge z durch eine logarithmische Konzentrationsdifferenz ausgedrückt wird:

$$\dot{M}_{A_{\mathrm{Rohr}}} = \beta A \Delta\rho_{A_{ln}}. \tag{5.142}$$

Die zur Absorption zur Verfügung stehende Fläche entspricht in dem betrachteten System der Mantelfläche der semipermeablen Membran:

$$A = \pi d L \quad \rightarrow \quad A = 0{,}0628\,\mathrm{m}^2. \tag{5.143}$$

Zur Berechnung der logarithmischen Konzentrationsdifferenz

$$\Delta\rho_{A_{ln}} = \frac{(\rho_{A\alpha} - \rho_{A0}) - (\overline{\rho}_A - \rho_{A0})}{\ln\left(\frac{\rho_{A\alpha} - \rho_{A0}}{\overline{\rho}_A - \rho_{A0}}\right)} \tag{5.144}$$

bedarf es der Kenntnis der mittleren Konzentration der Komponente A im Fluid, für die laut dem Hinweis eine Übereinstimmung mit dem Fall unendlich schneller Reaktion angenommen werden kann. Die unendlich schnelle Reaktion entspricht dem Fall $Da_w \rightarrow \infty$. Aus Abb. Lb 5.20 ergibt sich mit dieser Annahme ein Verhältnis zwischen der mittleren und der Eintrittskonzentration der Komponente A von etwa:

$$\frac{\overline{\rho}_A}{\rho_{A\alpha}} = 0{,}6. \tag{5.145}$$

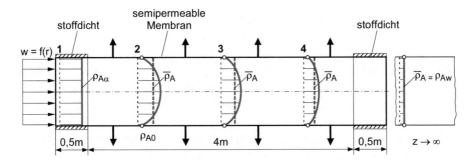

Abb. 5.6 Skizze der Konzentrationsprofile der Komponente A im Rohr in vier verschiedenen Rohrabschnitten

Daraus resultiert eine mittlere Konzentration der Komponente A von

$$\bar{\rho}_A = 0{,}18 \, \frac{\text{kg}}{\text{m}^3} \tag{5.146}$$

und eine logarithmische Konzentrationsdifferenz der Komponente A von:

$$\Delta\rho_{A_{ln}} = 0{,}225 \, \frac{\text{kg}}{\text{m}^3}. \tag{5.147}$$

Der durch ein Rohr übergehende Massenstrom der Komponente A an das Fluid nimmt einen Wert von

$$\dot{M}_{A_{\text{Rohr}}} = 7{,}01 \cdot 10^{-3} \frac{\text{kg}}{\text{h}} \tag{5.148}$$

an. Für einen zu absorbierenden Massenstrom von 3 kg/h ergibt sich damit eine Rohranzahl von:

$$n = \frac{\dot{M}_{A_{\text{ges}}}}{\dot{M}_{A_{\text{Rohr}}}} \quad \rightarrow \quad \boxed{n = 428}. \tag{5.149}$$

d) Eine Skizze der radialen Konzentrationsprofile der Komponente A bei verschiedenen Rohrlängen ist in Abb. 5.6 dargestellt.

5.11 Luftbefeuchtung [6]**

▶   **Thema** Konvektiver Stoffübergang

Die Innenseite eines vertikalen Rohres wird von oben mit Wasser berieselt, sodass sich an der Rohrwand ein gleichmäßig abfließender Wasserfilm ausbildet. Luft von 20 °C und

1 bar ($\rho = 1,19\,\text{kg/m}^3$, $\eta = 1,8 \cdot 10^{-5}\,\text{kg/(m·s)}$) durchströmt das Rohr mit einer mittleren Geschwindigkeit $\overline{w}$ von $2\,\text{m/s}$. Der Luft steht ein kreisförmiger Durchflussquerschnitt mit einem Durchmesser $d = 15\,\text{mm}$ zur Verfügung. An der Stelle z_1 40 mm nach Eintritt in das Rohr beträgt die relative Luftfeuchtigkeit $\varphi_1 = p_D/p_{SW} = 0,1$ (p_D: Partialdruck des Wassers in der Luft, p_{SW}: Sättigungsdampfdruck des Wassers). Der Sättigungsdampfdruck des Wassers p_{SW} bei 20 °C beträgt 2330 Pa, das Molekulargewicht 18 g/mol.

a) Berechnen Sie den Massenfluss an Wasserdampf der 40 mm hinter dem Rohreintritt in die Luft übergeht, wenn der Diffusionskoeffizient von Wasserdampf in Luft $D_{\text{H}_2\text{O/Luft}} = 2,78 \cdot 10^{-5}\,\text{m}^2/\text{s}$ und die Wassertemperatur ebenfalls 20 °C beträgt.
b) Bestimmen Sie die Luftfeuchtigkeit φ_ω, die sich am Ende eines 1 m langen Rohres ergibt, wenn die relative Eintrittsfeuchte φ_α 0,1 beträgt und das Wasser konstant auf 20 °C bleibt.

Annahmen:

1. Die feuchte Luft kann als ideales Gas behandelt werden.
2. Für die vorliegenden Werte der Einlaufkennzahl seien der lokale und der mittlere Stoffübergangskoeffizient in etwa gleich.

Lösung

Lösungsansatz:
Aufstellen einer integralen Massenbilanz für die übergehende Komponente zur Bestimmung der Luftfeuchtigkeit nach einer definierten Länge. Für die Berechnung der Austrittsluftfeuchtigkeit wird eine iterative Lösung benötigt.

Lösungsweg:
a) Der an die Luft übergehende Massenfluss an Wasserdampf berechnet sich nach Gl. (Lb 5.77):

$$\dot{m}_{\text{H}_2\text{O}} = \beta \Delta \rho_{\text{H}_2\text{O}}. \tag{5.150}$$

Die Bestimmung des mittleren Stoffübergangskoeffizienten erfolgt über die Sherwoodzahl und eine dem System entsprechende Korrelation. Für die Auswahl einer Korrelation ist die Kenntnis des Strömungszustands und damit der Reynoldszahl des Fluids notwendig. Diese berechnet sich nach Gl. (Lb 5.68):

$$Re = \frac{wd\rho}{\eta} \quad \rightarrow \quad Re = 1983. \tag{5.151}$$

Mit $Re < 2040$ handelt es sich um eine laminare Strömung. Als Korrelation zur Berechnung des Stoffübergangs wird Gl. (Lb 5.87) verwendet:

$$Sh = 3{,}66 + \frac{0{,}188 \left(ReSc\frac{d}{z}\right)^{0{,}8}}{1 + 0{,}117 \left(ReSc\frac{d}{z}\right)^{0{,}467}}. \tag{5.152}$$

Zur Bestimmung der Sherwoodzahl wird die Schmidtzahl benötigt:

$$Sc = \frac{\nu}{D_{AB}} \quad \rightarrow \quad Sc = 0{,}544. \tag{5.153}$$

Damit ergibt sich eine Sherwoodzahl von

$$Sh\,(z_1 = 0{,}04\,\mathrm{m}) = 11{,}5, \tag{5.154}$$

was zu einem mittleren und gemäß Annahme auch lokalen Stoffübergangskoeffizienten von

$$\beta(z_1) = \frac{Sh(z_1)\,D_{\mathrm{H_2O/Luft}}}{d} \quad \rightarrow \quad \beta(z_1) = 0{,}0213\,\frac{\mathrm{m}}{\mathrm{s}} \tag{5.155}$$

führt. Für die Berechnung des flächenspezifischen Massenstromes wird die Konzentrationsdifferenz benötigt. Diese entspricht der Differenz aus der am Rieselfilm vorherrschenden Sättigungskonzentration und der Dampfkonzentration in die Luft. Der Partialdruck des Dampfes in der Luft wird über die Luftfeuchtigkeit berechnet. Mit der Annahme, dass die feuchte Luft als ideales Gas betrachtet werden kann, werden die Konzentrationen über die ideale Gasgleichung durch den Partialdruck ausgerückt:

$$\dot{m}_{\mathrm{H_2O}} = \beta(z_1)\Delta\rho = \beta_1 \left(\rho_{SW} - \rho_D\right) = \beta(z_1) p_{SW} \left(1 - \varphi_1\right) \frac{\tilde{M}_{\mathrm{H_2O}}}{RT}$$

$$\rightarrow \quad \boxed{\dot{m}_{\mathrm{H_2O}} = 3{,}29 \cdot 10^{-4}\,\frac{\mathrm{kg}}{\mathrm{m^2\,s}}}. \tag{5.156}$$

b) Zur Berechnung der am Ende des Rohres vorliegenden Luftfeuchtigkeit wird eine integrale Massenbilanz der übergehenden Komponente in der Gasphase aufgestellt:

$$\frac{dM_{\mathrm{H_2O}}}{dt} = 0 = \dot{M}_{\mathrm{H_2O}_\alpha} - \dot{M}_{\mathrm{H_2O}_\omega} + \dot{M}_{\mathrm{H_2O}_{S\ddot{U}}}. \tag{5.157}$$

Dabei wird ein stationärer Vorgang angenommen, sodass sich die Gleichung umstellen lässt zu:

$$\dot{M}_{\mathrm{H_2O}_{S\ddot{U}}} = \dot{M}_{\mathrm{H_2O}_\omega} - \dot{M}_{\mathrm{H_2O}_\alpha} = \dot{V}\Delta\rho_{\mathrm{H_2O}}$$

$$\rightarrow \quad \dot{M}_{\mathrm{H_2O}_{S\ddot{U}}} = \dot{V} \left(\varphi_\omega - \varphi_\alpha\right) \frac{p_{SW}\tilde{M}_{\mathrm{H_2O}}}{RT}. \tag{5.158}$$

Bei dieser Formulierung wurde analog zu Aufgabenteil a) die feuchte Luft als ideales Gas angenommen. Hieraus resultiert für die Luftfeuchtigkeit am Ende des Rohres folgende Beziehung:

$$\varphi_\omega = \varphi_\alpha + \frac{\dot{M}_{H_2O_{S\emptyset}} R T}{\dot{V} p_{SW} \tilde{M}_{H_2O}}. \tag{5.159}$$

Der durchströmende Volumenstrom ergibt sich aus der mittleren Geschwindigkeit der Luft, wobei die Geschwindigkeit des Rieselfilms vernachlässigt wird und der Querschnittsfläche des Durchflusses:

$$\dot{V} = \overline{w} A_{\text{quer}} \quad \rightarrow \quad \dot{V} = 3{,}53 \cdot 10^{-4} \, \frac{\text{m}^3}{\text{s}}. \tag{5.160}$$

Der übergehende Massenstrom berechnet sich nach Gl. (Lb 5.77)

$$\dot{M}_{H_2O_{S\emptyset}} = \beta(L) A_M \Delta \rho_{H_2O_{ln}} = \beta(L) \pi d L \Delta \rho_{H_2O_{ln}}, \tag{5.161}$$

wobei für die Konzentrationsdifferenz zwischen Rieselfilmoberfläche und Luft die logarithmische Konzentrationsdifferenz (Gl. (Lb 5.82))

$$\Delta \rho_{H_2O_{ln}} = \frac{\left(\rho_{H_2O_S} - \rho_{H_2O_\alpha}\right) - \left(\rho_{H_2O_S} - \rho_{H_2O_\omega}\right)}{\ln\left(\frac{\rho_{H_2O_S} - \rho_{H_2O_\alpha}}{\rho_{H_2O_S} - \rho_{H_2O_\omega}}\right)} \tag{5.162}$$

einzusetzen ist. Durch Anwendung des idealen Gasgesetzes gilt für die logarithmische Konzentrationsdifferenz:

$$\Delta \rho_{H_2O_{ln}} = \frac{\tilde{M}_{H_2O}}{RT} \frac{(p_{D_\omega} - p_{D_\alpha})}{\ln\left(\frac{p_{SW} - p_{D_\alpha}}{p_{SW} - p_{D_\omega}}\right)} = \frac{\tilde{M}_{H_2O}}{RT} p_{SW} \frac{(\varphi_\omega - \varphi_\alpha)}{\ln\left(\frac{1 - \varphi_\alpha}{1 - \varphi_\omega}\right)}. \tag{5.163}$$

Der mittlere Stoffübergangskoeffizient berechnet sich analog zu Aufgabenteil a) mit der Korrelation

$$Sh(L) = 3{,}66 + \frac{0{,}188 \left(ReSc\frac{d}{L}\right)^{0,8}}{1 + 0{,}117 \left(ReSc\frac{d}{L}\right)^{0,467}} \quad \rightarrow \quad Sh(L) = 4{,}88, \tag{5.164}$$

wodurch sich der mittlere Stoffübergangskoeffizient ergibt:

$$\beta(L) = \frac{Sh_L D_{H_2O/\text{Luft}}}{d} \quad \rightarrow \quad \beta(L) = 9{,}04 \cdot 10^{-3} \, \frac{\text{m}}{\text{s}}. \tag{5.165}$$

Damit folgt gemäß Gl. (5.159) für die Luftfeuchtigkeit am Ende des Rohres die Beziehung:

$$\varphi_\omega = \varphi_\alpha + \frac{\beta(L)\pi dLRT}{\overline{w}\frac{\pi}{4}d^2\,p_{SW}\tilde{M}_{H_2O}}\frac{\tilde{M}_{H_2O}}{RT}\,p_{SW}\frac{(\varphi_\omega - \varphi_\alpha)}{\ln\left(\frac{1-\varphi_\alpha}{1-\varphi_\omega}\right)}$$

$$\rightarrow \quad \varphi_\omega = \varphi_\alpha + \frac{\beta(L)\pi dL}{\overline{w}\frac{\pi}{4}d^2}\frac{(\varphi_\omega - \varphi_\alpha)}{\ln\left(\frac{1-\varphi_\alpha}{1-\varphi_\omega}\right)}. \tag{5.166}$$

Die Gleichung wird iterativ beispielsweise mit der Zielwertsuche in Excel gelöst. Hieraus ergibt sich eine Luftfeuchtigkeit von:

$$\boxed{\varphi_\omega = 0{,}731}. \tag{5.167}$$

5.12   Wärmedurchgang in einem Doppelmantelrohr [3]***

▶   **Thema**   Konvektiver Wärmeübergang

Ein Wasservolumenstrom von $1\,\text{m}^3/\text{h}$ soll von $20\,°\text{C}$ auf $50\,°\text{C}$ durch Wärmeaustausch in einem zylindrischen Doppelmantelrohr entsprechend Abb. 5.7 erwärmt werden, wobei sich das Heizmedium von $60\,°\text{C}$ auf $32\,°\text{C}$ abkühlt. Das kalte Wasser fließt im Innenrohr, im Gegenstrom dazu strömt das heiße Wasser im Ringraum.

a) Berechnen Sie den zu wählenden Durchmesser und die Rohrlänge. Hierbei sollen ausschließlich genormte Rohre aus Stahl in Betracht kommen. Für die Innenrohre sollen Innendurchmesser d_i von 2, 5, 10 und 20 cm, jeweils mit einer Wandstärke von $s = 3\,\text{mm}$ untersucht werden, für die nach außen vollständig isolierten Außenrohre Innendurchmesser d_a von 10, 20, 25 und 30 cm.

b) Bestimmen Sie den Druckverlust bei der Durchströmung des Innenrohrs sowie des Mantelraums. Dabei ist von hydraulisch glatten Rohren und der Gültigkeit des Blasius'schen Gesetzes (Gl. (Lb 5.37)) auszugehen.

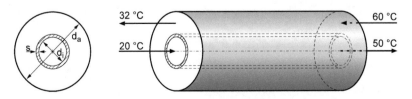

Abb. 5.7   Führung der Flüssigkeitsströme in einem Doppelmantelrohr

Gegeben:

Wärmeleitfähigkeit Stahl $\lambda_{\text{Stahl}} = 15\,\text{W}/(\text{m}\cdot\text{K})$

Mittlere Stoffdaten des Wassers

Dichte $\rho_{\text{H}_2\text{O}} = 1000\,\text{kg}/\text{m}^3$
Spez. Wärmekapazität $c_{p\text{H}_2\text{O}} = 4{,}18\,\text{kJ}/(\text{kg}\cdot\text{K})$
Kinematische Viskosität $\nu_{\text{H}_2\text{O}} = 10^{-6}\,\text{m}^2/\text{s}$
Wärmeleitfähigkeit $\lambda_{\text{H}_2\text{O}} = 0{,}62\,\text{W}/(\text{m}\cdot\text{K})$

Hinweise:

1. Zur Berechnung der Wärmeübergangskoeffizienten können folgende Korrelationen zur Berechnung der Nußeltzahlen verwendet werden:

$$Nu_{\text{Innenrohr}_{\text{turbulent}}} = 0{,}0235Re^{0,8}Pr^{0,48}\left(1 + \frac{d}{L}\right)^{2/3}, \qquad (5.168)$$

$$Nu_{\text{Ringraum}_{\text{turbulent}}} = 0{,}86\left(\frac{d_a}{d_i}\right)^{0,16} Nu_{\text{Innenrohr}_{\text{turbulent}}}, \qquad (5.169)$$

wobei d_h der hydraulische Durchmesser ist, welcher auch zur Berechnung der Reynoldszahl im Ringraum einzusetzen ist.
2. Um einen hohen Wärmedurchgang zu gewährleisten, sollen nur jene Rohrdurchmesser ausgewählt werden, welche zu einer turbulenten Strömung mit $Re > 2040$ führen. Andererseits sollen die Geschwindigkeiten und damit die Reynoldszahlen nicht zu hoch gewählt werden, um zu große Druckverluste zu vermeiden.
3. Für die Berechnung des Wärmedurchgangskoeffizienten kann vereinfachend von einer ebenen Geometrie ausgegangen werden, sodass Gl. (Lb 3.6) verwendet werden kann:

$$k = \left(\frac{1}{\alpha_i} + \frac{s}{\lambda_{\text{Stahl}}} + \frac{1}{\alpha_a}\right)^{-1}. \qquad (5.170)$$

4. Der Start der Berechnung soll mit einem geschätzten Wärmedurchgangskoeffizienten von $300\,\text{W}/(\text{m}^2\cdot\text{K})$ erfolgen.

Lösung

Lösungsansatz:
Aufstellen integraler Energie- und Massenbilanzen zur Berechnung des übergehenden Wärmestromes und des Volumenstromes im äußeren Ringspalt.

Lösungsweg:

a) Für die Berechnung der für den zu übertragenden Wärmestrom benötigten Austauschfläche mithilfe der angegebenen Korrelationen ist die Kenntnis der Strömungszustände im Innenrohr und im Ringraum erforderlich. Diese Bestimmung erfolgt mithilfe der Reynoldszahl, die sich mit der Strömungsgeschwindigkeit, welche über den Volumenstrom ermittelt werden kann, berechnet. Für das Innenrohr ist dieser gegeben. Für die äußere Ringraumströmung wird der Volumenstrom über eine integrale, stationäre Energiebilanz ermittelt:

$$\frac{dU}{dt} = 0 = \dot{H}_{a_\alpha} - \dot{H}_{a_\omega} - \dot{Q}_{\text{über}} = \dot{V}_a \rho c_p \left(\vartheta_{a_\alpha} - \vartheta_{a_\omega}\right) - \dot{Q}_{\text{über}}. \tag{5.171}$$

Für den Volumenstrom gilt demzufolge:

$$\dot{V}_a = \frac{\dot{Q}_{\text{über}}}{\rho c_p \left(\vartheta_{a_\alpha} - \vartheta_{a_\omega}\right)}. \tag{5.172}$$

Dabei ergibt sich der übergehende Wärmestrom $\dot{Q}_{\text{über}}$ aus einer integralen, stationären Energiebilanz für das Innenrohr. Diese lautet analog zur Energiebilanz für den Ringraum:

$$\frac{dU}{dt} = 0 = \dot{H}_{i_\alpha} - \dot{H}_{i_\omega} - \dot{Q}_{\text{über}} = \dot{V}_i \rho c_p \left(\vartheta_{i_\alpha} - \vartheta_{i_\omega}\right) - \dot{Q}_{\text{über}}. \tag{5.173}$$

Wird diese Gleichung nach $\dot{Q}_{\text{über}}$ aufgelöst und diese Beziehung in Gl. (5.172) eingesetzt, so ergibt sich der Volumenstrom im Ringraum:

$$\dot{Q}_{\text{über}} = \dot{V}_i \rho c_p \left(\vartheta_{i_\omega} - \vartheta_{i_\alpha}\right) \quad \rightarrow \quad \dot{V}_a = \frac{\vartheta_{i_\omega} - \vartheta_{i_\alpha}}{\vartheta_{a_\alpha} - \vartheta_{a_\omega}} \dot{V}_i. \tag{5.174}$$

Das wesentliche Kriterium zur Auswahl der Durchmesser besteht gemäß Aufgabenstellung darin, dass für einen hohen Wärmedurchgang turbulente Strömungsverhältnisse ($Re > 2040$) herrschen sollen. Andererseits sollen zur Begrenzung des Druckverlusts keine zu großen Geschwindigkeiten gewählt werden. Die mittleren Strömungsgeschwindigkeiten w_i berechnen sich aus dem Volumenstrom und der Rohrquerschnittsfläche:

$$w_i = \frac{\dot{V}_i}{A} = \frac{\dot{V}_i}{\frac{\pi}{4} d_i^2}. \tag{5.175}$$

Für die zur Verfügung stehenden Durchmesser für das innere Rohr ergeben sich die in Tab. 5.1 aufgeführten Geschwindigkeiten und Reynoldszahlen:

$$Re_i = \frac{w_i d_i}{\nu}. \tag{5.176}$$

Tab. 5.1 Geschwindigkeiten und Reynoldszahlen für die verschiedenen Rohrdurchmesser

d_i [m]	w_i [m/s]	Re_i [–]
0,02	0,884	17.684
0,05	0,142	7074
0,1	0,0354	3537
0,2	0,00884	1768

Um neben der Turbulenz eine möglichst geringe Geschwindigkeit zu erreichen, bietet sich für das innere Rohr ein Durchmesser von 0,1 m an. Jedoch ist bei der Wahl des inneren Durchmessers auch der Strömungszustand im Ringspalt zu beachten. Die Ringraumströmung sollte wie die innere turbulent sein mit möglichst geringen Druckverlusten. Für den Ringspalt wird die Reynoldszahl mit dem hydraulischen Durchmesser gebildet:

$$Re_a = \frac{w_a d_h}{\nu}. \tag{5.177}$$

Die mittlere Geschwindigkeit entspricht dem Verhältnis des Volumenstromes zur durchströmten Fläche:

$$w_a = \frac{\dot{V}_a}{A} \quad \rightarrow \quad w_a = \frac{\dot{V}_a}{\frac{\pi}{4}\left[d_a^2 - (d_i + 2s)^2\right]}. \tag{5.178}$$

Dabei repräsentiert s der Wandstärke. Gemäß der Definition des hydraulischen Durchmessers nach Gl. (Lb 5.41) berechnet sich dieser nach folgender Beziehung:

$$d_h = 4\frac{\frac{\pi}{4}\left[d_a^2 - (d_i + 2s)^2\right]}{\pi\left[d_a + (d_i + 2s)\right]} \quad \rightarrow \quad d_h = d_a - (d_i + 2s). \tag{5.179}$$

Die in Betracht kommenden Durchmesser ergeben die in Tab. 5.2 aufgeführten Geschwindigkeiten, hydraulischen Durchmesser und Reynoldszahlen im Ringraum.

Aus den Ergebnissen wird ersichtlich, dass nur zwei Rohrkombinationen der Durchmesser zu einer turbulenten Strömung im äußeren Ringspalt führten:

$$d_i = 0,02\,\text{m} \quad \text{bzw.} \quad 0,05\,\text{m} \quad \text{mit } d_a = 0,1\,\text{m}. \tag{5.180}$$

Bei Kenntnis der Strömungszustände in den Kanälen können mithilfe der angegebenen Korrelationen zunächst die Wärmeübergangskoeffizienten und daraus der Wärmedurchgangskoeffizient berechnet werden. Zusammen mit dem übertragenen Wärmestrom ergibt sich damit die notwendige Länge der Rohre. Der übertragene Wärmestrom bestimmt sich aus:

$$\dot{Q}_{\text{über}} = k A \Delta\vartheta_{ln}. \tag{5.181}$$

Tab. 5.2 Geschwindigkeiten, hydraulische Durchmesser und Reynoldszahlen für die verschiedenen Rohrdurchmesser

d_i [m]	d_a [m]	w_a [m/s]	d_h [m]	Re_a [–]
0,1	0,2	0,01317	0,094	1238
	0,25	0,00739	0,144	1064
	0,3	0,00481	0,194	933
0,05	0,1	0,05521	0,044	2429
	0,2	0,01028	0,144	1480
	0,25	0,00638	0,194	1238
	0,3	0,00436	0,244	1064
0,02	0,1	0,04064	0,074	3007
	0,2	0,00964	0,174	1677
	0,25	0,00613	0,224	1373
	0,3	0,00424	0,274	1162

Die logarithmische Temperaturdifferenz berechnet sich analog zur Konzentrationsdifferenz nach Gl. (Lb 5.82)

$$\Delta\vartheta_{ln} = \frac{(\vartheta_{a_\alpha} - \vartheta_{i_\omega}) - (\vartheta_{a_\omega} - \vartheta_{i_\alpha})}{\ln\left(\frac{\vartheta_{a_\alpha} - \vartheta_{i_\omega}}{\vartheta_{a_\omega} - \vartheta_{i_\alpha}}\right)} \quad \rightarrow \quad \Delta\vartheta_{ln} = 11\,\mathrm{K} \tag{5.182}$$

und der Wärmedurchgangskoeffizient nach Gl. (5.170). Für die Berechnung der Nußeltzahlen im Innenrohr und im Mantelraum ist die Prandtlzahl erforderlich:

$$Pr = \frac{\nu}{a} = \frac{\nu\rho c_p}{\lambda} \quad \rightarrow \quad Pr = 6,74. \tag{5.183}$$

Die Wärmeübergangskoeffizienten für das innere Rohr und den äußeren Ringspalt werden über die Nußeltzahl

$$Nu = \frac{\alpha d}{\lambda} \tag{5.184}$$

mithilfe der in den Hinweisen angegebenen Korrelationen (Gln. (5.168) und (5.169)) bestimmt. Die Länge der Rohrleitung ergibt sich aus Gl. (5.181):

$$A = \pi\,(d_i + s)\,L = \frac{\dot{Q}_{\text{über}}}{k\,\Delta\vartheta_{ln}} \quad \rightarrow \quad L = \frac{\dot{Q}_{\text{über}}}{\pi\,(d_i + s)\,k\,\Delta\vartheta_{ln}}. \tag{5.185}$$

Die Summe $d_i + s$ stellt den mittleren Rohrdurchmesser dar. Da die Beziehungen (5.168) und (5.169) die Länge beinhalten, muss die Gl. (5.185) iterativ gelöst werden. Infolge der geringen Abhängigkeit des Wärmeübergangskoeffizienten von L führt die Iteration bereits nach ein oder zwei Schritten zum Endergebnis. Die Ergebnisse der verschiedenen Rechnungsschritte sind in Tab. 5.3 zusammengefasst.

Tab. 5.3 Ergebnisse der Iterationen insbesondere für die erforderliche Rohrlänge

d_i [m]	d_a [m]	Re_i [–]	Nu_i [–]	α_i [W/(m² K)]	d_h [m]	Re_a [–]	Nu_a [–]	α_a [W/(m² K)]	k [W/(m² K)]	L [m]
0,05	0,1	7074	70,6	875	0,044	2429	66,6	939	415	**45,9**
0,02	0,1	17.684	147	4554	0,074	3007	157	1313	847	**51,9**

Tab. 5.4 Druckverluste für die beiden Innenrohre	d_i [m]	Re_i [–]	ζ_i [–]	L/d_i [–]	Δp [Pa]
	0,05	7074	0,0345	919	**317**
	0,02	17.684	0,0274	2596	**27.823**

Tab. 5.5 Druckverluste im Ringraum für die beiden Innenrohre

d_i [m]	d_a [m]	d_h [m]	Re_a [–]	ζ_R [–]	L/d_h [–]	Δp [Pa]
0,05	0,1	0,044	2429	0,045	1044	**71,6**
0,05	0,1	0,074	3007	0,0427	701	**24,7**

b) Zur Berechnung des Druckverlusts mit der Darcy-Weisbach-Gleichung (Lb 5.35)

$$\Delta p \equiv \zeta \frac{\rho}{2} \overline{w}^2 \frac{L}{d} \qquad (5.186)$$

wird der Widerstandsbeiwert mit dem Blasius'schen Gesetz (Lb 5.37) bestimmt:

$$\zeta = (100Re)^{-1/4} . \qquad (5.187)$$

Für die beiden Innenrohre ergeben sich die in Tab. 5.4 aufgeführten Rechenwerte.

Im Fall des Mantelraums ist für den charakteristischen Durchmesser der hydraulische Durchmesser gemäß Gl. (5.179) einzusetzen. Daraus resultieren die in Tab. 5.5 stehenden Druckverluste.

5.13 Verweilzeitverhalten eines realen Strömungsrohrs [3]*

▶   **Thema** Dispersion in Rohrströmungen

Wasser ($v_{\text{H}_2\text{O}} = 10^{-6} \text{ m}^2/\text{s}$) strömt mit einer Geschwindigkeit von 1 m/s durch ein Rohr mit einem Innendurchmesser von $d = 0,1$ m. Am Rohreintritt liegt eine Kolbenströmung vor.

a) Berechnen Sie die Bodensteinzahl für verschiedene Längen des Rohres (1, 5, 10 und 20 m).

b) Stellen Sie die Verweilzeitdichtefunktion als Normalverteilung der Form

$$E\left(t\right) = \frac{1}{\sigma_t \sqrt{2\pi}} \exp\left[-\frac{(t-\tau)^2}{2\sigma_t^2}\right] \tag{5.188}$$

für die verschiedenen Längen grafisch dar.

Lösung

Lösungsansatz:
Nutzung des Zusammenhanges zwischen der Länge des Rohres und der Dispersion.

Lösungsweg:
a) Die Bodensteinzahl (Gl. (Lb 4.19)) berechnet sich für das betrachtete System aus der axialen Pecletzahl Gl. (Lb 5.105):

$$Bo = \frac{wL}{D_{ax}} = Pe_{ax}\frac{L}{d}. \tag{5.189}$$

Für die Bestimmung der Pecletzahl muss der Strömungszustand bekannt sein. Da die Reynoldszahl

$$Re = \frac{wd}{\nu_{H_2O}} \quad \rightarrow \quad Re = 10^5 \tag{5.190}$$

größer als 2040 ist, liegt eine turbulente Strömung vor. Zur Berechnung der axialen Pecletzahl in turbulenten Strömungen stehen empirische Gleichungen (Gln. (Lb 5.106) und (Lb 5.107)) zur Verfügung. Im Folgenden wird die Pecletzahl nach Gl. (Lb 5.107) bestimmt:

$$Pe_{ax} = \left(\frac{3\cdot 10^7}{Re^{2,1}} + \frac{1,35}{Re^{0,125}}\right)^{-1} \quad \rightarrow \quad Pe_{ax} = 3,11. \tag{5.191}$$

Damit ergeben sich für die verschiedenen Längen die in Tab. 5.6 aufgeführten Bodensteinzahlen.

b) Die Verweilzeitdichtefunktion hängt von der hydraulischen Verweilzeit der Fluidelemente ab, welche nach Gl. (Lb 2.4) dem Verhältnis von Länge und Geschwindigkeit entspricht:

$$\tau = \frac{L}{w}. \tag{5.192}$$

Tab. 5.6 Bodensteinzahlen, hydraulische Verweilzeiten und Varianzen für verschiedene Rohrängen

L [m]	Bo [–]	τ [s]	σ_t^2 [s^2]
1	**31,1**	1	0,0622
5	**156**	5	0,319
10	**311**	10	0,64
20	**623**	20	1,28

Abb. 5.8 Verweilzeitdichteverteilungen für verschiedene Rohrlängen

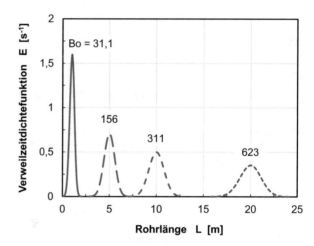

Mit den in Aufgabenteil a) berechneten Bodensteinzahlen werden die dimensionslosen Varianzen nach Gl. (Lb 4.45) bestimmt:

$$\sigma^2 = \frac{2}{Bo} - \frac{2}{Bo^2}\left[1 - \exp\left(-Bo\right)\right]. \tag{5.193}$$

Für die verschiedenen Längen ergeben sich die in Tab. 5.6 aufgeführten Varianzen. Damit ergibt sich die dimensionsbehaftete Wahrscheinlichkeitsdichtefunktion einer normalverteilten Größe gemäß Gl. (5.188). In Abb. 5.8 sind die Verweilzeitdichtefunktionen als Normalverteilungen für die verschiedenen Längen dargestellt. Aus der Abbildung wird ersichtlich, dass mit steigender Verweilzeit, was einer Verlängerung des Rohres entspricht, die Bodensteinzahl zunimmt. Demzufolge wächst die Breite der Verweilung, während der Maximalwert abnimmt. Die Dispersion führt also zu einer „Verschmierung" der Konzentration einer Tracerkomponente über die Länge.

Literatur

1. Bird RB, Stewart WE, Ligthfoot EN (2002) Transport phenomena, 2. Aufl. John Wiley & Sons, New York London
2. Bockhardt HD, Günzschel P, Poetschukat A (1993) Aufgabensammlung zur Verfahrenstechnik für Ingenieure, 3. Aufl. Deutscher Verlag für Grundstoffindustrie, Leipzig, Stuttgart

3. Draxler J, Siebenhofer M (2014) Verfahrenstechnik in Beispielen. Springer Vieweg, Wiesbaden
4. Leybold (2016) Grundlagen der Vakuumtechnik. https://www.leybold.com/de/downloads/download-von-dokumenten/bro-schueren/. Zugegriffen: 22. Jan. 2018
5. Nikuradse J (1933) Strömungsgesetze in rauhen Rohren. VDI Forschungsheft 361
6. Zogg M (1983) Wärme- und Stofftransportprozesse. Salle+Sauerländer, Frankfurt a.M.

Strömungen an ebenen Platten

6

Inhalte dieses Kapitels sind die Erläuterung und Berechnung des Geschwindigkeitsfelds an ebenen Platten sowie der damit verbundenen Transportvorgänge. So werden die auf Platten durch Strömungen ausgeübten Reibungskräfte bestimmt und den Ergebnissen der Grenzschichttheorie gegenübergestellt. Instationäre eindimensionale Geschwindigkeitsprofile bei laminarer Überströmung werden berechnet. Die Quantifizierung des Stoffübergangs erfolgt u. a. auf Basis der Grenzschichttheorie. Die für laminare und turbulente Strömungen vorliegenden dimensionslosen Berechnungsgleichungen für die mittlere Sherwoodzahl werden zur Berechnung übergehender Stoffströme eingesetzt. Die Bedeutung der Analogie der konvektiven Wärme- und Stoffübertragung wird im abschließenden Beispiel analysiert.

6.1 Reibungskräfte an einer überströmten Platte[*]

▶ **Thema** Reibungsbeiwert

Eine Platte der Breite $B = 0,1\,\text{m}$, der Dicke $d = 0,001\,\text{m}$ und der Länge $L = 0,2\,\text{m}$ wird im Fall a) von Wasser mit 1 m/s und im Fall b) von Luft mit 5 m/s, der Länge nach angeströmt. In beiden Fällen ist $T = 20\,°\text{C}$ und $p = 1\,\text{bar}$. Die benötigten Stoffdaten finden sich in Tabelle Lb 1.2.

Berechnen Sie die Reibungskräfte für beide Fälle.

Elektronisches Zusatzmaterial Die Online-Version dieses Kapitels (https://doi.org/10.1007/978-3-662-60393-2_6) enthält Zusatzmaterial, das für autorisierte Nutzer zugänglich ist.

Lösung

Lösungsansatz:
Berechnung der Reibungskräfte mit Hilfe von Reibungsbeiwerten.

Lösungsweg:
Zur Bestimmung der jeweiligen Reibungsbeiwerte muss zuerst die Reynoldszahl bestimmt werden:

$$Re = \frac{wL}{\nu}. \tag{6.1}$$

Durch Einsetzen der entsprechenden Werte ergibt sich:

$$Re_{H_2O} = 1,99 \cdot 10^5 \quad \text{sowie} \quad Re_{Luft} = 6,53 \cdot 10^4. \tag{6.2}$$

Da in beiden Fällen laminare Strömungsverhältnisse vorliegen ($Re_{krit} = 3 \cdot 10^5$ bis $3 \cdot 10^6$), lässt sich der Reibungsbeiwert für beide Strömungen mittels Gl. (Lb 6.16) bestimmen:

$$\zeta_{f\,lam} = \frac{1,328}{\sqrt{Re}}. \tag{6.3}$$

Für die beidseitig überströmte Platte berechnet sich die Reibungskraft nach Gl. (Lb 6.14):

$$F_f = \zeta_f\, A_{Platte} \frac{\rho}{2} w_{x\infty}^2 = \frac{1,328}{\sqrt{Re}} L B \frac{\rho}{2} w_{x\infty}^2. \tag{6.4}$$

Die auftretenden Reibungskräfte ergeben sich somit zu:

$$\boxed{F_{f\,H_2O} = 29,7\,\text{mN}} \quad \text{und} \quad \boxed{F_{f\,Luft} = 1,55\,\text{mN}}. \tag{6.5}$$

6.2 Vergleich von experimentell ermittelten Reibungswerten mit berechneten Werten[*]

▶   **Thema** Reibungsbeiwert

Eine Platte der Länge $L = 1$ m und der Breite $B = 0,5$ m wird nach einander mit zwei unterschiedlichen Fluiden in Längsrichtung überströmt. Dabei wird die Reibungskraft F_f gemessen. Die entsprechenden Messdaten sind in Tab. 6.1 aufgeführt.

a) Aus den aufgenommenen Messdaten ist der Zusammenhang ζ_f als Funktion von Re zu berechnen und anschließend grafisch darzustellen.

b) Bestimmen Sie die mittlere relative Abweichung der gemessenen Reibungsbeiwerte von denjenigen, die sich aus der Grenzschichttheorie innerhalb deren Gültigkeitsbereichs ergeben.

Tab. 6.1 Gemessene Reibungskräfte unter verschiedenen Strömungsbedingungen

Versuch	η [mPa s]	ρ [kg/m^3]	$w_{x\infty}$ [m/s]	F_f [N]
1	1000	1500	0,1	0,375
2	1000	1500	1	12,4
3	1	1000	0,1	0,0114
4	1	1000	1	0,35
5	1	1000	10	75

Lösung

Lösungsansatz:
Berechnung der Reibungsbeiwerte aus den Messdaten und Vergleich mit berechneten Werten nach Grenzschichttheorie.

Lösungsweg:

a) Die Reibungsbeiwerte können über Gl. (Lb 6.14) aus den oben angegebenen Messdaten berechnet werden (s. Tab. 6.2):

$$\zeta_f = \frac{2\,F_f}{A_{\text{Platte}}\rho w_{x\infty}^2} \qquad (6.6)$$

b) Die Werte der Grenzschichttheorie bestimmen sich nach Gl. (Lb 6.16) und sind ebenfalls in Tab. 6.2 zu finden.

$$\zeta_{GST} = \frac{1{,}328}{\sqrt{Re}}. \qquad (6.7)$$

Die gemessenen und berechneten Reibungsbeiwerte sind in Abb. 6.1 grafisch dargestellt. Die mittlere Abweichung ist das arithmetische Mittel der Abweichungen der aus den Messdaten ermittelten Reibungsbeiwerte von den aus der Grenzschichttheorie berechneten Reibungsbeiwerten. Der Gültigkeitsbereich der Grenzschichttheorie ist auf den lami-

Tab. 6.2 Berechnete Reibungsbeiwerte aus den Messdaten und mittels Grenzschichttheorie

Versuch	η [mPa s]	ρ [kg/m^3]	$w_{x\infty}$ [m/s]	F_f [N]	ζ_f (Lb 6.14) [–]	Re [–]	ζ_{GST} (Lb 6.16) [–]
1	1000	1500	0,1	0,375	0,1	150	0,11
2	1000	1500	1	12,4	$3{,}31 \cdot 10^{-2}$	1501	0,034
3	1	1000	0,1	0,0114	$4{,}56 \cdot 10^{-3}$	10^5	$4{,}2 \cdot 10^{-3}$
4	1	1000	1	0,35	$1{,}4 \cdot 10^{-3}$	10^6	$1{,}3 \cdot 10^{-3}$
5	1	1000	10	75	$3 \cdot 10^{-3}$	10^7	$4{,}2 \cdot 10^{-4}$

Abb. 6.1 Grafische Darstellung der aus den Messdaten und der Grenzschichttheorie berechneten Reibungsbeiwerte

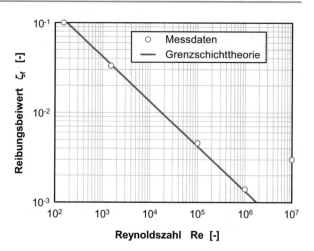

naren Bereich beschränkt. Daher wird der Messwert bei $Re = 10^7$ nicht in die Mittelwertbildung einbezogen, sodass lediglich vier Messwerte ($N = 4$) betrachtet werden.

$$\boxed{\frac{1}{N} \sum_{i=1}^{N} \frac{\left| \zeta_{f_i} - \zeta_{GST_i} \right|}{\zeta_{f_i}} = 6{,}29\,\%} . \tag{6.8}$$

6.3   Instationäre Bewegung eines Fluids zwischen zwei Platten [3] und [2]**

▶   **Thema** Instationärer Impulstransport

Der Spalt (Weite $\delta = 1$ mm) zwischen zwei $100\,\mathrm{cm}^2$ großen horizontalen Platten ist mit einer viskosen Newton'schen Flüssigkeit der Dichte $\rho = 1000\,\mathrm{kg/m^3}$ und der dynamischen Viskosität $\eta = 100\,\mathrm{Pa\cdot s}$ gefüllt. Durch die Einwirkung einer Kraft F_{Platte} wird die untere Platte parallel gegen die andere mit einer Geschwindigkeit w_{x0} von 1 cm/s verschoben.

a) Bestimmen Sie die Kraft F_{Platte} im stationären Zustand.
b) Berechnen sie die Zeit, nach der die Geschwindigkeit des Fluids in der Mitte zwischen den Platten bis auf 99 % des stationären Werts angewachsen ist.

Hinweis:

Im Teil b) tritt eine Differenzialgleichung des Typs

$$\frac{\partial u(y,t)}{\partial t} = C\,\frac{\partial^2 u}{\partial y^2} \quad \text{mit } C = \text{konst.} \tag{6.9}$$

auf. Diese Gleichung kann analytisch gelöst werden, indem für die Funktion u der Ansatz

$$u = Y(y) T(t) \tag{6.10}$$

verwendet wird. Für die Lösung (***) werden folgende Integrale benötigt:

$$\int x \sin(ax)\, dx = \frac{1}{a}\left[\sin(ax) - x\cos(ax)\right] \quad \text{und}$$

$$\int \sin^2(ax)\, dx = \frac{1}{2a}\left[ax - \sin(ax)\cos(ax)\right]. \tag{6.11}$$

Alternativ kann unter Verwendung der Randbedingungen

AB:	bei	$t = 0$,	$0 < y < \delta$	$u = 0$
1. RB:	bei	$y = 0$,	$t \geq 0$	$u = u_0$
2. RB:	bei	$y = \delta$,	$t \geq 0$	$u = u_\delta$

direkt die Lösung für diesen Fall verwendet werden (s. auch Abschn. Lb 2.2.1, Gl. (Lb 2.43)):

$$\left(u(y) - u_0\right) - \left(u_\delta - u_0\right)\frac{y}{\delta} = \frac{2}{\pi}\sum_{n=1}^{\infty}\left[\frac{u_\delta \cos(n\pi) - u_0}{n}\sin\left(n\pi\frac{y}{\delta}\right)\exp\left(-n^2\pi^2\frac{Ct}{\delta^2}\right)\right]. \tag{6.12}$$

Lösung

Lösungsansatz:
Aufstellen der Impulsbilanz unter Verwendung der vorliegenden Randbedingungen.

Lösungsweg:
a) Im stationären Zustand sind sämtliche zeitlichen Änderungen gleich null. Die integrale Impulsbilanz lautet für diesen Fall:

$$\frac{dI}{dt} = 0 = F_{\text{Platte}} - F_f. \tag{6.13}$$

Daraus folgt, dass die Antriebskraft gleich der Widerstandskraft sein muss, welche sich aus der Schubspannung τ und der Oberfläche der Platte A_{Platte} bestimmen lässt:

$$F_{\text{Platte}} = F_f = \tau A_{\text{Platte}}. \tag{6.14}$$

Für ein Newton'sches Fluid lässt sich die Schubspannung als Produkt aus dynamischer Viskosität und dem Geschwindigkeitsgradienten darstellen:

$$\tau = \eta \left(\frac{dw_x}{dy} \right). \tag{6.15}$$

Der Geschwindigkeitsgradient kann als konstant angesehen werden, weshalb er als Quotient der Differenzen beschrieben werden kann:

$$\left(\frac{dw_x}{dy} \right) = \frac{\Delta w_x}{\Delta y} = \frac{0 - w_{x0}}{\delta - 0} = \frac{-w_{x0}}{\delta}. \tag{6.16}$$

Somit bestimmt sich der Betrag der benötigten Kraft zu:

$$F_{\text{Platte}} = \eta A_{\text{Platte}} \left| \frac{-w_{x0}}{\delta} \right| \quad \rightarrow \quad \boxed{F_{\text{Platte}} = 10\,\text{N}}. \tag{6.17}$$

b) Der Impulstransport in kartesischen Koordinaten wird durch die Navier-Stokes-Gleichungen beschrieben. Bei der hier erforderlichen eindimensionalen Betrachtung in x-Richtung lautet die Impulsbilanz gemäß Gl. (Lb 1.75):

$$\rho \left(\frac{\partial w_x}{\partial t} + \underbrace{w_x \frac{\partial w_x}{\partial x}}_{=0\ (ii)} + \underbrace{w_y \frac{\partial w_x}{\partial y}}_{=0\ (i)} + \underbrace{w_z \frac{\partial w_x}{\partial z}}_{=0\ (i)} \right)$$

$$= \underbrace{-\frac{\partial p}{\partial x}}_{=0\ (iii)} + \eta \left(\underbrace{\frac{\partial^2 w_x}{\partial x^2}}_{=0\ (ii)} + \frac{\partial^2 w_x}{\partial y^2} + \underbrace{\frac{\partial^2 w_x}{\partial z^2}}_{=0\ (ii)} \right) + \underbrace{\rho g_x}_{=0\ (iv)}. \tag{6.18}$$

Da es sich um eine halbseitig unendlich ausgedehnte Newton'sche Flüssigkeit handelt und das Geschwindigkeitsprofil $w_x(y,t)$ an einer Stelle x bestimmt werden soll, kann die Navier-Stokes-Gleichung vereinfacht werden.

i.   eindimensionale Strömung in x-Richtung ($w_y = w_z = 0$),
ii. w_x hängt lediglich von y ab,
iii. es liegt kein Druckgradient vor,
iv.   es gibt keine Volumenkraft in x-Richtung.

$$\frac{\partial w_x}{\partial t} = \nu \frac{\partial^2 w_x}{\partial y^2}. \tag{6.19}$$

Die Anfangs- und Randbedingungen lauten:

AB:	bei	$t = 0$,	$0 \leq y \leq \delta$	$w_x = 0$
1. RB:	bei	$y = 0$,	$t > 0$	$w_x = w_{x0}$
2. RB:	bei	$y = \delta$,	$t > 0$	$w_x = 0$

Analytische Lösung

Zur Vereinfachung der weiteren Ableitungen werden folgende dimensionslose Größen eingeführt:

$$w^* \equiv \frac{w_x}{w_{x0}}, \qquad y^* \equiv \frac{y}{\delta}, \qquad t^* \equiv \frac{\nu t}{\delta^2}. \tag{6.20}$$

In der so transformierten Gleichung treten keine Koeffizienten auf:

$$\frac{\partial w^*}{\partial t^*} = \frac{\partial^2 w^*}{\partial y^{*2}}. \tag{6.21}$$

Damit lauten die Anfangs- und Randbedingungen:

AB:	bei	$t^* = 0,$	$0 \leq y^* \leq 1$	$w^* = 0$
1. RB:	bei	$y^* = 0,$	$t^* > 0$	$w^* = 1$
2. RB:	bei	$y^* = 1,$	$t^* > 0$	$w^* = 0$

Für den stationären Zustand ($t^* \to \infty$) ist das Geschwindigkeitsfeld bekannt (s. Gl. (6.16)):

$$w_\infty^* = 1 - y^*. \tag{6.22}$$

Damit lässt sich das Geschwindigkeitsfeld durch die stationäre Lösung und einen transienten Anteil bilden

$$w^* = w_\infty^* - w_t^*, \tag{6.23}$$

wobei w_t^* mit der Zeit verschwindet. Wird dies in die DGL (Gl. (6.21)) eingesetzt, so folgt:

$$\frac{\partial w_t^*}{\partial t^*} = \frac{\partial^2 w_t^*}{\partial y^{*2}}. \tag{6.24}$$

Zur Lösung wird der in Abschn. Lb 2.2 erläuterte Ansatz verwendet, der eine Lösung der Form

$$w_t^* = Y(y^*) T(t^*) \tag{6.25}$$

unterstellt. Durch Einsetzen dieses Ansatzes in die DGL (Gl. (6.24)) resultiert:

$$\frac{1}{T} \frac{dT}{dt^*} = \frac{1}{Y} \frac{d^2Y}{dy^{*2}} \tag{6.26}$$

Durch den gewählten Ansatz ist die linke Gleichungsseite lediglich eine Funktion von t^*, während die rechte Seite ausschließlich von y^* abhängt. Daher müssen beide Seiten gleich einem konstanten Wert, z. B. $-c^2$ sein. (Diese Wahl wird vor dem Hintergrund einer einfacheren weiteren mathematischen Ableitung getroffen.) Damit ergeben sich aus Gl. (6.26) die beiden Differenzialgleichungen

$$\frac{dT}{dt^*} = -c^2\, T, \tag{6.27}$$

$$\frac{d^2Y}{dy^{*2}} = -c^2 Y, \tag{6.28}$$

die folgende Lösungen besitzen:

$$T = \exp\left(-c^2 t^*\right), \tag{6.29}$$

$$Y = B \sin\left(cy\right) + C \cos\left(cy\right). \tag{6.30}$$

Hierbei stellen A, B und C die Integrationskonstanten dar, die aus den Randbedingungen bestimmt werden müssen.

1. RB: bei $y^* = 0$, $\quad t^* > 0$ $\quad w_t^* = 0 \rightarrow C = 0$
2. RB: bei $y^* = 1$, $\quad t^* > 0$ $\quad w_t^* = 0$

Aus der zweiten Randbedingung folgt entweder $B = 0$ oder $\sin c = 0$. Für $B = 0$ ist $Y = 0$, was physikalisch nicht sinnvoll ist. Die zweite Forderung bedeutet, dass $c = 0$, $\pm\pi$, $\pm 2\pi$, $\pm 3\pi \ldots$ Werden die verschiedenen möglichen Werte von c (Eigenwerte) als c_n bezeichnet, so gilt für diese:

$$c_n = n\pi \quad \text{mit } n = 0, \pm 1, \pm 2, \pm 3 \ldots \tag{6.31}$$

Es gibt entsprechend eine unendliche Anzahl möglicher Funktionen Y_n (sogenannte Eigenfunktionen), die Gl. (6.30) und die Randbedingungen erfüllen:

$$Y_n = B_n \sin\left(n\pi y^*\right) \quad \text{mit } n = 0, \pm 1, \pm 2, \pm 3 \ldots \tag{6.32}$$

Die zugehörigen Funktionen $T_n(t^*)$ lauten demzufolge:

$$T_n = \exp\left(-n^2\pi^2 t^*\right) \quad \text{mit } n = 0, \pm 1, \pm 2, \pm 3 \ldots \tag{6.33}$$

Die Kombinationen $Y_n \cdot T_n$ erfüllen demzufolge Gl. (6.24). Damit gilt dies auch für alle Superpositionen dieser Produkte. Aus diesem Grund lässt sich für die Lösung von Gl. (6.24) schreiben

$$w_t^* = \sum_{n=-\infty}^{\infty} \left[D_n \sin\left(n\pi y^*\right) \exp\left(-n^2\pi^2 t^*\right) \right], \tag{6.34}$$

in der die Koeffizienten $D_n = B_n \cdot C_n$ noch mittels der Anfangsbedingung bestimmt werden müssen. In der Summe ist der Term für $n = 0$ gleich null. Außerdem gilt $\sin(-n\pi y^*) = -\sin(n\pi y^*)$, sodass alle Terme für positive und negative Werte von n zusammengefasst werden können:

$$w_t^* = \sum_{n=1}^{\infty} \left[E_n \sin\left(n\pi y^*\right) \exp\left(-n^2\pi^2 t^*\right) \right] \quad \text{mit } E_n = D_n - D_{-n}. \tag{6.35}$$

AB: bei $t^* = 0$, $\quad 0 \le y^* \le 1 \quad w_t^* = 1 - y^*$, sodass gilt:

$$1 - y^* = \sum_{n=1}^{\infty} \left[E_n \sin\left(n\pi y^*\right) \right]. \tag{6.36}$$

Aus dieser Beziehung müssen alle E_n bestimmt werden. Dazu werden beide Seiten der Gleichung mit $\sin(m\pi y^*)$ multipliziert, wobei m eine ganze Zahl darstellt. Danach werden beide Seiten über den relevanten Bereich von $y^* = 0$ bis 1 integriert:

$$\int_0^1 (1 - y^*) \sin\left(m\pi y^*\right) dy^* = \sum_{n=1}^{\infty} \left[E_n \int_0^1 \sin\left(n\pi y^*\right) \sin\left(m\pi y^*\right) dy^* \right]. \tag{6.37}$$

Die linke Seite ergibt:

$$\int_0^1 (1 - y^*) \sin\left(m\pi y^*\right) dy^*$$

$$= \int_0^1 \sin\left(m\pi y^*\right) dy^* - \int_0^1 y^* \sin\left(m\pi y^*\right) dy^*$$

$$= \frac{-1}{m\pi} \left[\cos\left(m\pi y^*\right)\right]_0^1 - \frac{1}{m\pi} \left[\sin\left(m\pi y^*\right) - y^* \cos\left(m\pi y^*\right)\right]_0^1$$

$$= \frac{-1}{m\pi} [-1 - 1] - \frac{1}{m\pi} [0 - 0 + 1 - 0] = \frac{1}{m\pi}. \tag{6.38}$$

Die Integrale auf der rechten Seite sind gleich null, wenn $n \ne m$ ist. Für $m = n$ ergibt sich:

$$\int_0^1 \sin^2\left(m\pi y^*\right) dy^* = \frac{1}{2m\pi} \left[m\pi y^* - \sin\left(m\pi y^*\right) \cos\left(m\pi y^*\right)\right]_0^1 = \frac{1}{2} \tag{6.39}$$

Damit führt die Anfangsbedingung zu:

$$E_n = \frac{2}{n\pi}. \tag{6.40}$$

Daraus resultiert für das Geschwindigkeitsprofil:

$$w^* = w_\infty^* - w_t^* = (1 - y^*) - \frac{2}{\pi} \sum_{n=1}^{\infty} \left[\frac{1}{n} \sin(n\pi y^*) \exp(-n^2\pi^2 t^*) \right]. \qquad (6.41)$$

Der gesuchte Zeitbedarf berechnet sich aus der Beziehung:

$$w_t^*(y^* = \frac{1}{2}) = 0{,}005 = \frac{2}{\pi} \sum_{n=1}^{\infty} \left[\frac{1}{n} \sin\left(n\pi \frac{1}{2}\right) \exp(-n^2\pi^2 t^*) \right]. \qquad (6.42)$$

Nutzung der im Hinweis angegebenen Lösung (Gl. (6.12))
Werden die Randbedingungen in die Lösung gemäß Gl. (6.12) eingesetzt, so ergibt sich
für den Geschwindigkeitsverlauf zwischen den Platten:

$$(w_x(y) - w_{x0}) - (0 - w_{x0})\frac{y}{\delta} = \frac{2}{\pi} \sum_{n=1}^{\infty} \left[\frac{-w_{x0}}{n} \sin\left(n\pi \frac{y}{\delta}\right) \exp\left(-n^2\pi^2 \frac{\nu t}{\delta^2}\right) \right]$$

$$\rightarrow \quad w_x(y) = (1 - y^*)\, w_{x0} - \frac{2}{\pi} w_{x0} \sum_{n=1}^{\infty} \left[\frac{1}{n} \sin(n\pi y^*) \exp(-n^2\pi^2 t^*) \right]. \qquad (6.43)$$

Die Geschwindigkeit in der Mitte zwischen den Platten ist gleich $w_{x0}/2$. Demzufolge gilt
für die erforderliche Zeit bis zum Erreichen von 99 % des stationären Werts:

$$w_t^* = \frac{w_\infty(y = \frac{\delta}{2}) - w_x(y = \frac{\delta}{2})}{w_{x0}}$$

$$= \frac{1}{2} - \frac{1}{2} + \frac{2}{\pi} \sum_{n=1}^{\infty} \left[\frac{1}{n} \sin(n\pi y^*) \exp(-n^2\pi^2 t^*) \right]$$

$$\rightarrow \quad w_t^*(y^* = \frac{1}{2}) = 0{,}005 = \frac{2}{\pi} \sum_{n=1}^{\infty} \left[\frac{1}{n} \sin\left(n\pi \frac{1}{2}\right) \exp(-n^2\pi^2 t^*) \right]. \qquad (6.44)$$

Der gesuchte Zeitbedarf ergibt sich beispielsweise mit der Zielwertsuche in Excel. Dabei
erweisen sich die Terme für n ≥ 2 als so klein, dass sie nur noch unwesentlich zur Summe
beitragen. Die Zielwertsuche ergibt:

$$t^* = 0{,}491 \quad \rightarrow \quad \boxed{t = 4{,}91 \cdot 10^{-6}\,\text{s}} \qquad (6.45)$$

6.4 Beschleunigung einer Platte in einem ruhenden Fluid [3] und [2]***

▶ **Thema** Instationärer Impulstransport

Eine halbseitig als unendlich ausgedehnt angenommene Newton'sche Flüssigkeit ruht ($w_{x\infty} = 0$) auf einer Platte. Zum Zeitpunkt $t = 0$ wird die Platte mit einer konstanten Geschwindigkeit w_{x0} in Bewegung gesetzt. Hieraus resultiert ein Impulstransport, der sowohl vom Plattenabstand y als auch von der Zeit abhängt.

a) Es soll das Geschwindigkeitsprofil $w_x(y, t)$ bestimmt werden.

Hinweis:

Die auftretende dimensionsbehaftete Differenzialgleichung lässt sich mit den Variablen

$$w^* = \frac{w_x}{w_{x0}} \quad \text{und} \quad \xi = \frac{y}{\sqrt{4\nu t}}$$

dimensionslos darstellen und mit den zugehörigen Randbedingungen lösen. Mit dem dimensionslosen Wandabstand ξ werden die beiden Variablen y und t ersetzt. Für die Lösung wird nachstehende Stammfunktion (Gl. (Lb 2.46)) benötigt:

$$\int \exp\left(-x^2\right) dx = \frac{1}{2}\sqrt{\pi}\,\mathrm{erf}\,(x) \tag{6.46}$$

b) Bestimmen Sie die Entfernung von der Plattenoberfläche $\delta_{0,01}(t)$, in der die Geschwindigkeit noch 1 % von der Plattengeschwindigkeit erreicht.

c) Das Geschwindigkeitsprofil soll mit der vereinfachenden Annahme berechnet werden: $w_x/w_{x0} = f(y^*)$ mit $y^* = y/\delta(t)$, wobei $f(y^*)$ das Polynom

$$f\left(y^*\right) = 1 - \frac{3}{2}y^* + \frac{1}{2}y^{*3} \tag{6.47}$$

darstellt, welches das unter a) erhaltene Geschwindigkeitsprofil mit ausreichender Genauigkeit annähert. Zusätzlich soll das Verhältnis der so berechneten Grenzschichtdicke $\delta_{0,01}$ zu dem Wert aus Teil b) bestimmt werden.

Hinweise:

1. Zeigen Sie zunächst, dass in diesem Fall gilt

$$\delta\left(t\right)\frac{\partial\delta\left(t\right)}{\partial t} = 4\nu \tag{6.48}$$

und berechnen Sie anschließend damit das Geschwindigkeitsprofil.

2. Für die Lösung ist die Leibnizregel zu verwenden:

$$\int_0^\infty \frac{\partial w_x}{\partial t} dy = \frac{d}{dt} \int_0^\infty \rho w_x dy. \tag{6.49}$$

Annahme:

Die Strömung kann als laminar und inkompressibel betrachtet werden.

Lösung

Lösungsansatz:

Aufstellen und Lösen der differenziellen Impulsbilanz unter Verwendung der vorliegenden Randbedingungen.

Lösungsweg:

a) Der Impulstransport in kartesischen Koordinaten wird durch die Navier-Stokes-Gleichungen beschrieben. Bei der hier erforderlichen eindimensionalen Betrachtung in x-Richtung lautet die Impulsbilanz gemäß Gl. (Lb 1.75):

$$\rho \left(\frac{\partial w_x}{\partial t} + \underbrace{w_x \frac{\partial w_x}{\partial x}}_{=0\ (ii)} + \underbrace{w_y \frac{\partial w_x}{\partial y}}_{=0\ (i)} + \underbrace{w_z \frac{\partial w_x}{\partial z}}_{=0\ (i)} \right) = \underbrace{- \frac{\partial p}{\partial x}}_{=0\ (iii)} + \eta \left(\underbrace{\frac{\partial^2 w_x}{\partial x^2}}_{=0\ (ii)} + \frac{\partial^2 w_x}{\partial y^2} + \underbrace{\frac{\partial^2 w_x}{\partial z^2}}_{=0\ (ii)} \right)$$
$$+ \underbrace{\rho g_x}_{=0\ (iv)}. \tag{6.50}$$

Da es sich um eine halbseitig unendlich ausgedehnte Newton'sche Flüssigkeit handelt und das Geschwindigkeitsprofil $w_x(y, t)$ an einer Stelle x bestimmt werden soll, kann die Navier-Stokes-Gleichung vereinfacht werden.

i.   eindimensionale Strömung in x-Richtung ($w_y = w_z = 0$),
ii. w_x hängt lediglich von y ab,
iii. es liegt kein Druckgradient vor,
iv. es gibt keine Volumenkraft in x-Richtung.

$$\frac{\partial w_x}{\partial t} = \nu \frac{\partial^2 w_x}{\partial y^2}. \tag{6.51}$$

In Gl. (6.51) können nun folgende Substitutionen vorgenommen werden, um die Anzahl der Variablen auf zwei zu reduzieren:

$$w^* = \frac{w_x}{w_0} \tag{6.52}$$

und

$$\xi = \frac{y}{\sqrt{4\nu t}}. \tag{6.53}$$

Um ∂t sowie ∂t in Gl. (6.51) substituieren zu können, werden die entsprechenden Ableitungen des dimensionslosen Wandabstands ξ gebildet:

$$\frac{\partial \xi}{\partial t} = \frac{-y}{2\sqrt{4\nu t^3}} \quad \text{und} \quad \frac{\partial \xi}{\partial y} = \frac{1}{\sqrt{4\nu t}}. \tag{6.54}$$

Hieraus folgt:

$$\partial t = -\frac{2\sqrt{4\nu t^3}}{y}\partial \xi \quad \text{und} \quad \partial y = \sqrt{4\nu t}\,\partial \xi. \tag{6.55}$$

Wird dies in Gl. (6.51) eingesetzt, so ergibt sich:

$$-\frac{y}{2\sqrt{4\nu t^3}}\frac{\partial w_x}{\partial \xi} = \nu \frac{\partial^2 w_x}{\partial \xi^2}\frac{1}{4\nu t} \quad \rightarrow \quad \frac{\partial^2 w_x}{\partial \xi^2} + \frac{2y}{\sqrt{4\nu t}}\frac{\partial w_x}{\partial \xi} = 0. \tag{6.56}$$

In dimensionsloser Form resultiert hieraus eine homogene Differenzialgleichung 2. Ordnung mit nicht-konstanten Koeffizienten:

$$\frac{d^2 w^*}{d\xi^2} + 2\xi \frac{dw^*}{d\xi} = 0. \tag{6.57}$$

Die Substitution mit

$$b(\xi) = \frac{dw^*}{d\xi} \tag{6.58}$$

führt zu:

$$\frac{db(\xi)}{d\xi} + 2\xi b(\xi) = 0 \quad \rightarrow \quad \frac{db(\xi)}{b(\xi)} = -2\xi d\xi^* \tag{6.59}$$

Durch Integration und Umformung folgt:

$$\ln[b(\xi)] = -\xi^2 + C^* \quad \rightarrow \quad b(\xi) = \exp\left(-\xi^2 + C^*\right)$$
$$\rightarrow \quad b(\xi) = C_1 \exp\left(-\xi^2\right). \tag{6.60}$$

Durch Resubstitution von $b(\xi)$ gemäß Gl. (6.58) und Integration ergibt sich:

$$\frac{dw^*}{d\xi} = C_1 \exp\left(-\xi^2\right) \quad \rightarrow \quad w^* = C_1 \int_0^{\xi} \exp(-\xi^2)d\xi + C_2. \tag{6.61}$$

Zur Bestimmung der Konstanten in Gl. (6.61) werden zwei Randbedingungen benötigt, welche sich mathematisch folgendermaßen darstellen lassen:

1. RB: bei $\xi = 0$ $w^* = 1$
2. RB: bei $\xi \to \infty$ $w^* = 0$

Die erste Randbedingung steht dabei für die Haftbedingung an der Plattenoberfläche. Die Geschwindigkeit des Fluids w_x ist genauso groß ist wie die Geschwindigkeit der Platte w_0, es gilt demzufolge $C_2 = 1$. Die zweite Randbedingung kann als Annahme eines halbunendlichen Raumes interpretiert werden. Dies bedeutet, dass in unendlicher Entfernung von der Platte das Fluid ruht. Für die zweite Randbedingung muss von 0 bis unendlich integriert werden, wofür die Stammfunktion von $\exp(\xi^{-2})$ benötigt wird. Das Einsetzen der zweiten Randbedingung ergibt:

$$0 = C_1 \int\limits_0^\infty \exp\left(-\xi^2\right) d\xi + 1 = C_1 \left[\frac{\sqrt{\pi}}{2} \operatorname{erf}\left(\xi\right)\right]_0^\infty + 1. \tag{6.62}$$

In Gl. (6.62) beschreibt $\operatorname{erf}(\xi)$ die Gauß'sche Fehlerfunktion (error function) (Gl. (Lb 2.46)) mit dem Argument ξ. Werden die Grenzen eingesetzt, so ergibt sich die Konstante C_1:

$$C_1 = -\frac{2}{\sqrt{\pi}}. \tag{6.63}$$

Somit lautet die Differenzialgleichung zur Beschreibung der dimensionslosen Geschwindigkeit:

$$w^*(\xi) = -\frac{2}{\sqrt{\pi}} \int\limits_0^\xi \exp\left(-\xi^2\right) d\xi + 1 = -\frac{2}{\sqrt{\pi}} \left[\frac{1}{2}\sqrt{\pi}\operatorname{erf}\left(\xi\right)\right] + 1$$

$$= 1 - \operatorname{erf}\left(\xi\right). \tag{6.64}$$

Durch Resubstitution folgt das Ergebnis:

$$\boxed{w^* = 1 - \operatorname{erf}\left(\frac{y}{\sqrt{4\nu t}}\right)}. \tag{6.65}$$

Diese Lösung ist ganz analog zur Gl. (Lb 2.45), die für die Diffusion in einen unendlichen Halbraum gilt.

b) Die Lösung der Aufgabe ergibt sich durch Einsetzen der entsprechenden Werte in Gl. (6.65). Laut Aufgabenstellung soll gelten, dass die Geschwindigkeit des Fluids an der Stelle der Grenzschichtdicke noch 1 % der Plattengeschwindigkeit betragen soll. Somit muss für $w^* = 0{,}01$ eingesetzt werden. Aus dieser Betrachtung folgt

$$0{,}01 = 1 - \operatorname{erf}\left(\frac{\delta_{0,01}}{\sqrt{4\nu t}}\right) \quad \to \quad \operatorname{erf}\left(\frac{\delta_{0,01}}{\sqrt{4\nu t}}\right) = 0{,}99. \tag{6.66}$$

Durch Zielwertsuche in Excel ergibt sich für die Erfüllung dieser Gleichung das Argument der Fehlerfunktion als:

$$\boxed{\frac{\delta_{0,01}}{\sqrt{4vt}} = 1{,}82}.$$ (6.67)

c) Zur Lösung von Aufgabenteil c) kann die Funktion w_x entsprechend der Aufgabenstellung verwendet werden:

$$w_x = w_0 \left[1 - \frac{3}{2} \frac{y}{\delta(t)} + \frac{1}{2} \frac{y^3}{\delta(t)^3} \right],$$ (6.68)

wobei die Grenzschichtdicke $\delta(t)$ in Abhängigkeit von der Zeit unbekannt ist. Zur Herleitung des Zusammenhangs für $\delta(t)$ muss Gl. (6.51) von 0 bis zum Rand der Grenzschicht $\delta(t)$ integriert werden. Hieraus ergibt sich:

$$\int\limits_0^{\delta(t)} \frac{\partial w_x}{\partial t} dy = \int\limits_0^{\delta(t)} v \frac{\partial^2 w_x}{\partial y^2} dy = v \left(\frac{\partial w_x}{\partial y} \right)_0^{\delta(t)}.$$ (6.69)

Auf die linke Gleichungsseite kann die Leibnizregel angewendet werden:

$$\int\limits_0^{\delta(t)} \frac{\partial w_x}{\partial t} dy = \frac{d}{dt} \int\limits_0^{\delta(t)} w_x dy.$$ (6.70)

Das Einfügen der Geschwindigkeit w_x nach Gl. (6.70) führt zu:

$$\frac{d}{dt} \int\limits_0^{\delta(t)} w_x dy = \frac{d}{dt} \int\limits_0^{\delta(t)} w_0 \left[1 - \frac{3}{2} \frac{y}{\delta(t)} + \frac{1}{2} \frac{y^3}{\delta(t)^3} \right] dy$$

$$= \frac{d}{dt} \left\{ w_0 \left[y - \frac{3}{4} \frac{y^2}{\delta(t)} + \frac{1}{8} \frac{y^4}{\delta(t)^3} \right] \right\}_0^{\delta(t)}.$$ (6.71)

Nach dem Einsetzen der Integrationsgrenzen folgt für die linke Seite von Gl. (6.69):

$$\int\limits_0^{\delta(t)} \frac{\partial w_x}{\partial t} dy = \frac{3}{8} w_0 \frac{d\delta(t)}{dt}.$$ (6.72)

Für die rechte Seite ist das Vorgehen analog und es ergibt sich:

$$\left(\frac{\partial w_x}{\partial y} \right)_0^{\delta(t)} = \frac{3}{2} \frac{w_0}{\delta(t)}.$$ (6.73)

Die Gln. (6.72) und (6.73) in (6.69) eingesetzt ergeben:

$$\frac{3}{8}w_0\frac{d\delta(t)}{dt} = \frac{3}{2}v\frac{w_0}{\delta(t)} \quad \rightarrow \quad \frac{d\delta(t)}{dt} = \frac{4v}{\delta(t)}. \tag{6.74}$$

Diese DGL kann durch Trennung der Variablen integriert werden. Somit ergibt sich für die Grenzschichtdicke in Abhängigkeit von der Zeit:

$$\delta(t) = \sqrt{8vt}. \tag{6.75}$$

Dieser Zusammenhang kann in Gl. (6.68) eingesetzt werden, woraus sich das dimensionslose Geschwindigkeitsprofil ergibt:

$$\boxed{\frac{w_x}{w_0} = 1 - \frac{3}{\sqrt{8}}\frac{y}{\sqrt{4vt}} + \frac{1}{8\sqrt{8}}\left(\frac{y}{\sqrt{4vt}}\right)^3}. \tag{6.76}$$

Im Vergleich der Grenzschichtdicke gemäß Gl. (6.77) mit der Lösung für δ aus Teil b) (Gl. (6.67)) ergibt sich:

$$\frac{\delta_{\text{vereinfacht}}}{\delta_{\text{analytisch}}} = \frac{\sqrt{8vt}}{1{,}82\sqrt{4vt}} \quad \rightarrow \quad \boxed{\frac{\delta_{\text{vereinfacht}}}{\delta_{\text{analytisch}}} = 0{,}777}. \tag{6.77}$$

6.5   Wärmeverluste durch ein Flachdach (basierend auf [5])[*]

▶ **Thema** Konvektiver Wärmeübergang

Über das quadratische Flachdach einer antarktischen Forschungsstation mit einer Kantenlänge von 5 m weht der Wind mit einer Geschwindigkeit von 8 m/s parallel zur Längskante. Die Umgebungsluft weist eine Temperatur von $-25\,°C$ auf. Das Dach ist mit einer 40 cm dicken Isolationsschicht gedämmt ($\lambda = 0{,}04\,\text{W}/(\text{m·K})$). Die Dachinnentemperatur beträgt $20\,°C$.

a) Berechnen Sie den Wärmeübergangskoeffizienten α.
b) Bestimmen Sie den übergehenden Wärmestrom und die Oberflächentemperatur des Dachs.

Gegeben (Stoffdaten bei −25 °C):

Wärmeleitfähigkeit Luft $\lambda_L = 2{,}35 \cdot 10^{-2}\,\text{W}/(\text{mK})$
Kinematische Viskosität Luft $v_L = 11{,}42 \cdot 10^{-6}\,\text{m}^2/\text{s}$
Prandtlzahl Luft $Pr = 0{,}69$

Annahmen:

1. Das Dach kann als ebene Platte betrachtet werden.
2. Die Stoffdaten können für eine Temperatur von $-25\,°C$ verwendet werden, da keine signifikante Temperaturdifferenz zwischen der Oberflächentemperatur des Daches und der Luft erwartet wird.

Lösung

Lösungsansatz:
Verwendung einer passenden Korrelation zur Beschreibung des Wärmeübergangs sowie Bestimmung des Wärmedurchgangskoeffizienten.

Lösungsweg:
a) Das zur Auswahl der Nußelt-Korrelation benötigte Strömungsregime kann durch Berechnung der Reynoldszahl bestimmt werden:

$$Re = \frac{wL}{\nu_L} = 3,5 \cdot 10^6. \tag{6.78}$$

Da dieser Wert größer als die kritische Reynoldszahl $3 \cdot 10^5$ ist, liegt ein turbulentes Strömungsprofil vor. Die mittlere Nußeltzahl ergibt sich als Mittelwert aus laminarer und turbulenter Nußeltzahl (Gl. (Lb 6.38)). Die Nußeltzahl für die laminare Überströmung berechnet sich gemäß Gln. (Lb 6.30):

$$Nu_{L_{\text{lam}}} = \frac{\alpha L}{\lambda} = 0{,}664 \sqrt{Re_L} Pr^{1/3} \quad \rightarrow \quad Nu_{L_{\text{lam}}} = 1098. \tag{6.79}$$

Für die Nußeltzahl bei turbulenter Überströmung gilt Gl. (Lb 6.37):

$$Nu_{L_{\text{turb}}} = \frac{0{,}037 Re^{0{,}8} Pr}{1 + 2{,}443 Re^{-0{,}1} \left(Pr^{2/3} - 1\right)} \quad \rightarrow \quad Nu_{L_{\text{turb}}} = 4{,}98 \cdot 10^3. \tag{6.80}$$

Mit Gl. (Lb 6.38) ergibt sich die mittlere Nußeltzahl

$$Nu_L = \sqrt{Nu_{L_{\text{lam}}}^2 + Nu_{L_{\text{turb}}}^2} \quad \rightarrow \quad Nu_L = 5102 \tag{6.81}$$

und daraus der mittlere Wärmeübergangskoeffizient:

$$\alpha = \frac{Nu \lambda_L}{L} \quad \rightarrow \quad \boxed{\alpha = 24 \frac{\text{W}}{\text{m}^2\,\text{K}}}. \tag{6.82}$$

Da lediglich auf einem Siebtel der Dachlänge eine laminare Grenzschichtströmung vorliegt, ist der turbulente Anteil die dominante Größe bei der Ermittlung des Wärmeübergangskoeffizienten.

b) Für die Bestimmung des Wärmestroms wird der Wärmedurchgangskoeffizient benötigt. Da die Dachinnentemperatur als konstant angenommen wird, berechnet sich der Wärmedurchgangskoeffizient gemäß Gl. (Lb 3.6) nach:

$$k = \left(\frac{1}{\alpha} + \frac{s}{\lambda_{\text{Dämm}}} \right)^{-1} \quad \rightarrow \quad k = 9{,}96 \cdot 10^{-2} \, \frac{\text{W}}{\text{m}^2 \, \text{K}}. \tag{6.83}$$

Damit lässt sich der übergehende Wärmestrom bestimmen:

$$\dot{Q} = k L^2 \left(\vartheta_{\text{innen}} - \vartheta_L \right) \quad \rightarrow \quad \boxed{\dot{Q} = 112 \, \text{W}}. \tag{6.84}$$

Die Dachtemperatur ergibt sich aus dem Zusammenhang:

$$\dot{Q} = \alpha L^2 \left(\vartheta_{\text{Dach}} - \vartheta_L \right) \quad \rightarrow \quad \vartheta_{\text{Dach}} = \vartheta_L + \frac{\dot{Q}}{\alpha L^2}$$

$$\rightarrow \quad \boxed{\vartheta_{\text{Dach}} = -24{,}8 \, ^{\circ}\text{C}}. \tag{6.85}$$

6.6 Bestimmung des Stoffübergangskoeffizienten bei der Verdunstung von Wasser [4][*]

▶ **Thema** Konvektiver Stoffübergang

Über eine ruhende Wasseroberfläche ($\vartheta = 46\,^{\circ}\text{C}$) strömt Luft, in die Wasser verdunstet. Die in verschiedenen Höhen über der Wasseroberfläche gemessenen Wasserdampfpartialdrücke sind in Tab. 6.3 aufgeführt. An der Wasseroberfläche wird thermodynamisches Gleichgewicht angenommen. Bei 46 °C beträgt der Sättigungsdampfdruck von Wasser $p_{SW} \approx 0{,}1$ bar.

a) Berechnen Sie die Grenzschichtdicke.
b) Bestimmen Sie den Stoffübergangskoeffizienten.

Tab. 6.3 Entwicklung des Wasserdampfpartialdrucks über der Wasseroberfläche

Höhe [mm]	1	2	3	4	5	6	7
Partialdruck p_W [bar]	0,062	0,041	0,03	0,022	0,021	0,02	0,02

Gegeben:

Diffusionskoeffizient von Wasser in Luft bei 46 °C $D_{H_2O/Luft} = 2,63 \cdot 10^{-5}\ \mathrm{m^2/s}$.

Hinweise:

1. Über die Strömungsverhältnisse der Luft ist nichts bekannt. Zur Bestimmung von β ist die Kenntnis des Strömungszustands nicht erforderlich. Falls die Strömung turbulent ist, so bildet sich trotzdem eine laminare Grenzschicht aus.
2. An der Wasseroberfläche sei die Luftgeschwindigkeit gleich null.
3. Der Konzentrationsgradient an der Wasseroberfläche kann durch Linearisierung des Konzentrationsprofils direkt an der Oberfläche ermittelt werden.

Lösung

Lösungsansatz:
Bestimmung der Grenzschichtdicke aus dem Konzentrationsprofil und Berechnung des Stoffübergangskoeffizienten mittels Differenzenquotienten.

Lösungsweg:
a) Die Grenzschichtdicke ist definiert als der Bereich, in dem für die betrachtete Größe (w, T, c) 99 % der maximalen Änderung dieser Größe zwischen Plattenoberfläche und Außenströmung erreicht wird. Daraus folgt die Bedingung für den Wasserdampfpartialdruck $p_W(\delta)$ am Rand der Grenzschicht:

$$\frac{p_{SW} - p_W(\delta)}{p_{SW} - p_{W\infty}} = 0,99. \tag{6.86}$$

Hieraus ergibt sich für den Partialdruck am Rand der Grenzschicht:

$$p_W(\delta) = p_{SW} - 0,99\,(p_{SW} - p_{W\infty}) = 0,0208\,\mathrm{bar}. \tag{6.87}$$

Den Messdaten zufolge liegt die Grenzschichtdicke somit zwischen fünf und sechs Millimetern. In diesem Bereich kann der Verlauf des Wasserpartialdrucks über der Entfernung von der Wasseroberfläche linearisiert werden:

$$\frac{6\,\mathrm{mm} - \delta}{6\,\mathrm{mm} - 5\,\mathrm{mm}} = \frac{p_W(6\,\mathrm{mm}) - p_W(\delta)}{p_W(6\,\mathrm{mm}) - p_W(5\,\mathrm{mm})}. \tag{6.88}$$

Somit ergibt sich für die Grenzschichtdicke δ folgender Wert:

$$\boxed{\delta = 5,2\,\mathrm{mm}}. \tag{6.89}$$

b) Zur Bestimmung des Stoffübergangskoeffizienten wird die Stoffübergangsgleichung mit dem Fick'schen Gesetz für den diffusiven Stofftransport an der Wasseroberfläche kombiniert (s. Gl. (Lb 6.25)), woraus sich folgende Beziehung ergibt:

$$\beta = \frac{-D_{\text{H}_2\text{O/Luft}} \left(\frac{\partial c}{\partial y} \right)_{y=0}}{c_{SW} - c_{W\infty}}. \tag{6.90}$$

Der Gradient zur Beschreibung des molekularen Stofftransports an der Wasseroberfläche kann dem Hinweis gemäß linearisiert werden. Zusätzlich werden die molaren Konzentrationen von Wasser an der Grenzfläche c_{SW} sowie in unendlicher Entfernung $c_{W\infty}$ benötigt. Sämtliche Konzentrationen können unter Annahme der Gültigkeit des idealen Gasgesetzes bestimmt werden:

$$c_W = \frac{p_W}{RT}. \tag{6.91}$$

Somit ergeben sich für $c_{SW} = 3{,}77 \, \text{mol/m}^3$ und für $c_{W\infty} = 0{,}75 \, \text{mol/m}^3$. Die Linearisierung des Konzentrationsgradienten ergibt:

$$\left(\frac{\partial c}{\partial y} \right)_{y=0} = \frac{c_W(1 \, \text{mm}) - c_{SW}}{1 \, \text{mm} - 0 \, \text{mm}} = \frac{1}{RT} \frac{p_W(1 \, \text{mm}) - p_{SW}}{1 \, \text{mm} - 0 \, \text{mm}}. \tag{6.92}$$

Mit diesem Wert kann der Stoffübergangskoeffizient nach Gl. (6.90) berechnet werden:

$$\beta = \frac{-D_{\text{H}_2\text{O/Luft}}}{1 \, \text{mm} - 0 \, \text{mm}} \frac{p_W(1 \, \text{mm}) - p_{SW}}{p_{SW} - p_{W\infty}} \quad \rightarrow \quad \boxed{\beta = 0{,}0125 \, \frac{\text{m}}{\text{s}}}. \tag{6.93}$$

6.7 Auslegung des Luftvolumenstroms zur Trocknung von Papierbahnen[**]

▶   **Thema** Konvektiver Stoffübergang

Für die Trocknung von Papier soll ein Gebläse ausgelegt werden. Das Papier wird nach der Herstellung auf lange Bahnen gezogen, denen vor dem Aufwickeln das Restwasser entzogen werden muss. Die Papierbahnen durchlaufen dafür einen Trocknungstunnel (s. Abb. 6.2; Höhe des Luftkanals 0,2 m, Breite 1 m und Länge 3 m), in dem das Wasser durch Konvektionstrocknung aus dem Papier in einen Luftstrom übergeht. Das verdunstete Wasser reichert sich in dem Luftvolumenstrom $\dot{V}_L$ an, der im Gleichstrom zur Papierbahn geführt wird. Am Ende des Trocknungskanals ist das Papier vollständig getrocknet. Die Temperatur des Papiers und der Luft beträgt 80 °C. Die Trocknung wird vereinfachend als isotherm betrachtet.

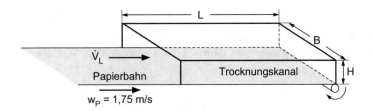

Abb. 6.2 Trocknungskanal zur Trocknung von Papierbahnen

a) Bestimmen Sie den in die trockene Luft übergehenden Massenstrom.
b) Berechnen Sie die Relativgeschwindigkeit, die zwischen dem Luftvolumenstrom und der Papierbahn bestehen muss, um den notwendigen Stoffübergangkoeffizienten zu erreichen.
c) Überprüfen Sie die unter b) ermittelte Geschwindigkeit durch Aufstellung einer Wasserbilanz in der Gasphase.

Gegeben:

Papier:

Geschwindigkeit	$w_P = 1,75 \, \text{m/s}$
Papierdichte am Eintritt	$\rho_{P\alpha} = 83,5 \, \text{g/m}^2$
Papierdichte am Austritt	$\rho_{P\omega} = 80,2 \, \text{g/m}^2$

Trocknungsluft:

Luftfeuchte am Eintritt	φ	≈ 0
Wasseraufnahme der Luft	$\Delta\rho_{L_{H_2O}}$	$= 9,4 \, \text{g/m}^3$
Diffusionskoeffizient	$D_{H_2O/\text{Luft}}$	$= 2,85 \cdot 10^{-5} \, \text{m}^2/\text{s}$
Schmidtzahl	Sc	$= 0,7$

Konstanten der Antoine-Gleichung (Lb 1.140) für Wasser: $A = 18,3036$; $B = 3816,44$; $C = -46,13$ [6] (die Daten gelten für die Temperatur in Kelvin, den Druck in Torr (1 bar = 750,062 Torr) und den natürlichen Logarithmus)

Lösung

Lösungsansatz:
Integrale Bilanzierung des Papiers sowie der Luft und Beschreibung des Stoffübergangs.

Lösungsweg:

a) Der aus dem Papier in die Trocknungsluft übergehende Massenstrom an Wasser resultiert aus der Differenz zwischen dem ein- und austretenden Wassermassenstrom im Papier:

$$\dot{M}_{H_2O,S\ddot{U}} = \dot{M}_{H_2O_{P\alpha}} - \dot{M}_{H_2O_{P\omega}}. \tag{6.94}$$

Die ein- und austretenden Wassermassenströme ergeben sich aus dem Papierflächenstrom multipliziert mit dem Wassergehalt:

$$\dot{M}_{H_2O,S\ddot{U}} = w_P\, B\, (\rho_{P\alpha} - \rho_{P\omega}) \quad \rightarrow \quad \boxed{\dot{M}_{H_2O,S\ddot{U}} = 5{,}78 \cdot 10^{-3}\,\frac{kg}{s}}. \tag{6.95}$$

b) Der benötigte Stoffübergangskoeffizient β berechnet sich nach:

$$\beta = \frac{\dot{M}_{H_2O,S\ddot{U}}}{A\,\Delta\rho_{L,H_2O,ln}}. \tag{6.96}$$

Hierbei ist als treibende Konzentrationsdifferenz in der Luft die logarithmische Konzentrationsdifferenz zu verwenden, da sich die Wasserkonzentration in der Trocknungsluft über die Lauflänge ändert. Unter der Annahme, dass am Eintritt trockene Luft vorliegt, ist die Wasserpartialdichte in der Luft am Austritt gleich der Änderung der Partialdichte in der Luft, $\Delta\rho_{L,H_2O} = \rho_{L,H_2O,\omega}$:

$$\Delta\rho_{L,H_2O,ln} = \frac{\left(\rho_{SW} - \rho_{L,H_2O}\right)_\alpha - \left(\rho_{SW} - \rho_{L,H_2O}\right)_\omega}{\ln\left[\dfrac{\left(\rho_{SW}-\rho_{L,H_2O}\right)_\alpha}{\left(\rho_{SW}-\rho_{L,H_2O}\right)_\omega}\right]} = \frac{\rho_{L,H_2O,\omega}}{\ln\left(\dfrac{\rho_{SW}}{\rho_{SW}-\rho_{L,H_2O,\omega}}\right)}, \tag{6.97}$$

Die Sättigungskonzentration von Wasser an der Oberfläche ergibt sich über den Sättigungsdampfdruck und das ideale Gasgesetz:

$$\rho_{SW} = \frac{p_{SW}\,\tilde{M}_{H_2O}}{R\,T}. \tag{6.98}$$

Mit der Antoine-Gleichung ergeben sich der Sättigungsdampfdruck und damit die benötigten Konzentrationen:

$$p_{SW} = 0{,}474\,bar \quad \rightarrow \quad \rho_{SW} = 0{,}29\,\frac{kg}{m^3} \quad \rightarrow \quad \Delta\rho_{L,H_2O,ln} = 0{,}286\,\frac{kg}{m^3}. \tag{6.99}$$

Mit dem im Aufgabenteil a) berechneten übergehenden Wassermassenstrom ergibt sich für den benötigten Stoffübergangskoeffizienten (Gl. (6.96)):

$$\beta = 6{,}74 \cdot 10^{-3}\,\frac{m}{s}. \tag{6.100}$$

Aus dem notwendigen Stoffübergangskoeffizienten lässt sich schließlich über die Sherwoodzahl Sh und die Reynoldszahl die erforderliche Überströmungsgeschwindigkeit bestimmen:

$$Sh = \frac{\beta L}{D_{H_2O/Luft}} = 709. \tag{6.101}$$

Die erforderliche Geschwindigkeit ergibt sich direkt aus der Reynoldszahl Re, welche mit Hilfe von Abb. Lb 6.12 bestimmt werden kann. Für eine Schmidtzahl von $Sc = 0{,}7$ kann $Re = 2 \cdot 10^5$ abgeschätzt werden. Hieraus ergibt sich für die benötigte Relativgeschwindigkeit:

$$w_{L_{rel}} = \frac{Re\nu}{L} = \frac{Re Sc D_{H_2O/Luft}}{L} \quad \rightarrow \quad \boxed{w_{L_{rel}} = 1{,}33 \, \frac{m}{s}}. \tag{6.102}$$

c) Da es sich bei der in Gl. (6.102) berechneten Luftgeschwindigkeit um die Relativgeschwindigkeit zwischen Luft und Papierbahn handelt, ergibt sich die absolute Geschwindigkeit im Gleichstrom durch Addition der Geschwindigkeit der Papierbahn:

$$w_{L_{abs}} = w_P + w_{L_{rel}} \quad \rightarrow \quad w_{L_{abs}} = 3{,}08 \, \frac{m}{s}. \tag{6.103}$$

Das vom Papier abgegebene Wasser wird von der Luft aufgenommen, sodass folgende Bilanz gilt:

$$\dot{M}_{H_2O,S\ddot{U}} = \dot{V}_L \left(\rho_{L,H_2O_\omega} - \rho_{L,H_2O_\alpha} \right) \quad \rightarrow \quad \dot{V}_L = \frac{\dot{M}_{H_2O,S\ddot{U}}}{\rho_{L,H_2O_\omega}}. \tag{6.104}$$

Daraus folgt die Luftgeschwindigkeit im Kanal:

$$w_{L_{abs}} = \frac{\dot{V}_L}{HB} = \frac{\dot{M}_{H_2O,S\ddot{U}}}{HB\rho_{L,H_2O_\omega}} \quad \rightarrow \quad \boxed{w_{L_{abs}} = 3{,}07 \, \frac{m}{s}}. \tag{6.105}$$

Die beiden Ergebnisse befinden sich entsprechend in sehr guter Übereinstimmung.

6.8 Verdunstungsraten eines Sees [1]*

▶ **Thema** Konvektiver Stoffübergang

Feuchte Luft von $20\,°C$ mit einer relativen Feuchte $\varphi = p_{H_2O}/p_{S\,H_2O} = 0{,}5$ strömt bei $1013\,mbar$ Luftdruck über einen See von ebenfalls $20\,°C$. Der See weist eine Länge von $150\,m$ und eine Breite von $50\,m$ auf. Der Wind wehe schwach mit einer Geschwindigkeit von $2{,}5\,m/s$.

a) Berechnen Sie den stündlich konvektiv abtransportierten Wasserdampfmassenstrom, wenn der See der Länge nach überströmt wird.

b) Berechnen Sie die relative Änderung des Verdunstungsmassenstroms im Vergleich zum Wert des Aufgabenteils a), wenn sich der Wind um 90° dreht. Begründen Sie den Unterschied beider Massenströme.

c) Bestimmen Sie den Massenstrom, der bei ausschließlich einseitiger Diffusion auftreten würde. Hierbei ist davon auszugehen, dass die Luftfeuchte über dem See oberhalb von 1 m konstant bei $\varphi = 0,5$ liegt.

Gegeben (sämtliche Stoffdaten bei 20 °C):

Sättigungsdampfdruck von Wasser	p_{SW}	$= 2,337 \cdot 10^{-3}\,\mathrm{MPa}.$
Kinematische Viskosität der Luft	ν_L	$= 15,35 \cdot 10^{-6}\,\mathrm{m^2/s}.$
Diffusionskoeffizient Wasser in Luft	$D_{\mathrm{H_2O/Luft}}$	$= 2,1 \cdot 10^{-5}\,\mathrm{m^2/s}.$

Hinweis zum Aufgabenteil c):

Eine analoge Fragestellung wurde bereits in Aufgabe 2.4 behandelt. Die dort abgeleitete Gleichung kann übernommen werden.

Lösung

Lösungsansatz:
Verwendung einer passenden Korrelation zur Beschreibung des Stoffübergangs.

Lösungsweg:
a) Das zur Auswahl der Sherwood-Korrelation benötigte Strömungsregime kann durch Berechnung der Reynoldszahl bestimmt werden:

$$Re_L = \frac{wL}{\nu} = 9,77 \cdot 10^6. \tag{6.106}$$

Da dieser Wert größer als die kritische Reynoldszahl ist, liegt ein turbulentes Strömungsprofil vor. Die mittlere Sherwoodzahl ergibt sich als Mittelwert aus laminarer und turbulenter Sherwoodzahl (Gl. (Lb 6.38)). Die Sherwoodzahl für die laminare Überströmung berechnet sich gemäß der Gln. (Lb 6.30):

$$Sh_{L_{\mathrm{lam}}} = \frac{\beta L}{D_{\mathrm{H_2O/Luft}}} = 0,664 \sqrt{Re_L}\, Sc^{1/3} \quad \rightarrow \quad Sh_{L_{\mathrm{lam}}} = 1870. \tag{6.107}$$

Für die Sherwoodzahl bei turbulenter Überströmung gilt Gl. (Lb 6.37):

$$Sh_{L_{\mathrm{turb}}} = \frac{0,037 Re^{0,8}\, Sc}{1 + 2,443 Re^{-0,1}\left(Sc^{2/3} - 1\right)} \quad \rightarrow \quad Sh_{L_{\mathrm{turb}}} = 1,16 \cdot 10^4. \tag{6.108}$$

Mit Gl. (Lb 6.38) ergibt sich die mittlere Sherwoodzahl

$$Sh_L = \sqrt{Sh_{L_{\text{lam}}}^2 + Sh_{L_{\text{turb}}}^2} \quad \rightarrow \quad Sh_L = 1{,}18 \cdot 10^4 \tag{6.109}$$

und daraus der mittlere Stoffübergangskoeffizient:

$$\beta_L = \frac{Sh\, D_{\text{H}_2\text{O/Luft}}}{L} \quad \rightarrow \quad \beta_L = 1{,}65 \cdot 10^{-3}\,\frac{\text{m}}{\text{s}}. \tag{6.110}$$

Die zum Sättigungsdampfdruck gehörige Massenkonzentration des Wassers folgt aus dem idealen Gasgesetz als:

$$\rho_{SW} = \frac{p_{SW}\, \tilde{M}_W}{R\, T} = 1{,}73 \cdot 10^{-2}\,\frac{\text{kg}}{\text{m}^3}. \tag{6.111}$$

Damit lässt sich mit Hilfe der Stoffübergangsgleichung der stündliche Verdunstungsstrom an Wasser berechnen:

$$\dot{M}_{\text{H}_2\text{O}} = \beta_L\, A\,(\rho_{SW} - \varphi \rho_{SW}) = \beta_L\, L\, B\, \rho_{SW}\,(1 - \varphi)$$

$$\rightarrow \quad \boxed{\dot{M}_{\text{H}_2\text{O}} = 385\,\frac{\text{kg}}{\text{h}}}. \tag{6.112}$$

b) Die analoge Rechnung nunmehr für die Überströmung in Querrichtung liefert folgende Werte:

$$Re_B = \frac{wB}{\nu} = 3{,}26 \cdot 10^6, \quad Sh_{B_{\text{lam}}} = 1080, \quad Sh_{B_{\text{turb}}} = 4892, \quad Sh_B = 5010. \tag{6.113}$$

Mit dem resultierenden mittleren Stoffübergangskoeffizienten

$$\beta_B = \frac{Sh\, D_{\text{H}_2\text{O/Luft}}}{B} \quad \rightarrow \quad \beta_B = 2{,}10 \cdot 10^{-3}\,\frac{\text{m}}{\text{s}} \tag{6.114}$$

lässt sich der stündliche Verdunstungsstrom an Wasser berechnen:

$$\dot{M}_{\text{H}_2\text{O}} = \beta_B\, A\,(\rho_{SW} - \varphi \rho_{SW}) = \beta_B\, L\, B\, \rho_{SW}\,(1 - \varphi)$$

$$\rightarrow \quad \boxed{\dot{M}_{\text{H}_2\text{O}} = 490\,\frac{\text{kg}}{\text{h}}}. \tag{6.115}$$

Demzufolge ist der Stoffstrom bei einer Querüberströmung um knapp 30 % größer als der bei Längsüberströmung. Ursächlich für den Unterschied sind die unterschiedlich starken Grenzschichtdicken. Die turbulenten Grenzschichtdicken δ_{turb} betragen gemäß Gl. (Lb 6.13) in den beiden Fällen:

$$\delta_{\text{turb}} = \frac{0{,}37x}{Re_x^{0{,}2}} \quad \rightarrow \quad \delta_{\text{turb}_L} = 2{,}22\,\text{m} \quad \text{und} \quad \delta_{\text{turb}_B} = 0{,}922\,\text{m}. \tag{6.116}$$

Infolge der deutlich geringeren Grenzschichtdicke wird bei der Querüberströmung ein signifikant größerer Massenstrom verdunstet.

c) In der Lösung der Aufgabe 2.4 wurde für den durch einseitige Diffusion übergehenden Stoffstrom folgende Beziehung (Gl. (2.41)) abgeleitet:

$$\dot{m}_{H_2O}^{eins} = \frac{D_{H_2O/Luft}\tilde{M}_{H_2O}}{TR}\frac{p}{H}\ln\left(\frac{p - \varphi p_{SW}}{p - p_{SW}}\right)$$

$$\rightarrow \quad \dot{m}_{H_2O}^{eins} = 1{,}84 \cdot 10^{-7}\,\frac{kg}{m^2\,s}. \tag{6.117}$$

Der Verdunstungsmassenstrom an Wasser resultiert aus dem Produkt von Seeoberfläche und Massestromdichte:

$$\dot{M}_{H_2O}^{eins} = \dot{m}_{H_2O}^{eins} A_{See} \quad \rightarrow \quad \boxed{\dot{M}_{H_2O}^{eins} = 4{,}98\,\frac{kg}{h}}. \tag{6.118}$$

Damit liegt der diffusiv transportierte Massenstrom um etwa zwei Größenordnungen unter den konvektiv verursachten Massenströmen.

6.9   Sublimation von Naphthalin [7][**]

▶   **Thema** Konvektiver Stoffübergang bei turbulenter Strömung

Eine Platte von 2 m Länge und 1 m Breite, die mit einer Schicht aus Naphthalin überzogen ist, wird von Luft bei 0 °C und 1,013 bar mit einer Geschwindigkeit von 10 m/s der Länge nach gleichmäßig überströmt.

Bestimmen Sie den Massenstrom des sublimierenden Naphthalins.

Gegeben (Stoffdaten bei 0 °C):

Sättigungsdampfdruck von Naphthalin	$p_{S_{Na}}$	$= 1{,}07\,Pa.$
Diffusionskoeffizient Naphthalin in Luft	$D_{Na/Luft}$	$= 4{,}9 \cdot 10^{-6}\,m^2/s.$
Kinematische Viskosität der Luft	ν_L	$= 1{,}32 \cdot 10^{-5}\,m^2/s.$
Molmasse Naphthalin	$\tilde{M}_{Na}$	$= 128\,g/mol.$

Hinweis:

1. Für die Lösung muss eine mittlere Sherwoodzahl bestimmt werden. Für die lokale Sherwoodzahl bei laminarer Strömung gilt Gl. (Lb 6.29)

$$Sh_x = \frac{\beta(x)L}{D_{AB}} = 0{,}332\sqrt{Re_L}Sc^{1/3}\left(\frac{L}{x}\right)^{1/2} \tag{6.119}$$

und bei turbulenter Strömung:

$$Sh_x = 0,0292 Re_x^{0,8} Sc. \tag{6.120}$$

Der Übergang von der laminaren zur turbulenten Strömung liegt bei $Re = 3 \cdot 10^5$.
Die Bestimmung der mittleren Sherwoodzahlen für den laminaren und den turbulenten Bereich muss durch Mittelung der lokalen Sherwoodzahlen über die *gesamte* Plattenlänge erfolgen. Die Mittelung dieser beiden Sherwoodzahlen kann mithilfe der Beziehung (Gl. (Lb 6.38))

$$Sh_L = \sqrt{Sh_{L_{\text{lam}}}^2 + Sh_{L_{\text{turb}}}^2} \tag{6.121}$$

erfolgen.
2. Die Naphthalinkonzentration in der Luft kann vernachlässigt werden.

Lösung

Lösungsansatz:
Mittelung der Sherwoodzahlen für den laminaren und turbulenten Bereich.

Lösungsweg:
Das zur Auswahl der Sherwood-Korrelation benötigte Strömungsregime kann durch Berechnung der Reynoldszahl bestimmt werden:

$$Re_L = \frac{wL}{\nu} = 1,52 \cdot 10^6. \tag{6.122}$$

Die Strömung befindet sich daher im turbulenten Bereich. Unter der Annahme, dass keine Anreicherung von Naphthalin in der Luft stattfindet, berechnet sich der Massenstrom von Naphthalin mit Hilfe des idealen Gasgesetztes wie folgt:

$$\dot{M}_{\text{Na}} = \beta L B \rho_{S_{\text{Na}}} = \beta L B \frac{\tilde{M}_{\text{Na}}}{RT} p_{S_{\text{Na}}}. \tag{6.123}$$

Der über den laminaren und turbulenten Bereich der Platte gemittelte Stoffübergangskoeffizient β

$$\beta = \frac{Sh_L D_{\text{Na/Luft}}}{L}. \tag{6.124}$$

berechnet sich über die mittlere Sherwoodzahl (Gl. (Lb 6.38)):

$$Sh_L = \sqrt{Sh_{L_{\text{lam}}}^2 + Sh_{L_{\text{turb}}}^2}. \tag{6.125}$$

Im laminaren Bereich gilt Gl. (Lb 6.29) für die lokale laminare Sherwoodzahl:

$$Sh_{x_\mathrm{lam}} = 0{,}332\sqrt{Re_L}\,Sc^{1/3}\left(\frac{L}{x}\right)^{1/2}. \tag{6.126}$$

Um die mittlere Sherwood zu erhalten, wird Gl. (6.126) über den laminar überströmten Bereich integriert und durch die Lauflänge dividiert. Es ergibt sich Gl. (Lb 6.30):

$$Sh_{L_\mathrm{lam}} = \frac{1}{L}\int_0^L Sh_{x_\mathrm{lam}}\,dx = \frac{1}{L}0{,}332\sqrt{Re_L}\,Sc^{1/3}L^{1/2}\int_0^L\left(\frac{1}{x}\right)^{1/2}dx$$

$$= 0{,}664\sqrt{Re_L}\,Sc^{1/3}$$

$$\rightarrow\quad Sh_{L_\mathrm{lam}} = 1137. \tag{6.127}$$

Analog zum Vorgehen im laminaren Fall muss der mittlere Stoffübergangskoeffizient im turbulenten Bereich bestimmt werden:

$$Sh_{L_\mathrm{turb}} = \frac{1}{L}\int_0^L Sh_{x_\mathrm{turb}}\,dx = \frac{1}{L}0{,}0292\left(\frac{w}{\nu}\right)^{0{,}8}Sc\int_0^L x^{0{,}8}dx = 0{,}0162Re_L^{0{,}8}Sc$$

$$\rightarrow\quad Sh_{L_\mathrm{turb}} = 3839. \tag{6.128}$$

Aus der gemittelten laminaren und turbulenten Sherwoodzahl kann mittels Gl. (6.125) die mittlere Sherwoodzahl für die gesamte überströmte Platte bestimmt werden:

$$Sh_L = \sqrt{Sh_{L_\mathrm{lam}}^2 + Sh_{L_\mathrm{turb}}^2}\quad\rightarrow\quad Sh_L = 4004. \tag{6.129}$$

Der mittlere Stoffübergangskoeffizient ergibt sich nach Gl. (6.124) zu:

$$\beta = 9{,}81\cdot 10^{-3}\,\frac{\mathrm{m}}{\mathrm{s}}. \tag{6.130}$$

Der Gesamtmassenstrom $\dot{M}_\mathrm{Na}$ berechnet sich nach Gl. (6.123):

$$\dot{M}_\mathrm{Na} = \beta L B\frac{\tilde{M}_\mathrm{Na}}{RT}p_{S_\mathrm{Na}}\quad\rightarrow\quad \boxed{\dot{M}_\mathrm{Na} = 1{,}18\cdot 10^{-6}\,\frac{\mathrm{kg}}{\mathrm{s}} = 4{,}26\,\frac{\mathrm{g}}{\mathrm{h}}}. \tag{6.131}$$

6.10 Anwendung der Analogie des Wärme- und Stofftransports auf geometrisch ähnliche Körper [4][**]

▶ **Thema** Konvektiver Wärme- und Stoffübergang

Ein Festkörper beliebiger Gestalt mit einer charakteristischen Länge $L = 1\,\mathrm{m}$ und einer Temperatur ϑ_K von $80\,°\mathrm{C}$ wird von einem Luftstrom ($\vartheta = 20\,°\mathrm{C}$, $w = 85\,\mathrm{m/s}$) umströmt. An einem Punkt am Festkörper wird ein Wärmefluss von $10^4\,\mathrm{W/m^2}$ gemessen sowie in einer bestimmten Entfernung von diesem Punkt in der Grenzschicht eine Temperatur ϑ_{GS} von $60\,°\mathrm{C}$. Nun soll ein Verdunstungsvorgang an einem geometrisch ähnlichen Körper ($L = 2\,\mathrm{m}$) untersucht werden. Ein dünner Wasserfilm an der Oberfläche dieses Festkörpers verdunstet in einen trockenen Luftstrom mit einer Strömungsgeschwindigkeit von $50\,\mathrm{m/s}$. Alle Phasen weisen eine Temperatur von $50\,°\mathrm{C}$ auf.

a) Zeigen Sie, dass die Analogie des Wärme- und Stofftransports für diese Aufgabe genutzt werden kann.
b) Bestimmen Sie den verdunstenden Molenfluss an der betrachteten Stelle.
c) Berechnen Sie die molare Konzentration in der Grenzschicht an der gleichen relativen Stelle wie bei der Temperaturmessung.

Gegeben:

Diffusionskoeffizient Wasser in Luft bei $0\,°\mathrm{C}$ $D_{\mathrm{H_2O/Luft}} = 2{,}16 \cdot 10^{-5}\,\mathrm{m^2/s}$
Wärmeleitfähigkeit von Luft bei $50\,°\mathrm{C}$ $\lambda \quad = 0{,}0279\,\mathrm{W/(m \cdot K)}$

Konstanten der Antoine-Gleichung (Lb 1.140) für Wasser: $A = 18{,}3036$; $B = 3816{,}44$; $C = -46{,}13$ [6] (die Daten gelten für die Temperatur in Kelvin, den Druck in Torr (1 bar $= 750{,}062$ Torr) und den natürlichen Logarithmus)

Hinweise:

1. Bei geometrisch ähnlichen Körpern weist das Verhältnis aller charakteristischen Längen untereinander den gleichen Zahlenwert auf. In diesem Fall zeigen die Nußelt- und die Sherwoodzahl für die Wärme- und Stofftransportvorgänge die identischen Abhängigkeiten von der Reynolds- sowie der Prandtl- bzw. Schmidtzahl auf. Bei ähnlichen Strömungsverhältnissen (gleiche Reynoldszahl) können entsprechend die funktionalen Zusammenhänge übernommen werden. Sind die Prandtl- und die Schmidtzahl annähernd gleich groß, dann gilt $Nu = Sh$. In diesem Fall stimmen die Temperatur- und Konzentrationsverläufe vollständig überein und somit entspricht die dimensionslose Temperatur an jeder Stelle innerhalb der Grenzschicht auch der dimensionslosen Konzentration.
2. Der Diffusionskoeffizient muss aufgrund der starken Temperaturabhängigkeit $D \sim T^{3/2}$ auf die Temperatur von $50\,°\mathrm{C}$ umgerechnet werden.

Lösung

Lösungsansatz:
Nutzung der Analogie zwischen Wärme- und Stofftransport.

Lösungsweg:
a) Um die Analogie zwischen Wärme- und Stofftransport nutzen zu können, muss für die beiden Transportvorgänge gelten:

$$Pr \approx Sc \quad \text{und} \quad Re_{W\ddot{U}} \approx Re_{S\ddot{U}}. \tag{6.132}$$

Für die Berechnung der Prandtl- und der Schmidtzahl muss der Diffusionskoeffizient für die jeweiligen Temperaturen bestimmt werden. Der entsprechende Diffusionskoeffizient bei $0\,°C$ ist gegeben und steigt nach Gl. (Lb 1.20) mit $T^{3/2}$ an:

$$D_{H_2O/Luft}(T) = D_{H_2O/Luft}(0\,°C)\left(\frac{T}{273,15\,K}\right)^{3/2}$$

$$\rightarrow \quad D_{H_2O/Luft}(20\,°C) = 2,40 \cdot 10^{-5}\,\frac{m^2}{s} \quad \text{und} \quad D_{H_2O/Luft}(50\,°C) = 2,78 \cdot 10^{-5}\,\frac{m^2}{s}. \tag{6.133}$$

Damit ergibt sich für die Prandtl- und die Schmidtzahl:

$$Pr = 0,714 \quad \text{und} \quad Sc = 0,657. \tag{6.134}$$

Der Unterschied ist geringer als $10\,\%$, sodass beide dimensionslosen Kennzahlen in etwa gleich sind. Auch der Vergleich der Reynoldszahlen

$$Re_{W\ddot{U}} = 5,54 \cdot 10^6 \quad \text{und} \quad Re_{S\ddot{U}} = 5,48 \cdot 10^6. \tag{6.135}$$

zeigt eine weitgehende Übereinstimmung, sodass die Analogie zur Lösung der Aufgabe eingesetzt werden kann.

b) Aus den gegebenen Daten kann der Wärmeübergangskoeffizient und aufgrund der Analogie zwischen Wärme und Stofftransport hieraus der Stoffübergangskoeffizient bestimmt werden. Der Wärmeübergangskoeffizient kann über den konvektiven Wärmeübergang berechnet werden:

$$\alpha = \frac{\dot{q}}{\Delta T} \quad \rightarrow \quad \alpha = 167\,\frac{W}{m^2\,K}. \tag{6.136}$$

Mit dem Wärmeübergangskoeffizienten kann die Nußeltzahl, die nach der Analogie zwischen Wärme- und Stofftransport der Sherwoodzahl entspricht, für den ersten Körper mit der charakteristischen Länge L_1 bestimmt werden. Die Nußelt- bzw. Sherwoodzahl betragen daher:

$$Nu = \frac{\alpha L_1}{\lambda} \quad \rightarrow \quad Nu = 5974 = Sh. \tag{6.137}$$

Der auf die charakteristische Länge L_2 bezogene Stoffübergangskoeffizient ergibt sich zu:

$$\beta = \frac{Sh\, D_{H_2O/Luft}(50\,°C)}{L_2} = 8{,}3 \cdot 10^{-2}\,\frac{m}{s}. \tag{6.138}$$

Zur Berechnung des verdunstenden Molenflusses muss die Sättigungskonzentration an der Wasseroberfläche bekannt sein. Diese kann über das ideale Gasgesetz aus dem Sättigungsdampfdruck berechnet werden, der sich für Wasser bei 50 °C mit der Antoine-Gleichung berechnet:

$$p_{SW} = 0{,}123\,\text{bar}. \tag{6.139}$$

Unter der Annahme von trockener Luft folgt für den verdunstenden Molenfluss:

$$\dot{n}_{H_2O} = \beta c_{SW} = \beta \frac{p_{SW}}{RT} \quad \rightarrow \quad \boxed{\dot{n}_{H_2O} = 0{,}381\,\frac{mol}{m^2 s}}. \tag{6.140}$$

b) Aufgrund der praktisch gleichen Schmidt- und Prandtlzahl stimmt das dimensionslose Konzentrations- und Temperaturprofil für geometrisch ähnliche Körper vollständig überein. Für ähnliche Punkte gilt demzufolge:

$$\frac{c_{H_2O} - c_{Luft}}{c_{SW} - c_{Luft}} = \frac{\vartheta_{GS} - \vartheta_{Luft}}{\vartheta_0 - \vartheta_{Luft}} \quad \rightarrow \quad c_{H_2O} = \frac{\vartheta_{GS} - \vartheta_{Luft}}{\vartheta_0 - \vartheta_{Luft}} c_{SW}$$

$$\rightarrow \quad \boxed{c_{H_2O} = 3{,}06\,\frac{mol}{m^3}}. \tag{6.141}$$

Literatur

1. Baehr HD, Stephan K (2013) Wärme- und Stoffübertragung, 8. Aufl. Springer, Berlin Heidelberg New York
2. Beek WJ, Muttzall KMK, van Heuven JW (1999) Transport phenomena, 2. Aufl. John Wiley & Sons, Chichester
3. Bird RB, Stewart WE, Lightfoot EN (2002) Transport phenomena, 2. Aufl. John Wiley & Sons, New York
4. Draxler J, Siebenhofer M (2014) Verfahrenstechnik in Beispielen. Springer Vieweg, Wiesbaden
5. Mills AF (1995) Basic heat and mass transfer. Richard D. Irwin, Chicago

6. Reid RC, Prausnitz JM, Poling BE (1987) The properties of gases and liquids, 4. Aufl. McGraw-Hill, New York
7. Wronski S, Pohorecki R, Siwinski J (1998) Numerical problems in thermodynamics and kinetics of chemical engineering processes. Begell House, New York

Disperse Systeme

7

Inhalte dieses Kapitels sind die Erläuterung und Berechnung der Bewegungsgeschwindig-keiten von Partikeln sowie der damit verbundenen konvektiven Wärme- und Stofftrans-portvorgänge. Zunächst wird die stationäre und instationäre Bewegung einzelner fester und fluider Partikel unter Verwendung des zugehörigen Widerstandsbeiwerts mathema-tisch beschrieben. Das Verhalten absinkender Partikelschwärme wird ebenfalls behandelt. Für die Bestimmung des stationären Stoffübergangs an festen und fluiden Partikeln wer-den abhängig von der Strömungsform dimensionslose Berechnungsgleichungen genutzt bzw. überprüft. Abschließend werden der instationäre Stofftransport sowie die Beschleu-nigung des Stofftransports durch eine homogene chemische Reaktion betrachtet.

7.1 Bestimmung einer Flüssigkeitsviskosität[*]

► **Thema** Stationäre Partikelbewegung – Feste Partikel

Eine Hohlkugel mit einem Durchmesser von 5 mm und einer Masse von 0,05 g durchsteigt eine Flüssigkeit mit einer Geschwindigkeit von $5 \cdot 10^{-3}$ m/s. Die Flüssigkeitsdichte beträgt $900 \, \text{kg/m}^3$.

Berechnen Sie den Widerstandsbeiwert, die dynamische Viskosität der Flüssigkeit und die Widerstandskraft.

Elektronisches Zusatzmaterial Die Online-Version dieses Kapitels (https://doi.org/10.1007/978-3-662-60393-2_7) enthält Zusatzmaterial, das für autorisierte Nutzer zugänglich ist.

© Springer-Verlag GmbH Deutschland, ein Teil von Springer Nature 2020

M. Kraume, *Transportvorgänge in der Verfahrenstechnik*,

https://doi.org/10.1007/978-3-662-60393-2_7

Lösung

Lösungsansatz:
Umstellung der Gleichung für die stationäre Sinkgeschwindigkeit und Bestimmung des
Strömungszustands über den Widerstandsbeiwert aus der Widerstandscharakteristik.

Lösungsweg:
Die Beziehung für die Partikelsinkgeschwindigkeit w_P (Gl. (Lb 7.4)) wird nach dem Widerstandsbeiwert umgestellt:

$$w_P = \sqrt{\frac{4}{3}\frac{|\rho_P - \rho_f|}{\rho_f}\frac{g\,d_P}{\zeta}} \quad \rightarrow \quad \zeta = \frac{4}{3}\frac{|\rho_P - \rho_f|}{\rho_f}\frac{g\,d_P}{w_P^2}$$

$$\rightarrow \quad \zeta = \frac{4}{3}\left|\frac{M_P}{V_P\rho_f} - 1\right|\frac{g\,d_P}{w_P^2} = \frac{4}{3}\left|\frac{M_P}{\frac{\pi}{6}d_P^3\rho_f} - 1\right|\frac{g\,d_P}{w_P^2}$$

$$\rightarrow \quad \boxed{\zeta = 395}. \tag{7.1}$$

Der Widerstandsbeiwert liegt im Stokes'schen Bereich (s. Abb. Lb 7.5), in dem für den
Widerstandsbeiwert gilt (Gl. (Lb 7.6)):

$$\zeta = \frac{24}{Re} \quad \rightarrow \quad Re = \frac{24}{\zeta} = 0{,}0607. \tag{7.2}$$

Umgestellt nach der Viskosität η_f ergibt sich:

$$Re = \frac{w_P d_P \rho_f}{\eta_f} \quad \rightarrow \quad \eta_f = \frac{w_P d_P \rho_f}{Re} \quad \rightarrow \quad \boxed{\eta_f = 0{,}371\,\mathrm{Pa}\cdot\mathrm{s}}. \tag{7.3}$$

Die Widerstandskraft F_W wird gemäß der Definitionsgleichung (Lb 7.3) berechnet:

$$F_W \equiv \zeta\rho_f\frac{\pi}{4}d_P^2\frac{w_P^2}{2} \quad \rightarrow \quad \boxed{F_W = 8{,}74\cdot 10^{-5}\,\mathrm{N}}. \tag{7.4}$$

7.2 Dimensionierung eines Nachklärbeckens**

▶   **Thema** Stationäre Partikelbewegung – Feste Partikel

In dem Nachklärbecken einer kommunalen Kläranlage ($L \times B = 8\,\mathrm{m} \times 2{,}5\,\mathrm{m}$) müssen
Bakterienflocken durch Sedimentation vom gereinigten Wasser (20 °C, Stoffdaten s. Ta-
belle Lb 1.2) getrennt werden (s. Abb. 7.1). Die wasserfreie Massenkonzentration ρ_α der
Bakterien (Trockenstoffgehalt) im Eintritt beträgt 5 g/L. 8 % der Fläche des Nachklär-
beckens werden für die Suspensionsverteilung benötigt, sie stehen also nicht als aktive

Abb. 7.1 Schlammabtrennung
in einem Nachklärbecken

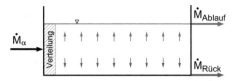

Sedimentationsfläche zur Verfügung. Die als kugelförmig betrachteten Flocken besitzen eine Größe $d_P = 100\,\mu\mathrm{m}$ und eine Dichte von $\rho_P = 1120\,\mathrm{kg/m^3}$. Der Trockenstoffgehalt im abgeschiedenen Rücklaufschlamm $\rho_{\mathrm{Rück}}$ beträgt $12\,\mathrm{g/L}$; im Wasserablauf seien keine Flocken mehr vorhanden.

a) Berechnen Sie die Sinkgeschwindigkeit einer kugelförmigen Schlammflocke.
b) Bestimmen Sie den maximal zulässigen Eingangsmassenstrom $\dot{M}_\alpha$, um die Flocken noch abscheiden zu können.
c) Ermitteln Sie mit dem maximalen Eingangsmassenstrom aus b) die hydraulische Verweilzeit τ, wenn die Füllhöhe des Beckens 5 m beträgt.

Hinweise:

1. Beachten Sie die geringe Größe der Partikel für die Berechnung der Sinkgeschwindigkeit (Annahmen für die Rechnung).
2. Aufgrund der sehr niedrigen Massenanteile beeinflussen sich die Partikel in ihrer Bewegung nicht und die Dichte der Suspension kann gleich der Wasserdichte ρ_f gesetzt werden.

Lösung

Lösungsansatz:
Berechnung der Sinkgeschwindigkeit einer einzelnen Schlammflocke und anschließende Gleichsetzung mit der Aufströmgeschwindigkeit des gereinigten Abwassers.

Lösungsweg:
a) Die stationäre Partikelsinkgeschwindigkeit wird über die Bewegungsgleichung (Lb 7.4)

$$w_P = \sqrt{\frac{4}{3}\frac{\rho_P - \rho_f}{\rho_f}g\,d_P\frac{1}{\zeta}} \qquad (7.5)$$

berechnet. Dabei wird aufgrund der geringen Partikelgröße angenommen, dass die Bewegung schleichend erfolgt und sich der Widerstandsbeiwert berechnet gemäß Gl. (Lb 7.6):

$$\zeta = \frac{24}{Re}. \qquad (7.6)$$

Damit ergibt sich die Partikelsinkgeschwindigkeit:

$$w_P = \frac{1}{18} \frac{\rho_P - \rho_f}{\rho_f} \frac{g d_P^2}{\nu_f} \quad \rightarrow \quad \boxed{w_P = 6,63 \cdot 10^{-4} \frac{\text{m}}{\text{s}}}. \tag{7.7}$$

Die zugehörige Reynoldszahl beträgt 0,066, sodass die Partikelbewegung tatsächlich im Bereich der schleichenden Umströmung stattfindet.

b) Der maximale Massenstrom ergibt sich durch die aufwärtsgerichtete Strömung des gereinigten Abwassers, deren Geschwindigkeit nicht größer als die Sinkgeschwindigkeit der Schlammflocken sein darf. $\dot{M}_{\text{Ablauf}}$ ergibt sich aus der Massenbilanz:

$$\dot{M}_\alpha = \dot{M}_{\text{Ablauf}} + \dot{M}_{\text{Rück}}. \tag{7.8}$$

Da die Suspensionsdichte für alle drei Ströme gleich der Wasserdichte ist (Hinweis 2), gilt auch:

$$\dot{V}_\alpha = \dot{V}_{\text{Ablauf}} + \dot{V}_{\text{Rück}}. \tag{7.9}$$

Mit dem Rücklaufmassenstrom wird die gesamte Biomasse zurückgeführt. Demzufolge lautet die Bilanz für die Biomasse:

$$\rho_\alpha \dot{V}_\alpha = \rho_{\text{Rück}} \dot{V}_{\text{Rück}}. \tag{7.10}$$

Damit ergibt sich für den aufwärts gerichteten Volumenstrom:

$$\dot{V}_{\text{Ablauf}} = \left(1 - \frac{\rho_\alpha}{\rho_{\text{Rück}}}\right) \dot{V}_\alpha. \tag{7.11}$$

Hieraus resultieren die Aufwärtsgeschwindigkeit, die maximal gleich der Sinkgeschwindigkeit der Schlammpartikel sein darf, und damit die Maximalbelastung des Beckens:

$$w_{\text{Ablauf}} = \frac{\dot{V}_{\text{Ablauf}}}{0,92 L B} = w_P \quad \rightarrow \quad w_P = \left(1 - \frac{\rho_\alpha}{\rho_{\text{Rück}}}\right) \frac{\dot{V}_\alpha}{0,92 L B}$$

$$\rightarrow \quad \dot{M}_\alpha = \dot{V}_\alpha \rho_f = 0,92 L B \rho_f w_P \left(\frac{\rho_{\text{Rück}}}{\rho_{\text{Rück}} - \rho_\alpha}\right)$$

$$\rightarrow \quad \boxed{\dot{M}_\alpha = 75,1 \frac{\text{t}}{\text{h}}}. \tag{7.12}$$

(Bei der Berechnung wurde berücksichtigt, dass 8 % der Gesamtfläche nicht für die Filtration zur Verfügung stehen.)

c) Die minimale hydraulische Verweilzeit ergibt sich mit der Maximalbelastung als:

$$\tau_{\text{min}} = \frac{V_{\text{Becken}}}{\dot{V}_\alpha} = \frac{B L H \rho_f}{\dot{M}_\alpha} \quad \rightarrow \quad \boxed{\tau_{\text{min}} = 1,33 \,\text{h}}. \tag{7.13}$$

7.3   Charakteristika von Regentropfen und Hagelkörnern[**]

▶   Thema Stationäre Partikelbewegung – Feste und fluide Partikel

Nach anhaltenden, ergiebigen Regenfällen wurden in der ARD u. a. folgende Aspekte eines Regens in einem Bericht[1] dargestellt:

> „Bei einem Tropfenradius von 0,05 bis 0,25 mm spricht man von Nieselregen. Der typische Landregen ist mit Tropfen von 0,5 bis 3 mm größer. In einem Gewitter prasseln 4 mm große Tropfen auf die Erde. Sie können nicht beliebig groß werden. Ab etwa 7 mm Durchmesser werden sie instabil und zerreißen durch den Luftwiderstand. Kleine Regentropfen sind kugelförmig. Größere Tropfen von 2 bis 3 mm Durchmesser sind oben halbkugelförmig und unten durch den Luftwiderstand eingedellt. Je größer sie werden, desto schneller fallen sie herab. Bei einem Durchmesser von 1 mm liegt die Fallgeschwindigkeit bei 4 m/s, bei 2 mm sind es etwa 8 m/s. Hagel kann sehr viel größer werden und entsprechend schnell fallen. Großer Hagel rast mit Geschwindigkeiten von bis zu 40 m/s zur Erde und richtet beim Einschlag entsprechende Schäden an.“

Überprüfen Sie folgende Aussagen:

a) Ab 7 mm werden Regentropfen instabil und zerreißen durch den Luftwiderstand.
b) Tropfen von 2 mm Durchmesser sind nicht mehr kugelförmig, sondern deformiert (oben halbkugelförmig und unten durch den Luftwiderstand eingedellt).
c) Bei einem Durchmesser von 1 mm liegt die Fallgeschwindigkeit bei 4 m/s, bei 2 mm sind es etwa 8 m/s.
d) Großer Hagel rast mit Geschwindigkeiten von bis zu 40 m/s zur Erde. Bestimmen Sie die dafür notwendige Größe eines kugelförmigen Hagelkorns.

Gegeben:

Luftdichte	$\rho_g = 1{,}19\,\text{g/L}$
Dynamische Viskosität der Luft	$\eta_g = 18{,}2 \cdot 10^{-6}\,\text{Pa} \cdot \text{s}$
Wasserdichte	$\rho_f = 1000\,\text{g/L}$
Oberflächenspannung	$\sigma = 0{,}072\,\text{N/m}$
Eisdichte	$\rho_s = 918\,\text{g/L}$

Lösung

Lösungsansatz:
Verwendung der Abb. Lb 7.7 und Lb 7.13 zur Bestimmung der Sinkgeschwindigkeiten fester und fluider Partikel.

---

[1] http://wetter.tagesschau.de/wetterthema/2017/07/25/regen.html, Autor: Ingo Bertram (abgerufen am 15.8.2017).

Lösungsweg:

a) Der größte stabile Partikeldurchmesser berechnet sich gemäß Gl. (Lb 7.23):

$$d_E = 3\sqrt{\frac{\sigma}{\Delta\rho g}} \quad \rightarrow \quad \boxed{d_E = 8{,}13\,\text{mm}}.$$
(7.14)

Dieser Wert ist etwas größer als der im Artikel genannte Durchmesser von 7 mm.

b) Gemäß Gl. (Lb 7.32) bleiben Tropfen kugelförmig, solange

$$d_T \leq 30\sqrt[3]{\frac{\eta_c^2}{\rho_c\,\Delta\rho g}} \quad \rightarrow \quad \boxed{d_T \leq 0{,}915\,\text{mm}}.$$
(7.15)

gilt. Demzufolge sind Tropfen mit einem Durchmesser von 2 mm entsprechend deformiert.

c) Allgemein lässt sich die Sinkgeschwindigkeit kugeliger Tropfen mit den Gesetzmäßigkeiten der festen Kugeln berechnen. Aufgrund der hohen Viskosität der dispersen Phase gegenüber derjenigen des umgebenden Gases kann der Impulstransport über die Phasengrenzfläche vernachlässigt werden. Der jeweilige dimensionslose Partikeldurchmesser beträgt für die beiden Partikeldurchmesser:

$$d^* \equiv d_P\sqrt[3]{\frac{\rho_c\,\Delta\rho g}{\eta_c^2}} \quad \rightarrow \quad d^*_{1\,\text{mm}} = 32{,}8 \quad \text{und} \quad d^*_{2\,\text{mm}} = 65{,}5.$$
(7.16)

Daraus folgt die dimensionslose Geschwindigkeit gemäß Gl. (Lb 7.13)

$$w^* = \frac{18}{d^*}\left(\sqrt{1 + \frac{d^{*1,5}}{9}} - 1\right)^2 \quad \rightarrow \quad w^*_{1\,\text{mm}} = 7{,}4 \quad \text{und} \quad w^*_{2\,\text{mm}} = 12{,}5,$$
(7.17)

aus denen sich die Sinkgeschwindigkeiten berechnen (Gl. (Lb 7.11)):

$$w^* \equiv w_P\sqrt[3]{\frac{\rho_c^2}{\eta_c\,\Delta\rho g}} \quad \rightarrow \quad w_P = w^*\sqrt[3]{\frac{\eta_c\,\Delta\rho g}{\rho_c^2}}$$

$$\rightarrow \quad \boxed{w_P(d_P = 1\,\text{mm}) = 3{,}72\,\frac{\text{m}}{\text{s}}} \quad \text{und} \quad \boxed{w_P(d_P = 2\,\text{mm}) = 6{,}26\,\frac{\text{m}}{\text{s}}}.$$
(7.18)

Diese Werte stimmen recht gut mit den Daten aus dem Artikel überein.

d) Für die Fallgeschwindigkeit des Hagelkorns wird grundsätzlich der gleiche Berechnungsgang wie unter c) ausgeführt. Allerdings ist in diesem Fall die Geschwindigkeit bekannt, sodass die Rechnung in umgekehrter Richtung durchgeführt wird. Die dimensionslose Geschwindigkeit beträgt:

$$w^* = w_P \sqrt[3]{\frac{\rho_c^2}{\eta_c \Delta\rho g}} \quad \rightarrow \quad w^* = 82{,}1. \tag{7.19}$$

Aus der Beziehung für die dimensionslose Geschwindigkeit (Gl. (Lb 7.13))

$$w^* = \frac{18}{d^*}\left(\sqrt{1 + \frac{d^{*1,5}}{9}} - 1\right)^2 \tag{7.20}$$

lässt sich iterativ, beispielsweise mit der Zielwertsuche in Excel, der zugehörige dimensionslose Durchmesser

$$d^* = 1762 \tag{7.21}$$

berechnen. Aus diesem Wert ergibt sich der Partikeldurchmesser des Hagelkorns:

$$d^* = d_P \sqrt[3]{\frac{\rho_c \Delta\rho g}{\eta_c^2}} \quad \rightarrow \quad d_P = d^* \sqrt[3]{\frac{\eta_c^2}{\rho_c \Delta\rho g}} \quad \rightarrow \quad \boxed{d_P = 5{,}53\,\text{cm}}. \tag{7.22}$$

Hagelkörner dieser Größe führen zu durchlöcherten Dächern, eingeschlagenen Fenstern und zerbeulten Autos mit gelegentlich eingeschlagenen Scheiben. Es wird von Hagelkörnern mit bis zu 20 cm Durchmesser berichtet.

7.4 Sinkgeschwindigkeit eines Partikels[**]

▶ **Thema** Stationäre Partikelbewegung/Bewegung von Partikelschwärmen

Ein Teilchen mit einem Volumen von 14,1 mm^3 und einer Dichte von $1{,}2 \cdot 10^3$ kg/m^3 sinkt in Wasser von 20 °C (Stoffdaten s. Tabelle Lb 1.2).

Bestimmen Sie die Sinkgeschwindigkeiten und die Widerstandsbeiwerte (mit Ausnahme von Teil b)) des Partikels unter folgenden Bedingungen:

a) Festes, kugelförmiges Einzelpartikel.
b) Festes, kugelförmiges Partikel, das sich in einem monodispersen Schwarm fester Teilchen mit einem Volumenanteil von 0,1 bewegt.
c) Wasserunlöslicher Einzeltropfen bei einer Grenzflächenspannung $\sigma = 0{,}03$ N/m.
d) Fester Würfel.

Lösung

Lösungsansatz:
Verwendung der Abb. Lb 7.7, Lb 7.13 und Lb 7.14 zur Bestimmung der Sinkgeschwindigkeiten fester und fluider Partikel.

Lösungsweg:
a) Aus dem angegebenen Volumen ergibt sich der volumenäquivalente Kugeldurchmesser

$$d_V = \left(\frac{6}{\pi} V_p\right)^{1/3} = d_P = 3\,\mathrm{mm}, \tag{7.23}$$

der dem Durchmesser des kugelförmigen, festen Teilchens entspricht. Die stationäre Sinkgeschwindigkeit wird aus dem dimensionslosen Zusammenhang gemäß Abb. Lb 7.7 berechnet. Der dimensionslose Partikeldurchmesser d^* ist nach Gl. (Lb 7.12) definiert als:

$$d^* \equiv d_P \sqrt[3]{\frac{\rho_f g \Delta\rho}{\eta_f^2}} = 37{,}5. \tag{7.24}$$

Die dimensionslose Sinkgeschwindigkeit w^* resultiert mit Gl. (Lb 7.13) aus d^*:

$$w^* = w_P \cdot \sqrt[3]{\frac{\rho_f^2}{\eta_f \Delta\rho g}} = \frac{18}{d^*}\left(\sqrt{1 + \frac{d^{*1,5}}{9}} - 1\right)^2 = 8{,}27. \tag{7.25}$$

Für die Rückführung in dimensionsbehaftete Größen wird Gl. (7.25) nach w_P aufgelöst:

$$w_P = w^* \left(\frac{\rho_f^2}{\eta_f \Delta\rho g}\right)^{-1/3} \quad \rightarrow \quad \boxed{w_P = 0{,}104\,\frac{\mathrm{m}}{\mathrm{s}}}. \tag{7.26}$$

Für die Berechnung des Widerstandsbeiwerts wird die Reynoldszahl benötigt:

$$Re_P = \frac{w_P d_P \rho_f}{\eta_f} = 312. \tag{7.27}$$

Die Reynoldszahl liegt im Übergangsbereich zwischen Stokes'schem und Newton'schem Bereich. In diesem Bereich kann Gl. (Lb 7.8) benutzt werden, um den Widerstandsbeiwert zu berechnen:

$$\zeta_s = \frac{1}{3}\left(\sqrt{\frac{72}{Re}} + 1\right)^2 \quad \rightarrow \quad \boxed{\zeta_s = 0{,}703}. \tag{7.28}$$

b) Die Berechnung der Schwarmsinkgeschwindigkeit erfolgt mit der Gleichung von Richardson und Zaki (Lb 7.50)

$$\frac{w_{ss}}{w_P} = (1 - \varphi_V)^m \tag{7.29}$$

mit dem Exponenten m aus Gl. (Lb 7.51):

$$m = 5.5 \left(\frac{\rho_P - \rho_f}{\rho_f} \frac{g d_P^3}{v_f^2} \right)^{-0.06} = 2.86. \tag{7.30}$$

Mit w_P aus Gl. (7.26) ergibt sich die Schwarmsinkgeschwindigkeit:

$$\boxed{w_{ss} = 0.077 \, \frac{\text{m}}{\text{s}}}. \tag{7.31}$$

Die Berechnung des Widerstandsbeiwerts entfällt.

c) Die Reynoldszahl kann aus Abb. Lb 7.14 abgelesen werden. Hierzu werden die Eötvöszahl

$$Eo \equiv \frac{g \Delta\rho d_P^2}{\sigma} = 0.594 \tag{7.32}$$

und die erweiterte Flüssigkeitskennzahl

$$K_f \frac{\rho_f}{\rho_P - \rho_f} = \frac{\sigma^3 \rho_f}{g \eta_f^4} \frac{\rho_f}{\rho_P - \rho_f} = 1.34 \cdot 10^{10} \tag{7.33}$$

benötigt. Aus Abb. Lb 7.14 wird die Reynoldszahl abgelesen und daraus die Sinkgeschwindigkeit bestimmt:

$$Re \approx 500 = \frac{w_P d_P}{v_f} \quad \rightarrow \quad \boxed{w_P = 0.168 \, \frac{\text{m}}{\text{s}}}. \tag{7.34}$$

Der Widerstandsbeiwert berechnet sich gemäß Gl. (7.1):

$$\zeta_f = \frac{4}{3} \frac{\rho_P - \rho_f}{\rho_f} \frac{g d_P}{w_P^2} \quad \rightarrow \quad \boxed{\zeta_f = 0.282}. \tag{7.35}$$

Die Aufstiegsgeschwindigkeiten der fluiden und der festen Partikel sind demnach deutlich unterschiedlich. Aufgrund der beweglichen Phasengrenzfläche sinkt das fluide Partikel schneller als das feste kugelförmige Teilchen. Zwar ist der Tropfen, wie Abb. Lb 7.14 zeigt, nicht mehr ganz kugelförmig, doch die daraus resultierende Verlangsamung der Bewegung wird durch die Beweglichkeit der Phasengrenzfläche überkompensiert.

d) Aufgrund des identischen Volumens ist der volumenäquivalente Kugeldurchmesser des Würfels gleich dem des kugelförmigen Teilchens (Gl. (7.23)). Die Kantenlänge des Würfels ergibt sich zu:

$$L^3 = \frac{\pi}{6}d_P^3 \quad \rightarrow \quad L = \sqrt[3]{\frac{\pi}{6}}d_P. \tag{7.36}$$

Daraus folgt für die Sphärizität des Würfels:

$$\psi \equiv \frac{A_{0K}}{A_{0P}} = \frac{\pi d_P^2}{6L^2} \quad \rightarrow \quad \psi = \left(\frac{\pi}{6}\right)^{1/3} = 0,806. \tag{7.37}$$

Die Sinkgeschwindigkeit kann einerseits mit Gl. (Lb 7.18)

$$w_P = k_{\psi,N}\sqrt{3\frac{|\rho_P - \rho_c|\, d_V\, g}{\rho_c}} \tag{7.38}$$

berechnet werden, wenn die Reynoldszahl des Teilchens im Newton'schen Bereich liegt. Für einen Würfel besitzt $k_{\psi,N}$ gemäß Tabelle Lb 7.1 den Wert 0,56. Daraus resultiert die Sinkgeschwindigkeit des Würfels:

$$\boxed{w_W = 0,0748\,\frac{\mathrm{m}}{\mathrm{s}}}, \tag{7.39}$$

die etwa 25 % geringer als die der volumengleichen Kugel ist. Die zugehörige Reynoldszahl

$$Re_W = \frac{w_W d_P}{v_f} = 223 \tag{7.40}$$

liegt allerdings noch im Übergangsbereich, sodass eine gewisse Ungenauigkeit zu erwarten ist. Daher wird alternativ die Gl. (Lb 7.20) zur Berechnung des Widerstandsbeiwerts verwendet

$$\zeta_W = \frac{24}{Re}\left\{1 + [8,1716\exp(-4,0655\psi)]\, Re^{0,0964+0,5565\psi}\right\}$$
$$+ \frac{73,69\, Re\,\exp(-5,0748\psi)}{Re + 5,378\exp(6,2122\psi)}$$
$$\rightarrow \quad \boxed{\zeta_W = 0,978} \tag{7.41}$$

und zur iterativen Berechnung der Sinkgeschwindigkeit eingesetzt:

$$w_W = \sqrt{\frac{4}{3}\frac{\rho_P - \rho_f}{\rho_f}g d_P \frac{1}{\zeta_W}} \quad \rightarrow \quad \boxed{w_W = 0,901\,\frac{\mathrm{m}}{\mathrm{s}}}. \tag{7.42}$$

Ursächlich für den Unterschied gegenüber der Geschwindigkeit aus der anderen Berechnung mit 0,0749 m/s dürfte im Wesentlichen die Tatsache sein, dass die Bewegung des Würfels nicht im Newton'schen Bereich stattfindet.

7.5 Instationäres Absinken einer festen Kugel[**]

▶   **Thema** Instationäre Partikelbewegung

Zum Zeitpunkt $t = 0$ beginnt in einem weiten, mit Glycerin ($\rho_f = 1261\,\text{kg/m}^3$, $\eta_f = 1,433\,\text{kg/(m·s)}$) gefüllten Gefäß eine Glaskugel ($\rho_P = 2500\,\text{kg/m}^3$) mit dem Durchmesser 0,6 cm unter der Wirkung der Schwerkraft zu sinken. Der Koeffizient α zur Berücksichtigung des mitgeschleppten Flüssigkeitsvolumens besitzt für eine Kugel den Wert 0,5.

a) Stellen Sie anhand der vier wirkenden Kräfte die Bewegungsgleichung auf.
b) Bestimmen Sie die erforderliche Zeit, bis die Geschwindigkeit der Kugel 99 % der Endfallgeschwindigkeit $w_{P\infty}$ erreicht hat.
c) Berechnen Sie die Zeit, die die Kugel benötigt, um nach Erreichen der stationären Geschwindigkeit einen Weg L von 50 cm zurückzulegen.
d) Überprüfen Sie die Anwendbarkeit der Stokes'schen Widerstandsbeziehung für die berechneten Werte.
e) Ermitteln Sie den maximalen Durchmesser der Glaskugel, bis zu dem sich die Kugel im Bereich der schleichenden Strömung bewegt. Vergleichen Sie diesen Durchmesser mit demjenigen, der sich ergibt, wenn das Gefäß mit Wasser von 20 °C ($\rho_{H_2O} = 998\,\text{kg/m}^3$, $\eta_{H_2O} = 1\,\text{mPa·s}$) gefüllt ist.

Annahme:

Die Sinkbewegung findet im Stokes'schen Bereich statt.

Lösung

Lösungsansatz:
Bilanzierung aller auf das Partikel wirkenden Kräfte mit anschließender Lösung der resultierenden Differenzialgleichung.

Lösungsweg:
a) An einem Partikel wirken im Wesentlichen die vier Kräfte: Trägheits-, Gewichts-, Auftriebs- und Widerstandskraft:

$$F_T = F_G - F_A - F_W. \tag{7.43}$$

Mit den Gln. (Lb 7.1), (Lb 7.2), (Lb 7.3) und (Lb 7.34) ergibt sich Gleichung (Lb 7.35). Auftriebs- und Gewichtskraft werden zusammengefasst. Weil das mitgeschleppte Flüssigkeitsvolumen $\alpha \cdot V_P$ mitbetrachtet wird, wird Gl. (Lb 7.36) angewendet:

$$\frac{dw_P}{dt} = \frac{\rho_P - \rho_f}{\rho_P + \alpha\rho_f} \cdot g - \zeta_P \frac{\rho_f}{\rho_P + \alpha\rho_f} \frac{3}{4d_P} w_P^2. \tag{7.44}$$

Da das Absinken im Stokes'schen Bereich erfolgt, gilt $\zeta_P = 24/Re$. Damit wird die Differenzialgleichung linear:

$$\frac{dw_P}{dt} = \frac{\rho_P - \rho_f}{\rho_P + \alpha\rho_f} \cdot g - \frac{\rho_f}{\rho_P + \alpha\rho_f} \frac{18\nu_f}{d_P^2} w_P. \tag{7.45}$$

Die Gleichung lässt sich durch Trennung der Variablen direkt integrieren. Es folgt unter Berücksichtigung der Anfangsbedingung

AB: bei $t = 0$ $w_P = 0$:

$$w_P = \frac{\rho_P - \rho_f}{\rho_f} \frac{g d_P^2}{18\nu_f} \left[1 - \exp\left(-18 \frac{\nu_f t}{d_P^2} \frac{\rho_f}{\rho_P + \alpha\rho_f} \right) \right]. \tag{7.46}$$

b) Die stationäre Sinkgeschwindigkeit ergibt sich für $t \to \infty$:

$$w_{P\infty} = \frac{\rho_P - \rho_f}{\rho_f} \frac{g d_P^2}{18\nu_f}. \tag{7.47}$$

Für 99 % der Endfallgeschwindigkeit folgt aus dem Ergebnis von a) die Bedingung:

$$1 - \exp\left(-18 \frac{\nu_f t}{d_P^2} \frac{\rho_f}{\rho_P + \alpha\rho_f} \right) = 0{,}99 \quad \to \quad t = -\frac{1}{18} \frac{d_P^2}{\eta_f} \left(\rho_P + \alpha\rho_f \right) \ln 0{,}01$$

$$\to \quad \boxed{t = 0{,}0201\,\text{s}}. \tag{7.48}$$

c) Die Zeit für das Zurücklegen der Weglänge wird über die stationäre Geschwindigkeit berechnet. Die Zeit ergibt sich als Quotient von Länge und stationärer Sinkgeschwindigkeit:

$$t = \frac{L}{w_{P\infty}} = \frac{18\eta_f L}{\left(\rho_P - \rho_f \right) g d_P^2} \quad \to \quad t = 29{,}5\,\text{s}. \tag{7.49}$$

d) Bestimmung der Reynoldszahl mit der stationären Sinkgeschwindigkeit $w_{P\infty}$:

$$Re = \frac{w_{P\infty} d_P}{\nu_f} = \frac{1}{18} \frac{\Delta\rho}{\rho_f} \frac{g d_P^3}{\nu_f^2} \quad \to \quad Re = 0{,}0896 < 0{,}25. \tag{7.50}$$

Reynoldszahl liegt demzufolge im Stokes'schen Bereich, sodass die Stokes-Gleichung gültig ist.

e) Die maximale Reynoldszahl für den Stokes'schen Bereich beträgt 0,25. Aufgelöst nach dem Partikeldurchmesser folgt für Glycerin als kontinuierliche Phase:

$$Re_{\max} = \frac{w_{P\infty} d_P}{\nu_f} = \frac{1}{18} \frac{\Delta\rho}{\rho_f} \frac{g d_{P\max}^3}{\nu_f^2} \quad \to \quad d_{P\max} = \sqrt[3]{Re_{\max} 18 \frac{\rho_f}{\Delta\rho} \frac{\nu_f^2}{g}}$$

$$\to \quad \boxed{d_{P\max} = 8{,}45\,\text{mm}}. \tag{7.51}$$

Im Vergleich hierzu ergibt sich für die Bewegung im Stokes'schen Bereich in Wasser ein Durchmesser von:

$$\boxed{d_{P_{\max}} = 0,0674\,\mathrm{mm}}.$$ (7.52)

7.6   Dimensionierung eines Absetzbeckens für eine Kohlesuspension[*]

▶   **Thema** Bewegung von Partikelschwärmen

Gemahlene Kohle (kugelförmige Körner mit einem Durchmesser d_P von $10^{-4}\,\mathrm{m}$, $\rho_P = 1400\,\mathrm{kg/m^3}$) soll im Anschluss an einen hydraulischen Fördervorgang in einem Absetzbecken vom Wasser bei $20\,^\circ\mathrm{C}$ ($\rho_{\mathrm{H_2O}} = 998\,\mathrm{kg/m^3}$, $\eta_{\mathrm{H_2O}} = 1\,\mathrm{mPa\cdot s}$) getrennt werden. Für das Klärbecken steht eine Fläche von $A = 30\,\mathrm{m^2}$ zur Verfügung. Der Absetzvorgang soll als ideale Sedimentation behandelt werden, wobei der Feststoffvolumenanteil der Trübe $\varphi_V = \varphi_{V0}$ anfänglich überall im Becken vorliegt. Auch während der Sedimentation liegt in dem sedimentierenden Partikelschwarm φ_{V0} vor. Für den Feststoffvolumenanteil im Sediment soll der Wert $\varphi_{VS} = 0,525$ angenommen werden.

a) Bestimmen Sie den Feststoffvolumenanteil φ_{V0}, der zu wählen ist, damit die Sedimentationsschichthöhe h_S nach vollständiger Trennung des Kohle/Wasser-Gemisches nicht größer als 10 % der Beckenhöhe H wird.
b) Berechnen Sie die erforderliche Beckenhöhe damit der Sedimentationsvorgang in einer Stunde abgeschlossen ist.

Lösung

Lösungsansatz:
Aufstellen einer Massenbilanz sowie Nutzung der Richardson-Zaki-Gleichung (Lb 7.50)

Lösungsweg:
a) Das Feststoffvolumen wird über den Feststoffvolumenanteil berechnet. 10 % der Beckenhöhe entsprechen 10 % des Beckenvolumens. Damit ergibt sich das Feststoffvolumen im Sediment:

$$V_S = 0,1\,V_{\mathrm{ges}}\varphi_{VS}.$$ (7.53)

Aufgrund der Massenerhaltung gilt:

$$V_S = 0,1\,V_{\mathrm{ges}} \cdot \varphi_{VS} = \varphi_{V0} \cdot V_{\mathrm{ges}} \quad \rightarrow \quad \varphi_{V0} = 0,1\varphi_{VS}$$

$$\rightarrow \quad \boxed{\varphi_{V0} = 0,0525}.$$ (7.54)

b) Die Sinkgeschwindigkeit eines einzelnen Kohleteilchens berechnet sich nach Gl. (Lb 7.10) gemäß:

$$Re = \frac{w_P d_P}{v_f} = 18 \left(\sqrt{1 + \frac{\sqrt{Ar}}{9}} - 1 \right)^2 \quad \text{mit } Ar \equiv \frac{\rho_P - \rho_f}{\rho_f} \frac{g d_P^3}{v_f^2} = 3{,}94$$

$$\rightarrow \quad w_P = 1{,}98 \frac{\text{mm}}{\text{s}}. \tag{7.55}$$

Der Schwarmeinfluss wird durch die Richardson-Zaki-Gleichung (Lb 7.50) berücksichtigt:

$$\frac{w_{ss}}{w_P} = (1 - \varphi_{V0})^m \quad \text{mit Gl. (Lb 7.51)} \quad m = 5{,}5 \left(\frac{\rho_P - \rho_f}{\rho_f} \frac{g d_P^3}{v_f^2} \right)^{-0{,}06} = 5{,}07$$

$$\rightarrow \quad w_{ss} = 1{,}51 \frac{\text{mm}}{\text{s}}. \tag{7.56}$$

Die Sedimentationszeit ergibt sich aus der maximal zurückzulegenden Weglänge und der Schwarmsinkgeschwindigkeit w_{ss}:

$$t_{\text{Sedimentation}} = \frac{H - h_S}{w_{ss}} = \frac{0{,}9\,H}{w_{ss}} \quad \rightarrow \quad H = \frac{1}{0{,}9} w_{ss} t_{\text{Sedimentation}}$$

$$\rightarrow \quad \boxed{H = 6{,}02\,\text{m}}. \tag{7.57}$$

7.7 Auflösung einer Zuckerkugel (angelehnt an [3])[**]

▶ **Thema** Stationärer konvektiver Stoffübergang – Feste Partikel

In eine Kaffeekanne mit ungesüßtem Kaffee wird Zucker gegeben, der aufgelöst werden soll. Es ist die Auflösezeit für folgenden Fall zu bestimmen: Ein einzelnes kugeliges Zuckerteilchen wird durch Rühren aufgewirbelt und sinkt danach zu Boden. Beim Absinken verringert sich der Durchmesser von 0,5 mm auf einen Enddurchmesser von 0,1 mm. Die Durchmesserabnahme erfolgt annähernd linear mit der Zeit.

a) Es ist die zeitliche Änderung des Kugelradius zu bestimmen.
b) Stellen Sie die Gleichung zur Berechnung der Auflösezeit aus der Änderung des Kugelradius auf.
c) Ermitteln Sie den mit dem mittleren Partikeldurchmesser bestimmten Stoffübergangskoeffizienten.
d) Berechnen Sie die Auflösezeit und die dafür erforderliche Höhe der Kaffeekanne.

Gegeben:

Flüssigkeitsdichte	ρ_f	$= 1000\,\text{kg/m}^3$
Kinematische Viskosität	ν_f	$= 10^{-6}\,\text{m}^2/\text{s}$
Feststoffdichte Zucker	ρ_s	$= 1520\,\text{kg/m}^3$
Diffusionskoeffizient	$D_{\text{Zucker/Kaffee}}$	$= 5{,}8 \cdot 10^{-10}\,\text{m}^2/\text{s}$
Molekulargewicht Zucker	$\tilde{M}_{\text{Zucker}}$	$= 180\,\text{kg/kmol}$
Sättigungskonzentration	c_Z^*	$= 4{,}35\,\text{kmol/m}^3$

Hinweis:

Für die übergehende Komponente Zucker beträgt die zeitliche Änderung der Masse M_Z des Zuckerkorns mit dem Radius R:

$$\frac{dM_Z}{dt} = -\beta A_P \left(\rho_{Z0} - \rho_{Z\infty}\right) \quad \text{mit } M_Z = \frac{4}{3}\pi R(t)^3 \rho_s. \tag{7.58}$$

Lösung

Lösungsansatz:
Instationäre Massenbilanz für die Zuckerkugel unter Berücksichtigung des übergehenden Stoffstroms.

Lösungsweg:
a) Die integrale Massenbilanz für die Zuckerkugel lautet:

$$\frac{dM_Z}{dt} = -\beta A_P \left(\rho_Z^* - \rho_{Z\infty}\right). \tag{7.59}$$

Das Einsetzen der Masse M_Z und der Partikeloberfläche A_P ergibt:

$$\frac{4}{3}\pi\rho_s \frac{dr_P^3(t)}{dt} = -\beta 4\pi r_P^2(t) \left(\rho_Z^* - \rho_{Z\infty}\right). \tag{7.60}$$

Nach Verwendung der Kettenregel folgt:

$$4\pi r_P^2(t)\rho_s \frac{dr_P(t)}{dt} = -\beta 4\pi r_P^2(t) \left(\rho_Z^* - \rho_{Z\infty}\right)$$

$$\rightarrow \quad \frac{dr_P(t)}{dt} = -\frac{\beta \left(\rho_Z^* - \rho_{Z\infty}\right)}{\rho_s}. \tag{7.61}$$

Da die Zuckerkonzentration in unendlicher Entfernung vom Zuckerkorn voraussetzungsgemäß gleich null ist („ungesüßter Kaffee"), kann wie folgt vereinfacht werden:

$$\boxed{\frac{dr_p(t)}{dt} = -\frac{\beta\rho_Z^*}{\rho_s} = -\frac{\beta c_Z^* \tilde{M}_{\text{Zucker}}}{\rho_s}}. \tag{7.62}$$

b) Da gemäß Aufgabenstellung der Partikeldurchmesser linear mit Zeit abnimmt (gleichbedeutend mit einem konstanten Stoffübergangskoeffizienten), kann Gl. (7.62) in den Grenzen $r_{P_{anf}}$ bis $r_{P_{end}}$ sowie 0 und t_{end} direkt integriert werden:

$$\int_{r_{P_{anf}}}^{r_{P_{end}}} dr(t) = -\frac{\beta c_Z^* \tilde{M}_{Zucker}}{\rho_s} \int_0^{t_{end}} dt \quad \rightarrow \quad r_{P\alpha} - r_{P\omega} = \frac{\beta c_Z^* \tilde{M}_{Zucker}}{\rho_Z} t_{\omega}. \tag{7.63}$$

Es ergibt sich nach Einsetzen aller bekannten Größen eine Gleichung für die Auflösezeit:

$$\boxed{t_{end} = \left(r_{P_{anf}} - r_{P_{end}}\right) \frac{\rho_s}{\beta c_Z^* \tilde{M}_{Zucker}}}. \tag{7.64}$$

c) Zunächst muss der mittlere Partikeldurchmesser berechnet werden. Da dieser voraussetzungsgemäß linear abnimmt, gilt:

$$\overline{d}_P = \frac{d_{P_{anf}} + d_{P_{end}}}{2} \quad \rightarrow \quad \overline{d}_P = 0{,}3 \, \text{mm}. \tag{7.65}$$

Zur Berechnung der Sinkgeschwindigkeit werden die Gln. (Lb 7.9) und (Lb 7.10) verwendet. Die Archimedeszahl berechnet sich gemäß (Gl. (Lb 7.9)):

$$Ar = \frac{\rho_s - \rho_f}{\rho_f} \frac{g \overline{d}_P^3}{v_f^2} \quad \rightarrow \quad Ar = 138. \tag{7.66}$$

Mit Gl. (Lb 7.10) folgt die Reynoldszahl der sinkenden Zuckerkugel:

$$Re = \frac{w_P \overline{d}_P}{v_f} = 18 \left(\sqrt{1 + \frac{\sqrt{Ar}}{9}} - 1 \right)^2 \quad \rightarrow \quad Re = 4{,}83. \tag{7.67}$$

Aus der Reynolds- und der Schmidtzahl kann mit Gl. (Lb 7.62) die Sherwoodzahl berechnet werden:

$$Sh = 2 + f_k \frac{(ReSc)^{1,7}}{1 + (ReSc)^{1,2}} \quad \text{mit } f_k = 0{,}66 \left[1 + \left(0{,}84 \, Sc^{1/6}\right)^3 \right]^{-1/3}$$
$$\rightarrow \quad Sh = 22{,}4. \tag{7.68}$$

Hieraus resultiert der Stoffübergangskoeffizient:

$$\boxed{\beta = 4{,}34 \cdot 10^{-5} \, \frac{\text{m}}{\text{s}}}. \tag{7.69}$$

d) Aus der Reynoldszahl kann die Partikelsinkgeschwindigkeit berechnet werden:

$$w_P = \frac{Re\nu_f}{\overline{d}_P} \quad \rightarrow \quad w_P = 0{,}0161 \, \frac{\text{m}}{\text{s}}. \tag{7.70}$$

Zusammen mit der Lösezeit gemäß Gl. (7.64)

$$t_{\text{end}} = \left(r_{P_{\text{anf}}} - r_{P_{\text{end}}}\right) \frac{\rho_s}{\beta c_Z^* \tilde{M}_{\text{Zucker}}} \quad \rightarrow \quad \boxed{t_{\text{end}} = 8{,}95 \, \text{s}}. \tag{7.71}$$

ergibt sich der Fallweg und damit die Höhe der Kanne:

$$H = w_P t_{\text{end}} = \left(r_{P_{\text{anf}}} - r_{P_{\text{end}}}\right) \frac{w_P \rho_s}{\beta c_Z^* \tilde{M}_{\text{Zucker}}} \quad \rightarrow \quad \boxed{H = 14{,}4 \, \text{cm}}. \tag{7.72}$$

7.8 Bestimmung eines Stoffübergangskoeffizienten***

▶ **Thema** Stationärer konvektiver Stoffübergang – Feste Partikel

Zur Bestimmung des Stoffübergangskoeffizienten werden kugelförmige Harnstoff-Partikel ($\rho_P = 1335 \, \text{kg/m}^3$, $\tilde{M}_{\text{Harnst}} = 60 \, \text{kg/kmol}$, $D_{\text{Harnst/H}_2\text{O}} = 1{,}18 \cdot 10^{-9} \, \text{m}^2/\text{s}$) leicht unterschiedlicher Größe (1,55–2,4 mm) in einer mit Wasser von 20 °C ($\rho_f = 998 \, \text{kg/m}^3$, $\eta_f = 10^{-3} \, \text{Pa·s}$) gefüllten Säule (s. Abb. 7.2) fallen gelassen. Dabei werden die Fallzeiten zwischen den einzelnen Punkten gemessen (s. Tab. 7.1). Nach Durchlaufen der Strecke 0–0,2 m kann der Stofftransport als stationär angesehen werden. Die Sättigungskonzentration des Harnstoffs in Wasser ergibt sich aus der Beziehung $\rho^*_{\text{Harnstoff}_f} = \rho_P / K$ mit $K = 1{,}24$.

a) Bestimmen Sie für die Abschnitte AB, BC, CD sowie den Gesamtbereich AD für jeden Versuch Mittelwerte für die Sinkgeschwindigkeit, den Partikeldurchmesser und den Stoffübergangskoeffizienten.

Abb. 7.2 Versuchsaufbau zur Bestimmung des Stoffübergangskoeffizienten mit Messdaten. (Versuchsaufbau und Messwerte nach [4])

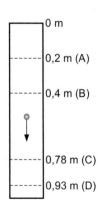

0 m

0,2 m (A)

0,4 m (B)

0,78 m (C)

0,93 m (D)

Vers. Nr.	Fallzeit in s		
	AB	BC	CD
1	2,85	5,25	4,55
2	2,1	4,3	2,6
3	2,6	4,2	4,9
4	2,85	6,15	4,8
5	2,9	5,6	4,6
6	2,8	5,8	4,2
7	2,4	5,5	4,5
8	2,2	4,4	3,2

Tab. 7.1 Fallzeiten für verschiedene kugelförmige Harnstoff-Partikel und unterschiedliche Strecken

b) Die Ergebnisse aus a) sind in Form eines Diagramms $Sh = f(Pe)$ darzustellen und mit einer passenden Stoffübergangsbeziehung zu vergleichen.

c) Berechnen Sie erforderliche Zeitdauer, die eine anfänglich $d_{anf} = 2\,\text{mm}$ große Harnstoffkugel unter stationären Bedingungen fallen muss, bis $5 \cdot 10^{-3}\,\text{g}$ Harnstoff gelöst werden. Für die Berechnung mittels der Stoffübergangsbeziehung können Mittelwerte für den Durchmesser und die Sinkgeschwindigkeit verwendet werden.

Lösung

Lösungsansatz:
Berechnung mittlerer Sinkgeschwindigkeiten und daraus gemittelter Partikeldurchmesser unter anschließender Ermittlung der hieraus bestimmbaren Stoffübergangskoeffizienten.

Lösungsweg:
a) Die mittleren Sinkgeschwindigkeiten ergeben sich jeweils aus der Streckenlänge dividiert durch die hierfür erforderliche Zeit. Durch die iterative Lösung von Gl. (Lb 7.10)

$$Re = \frac{w_P d_P}{\nu_f} = 18\left(\sqrt{1 + \frac{\sqrt{Ar}}{9}} - 1\right)^2$$

$$\rightarrow \quad w_P = 18\frac{\nu_f}{d_P}\left(\sqrt{1 + \frac{1}{9}\sqrt{\frac{\rho_P - \rho_f}{\rho_f}\frac{g\,d_P^3}{\nu_f^2}}} - 1\right)^2, \tag{7.73}$$

beispielsweise durch Anwendung der Zielwertsuche in Excel, lässt sich aus den Sinkgeschwindigkeiten der zugehörige Partikeldurchmesser in den drei Abschnitten bestimmen.

Tab. 7.2 Berechnete Werte der Sherwood- und der Pecletzahlen für die verschiedenen Versuche

Vers. Nr.	Sinkgeschwindigkeit w_P [10^{-2} m/s]			Partikeldurchmesser d_P [mm]			Stoffübergangskoeffizient β [10^{-5} m/s]		Sherwoodzahl Sh [–]		Pecletzahl Pe [10^4]	
	AB	BC	CD	AB	BC	CD	AC	BD	AC	BD	AC	BD
1	7,02	7,24	3,30	1,318	1,361	0,656	<0	9,29	<0	79,4	8,09	4,50
2	9,52	8,84	5,77	1,843	1,692	1,082	2,93	11,1	43,8	131	13,8	8,58
3	7,69	9,05	3,06	1,453	1,738	0,617	<0	16,4	<0	164	11,3	6,04
4	7,02	6,18	3,13	1,318	1,158	0,627	2,21	6,18	23,2	46,8	6,92	3,52
5	6,90	6,79	3,26	1,295	1,273	0,649	0,315	7,85	3,4	63,9	7,44	4,29
6	7,14	6,55	3,57	1,453	1,738	0,701	1,65	6,71	18	54,8	7,46	4,14
7	8,33	6,91	3,33	1,585	1,297	0,662	4,54	8,16	55,4	67,7	9,31	4,25
8	9,09	8,64	4,69	1,748	1,649	0,889	1,86	12,8	26,8	137	12,8	7,16

Der übergegangene Massenstrom resultiert aus der Abnahme des Partikeldurchmessers:

$$\dot{M}_{i/i+1} = \frac{\Delta M}{\Delta t} = \frac{\rho_P \frac{\pi}{6} \left(d_i^3 - d_{i+1}^3\right)}{\frac{t_i + t_{i+1}}{2}}. \tag{7.74}$$

Der übergehende Massenstrom berechnet sich ebenfalls aus der Stoffübergangsbeziehung:

$$\dot{M}_{i/i+1} = \beta_{i/i+1} A_{i/i+1} \left(\rho^*_{\text{Harnstoff}_f} - \rho_{f\infty}\right) = \beta_{i/i+1} A_{i/i+1} \frac{\rho_P}{K}. \tag{7.75}$$

Darin ergibt sich die Stoffübergangsfläche aus der gemittelten Oberfläche:

$$A_{i/i+1} = \pi \left(\frac{d_i + d_{i+1}}{2}\right)^2. \tag{7.76}$$

Werden die Gln. (7.75) und (7.76) in (7.74) eingesetzt, so folgt für den mittleren Stoffübergangskoeffizienten:

$$\beta_{i/i+1} = \frac{\dot{M}_{i/i+1}}{A_{i/i+1} \frac{\rho_P}{K}} = \frac{4}{3} \frac{K}{t_i + t_{i+1}} \frac{\left(d_i^3 - d_{i+1}^3\right)}{\left(d_i + d_{i+1}\right)^2}. \tag{7.77}$$

Aus diesen Rechnungen ergeben sich die in Tab. 7.2 aufgeführten Werte.

Wird über den gesamten Bereich A–D analog gemittelt, so folgt für den übergehenden Massenstrom analog zu den Gln. (7.74)

$$\dot{M}_{AB/CD} = \frac{\Delta M}{\Delta t} = \frac{\rho_P \frac{\pi}{6} \left(d_{AB}^3 - d_{CD}^3\right)}{\frac{t_{AB}}{2} + t_{BC} + \frac{t_{CD}}{2}}. \tag{7.78}$$

Tab. 7.3 Über die gesamte Falllänge gemittelte Sherwood- und der Pecletzahlen für die verschiedenen Versuche

Vers. Nr.	w_P [10^{-2} m/s]	d_P [mm]	β [10^{-5} m/s]	Sh [–]	Pe [10^4]
1	5,77	1,08	4,76	43,6	5,29
2	8,11	1,54	7,26	94,6	10,6
3	6,24	1,17	6,87	68,1	6,18
4	5,29	0,995	4,47	37,7	4,46
5	5,57	1,05	4,44	39,3	4,93
6	5,70	1,07	4,42	40,1	5,17
7	5,89	1,1	6,76	63,2	5,50
8	7,45	1,4	7,77	92,4	8,86

und (7.75):

$$\dot{M}_{AB/CD} = \beta_{AB/CD} A_{AB/CD} \left(\rho^*_{\text{Harnstoff}_f} - \rho_{f\infty} \right) = \beta_{AB/CD} A_{AB/CD} \frac{\rho_P}{K}. \tag{7.79}$$

Für die Stoffübergangsfläche gilt:

$$A_{AB/CD} = \pi \left(\frac{d_{AB} + d_{CD}}{2} \right)^2. \tag{7.80}$$

Damit lässt sich der Stoffübergangskoeffizient analog zu Gl. (7.77) bestimmen:

$$\beta_{AB/CD} = \frac{\dot{M}_{AB/CD}}{A_{AB/CD} \frac{\rho_P}{K}} = \frac{4}{3} \frac{K}{t_{AB} + 2t_{BC} + t_{CD}} \frac{\left(d_{AB}^3 - d_{CD}^3 \right)}{\left(d_{AB} + d_{CD} \right)^2}. \tag{7.81}$$

Hieraus resultieren die in Tab. 7.3 aufgeführten Werte.

b) Aus den Messdaten ergeben sich die dimensionslosen Kennzahlen für die Darstellung $Sh = f(Pe)$:

$$Sh_{i/i+1} = \frac{\beta_{i/i+1} (d_i + d_{i+1})}{2D_{\text{Harnst/H}_2\text{O}}} \quad \text{sowie} \quad Pe_i = \frac{(d_i + d_{i+1}) (w_i + w_{i+1})}{4D_{\text{Harnst/H}_2\text{O}}}. \tag{7.82}$$

Die mittlere Sherwoodzahl lässt sich gemäß folgender Beziehung (Gl. (Lb 7.62)) berechnen [2]:

$$Sh = 2 + f_k \frac{(Re \cdot Sc)\,1{,}7}{1 + (Re \cdot Sc)\,1{,}2} \quad \text{mit } f_k = 0{,}66 \cdot \left[1 + \left(0{,}84 \cdot Sc^{1/6} \right)^3 \right]^{-1/3}. \tag{7.83}$$

Der Vergleich in Abb. 7.3 verdeutlicht, dass die Messungen eine erhebliche Streuung aufweisen. Die beste Übereinstimmung mit der Berechnungsgleichung ergibt sich, wenn der

Abb. 7.3 Experimentell bestimmte Sherwoodzahlen als Funktion der Pecletzahl für ein festes Teilchen im Vergleich zu einer Berechnungsgleichung nach Brauer

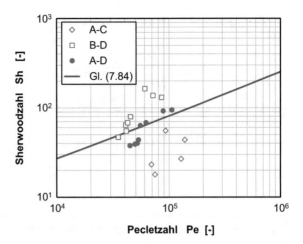

komplette Fallweg A–D zur Bestimmung des Stoffübergangskoeffizienten herangezogen wird.

c) Die Änderung des Partikeldurchmessers ergibt sich aus der gelösten Harnstoffmenge:

$$\Delta M_{\text{Harnst}} = \frac{\pi}{6}\rho_P \left(d_{\text{anf}}^3 - d_{\text{end}}^3\right)$$

$$\rightarrow \quad d_{\text{end}} = \left(d_{\text{anf}}^3 - \frac{6\Delta M_{\text{Harnst}}}{\pi\rho_P}\right)^{1/3} = 0{,}946\,\text{mm}. \tag{7.84}$$

Die zugehörigen Sinkgeschwindigkeiten ergeben sich mit Gl. (Lb 7.13):

$$w^* = \frac{18}{d^*} \left(\sqrt{1 + \frac{d^{*1{,}5}}{9}} - 1\right)^2 \quad \text{mit}$$

$$d^* \equiv d_P \sqrt[3]{\frac{\rho_f\, g\,\Delta\rho}{\eta_f^2}} = Ar^{1/3} \quad \text{und} \quad w^* \equiv w_P \sqrt[3]{\frac{\rho_f^2}{\eta_f\, \Delta\rho g}}. \tag{7.85}$$

Hiermit berechnen sich die beiden Sinkgeschwindigkeiten:

$$w_{\text{anf}} = 0{,}102\,\frac{\text{m}}{\text{s}} \quad \text{und} \quad w_{\text{end}} = 0{,}0501\,\frac{\text{m}}{\text{s}}. \tag{7.86}$$

Die mittlere Pecletzahl beträgt dann:

$$\overline{Pe} = \frac{(d_{\text{anf}} + d_{\text{end}})\,(w_{\text{anf}} + w_{\text{end}})}{4D_{\text{Harnst/H}_2\text{O}}} = 9{,}50 \cdot 10^4. \tag{7.87}$$

Mit Gl. (7.83) ergibt sich die mittlere Sherwoodzahl und daraus der Stoffübergangskoeffizient:

$$\overline{Sh} = \frac{\overline{\beta}\,(d_{\text{anf}} + d_{\text{end}})}{2\,D_{\text{Harnst/H}_2\text{O}}} = 79{,}2 \quad \rightarrow \quad \overline{\beta} = 6{,}35 \cdot 10^{-5}\,\frac{\text{m}}{\text{s}}. \tag{7.88}$$

Für den Stoffübergang und dessen Dauer gilt:

$$\frac{\Delta M_{\text{Harnst}}}{\Delta t} = \overline{\beta}\,A\,\frac{\rho_P}{K} \quad \rightarrow \quad \Delta t = 4\frac{\Delta M_{\text{Harnst}}\,K}{\overline{\beta}\,\rho_P\,\pi\,(d_{\text{anf}} + d_{\text{end}})^2}$$

$$\rightarrow \quad \boxed{\Delta t = 10{,}3\,\text{s}}. \tag{7.89}$$

7.9 Stoffübergang mit einer homogenen chemischen Reaktion[***]

▶ **Thema** Stationärer konvektiver Stoffübergang – Feste Partikel mit homogener chemischer Reaktion

Von einer festen Kugel wird der Stoff A an ein angrenzendes, ruhendes Fluid übertragen, in dem A in einer homogenen chemischen Reaktion 1. Ordnung abreagiert. Die Oberflächenkonzentration von A $c_A(R)$ weist überall den Wert c_{A0} auf.

a) Bestimmen Sie das Konzentrationsfeld $c_A(r)$ über die Aufstellung einer differenziellen Massenbilanz und anschließende Lösung der resultierenden Differenzialgleichung.

b) Stellen Sie den Zusammenhang zwischen Sh und Da her.

c) Ermitteln Sie den Beschleunigungsfaktor E.

Hinweis:

Die allgemeine Lösung der Differenzialgleichung für die Konzentration c_A

$$\frac{d^2 c_A}{dr^2} + \frac{2}{r}\frac{dc_A}{dr} - \frac{k_1}{D_{AB}}c_A = 0 \tag{7.90}$$

lautet:

$$\frac{c_A}{c_{A0}} = \frac{C_1}{r}\exp\left(-\sqrt{\frac{k_1}{D_{AB}}}\,r\right) + \frac{C_2}{r\sqrt{\frac{k_1}{D_{AB}}}}\exp\left(\sqrt{\frac{k_1}{D_{AB}}}\,r\right). \tag{7.91}$$

Lösung

Lösungsansatz:
Aufstellung einer differenziellen Stoffbilanz zur Bestimmung des Konzentrationsfelds und anschließende Ermittlung des Stoffübergangskoeffizienten.

Lösungsweg:

a) Es wird eine differenzielle Stoffbilanz für A in einer konzentrischen Kugelschale der Dicke Δr um die feste Kugel herum aufgestellt. Das System ist stationär und der Wandlungsterm geht negativ ein, da die Komponente A abreagiert.

$$0 = \dot{N}_{A_r} - \dot{N}_{A_{r+\Delta r}} - k_1 c_A \Delta V \quad \text{mit } \Delta V = 4\pi r^2 \Delta r. \tag{7.92}$$

Nach Division durch Δr folgt für die Änderung des Stoffstroms $\dot{N}_A$:

$$\frac{\dot{N}_{A_r} - \dot{N}_{A_{r+\Delta r}}}{\Delta r} - 4\pi r^2 k_1 c_A = 0 \quad \overset{\Delta r \to 0}{\to} \quad \frac{d\dot{N}_A}{dr} + 4\pi r^2 k_1 c_A = 0. \tag{7.93}$$

Der Stoffstrom von A ergibt sich ausschließlich aufgrund der Diffusion. Gemäß Fick'schem Gesetz gilt:

$$\dot{N}_A = -4\pi r^2 D_{AB} \frac{dc_A}{dr}. \tag{7.94}$$

Eingesetzt in Gl. (7.93) ergibt sich die Differenzialgleichung:

$$\frac{d}{dr}\left(-4\pi r^2 D_{AB} \frac{dc_A}{dr}\right) + 4\pi r^2 k_1 c_A = 0$$

$$\to \quad \frac{d^2 c_A}{dr^2} + \frac{2}{r}\frac{dc_A}{dr} - \frac{k_1}{D_{AB}} c_A = 0. \tag{7.95}$$

Für die Differenzialgleichung ist die allgemeine Lösung in der Aufgabenstellung gegeben:

$$\frac{c_A}{c_{A0}} = \frac{C_1}{r} \exp\left(-\sqrt{\frac{k_1}{D_{AB}}}\,r\right) + \frac{C_2}{r\sqrt{\frac{k_1}{D_{AB}}}} \exp\left(\sqrt{\frac{k_1}{D_{AB}}}\,r\right). \tag{7.96}$$

Unter Einführung der Damköhlerzahl

$$Da \equiv \frac{k_1 R^2}{D_{AB}} \tag{7.97}$$

ergibt sich:

$$\frac{c_A}{c_{A0}} = \frac{C_1}{r} \exp\left(-\sqrt{Da}\,\frac{r}{R}\right) + \frac{C_2 R}{r\sqrt{Da}} \exp\left(\sqrt{Da}\,\frac{r}{R}\right). \tag{7.98}$$

Für die Bestimmung der Konstanten C_1 und C_2 werden die nachstehenden Randbindungen genutzt:

1. RB: bei $r = R$ $c_A = c_{A0}$
2. RB: bei $r \to \infty$ $c_A = 0$

Die zweite Randbedingung kann nur durch $C_2 = 0$ erfüllt werden. Aus der ersten Randbedingung folgt dann die Konstante C_1:

$$C_1 = R \exp\left(\sqrt{Da}\right). \tag{7.99}$$

Damit ergibt sich das radiale Konzentrationsprofil als Lösung der Differenzialgleichung:

$$\boxed{\frac{c_A(r)}{c_{A0}} = \frac{R}{r} \exp\left[\sqrt{Da}\left(1 - \frac{r}{R}\right)\right]}. \tag{7.100}$$

b) Der Stoffstrom von der Kugel an die Umgebung über die Phasengrenzfläche lässt sich einerseits über den diffusiven Stoffstrom an der Kugeloberfläche und andererseits über den Stoffübergang an der Phasengrenzfläche darstellen:

$$\dot{n}_A = -D_{AB} \left.\frac{dc_A}{dr}\right|_{r=R} = \beta \left(c_{A0} - c_{A\infty}\right) = \beta c_{A0}. \tag{7.101}$$

Der Gradient ergibt sich als die Ableitung von $c_A(r)$ gemäß Gl. (7.100):

$$\frac{dc_a}{dr} = c_{A0} R \left\{ \frac{-1}{r^2} \exp\left[-\sqrt{\frac{k_1}{D_{AB}}}(r - R)\right] \right.$$
$$\left. + \frac{-1}{r} \exp\left[-\sqrt{\frac{k_1}{D_{AB}}}(r - R)\right] \sqrt{\frac{k_1}{D_{AB}}} \right\}. \tag{7.102}$$

Für den Gradienten an der Phasengrenzfläche gilt:

$$\left.\frac{dc_A}{dr}\right|_{r=R} = \frac{c_{A0}}{R} \left(-1 - \sqrt{Da}\right). \tag{7.103}$$

Der Gradient wird in Gl. (7.101) eingesetzt:

$$-D_{AB} \frac{c_{A0}}{R} \left(-1 - \sqrt{Da}\right) = \beta c_{A0}. \tag{7.104}$$

Nach Umstellung ergibt sich der Zusammenhang von Sherwood- und Damköhlerzahl:

$$\frac{\beta 2R}{D_{AB}} = 2\left(1 + \sqrt{Da}\right) \quad \rightarrow \quad \boxed{Sh = 2\left(1 + \sqrt{Da}\right)}. \tag{7.105}$$

c) Der Beschleunigungsfaktor ergibt sich aus dem Verhältnis des Stoffübergangskoeffizienten mit chemischer Reaktion und dem ohne Reaktion. Für den rein physikalischen Stofftransport ergibt sich bei reiner Diffusion für die Sherwoodzahl ein Wert von zwei (Gl. (Lb 7.60)). Damit gilt für den Beschleunigungsfaktor:

$$\frac{\beta_{\text{mit Reaktion}}}{\beta_{\text{ohne Reaktion}}} = \frac{Sh_{\text{mit Reaktion}}}{Sh_{\text{ohne Reaktion}}} = \frac{2\left(1 + \sqrt{Da}\right)}{2} \quad \rightarrow \quad \boxed{E = 1 + \sqrt{Da}}. \tag{7.106}$$

7.10 Auflösung von kugelförmigen Partikeln aus Benzoesäure in Natronlauge [1]***

▶ **Thema** Stationärer konvektiver Stoffübergang – Feste Partikel mit homogener chemischer Reaktion

Kleine kugelförmige Partikel aus Benzoesäure ($d_P = 0,4$ mm, $\rho_s = 1075$ kg/m³, $\tilde{M}_A = 122$ kg/kmol) werden in wässriger Natronlauge ($\rho_f = 1072$ kg/m³, $\eta_f = 1,5 \cdot 10^{-3}$ Pa·s) aufgelöst. Sobald Benzoesäure (A) und Natriumhydroxid (B) in Kontakt treten, kommt es zu einer Neutralisationsreaktion,

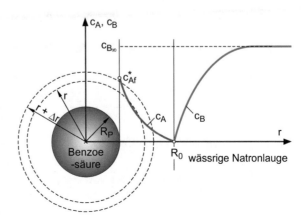

die instantan, also mit unendlicher Reaktionsgeschwindigkeit, abläuft. Um eine einzelne Benzoesäurekugel kommt es aufgrund der Diffusion zu dem in Abb. 7.4 qualitativ dargestellten Konzentrationsfeld.

a) Leiten Sie unter der Annahme, dass die Relativgeschwindigkeit zwischen Partikeln und Flüssigkeit vernachlässigt werden kann, folgenden Zusammenhang für den Beschleunigungsfaktor her:

$$E = 1 + \frac{D_B c_{B\infty}}{D_A c_{Af}^*}. \tag{7.107}$$

b) Bestimmen Sie die Zeit, die für die völlige Auflösung der Partikel erforderlich ist.
c) Erläutern Sie, ob die Relativbewegung zwischen Partikeln und Flüssigkeit vernachlässigt werden darf.

Abb. 7.4 Verlauf des Konzentrationsfelds um die feste Benzoesäurekugel

Gegeben:

Diffusionskoeffizient Benzoesäure	$D_{B/H_2O} = 2 \cdot 10^{-9}\,\mathrm{m^2/s}$
Diffusionskoeffizient Natriumhydroxid	$D_{A/H_2O} = 8 \cdot 10^{-10}\,\mathrm{m^2/s}$
Sättigungskonzentration Benzoesäure	$c_{Af}^* = 1{,}6 \cdot 10^{-2}\,\mathrm{kmol/m^3}$
Mittlere Natriumhydroxidkonzentration	$c_{B_\infty} = 1{,}7\,\mathrm{kmol/m^3}$

Hinweise:

1. Das System verhält sich quasistationär.
2. Aufgrund der unendlichen Reaktionsgeschwindigkeit kann an jedem Ort entweder nur A oder nur B auftreten. Deshalb ist in der Komponentenbilanzgleichung kein Term für eine homogene Reaktion zu berücksichtigen.

Lösung

Lösungsansatz:
Differenzielle Massenbilanz um die feste Benzoekugel zur Bestimmung des Konzentrationsfelds.

Lösungsweg:
a) Da zunächst von einem quasistationären, rein diffusiven Stofftransport ausgegangen wird, kann das Konzentrationsfeld $c_A(r)$ über eine differenzielle Bilanz ermittelt werden. Hierzu wird eine dünne Kugelschale (Dicke Δr) um die Benzoekugel (s. Abb. 7.4) bilanziert. Hierbei ist zu berücksichtigen, dass aufgrund der instantanen Reaktion Benzoesäure (A) und Natriumhydroxid (B) nicht gemeinsam auftreten können. Daher liegt A nur bis zu einer gewissen Entfernung R_0 von der Partikeloberfläche vor. Die Bilanz, in der lediglich zwei diffusive Ströme auftreten (Speicher- und Wandlungsterm sind jeweils null), lautet:

$$0 = \dot{N}_{A|r} - \dot{N}_{A|r+\Delta r}. \tag{7.108}$$

Wird diese Gleichung durch die Dicke Δr dividiert und erfolgt dann der Grenzübergang $\Delta r \to 0$, so resultiert:

$$0 = \frac{\dot{N}_{A|r} - \dot{N}_{A|r+\Delta r}}{\Delta r} \quad \xrightarrow{\Delta r \to 0} \quad \frac{d\dot{N}_A}{dr} = 0. \tag{7.109}$$

Der Stoffstrom entsteht rein diffusiv:

$$\frac{d\dot{N}_A}{dr} = \frac{d}{dr}\left(-D_A 4\pi r^2 \frac{dc_A}{dr}\right) = 0 \quad \to \quad \frac{d\dot{N}_A}{dr} = \frac{d}{dr}\left(r^2 \frac{dc_A}{dr}\right) = 0. \tag{7.110}$$

Die Gleichung lässt sich zweifach integrieren:

$$c_A(r) = \frac{-C_1}{r} + C_2. \tag{7.111}$$

Bei der Lösung der Differenzialgleichung werden folgende Randbedingungen berücksichtigt:

1. RB: bei $r = R_P$ $c_A = c_A = c_{Af}^*$

2. RB: ohne Reaktion   bei $r \to \infty$ $c_A = 0$

2. RB: mit Reaktion   bei $r = R_0$ $c_A = 0$

Damit ergeben sich die Konstanten für den Fall ohne Reaktion

$$C_1 = -c_{Af}^* R_P \quad \text{und} \quad C_2 = 0 \tag{7.112}$$

und für den Fall mit Reaktion:

$$C_1 = \frac{-R_0 R_P}{(R_0 - R_P)} c_{Af}^* \quad \text{und} \quad C_2 = \frac{-R_P}{(R_0 - R_P)} c_{Af}^*. \tag{7.113}$$

Für die Berechnung der Konstanten muss der Radius R_0 bestimmt werden. Hierzu wird die analoge Bilanzgleichung für das Natriumhydroxid aufgestellt:

$$c_B(r) = \frac{-C_3}{r} + C_4. \tag{7.114}$$

Die zugehörigen Randbedingungen lauten:

1. RB: bei $r = R_0$ $c_B = 0$
2. RB: bei $r \to \infty$ $c_B = c_{B\infty}$

Damit ergeben sich die Konstanten als:

$$C_3 = R_0 c_{B\infty} \quad \text{und} \quad C_4 = c_{B\infty}. \tag{7.115}$$

An der Stelle $r = R_0$ muss aufgrund der Stöchiometrie gelten, dass die Stoffströme der beiden Reaktanden identisch sind:

$$\dot{N}_A = |\dot{N}_B| \quad \to \quad -D_A \left(\frac{dc_A}{dr}\right)_{r=R_0} = D_B \left(\frac{dc_B}{dr}\right)_{r=R_0}$$

$$\to \quad D_A \frac{R_P}{R_0(R_0 - R_P)} c_{Af}^* = D_B \frac{c_B}{R_0}. \tag{7.116}$$

Hieraus ergibt sich für den gesuchten Radius R_0:

$$R_0 = R_P \left(1 + \frac{D_A c_{Af}^*}{D_B c_{B\infty}}\right). \tag{7.117}$$

Damit lässt sich der von der Benzoesäurekugel übergehende Stofffluss berechnen:

$$\dot{n}_A(r = R_P) = -D_A\left(\frac{dc_A}{dr}\right)_{r=R_P} = -D_A\frac{R_0}{R_P}\frac{1}{R_P - R_0}c_{Af}^*$$

$$= D_A\frac{1}{R_P}\frac{1}{1 - \frac{R_P}{R_0}}c_{Af}^*. \tag{7.118}$$

Im Fall des rein physikalischen Stofftransports gilt gemäß der Gln. (7.111) und (7.112) für das Konzentrationsfeld:

$$c_A(r) = c_{Af}^*\frac{R_P}{r}. \tag{7.119}$$

Der Stofffluss beträgt demgemäß:

$$\dot{n}_A(r = R_P) = D_A c_{Af}^*\frac{1}{R_P}. \tag{7.120}$$

Damit ergibt sich für den Beschleunigungsfaktor durch Division der Stoffflüsse nach Gln. (7.118) und (7.120) die Gl. (7.107):

$$E = \frac{\dot{n}_{A\,\text{mit Reaktion}}}{\dot{n}_{A\,\text{ohne Reaktion}}} = \frac{1}{1 - \frac{R_P}{R_0}} \quad \rightarrow \quad \boxed{E = 1 + \frac{D_B c_{B\infty}}{D_A c_{Af}^*}}. \tag{7.121}$$

b) Die Auflösezeit resultiert aus der instationären Massenbilanz für die feste Benzoesäurekugel:

$$\frac{dM_s}{dt} = \frac{d\left(V_K\rho_s\right)}{dt} = \rho_s\frac{d\left(\frac{\pi}{6}d_K^3\right)}{dt} = \rho_s\frac{\pi}{2}d_K^2\left(t\right)\frac{dd_K\left(t\right)}{dt}$$

$$= -\beta E\pi d_K^2\left(t\right)\left(c_{Af}^* - 0\right)\tilde{M}_A$$

$$\rightarrow \quad \frac{dd_K(t)}{dt} = -2\beta E\left(c_{Af}^* - 0\right)\frac{\tilde{M}_A}{\rho_s}. \tag{7.122}$$

Da keine Relativgeschwindigkeit zwischen den Partikeln und dem Fluid vorliegen soll, erfolgt der Stofftransport rein diffusiv. Unter diesen Bedingungen berechnet sich der Stoffübergangskoeffizient nach:

$$Sh = 2 \quad \rightarrow \quad \beta = \frac{2D_A}{d_P}. \tag{7.123}$$

Eingesetzt in Gl. (7.122) ergibt sich die Differenzialgleichung:

$$\frac{dd_K(t)}{dt} = -4\frac{D_A}{d_K(t)}E\left(c_{Af}^* - 0\right)\frac{\tilde{M}_A}{\rho_s}$$

$$\rightarrow \quad d_K(t)dd_K(t) = -4D_A E\left(c_{Af}^* - 0\right)\frac{\tilde{M}_A}{\rho_s}dt. \tag{7.124}$$

Die Lösung der DGL durch einfache Integration mit der Anfangsbedingung

AB: bei $t = 0$ $d_K = d_P$

führt auf den Zusammenhang:

$$\frac{1}{2}\left[d_K^2(t) - d_P^2\right] = -4 D_A E \left(c_{Af}^* - 0\right) \frac{\tilde{M}_A}{\rho_s} t. \tag{7.125}$$

Hieraus ergibt sich die Auflösezeit für $d_K(t_{\text{Löse}}) = 0$:

$$t_{\text{Löse}} = \frac{d_P^2 \rho_s}{8 D_A E c_{Af}^* \tilde{M}_A}. \tag{7.126}$$

Nach Gl. (7.121) ergibt sich ein Beschleunigungsfaktor von:

$$E = 1 + \frac{D_B c_{B\infty}}{D_A c_{Af}^*} \quad \rightarrow \quad E = 267. \tag{7.127}$$

Daraus resultiert mit Gl. (7.125) die Auflösezeit:

$$\boxed{t_{\text{Löse}} = 51{,}6\,\text{s}}. \tag{7.128}$$

c) Die Sinkgeschwindigkeit wird mit den Gln. (Lb 7.9) und (Lb 7.10) berechnet:

$$Re = \frac{w_P d_P}{\nu_f} = 18 \left(\sqrt{1 + \frac{\sqrt{Ar}}{9}} - 1\right)^2 \quad \text{mit } Ar \equiv \frac{\rho_s - \rho_f}{\rho_f} \frac{g d_P^3}{\nu_f^2} = 0{,}897$$

$$\rightarrow \quad w_P = 0{,}166\,\frac{\text{mm}}{\text{s}}. \tag{7.129}$$

Hieraus ergibt sich die Pecletzahl:

$$Pe = \frac{w_P d_P}{D_A} = 82{,}9. \tag{7.130}$$

Gemäß Abb. Lb 7.23 ergibt sich für eine Schmidtzahl von 1750 eine Sherwoodzahl von etwa vier gegenüber dem angenommenen Wert von zwei.

▶   Die Vernachlässigung der Konvektion ist *nicht* zulässig.

7.11   Katalytische Oxidation von Propen[*]

▶   **Thema** Stationärer konvektiver Stoffübergang – Feste Partikel mit heterogener
chemischer Reaktion

Eine 8-mm-Katalysatorkugel wird bei Umgebungsdruck (1,013 bar) von einem 180 °C
heißen Luft-Propen-Gemisch angeströmt. Die Strömungsgeschwindigkeit beträgt
3,5 mm/s, der Massenanteil ξ des Propens 0,002. An der Katalysatoroberfläche wird
das Propen vollständig oxidiert:

$$C_3H_6 + 4{,}5\,O_2 \rightarrow 3\,CO_2 + 3\,H_2O$$

Die Reaktion folgt aufgrund des hohen Sauerstoffüberschusses mit einer Kinetik 1. Ordnung mit der Reaktionsgeschwindigkeitskonstanten k_{w1}.
    Ermitteln Sie die pro Stunde umgesetzte Molmenge an Propen.

Gegeben:

Gasviskosität	η_g	$= 2{,}53 \cdot 10^{-5}\,\text{kg}/(\text{m}\cdot\text{s})$
Diffusionskoeffizient	$D_{\text{Pr/Luft}}$	$= 2{,}55 \cdot 10^{-5}\,\text{m}^2/\text{s}$
Reaktionsgeschwindigkeitskonstante	k_{w1}	$= 0{,}064\,\text{m}/\text{s}$
Molekulargewicht Propen	$\tilde{M}_{\text{Pr}}$	$= 42\,\text{kg}/\text{kmol}$
Molekulargewicht Luft	$\tilde{M}_{\text{Luft}}$	$= 28{,}8\,\text{kg}/\text{kmol}$

Hinweis:

1. Die Temperaturerhöhung infolge der Reaktion und damit die Veränderungen der Stoff-
   und kinetischen Daten können vernachlässigt werden.
2. Luft kann als Reinstoff behandelt werden.

Lösung

Lösungsansatz:
Verwendung der Abb. Lb 7.24 zur Bestimmung des Stoffübergangskoeffizienten.

Lösungsweg:
Für die Berechnung des umgesetzten Molenstroms wird der Stoffübergangskoeffizient β
benötigt. Dieser lässt sich aus Abb. Lb 7.24 ablesen, für den Fall, dass die Reynoldszahl
kleiner als eins ist. Aufgrund des kleinen Massenanteils von Propen werden die Stoffdaten

von Luft verwendet. Zunächst muss die Gasdichte über das ideale Gasgesetz bestimmt werden, wobei aufgrund des geringen Propenanteils von reiner Luft ausgegangen wird:

$$\rho_g = \frac{p}{RT / \tilde{M}_{\text{Luft}}} \quad \rightarrow \quad \rho_g = 0{,}775 \, \frac{\text{kg}}{\text{m}^3}. \tag{7.131}$$

Damit lässt sich die Reynoldszahl bestimmen:

$$Re = \frac{\rho_g w d_P}{\eta_g} \quad \rightarrow \quad Re = 0{,}858. \tag{7.132}$$

Abb. Lb 7.24 kann demzufolge genutzt werden. Für die Pecletzahl ergibt sich:

$$Pe = \frac{w_P d_P}{D_{Pr/\text{Luft}}} \quad \rightarrow \quad Pe = 1{,}1. \tag{7.133}$$

Für die Bestimmung der Damköhlerzahl ist Gl. (Lb 7.68) zu verwenden:

$$Da = \frac{k_{w1} d_P / 2}{D_{Pr/\text{Luft}}} \quad \rightarrow \quad Da = 10. \tag{7.134}$$

Mit diesen Kennzahlen folgt gemäß Abb. Lb 7.24 für die Sherwoodzahl ein Wert von etwa zwei. Mit dieser Sherwoodzahl berechnet sich der Stoffübergangskoeffizient:

$$\beta = \frac{Sh D_{Pr/\text{Luft}}}{d_P} \quad \rightarrow \quad \beta = 6{,}38 \cdot 10^{-3} \, \frac{\text{m}}{\text{s}}. \tag{7.135}$$

Zur Bestimmung der umgesetzten Stoffmenge muss die molare Konzentration des Propens aus dem Massenanteil ξ ermittelt werden. Der Molanteil an Propen ergibt sich durch folgende Umrechnung:

$$y_{Pr} = \left[1 + \frac{\tilde{M}_{Pr}}{\tilde{M}_{\text{Luft}}} \left(\frac{1 - \xi_{Pr}}{\xi_{Pr}} \right) \right]^{-1} \quad \rightarrow \quad y_{Pr} = 1{,}37 \cdot 10^{-3}. \tag{7.136}$$

Für die umgesetzte Stoffmenge resultiert mit der Oberfläche der Kugel:

$$\dot{N}_{Pr} = \beta A c_{Pr} = \beta \pi d_P^2 \frac{y_{Pr} p}{RT} \quad \rightarrow \quad \boxed{\dot{N}_{Pr} = 1{,}70 \cdot 10^{-4} \, \frac{\text{mol}}{\text{h}}}. \tag{7.137}$$

7.12   Sauerstoffabreicherung in einer Luftblase[**]

▶   **Thema**   Stationärer konvektiver Stoffübergang – Fluide Partikel

Eine Luftblase mit dem Durchmesser der größten stabilen Einzelblase d_E steigt in sauerstofffreiem Wasser ($T = 20\,°C$) auf.

Berechnen Sie die Länge des Aufstiegswegs, der von der Blase zurückgelegt werden muss, bis 5 % des Luftsauerstoffs absorbiert sind.

Gegeben:

Gasdichte	ρ_g	$= 1{,}2\,\text{g/L}$
Wasserdichte	ρ_f	$= 1000\,\text{g/L}$
Wasserviskosität	η_f	$= 10^{-3}\,\text{Pa} \cdot \text{s}$
Oberflächenspannung	σ	$= 0{,}072\,\text{N/m}$
Henry-Koeffizient für Sauerstoff in Wasser	H	$= 4 \cdot 10^4\,\text{bar}$
Molekulargewicht Wasser	$\tilde{M}_{\text{H}_2\text{O}}$	$= 0{,}018\,\text{kg/mol}$
Diffusionskoeffizient	$D_{\text{O}_2/\text{H}_2\text{O}}$	$= 2{,}5 \cdot 10^{-9}\,\text{m}^2/\text{s}$

Hinweise:

1. Der Durchmesser der Luftblase wird vereinfachend als konstant angesehen.
2. Das Problem kann quasistationär als reines Außenproblem unter Vernachlässigung der Druckänderung in der Blase gerechnet werden.

Lösung

Lösungsansatz:
Bestimmung der Änderung des Sauerstoffanteils in der Blase über eine instationäre Stoffbilanz.

Lösungsweg:
Für die Lösung wird vereinfachend angenommen, dass es sich um ein quasistationäres Problem handelt. Die Stoffbilanz um die Blase lautet:

$$\frac{dN_{\text{O}_2}}{dt} = -\dot{N}_{\text{O}_2}. \tag{7.138}$$

Der abgehende Stoffstrom $\dot{N}_{\text{O}_2}$ resultiert aus dem Stoffübergang und berechnet sich nach:

$$\dot{N}_{\text{O}_2} = \beta A_B \left(c^*_{\text{O}_2 f} - c_{\text{O}_2 f\infty} \right) = \beta A_B \frac{c_{\text{O}_2}}{H^*}. \tag{7.139}$$

Da das Wasser sauerstofffrei ist, gilt $c_{\text{O}_2 f\infty} = 0$. Eingesetzt in Gl. (7.138) folgt unter Berücksichtigung der Kugelform der Gasblase:

$$V_B \frac{dc_{\text{O}_2}}{dt} = -\beta A_B \frac{c_{\text{O}_2}}{H^*} \quad \rightarrow \quad \frac{dc_{\text{O}_2}}{dt} = -\frac{6}{d_E} \beta \frac{c_{\text{O}_2}}{H^*}. \tag{7.140}$$

Die Differenzialgleichung wir durch Trennung der Variablen gelöst. Als Anfangsbedingung wird

AB: bei $t = 0$ $c_{O_2} = c_{O_{2anf}}$

eingesetzt, sodass sich als Lösung für den zeitlichen Konzentrationsverlauf ergibt:

$$c_{O_2} = c_{O_{2anf}} \exp\left(-\frac{6\beta}{d_E H^*}t\right). \tag{7.141}$$

Für die weitere Berechnung werden Werte für H^* und β benötigt. Für H^* gilt unter Annahme eines idealen Gases und geringer Gaslöslichkeit (Gl. (Lb 11.29)):

$$H^* = \frac{c_{O_2 g}^*}{c_{O_2 f}} = H\frac{\tilde{M}_{H_2O}}{RT\rho_{H_2O}} \quad \rightarrow \quad H^* = 29{,}6. \tag{7.142}$$

Der Stoffübergangskoeffizient β wird aus einer Sherwood Korrelation bestimmt. Hierzu muss der Umströmungszustand geklärt werden. Für die Reynoldszahl der größten stabilen Einzelblase gilt gemäß Gl. (Lb 7.30):

$$Re_E = \frac{w_E d_E}{\nu_f} = 1{,}24\sqrt[4]{\frac{\Delta\rho g\sigma}{\rho_f^2}}3\sqrt{\frac{\sigma}{\Delta\rho g}\frac{\rho_f}{\eta_f}} = 3{,}72\left(\frac{\rho_f\sigma^3}{g\eta_f^4}\right)^{1/4} = 3{,}72\,K_f^{1/4}$$

$$\rightarrow \quad Re_E = 1642. \tag{7.143}$$

Der größte stabile Durchmesser d_E beträgt gemäß Gl. (Lb 7.23):

$$d_E = 3\sqrt{\frac{\sigma}{\Delta\rho g}} \quad \rightarrow \quad d_E = 8{,}14\,\text{mm}. \tag{7.144}$$

Zur Überprüfung, ob die Blase Formschwingungen ausführt, wird Abb. Lb 7.14 verwendet. Dazu müssen die Flüssigkeitskennzahl und die Eötvöszahl ermittelt werden:

$$Eo = \frac{g\Delta\rho d_E^2}{\sigma} = 9 \quad \text{und} \quad K_f = \frac{\rho_f\sigma^3}{g\eta_f^{\,4}} = 3{,}8\cdot 10^{10}. \tag{7.145}$$

Abb. Lb 7.14 zeigt für dieses Wertepaar eine regellose Gestalt bzw. oszillierendes Verhalten. Der Stoffübergangskoeffizient wird über die Korrelation (Gl. (Lb 7.82)) berechnet:

$$Sh = \frac{\beta d_E}{D_{O_2/H_2O}} = 2 + 0{,}015 Re^{0,89} Sc^{0,7} \quad \rightarrow \quad Sh = 726$$

$$\rightarrow \quad \beta = 2{,}23\cdot 10^{-4}\,\frac{\text{m}}{\text{s}}. \tag{7.146}$$

Um die Zeit für die Abreicherung der Sauerstoffkonzentration auf 95 % des anfänglichen Wertes zu berechnen, wird Gl. (7.141) nach t aufgelöst:

$$t = \frac{d_E H^*}{6\beta} \ln\left(\frac{c_{O_{2\text{anf}}}}{c_{O_2}}\right) \quad \rightarrow \quad t = 9{,}24\,\text{s}. \tag{7.147}$$

Mit der Aufstiegsgeschwindigkeit der größten stabilen Einzelblase w_E gemäß Gl. (Lb 7.29)

$$w_E = 1{,}24 \sqrt[4]{\frac{\Delta\rho g \sigma}{\rho_f^2}} \quad \rightarrow \quad w_E = 0{,}202\,\frac{\text{m}}{\text{s}} \tag{7.148}$$

folgt für die Aufstiegslänge:

$$L = w_E t \quad \rightarrow \quad \boxed{L = 1{,}87\,\text{m}}. \tag{7.149}$$

7.13 Sättigung einer organischen Flüssigkeit [1]**

▶ **Thema** Instationärer konvektiver Stofftransport

Eine organische Flüssigkeit soll mit einer Komponente A zu 90 % gesättigt werden. Hierzu steht eine gesättigte wässrige Lösung von A bei 20 °C ($\rho_f = 1000\,\text{kg/m}^3$, $\nu_f = 10^{-6}\,\text{m}^2/\text{s}$) zur Verfügung. Die wasserunlösliche organische Flüssigkeit wird in kleinen kugelförmigen Tropfen ($d_P = 2\,\text{mm}$) dispergiert und steigt in der gesättigten wässrigen Phase auf (Aufstiegsgeschwindigkeit $w_P = 0{,}01\,\text{m/s}$). Der Diffusionskoeffizient von A ist in beiden Phasen gleich $D = 10^{-9}\,\text{m}^2/\text{s}$. Die Löslichkeit von A in der organischen Phase ist 200fach höher als in Wasser. Die dynamische Viskosität der organischen Flüssigkeit ist halb so groß, wie die von Wasser. Die Konzentration von A in der wässrigen Phase bleibt unverändert aufgrund des hohen Überschusses. Die Anfangskonzentration von A in der organischen Phase ist gleich null.

a) Ermitteln Sie die Art des Stofftransportproblems.
b) Bestimmen Sie die erforderliche Höhe der Wassersäule für eine 90 %ige Sättigung der organischen Phase.

Lösung

Lösungsansatz:
Instationäre Massenbilanz für den kugelförmigen Tropfen unter Berücksichtigung des übergehenden Stoffstroms

Lösungsweg:

a) Die Klärung, welche Stofftransportproblemstellung vorliegt (s. Abschn. Lb 7.5.1), erfolgt durch die Berechnung des folgenden Produkts mit dem Verteilungskoeffizient K_A (Gl. (Lb 1.145)):

$$K_A \left(\frac{D_d}{D_c}\right)^{1/2} = \frac{c_{Ad}}{c_{Ac}} \left(\frac{D_d}{D_c}\right)^{1/2} = 200 \gg 1. \tag{7.150}$$

c_{Ac} ist die Konzentration von A in der kontinuierlichen Wasserphase; c_{Ad} ist die Konzentration von A in dem organischen Tropfen, K_A repräsentiert den angegebenen Verteilungskoeffizienten. Das Verhältnis zeigt:

▶ Es liegt ein reines Außenproblem vor.

b) Zur Berechnung der Höhe der Wassersäule wird eine integrale Stoffbilanz für das Tropfeninnere aufgestellt. Da es sich um ein Außenproblem handelt, liegt in dem Tropfen eine ortsunabhängige Konzentration vor:

$$\frac{dN_{Ad}}{dt} = \beta_c A \left[c_{Ac\infty} - c_{Ac}^*(t)\right]. \tag{7.151}$$

Das Einsetzen der Stoffmenge und der geometrischen Abmessungen führt zu:

$$\frac{dc_{Ad}}{dt} \frac{\pi}{6} d_P^3 = \beta_c \pi d_P^2 \left[c_{Ac\infty} - \frac{c_{Ad}(t)}{K_A}\right]$$

$$\rightarrow \quad \frac{dc_{Ad}}{dt} = \frac{6\beta_c}{d_P K_A} \left[K_A c_{Ac\infty} - c_{Ad}(t)\right]. \tag{7.152}$$

Die DGL wird durch Trennung der Variablen unter Berücksichtigung der Anfangsbedingung:

AB: bei $\quad t = 0 \quad\quad c_{Ad} = 0$

gelöst:

$$t = -\ln\left[\frac{K_A c_{Ac\infty} - c_{Ad}(t)}{K_A c_{Ac\infty}}\right] \frac{d_P K_A}{6\beta_c}. \tag{7.153}$$

Hieraus ergibt sich der Zeitbedarf bis zum Erreichen der geforderten 90 %igen Anreicherung:

$$t_{\text{end}} = -\ln\left(\frac{K_A c_{Ac\infty} - 0{,}9\, K_A c_{Ac\infty}}{K_A c_{Ac\infty}}\right) \frac{d_P K_A}{6\beta_c} = \ln 10 \frac{d_P K_A}{6\beta_c}. \tag{7.154}$$

Für die Berechnung muss zuvor der flüssigkeitsseitige Stoffübergangskoeffizient β_c bestimmt werden. Die Partikelreynoldszahl beträgt:

$$Re = \frac{w_P d_P}{\nu_c} \quad \rightarrow \quad Re = 20.$$ (7.155)

Damit berechnet sich der Stoffübergangskoeffizient nach Gl. (Lb 7.77):

$$Sh = f \frac{2}{\sqrt{\pi}} Pe^{1/2}.$$ (7.156)

Der Korrekturfaktor f kann Abb. Lb 7.28 entnommen werden:

$$f \approx 0{,}55.$$ (7.157)

Daraus folgt der Stoffübergangskoeffizient β_c:

$$Sh = 87{,}8 \quad \rightarrow \quad \beta_c = \frac{Sh D}{d_P} \quad \rightarrow \quad \beta_c = 4{,}39 \cdot 10^{-5} \frac{m}{s}.$$ (7.158)

Die erforderliche Höhe ergibt sich mit der Lösungsdauer nach Gl. (7.154)

$$t_{end} = \ln 10 \frac{d_P K_A}{6\beta_c} \quad \rightarrow \quad t_{end} = 3498 \, s$$ (7.159)

als:

$$H = w_P t_{end} = \frac{K_A d_P w_P}{6\beta_c} \ln 10 \quad \rightarrow \quad \boxed{H = 35 \, m}.$$ (7.160)

Literatur

1. Beek WJ, Muttzall KMK, van Heuven JW (1999) Transport phenomena, 2. Aufl. John Wiley & Sons, Chichester
2. Brauer H (1979) Particle/Fluid Transport Processes. In: Fortschritte der Verfahrenstechnik, Band 17. VDI-Verlag, Düsseldorf
3. Mersmann A (1986) Stoffübertragung. Springer, Berlin Heidelberg New York
4. Petrescu S, Petrescu J, Lisa C (1997) Mass transfer at solid dissolution. Chem Engng J 66:57–63

Einphasig durchströmte Feststoffschüttungen 8

Inhalt dieses Kapitels ist die Anwendung von Methoden zur mathematischen Modellierung der Austauschvorgänge in Feststoffschüttungen basierend auf der Charakterisierung der einzelnen Transportvorgänge. Hierzu werden zunächst kennzeichnende Größen bestimmt und Druckverlustberechnungen durchgeführt. Die Ermittlung des konvektiven Stoffübergangs wird an zwei Beispielen ausgeführt. Die mathematische Modellierung des gesamten Stofftransports in einer Feststoffschüttung auf Basis einer differenziellen Bilanz zur Bestimmung der Stoffübergangsleistung von Festbettapparaten rundet das Kapitel ab.

8.1 Oberfläche und Lückengrad einer Pallringschüttung [3]*

▶   **Thema** Kennzeichnende Größen einer Feststoffschüttung

Für eine metallische 50 mm Pallringschüttung wurde eine Schüttdichte[1] von $N = 6690\,1/m^3$ (Anzahl der Füllkörper pro Volumen) gemessen. Herstellerfirmen geben Standardwerte für Ihre Füllkörper an, die für ein Verhältnis von Partikeldurchmesser zu Apparatedurchmesser d_P/D von etwa 10 gelten.

Für die Schüttung sind die geometrische Füllkörperoberfläche a und der Lückengrad ε zu bestimmen.

---

[1] Die Schüttdichte bezeichnet üblicherweise das Verhältnis von Masse des Feststoffs zum Volumen der Schüttung. In diesem Fall ist die Schüttdichte jedoch als Verhältnis von Partikelanzahl zum Schüttungsvolumen definiert.

Elektronisches Zusatzmaterial Die Online-Version dieses Kapitels (https://doi.org/10.1007/978-3-662-60393-2_8) enthält Zusatzmaterial, das für autorisierte Nutzer zugänglich ist.

© Springer-Verlag GmbH Deutschland, ein Teil von Springer Nature 2020
M. Kraume, *Transportvorgänge in der Verfahrenstechnik*,
https://doi.org/10.1007/978-3-662-60393-2_8

Gegeben (Herstellerangaben):

Schüttdichte $\qquad\qquad\qquad\qquad N_0 = 6100\,1/\mathrm{m}^3$

Geometrische Füllkörperoberfläche $\quad a_0 = 110\,\mathrm{m}^2/\mathrm{m}^3$

Lückengrad $\qquad\qquad\qquad\qquad \varepsilon_0 = 0{,}952\,\mathrm{m}^3/\mathrm{m}^3$

Lösung

Lösungsansatz:
Mit dem Dreisatz können aus den gegebenen Werten die geometrische Füllkörperoberfläche a und der Lückengrad ε bestimmt werden.

Lösungsweg:
Das Verhältnis der spezifischen Oberflächen entspricht dem Verhältnis der Schüttungsdichten:

$$\frac{a}{a_0} = \frac{A_{P_{\text{ges}}}/V}{A_{P0_{\text{ges}}}/V} = \frac{N A_P}{N_0 A_P} = \frac{N}{N_0} \quad\rightarrow\quad a = a_0\frac{N}{N_0} \quad\rightarrow\quad \boxed{a = 121\,\frac{\mathrm{m}^2}{\mathrm{m}^3}}. \qquad (8.1)$$

Ebenso kann das Verhältnis für das bezogene Feststoffvolumen aufgestellt werden:

$$\frac{1-\varepsilon}{1-\varepsilon_0} = \frac{N}{N_0} \quad\rightarrow\quad \varepsilon = 1 - (1-\varepsilon_0)\frac{N}{N_0} \quad\rightarrow\quad \boxed{\varepsilon = 0{,}947}. \qquad (8.2)$$

8.2   Porosität und Druckverlust einer Kugelschüttung**

▶   **Thema** Kennzeichnende Größen einer Feststoffschüttung/Druckverlust

Ein zylindrischer Apparat mit der Querschnittsfläche A und der Höhe H ist mit monodispersen Kugeln (Durchmesser d_P) gefüllt. Eine Kunststofflösung fließt unter einer Druckdifferenz Δp mit einem Massenstrom $\dot{M}$ durch das Haufwerk. Die Lösung besitzt eine Zähigkeit η bei einer Dichte ρ.

a) Bestimmen Sie die Porosität der Kugelschüttung.
b) Ermitteln Sie den Druckverlust, der sich bei einer Halbierung bzw. Verdoppelung des Volumenstroms ergibt.
c) Vor der Inbetriebnahme wird der Apparat mit Wasser geflutet, sodass das gesamte Lückenvolumen gefüllt ist. Anschließend wird das Wasser wieder abgelassen und eine Masse von 65 kg gemessen. Berechnen Sie hieraus die Porosität der Schüttung. Begründen Sie den Unterschied zu dem in a) berechneten Lückengrad.

Gegeben:

Querschnittsfläche	A	$= 0,1\,\mathrm{m}^2$
Höhe	H	$= 2\,\mathrm{m}$
Kugeldurchmesser	d_P	$= 2\,\mathrm{mm}$
Druckdifferenz	Δp	$= 1,1 \cdot 10^6\,\mathrm{Pa}$
Massenstrom	$\dot{M}$	$= 120\,\mathrm{kg/min}$
Dyn. Viskosität Kunststofflösung	η	$= 129\,\mathrm{mPa} \cdot \mathrm{s}$
Dichte Kunststofflösung	ρ	$= 1290\,\mathrm{kg/m}^3$
Dichte Wasser	ρ_W	$= 1290\,\mathrm{kg/m}^3$

Lösung

Lösungsansatz:

a) Iteration der Porosität über verschiedene Gleichungen des Widerstandsbeiwerts.
b) Reynoldszahl ermitteln und mit dieser den Druckverlust berechnen.

Lösungsweg:
Für eine regellose Schüttung von Kugeln gleicher Größe ($d_{32} = d_P$) gilt nach Gl. (Lb 8.16) und (Lb 8.15):

$$\zeta = \frac{160}{Re} + \frac{3,1}{Re^{0,1}} \quad \text{mit } Re = \frac{v d_P}{\nu} \frac{1}{1 - \varepsilon}. \tag{8.3}$$

Zur Bestimmung des Widerstandsbeiwertes wird das Widerstandsgesetz nach Gl. (Lb 8.13) herangezogen

$$\zeta = \frac{\varepsilon^3}{1 - \varepsilon} \frac{\Delta p}{\rho v^2} \frac{d_{32}}{H}, \tag{8.4}$$

wobei sich die Leerrohrgeschwindigkeit berechnet nach:

$$v = \frac{\dot{V}}{A} = \frac{\dot{M}}{\rho A}. \tag{8.5}$$

Da eine Kugelschüttung vorliegt, kann als Startwert für die Iteration $\varepsilon = 0,4$ angenommen werden. Nun kann mithilfe der Reynoldszahl der Widerstandsbeiwert ζ aus Gl. (8.3) berechnet werden. Als zweiter Wert ergibt sich aus Gl. (8.4) der mit dem Druckverlust berechnete Widerstandsbeiwert ζ. Entsprechend muss die Iteration so lange ausgeführt werden, bis beide Widerstandsbeiwerte übereinstimmen. Zur Quantifizierung der Übereinstimmung wird die relative Abweichung der beiden Widerstandsbeiwerte $\Delta\zeta/\zeta$ voneinander genutzt. Die Ergebnisse der so durchgeführten Iteration sind in Tab. 8.1 dargestellt. Alternativ kann die Zielwertsuche von Excel genutzt werden.

Tab. 8.1 Iteration zur Bestimmung des Widerstandsbeiwerts

Iterations-schritt	ε [–]	Re [–]	ζ (Gl. (8.3)) [–]	ζ (Gl. (8.4)) [–]	$\Delta\zeta/\zeta$ [–]
1	0,400	1,180	138,6	378,4	−1,7
2	0,300	0,443	364,6	136,8	0,625
3	0,350	0,477	338,7	234,0	0,309
4	0,380	0,500	323,2	314,0	0,029
5	0,385	0,504	320,7	329,2	−0,027
6	0,383	0,503	321,7	323,0	$-4{,}14 \cdot 10^{-3}$

Es ergibt sich somit ein Lückengrad von:

$$\boxed{\varepsilon = 0{,}383}\,. \tag{8.6}$$

In der Definition der Reynoldszahl kann die Geschwindigkeit durch das Verhältnis aus Volumenstrom und durchströmter Fläche ersetzt werden. Demzufolge ist die Reynoldszahl proportional zum Volumenstrom. Mit Gl. (8.3) lässt sich der Widerstandsbeiwert und daraus mit Gl. (8.4) der Druckverlust berechnen. Tab. 8.2 zeigt die entsprechenden Ergebnisse.

Die Reynoldszahlen im Bereich von etwa eins zeigen, dass es sich noch um eine annähernd schleichende Strömung handelt. Bei dieser Strömungsform ist der Widerstandsbeiwert umgekehrt proportional zur Durchströmungsgeschwindigkeit. Daher ist der Druckverlust direkt proportional zum Durchsatz, wie die berechneten Druckverluste zeigen.

c) Das gemessene Wasservolumen sollte dem Lückenvolumen entsprechen:

$$\varepsilon = \frac{M_W/\rho_W}{\frac{\pi}{4}D^2\,H} \quad \rightarrow \quad \boxed{\varepsilon = 0{,}325}\,. \tag{8.7}$$

Tatsächlich ergibt sich eine deutlich geringere Porosität als unter a). Ursächlich hierfür ist der sogenannte Haftinhalt (s. Abschn. Lb 13.2.1), also die noch in der Schüttung haftende Wassermenge, die diese Messmethode für den Lückengrad erheblich verfälscht.

Tab. 8.2 Iteration zur Bestimmung des Widerstandsbeiwerts

Volumenstrom	Re [–]	ζ [–]	Δp [Pa]
$\dot{V}/2$	0,251	640	$5{,}45 \cdot 10^5$
$2\dot{V}$	1,01	162	$2{,}21 \cdot 10^6$

8.3   Charakterisierung einer Mehrkornschüttung[*]

▶   **Thema**   Kennzeichnende Größen einer Feststoffschüttung/Druckverlust

In einem Versuch wurde eine Mehrkornschüttung der Höhe H aus kugelförmigen Füllkörpern $P1$, $P2$, $P3$ und $P4$ in einen zylindrischen Apparat mit dem Durchmesser D eingebracht. Die Massen der vier Kugelfraktionen wurden zu M_1, M_2, M_3 und M_4 ermittelt. Die Schüttung wird von Luft mit der Leerrohrgeschwindigkeit v durchströmt.
  Bestimmen Sie

a) das Lückenvolumen der polydispersen Schüttung $\varepsilon_{\text{polydisp}}$,
b) den Sauterdurchmesser d_{32} und
c) den Druckverlust der Schüttung.

Gegeben:

Schüttungshöhe	H	$= 1\,\text{m}$
Apparatedurchmesser	D	$= 500\,\text{mm}$
Durchmesser Partikelfraktion 1	d_{P1}	$= 9{,}9\,\text{mm}$
Durchmesser Partikelfraktion 2	d_{P2}	$= 19{,}9\,\text{mm}$
Durchmesser Partikelfraktion 3	d_{P3}	$= 33{,}6\,\text{mm}$
Durchmesser Partikelfraktion 4	d_{P4}	$= 80{,}4\,\text{mm}$
Dichte der Partikeln	ρ_{1-4}	$= 2{,}3 \cdot 10^3\,\text{kg/m}^3$
Masse Partikel 1	M_1	$= 75{,}7\,\text{kg}$
Masse Partikel 2	M_2	$= 81{,}9\,\text{kg}$
Masse Partikel 3	M_3	$= 75{,}7\,\text{kg}$
Masse Partikel 4	M_4	$= 81{,}9\,\text{kg}$
Lufttemperatur	ϑ_L	$= 20\,°\text{C}$
Dichte Luft	ρ_L	$= 1{,}205\,\text{kg/m}^3$
Viskosität Luft	ν_L	$= 15{,}11 \cdot 10^{-6}\,\text{m}^2/\text{s}$
Gasleerrohrgeschwindigkeit	v	$= 0{,}55\,\text{m/s}$

Hinweis:

Für die Berechnung des Widerstandsbeiwerts der Schüttung muss das polydisperse Verhalten berücksichtigt werden. Hierzu ist der für monodisperse kugelförmige Partikeln berechnete Widerstandsbeiwert gemäß Gl. (Lb 8.18) noch mit dem Faktor $(\varepsilon_{\text{monodisp}}/\varepsilon_{\text{polydisp}})^{0{,}75}$ zu multiplizieren. Der Lückengrad der monodispersen Schüttung berechnet sich mit:

$$\varepsilon_{\text{monodisp}} = 0{,}375 + 0{,}34\frac{d_P}{D}, \tag{8.8}$$

wobei für d_P der Durchmesser der kleinsten Fraktion einzusetzen ist.

Lösung

Lösungsansatz:
Berechnung der Reynoldszahl mit Sauterdurchmesser und Lückengrad.

Lösungsweg:
a) Das Lückenvolumen ε der Füllkörperschicht berechnet sich gemäß Gl. (Lb 8.5):

$$\varepsilon = \frac{V_{\text{ges}} - V_{P\,\text{ges}}}{V_{\text{ges}}} = 1 - \frac{V_P}{V_{\text{ges}}}. \tag{8.9}$$

Für das Gesamtvolumen V_{ges} der Schicht gilt:

$$V_{\text{ges}} = AH = \frac{\pi}{4} D^2 H. \tag{8.10}$$

Das gesamte Partikelvolumen $V_{P\,\text{ges}}$ ergibt sich aus der Gesamtmasse und der Partikeldichte:

$$V_{P\,\text{ges}} = \frac{M_{P\,\text{ges}}}{\rho_P} = \frac{M_1 + M_2 + M_3 + M_4}{\rho_{1-4}}. \tag{8.11}$$

Werden die Gln. (8.10) und (8.11) in (8.9) eingesetzt, so folgt für das Lückenvolumen der polydispersen Schüttung:

$$\varepsilon_{\text{polydisp}} = 1 - \frac{4}{\pi} \frac{M_1 + M_2 + M_3 + M_4}{\rho_{1-4} D^2 H} \quad \rightarrow \quad \boxed{\varepsilon_{\text{polydisp}} = 0{,}302}. \tag{8.12}$$

b) Zur Bestimmung des Sauterdurchmessers wird Gl. (Lb 8.4) genutzt:

$$d_{32} = \frac{\sum_{i=1}^{n} d_{P_i}^3}{\sum_{i=1}^{n} d_{P_i}^2}. \tag{8.13}$$

Die hier einfließenden Durchmesser d_P^3 und d_P^2 können mit dem Kugelvolumen beschrieben werden:

$$V_P = \frac{\pi}{6} d_P^3 \quad \rightarrow \quad d_P^3 = \frac{6\,V_P}{\pi} \quad \text{bzw.} \quad d_P^2 = \frac{6\,V_P}{d_P \pi}. \tag{8.14}$$

Diese Verhältnisse können in Gl. (8.13) eingesetzt und der Faktor $6/\pi$ gekürzt werden. Die Summation erfolgt in diesem Fall über die Partikelfraktionen mit der Anzahl $N = 4$:

$$d_{32} = \frac{\sum_{j=1}^{N} V_{P_j}}{\sum_{j=1}^{N} \frac{V_{P_j}}{d_{P_j}}} = \frac{V_{P\,\text{ges}}}{\sum_{j=1}^{N} \frac{V_{P_j}}{d_{P_j}}}. \tag{8.15}$$

Da die Dichte aller Partikeln gleich ist, kann statt des Volumens die Masse verwendet werden. Somit ergibt sich:

$$d_{32} = \frac{M_{\text{ges}}}{\sum_{j=1}^{N} \frac{M_{P_j}}{d_{P_j}}} \quad \rightarrow \quad \boxed{d_{32} = 21\,\text{mm}}. \tag{8.16}$$

c) Die Berechnung des Druckverlustes erfolgt mit Gl. (Lb 8.13)

$$\Delta p = \frac{1 - \varepsilon}{\varepsilon^3} \zeta_{\text{polydisp}} \frac{\rho v^2 H}{d_{32}}, \tag{8.17}$$

wobei sich der polydisperse Widerstandsbeiwert entsprechend Gl. (Lb 8.18) ergibt:

$$\zeta_{\text{polydisp}} = \zeta_{\text{monodisp}} \left(\frac{\varepsilon_{\text{monodisp}}}{\varepsilon_{\text{polydisp}}} \right)^{0,75}. \tag{8.18}$$

Somit kann der polydisperse Widerstandsbeiwert in Abhängigkeit der Reynoldszahl geschrieben werden:

$$\zeta_{\text{polydisp}} = \left(\frac{160}{Re_{\text{monodisp}}} + \frac{3,1}{Re_{\text{monodisp}}^{0,1}} \right) \left(\frac{\varepsilon_{\text{monodisp}}}{\varepsilon_{\text{polydisp}}} \right)^{0,75}. \tag{8.19}$$

$\varepsilon_{\text{monodisp}}$ und Re_{monodisp} werden wie folgt berechnet:

$$\varepsilon_{\text{monodisp}} = 0,375 + 0,34 \frac{d_{P\,\text{min}}}{D} \quad \rightarrow \quad \varepsilon_{\text{monodisp}} = 0,382, \tag{8.20}$$

$$Re_{\text{monodisp}} = \frac{v d_{32}}{\nu} \frac{1}{1 - \varepsilon_{\text{monodisp}}} \quad \rightarrow \quad Re_{\text{monodisp}} = 1234. \tag{8.21}$$

Es folgt für den Widerstandsbeiwert aus Gl. (8.19)

$$\zeta_{\text{polydisp}} = 1,97 \tag{8.22}$$

und damit für den Druckverlust nach Gl. (8.17):

$$\boxed{\Delta p = 867\,\text{Pa}}. \tag{8.23}$$

8.4   Trocknung einer Feststoffschüttung (angelehnt an [5])[**]

▶   **Thema** Konvektiver Stoffübergang

Eine oberflächenfeuchte Kugelschüttung (Durchmesser $d_K = 6\,\text{mm}$, Porosität $\varepsilon = 0,39$, Schütthöhe $H = 0,1\,\text{m}$) wird in einem Rohr mit einem Durchmesser von $160\,\text{mm}$ bei $20\,°\text{C}$ und $1\,\text{bar}$ getrocknet. Die Eintrittsfeuchte der Luft beträgt $\varphi_\alpha = p_D/p_{SW} = 0,1$ (p_D: Partialdruck des Wassers in der Luft, p_{SW}: Sättigungsdampfdruck des Wassers). Die Strömungsgeschwindigkeit v im leeren Rohr beträgt $2\,\text{m}/\text{s}$.

a) Bestimmen Sie die relative Feuchtigkeit am Austritt der Schüttung mittels der Analogie zur Einzelkugel.
b) Berechnen Sie mit dem Ergebnis aus a) den übergehenden Massenstrom an Wasser.
c) Berechnen Sie den übergehenden Massenstrom an Wasser mittels der Analogie zum durchströmten Rohr.

Gegeben (Stoffdaten bei $20\,°\text{C}$ und $1\,\text{bar}$):

Luftdichte	ρ_L	$= 1290\,\text{kg}/\text{m}^3$
Zähigkeit der Luft	η_L	$= 1,8 \cdot 10^{-5}\,\text{mPa} \cdot \text{s}$
Molekulargewicht Wasser	$\tilde{M}$	$= 18\,\text{g}/\text{mol}$
Diffusionskoeffizient	$D_{\text{H}_2\text{O}/\text{Luft}}$	$= 2,78 \cdot 10^{-5}\,\text{m}^2/\text{s}$
Sättigungsdampfdruck	p_{SW}	$= 2330\,\text{Pa}$

Annahmen:

1. Die Temperatur an der feuchten Kugeloberfläche entspricht derjenigen der Luft.
2. Die Berechnung kann mithilfe der Kugelanalogie erfolgen.

Lösung

Lösungsansatz:
Aufstellen einer Massenbilanz für Wasser und Nutzen der Analogie zur Einzelkugel zur Bestimmung von Stoffübergangskoeffizienten.

Lösungsweg:
a) Die integrale Massenbilanz für Wasser in der Gasphase führt unter der Annahme, dass sich der Gasvolumenstrom durch die übergehende Wassermenge nur vernachlässigbar verändert, zu:

$$0 = \dot{N}_{\text{H}_2\text{O}_\alpha} - \dot{N}_{\text{H}_2\text{O}_\omega} + \dot{N}_{\text{H}_2\text{O}_{S\emptyset}} = \dot{V}_g \left(c_{\text{H}_2\text{O}_\alpha} - c_{\text{H}_2\text{O}_\omega} \right) + \dot{N}_{\text{H}_2\text{O}_{S\emptyset}}. \tag{8.24}$$

Der übergehende Stoffmengenstrom berechnet sich gemäß:

$$\dot{N}_{H_2O_{S\ddot{U}}} = \beta A \Delta c_{A,\text{ln}} = \beta A \frac{\left(c^*_{H_2O} - c_{H_2O}\right)_\alpha - \left(c^*_{H_2O} - c_{H_2O}\right)_\omega}{\ln\left[\frac{\left(c^*_{H_2O}-c_{H_2O}\right)_\alpha}{\left(c^*_{H_2O}-c_{H_2O}\right)_\omega}\right]}$$

$$= \dot{V}_g \left(c_{H_2O_\omega} - c_{H_2O_\alpha}\right)$$

$$\rightarrow \quad \ln\left[\frac{\left(1 - \frac{c_{H_2O}}{c^*_{H_2O}}\right)_\alpha}{\left(1 - \frac{c_{H_2O}}{c^*_{H_2O}}\right)_\omega}\right] = \frac{\beta A}{\dot{V}_g} \quad \rightarrow \quad \frac{1 - \varphi_\alpha}{1 - \varphi_\omega} = \exp\left(\frac{\beta A}{\dot{V}_g}\right). \tag{8.25}$$

Da die Sättigungskonzentration in der Schicht konstant ist, folgt für die Austrittsfeuchte:

$$\varphi_\omega = 1 - (1 - \varphi_\alpha)\exp\left(-\frac{\beta A}{\dot{V}_g}\right) \tag{8.26}$$

Für die Berechnung müssen der Stoffübergangskoeffizient und die Phasengrenzfläche bestimmt werden. Die für diese Rechnung erforderliche Reynoldszahl beträgt:

$$Re = \frac{\rho v d_K}{\varepsilon \eta} \quad \rightarrow \quad Re = 2034. \tag{8.27}$$

Der Stoffübergangskoeffizient ergibt sich durch die entsprechenden Sherwoodbeziehungen. Hierzu werden zunächst die mittlere Sherwoodzahl bei laminarer Strömung (Gl. (Lb 8.24))

$$Sh_{K_{\text{lam}}} = 0{,}664 Re^{1/2} Sc^{1/3} \quad \rightarrow \quad Sh_{K_{\text{lam}}} = 24{,}4. \tag{8.28}$$

und turbulenter Strömung (Gl. (Lb 8.25)) für eine Kugel berechnet:

$$Sh_{K_{\text{turb}}} = \frac{0{,}037 Re^{0{,}8} Sc}{1 + 2{,}443 Re^{-0{,}1}\left(Sc^{2/3} - 1\right)} \quad \rightarrow \quad Sh_{K_{\text{turb}}} = 14{,}4. \tag{8.29}$$

Die mittlere Sherwoodzahl ergibt sich gemäß Gl. (Lb 8.23):

$$Sh_K = 2 + \left(Sh^2_{K_{\text{lam}}} + Sh^2_{K_{\text{turb}}}\right)^{1/2} \quad \rightarrow \quad Sh_K = 30{,}4. \tag{8.30}$$

Hieraus resultiert die Sherwoodzahl für die Schüttung nach den Gln. (Lb 8.27) und (Lb 8.28):

$$Sh = f_\varepsilon Sh_K = [1 + 1{,}5\,(1 - \varepsilon)]\,Sh_K \quad \rightarrow \quad Sh = 58{,}2. \tag{8.31}$$

Daraus folgt ein mittlerer Stoffübergangskoeffizient in der Schüttung von:

$$Sh = \frac{\beta d_K}{D_{H_2O/Luft}} \quad \rightarrow \quad \beta = 0{,}27 \, \frac{m}{s}. \tag{8.32}$$

Die Phasengrenzfläche resultiert aus der Beziehung:

$$A = n_{Kugeln} \pi d_K^2 = \frac{(1-\varepsilon)\frac{\pi}{4}D^2 H}{\frac{\pi}{6} d_K^3} \pi d_K^2 = \frac{3}{2} \frac{\pi (1-\varepsilon) D^2 H}{d_K}$$

$$\rightarrow \quad A = 1{,}23 \, m^2. \tag{8.33}$$

Aus Gl. (8.26) folgt damit der Austrittsfeuchte:

$$\boxed{\varphi_\omega = 99{,}98\,\%}. \tag{8.34}$$

b) Der übergehende Wassermolenstrom ergibt sich aus der integralen Massenbilanz der Gasphase Gl. (8.24):

$$\dot{N}_{H_2O_{SÜ}} = \dot{V}_g \left(c_{H_2O_\omega} - c_{H_2O_\alpha} \right) = \dot{V}_g c_{H_2O}^* \left(\varphi_\omega - \varphi_\alpha \right). \tag{8.35}$$

Durch Anwendung des idealen Gasgesetzes folgt der Wassermassenstrom:

$$\dot{M}_{H_2O_{SÜ}} = \dot{N}_{H_2O_{SÜ}} \tilde{M}_{H_2O} = \dot{V}_g \frac{p_S}{T R / \tilde{M}_{H_2O}} (\varphi_\omega - \varphi_\alpha)$$

$$\rightarrow \quad \boxed{\dot{M}_{H_2O_{SÜ}} = 2{,}24 \, \frac{kg}{h}}. \tag{8.36}$$

c) Für den gleichwertigen Durchmesser gilt gemäß Gl. (Lb 8.38):

$$d^* = \sqrt[3]{\frac{16}{9\pi} \frac{\varepsilon^3}{(1-\varepsilon)^2} L'} \quad \rightarrow \quad \frac{d^*}{L'} = \sqrt[3]{\frac{16}{9\pi} \frac{\varepsilon^3}{(1-\varepsilon)^2}} = 0{,}448. \tag{8.37}$$

Für Kugeln entspricht die Länge L' dem Kugeldurchmesser d_K. Aus dem Parameterzuordnungs-Diagramm (Abb. Lb 8.8) ergibt sich damit ein äquivalentes Durchmesser/Längen-Verhältnis von:

$$\left(\frac{d}{L} \right)_R = 0{,}07. \tag{8.38}$$

Die Reynoldszahl (Gl. (Lb 8.40)) beträgt:

$$Re_{d^*} \equiv \frac{v d^*}{v \varepsilon} \quad \rightarrow \quad Re_{d^*} = 912. \tag{8.39}$$

Mit Gl. (Lb 8.41) berechnet sich die Sherwoodzahl für eine Schicht:

$$Sh_{d*} = 3{,}66 + \frac{0{,}188 \left[Re_{d*} Sc \left(\frac{d}{L} \right)_R \right]^{0{,}80}}{1 + 0{,}117 \left[Re_{d*} Sc \left(\frac{d}{L} \right) \right]^{0{,}467}} \quad \rightarrow \quad Sh_{d*} = 5{,}65. \tag{8.40}$$

Die Anzahl der Schichten in der gesamten Schüttung folgt aus den Gleichungen (Lb 8.32) und (Lb 8.33):

$$\frac{n}{H} = N^{1/3} = \left(\frac{6}{\pi} \frac{1 - \varepsilon}{d_K^3} \right)^{1/3} \quad \rightarrow \quad n = \left(\frac{6}{\pi} \frac{1 - \varepsilon}{d_K^3} \right)^{1/3} H \quad \rightarrow \quad n = 17{,}5 \tag{8.41}$$

Mit diesem Wert ergibt sich aus Gl. (Lb 8.42) die Sherwoodzahl des gesamten Festbetts

$$Sh_{d*,\text{ges}} = \frac{\beta_{\alpha,\text{ges}} d^*}{D_{AB}} = \frac{1}{4n} \left(Re_{d*} Sc \frac{d^*}{L'} \right) \left[1 - \left(1 - \frac{4 Sh_{d*}}{Re_{d*} Sc \frac{d^*}{L'}} \right)^n \right]$$

$$\rightarrow \quad Sh_{d*,\text{ges}} = 2{,}69 \tag{8.42}$$

und damit der Stoffübergangskoeffizient:

$$\beta_{\alpha,\text{ges}} = 2{,}78 \cdot 10^{-2} \, \frac{\text{m}}{\text{s}}. \tag{8.43}$$

Die Stoffübertragungsfläche A entspricht der Oberfläche aller Partikel und beträgt gemäß Gl. (8.33) 1,27 m^2. Der übergehende Massenstrom berechnet sich mit Gl. (Lb 8.39):

$$\dot{M}_A = \beta_{\alpha,\text{ges}} A \left(\rho_{Aw} - \rho_{A\alpha} \right) = \beta_{\alpha,\text{ges}} A \left(\frac{p_S}{RT/\tilde{M}_{\text{H}_2\text{O}}} - \varphi_\alpha \frac{p_S}{RT/\tilde{M}_{\text{H}_2\text{O}}} \right)$$

$$= \beta_{\alpha,\text{ges}} A \frac{p_S}{RT/\tilde{M}_{\text{H}_2\text{O}}} (1 - \varphi_\alpha)$$

$$\rightarrow \quad \boxed{\dot{M}_A = 1{,}90 \, \frac{\text{kg}}{\text{h}}}. \tag{8.44}$$

Demzufolge unterscheiden sich die mit den beiden verschiedenen Modellvorstellungen berechneten Massenströme um etwa 15 %.

8.5   Steigerung der Gasreinigungskapazität einer Feststoffschüttung[*]

▶   **Thema**   Konvektiver Stoffübergang

Eine Feststoffschüttung in einem zylindrischen Apparat der Höhe H mit dem Durchmesser D soll bezüglich ihrer Gasreinigungskapazität ertüchtigt werden. Ursprünglich werden keramische Kugeln (Durchmesser d) als Füllkörper eingesetzt.

a) Bestimmen Sie den Faktor, um den sich das Produkt aus Stoffübergangskoeffizient und volumenbezogener Partikeloberfläche $\beta \cdot a$ durch keramische Raschigringe (25 mm) bzw. keramische Berlsättel (25 mm) im Vergleich zu den Kugeln verbessern lässt.

b) Ermitteln Sie die Änderungen des Druckverlusts bei Einsatz der beiden Füllkörper gegenüber der Kugelschüttung.

c) Wählen Sie den am besten geeigneten Füllkörper aus.

Gegeben:

Höhe	H	$= 15\,\text{m}$
Durchmesser	D	$= 1,5\,\text{m}$
Durchmesser Kugeln	d	$= 25\,\text{mm}$
Schüttdichte	$N_{\text{Raschigringe}}$	$= 46.000\ 1/\text{m}^3$
Schüttdichte	$N_{\text{Berlsättel}}$	$= 75.000\ 1/\text{m}^3$
Spez. Oberfläche	$a_{\text{Raschigringe}}$	$= 195\ \text{m}^2/\text{m}^3$
Spez. Oberfläche	$a_{\text{Berlsättel}}$	$= 260\ \text{m}^2/\text{m}^3$
Porosität	$\varepsilon_{\text{Raschigringe}}$	$= 0,73$
Porosität	$\varepsilon_{\text{Berlsättel}}$	$= 0,69$
Gasvolumenstrom	$\dot{V}$	$= 3400\,\text{m}^3/\text{h}$
Gasdichte	ρ_g	$= 1,35\,\text{kg}/\text{m}^3$
Gasviskosität	η_g	$= 17,5 \cdot 10^{-6}\,\text{Pa·s}$
Diffusionskoeffizient	D_{AB}	$= 10^{-5}\,\text{m}^2/\text{s}$
Temperatur	T	$= 293\,\text{K}$
Druck	p	$= 101,3\,\text{kPa}$

Annahme:

Die Ein- und Ausgangskonzentrationen $c_{A\alpha}$ und $c_{A\omega}$ des Gases sind nicht bekannt, sollen aber durch die Modifikation nicht verändert werden.

Hinweise:

1. Die Berechnung des Stoffübergangskoeffizienten soll mit Hilfe der Analogie zur Einzelkugel erfolgen.

2. Für die Berlsättel wird angenommen, dass sie etwa denselben Widerstandsbeiwert wie Intalox Sättel aufweisen.

3. Der Sauterdurchmesser der Füllkörper entspricht dem Durchmesser der Kugel mit dem identischen Oberfläche/Volumen-Verhältnis.

4. Weitere Daten für die Schüttungen (ε, a, f_ε) können den Tabellen Lb 8.1 und Lb 8.2 entnommen werden.

Lösung

Lösungsansatz:
Nutzen der Analogie zur Einzelkugel zur Bestimmung von Stoffübergangskoeffizienten für die verschiedenen Füllkörper.

Lösungsweg:
a) Für die Berechnung müssen zunächst die charakteristischen Durchmesser bestimmt werden. Hierzu wird die Oberfläche eines Füllkörpers A benötigt. Diese ergibt sich aus den gegebenen Daten mit dem Zusammenhang:

$$a = \frac{A_{P_{\text{ges}}}}{V_{\text{ges}}} = N_P A_P \quad \rightarrow \quad A_P = \frac{a}{N_P}. \tag{8.45}$$

Der charakteristische oberflächenäquivalente Kugeldurchmesser berechnet sich nach Gl. (Lb 8.22):

$$d_K \equiv \sqrt{\frac{A_P}{\pi}}. \tag{8.46}$$

Auf Basis der Reynoldszahl Gl. (Lb 8.26)

$$Re \equiv \frac{\overline{w} d_K}{\nu} = \frac{v d_K}{\varepsilon \nu} \tag{8.47}$$

lassen sich die Sherwoodbeziehungen für laminare (Gl. (Lb 8.24)) und turbulente (Gl. (Lb 8.25)) Bedingungen berechnen:

$$Sh_{K_{\text{lam}}} = 0{,}664 Re^{1/2} Sc^{1/3}, \tag{8.48}$$

$$Sh_{K_{\text{turb}}} = \frac{0{,}037 Re^{0,8} Sc}{1 + 2{,}443 Re^{-0,1} \left(Sc^{2/3} - 1 \right)}. \tag{8.49}$$

Aus beiden Sherwoodzahlen resultiert als Mittelwert (Gl. (Lb 8.23)):

$$Sh_K = 2 + \left(Sh_{K_{\text{lam}}}^2 + Sh_{K_{\text{turb}}}^2 \right)^{1/2}. \tag{8.50}$$

Basierend auf diesen Sherwoodzahlen der Einzelpartikel werden die Sherwoodzahlen der Schüttungen mit Gl. (Lb 8.27)

$$Sh = \frac{\beta d_K}{D_{AB}} = f_\varepsilon Sh_K \tag{8.51}$$

berechnet. Der dazu notwendige Anordnungsfaktor f_ε ergibt sich für die Kugelschüttung mit Gl. (Lb 8.28)

$$f_\varepsilon = 1 + 1{,}5 \left(1 - \varepsilon \right) \tag{8.52}$$

Tab. 8.3 Werte des Produkts aus Stofftransportkoeffizient und Partikeloberfläche für verschiedene Füllkörper

Füllkörper	A_P	d_K	Re	Sh_{lam}	Sh_{turb}	f_ε	Sh	$\beta \cdot a$	$\beta \cdot a/$ $(\beta \cdot a)_{Kugeln}$
	[m²]	[mm]	[–]	[–]	[–]	[–]	[–]	[s⁻¹]	[–]
Kugeln		25	2580	36,8	21,2	1,9	84,4	4,86	1
Raschigringe	$4,24 \cdot 10^{-3}$	36,7	2070	33,0	17,8	2,1	82,9	4,40	0,905
Berlsättel	$3,47 \cdot 10^{-3}$	33,2	1980	32,3	17,1	2,3	88,6	6,94	1,43

Tab. 8.4 Druckverluste für verschiedene Füllkörper

Füllkörper	d_{32} [mm]	Re [–]	ζ [–]	Δp [mbar]
Kugeln	25	1718	1,6	3,47
Raschigringe	8,31	1269	3,9	1,88
Berlsättel	7,15	951	2,8	2,14

bzw. für Raschigringe und Berlsättel aus Tabelle Lb 8.2. Aus der Sherwoodzahl der Schüttung resultiert durch Umstellung von Gl. (8.51) der Stoffübergangskoeffizient. Die entsprechenden Rechenwerte sind in Tab. 8.3 aufgeführt.

Aus den Daten folgt, dass sich der Wert $\beta \cdot a$ einer Kugelschüttung durch den Einsatz einer Raschigringschüttung nicht verbessern lässt. Dagegen führen Berlsättel zu einem um 43 % höheren $\beta \cdot a$-Wert.

b) Der Druckverlust wird mit Gl. (Lb 8.13) berechnet:

$$\Delta p = \frac{1-\varepsilon}{\varepsilon^3} \rho v^2 \zeta \frac{H}{d_{32}}. \tag{8.53}$$

Der Sauterdurchmesser der Raschigringe und Berlsättel ergibt sich gemäß der Definition des Sauterdurchmessers, als dem Durchmesser einer Kugel mit dem gleichen Oberfläche/Volumen-Verhältnis:

$$d_{32} = 6\frac{V_P}{A_P} = 6\frac{(1-\varepsilon)\,V_{ges}}{a\,V_{ges}} = 6\frac{1-\varepsilon}{a}. \tag{8.54}$$

Mit der Reynoldszahl (Gl. (Lb 8.15))

$$Re = \frac{v d_{32}}{\nu} \frac{1}{1-\varepsilon} \tag{8.55}$$

lassen sich für die drei Schüttungen die Widerstandsbeiwerte bestimmen, indem sie der Abb. Lb 8.7 entnommen werden. Die Ergebnisse der Berechnung sind in Tab. 8.4 aufgeführt.

c) Die Berlsättel sind am besten geeignet, da sie den höchsten Wert für $\beta \cdot a$ und zugleich einen nur unwesentlich größeren Druckverlust als Raschigringe aufweisen. Trotz der etwas höheren Widerstandsbeiwerte sind die Druckverluste der Füllkörper geringer, da ihre Sauterdurchmesser wesentlich kleiner und ihre Porositäten größer als die der Kugelschüttung sind.

8.6 Stofftransport in einer Ionenaustauschersäule [1]***

▶ **Thema** Modellierung von Austauschvorgängen

Aus einem Flüssigkeitsstrom sollen Ionen der Komponente A weitgehend entfernt werden. Die Konzentration soll von einem Ausgangswert ρ_{A_α} auf eine Endkonzentration ρ_{A_ω} reduziert werden. Dieser Prozess wird in einer Ionenaustauschersäule durchgeführt, die mit annähernd kugelförmigen Partikeln (Durchmesser d_P) gefüllt ist. Die Konzentration von A in der Flüssigkeit, die sich im Gleichgewicht mit der Ionenaustauscheroberfläche ergibt, ist annähernd gleich null. Der geschwindigkeitsbestimmende Schritt des Austauschvorgangs ist der Stofftransport aus der Flüssigkeit an die Partikeln.

a) Bestimmen Sie den für diesen Prozess erforderlichen Säulendurchmesser D bei einem H/D von 10.
b) Berechnen Sie den Druckverlust der Strömung.

Gegeben:

Volumenstrom Wasser	$\dot{V}$	$= 0,1\,\text{m}^3/\text{h}$
Flüssigkeitsviskosität	ν_f	$= 10^{-5}\,\text{m}^2/\text{s}$
Flüssigkeitsdichte	ρ_f	$= 1100\,\text{kg/m}^3$
Anfangskonzentration	c_{A_α}	$= 10\,\text{mmol/L}$
Endkonzentration	c_{A_ω}	$= 0,02\,\text{mmol/L}$
Partikeldurchmesser	d_P	$= 2\,\text{mm}$
Lückengrad	ε	$= 0,4$
Diffusionskoeffizient	D_{AB}	$= 2 \cdot 10^{-9}\,\text{m}^2/\text{s}$

Annahmen:

1. Dispersionseffekte können vernachlässigt werden.
2. Unter den vorliegenden Strömungsbedingungen lautet die Stoffübergangsbeziehung:

$$Sh = 1{,}26 Re^{1/2} Sc^{1/3}. \tag{8.56}$$

Lösung

Lösungsansatz:
Aufstellen und Vereinfachen einer Stoffbilanz für eine dünne Kreisscheibe aus dem Festbett.

Lösungsweg:
a) Da es sich um einen zylindrischen Apparat handelt, wird eine Stoffbilanz für eine dünne Kreisscheibe aus dem Festbett mit der Dicke Δz unter stationären Bedingungen aufgestellt (s. Abb. 8.1):

$$0 = \dot{V}c_A(z) - \dot{V}c_A(z + \Delta z) - \dot{N}_{S\ddot{U}}. \tag{8.57}$$

Für den übergehenden Molenstrom gilt

$$\dot{N}_{S\ddot{U}} = \beta a A \Delta z \left[c_A(z) - c_{A_w} \right], \tag{8.58}$$

sodass aus Gl. (8.57) unter Berücksichtigung der Tatsache, dass c_{Aw} gleich null ist, folgt:

$$0 = \dot{V}c_A(z) - \dot{V}c_A(z + \Delta z) - \beta a A \Delta z c_A(z)$$

$$\rightarrow \quad 0 = v \frac{c_A(z) - c_A(z + \Delta z)}{\Delta z} - \beta a c_A(z). \tag{8.59}$$

Für $\Delta z \to 0$ folgt daraus:

$$0 = -v \frac{dc_A(z)}{dz} - \beta a c_A(z) \quad \rightarrow \quad \frac{dc_A(z)}{dz} = -\frac{\beta a}{v} c_A(z). \tag{8.60}$$

Abb. 8.1 Bilanzvolumen in der Feststoffschüttung

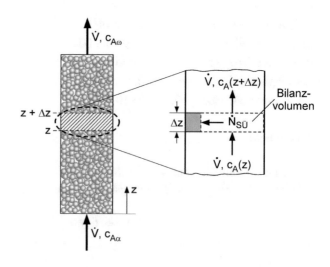

Nach Trennung der Variablen ergibt sich:

$$\int \frac{dc_A}{c_A} = -\int \frac{\beta a}{v} dz \quad \rightarrow \quad \ln c_A(z) = -\frac{\beta a}{v} z + C$$

$$\rightarrow \quad c_A(z) = C_1 \exp\left(-\frac{\beta a}{v} z\right). \tag{8.61}$$

Folgende Randbedingungen gelten:

1. RB: bei $z = 0$ $c_A = c_{A\alpha}$
2. RB: bei $z = H$ $c_A = c_{A\omega}$

Aus der ersten Randbedingung folgt:

$$c_{A\alpha} = C_1 \quad \rightarrow \quad \frac{c_A(z)}{c_{A\alpha}} = \exp\left(-\frac{\beta a}{v} z\right). \tag{8.62}$$

Wird die Beziehung für die Flüssigkeitsleerrohrgeschwindigkeit

$$v = \frac{\dot{V}}{A} = \frac{\dot{V}}{\frac{\pi}{4} D^2} \tag{8.63}$$

in die Differenzialgleichung eingesetzt, ergibt sich mit der zweiten Randbedingung:

$$\frac{c_A(z = H)}{c_{A\alpha}} = \frac{c_{A\omega}}{c_{A\alpha}} = \exp\left(-\frac{\beta a \frac{\pi}{4} D^2}{\dot{V}} H\right). \tag{8.64}$$

Unter Berücksichtigung des vorgegebenen Verhältnisses H/D kann die Gleichung nach dem gesuchten Säulendurchmesser D aufgelöst werden:

$$D = \left[\frac{4 \dot{V}}{\pi \beta a} \frac{D}{H} \ln\left(\frac{c_{A\alpha}}{c_{A\omega}}\right)\right]^{1/3}. \tag{8.65}$$

Die spezifische Oberfläche a einer Kugelschüttung berechnet sich

$$a = \frac{A_{P_{ges}}}{V_{ges}} = \frac{A_{P_{ges}}}{V_{P_{ges}}} (1 - \varepsilon) = \frac{6}{d_P} (1 - \varepsilon) \quad \rightarrow \quad a = 1800 \frac{m^2}{m^3}. \tag{8.66}$$

Zur Berechnung des Stoffübergangskoeffizienten β kann die angegebene Beziehung für die Sherwoodzahl (Gl. (8.56)) genutzt werden. Die einzusetzende Reynoldszahl ist definiert als:

$$Re = \frac{\overline{w} d_P}{v} = \frac{4 \dot{V} d_P}{\pi D^2 \varepsilon v} \quad \text{mit } \overline{w} = \frac{\dot{V}}{A\varepsilon} = \frac{4 \dot{V}}{\pi D^2 \varepsilon}. \tag{8.67}$$

Nach Einsetzen in Gl. (8.56) folgt:

$$\frac{\beta d_P}{D_{AB}} = 1{,}26 \left(\frac{4\dot{V}d_P}{\pi D^2 \varepsilon \nu}\right)^{1/2} \left(\frac{\nu}{D_{AB}}\right)^{1/3}$$

$$\rightarrow \quad \beta = \frac{1{,}26}{D} \left(\frac{4\dot{V}}{\pi \varepsilon \nu d_P}\right)^{1/2} \left(D_{AB}^2 \nu\right)^{1/3}. \tag{8.68}$$

Somit ergibt sich aus Gl. (8.65) der Säulendurchmesser:

$$D = \left(\frac{D}{1{,}26}\right)^{1/3} \left(\frac{\pi \varepsilon \nu d_P}{4\dot{V}}\right)^{1/6} \left(D_{AB}^2 \nu\right)^{-1/9} \left[\frac{4\dot{V}}{\pi a} \frac{D}{H} \ln\left(\frac{c_{A\alpha}}{c_{A\omega}}\right)\right]^{1/3}$$

$$\rightarrow \quad D^{2/3} = \left(\frac{4}{\pi}\dot{V}\varepsilon d_P\right)^{1/6} \left[\frac{\nu^{1/6}}{1{,}26 a\, D_{AB}^{2/3}} \frac{D}{H} \ln\left(\frac{c_{A\alpha}}{c_{A\omega}}\right)\right]^{1/3}$$

$$\rightarrow \quad D = \left(\frac{4}{\pi}\dot{V}\varepsilon d_P\right)^{1/4} \left[\frac{\nu^{1/6}}{1{,}26 a\, D_{AB}^{2/3}} \frac{D}{H} \ln\left(\frac{c_{A\alpha}}{c_{A\omega}}\right)\right]^{1/2}$$

$$\rightarrow \quad \boxed{D = 6{,}53\,\text{cm}}. \tag{8.69}$$

b) Zur Berechnung des Druckverlusts wird die Reynoldszahl benötigt, die zur Bestimmung des Widerstandsbeiwerts definiert ist als (Gl. (Lb 8.15)):

$$Re = \frac{\nu d_P}{\nu} \frac{1}{1-\varepsilon} = \frac{4\dot{V}d_P}{\pi D^2 \nu} \frac{1}{1-\varepsilon} \quad \rightarrow \quad Re = 2{,}77. \tag{8.70}$$

Der Widerstandsbeiwert für kugelförmige Partikeln berechnet sich mit Gl. (Lb 8.16):

$$\zeta = \frac{160}{Re} + \frac{3{,}1}{Re^{0{,}1}} \quad \rightarrow \quad \zeta = 60{,}6. \tag{8.71}$$

Damit ergibt sich nach Gl. (Lb 8.13) ein Druckverlust von:

$$\Delta p = \zeta \frac{1-\varepsilon}{\varepsilon^3} \rho_f \left(\frac{4\dot{V}}{\pi D^2}\right)^2 \frac{H}{d_P} \quad \rightarrow \quad \boxed{\Delta p = 141\,\text{mbar}}. \tag{8.72}$$

8.7   Heterogene chemische Reaktion in einem Festbettreaktor [1]***

▶   **Thema** Modellierung von Austauschvorgängen

In einem mit kugelförmigen Katalysatorpartikeln gefüllten Festbettreaktor wird eine Komponente eines Flüssigkeitsstroms mit der Leerrohrgeschwindigkeit v_f durch eine chemische Reaktion umgesetzt. Diese heterogene Reaktion ist irreversibel, 1. Ordnung und erfolgt an der Partikeloberfläche.

Bestimmen Sie die notwendige Schüttungshöhe für einen Umsatz von 63 % ($= 1 - e^{-1}$).

Gegeben:

Flüssigkeitsviskosität	v_f	$= 10^{-6}\,\text{m}^2/\text{s}$
Flüssigkeitsleerrohrgeschwindigkeit	v_f	$= 0{,}04\,\text{m/s}$
Partikeldurchmesser	d_P	$= 1\,\text{mm}$
Lückengrad	ε	$= 0{,}4$
Diffusionskoeffizient	D_{AB}	$= 10^{-9}\,\text{m}^2/\text{s}$
Reaktionskonstante	k_A	$= 4 \cdot 10^{-5}\,\text{m/s}$

Annahmen:

Die Konzentration der übergehenden Komponente an der Stelle z sei an der Partikeloberfläche überall identisch.

Lösung

Lösungsansatz:
Aufstellen und Umformen einer Stoffbilanz für eine dünne Kreisscheibe der Höhe Δz sowie Ersetzen der unbekannten Oberflächenkonzentration.

Lösungsweg:
Für stationäre Bedingungen wird eine Komponenten-Stoffbilanz für eine dünne Kreisscheibe der Höhe Δz aufgestellt (s. Abb. 8.1):

$$0 = \dot{V} c_A(z) - \dot{V} c_A(z + \Delta z) - \dot{N}_{S\ddot{U}} \tag{8.73}$$

Da der infolge des konvektivem Stoffübergangs an die Katalysatoroberfläche transportierte Molenstrom im stationären Zustand vollständig abreagieren muss, ist der Stoffübergangsterm gleich dem Reaktionsterm, sodass gilt:

$$\dot{N}_{S\ddot{U}} = \dot{N}_{A_R} = k_{Aw} a c_{Aw} A \Delta z. \tag{8.74}$$

Hierbei kennzeichnet c_{Aw} die Konzentration der Komponente A an der Oberfläche. Nach der Division durch Δz und den Grenzübergang $\Delta z \to 0$ ergibt sich die Differenzialgleichung:

$$0 = \dot{V}\frac{c_A(z) - c_A(z + \Delta z)}{\Delta z} - k_{Aw}ac_{Aw}A \quad \to \quad \frac{dc_A(z)}{dz} = -k_{Aw}ac_{Aw}\frac{A}{\dot{V}} \qquad (8.75)$$

Die Oberflächenkonzentration c_{Aw} ist unbekannt. Da der übergehende Stoffstrom dem abreagierenden entspricht, gilt:

$$\beta a A \Delta z(c_A - c_{Aw}) = k_{Aw}a A \Delta z c_{Aw} \quad \to \quad c_{Aw} = \frac{\beta c_A}{k_{Aw} + \beta}. \qquad (8.76)$$

Wird dieser Term in die Bilanz gemäß Gl. (8.75) eingesetzt, so folgt:

$$-\frac{dc_A(z)}{dz} = \frac{aA}{\left(\frac{1}{\beta} + \frac{1}{k_{Aw}}\right)\dot{V}}c_A(z). \qquad (8.77)$$

Durch Trennung der Variablen führt zu der Lösung:

$$\int \frac{dc_A(z)}{c_A(z)} = -\int \frac{a}{\left(\frac{1}{\beta} + \frac{1}{k_{Aw}}\right)v_f}dz$$

$$\to \quad c_A(z) = C \exp\left[-\frac{a}{\left(\frac{1}{\beta} + \frac{1}{k_{Aw}}\right)v_f}z\right]. \qquad (8.78)$$

Aus der Randbedingung

RB: bei $z = 0 \quad c_A = c_{A\alpha}$

folgt $C = c_{A\alpha}$. Also gilt für den Konzentrationsverlauf:

$$\frac{c_A(z)}{c_{A\alpha}} = \exp\left[-\frac{a}{\left(\frac{1}{\beta} + \frac{1}{k_{Aw}}\right)v_f}z\right]. \qquad (8.79)$$

Aus dem vorgegebenen Umsatz folgt für das Verhältnis der Ein- und Austrittskonzentration:

$$X_A = \frac{\dot{N}_{A\alpha} - \dot{N}_{A\omega}}{\dot{N}_{A\alpha}} = 1 - \frac{\dot{V}c_{A\omega}}{\dot{V}c_{A\alpha}} \quad \to \quad \frac{c_{A\omega}}{c_{A\alpha}} = 1 - X_A = \exp(-1). \qquad (8.80)$$

Eingesetzt in Gl. (8.79) kann nach der Höhe aufgelöst werden:

$$\frac{c_A(H)}{c_{A\alpha}} = \exp(-1) = \exp\left[-\frac{a}{\left(\frac{1}{\beta} + \frac{1}{k_{Aw}}\right)v_f}H\right]$$

$$\rightarrow \quad H = \left(\frac{1}{\beta} + \frac{1}{k_{Aw}}\right)\frac{v_f}{a}. \tag{8.81}$$

Zur Bestimmung des Stoffübergangskoeffizienten kann die Kugelanalogie (s. Abschn. 8.3) genutzt werden. Hierzu sind als wesentliche Kennzahlen die Reynoldszahl (s. Gl. (Lb 8.26))

$$Re = \frac{v_f d_P}{\varepsilon v} \quad \rightarrow \quad Re = 100 \tag{8.82}$$

und die Schmidtzahl erforderlich:

$$Sc = \frac{v}{D_{AB}} \quad \rightarrow \quad Sc = 1000. \tag{8.83}$$

Für die Berechnung werden die mittlere Sherwoodzahl der laminaren Strömung (Gl. (Lb 8.24))

$$Sh_{K_{\text{lam}}} = 0{,}664 Re^{1/2} Sc^{1/3} \quad \rightarrow \quad Sh_{K_{\text{lam}}} = 66{,}4 \tag{8.84}$$

sowie diejenige der turbulenten Strömung (Gl. (Lb 8.25)) herangezogen:

$$Sh_{K_{\text{turb}}} = \frac{0{,}037 Re^{0{,}8} Sc}{1 + 2{,}443 Re^{-0{,}1}\left(Sc^{2/3} - 1\right)} \quad \rightarrow \quad Sh_{K_{\text{turb}}} = 9{,}59. \tag{8.85}$$

Die mittlere Sherwoodzahl der Kugelschüttung ergibt sich nach Gl. (Lb 8.23) als:

$$Sh_K = 2 + \sqrt{Sh_{K_{\text{lam}}}^2 + Sh_{K_{\text{turb}}}^2} \quad \rightarrow \quad Sh_K = 67{,}1. \tag{8.86}$$

Der Anordnungsfaktor beträgt für Kugeln (Gl. (Lb 8.28)):

$$f_\varepsilon = 1 + 1{,}5(1 - \varepsilon) \quad \rightarrow \quad f_\varepsilon = 1{,}9. \tag{8.87}$$

Damit berechnet sich für die Katalysatorschüttung die Sherwoodzahl (Gl. (Lb 8.27))

$$Sh = f_\varepsilon Sh_K \quad \rightarrow \quad Sh = 128 \tag{8.88}$$

und hieraus der benötigte Stoffübergangskoeffizient:

$$Sh = \frac{\beta d_P}{D_{AB}} \quad \rightarrow \quad \beta = \frac{Sh D_{AB}}{d_P} \quad \rightarrow \quad \beta = 1{,}28 \cdot 10^{-4}\,\frac{\text{m}}{\text{s}}. \tag{8.89}$$

Mit der spezifischen Oberfläche $a = 3600\,\text{m}^2/\text{m}^3$ aus Tabelle Lb 8.1 kann H mit Gl. (8.81) berechnet werden:

$$H = \left(\frac{1}{\beta} + \frac{1}{k_{Aw}}\right)\frac{v_f}{a} \quad \rightarrow \quad \boxed{H = 0,365\,\text{m}}. \tag{8.90}$$

8.8   Adsorption von Wasser [4]**

▶   **Thema** Modellierung von Austauschvorgängen

Um die Konzentration von Wasser (H_2O) in einem organischen Lösungsmittel (L) vom anfänglichen Massenanteil $\xi_{H_2O_\alpha}$ herabzusetzen, wird die Flüssigkeit durch ein Adsorber-Festbett gefördert, das aus Kugeln mit dem Durchmesser d_K besteht.

a) Bestimmen Sie den Massenanteil des Wassers am Austritt.
b) Ermitteln Sie die Bedeutung der axialen Dispersion für den Austrittsmassenanteil.

Gegeben:

Anfänglicher Massenanteil Wasser	$\xi_{H_2O_\alpha}$	$= 0,1\,\text{Gew.-\%}$
Kugeldurchmesser	d_K	$= 3\,\text{mm}$
Betthöhe	H	$= 0,35\,\text{m}$
Lückengrad	ε	$= 0,38$
Flüssigkeitsleerrohrgeschwindigkeit	v_f	$= 0,8\,\text{cm/s}$
Flüssigkeitsdichte	ρ_f	$= 790\,\text{kg/m}^3$
Viskosität	η_f	$= 1,2\,\text{mPa}\cdot\text{s}$
Diffusionskoeffizient	$D_{H_2O/L}$	$= 2,6\cdot 10^{-9}\,\text{m}^2/\text{s}$

Annahmen:

1. Die Wasserkonzentration an der Kugeloberfläche kann gleich null gesetzt werden.
2. Radiale Konzentrationsunterschiede können vernachlässigt werden.
3. Es liegen stationäre Bedingungen vor.

Hinweise:

1. Die entstehende Differenzialgleichung kann unter Berücksichtigung der Randbedingungen mit den Angaben in Abschn. Lb 8.4.1 gelöst werden.
2. Zur Berechnung des axialen Dispersionskoeffizienten ist Gl. (Lb 8.64) zu verwenden. Der Stoffübergangskoeffizient lässt sich in Analogie zur überströmten Kugel (Abschn. Lb 8.3.1) berechnen.

Lösung

Lösungsansatz:

a) Aufstellen einer differenziellen Stoffbilanz für eine dünne Kreisscheibe der Höhe Δz.
b) Neuberechnung des Systems mit Vernachlässigung der axialen Dispersion.

Lösungsweg:
a) Die beschreibende Differenzialgleichung lautet für stationäre Bedingungen unter Vernachlässigung radialer Dispersion analog Gl. (Lb 8.50):

$$D_{ax} \frac{d^2 c_{H_2O}}{dz^2} = v_f \frac{dc_{H_2O}}{dz} + \beta a c_{H_2O} \tag{8.91}$$

Da keine Reaktion, sondern lediglich Stoffübergang stattfindet, wird der Reaktionsterm $k_{w1} \cdot a \cdot c_{H_2O}$ durch den Stoffübergangsterm $\beta \cdot a \cdot c_{H_2O}$ ersetzt. Diese Differenzialgleichung kann in dimensionsloser Form dargestellt werden (s. Gl. (Lb 8.53)):

$$\frac{d^2 c_{H_2O}^*}{dz^{*2}} - Bo \frac{dc_{H_2O}^*}{dz^*} - \alpha c_{H_2O}^* = 0 \quad \text{mit } c_{H_2O}^* = \frac{c_{H_2O}}{c_{H_2O_\alpha}} \quad \text{und} \quad \alpha = \frac{\beta a H^2}{D_{ax}}. \tag{8.92}$$

Die Lösung ist nach Gl. (Lb 8.56) mit den Randbedingungen aus Gln. (Lb 8.51) und (Lb 8.52) beschrieben durch:

$$c_{H_2O}^* = C_1 \exp\left[\frac{Bo}{2}(1+q)z^*\right] + C_2 \exp\left[\frac{Bo}{2}(1-q)z^*\right]$$

$$\text{mit } q = \sqrt{1 + \frac{4\alpha}{Bo^2}}. \tag{8.93}$$

Die Bodensteinzahl (Gl. (Lb 8.54)) ist definiert als:

$$Bo \equiv \frac{v_f H}{D_{ax}}, \tag{8.94}$$

wobei D_{ax} nach Gl. (Lb 8.64) berechnet wird:

$$\frac{1}{Pe_{ax}} = \frac{\varepsilon D_{ax}}{v_f d_P} = \frac{0,73\varepsilon}{ReSc} + \frac{0,45}{1 + \frac{7,3\varepsilon}{ReSc}}. \tag{8.95}$$

Weitere benötigte Kennzahlen hierzu sind die Reynolds- und die Schmidtzahl:

$$Re = \frac{v_f d_K}{v(1-\varepsilon)} \quad \rightarrow \quad Re = 25,5 \quad \text{und} \quad Sc = \frac{v}{D} \quad \rightarrow \quad Sc = 584. \tag{8.96}$$

Hieraus ergeben sich für die Pecletzahl Pe_{ax}, den axialen Dispersionskoeffizienten D_{ax} und die Bodensteinzahl:

$$Pe_{ax} = 2{,}22 \quad \rightarrow \quad D_{ax} = \frac{v_f d_K}{\varepsilon Pe_{ax}} \quad \rightarrow \quad D_{ax} = 2{,}84 \cdot 10^{-5} \, \frac{\text{m}^2}{\text{s}}$$

$$\rightarrow \quad Bo = 98{,}5. \tag{8.97}$$

Die spezifische Oberfläche a kann berechnet werden nach:

$$a = \frac{6}{d_K}(1 - \varepsilon) \quad \rightarrow \quad a = 1240 \, \frac{\text{m}^2}{\text{m}^3}. \tag{8.98}$$

Für die weitere Berechnung ist die Bestimmung von β notwendig. Diese kann gemäß Annahme 3 mithilfe der Analogie zur überströmten Einzelkugel erfolgen. Der Stoffübergangskoeffizient ergibt sich durch die entsprechenden Sherwoodbeziehungen. Hierzu werden zunächst die mittlere Sherwoodzahl bei laminarer Strömung (Gl. (Lb 8.24))

$$Sh_{K_{\text{lam}}} = 0{,}664 Re^{1/2} Sc^{1/3} \quad \rightarrow \quad Sh_{K_{\text{lam}}} = 27{,}2. \tag{8.99}$$

und turbulenter Strömung (Gl. (Lb 8.25)) für eine Kugel berechnet:

$$Sh_{K_{\text{turb}}} = \frac{0{,}037 Re^{0{,}8} Sc}{1 + 2{,}443 Re^{-0{,}1} \left(Sc^{-2/3} - 1\right)} \quad \rightarrow \quad Sh_{K_{\text{turb}}} = 2{,}35. \tag{8.100}$$

Die mittlere Sherwoodzahl ergibt sich gemäß Gl. (Lb 8.23):

$$Sh_K = 2 + \left(Sh_{K_{\text{lam}}}^2 + Sh_{K_{\text{turb}}}^2\right)^{1/2} \quad \rightarrow \quad Sh_K = 29{,}3. \tag{8.101}$$

Hieraus resultiert die Sherwoodzahl für die Schüttung nach den Gln. (Lb 8.27) und (Lb 8.28):

$$Sh = f_\varepsilon Sh_K = [1 + 1{,}5(1 - \varepsilon)] Sh_K \quad \rightarrow \quad Sh = 57{,}0. \tag{8.102}$$

Daraus folgt ein mittlerer Stoffübergangskoeffizient in der Schüttung von:

$$Sh = \frac{\beta d_K}{D_{\text{H}_2\text{O/Luft}}} \quad \rightarrow \quad \beta = 4{,}90 \cdot 10^{-5} \, \frac{\text{m}}{\text{s}}. \tag{8.103}$$

Damit folgt aus den Gln. (8.92) und (8.93)

$$\alpha = 262 \quad \rightarrow \quad q = 1{,}05 \tag{8.104}$$

sowie

$$\frac{Bo}{2}(1 + q) = 101{,}1 \quad \text{bzw.} \quad \frac{Bo}{2}(1 - q) = -2{,}59. \tag{8.105}$$

So können die Konstanten C_1 nach Gl. (Lb 8.58)

$$C_1 = \frac{-2\,(1-q)}{(1+q)^2 \exp\,(Boq) - (1-q)^2} \quad \rightarrow \quad C_1 = 2{,}27 \cdot 10^{-47} \tag{8.106}$$

und C_2 nach Gl. (Lb 8.59) bestimmt werden:

$$C_2 = \frac{2\,(1+q)}{(1+q)^2 - (1-q)^2 \exp\,(-Boq)} \quad \rightarrow \quad C_2 = 0{,}974. \tag{8.107}$$

Es ergibt sich nach Gl. (8.93):

$$c_{\mathrm{H_2O}}^* = C_1 \exp\left[\frac{Bo}{2}\,(1+q)\,z^*\right] + C_2 \exp\left[\frac{Bo}{2}\,(1-q)\,z^*\right]$$

$$\rightarrow \quad c_{\mathrm{H_2O}}^* = \frac{c_{\mathrm{H_2O}_\omega}}{c_{\mathrm{H_2O}_\alpha}} = 0{,}0751. \tag{8.108}$$

Da die Konzentration des Wassers im Lösungsmittel sehr gering ist, lässt sich das Verhältnis der molaren Konzentrationen in Gl. (8.108) durch den Quotienten der entsprechenden Massenanteile ersetzen

$$c_{\mathrm{H_2O}}^* \approx \frac{\xi_{\mathrm{H_2O}_\omega}}{\xi_{\mathrm{H_2O}_\alpha}} \quad \rightarrow \quad \boxed{\xi_{\mathrm{H_2O}_\omega} = 0{,}00751 \;\mathrm{Gew.\text{-}\%}}. \tag{8.109}$$

b) Bei Wegfall der axialen Dispersion vereinfacht sich Gl. (8.91) zu:

$$0 = v_f \frac{dc_{\mathrm{H_2O}}}{dz} + \beta a c_{\mathrm{H_2O}}. \tag{8.110}$$

Die unbestimmte Integration über Trennung der Variablen liefert:

$$c_{\mathrm{H_2O}} = C \exp\left(-\frac{\beta a}{v_f} z\right). \tag{8.111}$$

Aus der Randbedingung

RB: bei $z = 0$ $\quad c_A = c_{\mathrm{H_2O}_\alpha}$

folgt $C = c_{\mathrm{H_2O}_\alpha}$. Damit ergibt sich für die Austrittkonzentration $c_{\mathrm{H_2O}_\omega}$ bei $z = H$:

$$\frac{c_{\mathrm{H_2O}_\omega}}{c_{\mathrm{H_2O}_\alpha}} = \exp\left(-\frac{\beta a}{v_f} H\right) \quad \rightarrow \quad \frac{c_{\mathrm{H_2O}_\omega}}{c_{\mathrm{H_2O}_\alpha}} = 0{,}07026$$

$$\rightarrow \quad \boxed{\xi_{\mathrm{H_2O}_\omega} = 0{,}00702 \;\mathrm{Gew.\text{-}\%}}. \tag{8.112}$$

Der Vergleich mit dem Ergebnis aus a) zeigt, dass der Einfluss der axialen Dispersion gering ist, wie dies aufgrund des Zahlenwerts der Bodensteinzahl zu erwarten ist.

8.9 Messung eines Stoffübergangskoeffizienten in einem Festbett [2]**

▶   **Thema** Modellierung von Austauschvorgängen

Eine Feststoffschüttung von 1 m Höhe besteht aus 2 mm großen Kugeln aus Benzoesäure. Die volumenspezifische Partikeloberfläche beträgt 23 cm² je 1 cm³ Festbett, die Porosität 40 %. Die Schüttung wird von Wasser mit einer Leerrohrgeschwindigkeit v_f von 5 cm/s durchströmt. Das austretende Wasser weist eine Benzoesäurekonzentration von 62 % der Sättigungskonzentration auf. Die kinematische Viskosität des Wassers beträgt 10^{-6} m²/s und der Diffusionskoeffizient von Benzoesäure in Wasser $0,65 \cdot 10^{-9}$ m²/s.

a) Bestimmen Sie den Stoffübergangskoeffizienten.
b) Überprüfen Sie, ob die Vernachlässigung der axialen Dispersion gerechtfertigt ist.

Lösung

Lösungsansatz:
Aufstellen einer differenziellen Stoffbilanz im Volumenelement der Höhe Δz.

Lösungsweg:
a) Für stationäre Bedingungen wird eine differenzielle Komponentenstoffbilanz für eine dünne Kreisscheibe der Höhe Δz aufgestellt (s. Abb. 8.1):

$$0 = \dot{V} c_A(z) - \dot{V} c_A(z + \Delta z) + \dot{N}_{A_{S\ddot{U}}}. \tag{8.113}$$

Für den Stoffübergangsterm gilt:

$$\dot{N}_{A_{S\ddot{U}}} = \beta a A \Delta z \left(c_{Aw} - c_A\right). \tag{8.114}$$

Hierbei kennzeichnet c_{Aw} die Konzentration der Komponente A an der Oberfläche, die gleich der Sättigungskonzentration ist. Die Konzentration c_A im Kern des Flüssigkeitsstroms wird als konstant über den Querschnitt angenommen und entspricht der mittleren Konzentration. Nach der Division durch Δz und den Grenzübergang $\Delta z \to 0$ ergibt sich die Differenzialgleichung:

$$0 = \dot{V} \frac{c_A(z) - c_A(z + \Delta z)}{\Delta z} + \beta a A \left(c_{Aw} - c_A\right)$$

$$\rightarrow \quad \frac{dc_A(z)}{dz} = \frac{\beta a}{v_f} \left(c_{Aw} - c_A\right). \tag{8.115}$$

Durch Trennung der Variablen folgt die Lösung:

$$\int \frac{dc_A(z)}{(c_{Aw} - c_A)} = \int \frac{\beta a}{v_f} dz \quad \rightarrow \quad c_A(z) = c_{Aw} - C \exp\left(-\frac{\beta a}{v_f} z\right). \qquad (8.116)$$

Aus der Randbedingung

RB: bei $z = 0$ $c_A = c_{A\alpha}$

folgt $C = c_{Aw} - c_{A\alpha}$. Also gilt für den Konzentrationsverlauf:

$$\frac{c_A(z)}{c_{Aw}} = 1 - \exp\left(-\frac{\beta a}{v_f} z\right). \qquad (8.117)$$

Hieraus ergibt sich der Stoffübergangskoeffizient:

$$\beta = -\frac{v_f}{aH} \ln\left(1 - \frac{c_{A\omega}}{c_{Aw}}\right) \quad \rightarrow \quad \boxed{\beta = 2{,}1 \cdot 10^{-5} \frac{\text{m}}{\text{s}}}. \qquad (8.118)$$

b) Zur Charakterisierung der Intensität der Dispersion muss die Bodensteinzahl bestimmt werden. Die hierfür benötigte Pecletzahl beträgt:

$$Pe = ReSc = \frac{v_f d_P}{D_{AB}} \quad \rightarrow \quad Pe = 1{,}54 \cdot 10^5. \qquad (8.119)$$

Der axiale Dispersionskoeffizient ergibt sich aus der Beziehung (Gl. (Lb 8.64)):

$$\frac{1}{Pe_{ax}} = \frac{\varepsilon D_{ax}}{v_f d_P} = \frac{0{,}73\varepsilon}{ReSc} + \frac{0{,}45}{1 + \frac{7{,}3\varepsilon}{ReSc}} \quad \rightarrow \quad Pe_{ax} = 2{,}22. \qquad (8.120)$$

Hieraus ergeben sich der axiale Dispersionskoeffizient und damit die Bodensteinzahl (Gl. (Lb 8.54)):

$$D_{ax} = \frac{v_f d_P}{\varepsilon Pe_{ax}} \quad \rightarrow \quad D_{ax} = 1{,}12 \cdot 10^{-4} \frac{\text{m}^2}{\text{s}} \quad \rightarrow \quad Bo = \frac{v_f H}{D_{ax}}$$

$$\rightarrow \quad \boxed{Bo = 444}. \qquad (8.121)$$

Aus Abb. Lb 4.13 wird deutlich, dass für derart hohe Bodensteinzahlen das Verweilzeitverhalten annähernd dem eines idealen Strömungsrohrs entspricht und somit die Dispersion ohne Bedeutung ist.

Literatur

1. Beek WJ, Muttzall KMK, van Heuven JW (1999) Transport phenomena, 2. Aufl. John Wiley & Sons, Chichester
2. Cussler EL (1997) Diffusion, 2. Aufl. Cambridge University Press, Cambridge, New York, Melbourne
3. Maćkowiak J (2003) Fluiddynamik von Füllkörpern und Packungen, 2. Aufl. Springer, Berlin Heidelberg New York
4. Wronski S, Pohorecki R, Siwinski J (1998) Numerical problems in thermodynamics and kinetics of chemical engineering processes. Begell House, New York
5. Zogg M (1983) Wärme- und Stofftransportprozesse. Salle u. Sauerländer, Frankfurt a. M.

Filtration und druckgetriebene Membranverfahren

9

Inhalte des Kapitels sind die Anwendung von Filtrations- und Membranverfahren sowie ihre mathematische und experimentelle Charakterisierung zur Auslegung entsprechender Verfahrensschritte. Neben Bilanzen spielt die Filtergleichung die zentrale Rolle bei der Dimensionierung von Kuchenfiltrationen zur Festlegung der notwendigen Druckdifferenzen und Filterflächen. Die erforderlichen Parameter zur Charakterisierung des Stoffsystem sowie der Filtermedien müssen experimentell bestimmt werden. Auch die Auslegung von Membranverfahren basiert auf Bilanzen, der Berechnung des Druckverlusts sowie der Ermittlung charakteristischer Messdaten für das jeweilige Stoffsystem.

9.1 Eindickung einer Suspension[*]

▶ **Thema** Filtration

Es sollen $100\,\mathrm{m}^3$ einer Suspension eingedickt werden, die eine Feststoffkonzentration von $\rho_s = 10\,\mathrm{kg/m}^3$ und eine Dichte $\rho_{\mathrm{Tr\ddot{u}be}} \approx \rho_f = 1000\,\mathrm{kg/m}^3$ besitzt.

a) Bestimmen Sie die Wassermenge, die zur Eindickung auf $\rho_{sa} = 50\,\mathrm{kg/m}^3$ bzw.
b) zur Eindickung auf $\rho_{sb} = 100\,\mathrm{kg/m}^3$ abgeführt werden muss.
c) Die unter a) und b) erzeugten Suspensionen sollen weiter von ρ_{sa} auf $\rho_{sc} = 400\,\mathrm{kg/m}^3$ bzw. von ρ_{sb} auf $\rho_{sd} = 450\,\mathrm{kg/m}^3$ eingedickt werden. Berechnen Sie, wie viel Prozent mehr Flüssigkeitsvolumen von der Suspension nach a) gegenüber derjenigen nach b) dann abgetrennt werden muss.

Elektronisches Zusatzmaterial Die Online-Version dieses Kapitels (https://doi.org/10.1007/978-3-662-60393-2_9) enthält Zusatzmaterial, das für autorisierte Nutzer zugänglich ist.

Annahme:

Der Feststoff wird vollständig zurückgehalten.

Lösung

Lösungsansatz:
Aufstellen von Massenbilanzen und Bestimmung der Volumina.

Lösungsweg:
a) Für den suspendierten Feststoff gilt aufgrund der Massenerhaltung während des Eindickungsvorganges (eingedickte Suspension: Index E) und der Annahme eines vollständigen Rückhaltes:

$$V\rho_s = V_{E_a}\rho_{sa}. \tag{9.1}$$

Durch Umstellung folgt für das Volumen der eingedickten Suspension

$$V_{E_a} = \frac{V\rho_s}{\rho_{sa}} \tag{9.2}$$

und damit für die abzuführende Wassermenge bei konstanter Wasserdichte:

$$V_{ab_a} = V - V_{E_a} = V\left(1 - \frac{\rho_s}{\rho_{sa}}\right) \quad \rightarrow \quad \boxed{V_{ab_a} = 80\,\text{m}^3}. \tag{9.3}$$

b) Die Lösung erfolgt analog zu Aufgabenteil a) mit geänderter Feststoffkonzentration ρ_{sb} in der eingedickten Suspension zu:

$$\boxed{V_{ab_b} = 90\,\text{m}^3}. \tag{9.4}$$

c) Das zusätzlich abzufiltrierende Flüssigkeitsvolumen zur weiteren Eindickung auf ρ_{sc} ergibt sich für die Suspension aus Aufgabenteil a) zu

$$V_{ab_{ac}} = V_{E_a}\left(1 - \frac{\rho_{sa}}{\rho_{sc}}\right) = \frac{V\rho_s}{\rho_{sa}}\left(1 - \frac{\rho_{sa}}{\rho_{sc}}\right) \tag{9.5}$$

und für Aufgabenteil b) zu

$$V_{ab_{bc}} = V_{E_b}\left(1 - \frac{\rho_{sb}}{\rho_{sc}}\right). \tag{9.6}$$

Der Mehraufwand lässt sich über das Verhältnis der beiden berechneten Filtratvolumina ermitteln:

$$\frac{V_{ab_{ac}}}{V_{ab_{bc}}} = \frac{\frac{V\rho_s}{\rho_{sa}}\left(1 - \frac{\rho_{sa}}{\rho_{sc}}\right)}{\frac{V\rho_s}{\rho_{sb}}\left(1 - \frac{\rho_{sb}}{\rho_{sc}}\right)} = \frac{\rho_{sb}}{\rho_{sa}}\frac{(\rho_{sc} - \rho_{sa})}{(\rho_{sc} - \rho_{sb})} = 2{,}33$$

$$\rightarrow \quad \boxed{\text{Mehraufwand: } 133\,\%}. \tag{9.7}$$

Mit dem anlogen Vorgehen ergibt sich für die Aufkonzentrierung zu der höheren Endkonzentration ρ_{sd}:

$$\frac{V_{ab_{ad}}}{V_{ab_{bd}}} = \frac{\frac{V\rho_s}{\rho_{sa}}\left(1 - \frac{\rho_{sa}}{\rho_{sd}}\right)}{\frac{V\rho_s}{\rho_{sb}}\left(1 - \frac{\rho_{sb}}{\rho_{sd}}\right)} = \frac{\rho_{sb}\,(\rho_{sd} - \rho_{sa})}{\rho_{sa}\,(\rho_{sd} - \rho_{sb})} = 2{,}29$$

$$\rightarrow \quad \boxed{\text{Mehraufwand: } 129\,\%}. \tag{9.8}$$

9.2 Auslegung der Druckdifferenz für eine Kuchenfiltration [2]*

▶ **Thema** Grundlegende Theorie der Filtration

Eine Filterkuchenschicht aus sehr kleinen Partikeln ($d_{32} = 5\,\mu\text{m}$) mit einer Höhe H_K von 1 cm, einer Querschnittsfläche A_{quer} von 1 m^2 sowie einer Porosität ε von 50 % soll von einem Wasservolumenstrom $\dot{V}$ (20 °C) von 3,6 m^3/h durchströmt werden.

a) Berechnen Sie die erforderliche Druckdifferenz Δp.
b) Bestimmen Sie für die Schicht die Durchlässigkeit B in m^2.

Gegeben:

Wasserviskosität η $= 10^{-3}$ Pa·s
Wasserdichte ρ $= 1000\,\text{kg/m}^3$
Konstante $K(\varepsilon) = 2$

Lösung

Lösungsansatz:
Nutzung der Gleichungen zur Bestimmung des Druckverlusts und der Durchlässigkeit.

Lösungsweg:
a) Der Druckverlust in porösen Schichten lässt sich mit Gl. (Lb 9.9) bestimmen:

$$\Delta p = \zeta \frac{\rho}{2}\overline{w}^2 \frac{H}{d_h}. \tag{9.9}$$

Der hydraulische Durchmesser d_h kann direkt aus dem Sauterdurchmesser d_{32} bestimmt werden (Gl. (Lb 9.11)):

$$d_h = \frac{2}{3}\frac{\varepsilon}{1-\varepsilon}d_{32} \quad \rightarrow \quad d_h = 3{,}33 \cdot 10^{-6}\,\text{m}. \tag{9.10}$$

Die mittlere Durchströmungsgeschwindigkeit in der Schicht $\overline{w}$ ergibt sich zu:

$$\overline{w} = \frac{\dot{V}}{A_{\text{frei}}} = \frac{\dot{V}}{\varepsilon A_{\text{quer}}} \quad \rightarrow \quad \overline{w} = 2 \cdot 10^{-3} \, \frac{\text{m}}{\text{s}}. \tag{9.11}$$

Mit diesen Ergebnissen berechnet sich eine Reynoldszahl (Gl. (Lb 9.10)) von:

$$Re_{d_h} = \frac{d_h \overline{w}}{\nu} = \frac{d_h \overline{w} \rho}{\eta} \quad \rightarrow \quad Re_{d_h} = 6{,}67 \cdot 10^{-3}. \tag{9.12}$$

Für die vorliegenden laminaren Strömungsverhältnisse kann der Widerstandsbeiwert mit Hilfe der Kozeny-Konstante (Gl. (Lb 9.12)) bestimmt werden:

$$\zeta = K(\varepsilon) \frac{64}{Re_{d_h}} \quad \rightarrow \quad \zeta = 19.200. \tag{9.13}$$

Aus den berechneten Größen kann mit Gl. (9.9) der Druckverlust des Kuchenfilters berechnet werden:

$$\boxed{\Delta p = 1{,}15 \, \text{bar}}. \tag{9.14}$$

b) Die Durchlässigkeit B kann nach Gl. (Lb 9.19) ermittelt werden:

$$B = \frac{1}{2 \, K(\varepsilon)} \frac{\varepsilon^3}{(1 - \varepsilon)^2} \frac{1}{a_P^2}. \tag{9.15}$$

Die volumenspezifische Oberfläche des Kuchens berechnet sich nach Gl. (Lb 8.1)

$$a_P = \frac{A_{P_{\text{ges}}}}{V_{P_{\text{ges}}}}. \tag{9.16}$$

Da der Sauterdurchmesser den Durchmesser einer Kugel mit demselben Oberflächen/Volumen-Verhältnis darstellt, berechnet sich die spezifische Oberfläche gemäß

$$a_P = \frac{6}{d_{32}}, \tag{9.17}$$

woraus sich mit Gl. (9.15) die Durchlässigkeit B ergibt:

$$\boxed{B = 8{,}68 \cdot 10^{-14} \, \text{m}^2}. \tag{9.18}$$

9.3 Bestimmung der Filtrationszeit für eine zweistufige Druckfiltration [2]**

▶ **Thema** Kuchenfiltration von Suspensionen

In einem Druckfilter sollen $500\,\mathrm{m}^3$ eines Abwassers filtriert werden. Die Filtration verläuft in zwei Phasen: Im ersten Abschnitt erfolgt die Filtration solange mit einem konstanten Filtratvolumenstrom von $15\,\mathrm{m}^3/\mathrm{h}$, bis die Druckdifferenz 3 bar beträgt. Im zweiten Abschnitt wird dann mit einer konstanten Druckdifferenz von 3 bar das verbliebene Volumen filtriert.

Bestimmen Sie den Zeitbedarf zur Filtration des gesamten Abwassers.

Gegeben:

Filterfläche	A	$= 70\,\mathrm{m}^2$
Filterwiderstand	β	$= 4{,}5 \cdot 10^{10}\,\mathrm{m}^{-1}$
Parameterprodukt	$\alpha_V \cdot \chi_V$	$= 1{,}13 \cdot 10^{12}\,\mathrm{m}^{-2}$
Viskosität des Abwassers	η	$= 1{,}5 \cdot 10^{-3}\,\mathrm{Pa \cdot s}$

Lösung

Lösungsansatz:
Bestimmung der Filtrationsdauer mit Hilfe der Filtergleichung.

Lösungsweg:
Die Änderung des Druckverlusts mit der Zeit lässt sich mit Hilfe der Filtergleichung (Gl. (Lb 9.30)) bestimmen:

$$\Delta p(t) = \frac{\eta}{A} \left[\frac{\alpha_V \chi_V}{A} V_f(t) + \beta \right] \frac{dV_f(t)}{dt}. \tag{9.19}$$

Im ersten Abschnitt wird bei einem konstanten Filtratvolumenstrom filtriert, weshalb

$$\frac{dV_f(t)}{dt} = \text{konst.} = \dot{V}_f \tag{9.20}$$

gilt. Zusätzlich berechnet sich das Filtratvolumen $V_f(t)$ als Produkt aus Volumenstrom und Filtrationszeit. Somit kann Gl. (9.19) nach der Zeit umgestellt werden:

$$t = \left[\frac{\Delta p(t) A}{\eta \dot{V}_f} - \beta \right] \frac{A}{\alpha_V \chi_V \dot{V}_f}. \tag{9.21}$$

Der erste Abschnitt ist beendet, wenn die Druckdifferenz 3 bar erreicht. Einsetzen der Werte ergibt die Zeit, nach welcher die Druckdifferenz $\Delta p = 3$ bar beträgt:

$$t_1 = 13{,}7\,\text{h}. \tag{9.22}$$

Um den Startpunkt für den zweiten Abschnitt zu bestimmen, muss das nach der Zeit t_1 vorliegende Filtratvolumen bestimmt werden. Dieses ergibt sich aus dem Volumenstrom und der Dauer des ersten Abschnitts:

$$V_{f1} = \dot{V}_f t_1 = 205\,\text{m}^3. \tag{9.23}$$

Im zweiten Abschnitt wird unter konstantem Druck von 3 bar filtriert. Für diesen Fall muss die Filtergleichung (Gl. (9.19)) integriert werden, da sich der Filtratvolumenstrom mit der Zeit ändert. Die Trennung der Variablen führt zu:

$$dt = \frac{\eta}{A\,\Delta p} \left[\frac{\alpha_V\,\chi_V}{A} V_f(t) + \beta \right] dV_f. \tag{9.24}$$

Diese Gleichung kann nun vom Zeitpunkt t_1 bis zum Zeitpunkt t_2 integriert werden. Dabei ist die Zeit t_2 der Zeitpunkt, zu dem das Abwasser vollständig filtriert ist. Es ergibt sich für die Dauer des 2. Filtrationsabschnitts:

$$t_2 = \frac{\eta}{A\,\Delta p} \left[\frac{\alpha_V\,\chi_V}{2\,A} V_f(t)^2 + \beta V_f(t) \right]_{V_f(t_1)}^{V_f(t_2)}. \tag{9.25}$$

Die einzusetzenden Grenzen für die Integration resultieren für $V_f(t_1)$ aus dem Filtratvolumen zum Ende des ersten Abschnitts und für $V_f(t_2)$ aus der Aufgabenstellung:

$$t_2 = \frac{\eta}{A\,\Delta p} \left\{ \frac{\alpha_V\,\chi_V}{2\,A} \left[V_f(t_2)^2 - V_f(t_1)^2 \right] + \beta \left[V_f(t_2) - V_f(t_1) \right] \right\}$$
$$\rightarrow \quad t_2 = 33{,}5\,\text{h}. \tag{9.26}$$

Hieraus ergibt sich als gesamte Filtrationszeit:

$$t_{\text{ges}} = t_1 + t_2 \quad \rightarrow \quad \boxed{t_{\text{ges}} = 47{,}2\,\text{h}}. \tag{9.27}$$

9.4 Kuchenfiltration mit einer Kreiselpumpe [1]**

▶ **Thema** Kuchenfiltration von Suspensionen

Eine Suspension soll einem diskontinuierlich arbeitenden Druckfilter mithilfe einer Kreiselpumpe zugeführt werden. Damit sind sowohl die durch die Pumpe erzeugte Druckdifferenz als auch der Flüssigkeitsstrom entsprechend der Kennlinie der Pumpe (s. Abb. 9.1)

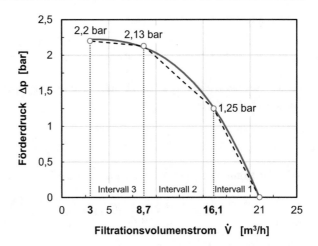

Abb. 9.1 Kennlinie einer Kreiselpumpe

während des Filtrationsprozesses veränderlich. (Zur Vereinfachung wird der Suspensionsstrom gleich dem Filtratstrom gesetzt.)

Berechnen Sie die Filtrationszeiten für die drei eingezeichneten Intervalle durch Anwendung der Grundgleichung der Kuchenfiltration.

Gegeben:

Filterfläche	A	$= 70\,\mathrm{m}^2$
Filterwiderstand	β	$= 4,5 \cdot 10^{10}\,\mathrm{m}^{-1}$
Parameterprodukt	$\alpha_V \cdot \chi_V$	$= 1,13 \cdot 10^{12}\,\mathrm{m}^{-2}$
Viskosität des Abwassers	η	$= 1,5 \cdot 10^{-3}\,\mathrm{Pa \cdot s}$

Hinweis:

Zur vereinfachten Lösung kann die Pumpenkennlinie abschnittsweise jeweils durch eine lineare Funktion angenähert werden. Um den Fehler dieser Linearisierung klein zu halten, soll die Kennlinie in 3 Intervalle eingeteilt werden, für die jeweils gilt: $\Delta p_i = m_i \cdot \dot{V} + b_i$, $i = 1, 2, 3$.

Lösung

Lösungsansatz:
Linearisierung einer Pumpenkennlinie und Anwendung der Filtergleichung.

Lösungsweg:
Mit dem gegebenen Hinweis zur Linearisierung und der Filtergleichung (Gl. (Lb 9.30)) folgt aus der Gleichheit von zeitlicher Änderung des Filtratvolumens und des Filtratvolu-

menstroms

$$\Delta p = m_i \dot{V}_f + b_i = m_i \frac{dV_f}{dt} + b_i = \frac{\eta}{A} \left[\frac{\alpha_v \chi_v}{A} V_f(t) + \beta \right] \frac{dV_f}{dt} \tag{9.28}$$

für die drei Intervalle $i = 1, 2, 3$. Durch Trennung der Variablen und weitere Umformung ergibt sich die Gleichung

$$b_i dt = \frac{\eta}{A} \left[\frac{\alpha_v \chi_v}{A} V_f(t) + \beta - m_i \frac{A}{\eta} \right] dV_f, \tag{9.29}$$

die unbestimmt integriert werden kann mit dem Ergebnis:

$$b_i t = \frac{\eta}{A} \left[\frac{\alpha_v \chi_v}{2A} V_f^2(t) + \left(\beta - m_i \frac{A}{\eta} \right) V_f(t) \right] + C_i. \tag{9.30}$$

Über die für alle Bereiche identische Anfangsbedingung

AB: bei $t_i = 0 \quad V_{f_i} = V_{f0_i}$

kann die Integrationskonstante ermittelt werden:

$$C_i = -\frac{\eta}{A} \left[\frac{\alpha_v \chi_v}{2A} V_{f0_i}^2 + \left(\beta - m_i \frac{A}{\eta} \right) V_{f0_i} \right]. \tag{9.31}$$

Es folgt allgemein für die Dauer des Filtrationsprozesses in den verschiedenen Abschnitten:

$$t_i = \frac{1}{b_i} \frac{\eta}{A} \left\{ \frac{\alpha_v \chi_v}{2A} \left[V_{f_i}^2(t_i) - V_{f0_i}^2 \right] + \left(\beta - m_i \frac{A}{\eta} \right) \left[V_{f_i}(t_i) - V_{f0_i} \right] \right\}. \tag{9.32}$$

Zur Berechnung der Filtrationszeit muss noch das in dem jeweiligen Intervall anfallende Filtratvolumen bestimmt werden. Da der Filtrationsprozess entlang der Pumpenkennlinie erfolgt, endet die Zeit dann, wenn der minimale Volumenstrom des jeweiligen Intervalls zusammen mit der zugehörigen maximalen Druckdifferenz erreicht ist. Da auch für diesen Punkt die Filtergleichung (Gl. (Lb 9.30)) gültig ist, lässt sich das in dem Intervall filtrierte Volumen wie folgt berechnen:

$$V_{f_i} = \left(\frac{\Delta p_{max_i}}{\dot{V}_{min_i}} \frac{A}{\eta} - \beta \right) \frac{A}{\alpha_v \chi_v}. \tag{9.33}$$

Der Anfangswert für das Filtratvolumen eines Intervalls ergibt sich aus der Summation der in den vorangegangenen Filtrationsphasen bereits erzeugten Filtratmengen. Die Parameter b_i und m_i sind in jedem Intervall der linearisierten Pumpenkennlinie zu bestimmen. Allgemein ergibt sich die Steigung m_i über:

$$m_i = \frac{y_2 - y_1}{x_2 - x_1} = \frac{\Delta p_2 - \Delta p_1}{\dot{V}_{f2} - \dot{V}_{f1}}. \tag{9.34}$$

Tab. 9.1 Resultate der abschnittsweisen Linearisierung der Pumpenkennlinie

Intervall	m $[\text{Pa·s/m}^3]$	b $[\text{Pa}]$	V_{f0} $[\text{m}^3]$	V_f $[\text{m}^3]$	t $[\text{h}]$
1	$-9{,}18 \cdot 10^7$	$5{,}36 \cdot 10^5$	0	78	4,3
2	$-4{,}28 \cdot 10^7$	$3{,}16 \cdot 10^5$	78	252	15,4
3	$-4{,}42 \cdot 10^6$	$2{,}24 \cdot 10^5$	252	760	114

Für den y-Achsenabschnitt b_i gilt:

$$\frac{y_1 - b_i}{x_1 - 0} = \frac{y_2 - y_1}{x_2 - x_1} \quad \rightarrow \quad b_i = y_1 - \frac{y_2 - y_1}{x_2 - x_1} x_1 = \Delta p_1 - \frac{\Delta p_2 - \Delta p_1}{\dot{V}_{f2} - \dot{V}_{f1}} \dot{V}_{f1}. \quad (9.35)$$

Auf diese Weise ergeben sich für die drei Intervalle die in Tab. 9.1 dargestellten Werte. Die Gesamtfiltrationsdauer berechnet sich demnach zu:

$$t_{\text{ges}} = t_1 + t_2 + t_3 \quad \rightarrow \quad \boxed{t_{\text{ges}} = 134\,\text{h}}, \quad (9.36)$$

in der sich ein Filtratvolumen sammelt von:

$$\boxed{V_f = 760\,\text{m}^3}. \quad (9.37)$$

9.5 Auslegung eines Filters zur Trennung einer Suspension auf Basis experimenteller Daten[**]

▶ **Thema** Kuchenfiltration von Suspensionen

Bei einem Filtrationsversuch mit einer Kalziumkarbonat ($CaCO_3$)-Suspension werden die in Tab. 9.2 aufgeführten Ergebnisse erhalten. Die Filterfläche beträgt $A = 0{,}1\,\text{m}^2$, die dynamische Viskosität des Wassers $\eta = 1{,}14 \cdot 10^{-3}\,\text{kg/(m·s)}$. Der Versuch wird bei einer konstanten Druckdifferenz von $\Delta p = 0{,}35\,\text{bar}$ durchgeführt.

a) Stellen Sie das Versuchsergebnis mithilfe der linearisierten Filtergleichung in der Form $t/V_f = f(V_f)$ grafisch dar.
b) Berechnen Sie das Produkt $\alpha_V \cdot \chi_V$ und β aus der Filtergleichung und schätzen Sie ab, welche Filterfläche benötigt wird, um ein Filtratvolumen von $100\,\text{m}^3$ der $CaCO_3$-Suspension innerhalb von $1\,\text{h}$ durch Filtration bei gleichen Randbedingungen zu erhalten.
c) Bestimmen Sie die Filterfläche, die bei gleicher Filtratmenge ($100\,\text{m}^3$) erforderlich ist, wenn nach jeweils fünf Minuten Filtration fünf Minuten lang der Filterkuchen vollständig abgeräumt wird. (Die Gesamtzeit für Filtration und Räumen beträgt eine Stunde.)
d) Wählen Sie die besser geeignete Betriebsweise b) oder c) aus.

Tab. 9.2 Ergebnisse eines Filtrationsversuchs

Zeit [s]	V_f [10^{-3} m^3]
18	0,9
146	2,92
595	6,19
888	7,79

Lösung

Lösungsansatz:
Linearisierung der Filtergleichung und grafische Lösung.

Lösungsweg:
a) Für den Fall einer konstanten Druckdifferenz lässt sich die Filtergleichung (Gl. (Lb 9.30)) in eine Form überführen, in der t/V_f eine lineare Funktion des Filtratvolumens V_f ist. Aus der Filtergleichung folgt für $\Delta p = $ konst.:

$$\Delta p = \text{konst.} = \frac{\eta}{A}\left[\frac{\alpha_V \chi_V}{A}V_f(t) + \beta\right]\frac{dV_f(t)}{dt}$$

$$\rightarrow \quad \Delta p \, dt = \frac{\eta}{A}\left[\frac{\alpha_V \chi_V}{A}V_f(t) + \beta\right]dV_f(t). \tag{9.38}$$

Nach Trennung der Variablen und einer bestimmten Integration von $t = 0$ bis t, wobei das Filtratvolumen zum Zeitpunkt $t = 0$ ebenfalls null ist ($V_f(t = 0) = 0$), ergibt sich

$$\Delta p \, t = \frac{\eta \alpha_V \chi_V}{2A^2}V_f^2(t) + \frac{\eta \beta}{A}V_f(t), \tag{9.39}$$

woraus die linearisierte Filtergleichung resultiert:

$$\underbrace{\frac{t}{V_f(t)}}_{y} = \underbrace{\frac{\eta \alpha_V \chi_V}{2A^2\Delta p}}_{m}\underbrace{V_f(t)}_{x} + \underbrace{\frac{\eta \beta}{A\Delta p}}_{b}. \tag{9.40}$$

Dies entspricht einer Geradengleichung der Form $y = m \cdot x + b$ mit $y = t/V_f$ und $x = V_f$. Für die grafische Darstellung der linearisierten Filtergleichung muss der Term t/V_f über dem Filtratvolumen aufgetragen werden. Die entsprechenden Daten enthält Tab. 9.3.

Grafisch dargestellt ergibt sich die in Abb. 9.2 dargestellte Ausgleichsgerade, die die linearisierte Filtergleichung repräsentiert.

b) Die in Abb. 9.2 enthaltene Regressionsgleichung zeigt für die Steigung

$$m = \frac{\eta \alpha_V \chi_V}{2A^2\Delta p} = 13,75\,\frac{\text{s}}{\text{L}^2} \quad \rightarrow \quad \alpha_V \chi_V = \frac{2A^2\Delta p \, m}{\eta}$$

$$\rightarrow \quad \boxed{\alpha_V \chi_V = 8,44 \cdot 10^{12}\,\text{m}^{-2}} \tag{9.41}$$

Tab. 9.3 Berechnete Werte für t/V_f aus den Versuchsdaten

Zeit [s]	V_f [L]	t/V_f [s/L]
18	0,9	20
146	2,92	50
595	6,19	96,1
888	7,79	114

Abb. 9.2 Linearisierte Filtergleichung mit Versuchsergebnissen und Ausgleichsgerade

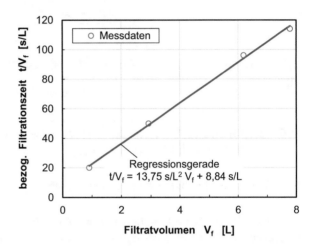

und den y-Achsenabschnitt:

$$b = \frac{\eta\beta}{A\Delta p} = 8{,}84\,\frac{\text{s}}{\text{L}} \quad \rightarrow \quad \beta = \frac{bA\Delta p}{\eta} \quad \rightarrow \quad \boxed{\beta = 2{,}7 \cdot 10^{10}\,\text{m}^{-1}}. \qquad (9.42)$$

Für die Berechnung der Filterfläche, die benötigt wird, um $100\,\text{m}^3$ Filtratvolumen zu erhalten, wird Gl. (9.40) zu einer quadratischen Gleichung der Form

$$A^2 - \frac{\eta\beta V_f(t)}{\Delta p t} A - \frac{\eta\alpha_V \chi_V V_f^2(t)}{2\Delta p t} = 0 \qquad (9.43)$$

umgestellt. Die Lösung dieser Gleichung lautet:

$$A = \frac{\eta\beta V_f(t)}{2\Delta p t} + \sqrt{\left(\frac{\eta\beta V_f(t)}{2\Delta p t}\right)^2 + \frac{\eta\alpha_V \chi_V V_f^2(t)}{2\Delta p t}}. \qquad (9.44)$$

Die zweite Lösung liefert einen negativen Wert und ist demzufolge physikalisch unsinnig. Durch Einsetzen der gegebenen und berechneten Größen mit $V_f = 100\,\text{m}^3$ und $t = 3600\,\text{s}$ ergibt sich die erforderliche Filtrationsfläche:

$$\boxed{A = 630\,\text{m}^2}. \qquad (9.45)$$

c) Die im Aufgabentext beschriebene Intervallfiltration erfordert pro Stunde 6 Filtrationen für die Erzeugung von jeweils $1/6$ des gesamten Filtratvolumens von $100\,\mathrm{m}^3$. So ergibt sich pro Stunde die gleiche Filtrationsleistung. Die Bestimmung der hierfür benötigten Filterfläche gelingt über Gl. (9.41) unter Einsatz des Batchvolumens von $V_f = 100/6\,\mathrm{m}^3$ und der Batchzeit von $t = 300\,\mathrm{s}$:

$$\boxed{A_1 = 382\,\mathrm{m}^2}. \tag{9.46}$$

d) Die benötigte Filterfläche ist deutlich kleiner, weshalb die Intervallfiltration besser geeignet ist.

9.6 Experimentelle Charakterisierung eines Filterkuchens und Auslegung der Filterfläche [5]**

▶ **Thema** Kuchenfiltration von Suspensionen

Bei der Aufbereitung eines Staubes aus einem Elektroabscheider wird der Staub in Wasser suspendiert. Es ist die Filtrierbarkeit dieser wässrigen Suspension zu prüfen. Um den Filter auslegen zu können, müssen die Filterkonstanten ermittelt werden. Dazu wird im Labor eine Vakuumfiltration bei einem Differenzdruck von $\Delta p = 0{,}25\,\mathrm{bar}$ durchgeführt. Die Zähigkeit der Suspension wird mit $\eta = 1{,}0 \cdot 10^{-3}\,\mathrm{Pa \cdot s}$ ermittelt. Bei dem Versuch wird die Zeit gemessen, die notwendig ist, um ein bestimmtes Filtratvolumen V_f zu bilden. Die Versuchsergebnisse enthält Tab. 9.4.

Die Fläche des Filters beträgt $143\,\mathrm{cm}^2$. Nach $27{,}5\,\mathrm{min}$ weist der Filterkuchen eine Dicke von $2{,}5\,\mathrm{cm}$ auf. Es werden in dieser Zeit $450\,\mathrm{mL}$ filtriert.

a) Die charakteristischen Filtergrößen χ_V, α_V und β sind aus den Versuchsergebnissen zu bestimmen.

b) Treffen Sie eine qualitative Aussage über die Filtrierbarkeit der Suspension.

c) Das Verhältnis von Filterkuchen- zu Filtermediumwiderstand β nach $100\,\mathrm{s}$ und am Ende der Messreihe soll bestimmt und die Eignung des Filtermediums überprüft werden.

d) Die Laborergebnisse sollen dazu dienen, einen großtechnischen Filterapparat auszulegen. Der Prozess soll unter den gleichen Bedingungen wie der Laborversuch erfolgen. Die kontinuierlich anfallende Suspension mit einem Flüssigkeitsvolumenstrom von

Tab. 9.4 Filtratvolumina für verschiedene Zeiten eines Filtrationsversuchs

Nr.	1	2	3	4	5	6	7	8
V_f [cm³]	100	150	200	250	300	350	400	450
t [s]	100	206	330	495	690	1005	1255	1650

Tab. 9.5 Berechnete Werte für t/V_f aus den Versuchsergebnissen

Nr.	1	2	3	4	5	6	7	8
V_f [cm³]	100	150	200	250	300	350	400	450
t [s]	100	206	330	495	690	1005	1255	1650
t/V_f [s/cm³]	1,00	1,37	1,65	1,98	2,30	2,87	3,14	3,67

$20\,\mathrm{m}^3/\mathrm{h}$ soll in zwei parallel geschalteten Filtern abwechselnd filtriert werden. Zur Reinigung eines Filters werden ca. 21 min benötigt. Bestimmen Sie die erforderliche Filterfläche für die beiden Filter zusammen.

Lösung

Lösungsansatz:
Linearisierung der Filtergleichung und grafische Lösung.

Lösungsweg:
a) Für die Ermittlung der Filterkonstanten aus den Versuchsergebnissen bietet sich eine Lösung über eine linearisierte Form der Filtergleichung an. Für einen konstanten Differenzdruck folgt aus der durch das Filtratvolumen V_f dividierten Gl. (Lb 9.32) die bereits in Aufgabe 9.5 abgeleitete linearisierte Filtergleichung:

$$\underbrace{\frac{t}{V_f(t)}}_{y} = \underbrace{\frac{\eta\alpha_V\chi_V}{2\,A^2\Delta p}}_{m}\,\underbrace{V_f(t)}_{x} + \underbrace{\frac{\eta\beta}{A\Delta p}}_{b}. \tag{9.47}$$

Dies entspricht einer Geradengleichung der Form $y = m \cdot x + b$ mit $y = t/V_f$ und $x = V_f$. Durch Ermittlung der Werte für $y = t/V_f$ aus den Versuchsergebnissen und der grafischen Auftragung in einem Diagramm über V_f gelingt die Bestimmung der Steigung m und des y-Achsenabschnittes b. In Tab. 9.5 sind die berechneten Werte für t/V_f aufgeführt und Abb. 9.3 enthält die grafische Darstellung von t/V_f über V_f mit der Ausgleichsgeraden. Die Steigung m der Ausgleichsgeraden beträgt

$$m = \frac{\eta\alpha_V\chi_V}{2A^2\Delta p} = 7493\,\frac{\mathrm{s}}{\mathrm{L}^2} \tag{9.48}$$

und der y-Achsenabschnitt

$$b = \frac{\eta\beta}{A\Delta p} = 187\,\frac{\mathrm{s}}{\mathrm{L}}. \tag{9.49}$$

Abb. 9.3 Versuchsergebnisse
mit Ausgleichsgerade

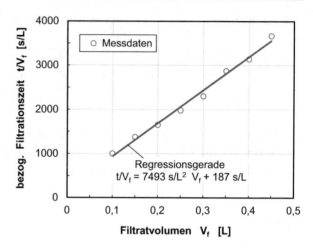

Mit der bekannten Filterfläche, dem Filtrationsdruck und der dynamischen Viskosität des Wassers ergibt sich mit Gl. (9.48) der Filterkuchenwiderstand zu:

$$\alpha_V \chi_V = \frac{2A^2 \Delta p m}{\eta} \quad \rightarrow \quad \alpha_V \chi_V = 7{,}66 \cdot 10^{13}\,\text{m}^{-2}. \tag{9.50}$$

Nach Gl. (Lb 9.27) gilt für die Konstante χ_V:

$$\chi_V = \frac{V_K(t)}{V_f(t)} = \frac{H(t)A}{V_f(t)}. \tag{9.51}$$

Weil nach $t = 1650\,\text{s}$ der Filterkuchen eine Dicke von $H = 2{,}5\,\text{cm}$ auf einer Fläche von $A = 143\,\text{cm}$ erreicht und hierbei $V_f = 450\,\text{mL}$ Wasser filtriert werden, folgt

$$\boxed{\chi_V = 0{,}794} \tag{9.52}$$

und hieraus mit Gl. (9.50) der volumenbezogene Filterkuchenwiderstand:

$$\boxed{\alpha_V = 9{,}64 \cdot 10^{13}\,\text{m}^{-2}}. \tag{9.53}$$

Der spezifische Widerstand des Filtermediums errechnet sich über den y-Achsenabschnitt b und Gl. (9.49) zu:

$$\beta = \frac{bA\Delta p}{\eta} \quad \rightarrow \quad \boxed{\beta = 6{,}67 \cdot 10^{10}\,\text{m}^{-1}}. \tag{9.54}$$

b) Nach Abb. Lb 9.12 ist eine Suspension bei einem spezifischen Filterkuchenwiderstand von $\alpha_V = 9{,}71 \cdot 10^{13}\,\text{m}^{-2}$ mittelgut bis schlecht filtrierbar.

c) Die aus dem Filtermedium und dem Filterkuchen resultierenden Druckverluste berechnen sich nach den Gln. (Lb 9.24) und (Lb 9.29):

$$\Delta p_{FM}(t) = \eta \beta \frac{1}{A} \frac{dV_f(t)}{dt} \quad \text{bzw.} \quad \Delta p_K(t) = \eta \alpha_V \chi_V \frac{V_f(t)}{A^2} \frac{dV_f(t)}{dt}. \tag{9.55}$$

Für das Verhältnis von Filterkuchen- zu Filtermediumwiderstand gilt demzufolge:

$$\frac{\Delta p_K(t)}{\Delta p_{FM}(t)} = \frac{\alpha_V \chi_V V_f(t)}{\beta A}. \tag{9.56}$$

Nach 100 s ergibt sich mit der zugehörigen Filtratmenge das Verhältnis zu

$$\frac{\Delta p_{K_{100s}}}{\Delta p_{FM}} = \frac{\alpha_v \chi_v V_f(t = 100\,\text{s})}{\beta A} \quad \rightarrow \quad \boxed{\frac{\Delta p_{K_{100s}}}{\Delta p_{FM}} = 8{,}03} \tag{9.57}$$

und am Ende der Messreihe zu:

$$\boxed{\frac{\Delta p_{K_{end}}}{\Delta p_{FM}} = 36{,}1}. \tag{9.58}$$

Bereits nach 100 Sekunden ist der Kuchenwiderstand um den Faktor 8 und damit praktisch eine Größenordnung höher als der Filtermediumwiderstand. Infolge dieser großen Diskrepanz ist der Mediumwiderstand unbedeutend und die Wahl des Mediums somit technisch sinnvoll.

d) Bei zwei parallel geschalteten Filtern, die abwechselnd zur Filtration genutzt bzw. gereinigt werden und insgesamt pro Stunde 20 m³ Filtrat erzeugen sollen, muss pro Filtrationsvorgang in 21 Minuten ein Filtratvolumen von

$$V_f(t = 1260\,\text{s}) = \dot{V}_f t \quad \rightarrow \quad V_f(t = 1260\,\text{s}) = 7\,\text{m}^3 \tag{9.59}$$

erzeugt werden. Die hierfür benötigte Filterfläche A lässt sich aus der Filtergleichung (Gl. (Lb 9.30)) durch Umstellung zu einer quadratischen Gleichung ermitteln:

$$A^2 - \frac{\eta \beta \dot{V}_f t}{\Delta p t} A - \frac{\eta \alpha_V \chi_V \left(\dot{V}_f t\right)^2}{2 \Delta p t} = 0. \tag{9.60}$$

Die alleinige, physikalisch sinnvolle Lösung für die Fläche eines Filters lautet:

$$A = \frac{\eta \beta \dot{V}_f t}{2 \Delta p t} + \sqrt{\left(\frac{\eta \beta \dot{V}_f t}{2 \Delta p t}\right)^2 + \frac{\eta \alpha_V \chi_V \left(\dot{V}_f t\right)^2}{2 \Delta p t}} \quad \rightarrow \quad A = 252\,\text{m}^2. \tag{9.61}$$

Damit ergibt sich die erforderliche Filterfläche beider Filter zusammen:

$$A_{ges} = 2A \quad \rightarrow \quad \boxed{A_{ges} = 503\,\text{m}^2}. \tag{9.62}$$

9.7 Auslegung einer Filtrationsstufe mit vier parallelen Filtern[**]

▶ **Thema** Kuchenfiltration von Suspensionen

Für die Filtration von Bariumcarbonatpartikeln aus Wasser ($\eta = 10^{-3}\,\text{kg/(m·s)}$) sollen vier parallele gleich große Filternutschen eingesetzt werden. Es fallen $8\,\text{m}^3/\text{h}$ Klarfiltrat an. Der Feststoffvolumenanteil beträgt $10\,\%$. Experimentell wurden folgende Werte ermittelt: $B_K = 0{,}25 \cdot 10^{-13}\,\text{m}^2$, $\beta = 2 \cdot 10^8\,\text{m}^{-1}$ und $\varepsilon = 0{,}4$. Für den Filtervorgang steht eine Druckdifferenz von 3 bar zur Verfügung.

a) Bestimmen Sie die Filterfläche, die sich pro Nutsche ergibt, wenn die vier Nutschen ständig im Einsatz sind und jede Nutsche alle 30 min entleert werden soll (die Entleerungszeiten können vernachlässigt werden).

b) Die Filterfläche ist zusätzlich für den Fall zu ermitteln, dass die Filtrationsdauer auf eine Stunde verlängert wird.

c) Geben Sie die Filterkuchenhöhen an, die sich für a) und b) ergeben.

Lösung

Lösungsansatz:
Nutzung der Filtergleichung bei Betrieb mit konstantem Druckunterschied zur Bestimmung der Filterfläche.

Lösungsweg:
a) Für die Berechnung der benötigten Filterfläche steht Gl. (Lb 9.32) als Filtergleichung für einen konstanten Druckunterschied zwischen Suspensions- und Filtratseite zur Verfügung. Bezüglich der Filterfläche stellt Gl. (Lb 9.32) eine quadratische Gleichung dar:

$$A^2 - \frac{\eta \beta V_f(t)}{\Delta p t} A - \frac{\eta \alpha_V \chi_V V_f^2(t)}{2 \Delta p t} = 0. \tag{9.63}$$

Von den beiden Lösungen der Gleichung für A ist allein die nachstehende physikalisch sinnvoll:

$$A = \frac{\eta \beta V_f(t)}{2 \Delta p t} + \sqrt{\left(\frac{\eta \beta V_f(t)}{2 \Delta p t} \right)^2 + \frac{\eta \alpha_v \chi_V V_f^2(t)}{2 \Delta p t}}. \tag{9.64}$$

Zur Berechnung werden der volumenbezogene Filterkuchenwiderstand

$$\alpha_V = \frac{1}{B_K} \quad \rightarrow \quad \alpha_V = 4 \cdot 10^{13}\,\text{m}^{-2} \tag{9.65}$$

sowie das Volumenverhältnis χ_V benötigt. Zu dessen Berechnung wird das unbekannte Volumen des Filterkuchens benötigt, das über den gegebenen Lückengrad im Filterkuchen ermittelt werden kann:

$$\varepsilon = \frac{V_K(t) - V_P(t)}{V_K(t)} \quad \rightarrow \quad V_K(t) = \frac{V_P(t)}{1 - \varepsilon}. \tag{9.66}$$

Das Volumen des Feststoffes (Bariumkarbonat) im Filterkuchen V_P wird aus dem Feststoffvolumenanteil berechnet (Gl. (Lb 9.20)):

$$\varphi_V = \frac{V_P(t)}{V_P(t) + V_f(t)} \quad \rightarrow \quad V_P(t) = \frac{\varphi_V}{1 - \varphi_V} V_f(t). \tag{9.67}$$

Unter Verwendung von Gln. (9.66) und (9.67) resultiert das Volumenverhältnis χ_V:

$$\chi_V = \frac{V_K(t)}{V_f(t)} = \frac{V_P(t)}{V_f(t)(1 - \varepsilon)} = \frac{\varphi_V V_f(t)}{V_f(t)(1 - \varepsilon)(1 - \varphi_V)} = \frac{\varphi_V}{(1 - \varepsilon)(1 - \varphi_V)}$$

$$\rightarrow \quad \chi_V = 0{,}185. \tag{9.68}$$

Die benötigte Filterfläche pro Nutsche ergibt sich, wenn in Gl. (9.64) für die Zeit $t = 0{,}5\,\mathrm{h}$ eingesetzt wird. Das Filtratvolumen pro Nutsche beträgt in dieser Zeit $V_f = 1\,\mathrm{m}^3$, da bei vernachlässigbarer Entleerungsdauer und einer Filtrationszeit von 30 Minuten für einen Klärfiltratstrom von $8\,\mathrm{m}^3/\mathrm{h}$ jeder der vier Filter $2\,\mathrm{m}^3/\mathrm{h}$ Filtrationsleistung aufweisen muss. Es ergibt sich eine Filterfläche pro Nutsche von:

$$\boxed{A_{\mathrm{Nutsche}\,30\,\mathrm{min}} = 2{,}62\,\mathrm{m}^2}. \tag{9.69}$$

b) Bei einer Filtrationszeit von 1 h müssen entsprechend $V_f = 2\,\mathrm{m}^3$ pro Nutsche filtriert werden. Daraus folgt mit Gl. (9.64) eine Filterfläche pro Nutsche von:

$$\boxed{A_{\mathrm{Nutsche}\,1\,\mathrm{h}} = 3{,}70\,\mathrm{m}^2}. \tag{9.70}$$

c) Nach Gl. (Lb 9.28) berechnet sich die Kuchendicke gemäß:

$$H(t) = \chi_v \frac{V_f(t)}{A}. \tag{9.71}$$

Unter Einsetzen des jeweiligen Filtratvolumens und der zugehörigen Flächen aus den Aufgabenteil a) und b) ergeben sich folgende Kuchenhöhen:

$$\boxed{H_{30\,\mathrm{min}} = 70{,}7\,\mathrm{mm}} \quad \text{bzw.} \quad \boxed{H_{1\,\mathrm{h}} = 100\,\mathrm{mm}}. \tag{9.72}$$

9.8   Auslegung zweier parallel betriebener Rahmenfilterpressen[**]

▶   **Thema** Auslegung einer Filtrationsstufe

In einem chemischen Betrieb fallen stündlich $20\,\mathrm{m}^3$ Flüssigkeit ($\rho_f = 10^3\,\mathrm{kg/m}^3$; $\nu_f = 10^{-6}\,\mathrm{m}^2/\mathrm{s}$) mit einem Feststoffgehalt von 1 Vol.-% bzw. 2 Vol.-% an. Zur Filtration dieser Trübe sollen zwei Rahmenfilterpressen verwendet werden. Die maximale Kuchenhöhe $H_{\max}$ beträgt 30 mm. Die beiden Filter sollen so ausgelegt werden, dass eine Reinigung der Filter nach jeweils vier Stunden erfolgen muss. Der Feststoff ist ein Partikelgemisch, für das ein Sauterdurchmesser von 8,3 μm gemessen wurde. Der Lückengrad des Filterkuchens beträgt $\varepsilon = 0{,}25$.

a) Bestimmen Sie die notwendige Filterfläche für die beiden Trüben.
b) Berechnen Sie die erforderliche Druckdifferenz.

Hinweise:

1. Die Strömung im Filterkuchen ist laminar.
2. Die Bestimmung des Filterkuchenwiderstands α_V ist mit Hilfe der Ergun-Gleichung möglich.
3. Der Filtermediumwiderstand ist zu vernachlässigen.
4. Die treibende Druckdifferenz ist zeitlich konstant, sodass der Volumenstrom mit der Zeit abnimmt.

Lösung

Lösungsansatz:
Charakterisierung des Filterkuchens und Anwendung der Ergun-Gleichung.

Lösungsweg:
a) Die notwendige Filterfläche für die beiden Trüben ergibt sich aus den Verhältnissen der beiden Kuchenvolumina nach 4 Stunden zur gegebenen maximalen Kuchenhöhe:

$$A = \frac{V_K(t = 4\,\mathrm{h})}{H_{\max}}. \tag{9.73}$$

Das hierin unbekannte Volumen des Filterkuchens bestimmt sich über dessen Lückengrad zu:

$$\varepsilon = \frac{V_K(t) - V_s(t)}{V_K(t)} \quad \rightarrow \quad V_K(t) = \frac{V_s(t)}{1 - \varepsilon}. \tag{9.74}$$

Das Volumen des Feststoffs im Filterkuchen V_s resultiert aus dem Feststoffvolumenanteil in der Suspension (Gl. (Lb 9.20)):

$$\varphi_V = \frac{V_s(t)}{V_s(t) + V_f(t)} \quad \rightarrow \quad V_s(t) = \frac{\varphi_V}{1 - \varphi_V} V_f(t). \tag{9.75}$$

Nach Einsetzen der Gln. (9.74) und (9.75) in (9.73) folgt die erforderliche Filterfläche:

$$A = \frac{\varphi_V V_f(t = 4h)}{(1 - \varepsilon)(1 - \varphi_V)} \frac{1}{H_{\max}}. \tag{9.76}$$

Die gegebene maximale Kuchenhöhe $H_{\max}$ von 30 mm wird vor der Reinigung erreicht. Die Filtrationszeit soll vier Stunden betragen, sodass in dieser Zeit ein Filtratvolumen von 80 m^3 (4×20 m^3) anfällt. Für die beiden gegebenen Feststoffvolumenanteile (1 Vol.-% und 2 Vol.-%) in der Suspension ergeben sich die Filterflächen:

$$\boxed{A_{1\%} = 35{,}9\,\text{m}^2} \quad \text{und} \quad \boxed{A_{2\%} = 72{,}6\,\text{m}^2}. \tag{9.77}$$

b) Die für die Filtration erforderliche Druckdifferenz lässt sich gemäß Gl. (Lb 9.32) für eine Kuchenfiltration bei konstantem Druckunterschied zwischen Suspensions- und Filtratseite bestimmen über:

$$\Delta p = \frac{\eta \alpha_V \chi_V}{2 A^2 t} V_f^2(t) + \frac{\eta \beta}{At} V_f(t) = \text{konst.} \tag{9.78}$$

Da der Filtermediumwiderstand β gemäß Hinweis 3 vernachlässigt werden kann, folgt:

$$\Delta p = \frac{\eta \alpha_V \chi_V}{2 A^2 t} V_f^2(t). \tag{9.79}$$

Für die Berechnung muss zunächst der volumenbezogene Filterkuchenwiderstand α_V ermittelt werden. Gemäß Gl. (Lb 9.25) gilt:

$$\Delta p_K(t) = \frac{H(t)}{B_K} \eta \frac{\dot{V}_f(t)}{A} = \alpha_V H(t) \eta \frac{\dot{V}_f(t)}{A}. \tag{9.80}$$

Der Kuchendruckverlust lässt sich auch mit der Beziehung für Festbetten (Gl. (Lb 8.13)) berechnen:

$$\Delta p_K(t) = \zeta \frac{1 - \varepsilon}{\varepsilon^3} \frac{H(t)}{d_{32}} \rho \left[\frac{\dot{V}_f(t)}{A} \right]^2. \tag{9.81}$$

Der Widerstandsbeiwert ergibt sich nach der Ergun-Gleichung (Gl. (Lb 8.17)), die für eine laminare Strömung folgende Gestalt annimmt:

$$\zeta = \frac{150}{Re} = \frac{150 \eta (1 - \varepsilon)}{\rho \left[\frac{\dot{V}_f(t)}{A} \right] d_{32}}. \tag{9.82}$$

Eingesetzt in Gl. (9.81) resultiert der Kuchendruckverlust:

$$\Delta p_K(t) = 150 \frac{(1-\varepsilon)^2}{\varepsilon^3} \frac{1}{d_{32}^2} H(t) \eta \frac{\dot{V}_f(t)}{A}. \tag{9.83}$$

Aus dem Vergleich mit Gl. (9.80) folgt für den volumenbezogenen Filterkuchenwiderstand α_V:

$$\alpha_V = 150 \frac{(1-\varepsilon)^2}{\varepsilon^3} \frac{1}{d_{32}^2} \quad \to \quad \alpha_V = 7,84 \cdot 10^{13} \, \text{m}^{-2}. \tag{9.84}$$

Das Volumenverhältnis χ_V berechnet sich mit den Gln. (9.74) und (9.75) zu:

$$\chi_V = \frac{V_K(t)}{V_f(t)} = \text{konst.} \quad \to \quad \chi_V = \frac{\varphi_V}{(1-\varepsilon)(1-\varphi_V)}. \tag{9.85}$$

Damit lassen sich mit Gl. (9.79) die erforderlichen Druckdifferenzen bestimmen:

$$\Delta p = \frac{\eta \alpha_V \chi_V}{2A^2 t} V_f^2(t) = \frac{\eta \alpha_V}{2t} \frac{\varphi_V}{(1-\varepsilon)(1-\varphi_V)} \left[\frac{\varphi_V V_f(t)}{(1-\varepsilon)(1-\varphi_V)} \frac{1}{H(t)} \right]^{-2} V_f^2(t)$$

$$\to \quad \Delta p = \frac{\eta \alpha_V}{2t} \frac{(1-\varepsilon)(1-\varphi_V)}{\varphi_V} [H(t)]^2. \tag{9.86}$$

Für die beiden Trüben, eine Filtrationsdauer von 4 h und eine maximale Kuchenhöhe H_{max} ergibt sich:

$$\boxed{\Delta p_{1\%} = 1,82 \, \text{bar}} \quad \text{und} \quad \boxed{\Delta p_{2\%} = 0,90 \, \text{bar}}. \tag{9.87}$$

Wie Gl. (9.86) zeigt, besteht bei dem geringen Feststoffvolumenanteil eine umgekehrte Proportionalität von Druckdifferenz und Feststoffvolumenanteil. Aufgrund der etwa doppelt so großen Filterfläche (Gl. (9.77)) für die konzentriertere Trübe ergibt sich eine nur halb so große Durchströmungsgeschwindigkeit. Wie Gl. (9.82) zeigt, hängt die Druckdifferenz bei laminarer Durchströmung linear von der Strömungsgeschwindigkeit ab.

9.9 Massenbilanz eines Membranmoduls, Rückhalt und Selektivität[*]

▶ **Thema** Druckgetriebene Membranverfahren

Einem feedseitig vollständig vermischten Modul wird eine wässrige Feed-Lösung mit $5 \, \text{m}^3/\text{h}$ und einer Konzentration von $10 \, \text{g/L}$ einer gelösten Komponente A zugeführt. Das Retentat weist eine Konzentration von $46 \, \text{g/L}$ und einen Volumenstrom von $1 \, \text{m}^3/\text{h}$ auf.

a) Berechnen Sie das Verhältnis von Permeat- zu Feedvolumenstrom.

b) Bestimmen Sie das Rückhaltevermögen sowie die Selektivität der Membran.

Hinweise:

1. Rückhalt und Selektivität können mit den Massenkonzentrationen bestimmt werden.
2. Die Lösungen können als Zweistoffgemisch (A und W) behandelt werden, dessen Dichte ρ mit $1000\,\text{kg/m}^3$ konstant ist und derjenigen von Wasser entspricht.

Lösung

Lösungsansatz:
Erstellung einer Massenbilanz und Anwendung der betreffenden Definitionen.

Lösungsweg:
a) Zur Bestimmung des Permeatvolumenstroms wird eine Massenbilanz um das Membranmodul aufgestellt:

$$\dot{M}_F = \dot{M}_R + \dot{M}_P. \tag{9.88}$$

Unter Annahme konstanter Dichten ergibt sich ein Permeatvolumenstrom von:

$$\dot{V}_P = \dot{V}_F - \dot{V}_R \quad \rightarrow \quad \frac{\dot{V}_P}{\dot{V}_F} = 1 - \frac{\dot{V}_R}{\dot{V}_F} \quad \rightarrow \quad \boxed{\frac{\dot{V}_P}{\dot{V}_F} = 0{,}8}. \tag{9.89}$$

b) Zunächst muss die Permeatkonzentration über eine Massenbilanz der Komponente A bestimmt werden:

$$\dot{V}_F \rho_{AF} = \dot{V}_R \rho_{AR} + \dot{V}_P \rho_{AP} \quad \rightarrow \quad \dot{V}_F \rho_{AF} = \dot{V}_R \rho_{AR} + \left(\dot{V}_F - \dot{V}_R \right) \rho_{AP}$$

$$\rightarrow \quad \rho_{AP} = \frac{\dot{V}_F \rho_{AF} - \dot{V}_R \rho_{AR}}{\dot{V}_F - \dot{V}_R}. \tag{9.90}$$

Der Rückhalt einer Membran ist nach Gl. (Lb 9.39) über den Unterschied der Massenkonzentrationen der Komponente A in Feed- und Permeatstrom definiert:

$$R_A \equiv \frac{\rho_{AF} - \rho_{AP}}{\rho_{AF}}. \tag{9.91}$$

Mit Gl. (9.90) ergibt sich damit:

$$R_A = 1 - \frac{\dot{V}_F \rho_{AF} - \dot{V}_R \rho_{AR}}{\rho_{AF} \left(\dot{V}_F - \dot{V}_R \right)} = \frac{\dot{V}_R \left(\rho_{AR} - \rho_{AF} \right)}{\rho_{AF} \left(\dot{V}_F - \dot{V}_R \right)} \quad \rightarrow \quad \boxed{R_A = 0{,}9}. \tag{9.92}$$

Die Selektivität ist nach Gl. (Lb 9.40) definiert als:

$$S_{A,W} = \frac{\rho_{AP} / \rho_{WP}}{\rho_{AF} / \rho_{WF}}. \tag{9.93}$$

Die Selektivität beschreibt die Fähigkeit einer Membran, Komponenten voneinander zu trennen. Die Selektivität der hier genutzten Membran berechnet sich zu:

$$S_{A,W} = \frac{\rho_{AP} / (\rho - \rho_{AP})}{\rho_{AF} / (\rho - \rho_{AF})} \quad \rightarrow \quad \boxed{S_{A,W} = 0{,}0991}. \tag{9.94}$$

9.10   Membranwiderstand bei der Mikrofiltration von Bier[*]

▶   **Thema** Grundlegende Theorie zu Membranverfahren

Statt Restbier und Geläger nach dem Abpressen der Hefe zu verwerfen, wird in einer Brauerei durch Mikrofiltration des Hefe-Bier-Gemisches ein verschneidfähiges Bier zurückgewonnen. Das Hefekonzentrat wird als Futtermittel verwendet. Der zeitliche Verlauf des Permeatflusses der quer überströmten Mikrofiltrationsmembran bei einer konstanten Druckdifferenz von 1 bar ist in Tab. 9.6 aufgeführt.

a) Berechnen Sie den Membranwiderstand R_M.
b) Berechnen Sie den Widerstand der Deckschicht R_D und den Gesamtwiderstand R_{ges} als Summe aus Deckschicht- und Membranwiderstand zu den angegebenen Zeitpunkten.
c) Skizzieren Sie den Verlauf der Widerstände R_M, R_D und R_{ges} in einem Diagramm.
d) Erläutern Sie, warum der Widerstand R_D auf einen stationären Endwert zustrebt. Schlagen Sie eine Möglichkeit vor, um den Permeatfluss zu erhöhen.

Hinweis:

Für Bier kann näherungsweise die Viskosität von Wasser angenommen werden: $\eta_W = 1{,}0 \cdot 10^{-3}$ Pa·s.

Lösung

Lösungsansatz:
Nutzung des Zusammenhangs zwischen Durchsatz, Druckverlust und Membran- sowie Deckschichtwiderstand.

Tab. 9.6 Zeitliche Entwicklung des Permeatflusses

Zeit t [h]	0	1	3	5	7
Permeatfluss J_P [L/m²·h]	125	75	50	47	45

Tab. 9.7 Zeitliche Entwicklung des Gesamt- und des Deckschichtwiderstands

Zeit t [d]	Permeatfluss J_P [L/(m²·h)]	Gesamtwiderstand R_{ges} [$10^{12}\,m^{-1}$]	Deckschichtwiderstand R_D [$10^{12}\,m^{-1}$]
0	125	2,88	0,00
1	75	4,80	1,92
3	50	7,20	4,32
5	47	7,66	4,78
7	45	8,00	5,12

Lösungsweg:

a) Die Widerstände können mit Hilfe von Gl. (Lb 9.44) bestimmt werden:

$$R = \frac{\Delta p}{\eta_W \, J_P}. \tag{9.95}$$

Der Membranwiderstand ergibt sich, wenn der Fluss für den Zeitpunkt $t = 0$ eingesetzt wird. Zu diesem Zeitpunkt existiert noch keine Deckschicht und der Widerstand wird allein durch die Membran verursacht. Somit berechnet sich der Membranwiderstand R_M zu:

$$\boxed{R_M = 2,88 \cdot 10^{12} \, \frac{1}{m}}. \tag{9.96}$$

b) Der Gesamtwiderstand R_{ges} ergibt sich analog aus Gl. (9.95) für alle Zeitpunkte größer $t > 0$:

$$R_{ges} = \frac{\Delta p}{\eta_W \, J_P}. \tag{9.97}$$

Unter der Annahme, dass sich der Membranwiderstand nicht ändert, ergibt sich der Deckschichtwiderstand R_D durch Subtraktion des Membranwiderstands R_M vom Gesamtwiderstand R_{ges}:

$$R_D = R_{ges} - R_M. \tag{9.98}$$

Die Ergebnisse der verschiedenen Widerstände sind in Tab. 9.7 aufgeführt.

c) Die Ergebnisse der Widerstände werden in Abb. 9.4 dargestellt.

d) Der maximale Deckschichtwiderstand R_D ergibt sich durch einen stationären Zustand, in welchem sich die Dicke der Deckschicht nicht mehr ändert. Im stationären Zustand ist der Massenstrom der an die Deckschicht transportierten Teilchen genauso groß wie der Massenstrom der von der Deckschicht abtransportierten Teilchen. Bei quer angeströmten Membranen kann der Permeatfluss durch die Anströmgeschwindigkeit beeinflusst werden, da diese einen großen Einfluss auf die Scherkräfte an der Deckschicht besitzt.

Abb. 9.4 Entwicklung der
Widerstände über die Zeit

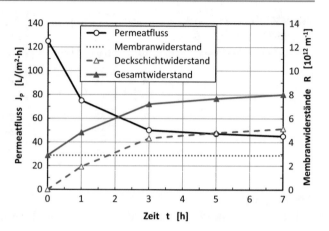

9.11 Auslegung eines Nanofiltrationsverfahrens (angelehnt an [3])**

▶ **Thema** Grundlegende Theorie zu Membranverfahren

Ein Abwasserstrom von $1\,m^3/h$, der $1\,g/L$ einer organischen Komponente J enthält, soll
mittels Nanofiltration bis auf $< 1\,mg/L$ dieser Komponente gereinigt werden. In Pilotver-
suchen wurde ein massenbezogener Rückhalt von $99,9\,\%$ und die in Abb. 9.5 dargestellte
Trenncharakteristik ermittelt.

Aus ökonomischen Gründen soll ein Fluss von $50\,L/(m^2h)$ nicht unterschritten und
die anfallende Retentatmenge minimiert werden. Die Dichte der Flüssigkeitsströme sei
annähernd gleich der Wasserdichte von $1000\,kg/m^3$. Für die Trennung soll die in Abb. 9.6
dargestellte zweistufige Anlage dimensioniert werden.

Abb. 9.5 Trenncharakteristik
(aus [3])

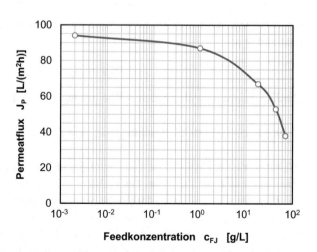

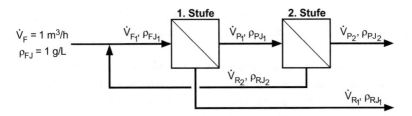

Abb. 9.6 Zweistufige Nanofiltrationsanlage

a) Weisen Sie nach, dass mehr als eine Trennstufe erforderlich ist.
b) Berechnen Sie den Flächenbedarf in jeder Stufe.

Hinweise:

1. Stellen Sie eine Massenbilanz unter der Annahme auf, dass der gesamte Massenstrom der organischen Komponente in das Konzentrat gehen soll.
2. Die Feedseite ist vollständig vermischt und weist daher überall die Retentatkonzentration auf.

Lösung

Lösungsansatz:
Anwendung der experimentell ermittelten Trenncharakteristik (Abb. 9.5) und Stoffbilanzen

Lösungsweg
a) Im Fall einer einstufigen Anlage ergibt sich für die Komponentenbilanz:

$$\dot{V}_F \rho_{FJ} = \dot{V}_P \rho_{PJ} + \dot{V}_R \rho_{RJ} \approx \dot{V}_R \rho_{RJ}. \tag{9.99}$$

Gemäß Hinweis 1 kann in dieser Bilanz ρ_{PJ} vernachlässigt werden. Um wie gefordert die Retentatmenge zu minimieren, muss ρ_{RJ} maximiert werden. Aus der Trenncharakteristik (Abb. 9.5) folgt für den Mindestpermeatfluss J_P von $50\,\text{L/m}^2\text{h}$ eine maximale Konzentration auf der Feedseite, die der Retentatkonzentration entspricht, ein maximaler Wert von $\rho_{JR_{max}} = 50\,\text{g/L}$. Mit dem gemessenen Rückhalt von $99{,}9\,\%$ lässt sich mit der Definitionsgleichung des Rückhalts (Gl. (Lb 9.39)) die zugehörige Permeatkonzentration ρ_{PJ} bestimmen:

$$R_J = 1 - \frac{\rho_{PJ}}{\rho_{RJ_{max}}} \quad \rightarrow \quad \rho_{PJ} = (1 - R_J)\,\rho_{RJ_{max}} \quad \rightarrow \quad \rho_{PJ} = 50\,\frac{\text{mg}}{\text{L}}. \tag{9.100}$$

Diese Konzentration überschreitet die angestrebte Permeatkonzentration um den Faktor 50. Demzufolge ist eine einzige Trennstufe nicht ausreichend.

b) Für die Flächenbestimmung müssen die beiden Permeatvolumenströme und die zugehörigen Retentatkonzentrationen über Bilanzen bzw. die Rückhalte bestimmt werden. In a) wurde die Retentatkonzentration ρ_{RJ_1} bereits bestimmt, da der Mindestfluss von $50\,\text{L/(m}^2\cdot\text{h)}$ über die Trenncharakteristik (s. Abb. 9.5) eine maximale Retentatkonzentration $\rho_{JR_{\text{max}}}$ von $50\,\text{g/L}$ festlegt. Für das Gesamtverfahren ergibt sich die Massenbilanz ($\rho = \text{konst.}$)

$$\dot{V}_F = \dot{V}_{R_1} + \dot{V}_{P_2} \tag{9.101}$$

sowie die Komponentenbilanz (gemäß Hinweis 1 verbleibt die Gesamtmenge der Komponente J im Retentat):

$$\dot{V}_F \rho_{FJ} = \dot{V}_{R_1} \rho_{RJ_1} = \dot{V}_{R_1} \rho_{RJ_{\text{max}}}. \tag{9.102}$$

Hieraus folgt für den Retentatvolumenstrom $\dot{V}_{R_1}$ der 1. Stufe

$$\dot{V}_{R_1} = \dot{V}_F \frac{\rho_{FJ}}{\rho_{RJ_1}} \quad \rightarrow \quad \dot{V}_{R_1} = 0{,}02 \, \frac{\text{m}^3}{\text{h}} \tag{9.103}$$

sowie den Permeatvolumenstrom $\dot{V}_{P_2}$ der 2. Stufe:

$$\dot{V}_{P_2} = 0{,}98 \, \frac{\text{m}^3}{\text{h}}. \tag{9.104}$$

Für die Bestimmung der fehlenden Volumenströme und Konzentrationen stehen sechs Gleichungen zur Verfügung. Diese resultieren aus den Massenbilanzen der beiden Stufen

$$\dot{V}_F + \dot{V}_{R_2} = \dot{V}_{F_1} \quad \text{und} \quad \dot{V}_{P_1} = \dot{V}_{P2} + \dot{V}_{R_2}, \tag{9.105}$$

den zugehörigen Komponentenbilanzen

$$\dot{V}_F \rho_{FJ} + \dot{V}_{R_2} \rho_{RJ_2} = \dot{V}_{F_1} \rho_{FJ_1} \quad \text{und} \quad \dot{V}_{P_1} \rho_{PJ_1} = \dot{V}_{R_2} \rho_{RJ_2} \tag{9.106}$$

sowie den Rückhalten in beiden Stufen:

$$R_{J_1} = 1 - \frac{\rho_{PJ_1}}{\rho_{RJ_1}} \quad \text{und} \quad R_{J_2} = 1 - \frac{\rho_{PJ_2}}{\rho_{RJ_2}}. \tag{9.107}$$

Aus den beiden letzten Gleichungen ergeben sich die Konzentrationen:

$$\rho_{PJ_1} = \left(1 - R_{J_1}\right) \rho_{RJ_1} \quad \rightarrow \quad \rho_{PJ_1} = 50 \, \frac{\text{mg}}{\text{L}} \quad \text{sowie}$$

$$\rho_{RJ_2} = \frac{\rho_{PJ_2}}{1 - R_{J_2}} \quad \rightarrow \quad \rho_{RJ_2} = 1 \, \frac{\text{g}}{\text{L}}. \tag{9.108}$$

Aus der Komponentenbilanz der 2. Stufe und der Gesamtbilanz der 1. Stufe lässt sich der Permeatvolumenstrom der 1. Stufe bestimmen:

$$\dot{V}_{P_1} = \dot{V}_{P_2} + \dot{V}_{R_2} = \dot{V}_{P_2} + \frac{\dot{V}_{P_1} \rho_{P J_1}}{\rho_{R J_2}} \quad \rightarrow \quad \dot{V}_{P_1} = \dot{V}_{P_2} \left(\frac{\rho_{R J_2}}{\rho_{R J_2} - \rho_{P J_1}} \right)$$

$$\rightarrow \quad \dot{V}_{P_1} = 1{,}032 \, \frac{m^3}{h}. \tag{9.109}$$

Aus der Trenncharakteristik folgt für die Retentatkonzentrationen der beiden Stufen der Fluss:

1. Stufe: $\rho_{R J_1} = 50\,g/m^3 \quad \rightarrow \quad J_{P_1} = 50\,L/(m^2 h)$
2. Stufe: $\rho_{R J_2} = 1\,g/m^3 \quad \rightarrow \quad J_{P_2} = 87\,L/(m^2 h)$

Hiermit berechnen sich die Flächen für die beiden Membranstufen:

$$A_i = \frac{\dot{V}_{P_i}}{J_i} \quad \rightarrow \quad \boxed{A_1 = 20{,}6\,m^2} \quad \text{und} \quad \boxed{A_2 = 11{,}3\,m^2}. \tag{9.110}$$

9.12 Reinigung von Brackwasser mittels Umkehrosmose [4]**

▶ **Thema** Umkehrosmose

Ein Landwirt will Prozesswasser aus Brackwasser mit einer einstufigen Umkehrosmose-Anlage bei 20 °C gewinnen. Das Brackwasser enthält 3000 ppm Salz (NaCl) und die geforderte Wasserqualität liegt bei <250 ppm im Prozesswasser. Der geforderte Permeatvolumenstrom beträgt 10 m³/h. Vier verschiedene Module mit den in Tab. 9.8 aufgelisteten charakteristischen Messdaten stehen zur Verfügung.

Dabei wurde der Fluss jeweils für eine Konzentration von 3000 ppm Salz (NaCl) und einer Druckdifferenz von 28 bar ermittelt.

Als Permeatausbeute, dies ist das Verhältnis von Permeat- zu Feedvolumenstrom, sollen 75 % des Feedvolumenstroms erreicht werden. Die Druckdifferenz im Betrieb der

Tab. 9.8 Charakteristische Messdaten von vier getesteten Modulen

Membran	Rückhaltevermögen [%]	Permeatvolumenstrom pro Modul [L/h]
A	90	480
B	95	320
C	97	200
D	98	80

Anlage beträgt 42 bar. Zur Berechnung des osmotischen Drucks der Salzlösung kann die van't Hoff'sche Gleichung

$$\pi = 2\, c_{\text{NaCl}} R T \tag{9.111}$$

verwendet werden. Die dynamische Viskosität von Wasser beträgt $\eta_W = 1{,}003 \cdot 10^{-3}$ Pa·s und das Molekulargewicht von NaCl 58,5 g/mol.

Für den Prozess sind die geeignete Membran auszuwählen und die Anzahl der erforderlichen Module zu bestimmen.

Annahmen:

1. Aufgrund einer internen Zirkulation ist die Feedseite in den Modulen vollständig vermischt und weist überall die Retentatkonzentration auf.
2. Vereinfachend wird angenommen, dass der Rückhalt im betrachteten Konzentrationsbereich unabhängig von der Feedkonzentration ist.
3. Die Dichten der flüssigen Phasen sind annähernd konstant.
4. Aufgrund der niedrigen Konzentrationen kann der Rückhalt statt mit den Molanteilen mit den Massenkonzentrationen berechnet werden.

Lösung

Lösungsansatz:
Bestimmung des nötigen Rückhalts auf Basis einer Massenbilanz unter Berücksichtigung des osmotischen Drucks.

Lösungsweg:
Die Massenbilanz für die Trennstufe lautet:

$$\dot{V}_F \rho_F = \dot{V}_P \rho_P + \dot{V}_R \rho_R. \tag{9.112}$$

Mit den Angaben zur Permeatausbeute folgt für die Retentatkonzentration:

$$\rho_R = \frac{\dot{V}_F \rho_F - \dot{V}_P \rho_P}{\dot{V}_R} = \frac{\rho_F - 0{,}75 \rho_P}{0{,}25} = 4\rho_F - 3\rho_P = 11{,}3\,\frac{\text{g}}{\text{L}}. \tag{9.113}$$

Hieraus ergibt sich der zur Dimensionierung des Trennverfahrens benötigte Rückhalt von NaCl nach Gl. (Lb 9.39). Gemäß Hinweis 4 können statt den Molanteilen die Massenanteile zur Berechnung des Rückhalts verwendet werden:

$$R_{\text{NaCl}} = \frac{x_{\text{NaCl}_R} - x_{\text{NaCl}_P}}{x_{\text{NaCl}_R}} \approx 1 - \frac{\rho_{\text{NaCl}_P}}{\rho_{\text{NaCl}_R}} = 97{,}8\,\%. \tag{9.114}$$

Aufgrund des geforderten Rückhalts für NaCl kann allein das Modul D verwendet werden. Für diese Membranen kann mit Hilfe von Gl. (Lb 9.44) der Membranwiderstand R_M aus den gegebenen Testdaten bestimmt werden. Dabei ist die Reduktion der treibenden Druckdifferenz durch den osmotischen Druck zu berücksichtigen. Die Permeatkonzentration ergibt sich aus dem in Tab. 9.8 für Modul D im Test ermittelten Rückhalt von 98 %:

$$R_{\text{Test}} = \frac{x_{\text{NaCl}_F} - x_{\text{NaCl}_P}}{x_{\text{NaCl}_F}} \approx 1 - \frac{\rho_{\text{NaCl}_P}}{\rho_{\text{NaCl}_F}}$$

$$\rightarrow \quad \rho_{\text{NaCl}_P} = \rho_{\text{NaCl}_F} \left(1 - R_{\text{Test}}\right) = 60\,\text{ppm.} \tag{9.115}$$

Der Unterschied des osmotischen Drucks berechnet sich unter Nutzung von Gl. (9.111):

$$\pi = 2\,c_{\text{NaCl}} RT = 2\frac{\rho_{\text{NaCl}}}{\tilde{M}_{\text{NaCl}}} RT$$

$$\rightarrow \quad \pi_{\text{NaCl}}(3000\,\text{ppm}) = 2{,}5\,\text{bar} \quad \text{und} \quad \pi_{\text{NaCl}}(60\,\text{ppm}) = 0{,}05\,\text{bar}$$

$$\rightarrow \quad \Delta\pi_{\text{Test}} = \pi_{\text{NaCl}}(3000\,\text{ppm}) - \pi_{\text{NaCl}}(60\,\text{ppm}) = 2{,}45\,\text{bar} \tag{9.116}$$

Damit ergibt sich ein flächenbezogener Membranwiderstand von:

$$\frac{R_D}{A} = \frac{\Delta p_{\text{Test}} - \Delta\pi_{\text{Test}}}{\eta_W \dot{V}_{P_{\text{Modul}}}} = 1{,}15 \cdot 10^{14}\,\text{m}^{-3}. \tag{9.117}$$

Unter Betriebsbedingungen beträgt die osmotische Druckdifferenz:

$$\pi_{\text{NaCl}} \left(11{,}3\,\frac{\text{g}}{\text{L}}\right) = 9{,}37\,\text{bar} \quad \text{und} \quad \pi_{\text{NaCl}}(250\,\text{ppm}) = 0{,}208\,\text{bar}$$

$$\rightarrow \quad \Delta\pi_{\text{Betrieb}} = 9{,}17\,\text{bar} \tag{9.118}$$

Unter der Annahme, dass sich der Widerstand durch eine Druckerhöhung nicht ändert, ergibt sich der Permeatvolumenstrom pro Modul für die Membran D mit dem berechneten Widerstand:

$$\dot{V}_{P_{\text{Betrieb}}} = \frac{\Delta p_{\text{Betrieb}} - \Delta\pi_{\text{Betrieb}}}{\eta_W \frac{R_D}{A}} \quad \rightarrow \quad \dot{V}_{P_{\text{Betrieb}}} = 103\,\frac{\text{L}}{\text{h}}. \tag{9.119}$$

Bei einer geforderten Kapazität von $10\,\text{m}^3/\text{h}$ Permeat ergibt sich die Anzahl der benötigten Module:

$$N_{\text{Module}} = \frac{\dot{V}_P}{\dot{V}_{P_{\text{Betrieb}}}} \quad \rightarrow \quad \boxed{N_{\text{Module}} = 98}. \tag{9.120}$$

Literatur

1. Bockhardt HD, Güntzschel P, Poetschukat A (1993) Aufgabensammlung zur Verfahrenstechnik für Ingenieure, 3. Aufl. Dt Verlag für Grundstoffindustrie, Leipzig, Stuttgart

2. Draxler J, Siebenhofer M (2014) Verfahrenstechnik an Beispielen. Springer Vieweg, Wiesbaden
3. Drews A, Klahm T, Renk B, Saygili M, Baumgarten G, Kraume M (2003) Reinigung jodhaltiger Spülwässer aus der Röntgenkontrastmittelproduktion mittels Nanofiltration: Prozessgestaltung und Modellierung. Chem Ing Tech 75:441–447
4. Mulder M (1997) Basic principles of membrane technology. Kluwer Academic Publishers, Dordrecht
5. Stieß M (1994) Mechanische Verfahrenstechnik, 2. Aufl. Springer, Berlin Heidelberg New York

Thermische Trocknung fester Stoffe

10

Zentraler Inhalt des Kapitels ist die Anwendung der erforderlichen Kenntnisse und Methoden zur Auswahl und Dimensionierung thermischer Trockner. Dies umfasst physikalische Eigenschaften des feuchten Guts und des feuchten Gases. Unter Verwendung des Mollier-Diagramms werden Trocknungsvorgänge verfolgt und quantitativ bewertet. Der Zeitbedarf für die Trocknung wird durch die Kinetik der parallel ablaufenden Energie- und Stofftransportprozesse bestimmt. Einige häufig eingesetzte Trocknerbauarten werden für unterschiedliche Anwendungsfälle ausgelegt.

10.1 Beharrungstemperatur eines feuchten Gutes geringen Volumens[*]

▶ **Thema** Beharrungstemperatur

Über ein nasses Gut strömt eine im Verhältnis zur Feuchtigkeitsaufnahme große Luftmenge. Es soll sich um vollkommen trockene Luft von 60 °C handeln. Der Strömungszustand ist turbulent mit laminarer Unterschicht. Der Gesamtdruck p_{ges} beträgt 1 bar.

Bestimmen Sie die Oberflächentemperatur des nassen Gutes.

Gegeben (Stoffdaten gemittelt über den relevanten Temperaturbereich, wenn nicht anders angegeben):

Molekulargewicht der Luft	$\tilde{M}_L$	$= 28{,}97\,\text{kg/kmol}$
Molekulargewicht des Dampfes	$\tilde{M}_D$	$= 18{,}02\,\text{kg/kmol}$
Allgemeine Gaskonstante	R	$= 8{,}314\,\text{kJ/(kmol·K)}$

Elektronisches Zusatzmaterial Die Online-Version dieses Kapitels (https://doi.org/10.1007/978-3-662-60393-2_10) enthält Zusatzmaterial, das für autorisierte Nutzer zugänglich ist.

© Springer-Verlag GmbH Deutschland, ein Teil von Springer Nature 2020
M. Kraume, *Transportvorgänge in der Verfahrenstechnik*,
https://doi.org/10.1007/978-3-662-60393-2_10

Spezifische Wärmekapazität der Luft	c_{pL}	$= 1{,}007\,\mathrm{kJ/(kg{\cdot}K)}$
Verdampfungsenthalpie	Δh_v	$= 2450\,\mathrm{kJ/kg}$
Temperaturleitfähigkeit der Luft	a	$= 2{,}68 \cdot 10^{-5}\,\mathrm{m^2/s}$
Diffusionskoeffizient Dampf in Luft ($0\,^{\circ}\mathrm{C}$)	$D_{D/\mathrm{Luft}}$	$= 2{,}16 \cdot 10^{-5}\,\mathrm{m^2/s}$

Hinweise:

1. Der Diffusionskoeffizient $D_{D/\mathrm{Luft}}$ ist geeignet für die Temperatur von $60\,^{\circ}\mathrm{C}$ abzuschätzen.
2. Luft kann als ideales Gas behandelt werden.
3. Der Sättigungsdampfdruck des Wassers p_S kann mit Hilfe der Antoine-Gleichung (Lb 1.140) bestimmt werden:

$$\ln p_S = A - \frac{B}{T + C}. \tag{10.1}$$

T in K, p_{SD} in mbar, $A = 18{,}5910$, $B = 3816{,}44$, $C = -46{,}13$

Lösung

Lösungsansatz:
Bilanzierung des gekoppelten Energie- und Stofftransports.

Lösungsweg:
Für den Fall einer laminaren Grenzschicht liefert der Zusammenhang zwischen Energie- und Stofftransport die Beziehung für die Beharrungstemperatur (Gl. (Lb 10.18)), in der eine relative Luftfeuchte von null berücksichtigt ist:

$$\vartheta_B = \vartheta_L - \frac{p_S(\vartheta_B)}{c_{pL}\rho_L Le^{1-n}\left(1 - \frac{(p_D)_m}{p_{\mathrm{ges}}}\right)} \frac{\Delta h_v}{RT/\tilde{M}_D}. \tag{10.2}$$

Mit dem gemittelten Wasserdampfpartialdruck $(p_D)_m$

$$(p_D)_m = \frac{p_S(\vartheta_B) + p_D}{2} = \frac{p_S(\vartheta_B)}{2} \tag{10.3}$$

folgt:

$$\vartheta_B = \vartheta_L - \frac{p_S(\vartheta_B)}{c_{pL}\rho_L Le^{1-n}\left(1 - \frac{p_S(\vartheta_B)}{2p_{\mathrm{ges}}}\right)} \frac{\Delta h_v}{RT/\tilde{M}_D}$$

$$= \vartheta_L - \frac{p_S(\vartheta_B)}{c_{pL}\rho_L Le^{2/3}\left(1 - \frac{p_S(\vartheta_B)}{2p_{\mathrm{ges}}}\right)} \frac{\Delta h_v}{RT/\tilde{M}_D}. \tag{10.4}$$

Im Fall der turbulenten Strömung des Trocknungsmittels mit laminarer Grenzschicht gilt $n = 1/3$.

Zur Berechnung der Lewiszahl muss der Diffusionskoeffizient $D_{D/\text{Luft}}$ für $60\,°\text{C}$ bestimmt werden. Diffusionskoeffizienten von Gasen steigen üblicherweise mit der Potenz 3/2 der absoluten Temperatur an (s. z. B. Gl. (Lb 1.22)):

$$D_{D/\text{Luft}}(60\,°\text{C}) = D_{D/\text{Luft}}(0\,°\text{C}) \left(\frac{273{,}15 + 60}{273{,}15} \right)^{1,5} = 2{,}91 \cdot 10^{-5}\, \frac{\text{m}^2}{\text{s}}. \qquad (10.5)$$

Hieraus ergibt sich die Lewiszahl:

$$Le = \frac{a}{D_{D/\text{Luft}}(60\,°\text{C})} = 0{,}921. \qquad (10.6)$$

Die Dichte der Luft ergibt sich mit dem idealen Gasgesetz:

$$\rho_L = \frac{N\tilde{M}_L}{V} = \frac{p_{\text{ges}}\tilde{M}_L}{RT}. \qquad (10.7)$$

Eingesetzt in Gl. (10.4) resultiert:

$$\vartheta_B = \vartheta_L - \frac{p_S(\vartheta_B)}{\left(p_{\text{ges}} - \frac{p_S(\vartheta_B)}{2} \right)} \frac{\Delta h_v}{c_{pL} Le^{2/3}} \frac{\tilde{M}_D}{\tilde{M}_L}. \qquad (10.8)$$

Unter Verwendung der Antoine-Gleichung für die Berechnung von $p_{SD}(\vartheta_B)$ ergibt sich hieraus iterativ z. B. unter Verwendung der Zielwertsuche in Excel:

$$\boxed{\vartheta_B = 20{,}8\,°\text{C}}. \qquad (10.9)$$

Diese Temperatur hätte näherungsweise auch mittels Abb. Lb 10.7 bestimmt werden können.

10.2 Verdunstung eines Oktantropfens im Fallstromvergaser [1]***

▶ **Thema** Beharrungstemperatur

Bei einem Ottomotor wird dem „Vergaser" Benzin zugeführt, das in der Gemischbildungseinrichtung (Vergaser und Saugleitung) teils als Film und Rinnsal an die Wand gelangt, teils in Tropfen mit einer breiten Tropfengrößenverteilung in den Luftstrom zerstäubt wird. Die kleinsten Tröpfchen besitzen einen Durchmesser von etwa $d_{\text{anf}} = 30\,\mu\text{m}$, weisen daher die größte volumenbezogene Phasengrenzfläche und demzufolge die größte

Abb. 10.1 Prinzipskizze eines
Fallstromvergasers

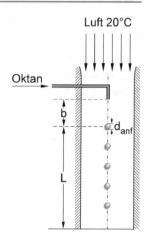

spezifische Verdunstungsrate auf. Die Abb. 10.1 zeigt die Prinzipskizze eines Fallstromvergasers, in dem Oktan (als repräsentative Benzinkomponente) zugeführt wird. Luft von 1 bar und 20 °C strömt an der Düsenspitze vorbei und anschließend mit einer mittleren Geschwindigkeit von $w = 20\,\mathrm{m/s}$ durch die Gemischbildungseinrichtung. Die kleinsten Tropfen werden auf einer sehr kurzen Strecke b auf die Luftgeschwindigkeit w beschleunigt. Aufgrund der geringen Partikelgröße geht die Relativgeschwindigkeit zwischen den Tröpfchen und der Luft gegen null. Daher erfolgen sowohl die Verdunstung als auch der Energietransport an den Tropfen ausschließlich durch molekularen Transport.

a) Berechnen Sie die Beharrungstemperatur der Oktantropfen
b) Bestimmen Sie den Anteil des Tropfenvolumens, der auf einer Strecke $L = 0,4\,\mathrm{m}$
   verdunstet.

Gegeben (Stoffdaten gemittelt über den relevanten Temperaturbereich):

Diffusionskoeffizient Oktan in Luft	$D_{\mathrm{Oktan/Luft}}$	$= 7,8 \cdot 10^{-6}\,\mathrm{m^2/s}$
Molekulargewicht Oktan	$\tilde{M}_{\mathrm{Oktan}}$	$= 114\,\mathrm{kg/kmol}$
Dichte des flüssigen Oktans	ρ_f	$= 703\,\mathrm{kg/m^3}$
Verdampfungsenthalpie des Oktans	$\Delta h_{v\mathrm{Oktan}}$	$= 301\,\mathrm{kJ/kg}$
Wärmeleitfähigkeit des gasförmigen Oktans	λ_g	$= 1,1 \cdot 10^{-2}\,\mathrm{W/(m \cdot K)}$

Konstanten der Antoine-Gl. (10.1) für Oktan: $A = 20{,}8354$; $B = 3120{,}29$; $C = -63{,}63$ [2] (Daten gelten für: Temperatur in Kelvin, Druck in Pa und den natürlichen Logarithmus)

Hinweise:

1. Es liegen quasistationäre Bedingungen vor.
2. Die Tropfen nehmen innerhalb der Beschleunigungsstrecke eine konstante Beharrungstemperatur T_B an.
3. Das Luft/Oktan-Gemisch kann als ideales Gas behandelt werden.

Lösung

Lösungsansatz:
Aufstellen einer differenziellen Massen- und Energiebilanz um den kugelförmigen Oktantropfen zur Bestimmung der Beharrungstemperatur.

Lösungsweg:
a) Die differenzielle Stoffbilanz für das Oktan im Luftstrom um den Tropfen herum ergibt unter Annahme quasistationärer Bedingungen:

$$0 = \dot{N}_{\text{Oktan}|_r} - \dot{N}_{\text{Oktan}|_{r+\Delta r}}. \tag{10.10}$$

Dividiert man diese Gleichung durch die Dicke Δr und lässt Δr dann gegen null gehen, so folgt:

$$0 = \frac{\dot{N}_{\text{Oktan}|_r} - \dot{N}_{\text{Oktan}|_{r+\Delta r}}}{\Delta r} \xrightarrow{\Delta r \to 0} \frac{d\dot{N}_{\text{Oktan}}}{dr} = 0. \tag{10.11}$$

Der Stoffstrom entsteht allein aufgrund der Diffusion:

$$\frac{d\dot{N}_{\text{Oktan}}}{dr} = \frac{d}{dr}\left(-D_{\text{Oktan/Luft}} 4\pi r^2 \frac{dc_{\text{Oktan}}}{dr}\right) = 0$$

$$\rightarrow \quad \frac{d\dot{N}_{\text{Oktan}}}{dr} = \frac{d}{dr}\left(r^2 \frac{dc_{\text{Oktan}}}{dr}\right) = 0. \tag{10.12}$$

Die Gleichung lässt sich zweifach integrieren:

$$c_{\text{Oktan}}(r) = \frac{-C_1}{r} + C_2. \tag{10.13}$$

Bei der Lösung der Differenzialgleichung sind folgende Randbedingungen zu berücksichtigen:

1. RB: bei $r = R_P(t)$ $c_A = c^*_{\text{Oktan}}$
2. RB: bei $r \to \infty$ $c_A = 0$

Damit ergeben sich die Konstanten

$$C_1 = -R_P(t)c^*_{\text{Oktan}} \quad \text{und} \quad C_2 = 0 \tag{10.14}$$

und somit das Konzentrationsprofil für Oktan gemäß Gl. (10.13):

$$c_{\text{Oktan}}(r) = \frac{R_P(t)}{r}c^*_{\text{Oktan}}. \tag{10.15}$$

Da das Luft/Oktan-Gemisch als ideales Gas behandelt werden kann (Hinweis 2), ergibt sich die Konzentration des Oktans an der Tropfenoberfläche aus dem Dampfdruck gemäß:

$$c^*_{\text{Oktan}} = \frac{p_{S_{\text{Oktan}}}}{RT}. \tag{10.16}$$

Die Stoffbilanz für den Oktantropfen ergibt:

$$\frac{dN_{\text{Oktan}}}{dt} = -\dot{N}_{\text{Oktan}}|_{r=R_P} = D_{\text{Oktan/Luft}}4\pi R_P^2\left(\frac{dc_{\text{Oktan}}}{dr}\right)_{r=R_P}$$

$$= -D_{\text{Oktan/Luft}}4\pi R_P c^*_{\text{Oktan}}. \tag{10.17}$$

Daraus folgt:

$$\frac{dN_{\text{Oktan}}}{dt} = \frac{\rho_f}{\tilde{M}_{\text{Oktan}}}\frac{dV_{\text{Oktan}}}{dt} = \frac{\rho_f}{\tilde{M}_{\text{Oktan}}}\frac{4}{3}\pi\frac{dR_P^3}{dt} = \frac{\rho_f}{\tilde{M}_{\text{Oktan}}}4\pi R_P^2\frac{dR_P}{dt}$$

$$= -D_{\text{Oktan/Luft}}4\pi R_P c^*_{\text{Oktan}}. \tag{10.18}$$

Hieraus resultiert die zeitliche Abnahme des Tropfendurchmessers:

$$\frac{dR_P}{dt} = -D_{\text{Oktan/Luft}}\frac{\tilde{M}_{\text{Oktan}}c^*_{\text{Oktan}}}{\rho_f R_P}. \tag{10.19}$$

Für die Berechnung der Oberflächenkonzentration des Oktans muss die Tropfentemperatur bekannt sein. Die Beharrungstemperatur ergibt sich aus der Energiebilanz für den Tropfen unter Einbeziehung des auftretenden Temperaturfelds. Im stationären Zustand lautete die Energiebilanz für den Tropfen:

$$0 = \dot{Q}_{\text{Wärmeleitung}} - \dot{Q}_{\text{Verdunstung}} = \lambda_g 4\pi R_P^2\left(\frac{dT}{dr}\right)_{r=R_P} + \frac{dM_{\text{Oktan}}}{dt}\Delta h_{V_{\text{Oktan}}}$$

$$\rightarrow \quad 0 = \lambda_g 4\pi R_P^2\left(\frac{dT}{dr}\right)_{r=R_P} + \rho_f 4\pi R_P^2\Delta h_{V_{\text{Oktan}}}\frac{dR_P}{dt}. \tag{10.20}$$

Da die Beharrungstemperatur schnell erreicht wird, führt eine zur Stoffbilanz (Gl. (10.10)) analoge Energiebilanz zu:

$$\frac{d\dot{Q}}{dr} = \frac{d}{dr}\left(-\lambda_g 4\pi r^2\frac{dT}{dr}\right) = 0 \quad \rightarrow \quad \frac{d\dot{Q}}{dr} = \frac{d}{dr}\left(r^2\frac{dT}{dr}\right) = 0. \tag{10.21}$$

Die Gleichung lässt sich zweifach integrieren:

$$T(r) = \frac{-C_1}{r} + C_2. \tag{10.22}$$

Bei der Lösung der Differenzialgleichung werden folgende Randbedingungen berücksichtigt:

1. RB: bei $r = R_P(t)$ $T = T_B$
2. RB: bei $r \to \infty$ $T = T_{\text{Luft}}$

Damit ergeben sich die Konstanten

$$C_1 = -R_P(t)\,(T_B - T_{\text{Luft}}) \quad \text{und} \quad C_2 = T_{\text{Luft}} \tag{10.23}$$

und somit das Temperaturprofil gemäß Gl. (10.22):

$$T(r) = \frac{R_P(t)}{r}\,(T_B - T_{\text{Luft}}) + T_{\text{Luft}}. \tag{10.24}$$

Damit ergibt sich gemäß Gl. (10.20) für die Abnahme des Partikelradius:

$$\frac{dR_P}{dt} = \frac{-\lambda_g}{\rho_f\,\Delta h_{V_{\text{Oktan}}}}\left(\frac{dT}{dr}\right)_{r=R_P} = \frac{\lambda_g\,(T_B - T_{\text{Luft}})}{\rho_f\,\Delta h_{V_{\text{Oktan}}}\,R_P}. \tag{10.25}$$

Setzt man diese Beziehung mit Gl. (10.19) gleich, so ergibt sich für die Beharrungstemperatur die Beziehung:

$$\frac{\lambda_g\,(T_B - T_{\text{Luft}})}{\rho_f\,\Delta h_{V_{\text{Oktan}}}\,R_P} = -D_{\text{Oktan/Luft}}\frac{\tilde{M}_{\text{Oktan}}c^*_{\text{Oktan}}}{\rho_f\,R_P}$$

$$\to \quad T_B = T_{\text{Luft}} - \frac{D_{\text{Oktan/Luft}}\tilde{M}_{\text{Oktan}}\Delta h_{V_{\text{Oktan}}}}{\lambda_g}c^*_{\text{Oktan}}. \tag{10.26}$$

Die Oktankonzentration an der Tröpfchenoberfläche lässt sich mit dem idealen Gasgesetz aus dem Dampfdruck bestimmen:

$$T_B = T_{\text{Luft}} - \frac{D_{\text{Oktan/Luft}}\tilde{M}_{\text{Oktan}}\Delta h_{V_{\text{Oktan}}}}{\lambda_g}\frac{p_{S_{\text{Oktan}}}(T_B)}{R\,T_B}. \tag{10.27}$$

Mithilfe der Antoine-Gleichung (10.1) lässt sich diese Beziehung iterativ lösen:

$$\boxed{\vartheta_B = 11{,}5\,^\circ\text{C}}. \tag{10.28}$$

b) Die zeitliche Entwicklung des Tropfendurchmessers ergibt sich durch die einfache Integration der Gln. (10.19) oder (10.25). Die zugehörige Anfangsbedingung lautet in beiden Fällen:

AB: bei $t = 0$ $R_P = R_{\mathrm{anf}}$

Damit ergibt sich der zeitlich abhängige Tropfenradius gemäß:

$$R_P(t) = \sqrt{R_{\mathrm{anf}}^2 - 2 D_{\mathrm{Oktan/Luft}} \frac{\tilde{M}_{\mathrm{Oktan}}}{\rho_f} \frac{p_{S_{\mathrm{Oktan}}}(T_B)}{R T_B} t}. \tag{10.29}$$

Die Aufenthaltszeit t in dem Gemischbildungskanal berechnet sich aus der Kanallänge und der Tropfengeschwindigkeit:

$$t = \frac{L}{w}. \tag{10.30}$$

Damit ergibt sich der verdunstete Volumenanteil:

$$\frac{V_{\mathrm{anf}} - V(t)}{V_{\mathrm{anf}}} = 1 - \left[\frac{R_P(t)}{R_{\mathrm{anf}}} \right]^3 = 1 - \left[1 - 2 D_{\mathrm{Oktan/Luft}} \frac{\tilde{M}_{\mathrm{Oktan}}}{R_{\mathrm{anf}}^2 \rho_f} \frac{p_{S_{\mathrm{Oktan}}}(T_B)}{R T_B} \frac{L}{w} \right]^{1,5}$$

$$\rightarrow \boxed{\frac{V_{\mathrm{anf}} - V(t)}{V_{\mathrm{anf}}} = 0{,}116}. \tag{10.31}$$

Selbst von den kleinsten Tropfen wird nur gut 10 % des Volumens verdunstet. Der hauptsächliche Verdunstungsprozess erfolgt im heißen Brennraum des Ottomotors. Der Begriff „Vergaser" charakterisiert die realen physikalischen Vorgänge also nicht zutreffend.

10.3   Wärme- und Stoffübertragung an einem ausgedehnten feuchten Gut[**]

▶   **Thema**   Berechnungsgrundlagen für Konvektionstrockner

Ein zu trocknendes plattenförmiges Trockengut mit wasserfeuchter Oberfläche wird von einem Luftstrom mit $\vartheta_{\mathrm{Luft}} = 100\,°\mathrm{C}$, $\varphi = 0{,}05$ in Längsrichtung überströmt. Die Strömungsgeschwindigkeit der Trockenluft beträgt 5 m/s. Der Wärmeübergang an das Gut wird analog zu den Gleichungen (Lb 6.33) und (Lb 6.34) mit

$$Nu_L = 0{,}8\,(Re_L Pr)^{0,1} + f_p \frac{Re_L Pr}{1 + 1{,}30\,(Re_L Pr)^{1/2}}$$

$$\text{mit } f_p = \frac{1{,}47}{\left[1 + \left(1{,}67 Pr^{1/6} \right)^2 \right]^{1/2}} \tag{10.32}$$

Gültigkeitsbereich: $0 \leq Re_L \leq Re_{\text{krit}} \approx 5 \cdot 10^5$, $0 \leq Pr < \infty$ beschrieben. Für den Stoffübergang gelten die analogen Beziehungen. Die Plattenlänge L beträgt 1 m.

a) Ermitteln Sie die Oberflächentemperatur.

b) Bestimmen Sie den Wärmeübergangskoeffizient.

c) Berechnen Sie den übergehenden Stofffluss aus dem übertragenen Wärmefluss.

d) Berechnen Sie den übergehenden Stofffluss durch Nutzung der analogen Beziehung für die Sherwoodzahl

Gegeben (Stoffdaten gemittelt über den relevanten Temperaturbereich, wenn nicht anders angegeben):

Wärmeleitfähigkeit der Luft	λ_L	$= 3{,}16 \cdot 10^{-2}$ W/(m·K);
Kinematische Viskosität der Luft	ν_L	$= 22{,}5 \cdot 10^{-6}$ m²/s
Spezifische Wärmekapazität der Luft	c_{pL}	$= 1008$ J/(kg·K),
Dichte der Luft	ρ_L	$= 0{,}96$ kg/m³
Diffusionskoeffizient Dampf in Luft (0 °C)	$D_{D/\text{Luft}}$	$= 2{,}16 \cdot 10^{-5}$ m²/s

Hinweis:

Zur Lösung des Teils d) kann der Dampfdruck des Wassers mit den Antoine-Parametern aus Aufgabe 10.1 berechnet werden.

Lösung

Lösungsansatz:
Bestimmung der Kühlgrenztemperatur und des Wärmeübergangskoeffizienten aus der dimensionslosen Berechnungsgleichung.

Lösungsweg:
a) Die Temperatur der Gutsoberfläche entspricht der Kühlgrenztemperatur. Aus Abb. Lb 10.6 lässt sich aus dem Zustandspunkt $\varphi = 0{,}05$ und $T = 100\,°C$ die ϑ_k-Isotherme auffinden. Hieraus ergibt sich als Kühlgrenz- bzw. Oberflächentemperatur:

$$\boxed{\vartheta_0 = 42\,°C}. \tag{10.33}$$

b) Der Wärmeübergangskoeffizient wird nach der angegebenen dimensionslosen Beziehung für die Nußeltzahl (Gl. (10.32)) berechnet. Zuvor wird der Gültigkeitsbereich auf Basis der Reynoldszahl überprüft:

$$Re = \frac{wL}{\nu_L} = 2{,}2 \cdot 10^5 < Re_{\text{krit}}. \tag{10.34}$$

Die Gleichung kann demzufolge verwendet werden und liefert als Ergebnis die Nußeltzahl bzw. daraus den Wärmeübergangskoeffizienten:

$$Nu = \frac{\alpha L}{\lambda_L} = 240 \quad \rightarrow \quad \boxed{\alpha = 7{,}58 \; \frac{\text{W}}{\text{m}^2\,\text{K}}}. \tag{10.35}$$

c) Mit dem Wärmeübergangskoeffizienten lässt sich der übergehende Wärmefluss berechnen:

$$\dot{q} = \alpha\,(\vartheta_{\text{Luft}} - \vartheta_0) \quad \rightarrow \quad \dot{q} = 440 \; \frac{\text{W}}{\text{m}^2}. \tag{10.36}$$

Dieser Wärmefluss wird zur Verdunstung des Wasserflusses $\dot{m}_W$ genutzt:

$$\dot{q} = \dot{m}_W \Delta h_v \quad \rightarrow \quad \boxed{\dot{m}_W = 1{,}79 \cdot 10^{-4} \; \frac{\text{kg}}{\text{m}^2\,\text{s}}}. \tag{10.37}$$

d) Für die Berechnung der Sherwoodzahl muss der Diffusionskoeffizient bei der mittleren Lufttemperatur $((\vartheta_k + \vartheta_{\text{Luft}})/2)$ berechnet werden (s. Gl. (Lb 1.22)):

$$D_{D/\text{Luft}}(\overline{\vartheta}) = D_{D/\text{Luft}}(0\,^\circ\text{C}) \left[\frac{273{,}15 + (\vartheta_{\text{Luft}} + \vartheta_0)/2}{273{,}15}\right]^{1{,}5} = 3{,}05 \cdot 10^{-5}\; \frac{\text{m}^2}{\text{s}}. \tag{10.38}$$

Die zur Berechnung des Wärmeübergangskoeffizienten genutzte Gl. (10.32) kann in analoger Weise zur Bestimmung des Stoffübergangskoeffizienten eingesetzt werden:

$$Sh = \frac{\beta L}{D_{D/\text{Luft}}} = 246 \quad \rightarrow \quad \beta = 7{,}52 \cdot 10^{-3}\; \frac{\text{m}}{\text{s}}. \tag{10.39}$$

Die Partialdrücke des Wassers lassen sich für die Luftbedingungen und die Kühlgrenztemperatur aus der Antoine-Gleichung berechnen:

$$p_D = \varphi p_S(100\,^\circ\text{C}) = 50{,}6\,\text{mbar} \quad \text{und} \quad p_S(42\,^\circ\text{C}) = 81{,}8\,\text{mbar}. \tag{10.40}$$

Aus diesen Partialdrücken ergeben sich folgende Massenkonzentrationen:

$$\rho_D = \frac{p_D \tilde{M}_W}{R T_{\text{Luft}}} = 29{,}4\; \frac{\text{g}}{\text{m}^3} \quad \text{und} \quad \rho_0 = \frac{p_S \tilde{M}_W}{R T_0} = 56{,}3\; \frac{\text{g}}{\text{m}^3}. \tag{10.41}$$

Damit lässt sich der übergehende Massenfluss berechnen:

$$\dot{m}_W = \beta\,(\rho_0 - \rho_D) \quad \rightarrow \quad \boxed{\dot{m}_W = 2{,}02 \cdot 10^{-4} \; \frac{\text{kg}}{\text{m}^2\,\text{s}}}. \tag{10.42}$$

Der Unterschied zu dem mit der Wärmebilanz ermittelten Massenfluss beträgt ca. 10 % und ist hervorgerufen durch die ungenaue Bestimmung der Kühlgrenztemperatur sowie Ungenauigkeiten der dimensionslosen Berechnungsgleichung.

10.4   Vergleich von ein- und dreistufiger Trocknung[**]

▶   **Thema** Berechnungsgrundlagen für Konvektionstrockner

Ein temperaturempfindliches Gut soll so getrocknet werden, dass die Lufttemperatur 60 °C nicht überschreitet. Die vom Gebläse angesaugte Luft besitzt eine Temperatur von 20 °C und eine relative Feuchtigkeit von $\varphi_1 = 0{,}6$. Es sind 100 kg Wasser aus dem Gut zu entfernen, welches mit Kühlgrenztemperatur in jede Trocknerstufe gelangt. Der Druck beträgt 1 bar.

Ermitteln Sie die Luftmenge sowie den massenspezifischen Energieaufwand für den Fall der einstufigen sowie einer dreistufigen Trocknung (s. Abb. 10.2), wobei die relative Feuchtigkeit der Luft am Austritt jeder Trocknerstufe den Wert 80 % erreichen soll.

Gegeben (Stoffdaten gemittelt über den relevanten Temperaturbereich):

Spez. Wärmekapazität der Luft	c_{pL}	$= 1008 \, \text{J}/(\text{kg} \cdot \text{K})$,
Spez. Wärmekapazität des Dampfes	c_{pD}	$= 1860 \, \text{J}/(\text{kg} \cdot \text{K})$
Verdampfungsenthalpie	Δh_v	$= 2400 \, \text{kJ}/\text{kg}$
Spez. Wärmekapazität des Wassers	c_{pW}	$= 4180 \, \text{J}/(\text{kg} \cdot \text{K})$

Hinweis:

Der Dampfdruck des Wassers kann mit den Antoine-Parametern aus Aufgabe 10.1 berechnet werden.

Lösung

Lösungsansatz:
Aufstellung der Massenbilanz für die Gutsfeuchte und Verknüpfung mit dem Stofftransport der Feuchte unter Einsatz des Mollier-Diagramms.

Lösungsweg:
Die Zustandsänderungen der Trocknungsluft lassen sich im h_{1+Y}-Diagramm (Abb. 10.3) zwischen der Isothermen 60 °C und der Linie der relativen Feuchtigkeit 80 % darstellen.

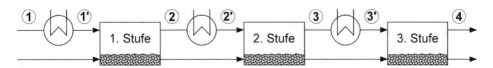

Abb. 10.2 Dreistufiger Trockner

Abb. 10.3 Trocknungsverlauf
im Enthalpie-Beladungs-
Diagramm

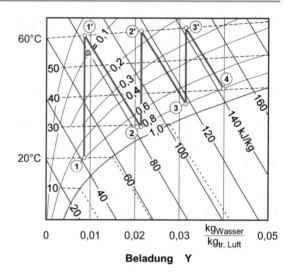

Die Austrittstemperaturen jeder Stufe und die Kühlgrenztemperaturen werden dem Diagramm entnommen.

Für die weiteren Berechnungen müssen der Wassergehalt der Luft (Gl. (Lb 10.9))

$$Y = 0,622 \frac{\varphi p_S}{p - \varphi p_S} \tag{10.43}$$

sowie die relative Feuchtigkeit (Gl. (Lb 10.11))

$$\varphi \equiv \frac{p_D}{p_S} = \frac{Y}{0,622 + Y} \frac{p}{p_S} \tag{10.44}$$

bestimmt werden. Der Sättigungspartialdruck des Wasserdampfes p_S wird mit Hilfe der Antoine-Gleichung aus Aufgabe 10.1 bei der jeweiligen Temperatur berechnet. Die entsprechenden Daten enthält Tab. 10.1.

- Einstufige Trocknung
  Zur Aufnahme von $M_W = 100\,\text{kg}$ Wasser wird die Luftmasse M_L benötigt:

$$M_L = \frac{M_W}{Y_2 - Y_1} \quad \rightarrow \quad \boxed{M_L = 7708\,\text{kg}}. \tag{10.45}$$

Der spezifische Energieaufwand q_h ist die zum Aufheizen der Luft notwendige Wärmemenge bezogen auf die auszutreibende Wassermenge:

$$q_h = \frac{Q}{M_W} = \frac{h_{1'} - h_1}{Y_2 - Y_1} \quad \rightarrow \quad \boxed{q_h = 3158\,\frac{\text{kJ}}{\text{kg}}}. \tag{10.46}$$

Tab. 10.1 Charakteristische Daten der Ein- und Austrittszustände

Zustand	ϑ [°C]	φ [%]	p_S [mbar]	Y [g/kg]	h_{1+Y} [kJ/kg]	ϑ_K [°C]
1	20	60	23,1	8,8	41,5	
1'	60	7	199	8,8	82,5	26
2	30	80	42,2	21,7	83,6	
2'	60	17	199	21,7	115,1	33
3	37	80	59,2	32,8	118,2	
3'	60	24	199	32,8	142,8	36
4	41	80	73,6	38,9	143,3	

Oft wird die sehr geringe Enthalpiezunahme der Luft während des Trocknungsvorganges vernachlässigt (Zustandsänderung längs einer Isenthalpen). Wird die Enthalpieänderung zwischen den Punkten 1 und 2 bestimmt, so ergibt sich ein leicht höherer Energieaufwand von:

$$q_h = \frac{h_2 - h_1}{Y_2 - Y_1} \quad \rightarrow \quad q_h = 3245 \, \frac{\text{kJ}}{\text{kg}}. \tag{10.47}$$

Grundsätzlich sollten sich die beiden Energieaufwände folgendermaßen unterscheiden (s. Gl. (Lb 10.33)):

$$q_h - q = c_{pW} \vartheta_K \quad \rightarrow \quad q_h - q = 109 \, \text{kJ/kg}, \tag{10.48}$$

Tatsächlich beträgt die Differenz jedoch 87 kJ/kg, was auf Ablesefehler aus dem Diagramm zurückzuführen ist.

- Dreistufige Trocknung
  Zur Aufnahme von $M_W = 100$ kg Wasser wird die Luftmenge M_L benötigt:

$$M_L = \frac{M_W}{Y_4 - Y_1} \quad \rightarrow \quad \boxed{M_L = 3317 \, \text{kg}}. \tag{10.49}$$

Bei der mehrstufigen Trocknung wird im Allgemeinen die Enthalpieänderung der Luft während des Trocknungsvorganges vernachlässigt, sodass nur die Enthalpieänderung zwischen Punkt 1 und 4 betrachtet wird:

$$q_h = \frac{h_4 - h_1}{Y_4 - Y_1} \quad \rightarrow \quad \boxed{q_h = 3154 \, \frac{\text{kJ}}{\text{kg}}}. \tag{10.50}$$

Eine der Gl. (10.46) entsprechende, genauere Berechnung ergibt für die in den drei Wärmetauschern insgesamt zuzuführende Energie einen leicht geringeren Wert:

$$q_h = \frac{h_{1'} - h_1 + h_{2'} - h_2 + h_{3'} - h_3}{Y_4 - Y_1} \quad \rightarrow \quad \boxed{q_h = 2992 \, \frac{\text{kJ}}{\text{kg}}}. \tag{10.51}$$

Wäre die Zustandsänderung isenthalp, so folgt mit $h_{1'} = h_2$, $h_{2'} = h_3$ und $h_{3'} = h_4$ hieraus Gl. (10.50), der tatsächliche Energiebedarf ist allerdings etwas geringer.

Während der Energieaufwand für beide Trockner praktisch gleich groß ist, beträgt der Luftverbrauch der dreistufigen Trocknung nur ca. 40 % desjenigen der einstufigen Trocknung.

10.5   Auslegung eines zweistufigen Umlufttrockners***

▶   **Thema** Berechnungsgrundlagen für Konvektionstrockner

Ein feuchtes Gut mit einem Massenstrom des trockenen Feststoffs $\dot{M}_s$ von 1000 kg/h und einer Gutsfeuchte X_α von 0,6 soll in einem idealen zweistufigen Stufenumlufttrockner (s. Abb. 10.4) auf eine Restfeuchtebeladung X_ω von 0,1 getrocknet werden. Bei der Stufenumlufttrocknung (s. Abb. Lb 10.13) wird am Ende jeder Trocknungsstufe ein Teil der Luft dem Lufterhitzer der verlassenen Zone wieder zugeführt, während der Rest dem Erhitzer der folgenden Stufe zuströmt und der hier umlaufenden Luftmenge beigemischt wird.

Die Frischluft für die erste Stufe weist eine Temperatur von 20 °C und eine relative Feuchte von 40 % auf. Die Luft darf auf maximal 100 °C erhitzt werden. Sie verlässt den ersten Trockner mit einer Temperatur von 55 °C und einer relativen Feuchte von 55 %. An keiner Stelle der Anlage soll die relative Luftfeuchtigkeit mehr als 80 % betragen. Das zu trocknende Gut erreicht in der zweiten Stufe eine Temperatur von 60 °C.

a) Die im Fließbild angegebenen Betriebspunkte sind in ein Mollier-Diagramm einzutragen.
b) Bestimmen Sie die Kühlgrenztemperatur in der ersten und der zweiten Stufe.
c) Berechnen Sie den erforderlichen Massenstrom an Frischluft.
d) Ermitteln Sie die Massenströme der Frischluft und der Umluft in beiden Stufen.
e) Berechnen Sie die insgesamt benötigte Heizleistung.

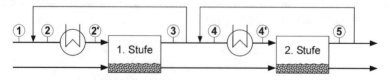

Abb. 10.4 Zweistufige Umlufttrocknungsanlage

Lösung

Lösungsansatz:
Aufstellung der Massen- und Energiebilanzen für die Luftströme und Verknüpfung mit dem Stofftransport der Feuchte unter Einsatz des Mollier-Diagramms.

Lösungsweg:
a) Trocknungsverlauf im Mollier-Diagramm

Aus der Aufgabenstellung lassen sich wie folgt die Zustandspunkte für die Trocknungsluft bestimmen, wie sie in Abb. 10.5 dargestellt sind:

- Frischluft (1): Temperatur ($\vartheta_L = 20\,°C$) und relative Feuchte ($\varphi = 0{,}4$) sind bekannt.
- Abluft (5): Das Trocknungsgut erreicht eine Temperatur von $60\,°C$, beim idealen Trockner ohne Wärmeverluste ist der Zustand längs der Isothermen der Kühlgrenztemperatur ($\vartheta_K = 60\,°C$) zu suchen. Weiterhin soll die relative Luftfeuchtigkeit von $\varphi = 0{,}8$ nicht überschritten werden. Also liegt (5) auf dem Schnittpunkt von $\vartheta_K = 60\,°C$ und $\varphi = 0{,}8$.
- Eintritt 2. Trocknerstufe (4′): Die Luft darf vor jeder Trocknungsstufe auf maximal $100\,°C$ erhitzt werden, damit liegt diese Temperatur auch am Eintritt in die zweite Stufe vor. Alle Zustände im zweiten Trockner finden sich auf der Isothermen der Kühlgrenztemperatur. Also liegt Punkt (4′) am Schnittpunkt $\vartheta_L = 100\,°C$ und $\vartheta_K = 60\,°C$.
- Austritt aus 1. Trockner (3): Da die relative Luftfeuchtigkeit in der gesamten Anlage $\varphi = 0{,}8$ nicht überschreiten darf, liegt der Austrittszustand aus dem 1. Trockner auf einer Tangente durch den Punkt (5) an die Kurve $\varphi = 0{,}8$. Ähnlich gilt für die Zustände in der ersten Stufe, dass sie längs der Tangenten an $\varphi = 0{,}8$ durch Punkt (1) liegen müssen. Am Schnittpunkt der Tangenten befindet sich der Zustandspunkt der Luft am Austritt der ersten Stufe (3). Der Punkt ist in der Aufgabenstellung aber auch durch die gegebenen Werte für Luftfeuchte und Temperatur direkt bestimmt.
- Eintritt in den 2. Lufterhitzer (4): Die Dampfbeladung ist von 4′ bekannt. Der Punkt 4 ergibt sich durch die Senkrechte von (4′) auf die Linie (3)–(5).
- Eintritt 1. Trocknerstufe (2′): Schnittpunkt der durch (3) hindurchgehenden Kühlgrenztemperaturisothermen mit der maximalen Lufttemperatur $\vartheta_L = 100\,°C$.
- Eintritt in den 1. Lufterhitzer (2): Die Dampfbeladung ist von 2′ bekannt. Der Punkt 2 ergibt sich durch die Senkrechte von (2′) auf die Linie (1)–(3).

b) Aus Abb. 10.5 ergibt sich für die 1. Stufe:

$$\boxed{\vartheta_K \approx 43\,°C}.\qquad\qquad (10.52)$$

Gemäß Aufgabenstellung erreicht das Gut in der 2. Stufe eine Temperatur von $60\,°C$, was gleichbedeutend mit der Kühlgrenztemperatur ist.

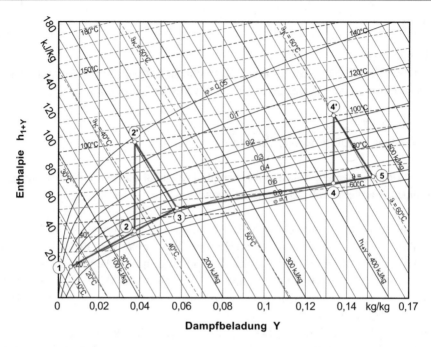

Abb. 10.5 Trocknungsvorgang in der zweistufigen Umlufttrocknungsanlage im Enthalpie-Beladungs-Diagramm

c) Der zu entfernende Wassermassenstrom beträgt:

$$\dot{M}_W = \dot{M}_S(X_1 - X_5) = \dot{M}_L(Y_5 - Y_1). \tag{10.53}$$

Mit X_1 und X_5 aus der Aufgabenstellung sowie $Y_1 = 0{,}0058$ und $Y_5 = 0{,}152$ aus Abb. 10.5 ergibt sich der Luftmassenstrom:

$$\dot{M}_L = \dot{M}_S \frac{X_1 - X_5}{Y_5 - Y_1} \quad \rightarrow \quad \boxed{\dot{M}_L = 3420 \, \frac{\text{kg}}{\text{h}}}. \tag{10.54}$$

d) Aus der Massenbilanz um den ersten Mischpunkt vor dem 1. Lufterhitzer folgt für die Massenströme $\dot{M}_L$, $\dot{M}_{L_2}$ und $\dot{M}_{L_3}$

$$\dot{M}_L Y_1 + \dot{M}_{L_3} Y_3 = \dot{M}_{L_2} Y_2 \tag{10.55}$$

sowie:

$$\dot{M}_L + \dot{M}_{L_3} = \dot{M}_{L_2}. \tag{10.56}$$

Damit ergibt sich der Umluftmassenstrom für die 1. Trocknerstufe bei Kenntnis der Beladungen $Y_2 = 0,0367$ und $Y_3 = 0,058$ aus Abb. 10.5:

$$\dot{M}_{L_3} = \dot{M}_L \frac{Y_2 - Y_1}{Y_3 - Y_2} \quad \rightarrow \quad \boxed{\dot{M}_{L_3} = 4960 \, \frac{\text{kg}}{\text{h}}}. \tag{10.57}$$

Ebenso gilt für den zweiten Trockner

$$\dot{M}_L Y_3 + \dot{M}_{L_5} Y_5 = \dot{M}_{L_4} Y_4 = \left(\dot{M}_L + \dot{M}_{L_5} \right) Y_4, \tag{10.58}$$

woraus sich der Umluftmassenstrom für die 2. Trocknerstufe mit Kenntnis der Beladung $Y_4 = 0,133$ aus Abb. 10.5 ergibt:

$$\dot{M}_{L_5} = \dot{M}_L \frac{Y_4 - Y_3}{Y_5 - Y_4} \quad \rightarrow \quad \boxed{\dot{M}_{L_5} = 13.500 \, \frac{\text{kg}}{\text{h}}}. \tag{10.59}$$

e) Energiebilanz für die erste Stufe:

$$\dot{Q}_1 = \left(\dot{M}_L + \dot{M}_{L_3} \right) \left(h_{2'} - h_2 \right). \tag{10.60}$$

Aus Abb. 10.5 ergeben sich die Enthalpien $h_{2'} = 196 \, \text{kJ/kg}$ und $h_2 = 140 \, \text{kJ/kg}$, sodass als Heizleistung $\dot{Q}_1$ folgt:

$$\dot{Q}_1 = 130 \, \text{kW}. \tag{10.61}$$

Energiebilanz für die zweite Stufe:

$$\dot{Q}_2 = \left(\dot{M}_L + \dot{M}_{L_5} \right) \left(h_{4'} - h_4 \right). \tag{10.62}$$

Aus Abb. 10.5 ergeben sich die Enthalpien $h_{4'} = 460 \, \text{kJ/kg}$ und $h_4 = 412 \, \text{kJ/kg}$, sodass als Heizleistung $\dot{Q}_2$ folgt:

$$\dot{Q}_2 = 226 \, \text{kW}. \tag{10.63}$$

Die gesamte erforderliche Heizleistung beträgt demzufolge:

$$\dot{Q}_{\text{ges}} = \dot{Q}_1 + \dot{Q}_2 \quad \rightarrow \quad \boxed{\dot{Q}_{\text{ges}} = 355 \, \text{kW}}. \tag{10.64}$$

10.6   Auslegung eines Kanaltrockners[**]

▶   **Thema** Berechnungsgrundlagen für Konvektionstrockner

In einem Kanaltrockner mit $20\,\mathrm{m}^2$ Austauschfläche werden stündlich $160\,\mathrm{kg}$ Feuchtgut mit $100\,\mathrm{kg}$ Trockensubstanz auf eine Restfeuchte von $X_\omega = 0{,}1\,\mathrm{kg/kg}$ getrocknet. Die Trocknung erfolgt im Gleichstrom bei 1 bar. Die Gutstemperatur beträgt gleichbleibend $35\,°\mathrm{C}$. Die Frischluft hat eine Temperatur von $14\,°\mathrm{C}$ und eine relative Feuchtigkeit von $40\,\%$. Die Temperaturen der Trocknungsluft am Ein- und Austritt des Trockners sind $84\,°\mathrm{C}$ und $42\,°\mathrm{C}$.

a) Stellen Sie den Trocknungsvorgang im h_{1+Y}-Diagramm dar.
b) Berechnen Sie alle Massenströme.
c) Bestimmen Sie die Heizleistung und den spezifischen Energieaufwand.
d) Ermitteln Sie mithilfe einer integralen Energiebilanz den Wärmeübergangskoeffizienten α.

Hinweise:

1. α und c_{pL} werden als konstant angesehen.
2. Die spezifische Wärmekapazität der Luft beträgt $c_{pL} = 1{,}006\,\mathrm{kJ/(kg{\cdot}K)}$.

Lösung

Lösungsansatz:
Aufstellung der Massen- und Energiebilanzen für die Luftströme und Verknüpfung mit dem Stofftransport der Feuchte unter Einsatz des Mollier-Diagramms.

Lösungsweg:
a) Aus der Aufgabenstellung lassen sich wie folgt die Zustandspunkte für die Trocknungsluft bestimmen, wie sie in Abb. 10.6 dargestellt sind:

• Frischluft (1): Temperatur ($\vartheta_L = 14\,°\mathrm{C}$) und relative Feuchte ($\varphi = 0{,}4$) sind bekannt.
• Abluft (2): Das Trocknungsgut erreicht eine Temperatur von $35\,°\mathrm{C}$, beim idealen Trockner ohne Wärmeverluste ist der Zustand längs der Isothermen der Kühlgrenztemperatur ($\vartheta_K = 35\,°\mathrm{C}$) zu suchen. Die Gasaustrittstemperatur beträgt $42\,°\mathrm{C}$. Also liegt (2) auf dem Schnittpunkt von $\vartheta_K = 35\,°\mathrm{C}$ und $\vartheta = 42\,°\mathrm{C}$.
• Austritt aus dem Erhitzer (M): Der Punkt ergibt sich aus dem Schnittpunkt der Verlängerung der Isothermen der Kühlgrenztemperatur $\vartheta_K = 35\,°\mathrm{C}$ mit der Isothermen $\vartheta = 84\,°\mathrm{C}$ (gegebene Eintrittstemperatur in den Trockner)

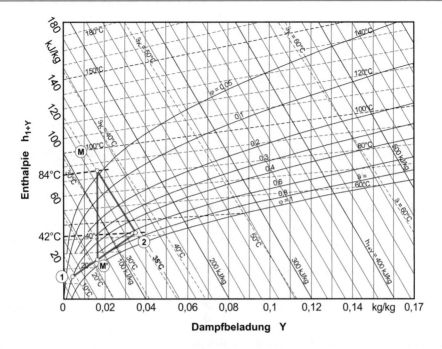

Abb. 10.6 Trocknungsvorgang im Kanaltrockner im Enthalpie-Beladungs-Diagramm

Abb. 10.7 Fließbild des Ka-
naltrockners mit Umluftbetrieb

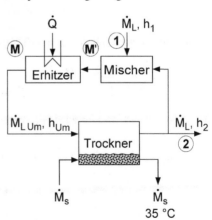

- Mischpunkt (M'): Der Punkt M' muss auf der direkten Verbindung (1)–(2) liegen (Mi-
  schungsregel). Außerdem muss er die gleiche Beladung wie (M) aufweisen.

Der Trocknungsprozess ist in Abb. 10.6 im h_{1+Y}-Diagramm dargestellt. Eine einfache
Luftführung ist aufgrund der angegebenen Prozessbedingungen nicht möglich. Es muss
daher wie in Abb. 10.7 dargestellt mit Umluftbetrieb gearbeitet werden.

Zustand	ϑ [°C]	Y [g/kg]	h_{1+Y} [kJ/kg]
1	14	4	24
M'	22	17	68
M	84	17	130
2	42	35	132

Aus dem Mollier-Diagramm ergeben sich die in Tab. 10.2 aufgeführten Daten für die wesentlichen Betriebspunkte.

b) Für den abtransportierter Wassermassenstrom gilt

$$\dot{M}_W = \dot{M}_s \left(X_\alpha - X_\omega \right), \tag{10.65}$$

wobei sich X_α aus den angegebenen Massenströmen ergibt:

$$X_\alpha = \frac{\dot{M}_{\text{feuchtes Gut}} - \dot{M}_s}{\dot{M}_s}. \tag{10.66}$$

Der Wassermassenstrom wird durch den Luftstrom abtransportiert

$$\dot{M}_W = \dot{M}_L \left(Y_2 - Y_1 \right), \tag{10.67}$$

woraus zusammen mit den Gln. (10.65) und (10.66) folgt:

$$\dot{M}_L = \dot{M}_s \frac{X_\alpha - X_\omega}{Y_2 - Y_1} = \frac{\dot{M}_{\text{feuchtes Gut}} - \dot{M}_s \left(1 + X_\omega \right)}{Y_2 - Y_1} \quad \rightarrow \quad \boxed{\dot{M}_L = 1610 \, \frac{\text{kg}}{\text{h}}}. \tag{10.68}$$

Der Wassermassenstrom wird ebenfalls durch den Umluftstrom transportiert:

$$\dot{M}_W = \dot{M}_{LUm} \left(Y_2 - Y_M \right) \quad \rightarrow \quad \dot{M}_{LUm} = \frac{\dot{M}_{\text{feuchtes Gut}} - \dot{M}_s \left(1 + X_\omega \right)}{Y_2 - Y_M}$$

$$\rightarrow \quad \boxed{\dot{M}_{LUm} = 2780 \, \frac{\text{kg}}{\text{h}}}. \tag{10.69}$$

c) Die erforderliche Heizleistung berechnet sich aus der Energiebilanz um den Erhitzer:

$$\dot{Q} = \dot{M}_{LUm} \left(h_M - h_{M'} \right) \quad \rightarrow \quad \boxed{\dot{Q} = 47{,}8 \, \text{kW}}. \tag{10.70}$$

Der massenbezogene Energieaufwand ergibt sich aus dem Verhältnis der Heizleistung zur entfernten Feuchte:

$$\frac{\dot{Q}}{\dot{M}_W} = q = \frac{\dot{M}_{LUm} \left(h_M - h_{M'} \right)}{\dot{M}_{\text{feuchtes Gut}} - \dot{M}_s \left(1 + X_\omega \right)} \quad \rightarrow \quad \boxed{q = 3440 \, \frac{\text{kJ}}{\text{kg}}}. \tag{10.71}$$

d) Unter der Annahme, dass der Trocknungsprozess lediglich im ersten Trocknungsabschnitt stattfindet, lässt sich eine integrale Energiebilanz für die Luft im Trockner aufstellen (Gl. (Lb 10.43)) und damit der Wärmeübergangskoeffizient berechnen:

$$\dot{Q} = \alpha A \Delta T_{ln} \quad \rightarrow \quad \alpha = \frac{\dot{Q}}{A} \frac{\ln\left(\frac{\vartheta_M - \vartheta_K}{\vartheta_2 - \vartheta_K}\right)}{\vartheta_M - \vartheta_2} \quad \rightarrow \quad \boxed{\alpha = 111 \ \frac{W}{m^2 K}}. \tag{10.72}$$

10.7 Auslegung eines einstufigen Trockners[**]

▶ **Thema** Berechnungsgrundlagen für Konvektionstrockner

In einem theoretischen Trockner, d. h., einem Trockner ohne Wärmeverluste, werden stündlich 20 kg feuchtes Gut von $X_\alpha = 0{,}5$ Feuchtebeladung auf $X_\omega = 0{,}05$ getrocknet. Der Betriebsdruck sei 1 bar. Das Psychrometer zeigt für die Trocknungsluft am trockenen Thermometer 40 °C und am feuchten Thermometer 20 °C an. Der Taupunkt der Austrittsluft darf 18 °C nicht unterschreiten. Es kann Oberflächenverdunstung mit dem Stoffübergangskoeffizienten $\beta = 0{,}02$ m/s angenommen werden.

a) Bestimmen Sie den Ein- und Austrittszustand der Luft und die Kühlgrenztemperatur.
b) Ermitteln Sie den absoluten und den spezifischen Luftbedarf des einstufigen Trockners.
c) Berechnen Sie die erforderliche aktive Fläche.

Hinweise:

1. Zur Lösung des Teils c) kann der Dampfdruck des Wassers p_S mit den Antoine-Parametern aus Aufgabe 10.1 berechnet werden.
2. Luft kann als ideales Gas behandelt werden.

Lösung

Lösungsansatz:
Aufstellung der Massen- und Energiebilanzen für die Luftströme und Verknüpfung mit dem Stofftransport der Feuchte unter Einsatz des Mollier-Diagramms.

Lösungsweg:
a) Mit Abb. 10.8 ergibt sich aus den Temperaturen des trockenen und feuchten Thermometers des Psychrometers die relative Feuchte $\varphi = 14\,\%$. Mit dieser Luftfeuchte folgt aus dem Mollier-Diagramm (s. Abb. 10.9) eine Kühlgrenztemperatur von:

$$\boxed{\vartheta_K = 20\,°C}. \tag{10.73}$$

Abb. 10.8 Psychrometrische Differenz in Abhängigkeit von der Temperatur des trockenen Thermometers (s. Abb. Lb 10.7)

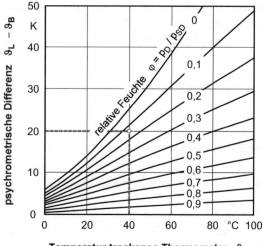

Abb. 10.9 Trocknungsvorgang im Kanaltrockner im Enthalpie-Beladungs-Diagramm

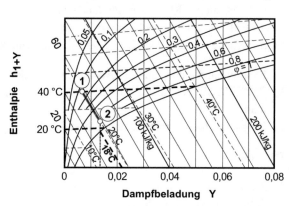

Weiterhin liegt am Eintritt eine Dampfbeladung von $Y_1 = 7$ g/kg vor. Die Austrittsbeladung folgt aus der Angabe der maximalen Taupunkttemperatur von 18 °C. Der Schnittpunkt der Senkrechten durch den Punkt $\varphi = 1$ und $\vartheta = 18$ °C mit dem Verlauf der Kühlgrenztemperatur $\vartheta_K = 20$ °C liefert den Punkt 2 und damit die Austrittsbeladung $Y_2 = 13$ g/kg sowie die Temperatur $\vartheta_2 = 24$ °C. Damit ergeben sich die in Tab. 10.3 für die ein- und austretende Luft aufgeführten Zustandsgrößen:

Tab. 10.3 Charakteristische Daten der Ein- und Austrittszustände

Zustand	ϑ [°C]	Y [g/kg]
1	40	7
2	24	13

b) Der Massenstrom der entfernten Gutsfeuchte ergibt sich aus der Wasserbilanz für das feuchte Gut:

$$\dot{M}_W = \dot{M}_s \left(X_\alpha - X_\omega \right). \tag{10.74}$$

Der Massenstrom des trockenen Feststoffes ergibt sich durch:

$$\dot{M}_{\text{feuchtes Gut}} = \dot{M}_s + X_\alpha \dot{M}_s \quad \rightarrow \quad \dot{M}_s = \frac{\dot{M}_{\text{feuchtes Gut}}}{1 + X_\alpha}. \tag{10.75}$$

Dieser Massenstrom wird durch die Luft abtransportiert:

$$\dot{M}_L = \frac{\dot{M}_W}{Y_2 - Y_1} = \frac{\dot{M}_{\text{feuchtes Gut}}}{1 + X_\alpha} \frac{X_\alpha - X_\omega}{Y_2 - Y_1} \quad \rightarrow \quad \boxed{\dot{M}_L = 1000 \, \frac{\text{kg}}{\text{h}}}. \tag{10.76}$$

Der spezifische Luftbedarf ergibt sich gemäß:

$$\frac{\dot{M}_L}{\dot{M}_W} = \frac{1}{Y_2 - Y_1} \quad \rightarrow \quad \boxed{\frac{\dot{M}_L}{\dot{M}_W} = 167}. \tag{10.77}$$

c) Zur Berechnung der erforderlichen aktiven Fläche wird eine differenzielle Massenbilanz für den Wasserdampf (analog Abb. Lb 10.8) aufgestellt, in der die Anreicherung des Dampfes in der Luft mit dem übergegangenen Stoffstrom gleichgesetzt wird. Dabei wird statt der Luftbeladung die molare Konzentration verwendet:

$$\beta(c_0 - c_D)dA = \dot{V}_L dc_D \quad \rightarrow \quad \frac{\beta}{\dot{V}_L} dA = \frac{dc_D}{c_0 - c_D}. \tag{10.78}$$

Hierin ist c_0 die molare Oberflächenkonzentration und c_D die Kernkonzentration des Dampfes in der Luft. Da der Dampfgehalt klein ist, wird vereinfachend von einem konstanten Luftvolumenstrom $\dot{V}_L$ ausgegangen. Aus der Integration über die Länge des Trockners folgt:

$$\frac{\beta A}{\dot{V}_L} = \ln \left(\frac{c_0 - c_{D_1}}{c_0 - c_{D_2}} \right). \tag{10.79}$$

Der Luftvolumenstrom berechnet sich aus dem idealen Gasgesetz:

$$\dot{V}_L = \frac{\dot{M}_L}{\rho_L} \quad \text{mit} \quad \rho_L = \frac{p \tilde{M}_L}{R T_m} \quad \rightarrow \quad \dot{V}_L = \frac{\dot{M}_L R T_m}{p \tilde{M}_L}. \tag{10.80}$$

T_m ist der Mittelwert aus Ein- und Austrittstemperatur in K. Für die molare Dampfkonzentration in der Luft gilt:

$$c_D = \frac{p_D}{R T}. \tag{10.81}$$

Mit den Gln. (10.80) und (10.81) folgt aus Gl. (10.79):

$$A = \frac{\dot{M}_L R T_m}{\beta p \tilde{M}_L} \ln \left(\frac{p_0 - p_{D_1}}{p_0 - p_{D_2}} \right). \tag{10.82}$$

Hierbei wurden die geringfügigen Temperaturunterschiede bei der Berechnung der Partialdrücke vernachlässigt. Die Partialdrücke ergeben sich wie folgt:

- Oberfläche $\vartheta_0 = \vartheta_K = 20\,°C$ (Antoine-Gl. s. Aufgabe 10.1)

$$p_0 = 23{,}1\,\text{mbar}. \tag{10.83}$$

- Lufteintritt: gemäß Gl. (Lb 10.9)

$$p_{D_1} = \frac{Y_1}{0{,}622 + Y_1} p \quad \rightarrow \quad p_{D_1} = 11{,}1\,\text{mbar}. \tag{10.84}$$

- Luftaustritt

$$p_{D_2} = \frac{Y_2}{0{,}622 + Y_2} p \quad \rightarrow \quad p_{D_2} = 20{,}5\,\text{mbar}. \tag{10.85}$$

Aus Gl. (10.82) ergibt sich mit diesen Daten die aktive Fläche:

$$\boxed{A = 18{,}3\,\text{m}^2}. \tag{10.86}$$

10.8 Auslegung eines Gegenstromtrockners[**]

▶ **Thema** Berechnungsgrundlagen für Konvektionstrockner

In einem Gegenstromtrockner (s. Abb. 10.10) werden 0,15 kg/s feuchtes Gut, welches zur Hälfte Wasser enthält, auf ein Zehntel des Feuchtigkeitsgehaltes getrocknet. Die Eintrittstemperatur des Gutes $\vartheta_{s\alpha}$ beträgt 15 °C, die Austrittstemperatur $\vartheta_{s\omega}$ 50 °C. Es besitzt eine spezifische Wärmekapazität von 1,7 kJ/(kg · K). Das Gut wird auf einem Stahlband befördert. Das Massenverhältnis von Transporteinrichtung (spez. Wärmekapazität $c_{pT} = 0{,}46\,\text{kJ}/(\text{kg} \cdot \text{K})$) zu trockenem Gut beträgt 0,75. Die Frischluft weist eine Temperatur ϑ_{L1} von 10 °C und eine relative Feuchtigkeit von 80 % auf, die Ablufttemperatur ϑ_{L3} beträgt 50 °C bei einer relativen Feuchte von 50 %. Die Wärmeverluste der Trocknungsanlage betragen 10 % der im Lufterhitzer übertragenen Wärmemenge und die mittlere spezifische Wärmekapazität des flüssigen Wassers 4,18 kJ/(kg·K).

a) Ermitteln Sie die Zustandspunkte der Luft und stellen Sie den Trocknungsvorgang im h_{1+Y}-Diagramm dar.

Abb. 10.10 Fließschema einer
Gegenstromtrocknung

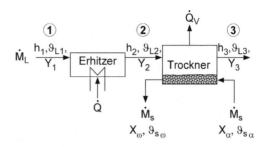

b) Bestimmen Sie den Luft- und Energiebedarf des theoretischen Trockners.

c) Berechnen Sie den absoluten und den auf den verdunsteten Wassermassenstrom bezogenen Energiebedarf des realen Trockners.

Lösung

Lösungsansatz:

Aufstellung der Massen- und Energiebilanzen für die Luftströme und Verknüpfung mit dem Stofftransport der Feuchte unter Einsatz des Mollier-Diagramms.

Lösungsweg:

a) Aus der Aufgabenstellung lassen sich wie folgt die Zustandspunkte für die Trocknungsluft bestimmen, wie sie in Abb. 10.11 dargestellt sind:

- Frischluft (1): Temperatur ($\vartheta_{L1} = 10\,°\mathrm{C}$) und relative Feuchte ($\varphi_1 = 0{,}8$) sind vorgegeben.
- Abluft (3): Temperatur ($\vartheta_{L3} = 50\,°\mathrm{C}$) und relative Feuchte ($\varphi_3 = 0{,}5$) sind vorgegeben.
- Austritt aus dem Erhitzer (2): Der Punkt ergibt sich aus der Verlängerung der zum Abluftzustand gehörigen Isothermen der Kühlgrenztemperatur der durch den Frischluftzustand gehenden Vertikalen gleicher Dampfbeladung.

Aus dem Mollier-Diagramm ergeben sich für die Dampfbeladung am Ein- und Austritt:

$$Y_1 = 6\,\frac{\mathrm{g}}{\mathrm{kg}} \quad \text{und} \quad Y_3 = 42\,\frac{\mathrm{g}}{\mathrm{kg}}. \tag{10.87}$$

b) Aus der Berechnung der übergehenden Wassermenge

$$\dot{M}_W = \dot{M}_s\,(X_\alpha - X_\omega) = \frac{\dot{M}_{\text{feucht}}}{1 + X_\alpha}\,(X_\alpha - 0{,}1X_\alpha) = 0{,}9\dot{M}_{\text{feucht}}\frac{X_\alpha}{1 + X_\alpha} \tag{10.88}$$

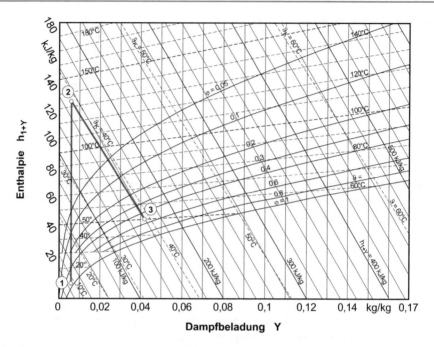

Abb. 10.11 Trocknungsvorgang in einem Gegenstromtrockner im Enthalpie-Beladungs-Diagramm

lässt sich der Luftbedarf bestimmen:

$$\dot{M}_W = \dot{M}_L \left(Y_3 - Y_1\right) \quad \rightarrow \quad \dot{M}_L = 0,9 \dot{M}_{\text{feucht}} \frac{X_\alpha}{(Y_3 - Y_1)\,(1 + X_\alpha)}$$

$$\rightarrow \quad \boxed{\dot{M}_L = 6750 \,\frac{\text{kg}}{\text{h}}}. \tag{10.89}$$

Der Energiebedarf des theoretischen Trockners ergibt sich aus dem Luftmassenstrom und der Enthalpieänderung zwischen Aus- und Eintritt des Erhitzers:

$$\dot{Q}_{\text{theo}} = \dot{M}_L \left(h_2 - h_1\right). \tag{10.90}$$

Aus dem Mollier-Diagramm können die Enthalpien abgelesen werden:

$$h_1 = 24 \,\frac{\text{kJ}}{\text{kg}} \quad \text{und} \quad h_2 = 151 \,\frac{\text{kJ}}{\text{kg}} \quad \rightarrow \quad \boxed{\dot{Q}_{\text{theo}} = 238 \,\text{kW}}. \tag{10.91}$$

c) Zur Bestimmung des Energiebedarfs des realen Trockners wird eine integrale Energiebilanz aufgestellt:

$$\dot{M}_L h_1 + \dot{M}_s c_{ps} \vartheta_{s\alpha} + \dot{M}_{W\alpha} c_{pW} \vartheta_{s\alpha} + \dot{M}_T c_{pT} \vartheta_{s\alpha} + \dot{Q}_{\text{real}}$$
$$= \dot{M}_L h_3 + \dot{M}_s c_{ps} \vartheta_{s\omega} + \dot{M}_{W\omega} c_{pW} \vartheta_{s\omega} + \dot{M}_T c_{pT} \vartheta_{s\omega} + \dot{Q}_V. \tag{10.92}$$

Aufgelöst nach dem realen Wärmestrom

$$\dot{Q}_{\text{real}} = \dot{M}_L (h_3 - h_1) + \left(\dot{M}_s c_{ps} + \dot{M}_T c_{pT} \right) (\vartheta_{s\omega} - \vartheta_{s\alpha})$$
$$+ \dot{M}_{W\alpha} c_{pW} (0{,}1\vartheta_{s\omega} - \vartheta_{s\alpha}) + \dot{Q}_V \qquad (10.93)$$

ergibt sich nach einigen Umformungen:

$$\dot{Q}_{\text{real}} = \frac{1}{0{,}9} \left\{ \dot{Q}_{\text{theo}} + \dot{M}_L (h_3 - h_2) \right.$$

$$\left. + \frac{\dot{M}_{\text{feucht}}}{1 + X_\alpha} \left[\left(c_{ps} + 0{,}75 c_{pT} \right) (\vartheta_{s\omega} - \vartheta_{s\alpha}) + X_\alpha c_{pW} (0{,}1\vartheta_{s\omega} - \vartheta_{s\alpha}) \right] \right\}$$

$$\rightarrow \quad \boxed{\dot{Q}_{\text{real}} = 286\,\text{kW}}. \qquad (10.94)$$

Hieraus folgt der massenspezifische Energiebedarf:

$$q_{\text{real}} = \frac{\dot{Q}_{\text{real}}}{\dot{M}_W} = \frac{1}{0{,}9} \frac{\dot{Q}_{\text{real}}}{\dot{M}_{\text{feucht}}} \frac{1 + X_\alpha}{X_\alpha} \quad \rightarrow \quad \boxed{q_{\text{real}} = 4234\,\frac{\text{kJ}}{\text{kg}}}. \qquad (10.95)$$

10.9 Gefriertrocknung eines kugelförmigen Teilchens[***]

▶   **Thema** Kinetik der Trocknung im II. Trocknungsabschnitt

Ein kugelförmiger, poröser Körper enthält in seinen Hohlräumen gefrorenes Wasser (s. Abb. 10.12), das durch eine Vakuumtrocknung entfernt werden soll.

Bestimmen Sie die erforderliche Zeit t_{end}, um das Wasser restlos aus dem porösen Körper zu entfernen.

Gegeben:

Außenradius der Kugel	R_0
Dichte des Eises	ρ_{Eis}
Lückengrad, Volumenanteil an Wasser	ε
Gleichgewichtsmassenkonzentration an der Eis/Gas-Grenzfläche in der Gasphase	ρ_W^*
Wassermassenkonzentration im Vakuum	$\rho_{W\infty} \approx 0$
Effektiver Diffusionskoeffizient für gasförmiges Wasser in dem porösen Körper	$D_{D\text{eff}}$
Stoffübergangskoeffizient an der Kugeloberfläche:	β

Hinweise:

1. Die äußere Grenze des sublimierenden Wassers (Koordinate R_{Eis}, s. Abb. 10.12) zieht sich langsam in das Kugelinnere zurück (quasistationäre Diffusion).
2. Die Temperatur ist als konstant anzunehmen.

Abb. 10.12 Kugelförmiger,
poröser Körper mit gefrorenem
Wasser

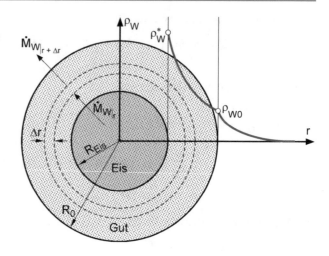

Lösung

Lösungsansatz:
Aufstellung einer Massenbilanz für die Gutsfeuchte und Verknüpfung mit dem Stofftransport der Feuchte.

Lösungsweg:
a) Die Massenbilanz für das gefrorene Wasser in der Kugel lautet:

$$\frac{dM_W}{dt} = -\dot{M}_W, \tag{10.96}$$

wobei $\dot{M}_W$ den konvektiv an die Umgebung übertragenen Massenstrom darstellt. Für die Massenänderung gilt:

$$\frac{dM_W}{dt} = \frac{d}{dt}\left(\frac{4}{3}\pi R_{Eis}^3 \varepsilon \rho_{Eis}\right) = 4\rho_{Eis}\varepsilon\pi R_{Eis}^2 \frac{dR_{Eis}}{dt}. \tag{10.97}$$

Der Stofftransport an die Kugeloberfläche erfolgt diffusiv. Erstellt man für die skizzierte dünne Kugelschale eine Bilanz, so folgt unter Annahme quasistationärer Bedingungen:

$$0 = \dot{M}_{W|r} - \dot{M}_{W|r+\Delta r} \quad \rightarrow \quad \frac{d\dot{M}_W}{dr} = 0$$

$$\rightarrow \quad \dot{M}_W = \text{konst.} = -D_{D_{eff}} 4\pi r^2 \frac{d\rho_W}{dr}. \tag{10.98}$$

Durch einfache Integration ergibt sich:

$$\rho_W = \frac{\dot{M}_W}{4\pi D_{D_{eff}}}\left(\frac{1}{r}\right) + C_1. \tag{10.99}$$

Zur Lösung dieser Differenzialgleichung stehen zwei Randbedingungen zur Verfügung:

1. RB: bei $r = R_{\text{Eis}}$ $\rho_W = \rho_W^*$
2. RB: bei $r \varepsilon R_0$ $\rho_W = \rho_{W0}$

Damit folgt für die Konzentrationsdifferenz zwischen Eisoberfläche und Kugeloberfläche:

$$\rho_{W0} - \rho_W^* = \frac{\dot{M}_W}{4\pi D_{D_{\text{eff}}}} \left(\frac{1}{R_0} - \frac{1}{R_{\text{Eis}}} \right). \tag{10.100}$$

Die unbekannte Konzentration ρ_{W0} wird über den konvektiven Stofftransport an der Oberfläche bestimmt:

$$\dot{M}_W = \beta 4\pi R_0^2 \left(\rho_{W0} - \rho_{W\infty} \right). \tag{10.101}$$

Da $\rho_{W\infty} \approx 0$ berechnet sich Oberflächenkonzentration ρ_{W0} als:

$$\rho_{W0} = \frac{\dot{M}_W}{\beta 4\pi R_0^2}. \tag{10.102}$$

Eingesetzt in Gl. (10.100) und aufgelöst nach dem Massenstrom $\dot{M}_W$ folgt:

$$\dot{M}_W = \frac{4\pi \rho_W^*}{\left(\frac{1}{\beta R_0^2} - \frac{1}{D_{D_{\text{eff}}} R_0} + \frac{1}{D_{D_{\text{eff}}} R_{\text{Eis}}} \right)}. \tag{10.103}$$

Zusammen mit den Gln. (10.96) und (10.97) ergibt sich daraus die Differenzialgleichung:

$$\rho_{\text{Eis}} \varepsilon \left(\frac{R_{\text{Eis}}^2}{\beta R_0^2} - \frac{R_{\text{Eis}}^2}{D_{D_{\text{eff}}} R_0} + \frac{R_{\text{Eis}}}{D_{D_{\text{eff}}}} \right) \frac{dR_{\text{Eis}}}{dt} = -\rho_W^*. \tag{10.104}$$

Mit der Anfangsbedingung

AB: bei $t = 0$ $R_{\text{Eis}} = R_0$

führt die Integration zu der erforderlichen Trocknungszeit t_{end}:

$$t_{\text{end}} = -\varepsilon \frac{\rho_{\text{Eis}}}{\rho_W^*} \left(\frac{1}{3} \frac{1}{\beta} \frac{R_{\text{Eis}}^3}{R_0^2} - \frac{1}{3} \frac{1}{D_{D_{\text{eff}}}} \frac{R_{\text{Eis}}^3}{R_0} + \frac{1}{2} \frac{R_{\text{Eis}}^2}{D_{D_{\text{eff}}}} \right)_{R_{\text{Eis}}=R_0}^{R_{\text{Eis}}=0}$$

$$\rightarrow \quad \boxed{t_{\text{end}} = \varepsilon \frac{\rho_{\text{Eis}}}{\rho_W^*} \left(\frac{R_0}{3\beta} + \frac{R_0^2}{6 D_{D_{\text{eff}}}} \right).} \tag{10.105}$$

10.10   Trocknungsverlauf in einem ebenen feuchten Gut**

▶   **Thema** Kinetik der Trocknung im II. Trocknungsabschnitt

Eine ebene Schicht (Grundfläche A, Höhe s) eines wasserfeuchten, nichthygroskopischen Gutes ist am Ende des I. Trocknungsabschnitts so weit getrocknet, dass der Flüssigkeitsspiegel gerade noch die Oberfläche erreicht. Im Weiteren setzt der II. Trocknungsabschnitt ein. Der Flüssigkeitsspiegel im Gut verringert sich infolge der Verdunstung der Gutsfeuchte. Der Stofftransport erfolgt dabei in den Poren diffusiv mit dem Diffusionskoeffizienten $D_{D_{\text{eff}}}$ bis an die Gutsoberfläche und von dort konvektiv in den darüber befindlichen Luftstrom.

a) Ermitteln Sie die zeitliche Entwicklung der Gutsfeuchte $X(t)$.
b) Bestimmen Sie die zeitliche Entwicklung der Trocknungsgeschwindigkeit $-dX/dt$.
c) Berechnen Sie die Trocknungsgeschwindigkeit am Ende des Trocknungsprozesses.

Gegeben:

Dichte des Feststoffs	ρ_s	$= 1200\,\text{kg/m}^3$
Dichte des flüssigen Wassers	ρ_W	$= 1000\,\text{kg/m}^3$
Schichthöhe des Gutes	s	$= 3\,\text{mm}$
Lückengrad des Gutes	ε	$= 0{,}2$
Gleichgewichtskonzentration des Wassers	ρ_W^*	$= 50 \cdot 10^{-3}\,\text{kg/m}^3$
Wasserkonzentration in der Trocknungsluft	$\rho_{W\infty}$	$= 10 \cdot 10^{-3}\,\text{kg/m}^3$
Stoffübergangskoeffizient an der Gutsoberfläche	β	$= 7{,}5 \cdot 10^{-3}\,\text{m/s}$
Effektiver Diffusionskoeffizient für den Dampf in den Poren[1]	$D_{D_{\text{eff}}}$	$= 4 \cdot 10^{-6}\,\text{m}^2/\text{s}$

Hinweise:

1. Die Temperatur sei während des gesamten Trocknungsvorgangs konstant.
2. Der Stofftransport kann als quasistationär betrachtet werden.

Lösung

Lösungsansatz:
Aufstellung einer Massenbilanz für die Gutsfeuchte und Verknüpfung mit dem Stofftransport der Feuchte.

---

[1] Der effektive Diffusionskoeffizient D_{eff} beschreibt die Diffusion durch den Porenraum poröser Medien. Er berücksichtigt die Porosität der Schicht sowie deren Tortuosität.

Lösungsweg:

a) Die Massenbilanz für die Gutsfeuchte in der Schicht lautet:

$$\frac{dM_W}{dt} = -\dot{M}_{ab}. \tag{10.106}$$

Für den Speicherterm gilt

$$\frac{dM_W}{dt} = \rho_W \frac{dV_W}{dt} = \rho_W \frac{d\,(\varepsilon V_{\text{Schicht}})}{dt} = \rho_W \varepsilon A \frac{dh\,(t)}{dt} \tag{10.107}$$

mit der Spiegelhöhe $h(t)$ im Gut. Der verdunstende Massenstrom $\dot{M}_{\text{ab}}$ ergibt sich aus dem Stoffdurchgang durch die Schicht und den anschließenden konvektiven Stoffübergang. Die Triebkraft resultiert aus der Differenz zwischen der Konzentration an der Spiegeloberfläche ρ_W^* und der Konzentration im Kern der Gasströmung $\rho_{W\infty}$. Als Fläche ist die Gutsoberfläche A zu verwenden:

$$\dot{M}_{ab} = kA\left(\rho_W^* - \rho_{W\infty}\right). \tag{10.108}$$

Der gasseitige Stoffdurchgangskoeffizient ergibt sich analog zum Wärmedurchgangskoeffizienten (Gl. (Lb 3.6)) als:

$$k_g = \left(\frac{1}{\beta} + \frac{s - h}{D_{D_{\text{eff}}}}\right)^{-1}. \tag{10.109}$$

Aus den Gln. (10.106)–(10.109) folgt die Differenzialgleichung:

$$\rho_W \varepsilon \frac{dh(t)}{dt} = -\left(\frac{1}{\beta} + \frac{s - h}{D_{D_{\text{eff}}}}\right)^{-1}\left(\rho_W^* - \rho_{W\infty}\right)$$

$$\rightarrow \quad \left(\frac{D_{D_{\text{eff}}}}{\beta} + s - h\right) dh(t) = -D_{D_{\text{eff}}} \frac{\left(\rho_W^* - \rho_{W\infty}\right)}{\rho_W \varepsilon} dt. \tag{10.110}$$

Mit der Anfangsbedingung

AB: bei $t = 0$ $h = s$

ergibt sich aus der Integration der Differenzialgleichung:

$$\left(\frac{D_{D_{\text{eff}}}}{\beta} + s\right)(h - s) + \frac{\left(s^2 - h^2\right)}{2} = -D_{D_{\text{eff}}} \frac{\left(\rho_W^* - \rho_{W\infty}\right)}{\rho_W \varepsilon} t, \tag{10.111}$$

die sich als Normalform einer quadratischen Gleichung formulieren lässt:

$$h^2 \underbrace{- 2\left(\frac{D_{D_{\text{eff}}}}{\beta} + s\right) h}_{p} + \underbrace{\frac{2 D_{D_{\text{eff}}}}{\beta} s + s^2 - 2 D_{D_{\text{eff}}} \frac{\left(\rho_W^* - \rho_{W\infty}\right)}{\rho_W \varepsilon} t}_{q} = 0. \tag{10.112}$$

Als Lösung resultiert:

$$h_{1,2} = -\frac{p}{2} \pm \sqrt{\frac{p^2}{4} - q}.$$

(10.113)

Um zu prüfen, welche Lösung auf den physikalischen Zusammenhang zutrifft, wird die Bedingung, dass für $t = 0$ gemäß der Anfangsbedingung $h = s$ sein muss, herangezogen:

$$h_{1,2} = \left(\frac{D_{D_{\text{eff}}}}{\beta} + s\right) \pm \sqrt{\left(\frac{D_{D_{\text{eff}}}}{\beta}\right)^2 + \frac{2D_{D_{\text{eff}}}}{\beta}s + s^2 - \frac{2D_{D_{\text{eff}}}}{\beta}s - s^2}$$

$$\rightarrow \quad h_{1,2} = \left(\frac{D_{D_{\text{eff}}}}{\beta} + s\right) \pm \frac{D_{D_{\text{eff}}}}{\beta}.$$

(10.114)

Demzufolge lautet die Lösung für die Spiegelhöhe:

$$h(t) = \left(\frac{D_{D_{\text{eff}}}}{\beta} + s\right) - \sqrt{\left(\frac{D_{D_{\text{eff}}}}{\beta}\right)^2 + 2D_{D_{\text{eff}}}\frac{\left(\rho_W^* - \rho_{W\infty}\right)}{\rho_W \varepsilon}t}.$$

(10.115)

Aus dieser lässt sich die Gutsfeuchte berechnen:

$$X(t) = \frac{M_W(t)}{M_s} = \frac{\rho_W \varepsilon A h(t)}{\rho_s (1 - \varepsilon) A s}$$

$$\rightarrow \quad \boxed{X(t) = \frac{\rho_W \varepsilon}{\rho_s (1 - \varepsilon) s}\left[\left(\frac{D_{D_{\text{eff}}}}{\beta} + s\right) - \sqrt{\left(\frac{D_{D_{\text{eff}}}}{\beta}\right)^2 + 2D_{D_{\text{eff}}}\frac{\left(\rho_W^* - \rho_{W\infty}\right)}{\rho_W \varepsilon}t}\right].}$$

(10.116)

b) Die Trocknungsgeschwindigkeit ergibt sich aus der negativen Ableitung von Gl. (10.116):

$$\boxed{-\frac{dX(t)}{dt} = \frac{1}{(1 - \varepsilon)}\frac{D_{D_{\text{eff}}}}{s}\frac{\left(\rho_W^* - \rho_{W\infty}\right)}{\rho_s}\left(\left(\frac{D_{D_{\text{eff}}}}{\beta}\right)^2 + 2D_{D_{\text{eff}}}\frac{\left(\rho_W^* - \rho_{W\infty}\right)}{\rho_W \varepsilon}t\right)^{-1/2}.}$$

(10.117)

Der zeitliche Verlauf der Gutsfeuchte und der Trocknungsgeschwindigkeit sind in Abb. 10.13 dargestellt.

c) Die Trocknung endet, wenn die Gutsfeuchte gem. Gl. (10.116) den Wert null annimmt:

$$0 = \frac{\rho_W \varepsilon}{\rho_s (1 - \varepsilon) s}\left[\left(\frac{D_{D_{\text{eff}}}}{\beta} + s\right) - \sqrt{\left(\frac{D_{D_{\text{eff}}}}{\beta}\right)^2 + 2D_{D_{\text{eff}}}\frac{\left(\rho_W^* - \rho_{W\infty}\right)}{\rho_W \varepsilon}t_{\text{end}}}\right].$$ (10.118)

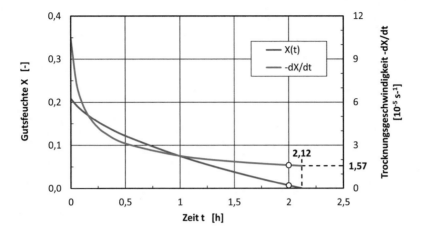

Abb. 10.13 Zeitlicher Verlauf der Gutsfeuchte und der Trocknungsgeschwindigkeit

Durch Umformung ergibt sich hieraus die Trocknungszeit t_{end}:

$$t_{\text{end}} = \frac{\rho_W \varepsilon}{\rho_W^* - \rho_{W\infty}} \left(\frac{s}{\beta} + \frac{s^2}{2 D_{D_{\text{eff}}}} \right) \quad \rightarrow \quad \boxed{t_{\text{end}} = 2{,}12\,\text{h}}. \tag{10.119}$$

Setzt man die Trocknungszeit in die Trocknungsgeschwindigkeit gem. Gl. (10.117), so ergibt sich die Endtrocknungsgeschwindigkeit:

$$-\frac{dX(t_{\text{end}})}{dt} = \frac{\left(\rho_W^* - \rho_{W\infty} \right)}{\rho_s \left(1 - \varepsilon \right) s} \left(\frac{1}{\beta} + \frac{s}{D_{D_{\text{eff}}}} \right)^{-1}$$

$$\rightarrow \quad \boxed{-\frac{dX(t_{\text{end}})}{dt} = 1{,}57 \cdot 10^{-5}\,\frac{1}{\text{s}}}. \tag{10.120}$$

Literatur

1. Mersmann A (1986) Stoffübertragung. Springer, Berlin Heidelberg New York
2. Reid RC, Prausnitz JM, Poling BE (1987) The properties of gases and liquids, 4. Aufl. McGraw-Hill, New York

Rieselfilmapparate

11

Zentraler Inhalt des Kapitels ist die Anwendung der erforderlichen Kenntnisse und Methoden zur Dimensionierung von Rieselfilmapparaten. Hierzu werden die mathematischen Beschreibungen der oftmals verknüpften Energie-, Impuls- und Stofftransportvorgänge, die bei Anwendungen von Flüssigkeitsfilmen auftreten, verwendet. Dabei werden auch die in Rieselfilmreaktoren ablaufenden chemischen Reaktionen einbezogen. Zunächst wird die Fluiddynamik von Flüssigkeitsfilmen betrachtet. Die weiteren Aufgaben befassen sich mit Anwendungen von Rieselfilmapparaten für unterschiedliche Wärme- und Stoffübergangsprozesse.

11.1 Widerstandsbeiwert bei laminarer Filmströmung[*]

► **Thema** Fluiddynamik von Rieselfilmen

Für den laminaren Rieselfilm sind zu bestimmen:

a) die Schubspannung τ_w an der ebenen Wand und
b) der resultierende Reibungsbeiwert ζ_f

$$\zeta_f \equiv \frac{\left| F_f / A_w \right|}{\frac{\rho_f}{2} \overline{w}^2} = \frac{|\tau_w|}{\frac{\rho_f}{2} \overline{w}^2}. \tag{11.1}$$

(s. auch Gl. (Lb 6.14)) in Abhängigkeit von der Reynoldszahl.

Elektronisches Zusatzmaterial Die Online-Version dieses Kapitels (https://doi.org/10.1007/978-3-662-60393-2_11) enthält Zusatzmaterial, das für autorisierte Nutzer zugänglich ist.

Annahme:

Über die Gas/Flüssigkeits-Phasengrenzfläche werden keine Schubspannungen übertragen.

Lösung

Lösungsansatz:
Impulsbilanz für den laminar strömenden Rieselfilm

Lösungsweg:
a) Basierend auf Abb. Lb 11.2 und Gl. (Lb 11.2) folgt für die Impulsbilanz

$$\frac{\partial^2 w}{\partial y^2} = -\frac{\rho_f g}{\eta_f} \tag{11.2}$$

und nach einmaliger Integration

$$\frac{\partial w}{\partial y} = -\frac{\rho_f g}{\eta_f} y + C. \tag{11.3}$$

Da vereinfachend angenommen wird, dass über die Phasengrenzfläche ($y = 0$) keine Schubspannung übertragen wird, besteht hier die Randbedingung

$$1. \text{RB:} \quad \text{bei } y = 0 \quad \tau(y = 0) = \eta_f \left. \frac{\partial w}{\partial y} \right|_{y=0} = 0. \tag{11.4}$$

Demzufolge ist die Integrationskonstante C gleich null, sodass für die Schubspannung gilt:

$$\tau(y) = \eta_f \frac{\partial w}{\partial y} = -\rho_f g y \tag{11.5}$$

Daraus ergibt sich die Schubspannung an der Wand ($y = \delta$):

$$\boxed{\tau(y = \delta) = \tau_w = -\rho_f g \delta}. \tag{11.6}$$

b) Für die Berechnung des Widerstandsbeiwerts nach Gl. (11.1) wird die mittlere Geschwindigkeit $\overline{w}$ benötigt. Diese ergibt sich durch Integration des Geschwindigkeitsprofils (Gl. (Lb 11.3))

$$w(y) = \frac{g \delta^2}{2 \nu_f} \left[1 - \left(\frac{y}{\delta} \right)^2 \right] \tag{11.7}$$

über die durchströmte Querschnittsfläche:

$$\overline{w} = \frac{\dot{V}}{A} = \frac{1}{B \delta} \int_0^A w(y) dA = \frac{1}{B \delta} \int_0^\delta \frac{g \delta^2}{2 \nu_f} \left[1 - \left(\frac{y}{\delta} \right)^2 \right] B \, dy. \tag{11.8}$$

Daraus folgt:

$$\overline{w} = \frac{g\delta}{2\nu_f} \left[y - \frac{y^3}{3\delta^2} \right]_0^{\delta} = \frac{g\delta}{2\nu_f} \left(\delta - \frac{\delta}{3} \right) = \frac{g\delta^2}{3\nu_f} = \frac{\rho_f \, g\delta^2}{3\eta_f}. \tag{11.9}$$

Eingesetzt in Gl. (11.1):

$$\zeta_f = \frac{\rho_f \, g\delta}{\frac{\rho_f}{2} \left(\frac{\rho_f \, g\delta^2}{3\eta_f} \right)^2} = \frac{\frac{3\eta_f}{\delta} \left(\frac{\rho_f \, g\delta^2}{3\eta_f} \right)}{\frac{\rho_f}{2} \left(\frac{\rho_f \, g\delta^2}{3\eta_f} \right)^2} = 6 \frac{\eta_f}{\overline{w} \rho_f \, \delta} \quad \rightarrow \quad \boxed{\zeta_f = \frac{6}{Re_\delta}}. \tag{11.10}$$

11.2 Filmdicke einer laminar strömenden Bingham-Flüssigkeit [1]*

▶ **Thema** Fluiddynamik von Rieselfilmen

Für einen Lack (Bingham-Flüssigkeit) wurde in einem Rotationsviskosimeter die in Tab. 11.1 aufgeführten Schubspannungen τ für verschiedene Scherraten dw/dx vermessen:

Bestimmen Sie die maximale Schichtdicke, mit der dieser Lack ($\rho_{Lack} = 1200\,\mathrm{kg/m^3}$) auf eine vertikale Wand aufgebracht werden kann, ohne dass er zu fließen beginnt.

Lösung

Lösungsansatz:
Kräftebilanz und Bestimmung der Mindestschubspannung

Lösungsweg:
Um die maximale Filmdicke zu berechnen, muss zunächst eine Kräftebilanz am Flüssigkeitsfilm durchgeführt werden:

$$F_G - F_\tau = \rho_f \, gBL\delta_{\max} - \tau_0 BL = 0. \tag{11.11}$$

Tab. 11.1 Gemessene Schubspannungen eines Lacks für unterschiedliche Scherraten

τ [N/m²]	15	18	21
dw/dx [s⁻¹]	6	12	18

Abb. 11.1 Plot der in den
Experimenten ermittelten,
rheologischen Daten

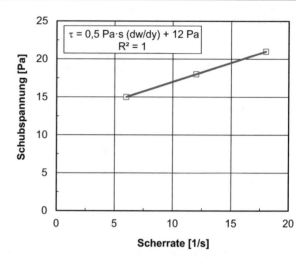

Hierbei repräsentiert τ_0 die Grenzschubspannung, die aus der maximalen Filmdicke resultiert. Damit ergibt sich als Berechnungsgleichung für die maximale Filmdicke:

$$\delta_{\max} = \frac{\tau_0}{\rho_f g}. \tag{11.12}$$

Für Bingham-Fluide gilt das Fließgesetz (Gl. (Lb 1.15)):

$$\tau = \tau_0 + \eta_B \frac{\partial w}{\partial y}. \tag{11.13}$$

Die mit dem Rheometer gemessenen Daten sind in Abb. 11.1 dargestellt. Sind mindestens zwei zusammengehörige Werte der Scherrate und Schubspannung bekannt, so ergeben sich durch Lösung eines linearen Gleichungssystems (2 Gleichungen, 2 Unbekannte) die beiden charakteristischen Parameter Bingham-Viskosität η_B und Mindestschubspannung τ_0. Alternativ kann direkt die Gleichung zur Beschreibung der Ausgleichsgeraden verwendet werden. Demzufolge ergeben sich die Parameter gemäß:

$$\eta_B = 0,5 \, \text{Pa} \cdot \text{s} \quad \text{und} \quad \tau_0 = 12 \, \text{Pa}. \tag{11.14}$$

Somit beträgt die Grenzschubspannung, die bei Überschreiten zu einem fließenden Film führen würde, $\tau_0 = 12 \, \text{Pa}$. Daraus ergibt sich für die maximale Filmdicke gem. Gl. (11.12):

$$\boxed{\delta_{\max} = 1,02 \, \text{mm}}. \tag{11.15}$$

11.3 Verweilzeitverteilung für einen laminar strömenden Film[***]

▶ **Thema** Fluiddynamik von Rieselfilmen

Ein Film strömt laminar an einer vertikalen Wand mit dem Geschwindigkeitsprofil (Gl. (Lb 11.3)):

$$w(y) = \frac{g\delta^2}{2\nu_f}\left[1 - \left(\frac{y}{\delta}\right)^2\right] = w_{max}\left[1 - \left(\frac{y}{\delta}\right)^2\right]. \tag{11.16}$$

Für dieses Profil gilt: $w_{max} = 1{,}5\,\overline{w}$.

Für den Film sollen die Verweilzeitverteilungen $F(t/\tau)$ und $E(t/\tau)$ berechnet werden.

Lösung

Lösungsansatz:
Nutzung des Geschwindigkeitsprofils $w(y)$ zur Berechnung der von y abhängigen Verweilzeiten

Lösungsweg:
Für die Berechnung der Verweilzeitsummenfunktion gilt (Gl. (Lb 4.31)):

$$F(t) = \frac{\overline{c}(t)}{c_0}. \tag{11.17}$$

Für den Rieselfilm gilt wegen $w_{max} = 1{,}5\overline{w} \rightarrow t_{min} = 2/3\tau$. Demzufolge tritt der Tracer erst ab diesem Zeitpunkt am Ende des Films auf. Für die mittlere Austrittskonzentration eines Tracers, der ab dem Zeitpunkt t_{min} mit der Konzentration c_0 zugegeben wird, gilt:

$$\overline{c} = \frac{1}{\overline{w}\delta}\int\limits_0^{y(t)} w(y)c_0 dy, \tag{11.18}$$

mit y als der Filmtiefe, bis zu der der Tracer zum Zeitpunkt $t \geq t_{min}$ vorliegt. Diese ergibt sich als Funktion der Zeit über die Beziehung:

$$\frac{t_{min}}{t} = \frac{L/w_{max}}{L/w(y)} = \frac{w(y)}{w_{max}} = \frac{\frac{g\delta^2}{2\nu_f}\left[1 - \left(\frac{y}{\delta}\right)^2\right]}{\frac{g\delta^2}{2\nu_f}} = 1 - \left(\frac{y}{\delta}\right)^2. \tag{11.19}$$

Daraus folgt unter Einbeziehung des Zusammenhangs $t_{min} = 2/3\tau$:

$$y(t) = \delta\sqrt{1 - \frac{t_{min}}{t}} = \delta\sqrt{1 - \frac{2}{3}\frac{\tau}{t}}. \tag{11.20}$$

Für die mittlere Konzentration gilt:

$$\overline{c}(t) = \frac{1}{\overline{w}\delta} \int\limits_0^{y(t)} \frac{3}{2}\overline{w}\left[1 - \left(\frac{y}{\delta}\right)^2\right] c_0 dy$$

$$\rightarrow \quad \overline{c}(t) = \frac{3}{2}c_0 \left\{\frac{y(t)}{\delta} - \frac{1}{3}\left[\frac{y(t)}{\delta}\right]^3\right\}. \tag{11.21}$$

Wird $y(t)$ gemäß Gl. (11.20) ersetzt, folgt für die Verteilungssummenfunktion $F(t/\tau)$:

$$\boxed{\frac{\overline{c}(t)}{c_0} = F(t/\tau) = \frac{3}{2}\left[\left(1 - \frac{2}{3}\frac{\tau}{t}\right)^{1/2} - \frac{1}{3}\left(1 - \frac{2}{3}\frac{\tau}{t}\right)^{3/2}\right].} \tag{11.22}$$

Die Verteilungsdichtefunktion ergibt sich aus der Ableitung der Verweilzeitsummenfunktion (Gl. (Lb 4.27)):

$$E(t) = \frac{dF(t)}{dt} = \frac{3}{2}\left[\frac{1}{2}\left(1 - \frac{2}{3}\frac{\tau}{t}\right)^{-1/2}\left(\frac{2}{3}\frac{\tau}{t^2}\right) - \frac{1}{2}\left(1 - \frac{2}{3}\frac{\tau}{t}\right)^{1/2}\left(\frac{2}{3}\frac{\tau}{t^2}\right)\right]$$

$$= \frac{\tau}{2t^2}\left[\left(1 - \frac{2}{3}\frac{\tau}{t}\right)^{-1/2} - \left(1 - \frac{2}{3}\frac{\tau}{t}\right)^{1/2}\right]$$

$$\rightarrow \quad E(t) = \frac{\tau}{2t^2}\left(1 - \frac{2}{3}\frac{\tau}{t}\right)^{-1/2}\left[1 - \left(1 - \frac{2}{3}\frac{\tau}{t}\right)\right]$$

$$\rightarrow \quad E(t) = \frac{\tau^2}{3t^3}\left(1 - \frac{2}{3}\frac{\tau}{t}\right)^{-1/2}. \tag{11.23}$$

Mit Gl. (Lb 4.38) ergibt sich daraus $E(t/\tau)$:

$$E(t/\tau) = E(t)\tau \quad \rightarrow \quad \boxed{E(t/\tau) = \frac{\tau^3}{3t^3}\left(1 - \frac{2}{3}\frac{\tau}{t}\right)^{-1/2}.} \tag{11.24}$$

Die beiden Verweilzeitfunktionen sind in Abb. 11.2 dargestellt.

Abb. 11.2 Verweilzeit-
summen- und -dichtefunktion
für den laminaren Rieselfilm

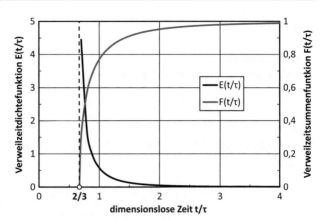

11.4 Sterilisation eines Fruchtsafts [5]**

▶ **Thema** Wärmeübergang zwischen Wand und Flüssigkeit

In einem senkrechten Edelstahlrohr ($d_i = 23$ mm, $d_a = 25$ mm, $\lambda_W = 17$ W/(m·K))
laufen $\dot{M} = 58{,}8$ kg/h eines wasserhaltigen Stoffes (z. B. Fruchtsaft) herab, der zum
Zweck der Sterilisation bei Überdruck kurzzeitig von $\vartheta_\alpha = 25\,°$C auf $\vartheta_\omega = 125\,°$C
erhitzt werden soll. Die Wandtemperatur beträgt konstant $\vartheta_W = 130\,°$C. Der Wärmeübergangskoeffizient auf der Kondensatseite beträgt 6750 W/(m·K).

Bestimmen Sie die erforderliche Rohrlänge L.

**Gegeben (Gemittelte Stoffdaten des Safts über den Temperaturbereich
25 °C–125 °C):**

Dynamische Viskosität	$\eta = 3{,}8 \cdot 10^{-4}$ kg/(m·s)
Kinematische Viskosität	$\nu = 0{,}39 \cdot 10^{-6}$ m²/s
Wärmeleitfähigkeit	$\lambda_f = 0{,}663$ W/(m·K)
Spezifische Wärmekapazität	$c_p = 4{,}2$ kJ/(kg·K)
Dynamische Viskosität bei T_W	$\eta_W = 2{,}20 \cdot 10^{-4}$ kg/(m·s)

Hinweis:

Der auf die Außenfläche bezogene Wärmedurchgangskoeffizient k berechnet sich gemäß:

$$k = \left[\frac{1}{\alpha_a} + \frac{d_a \ln\left(\frac{d_a}{d_i}\right)}{2\lambda_W} + \frac{d_a}{d_i \alpha_i} \right]^{-1}. \tag{11.25}$$

Lösung

Lösungsansatz:
Erstellen der Energiebilanz für den Rieselfilm und Verwendung der zugehörigen Nußelt-Beziehung

Lösungsweg:
Die integrale Energiebilanz um den vollständigen Rieselfilm lautet für den stationären Zustand:

$$0 = \dot{H}_\alpha - \dot{H}_\omega + \dot{Q} = \dot{M} c_p \left(\vartheta_\alpha - \vartheta_\omega \right) + k A_a \Delta T_{ln}$$
$$= \dot{M} c_p \left(\vartheta_\alpha - \vartheta_\omega \right) + k \pi d_a L \Delta T_{ln}. \tag{11.26}$$

Umgestellt nach der gesuchten Rohrlänge ergibt sich:

$$L = \frac{\dot{M} c_p}{k \pi d_a} \frac{\left(\vartheta_\omega - \vartheta_\alpha \right)}{\Delta T_{ln}} = \frac{\dot{M} c_p}{k \pi d_a} \frac{\left(\vartheta_\omega - \vartheta_\alpha \right)}{\frac{(\vartheta_W - \vartheta)_\omega - (\vartheta_W - \vartheta)_\alpha}{\ln \left[\frac{(\vartheta_W - \vartheta)_\omega}{(\vartheta_W - \vartheta)_\alpha} \right]}} = \frac{\dot{M} c_p}{k \pi d_a} \ln \left[\frac{(\vartheta_W - \vartheta)_\alpha}{(\vartheta_W - \vartheta)_\omega} \right]. \tag{11.27}$$

Außer dem Wärmeübergangskoeffizienten sind hier alle Werte bekannt. Zur Bestimmung des Wärmeübergangskoeffizienten muss auf Nußelt-Korrelationen zurückgegriffen werden. Hierfür werden zunächst die Reynoldszahl

$$Re = \frac{\dot{M}_f / B}{\eta} \quad \rightarrow \quad Re = 595 \tag{11.28}$$

und die Prandtlzahl des Rieselfilms benötigt:

$$Pr = \frac{\nu}{a} = \frac{\nu}{\frac{\lambda}{\rho c_p}} = \frac{\eta c_p}{\lambda} \quad \rightarrow \quad Pr = 2{,}41. \tag{11.29}$$

Zur Bestimmung der gültigen Nußeltzahl muss aus den verschiedenen Korrelationen diejenige mit dem höchsten Wert für die Nußeltzahl ermitteln werden. Zu diesem Zweck können entweder die Nußeltzahlen mit allen Korrelationen berechnet oder anhand von Abb. Lb 11.5 die passende Korrelation ausgewählt werden. Für die beiden sich ergebenden Reynolds- und Prandtlzahlen ist die Wahl nicht eindeutig. Deshalb werden vergleichende Rechnungen basierend auf Gl. (Lb 11.12) für die laminare, fluiddynamisch und thermisch ausgebildete Strömung

$$Nu = \frac{\alpha}{\lambda} \left(\frac{\nu^2}{g} \right)^{1/3} = C_\infty Re^{-1/3} \quad \rightarrow \quad Nu = 0{,}155 \tag{11.30}$$

($C_\infty=1{,}3$ da eine konstante Wandtemperatur vorliegt), die Korrelation für den Übergang zur turbulenten Strömung Gl. (Lb 11.14)

$$Nu = 0{,}0425 Re^{1/5} Pr^{0{,}344} \quad \rightarrow \quad Nu = 0{,}206 \tag{11.31}$$

und die Gleichung für die turbulente Strömung (Gl. (Lb 11.15))

$$Nu = 0{,}0136 Re^{2/5} Pr^{0{,}344} \quad \rightarrow \quad Nu = 0{,}237. \tag{11.32}$$

durchgeführt. Für die Flächenbestimmung ist der höchste Wert für die Nußeltzahl von 0,237 heranzuziehen. Aufgrund der stark temperaturabhängigen Viskosität muss der Korrekturfaktor

$$\left(\frac{\eta}{\eta_w}\right)^{0{,}25} = 1{,}15. \tag{11.33}$$

berücksichtigt werden. Somit ergibt sich der Wärmeübergangskoeffizient auf der Filmseite:

$$\alpha_i = Nu \left(\frac{\eta}{\eta_w}\right)^{0{,}25} \lambda \left(\frac{\nu^2}{g}\right)^{-1/3} = 4370 \, \frac{\text{W}}{\text{m}^2\,\text{K}}. \tag{11.34}$$

Der Wärmedurchgangskoeffizient k berechnet sich nach Gl. (11.25):

$$k = \left[\frac{1}{\alpha_a} + \frac{d_a \ln\left(\frac{d_a}{d_i}\right)}{2\lambda_W} + \frac{d_a}{d_i \alpha_i}\right]^{-1} \quad \rightarrow \quad k = 2778 \, \frac{\text{W}}{\text{m}^2 \text{K}}. \tag{11.35}$$

Mit diesem Wert resultiert aufgrund von Gl. (11.27) für die Rohrlänge L ein Wert von:

$$\boxed{L = 0{,}957\,\text{m}}. \tag{11.36}$$

11.5 Nußeltzahl für eine Polymerlösung [5]*

▶ **Thema** Wärmeübergang zwischen Wand und Flüssigkeit

Eine wässrige Polymerlösung besitzt die 500fache kinematische Viskosität von Wasser bei 50 °C. Die übrigen Stoffwerte entsprechen denjenigen von Wasser bei 50 °C. Die Lösung fließt mit einer Umfangsbelastung von $\dot{m} = 0{,}544\,\text{kg/(m·s)}$ an einem 1 m langen Rohr herab.

Bestimmen Sie die mittlere Nußeltzahl.

Gegeben (Stoffdaten von Wasser bei 50 °C):

Dichte $\rho = 988\,\text{kg/m}^3$

Kinematische Viskosität $v = 0,554 \cdot 10^{-6}\,\text{m}^2/\text{s}$

Wärmeleitfähigkeit $\lambda = 0,64\,\text{W/(m·K)}$

Spezifische Wärmekapazität $c_p = 4,18\,\text{kJ/(kg·K)}$

Hinweise:

1. Der Korrekturfaktor $(\eta/\eta_W)^{0,25}$ kann zu eins gesetzt werden.
2. Die Temperatur der Wand T_W ist konstant.

Lösung

Lösungsansatz:
Anwendung der zugehörigen Nußelt-Korrelation

Lösungsweg:
Zur Berechnung der mittleren Nußeltzahl muss zunächst die Reynoldszahl bestimmt werden:

$$Re = \frac{\dot{M}/B}{\eta_f} = \frac{\dot{m}}{\rho v_f} \quad \rightarrow \quad Re = 1,99. \tag{11.37}$$

In diesem Bereich der Reynoldszahl kommen, wie Abb. Lb 11.5 zeigt, nur die Korrelationen für den thermischen Einlauf und diejenige für die laminare, fluiddynamisch und thermische ausgebildete Strömung in Frage. Um auf Basis von Abb. Lb 11.5 zu entscheiden, welche die zu verwendende Beziehung ist, muss zunächst die Prandtlzahl

$$Pr = \frac{v_f}{a} \quad \rightarrow \quad Pr = 1785 \tag{11.38}$$

und dann der zur thermischen Einlauflänge gehörenden Parameter

$$Pr \left(\frac{v_f^2}{g} \right)^{1/3} \frac{1}{L} = 3,54 \tag{11.39}$$

berechnet werden. Bei diesem Wert weist die Nußelt-Korrelation für die thermische Einlauflänge (Gl. (Lb 11.13)) die höhere und somit gültige Nußeltzahl auf:

$$Nu = \overline{C}_0 \sqrt[3]{Re^{1/3} Pr \left(\frac{v_f^2}{g} \right)^{1/3} \frac{1}{L}} \quad \rightarrow \quad \boxed{Nu = 1,5}. \tag{11.40}$$

Dabei besitzt die Konstante $\overline{C}_0$ aufgrund der konstanten Wandtemperatur den Wert 0,912.

11.6   Absorption von Ammoniak in einen laminaren Wasserfilm [4]**

▶   **Thema** Stoffübergang zwischen Rieselfilm und Gas – Laminarer Rieselfilm

NH_3 wird an einem Flüssigkeitsfilm (Wasser) bei $20\,°C$ und $1\,bar$ ($\nu_f = 10^{-6}\,m^2/s$), wie
in Abb. 11.3 dargestellt, aus der Luft absorbiert ($D_{NH_3/H_2O} = 1,76 \cdot 10^{-9}\,m^2/s$). Der auf
die Breite der Platte bezogene Volumenstrom des Wassers beträgt $\dot V_f/B = 5 \cdot 10^{-4}\,m^2/s$.
Die Platte ist mit einem Winkel α von $35°$ gegen die Vertikale geneigt.

a) Es soll eine Kräftebilanz für ein Fluidelement in diesem System aufgestellt werden
   und hieraus unter der Annahme, dass keine Schubspannung über die Gas/Flüssigkeits-
   Phasengrenzfläche übertragen wird, das Geschwindigkeitsprofil bestimmt werden.
b) Berechnen Sie die Filmdicke δ.
c) Der Stoffübergangskoeffizient β soll unter der Annahme bestimmt werden, dass die
   berechnete Filmdicke im stationären Fall der Filmdicke der Filmtheorie entspricht.

Lösung

Lösungsansatz:
Aufstellung der Impulsbilanz und Nutzung der Filmtheorie

Lösungsweg:
a) Die differentielle Impulsbilanz an dem Rieselfilm lautet:

$$dF_G \cos\alpha - F_f(y) + F_f(y + dy) = 0. \qquad (11.41)$$

Bei der Gewichtskraft muss beachtet werden, dass nur ein Anteil dieser in Strömungsrichtung (z-Richtung) wirkt. Die Reibungskraft resultiert aus der Schubspannung an der

Abb. 11.3 Schematische Darstellung eines Flüssigkeitsfilms
zur Absorption von Ammoniak
aus Luft

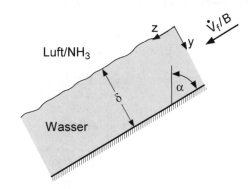

Plattenoberfläche. Unter Zuhilfenahme der Taylorreihenentwicklung ergibt sich

$$\rho_f\, g \cos\alpha + \frac{\partial F_f}{\partial y} dy = \rho_f\, g \cos\alpha + \eta_f \frac{\partial^2 w}{\partial y^2} = 0 \qquad (11.42)$$

und hieraus umgestellt nach der zweiten Ableitung der Geschwindigkeit:

$$\frac{\partial^2 w}{\partial y^2} = -\frac{\rho_f\, g \cos\alpha}{\eta_f}. \qquad (11.43)$$

Die zweimalige Integration dieser Gleichung führt zu:

$$w(y) = -\frac{\rho_f\, g \cos\alpha}{2\eta_f} y^2 + C_1 y + C_2. \qquad (11.44)$$

Die Integrationskonstanten C_1 und C_2 ergeben sich aus den Randbedingungen:

1. RB: bei $y = 0$ $\tau(y = 0) = \eta_f \left.\frac{\partial w}{\partial y}\right|_{y=0} = 0$

2. RB: bei $y = \delta$ $w = 0$

Aus der ersten Randbedingung folgt $C_1 = 0$, aus der zweiten folgt der Wert für C_2.

$$C_2 = \frac{\rho_f\, g \cos\alpha}{2\eta_f} \delta^2. \qquad (11.45)$$

Insgesamt ergibt sich für das Geschwindigkeitsprofil eines Rieselfilm auf einer geneigten Oberfläche:

$$\boxed{w = \frac{\delta^2\, g \cos\alpha}{2\nu_f} \left[1 - \left(\frac{y}{\delta}\right)^2\right].} \qquad (11.46)$$

b) Der auf die berieselte Breite bezogene Volumenstrom ergibt sich durch Integration über die Filmdicke:

$$\frac{\dot{V}_f}{B} = \int_0^\delta w(y)\, dy = \frac{\delta^2\, g \cos\alpha}{2\nu_f} \int_0^\delta \left[1 - \left(\frac{y}{\delta}\right)^2\right] dy$$

$$= \frac{\delta^2\, g \cos\alpha}{2\nu_f} \left[y - \frac{\delta}{3}\left(\frac{y}{\delta}\right)^3\right]_{y=0}^{y=\delta} = \frac{\delta^3\, g \cos\alpha}{3\nu_f}. \qquad (11.47)$$

Somit ergibt sich für die Filmdicke:

$$\delta = \sqrt[3]{\frac{\dot{V}_f}{B} \frac{3\nu_f}{g \cos\alpha}} \quad \rightarrow \quad \boxed{\delta = 0{,}572\,\text{mm}}. \qquad (11.48)$$

c) Da die Filmtheorie annimmt, dass der Konzentrationsverlauf linear ist, ergibt sich über die Kopplungsbedingung

$$\beta \Delta c = D \frac{\Delta c}{\delta} \tag{11.49}$$

für den Stoffübergangskoeffizienten:

$$\beta = \frac{D}{\delta} \quad \rightarrow \quad \boxed{\beta = 3{,}08 \cdot 10^{-6}\,\frac{m}{s}}. \tag{11.50}$$

11.7 Auslegung eines Rieselfilmabsorbers zur Abgasreinigung[**]

▶ **Thema** Stoffübergang zwischen Rieselfilm und Gas – Laminarer Rieselfilm

Ein Rieselfilmapparat ist für eine Abgasreinigung zu dimensionieren. Für die Auslegung soll der Stofftransport in einem 2 m langen Rohr ($d_i = 50$ mm) berechnet werden. In dem Rohr strömt ein Volumenstrom von 0,2 m³/h reinem Wasser ($\tilde{M} = 18$ g/mol) bei 34 °C ($\rho_f = 993{,}5$ kg/m³, $\nu_f = 10^{-6}$ m²/s) als laminarer Film an der Rohrwand herab und absorbiert dabei reines CO_2 bei einem konstanten Druck von 10 bar ($D_{CO_2/H_2O} = 1{,}75 \cdot 10^{-9}$ m²/s; $\rho_{CO_2} = 17{,}5$ kg/m³ = konst., $\tilde{M} = 44$ g/mol). Der Stofftransportwiderstand der Gasphase ist vernachlässigbar.

a) Bestimmen Sie den Massenstrom der im Wasser absorbierten Komponente mithilfe des Stoffübergangskoeffizienten.
b) Berechnen Sie den Massenstrom unter der Annahme, dass der Rieselfilm nach der halben Rohrlänge (1 m) wieder vollständig vermischt wird und danach weiter fließt.
c) Berechnen Sie den Massenstrom unter der Annahme, dass der Volumenstrom des Wassers geteilt und parallel über zwei 1 m lange Rieselfilmapparate der gleichen Bauart ($d_i = 5$ cm) geführt wird.
d) Erklären Sie die Unterschiede.

Lösung

Lösungsansatz:
Aufstellen der Massenbilanz für den Rieselfilm und Anwendung von Stoffübergangsbeziehungen

Lösungsweg:
a) Die integrale Massenbilanz für das CO_2 um den Rieselfilm lautet:

$$\dot{M}_{CO_2,\alpha} - \dot{M}_{CO_2,\omega} + \dot{M}_{CO_2,\text{absorb}} = 0. \tag{11.51}$$

Somit ergibt sich für die den Massenstrom der im Wasser absorbierten Komponente

$$\dot{M}_{CO_2,absorb} = \dot{M}_{CO_2,\omega} - \dot{M}_{CO_2,\alpha} \qquad (11.52)$$

und somit:

$$\dot{M}_{CO_2,absorb} = \dot{V}_f \overline{\rho}_{CO_2,\omega} - \dot{V}_f \overline{\rho}_{CO_2,\alpha}. \qquad (11.53)$$

Im Aufgabenteil a) ist der Zulauf frei von CO_2, wodurch nur noch der Ablauf und der Übergangsterm zu berücksichtigen sind. Da aber die Austrittskonzentration unbekannt ist, wird eine zweite Gleichung benötigt. Der übergehende Massenstrom kann auch mithilfe des Stoffübergangskoeffizienten und der logarithmischen Konzentrationsdifferenz beschrieben werden

$$\dot{M}_{CO_2,absorb} = \beta A \Delta \rho_{CO_2,ln} = \dot{V}_f \overline{\rho}_{CO_2,\omega}, \qquad (11.54)$$

sodass gilt:

$$\beta \pi d_i L \frac{\left(\rho_{CO_2,PGF} - \overline{\rho}_{CO_2}\right)_\alpha - \left(\rho_{CO_2,PGF} - \overline{\rho}_{CO_2}\right)_\omega}{\ln\left[\frac{\left(\rho_{CO_2,PGF}-\overline{\rho}_{CO_2}\right)_\alpha}{\left(\rho_{CO_2,PGF}-\overline{\rho}_{CO_2}\right)_\omega}\right]} = \dot{V}_f \overline{\rho}_{CO_2,\omega}. \qquad (11.55)$$

Da es keine Abreicherung in der Gasphase gibt, bleibt die Gleichgewichtskonzentration an der Phasengrenzfläche (PGF) auf der Flüssigkeitsseite konstant. Demzufolge vereinfacht sich Gl. (11.55):

$$\frac{\beta \pi d_i L}{\dot{V}_f} \frac{\overline{\rho}_{CO_2,\omega} - \overline{\rho}_{CO_2,\alpha}}{\ln\left[\frac{\left(\rho_{CO_2,PGF}-\overline{\rho}_{CO_2}\right)_\alpha}{\left(\rho_{CO_2,PGF}-\overline{\rho}_{CO_2}\right)_\omega}\right]} = \overline{\rho}_{CO_2,\omega}. \qquad (11.56)$$

In Aufgabenteil a) ist die Eintrittskonzentration gleich null, wodurch nur noch

$$\frac{\beta \pi d_i L}{\dot{V}_f} \frac{\overline{\rho}_{CO_2,\omega}}{\ln\left[\frac{\rho_{CO_2,PGF}}{\left(\rho_{CO_2,PGF}-\overline{\rho}_{CO_2}\right)_\omega}\right]} = \overline{\rho}_{CO_2,\omega} \qquad (11.57)$$

verbleibt. Umgestellt nach der Austrittskonzentration ergibt sich:

$$\overline{\rho}_{CO_2,\omega} = \rho_{CO_2,PGF} - \frac{\rho_{CO_2,PGF}}{\exp\left(\frac{\beta \pi d_i L}{\dot{V}_f}\right)} = \rho_{CO_2,PGF}\left[1 - \exp\left(-\frac{\beta \pi d_i L}{\dot{V}_f}\right)\right]. \qquad (11.58)$$

Unbekannt sind hier die Konzentration von CO_2 an der Phasengrenzfläche und der Stoffübergangskoeffizient. Für die Konzentration von CO_2 an der Phasengrenzfläche wird angenommen, dass das Henry-Gesetz (Gl. (Lb 1.143)) gilt:

$$H x_{CO_2,PGF} = p_{ges} y_{CO_2,PGF}. \tag{11.59}$$

Da es sich um reines CO_2-Gas handelt, ist der Molanteil in der Gasphase gleich eins. Damit ergibt sich:

$$x_{CO_2,PGF} = \frac{p_{ges}}{H} \tag{11.60}$$

Der Molenbruch muss in die Massenkonzentration umgerechnet werden:

$$\frac{N_{CO_2,PGF,f}}{N_{ges,f}} = \frac{p_{ges}}{H}. \tag{11.61}$$

Wird die linke Seite mit dem gesamten Flüssigkeitsvolumen erweitert, so folgt:

$$\frac{c_{CO_2,PGF,f}}{c_{ges,f}} = \frac{p_{ges}}{H}. \tag{11.62}$$

Indem die Molkonzentrationen durch die jeweilige Molmasse dividiert wird (da sich nur wenig CO_2 in der Flüssigkeit anreichert, kann vereinfachend die Gesamtkonzentration der Flüssigkeit als die von Wasser betrachtet werden) resultiert

$$\frac{\frac{\rho_{CO_2,PGF,f}}{\tilde{M}_{CO_2}}}{\frac{\rho_{H_2O}}{\tilde{M}_{H_2O}}} = \frac{p_{ges}}{H} \tag{11.63}$$

und somit für die Konzentration von CO_2 an der Phasengrenzfläche auf der Flüssigkeitsseite:

$$\rho_{CO_2,PGF,f} = \rho_{CO_2,PGF} = \frac{p_{ges}}{H} \frac{\tilde{M}_{CO_2}}{\tilde{M}_{H_2O}} \rho_{H_2O}. \tag{11.64}$$

Der Henry-Koeffizient kann aus Abb. Lb 1.20 ermittelt werden und besitzt einen Wert von $H = 2 \cdot 10^3$ bar. Somit ergibt sich die Phasengrenzkonzentration:

$$\rho_{CO_2,PGF} = 12{,}1 \, \frac{kg}{m^3}. \tag{11.65}$$

Für die Ermittlung des Stoffübergangskoeffizienten wird die Sherwoodzahl mit Gl. (Lb 11.31) berechnet:

$$Sh_\delta = \frac{\beta_f \delta}{D_f} = 3{,}41 + \frac{0{,}276 x^{*-1,2}}{1 + 0{,}20 x^* - 0{,}7}. \tag{11.66}$$

Zur Berechnung der dimensionslosen Einlaufkennzahl x^* (Gl. (Lb 11.30))

$$x^* = \frac{1}{ReSc}\frac{L}{\delta} \tag{11.67}$$

werden die Filmdicke (Gl. (Lb 11.6))

$$\delta = \sqrt[3]{3\frac{\dot{V}_f}{B}\frac{\nu_f}{g}} \quad \rightarrow \quad \delta = 0{,}476\,\text{mm}, \tag{11.68}$$

die Reynoldszahl

$$Re = \frac{\dot{V}_f}{B\,\nu_f} \quad \rightarrow \quad Re = 354 \tag{11.69}$$

und die Schmidtzahl

$$Sc = \frac{\nu_f}{D_f} \quad \rightarrow \quad Sc = 571 \tag{11.70}$$

benötigt. Daraus resultiert die dimensionslose Einlaufkennzahl (Gl. (11.67))

$$x^* = 2{,}08 \cdot 10^{-2}, \tag{11.71}$$

damit eine Sherwoodzahl (Gl. (11.66)) von

$$Sh_\delta = 10{,}6 \tag{11.72}$$

und somit ein Stoffübergangskoeffizient von:

$$\beta_f = \frac{Sh_\delta D_f}{\delta} \quad \rightarrow \quad \beta_f = 3{,}89 \cdot 10^{-5}\,\frac{\text{m}}{\text{s}}. \tag{11.73}$$

Mit diesen Daten kann die mittlere Austrittskonzentration berechnet werden (Gl. (11.58)):

$$\overline{\rho}_{CO_2,\omega} = 2{,}40\,\frac{\text{kg}}{\text{m}^3}. \tag{11.74}$$

Daraus resultiert der absorbierte Massenstrom (Gl. (11.54)):

$$\dot{M}_{CO_2,\text{absorb}} = \dot{V}_f\overline{\rho}_{CO_2,\omega} \quad \rightarrow \quad \boxed{\dot{M}_{CO_2,\text{absorb}} = 0{,}48\,\frac{\text{kg}}{\text{h}}}. \tag{11.75}$$

b) Hier wird nach einem Meter Lauflänge die Flüssigkeit aufgefangen und dann komplett vermischt auf ein zweites Rohr der gleichen Länge aufgegeben. Grundsätzlich ändert sich hier nichts am Volumenstrom und der daraus resultierenden Filmdicke sowie der Reynoldszahl als auch der Phasengrenzkonzentration. Es gilt auch hier grundsätzlich die Massenbilanz gemäß Gl. (11.52)

$$\dot{M}_{CO_2,\text{absorb}} = \dot{V}_f\overline{\rho}_{CO_2,\omega} - \dot{V}_f\overline{\rho}_{CO_2,\alpha}, \tag{11.76}$$

mit α für den Eintritt ins erste Rohr (hier soll weiterhin reines Wasser eintreten) und ω als Austritt des zweiten Rohrs. Der gesamte absorbierte Massenstrom setzt sich jedoch aus zwei Anteilen zusammen

$$\dot{M}_{CO_2,absorb} = A\beta \left(\Delta\rho_{CO_2,Rohr1,ln} + \Delta\rho_{CO_2,Rohr2,ln} \right) = \dot{V}_f \overline{\rho}_{CO_2,\omega}, \tag{11.77}$$

wobei hier schon beachtet wurde, dass beide Rohre gleich dimensioniert sind und daher die gleiche Stoffübergangsfläche zur Verfügung steht. Weiter ausgeführt bedeutet dies

$$\dot{M}_{CO_2,absorb}$$

$$= \pi d_i L \left\{ \beta_1 \frac{\overline{\rho}_{CO_2\omega 1}}{\ln\left[\frac{\rho_{CO_2,PGF}}{\left(\rho_{CO_2,PGF}-\overline{\rho}_{CO_2}\right)_{\omega 1}} \right]} + \beta_2 \frac{\left(\rho_{CO_2,PGF} - \overline{\rho}_{CO_2}\right)_{\omega 1} - \left(\rho_{CO_2,PGF} - \overline{\rho}_{CO_2}\right)_{\omega}}{\ln\left[\frac{\left(\rho_{CO_2,PGF}-\overline{\rho}_{CO_2}\right)_{\omega 1}}{\left(\rho_{CO_2,PGF}-\overline{\rho}_{CO_2}\right)_{\omega}} \right]} \right\}. \tag{11.78}$$

mit $\omega 1$ als dem Austritt aus dem ersten Rohr.

Analog zum Aufgabenteil a) wird die Austrittskonzentration für das erste Rohr mit der Lauflänge von einem Meter berechnet. Bei Verfolgung des gleichen Weges wie unter a) führt dies zu:

$$x^* = 1{,}04 \cdot 10^{-2}, \tag{11.79}$$

$$Sh_\delta = 14{,}7, \tag{11.80}$$

$$\beta_f = 5{,}38 \cdot 10^{-5} \frac{m}{s}. \tag{11.81}$$

Der Stoffübergangskoeffizient ist bei beiden aufeinanderfolgenden Rohren aufgrund identischer fluiddynamischer Bedingungen gleich. Die Austrittskonzentration des ersten Rohres ergibt sich gemäß Gl. (11.58) zu

$$\overline{\rho}_{CO_2,\omega 1} = 1{,}71 \frac{kg}{m^3}, \tag{11.82}$$

womit sich ein Massenstrom für das erste Rohr von

$$\dot{M}_{CO_2,absorb,Rohr1} = \dot{V}_f \overline{\rho}_{CO_2,\omega 1} \quad \rightarrow \quad \dot{M}_{CO_2,absorb,Rohr1} = 0{,}343 \frac{kg}{h} \tag{11.83}$$

ergibt. Für das zweite Rohr ist zu beachten, dass die Eintrittskonzentration ungleich null ist und der Austrittskonzentration aus dem ersten Rohr entspricht. Die Verknüpfung der Gln. (11.53) und (11.54) liefert:

$$\beta \pi d_i L \frac{\left(\rho_{CO_2,PGF} - \overline{\rho}_{CO_2}\right)_{\omega 1} - \left(\rho_{CO_2,PGF} - \overline{\rho}_{CO_2}\right)_{\omega 2}}{\ln\left[\frac{\left(\rho_{CO_2,PGF}-\overline{\rho}_{CO_2}\right)_{\omega 1}}{\left(\rho_{CO_2,PGF}-\overline{\rho}_{CO_2}\right)_{\omega 2}} \right]} = \dot{V}_f \left(\overline{\rho}_{CO_2,\omega 2} - \overline{\rho}_{CO_2,\omega 1} \right). \tag{11.84}$$

Damit verändert sich die Berechnung der austretenden Konzentration im Vergleich zu
Gl. (11.58) zu:

$$\overline{\rho}_{CO_2,\omega 2} = \rho_{CO_2,PGF} - \frac{\rho_{CO_2,PGF} - \overline{\rho}_{CO_2,\omega 1}}{\exp\left(\frac{\pi d_i L\beta}{\dot{V}_f}\right)} \quad \rightarrow \quad \overline{\rho}_{CO_2,\omega 2} = 3,19\,\frac{kg}{m^3}. \quad (11.85)$$

Der absorbierte Massenstrom im 2. Rohr beträgt:

$$\dot{M}_{CO_2,absorb,Rohr2} = \dot{V}_f\left(\overline{\rho}_{CO_2,\omega 2} - \overline{\rho}_{CO_2,\omega 1}\right) \quad \rightarrow \quad \dot{M}_{CO_2,absorb,Rohr2} = 0{,}294\,\frac{kg}{h}. \quad (11.86)$$

Für den gesamten übergehenden Massenstrom folgt für diesen Fall:

$$\dot{M}_{CO_2,absorb} = \dot{V}_f\,\overline{\rho}_{CO_2,\omega 2} \quad \rightarrow \quad \boxed{\dot{M}_{CO_2,absorb} = 0{,}637\,\frac{kg}{h}}. \quad (11.87)$$

c) Für den Fall, dass der Volumenstrom aufgeteilt wird, ergibt sich eine andere Filmdicke.
Dem Ablauf aus a) folgend, ergeben sich nachstehende Werte:

$$\delta = \sqrt[3]{0{,}5\frac{3\dot{V}_f}{B}\frac{v_f}{g}} \quad \rightarrow \quad \delta = 0{,}378\,mm, \quad (11.88)$$

$$Re = 0{,}5\frac{\dot{V}_f}{Bv_f} \quad \rightarrow \quad Re = 177, \quad (11.89)$$

$$x^* = 0{,}0262, \quad (11.90)$$

$$Sh_\delta = 9{,}55, \quad (11.91)$$

$$\beta_f = 4{,}42\cdot 10^{-5}\,\frac{m}{s}, \quad (11.92)$$

$$\overline{\rho}_{CO_2,\omega} = \rho_{CO_2,PGF}\left[1 - \exp\left(-\frac{\beta\pi d_i L}{\dot{V}_f}\right)\right] \quad \rightarrow \quad \overline{\rho}_{CO_2,\omega} = 2{,}68\,\frac{kg}{m^3}. \quad (11.93)$$

Der Gesamtmassenstrom des absorbierten Kohlendioxids ergibt sich als:

$$\dot{M}_{CO_2,absorb} = \dot{V}_f\,\overline{\rho}_{CO_2,\omega} \quad \rightarrow \quad \boxed{\dot{M}_{CO_2,absorb} = 0{,}537\,\frac{kg}{h}}. \quad (11.94)$$

d) In Variante b) wird das Konzentrationsprofil über die Filmdicke nach 1 m wieder ausgeglichen und demzufolge treten wieder höhere Konzentrationsgradienten auf, die zu einem
erhöhten Stofftransport führen. In Variante c) werden die Reynoldszahl und die Lauflänge
verringert. Die Tendenzen für β sind gegenläufig, da β mit sinkender Reynoldszahl ab-
und kürzerer Lauflänge zunimmt. Im Endergebnis nimmt der Stoffstrom zu, allerdings
weniger stark als bei Variante b).

11.8 Anwendung der Penetrationstheorie zur Berechnung des Stoffübergangs [2]**

▶ **Thema** Stoffübergang zwischen Rieselfilm und Gas – Laminarer Rieselfilm

In einem Laborrieselfilmapparat wird reines CO_2 ($D_{CO_2/H_2O} = 1{,}5 \cdot 10^{-9} \, \text{m}^2/\text{s}$) in reines Wasser bei 20 °C absorbiert ($\nu_f = 10^{-6} \, \text{m}^2/\text{s}$). Der übergehende Stoffstrom soll unter Verwendung der Penetrationstheorie bestimmt werden. Dieser Beschreibungsansatz gilt allerdings nur solange, bis die Konzentration der Übergangskomponente 1 % der Gleichgewichtskonzentration an der Phasengrenzfläche an der Stelle im Film erreicht hat, an der die Geschwindigkeit 95 % der Oberflächengeschwindigkeit beträgt.

Bestimmen Sie die maximale Filmlänge bis zu der die Penetrationstheorie angewendet werden kann, wenn die Umfangsbelastung 1,1 m³/(m·h) beträgt.

Lösung

Lösungsansatz:
Nutzung des instationären Konzentrationsprofils bei Anwendung der Penetrationstheorie

Lösungsweg:
Zunächst muss der y-Wert gefunden werden, bei dem eine Geschwindigkeit von 95 % der Maximalgeschwindigkeit vorliegt. Aus dem Geschwindigkeitsprofil (Gl. (Lb 11.3)) folgt:

$$\frac{w_{95\%}}{w_{\max}} = 0{,}95 = 1 - \left(\frac{y_{95\%}}{\delta}\right)^2 \quad \rightarrow \quad y_{95\%} = \sqrt{0{,}05}\delta. \tag{11.95}$$

Die Filmdicke berechnet sich gemäß Gl. (Lb 11.6) mit

$$\delta = \sqrt[3]{\frac{3\dot{V}_f}{B}\frac{\nu_f}{g}} \tag{11.96}$$

und damit ergibt sich:

$$y_{95\%} = \sqrt{0{,}05}\sqrt[3]{\frac{3\dot{V}_f}{B}\frac{\nu_f}{g}}. \tag{11.97}$$

Gl. (Lb 2.45) beschreibt, wie sich das Konzentrationsprofil im Fall der Penetrationstheorie mittels der Gauß'schen Fehlerfunktion berechnen lässt:

$$\xi(y,t) \equiv \frac{c_A(y,t) - c_{A\infty}}{c_{A_{PGF}} - c_{A\infty}} = 1 - \text{erf}\left(\frac{y}{\sqrt{4D_{AB}t}}\right). \tag{11.98}$$

Die Eindringtiefe in den Film ist gering, sodass in großer Entfernung von der Filmober-fläche die Konzentration $c_{A\infty}$ der Übergangskomponente dem Eingangswert also null entspricht. Die Kontaktzeit t kann durch das Verhältnis von Lauflänge und Geschwin-digkeit an der Phasengrenzfläche ersetzt werden:

$$\frac{c_A(y,t)}{c_{A_{PGF}}} = 0{,}01 = 1 - \mathrm{erf}\left(\frac{y_{95\%}}{\sqrt{4D_{AB}\frac{L}{w_{\max}}}}\right) = 1 - \mathrm{erf}\left(\frac{\sqrt{0{,}05\delta}}{\sqrt{4D_{AB}\frac{L}{1{,}5\cdot\overline{w}}}}\right)$$

$$= 1 - \mathrm{erf}\left(\frac{\sqrt{0{,}05\delta}}{\sqrt{4D_{AB}\frac{L}{1{,}5\frac{\dot{V}_f}{B\delta}}}}\right) \tag{11.99}$$

und somit:

$$\mathrm{erf}\left(\sqrt{\frac{0{,}075\,\dot{V}_f}{4D_{CO_2/H_2O}LB}}\sqrt[6]{\frac{3\dot{V}_f}{B}\frac{\nu_f}{g}}\right) = \mathrm{erf}\left(\frac{\sqrt{0{,}075}}{2}\sqrt[6]{3\left(\frac{\dot{V}}{B}\right)^4\frac{\nu_f}{gD_{CO_2/H_2O}^3L^3}}\right)$$

$$= 0{,}99 \tag{11.100}$$

Mit Abb. Lb 2.9 kann dem Funktionswert der Fehlerfunktion ein Abszissenwert zuordnet werden. Eine genauere Rechnung (z. B. Zielwertsuche in Excel) führt zu:

$$\frac{\sqrt{0{,}075}}{2}\sqrt[6]{3\left(\frac{\dot{V}}{B}\right)^4\frac{\nu_f}{gD_{CO_2/H_2O}^3L^3}} = 1{,}81 \tag{11.101}$$

Durch Umstellung ergibt sich eine maximale Länge von:

$$L = \frac{0{,}075}{4\cdot1{,}82^2}\frac{1}{D_{CO_2/H_2O}}\sqrt[3]{3\left(\frac{\dot{V}}{B}\right)^4\frac{\nu_f}{g}} \quad\rightarrow\quad \boxed{L = 0{,}532\,\mathrm{m}}. \tag{11.102}$$

11.9 Sättigung von Luft mit Wasserdampf [1]**

▶ **Thema** Stoffübergang zwischen Rieselfilm und Gas – Gasseitiger Stoffüber-gang

Ein Volumenstrom trockener Luft soll zu 99 % mit Wasserdampf gesättigt werden. Dazu wird die Luft durch ein auf der Innenseite mit Wasser berieseltes Rohr geführt. Für die

Berechnung des gasseitigen Stoffübergangskoeffizienten kann folgende Beziehung nach Sherwood und Gilliland [6] benutzt werden:

$$Sh = 0{,}023 Re^{0{,}83} Sc^{0{,}44}. \tag{11.103}$$

Gültigkeitsbereich

$$2 \cdot 10^3 < Re < 3{,}5 \cdot 10^4 \quad \text{und} \quad 0{,}6 < Sc < 2{,}5$$

a) Berechnen Sie die erforderliche Rohrlänge.
b) Bestimmen Sie die Rohrlänge, die sich ergibt, wenn ein Teilstrom der austretenden Luft, der genauso groß wie der Zuluftstrom ist, wieder zurückgeführt wird.

Gegeben:

Kinematische Viskosität	ν_{Luft}	$= 15{,}3 \cdot 10^{-6}\,\text{m}^2/\text{s}$
Diffusionskoeffizient	$D_{\text{H}_2\text{O}/\text{Luft}}$	$= 2{,}5 \cdot 10^{-5}\,\text{m}^2/\text{s}$
Rohrinnendurchmesser	d_i	$= 5\,\text{cm}$
Luftvolumenstrom	$\dot{V}_{\text{Luft}}$	$= 24{,}8\,\text{m}^3/\text{h}$

Annahmen:

1. Die Änderung des Gasvolumenstroms durch den Stoffübergang kann vernachlässigt werden.
2. Die Filmdicke ist sehr klein im Vergleich zum Rohrinnendurchmesser.

Lösung

Lösungsansatz:
Aufstellen der Massenbilanz für die Gasphase und Anwendung der Stoffübergangsbeziehung

Lösungsweg:
a) Die integrale Stoffbilanz für die Gasphase führt unter der Annahme, dass sich der Gasvolumenstrom durch die übergehende Wassermenge nur vernachlässigbar verändert, zu:

$$0 = \dot{N}_{A_\alpha} - \dot{N}_{A_\omega} + \dot{N}_{A_S\ddot{U}} = \dot{V}_g \left(c_{A_\alpha} - c_{A_\omega} \right) + \dot{N}_{A_S\ddot{U}} = \dot{N}_{A_S\ddot{U}} - \dot{V}_g c_{A_\omega}. \tag{11.104}$$

Der übergehende Stoffmengenstrom berechnet sich gemäß:

$$\dot{N}_{A_S\ddot{U}} = \beta A \Delta c_{A,\ln} = \beta \pi d_i L \frac{(c^* - c_A)_\alpha - (c^* - c_A)_\omega}{\ln\left[\frac{(c^* - c_A)_\alpha}{(c^* - c_A)_\omega}\right]}$$

$$= \beta \pi d_i L \frac{0{,}99 c^*}{\ln(100)} = \dot{V}_{\text{Luft}} c_{A,\omega} = \dot{V}_{\text{Luft}} 0{,}99 c^* \tag{11.105}$$

Die Umrechnung geht davon aus, dass kein Wasserdampf mit dem Gasstrom eintritt und dass der austretende Gasstrom 99 % der Sättigungskonzentration c^* erreicht haben soll. Wird die Gleichung nach der Lauflänge umgestellt und berücksichtigt, dass die Verringerung des freien Querschnitts durch den Flüssigkeitsfilm vernachlässigbar ist (Ann. 2), ergibt sich:

$$L = \frac{\dot{V}_{\text{Luft}}}{\beta \pi d_i} \ln(100) = \frac{\dot{V}_{\text{Luft}}}{Sh \pi D_{\text{H}_2\text{O}/\text{Luft}}} \ln(100) \tag{11.106}$$

Zur Berechnung der Sherwoodzahl mit Gl. (11.103) werden die Reynoldszahl

$$Re = \frac{\dot{V}_{\text{Luft}}}{\frac{\pi}{4} d_i^2} \frac{d_i}{\nu_{\text{Luft}}} \quad \rightarrow \quad Re = 1{,}15 \cdot 10^4. \tag{11.107}$$

und die Schmidtzahl

$$Sc = \frac{\nu_{\text{Luft}}}{D_{\text{H}_2\text{O}/\text{Luft}}} \quad \rightarrow \quad Sc = 0{,}613. \tag{11.108}$$

benötigt:

$$Sh = 0{,}023 Re^{0{,}83} Sc^{0{,}44} \quad \rightarrow \quad Sh = 43{,}3. \tag{11.109}$$

Eingesetzt in Gl. (11.106) resultiert als erforderliche Stoffübergangslänge:

$$\boxed{L = 9{,}32\,\text{m}}. \tag{11.110}$$

b) Durch die Rezirkulation verdoppelt sich der Gasvolumenstrom und damit die Reynoldszahl:

$$Re = \frac{2\,\dot{V}_{\text{Luft}}}{\frac{\pi}{4} d_i^2} \frac{d_i}{\nu_{\text{Luft}}} \quad \rightarrow \quad Re = 2{,}29 \cdot 10^4. \tag{11.111}$$

Gleichzeitig ergibt sich die Wasserkonzentration des eintretenden Gasstroms als Mittelwert der Konzentrationen in beiden Gasströmen. Analog zur Aufgabenstellung a) ergibt sich die Massenbilanz Gl. (11.105):

$$\dot{N}_{A_{S0}} = \beta A \Delta c_{A,\text{ln}} = \beta \pi d_i L \frac{(c^* - c_A)_\alpha - (c^* - c_A)_\omega}{\ln\left[\frac{(c^*-c_A)_\alpha}{(c^*-c_A)_\omega}\right]}$$

$$= \beta \pi d_i L \frac{c_{A_\omega} - c_{A_\alpha}}{\ln\left(\frac{0{,}505}{0{,}01}\right)} = 2\,\dot{V}_{\text{Luft}}\,(c_{A_\omega} - c_{A_\alpha}). \tag{11.112}$$

Aufgelöst nach der Stoffübergangslänge gilt:

$$L = \frac{2\,\dot{V}_g}{\beta \pi d_i} \ln(50{,}5) = \frac{2\,\dot{V}_g}{Sh \pi D_{\text{H}_2\text{O}/\text{Luft}}} \ln(50{,}5). \tag{11.113}$$

Die Sherwoodzahl beträgt:

$$Sh = 0{,}023 Re^{0{,}83} \, Sc^{0{,}44} \quad \rightarrow \quad Sh = 77{,}1. \tag{11.114}$$

Für die Stoffübergangslänge ergibt sich daraus:

$$\boxed{L = 8{,}93 \, \text{m}}. \tag{11.115}$$

11.10 Absorption von Wasserdampf in Schwefelsäure[*]

▶ **Thema** Stofftransport mit homogener chemischer Reaktion

Eine der ersten Arbeiten zur Bestimmung des Stoffübergangs bei der Absorption von Gasen durch Rieselfilme stammt von Greenewalt [3]. Er verwendete hierzu ein Rohr mit 2,54 cm Durchmesser und einer Länge von 78,74 cm. Die Rohrinnenwand wurde durch Zugabe einer etwa 70 %-igen Schwefelsäure am oberen Rand des Rohrs vollständig benetzt. Im Gegenstrom wurde wasserdampfgesättigte Luft von unten nach oben geführt. Durch Messung des Wasserdampfpartialdrucks an Ein- und Austritt wurde der übergehende Massenstrom an Wasser bei 20 °C bestimmt. Seine Daten fasste Greenewalt durch einen Stoffdurchgangskoeffizienten k_g zusammen, der definiert ist durch:

$$\dot{M} = k_g A \Delta p. \tag{11.116}$$

Die Messdaten sind in Tab. 11.2 aufgeführt.

Vergleichen Sie die Messergebnisse durch Bestimmung der korrespondierenden Sherwoodzahlen mit denjenigen, die sich gemäß Gl. (Lb 11.36) für diesen Fall ergeben. Tragen Sie hierzu die Sherwoodzahlen über den jeweiligen Reynoldszahlen Re_g auf.

Gegeben:

Dichte Schwefelsäure	ρ_S	$= 1606 \, \text{kg/m}^3$
Dyn. Viskosität Schwefelsäure	η_S	$= 10 \, \text{mPa} \cdot \text{s}$
Kin. Viskosität Luft	ν_{Luft}	$= 15{,}6 \cdot 10^{-6} \, \text{m}^2/\text{s}$
Diffusionskoeffizient	$D_{\text{H}_2\text{O}/\text{Luft}}$	$= 2{,}5 \cdot 10^{-5} \, \text{m}^2/\text{s}$
Umfangsbelastung	$\dot{V}_S$	$= 5 \, \text{m}^2/\text{h}$

Tab. 11.2 Gemessene Stoffdurchgangskoeffizienten bei verschiedenen Gasleerrohrgeschwindigkeiten [3]

v_g [ft/s]	1,51	2,03	2,69	3,16	3,8	4,93
k_g [g/(h·cm²·bar)]	2,17	3,16	3,92	3,98	4,49	5,7

Annahmen:

1. Der Stofftransportwiderstand in der flüssigen Phase kann vernachlässigt werden.
2. Für die Konzentration bzw. den Partialdruck an der Phasengrenzfläche kann der Wert null eingesetzt werden.
3. Die Gasphase verhält sich wie ein ideales Gas.

Lösung

Lösungsansatz:
Umrechnung der Messdaten zur Bestimmung der Sherwoodzahl und Berechnung der Sherwoodzahlen durch Gl. (Lb 11.36)

Lösungsweg:
Da der Stoffübergangswiderstand in der flüssigen Phase vernachlässigt werden kann entspricht der Stoffdurchgangskoeffizient dem gasseitigen Stoffübergangskoeffizienten. Die Messdaten müssen für die Bestimmung der Sherwood- und Reynoldszahlen umgerechnet werden. Der Zusammenhang zwischen dem gemessen Stoffdurchgangskoeffizienten und dem Stoffübergangskoeffizienten folgt aus der Beschreibung des übergehenden Massenstroms:

$$\dot{M} = k_g A \Delta p = \beta_g A \Delta \rho. \tag{11.117}$$

Da gemäß Hinweis 2 Konzentration und Partialdruck an der Phasengrenzfläche gleich null sind, ergibt sich unter Verwendung des idealen Gasgesetzes (Ann. 3):

$$k_g p_{H_2O} = \beta_g \rho_{H_2O} = \beta_g \frac{p_{H_2O}}{RT} \tilde{M}_{H_2O} \quad \rightarrow \quad \beta_g = k_g \frac{RT}{\tilde{M}_{H_2O}}. \tag{11.118}$$

Die Ergebnisse der Umrechnungen sind in Tab. 11.3 aufgeführt.

Tab. 11.3 Umrechnung der Messdaten zur Bestimmung der Sherwood- und Reynoldszahlen

v_g [ft/s]	v_g [m/s]	k_g [g/(h·cm²·bar)]	k_g [s/m]	β_g [m/s]	$Sh_{gemessen}$ [–]	Re_g [–]	$Sh_{berechnet}$ [–]
1,51	0,46	2,17	$6,03 \cdot 10^{-8}$	$8,16 \cdot 10^{-3}$	8,29	749	5,69
2,03	0,619	3,16	$8,78 \cdot 10^{-8}$	$1,19 \cdot 10^{-2}$	12,1	1010	7,23
2,69	0,82	3,92	$1,09 \cdot 10^{-7}$	$1,47 10^{-2}$	15	1330	8,93
3,16	0,963	3,98	$1,11 \cdot 10^{-7}$	$1,5 10^{-2}$	15,2	1570	10,1
3,8	1,16	4,49	$1,25 \cdot 10^{-7}$	$1,69 10^{-2}$	17,2	1890	11,6
4,93	1,5	5,7	$1,58 \cdot 10^{-7}$	$2,14 10^{-2}$	21,8	2450	14,1

Abb. 11.4 Gegenüberstellung der gemessenen und der mit Gl. (11.121) berechneten Sherwoodzahlen

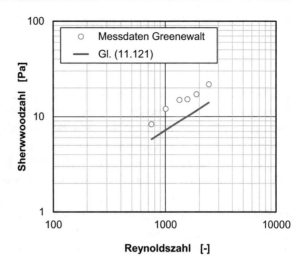

Aus den gegebenen Daten folgen weiterhin die Reynoldszahl der Filmströmung

$$Re_f \equiv \frac{\dot{V}_f}{d\,\pi\,\nu_f} \quad \rightarrow \quad Re_f = 223 \tag{11.119}$$

sowie die Schmidtzahl des Gases:

$$Sc_g \equiv \frac{\nu_g}{D_{Ag}} \quad \rightarrow \quad Sc_g = 0{,}624. \tag{11.120}$$

Mithilfe von Gl. (Lb 11.36)

$$Sh = 0{,}015 Re_g^{0{,}75} Re_f^{0{,}16} Sc_g^{0{,}44} \left[1 + 5{,}2 \left(\frac{L}{d}\right)^{-0{,}75}\right]. \tag{11.121}$$

lassen sich die Sherwoodzahlen bei Gegenstrom berechnen. Die Ergebnisse sind ebenfalls in Tab. 11.3 enthalten und in Abb. 11.4 dargestellt.

Die Visualisierung verdeutlicht, dass die gemessenen Werte durchschnittlich mehr als 50 % größer als die berechneten sind. Dagegen ist die grundsätzliche Abhängigkeit zwischen Sherwood- und Reynoldszahl etwa identisch. Ursächlich für die Unterschiede könnten Messfehler sein, die sich bei der Bestimmung der Luftfeuchtigkeit ergeben haben. So liegen die Messwerte der Eintrittskonzentrationen deutlich unterhalb der zu erwartenden Sättigungskonzentrationen, die eigentlich zu erwarten wären. In die Berechnung geht dann ein zu geringer Wert für die treibende Konzentrationsdifferenz ein, was zu einem zu hohen Stoffübergangskoeffizienten führt.

11.11   Chemisorption in einem Rieselfilm[**]

▶   **Thema** Stofftransport mit homogener chemischer Reaktion

Ein Rieselfilm soll als Gaswäscher für SO_2 (Komponente A) aus einem Luftstrom dimensioniert werden. Der Widerstand liegt in der Flüssigphase. Es ist zu untersuchen, ob eine Absorption gekoppelt mit einer Reaktion zweiter Ordnung, also $A + B \rightarrow C$ (NaOH als Reaktant B), zu einem signifikant erhöhten Stoffstrom von SO_2 in den Rieselfilm im Vergleich zur rein physikalischen Absorption führt. Dem Wäscher wird kontinuierlich SO_2-freies Wasser für den Betrieb des Reaktors zugeführt.

a) Bestimmen Sie die Konzentration von SO_2 in der Phasengrenzfläche auf der Flüssigkeitsseite ($\rho_{SO_2, f, \mathrm{PGF}}$) für beide Systeme.
b) Berechnen Sie die mittlere Konzentration von SO_2 am Ende des Films ohne Reaktion.
c) Ermitteln Sie den Massenfluss an SO_2, der Luft stündlich entnommen werden kann. Vergleichen und diskutieren Sie beide Systeme.
d) Bestimmen Sie den Verbrauch der Komponente B.

Gegeben:

Wasserdichte	ρ_W	$= 1000\,\mathrm{kg/m^3}$
kinematische Viskosität	ν_W	$= 1 \cdot 10^{-6}\,\mathrm{m^2/s}$
SO_2-Konzentration	$\rho_{SO_2,g}$	$= 400\,\mathrm{mg/m^3}$
Diffusionskoeffizient	D_{SO_2/H_2O}	$= 1{,}6 \cdot 10^{-9}\,\mathrm{m^2/s}$
Henryzahl	H^*	$= 0{,}126$
Molekulargewicht SO_2	$\tilde{M}_{SO_2}$	$= 64\,\mathrm{g/mol}$
Filmbreite	B	$= 5\,\mathrm{m}$
Filmlänge	L	$= 10\,\mathrm{m}$
Filmdicke	δ	$= 0{,}5\,\mathrm{mm}$
Damköhlerzahl	Da	$= 1000$

Annahmen:

1. Im Fall der chemischen Reaktion erreicht das SO_2 aufgrund der hohen Damköhlerzahl nur eine geringe Eindringtiefe (s. Abb. Lb 11.16), sodass vereinfachend die mittlere Konzentration im Film zu null gesetzt werden kann.
2. Die CO_2-Konzentration in der Gasphase wird vereinfachend als konstant angenommen

Lösung

Lösungsansatz:
Aufstellen der Massenbilanz für die Flüssigphase und Anwendung der Stoffübergangsbeziehung

Lösungsweg:
a) Da die Henryzahl (Gl. (Lb 7.83))

$$H^* = \frac{\rho_{SO_2,g,PGF}}{\rho_{SO_2,f,PGF}} \tag{11.122}$$

gegeben ist, kann mithilfe der konstanten Massenkonzentration im Gas die Phasengrenzkonzentration auf der Flüssigkeitsseite berechnet werden:

$$\rho_{SO_2,f,PGF} = \frac{\rho_{SO_2,g,PGF}}{H^*} \quad \rightarrow \quad \boxed{\rho_{SO_2,f,PGF} = 3{,}17 \cdot 10^{-3} \frac{kg}{m^3}}. \tag{11.123}$$

b) Aus der integralen Massenbilanz für SO_2 in der flüssigen Phase ergibt sich für die rein physikalische Absorption

$$
\begin{aligned}
0 &= \dot{M}_{SO_2,\alpha} - \dot{M}_{SO_2,\omega} + \dot{M}_{SO_2,S\ddot{U}} = \dot{V}_f \left(\rho_{SO_2,\alpha} - \overline{\rho}_{SO_2,\omega} \right) + \beta_f A \Delta \rho_{SO_2,ln} \\
&= -\dot{V}_f \overline{\rho}_{SO_2,\omega} + \beta_f BL \frac{\left(\rho_{SO_2,PGF} - \rho_{SO_2} \right)_\alpha - \left(\rho_{SO_2,PGF} - \overline{\rho}_{SO_2} \right)_\omega}{\ln \left[\frac{\left(\rho_{SO_2,PGF} - \rho_{SO_2} \right)_\alpha}{\left(\rho_{SO_2,PGF} - \overline{\rho}_{SO_2} \right)_\omega} \right]}
\end{aligned} \tag{11.124}
$$

und, da SO_2-freies Wasser verwendet wird, folgt:

$$\overline{\rho}_{SO_2,\omega} = \rho_{SO_2,PGF} \left[1 - \exp \left(-\frac{BL\beta_f}{\dot{V}_f} \right) \right]. \tag{11.125}$$

Für die Berechnung der mittleren Austrittskonzentration werden noch der Volumenstrom und der Stoffübergangskoeffizient benötigt. Die Umfangsbelastung ergibt sich gemäß Gl. (Lb 11.4):

$$\frac{\dot{V}_f}{B} = \frac{\delta^3}{3} \frac{g}{\nu_f} \quad \rightarrow \quad \frac{\dot{V}_f}{B} = 1{,}47 \frac{m^2}{h}. \tag{11.126}$$

Um den Stoffübergangskoeffizient für den Fall ohne Reaktion zu ermitteln, ist Gl. (Lb 11.31) zu verwenden:

$$Sh_{\delta,oR} = \frac{\beta_{f,oR}\delta}{D_{SO_2/H_2O}} = 3{,}41 + \frac{0{,}276 x^{*-1,2}}{1 + 0{,}20 x^* - 0{,}7}. \tag{11.127}$$

Mit einer dimensionslosen Einlaufkennzahl von

$$x^* = \frac{1}{ReSc}\frac{L}{\delta} = \frac{D_{SO_2/H_2O}}{\dot{V}_f/B}\frac{L}{\delta} \quad \rightarrow \quad x^* = 0{,}0783 \qquad (11.128)$$

folgt für den Stoffübergangskoeffizienten:

$$\beta_{f,oR} = \left(3{,}41 + \frac{0{,}276x^{*-1{,}2}}{1 + 0{,}20x^* - 0{,}7}\right)\frac{D_{SO_2/H_2O}}{\delta}$$

$$\rightarrow \quad \beta_{f,oR} = 1{,}95 \cdot 10^{-5}\,\frac{m}{s}. \qquad (11.129)$$

Mit Gl. (11.125) ergibt sich eine mittlere Austrittskonzentration ohne Reaktion von:

$$\boxed{\overline{\rho}_{SO_2,\omega} = 1{,}2 \cdot 10^{-3}\,\frac{kg}{m^3}}. \qquad (11.130)$$

c) Aus der Massenbilanz resultiert für den Fall ohne Reaktion der übertragene Massenstrom:

$$\dot{M}_{SO_2,oR} = \dot{V}_f\left(\overline{\rho}_{SO_2,\omega} - \overline{\rho}_{SO_2,\alpha}\right) = \dot{V}_f\overline{\rho}_{SO_2,\omega}$$

$$\rightarrow \quad \boxed{\dot{M}_{SO_2,oR} = 8{,}86 \cdot 10^{-3}\,\frac{kg}{h}}. \qquad (11.131)$$

Für den Fall mit Reaktion ergibt sich für die dimensionslose Lauflänge $x^* = 0{,}0783$ gemäß Abb. Lb 11.18 für $Da = 1000$ eine Sherwoodzahl

$$Sh_{\delta,mR} = 10 \qquad (11.132)$$

und damit ein Stoffübergangskoeffizient von

$$\beta_{f,mR} = Sh_{\delta,mR}\frac{D_{SO_2/H_2O}}{\delta} \quad \rightarrow \quad \beta_{f,mR} = 3{,}2 \cdot 10^{-5}\,\frac{m}{s}. \qquad (11.133)$$

Unter Berücksichtigung der Annahme, dass die mittlere SO_2-Konzentration im Film gleich null ist, berechnet sich ein Stoffstrom von:

$$\dot{M}_{SO_2,mR} = \beta_{f,mR}BL\rho_{SO_2,f,PGF} \quad \rightarrow \quad \boxed{\dot{M}_{SO_2,mR} = 1{,}83 \cdot 10^{-2}\,\frac{kg}{h}}. \qquad (11.134)$$

Durch die Reaktion wird die übergehende Komponente verbraucht. Hierdurch wird einerseits der Konzentrationsgradient erhöht, was zu einem größeren Stoffübergangskoeffizienten führt. Anderseits nimmt auch die treibende Konzentrationsdifferenz zu, da das SO_2

verbraucht wird und die mittlere Konzentration im Film klein bleibt. Durch beide Effekte steigt der Stoffstrom an.

d) Der Verbrauch an NaOH pro Zeit entspricht stöchiometrisch dem übertragenen Molenstrom an CO_2:

$$\dot{N}_{SO_2,mR} = \frac{\dot{M}_{SO_2,mR}}{\tilde{M}_{SO_2}} = \dot{N}_{NaOH} \quad \rightarrow \quad \boxed{\dot{N}_{NaOH} = 0{,}286 \, \frac{mol}{h}}. \tag{11.135}$$

Literatur

1. Beek WJ, Muttzall KMK, van Heuven JW (1999) Transport phenomena, 2. Aufl. John Wiley & Sons, Chichester
2. Coulson JM, Richardson JF (1999) Chemical engineering, 6. Aufl. Bd. 1. Butterworth-Heinemann, Oxford
3. Greenewalt CH (1926) Absorption of water vapor by sulfuric acid solutions. Ind Eng Chem 18:1291–1295
4. Hines AL, Maddox RN (1985) Mass transfer: fundamentals and applications. Prentice Hall, Upper Saddle River
5. Schnabel G (2013) Wärmeübergang an senkrechten Rieselfilmen. In: VDI e.V. (Hrsg) VDI-Wärmeatlas. Springer, Berlin Heidelberg, S 1475–1482 https://doi.org/10.1007/978-3-642-19981-3_98
6. Sherwood TK, Gilliland ER (1934) Diffusion of vapors through gas films. Ind Eng Chem 26:1093–1096

Bodenkolonnen

12

Zentraler Inhalt des Kapitels ist die Anwendung der erforderlichen Kenntnisse und Methoden zur Auslegung von Bodenkolonnen. Dies umfasst die physikalischen Ursachen der Trennung sowie die Grundlagen der thermodynamischen Kolonnenauslegung. Im Wesentlichen werden die fluiddynamische Dimensionierung und der damit verbundene Belastungsbereich betrachtet. Hierzu zählen die Berechnungen des Druckverlusts und des Stofftransports sowie die Charakterisierung der Trennleistung eines Bodens.

12.1 Bilanzierung einer Gegenstromrektifikationskolonne [1]**

▶ **Thema** Thermodynamische Grundlagen und Bilanzierungen – Stoffbilanz um eine Rektifikationskolonne

Einer kontinuierlich betriebenen Gegenstromrektifikationskolonne werden 5000 kg/h eines Gemisches von 29 Gew.-% Methanol ($\tilde{M} = 32\,\text{g/mol}$) und 71 Gew.-% Wasser ($\tilde{M} = 18\,\text{g/mol}$) zugeführt. Die Gleichung der Bilanzlinie lautet:

$$y = 0{,}73x + 0{,}264. \tag{12.1}$$

Bei der Rektifikation wird ein Sumpfproduktmassenstrom von 3800 kg/h erhalten. Die relative Flüchtigkeit wurde zu 3,5 bestimmt.

a) Bestimmen Sie den Massenanteil des Methanols im Sumpf und den Massenstrom des Methanols, der mit dem Sumpfstrom abgezogen wird.
b) Berechnen Sie die am Kolonnenkopf anfallenden Dampfmassen.

Elektronisches Zusatzmaterial Die Online-Version dieses Kapitels (https://doi.org/10.1007/978-3-662-60393-2_12) enthält Zusatzmaterial, das für autorisierte Nutzer zugänglich ist.

c) Ermitteln Sie die Kopfkonzentration des Methanols, wenn das Einlaufgemisch mit
   25 Gew.-% Methanol anfällt, die Triebkraft an der Einlaufstelle jedoch konstant bleiben soll.

Hinweise:

1. Der Kondensator arbeitet mit Totalkondensation.
2. Die Triebkraft an der Einlaufstelle ergibt sich nach

$$\Delta y_F = y_F^* - y_F, \tag{12.2}$$

wobei y_F^* der Gleichgewichtsmolanteil in der Gasphase im Zulauf und y_F den Molanteil in der Gasphase innerhalb der Kolonne am Zulauf darstellt.

Lösung

Lösungsansatz:
Aufstellen der Gesamt- und Komponentenbilanz sowie Verwendung der Bilanzlinie und
der Gleichgewichtsbeziehung.

Lösungsweg:
a) Die Komponentenbilanz für Methanol lautet

$$\dot{M}_F \xi_F = \dot{M}_D \xi_D + \dot{M}_B \xi_B \tag{12.3}$$

und die Gesamtmassenbilanz:

$$\dot{M}_F = \dot{M}_D + \dot{M}_B. \tag{12.4}$$

Daraus folgt der Methanolmassenanteil im Sumpf:

$$\xi_B = \frac{\dot{M}_F \xi_F - \left(\dot{M}_F - \dot{M}_B\right) \xi_D}{\dot{M}_B}. \tag{12.5}$$

Der Massenanteil im Destillat wird mithilfe der Bilanzlinie berechnet:

$$y = 0{,}73x + 0{,}264 = \frac{\nu}{\nu+1}x + \frac{x_D}{\nu+1} \quad \rightarrow \quad \frac{\nu}{\nu+1} = 0{,}73$$

$$\rightarrow \quad \nu = \left(\frac{1}{0{,}73} - 1\right)^{-1}$$

$$\rightarrow \quad \nu = 2{,}7. \tag{12.6}$$

Damit folgt für den Molanteil im Destillat:

$$\frac{x_D}{v+1} = 0{,}264 \quad \rightarrow \quad x_D = 0{,}264\,(v+1) \quad \rightarrow \quad x_D = 0{,}978. \tag{12.7}$$

Die Umrechnung des Molanteils in den Massenanteil liefert:

$$x_D = \frac{N_{\text{MeOH}}}{N_{\text{MeOH}} + N_{\text{H}_2\text{O}}} \quad \rightarrow \quad \frac{1}{x_D} = 1 + \frac{M_{\text{H}_2\text{O}}/\tilde{M}_{\text{H}_2\text{O}}}{M_{\text{MeOH}}/\tilde{M}_{\text{MeOH}}}$$

$$\rightarrow \quad \frac{M_{\text{H}_2\text{O}}}{M_{\text{MeOH}}} = \frac{1-x_D}{x_D}\,\frac{\tilde{M}_{\text{H}_2\text{O}}}{\tilde{M}_{\text{MeOH}}}$$

$$\rightarrow \quad 1 + \frac{M_{\text{H}_2\text{O}}}{M_{\text{MeOH}}} = 1 + \frac{1-x_D}{x_D}\,\frac{\tilde{M}_{\text{H}_2\text{O}}}{\tilde{M}_{\text{MeOH}}}$$

$$\rightarrow \quad \xi_D = \left[1 + \frac{1-x_D}{x_D}\,\frac{\tilde{M}_{\text{H}_2\text{O}}}{\tilde{M}_{\text{MeOH}}} \right]^{-1}$$

$$\rightarrow \quad \xi_D = 0{,}987. \tag{12.8}$$

Mit Gl. (12.5) folgt der Methanolmassenanteil im Sumpf

$$\boxed{\xi_B = 0{,}0698} \tag{12.9}$$

und daraus der Methanolmassenstrom, der aus dem Sumpf abgezogen wird:

$$\dot{M}_{B\text{MeOH}} = \xi_B \dot{M}_B \quad \rightarrow \quad \boxed{\dot{M}_{B\text{MeOH}} = 265\,\frac{\text{kg}}{\text{h}}}. \tag{12.10}$$

b) Die Mengenbilanz am Kolonnenkopf lautet

$$\dot{M}_g = \dot{M}_f + \dot{M}_D \tag{12.11}$$

und die Gesamtbilanz:

$$\dot{M}_F = \dot{M}_D + \dot{M}_B. \tag{12.12}$$

Da sich die Konzentration während der Kondensation nicht verändert, gilt:

$$v = \frac{\dot{L}}{\dot{D}} = \frac{\dot{M}_f}{\dot{M}_D}. \tag{12.13}$$

Daraus ergibt sich der Massenstrom am Kolonnenkopf:

$$\dot{M}_g = v\dot{M}_D + \dot{M}_D \quad \rightarrow \quad \dot{M}_g = (v+1)\left(\dot{M}_F - \dot{M}_B\right)$$

$$\rightarrow \quad \boxed{\dot{M}_g = 4444\,\frac{\text{kg}}{\text{h}}}. \tag{12.14}$$

c) Zur Bestimmung der Triebkraft an der Einlaufstelle wird der Gleichgewichtsmolanteil im Zulauf benötigt. Diese berechnet sich unter Nutzung der gegebenen relativen Flüchtigkeit:

$$\alpha = \frac{y^*_{MeOH}/x_{MeOH}}{y^*_{H_2O}/x_{H_2O}} = \frac{y^*_{MeOH}/x_{MeOH}}{\left(1 - y^*_{MeOH}\right)/\left(1 - x_{MeOH}\right)}$$

$$\rightarrow \quad \frac{\left(1 - x_{MeOH}\right)}{\alpha x_{MeOH}} = \frac{1}{y^*_{MeOH}} - 1 \quad \rightarrow \quad y^*_{MeOH} = \frac{\alpha x_{MeOH}}{\left(\alpha - 1\right) x_{MeOH} + 1}. \tag{12.15}$$

Der Molanteil des Dampfes in der Kolonne ergibt sich aus der Bilanzlinie:

$$y_F = 0{,}73 x_F + 0{,}264. \tag{12.16}$$

Der Molanteil im Feed lässt sich aus dem Massenanteil bestimmen (analog zu Gl. (12.8)):

$$x_F = \left[1 + \frac{1 - \xi_F}{\xi_F} \frac{\tilde{M}_{MeOH}}{\tilde{M}_{H_2O}}\right]^{-1} \quad \rightarrow \quad x_F = 0{,}187. \tag{12.17}$$

Damit ergeben sich der Gleichgewichtsmolanteil (Gl. (12.15))

$$y^*_F = \frac{\alpha x_F}{\left(\alpha - 1\right) x_F + 1} \quad \rightarrow \quad y^*_F = 0{,}446 \tag{12.18}$$

und der Molanteil des Methanols im Dampf (Gl. (12.16))

$$y_F = 0{,}4, \tag{12.19}$$

sodass für die Triebkraft resultiert:

$$\Delta y_F = y^*_F - y_F \quad \rightarrow \quad \Delta y_F = 0{,}0453. \tag{12.20}$$

Durch Absenkung der Zulaufkonzentration auf 25 Gew.-% und damit einen Molanteil von

$$x_{F_2} = \left[1 + \frac{1 - \xi_{F_2}}{\xi_{F_2}} \frac{\tilde{M}_{MeOH}}{\tilde{M}_{H_2O}}\right]^{-1} \quad \rightarrow \quad x_{F_2} = 0{,}158. \tag{12.21}$$

reduziert sich der Gleichgewichtsmolanteil auf:

$$y^*_{F_2} = \frac{\alpha x_{F_2}}{\left(\alpha - 1\right) x_{F_2} + 1} \quad \rightarrow \quad y^*_{F_2} = 0{,}396. \tag{12.22}$$

Damit die Triebkraft unverändert bleibt, muss der Molanteil im Dampf

$$\Delta y_F = y^*_{F_2} - y_{F_2} \quad \rightarrow \quad y_{F_2} = 0{,}351 \tag{12.23}$$

betragen. Der Molanteil am Kolonnenkopf ergibt sich dann unter Verwendung der Arbeitsgerade:

$$y_{F_2} = \frac{v}{v+1}x_{F2} + \frac{x_{D_2}}{v+1} \quad \to \quad x_{D_2} = (v+1)\,y_{F_2} - v x_{F2}$$

$$\to \quad \boxed{x_{D_2} = 0{,}873} \,. \tag{12.24}$$

Durch die reduzierte Zulaufkonzentration sinkt der Molanteil gegenüber x_{D_1} von 0,978 erheblich ab.

12.2 Gaswäsche in einer Bodenkolonne[*]

▶ **Thema** Thermodynamische Grundlagen und Bilanzierungen – Stoffbilanz um eine Absorptionskolonne

Aus Kohlegas (B) soll Leichtöldampf (A) mit Waschöl (C) durch Absorption in einer Absorptionskolonne (s. Abb. 12.1) abgetrennt werden. 95 % des Leichtöldampfs sollen entfernt werden.

a) Stellen Sie die Gesamtmol- und die Komponentenbilanz für A auf.
b) Ermitteln Sie den erforderlichen Flüssigkeitsmolenstrom.
c) Bestimmen Sie den Verlauf der Bilanzlinie und tragen ihn zusammen mit der Gleichgewichtskurve in ein Diagramm ein.
d) Bestimmen Sie die Anzahl der theoretischen Böden für die Lösung der Trennaufgabe.

Abb. 12.1 Schema einer Waschkolonne

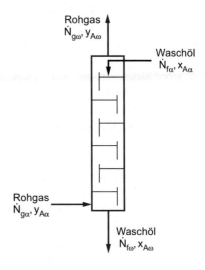

Gegeben:

Gaseintrittsmolenbruch	$y_{A\alpha} = 0,02$
Waschmitteleintrittsmolenbruch	$x_{A\alpha} = 0,005$
Waschmittelaustrittsmolenbruch	$x_{A\omega} = 0,12$

Annahmen:

1. Isothermer, stationärer Prozesse mit nicht-flüchtigem Waschmittel.
2. Das thermodynamische Gleichgewicht für das Leichtöl (A) kann mit einem linearen Ansatz beschrieben werden: $y = m \cdot x$ mit $m = 0,06$.

Lösung

Lösungsansatz:
Berechnung des nötigen Waschölmolenstroms über Stoffmengenbilanzen und anschließende grafische Ermittlung der theoretischen Bodenanzahl in einem McCabe-Thiele-Diagramm.

Lösungsweg:
a) Es werden die Gesamtstoffmengen- und die Komponentenbilanz für den Leichtöldampf A aufgestellt. Die Vorgänge in der Kolonne sind voraussetzungsgemäß stationär. Die Gesamtbilanz lautet:

$$\boxed{\dot{N}_{g\alpha} - \dot{N}_{g\omega} + \dot{N}_{f\alpha} - \dot{N}_{f\omega} = 0} \,. \tag{12.25}$$

Die Komponentenbilanz für das Leichtöl ergibt sich zu:

$$\boxed{\dot{N}_{g\alpha} y_{A\alpha} - \dot{N}_{g\omega} y_{A\omega} + \dot{N}_{f\alpha} x_{A\alpha} - \dot{N}_{f\omega} x_{A\omega} = 0} \,. \tag{12.26}$$

b) Der Flüssigkeits- und der Gasmolenstrom sind nicht konstant. Andererseits verändern sich voraussetzungsgemäß weder der Waschöl- noch der Trägergasstrom. Daher werden im Weiteren die Bilanzen auf Basis von Molbeladungen formuliert. Die Umrechnung von Molanteilen zu Molbeladungen ergibt sich gemäß:

$$y_A = \frac{\dot{N}_A}{\dot{N}_A + \dot{N}_C} = \frac{Y_A}{Y_A + 1} \quad \rightarrow \quad Y_A = \frac{y_A}{1 - y_A} \quad \text{analog} \quad X_A = \frac{x_A}{1 - x_A} \,. \tag{12.27}$$

In diesem Fall lautet die Gesamtbilanz mit dem reinen Kohlegasstrom $\dot{G}_B$ und dem reinen Waschölstrom $\dot{L}_C$

$$\dot{G}_B \left(Y_{A\alpha} - Y_{A\omega} \right) = \dot{L}_C \left(X_{A\omega} - X_{A\alpha} \right), \tag{12.28}$$

Abb. 12.2 Arbeitsdiagramm der Waschkolonne mit den drei erforderlichen theoretischen Böden

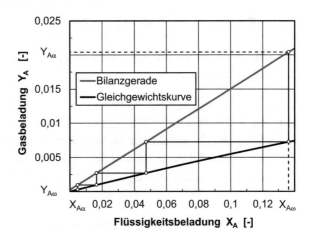

aus der der Waschölmolenstrom folgt:

$$\dot{L}_C = \dot{G}_B \frac{Y_{A\alpha} - Y_{A\omega}}{X_{A\omega} - X_{A\alpha}}. \tag{12.29}$$

Mit den gegebenen Daten berechnet sich der Waschölmolenstrom zu:

$$\dot{L}_C = (1 - y_{A\alpha}) \, \dot{N}_{g\alpha} \frac{0{,}95 Y_{A\alpha}}{X_{A\omega} - X_{A\alpha}} = (1 - y_{A\alpha}) \, \dot{N}_{g\alpha} \frac{0{,}95 \frac{y_{A\alpha}}{1 - y_{A\alpha}}}{\frac{x_{A\omega}}{1 - x_{A\omega}} - \frac{x_{A\alpha}}{1 - x_{A\alpha}}}$$

$$\rightarrow \boxed{\dot{L}_C = 1{,}56 \, \frac{\text{mol}}{\text{s}}}. \tag{12.30}$$

c) Aus der Stoffbilanz ergibt sich als Bilanzgleichung (Gl. (Lb 12.13)):

$$Y = Y_{A\alpha} + \frac{\dot{L}_C}{\dot{G}_B} \left(X - X_{A\omega} \right). \tag{12.31}$$

Für die Gleichgewichtskurve gilt gemäß Annahme:

$$y_A = m x_A \quad \rightarrow \quad \frac{Y_A}{Y_A + 1} = m \frac{X_A}{X_A + 1} \quad \rightarrow \quad Y_A = \frac{m X_A}{1 + (1 - m) X_A}. \tag{12.32}$$

Das Arbeitsdiagramm der Waschkolonne zeigt Abb. 12.2.

d) Aus den Ein- und Austrittsbeladungen ergibt sich zusammen mit dem Arbeitsdiagramm die Anzahl der theoretischen Böden mit drei.

12.3   Bilanzierung eines Gegenstromabsorbers für Ammoniak [2]***

▶ **Thema** Thermodynamische Grundlagen und Bilanzierungen – Stoffbilanz um
eine Absorptionskolonne

Aus einem wassergesättigten Luftstrom ($\dot{V}_g = 10.000\,\text{m}^3/\text{h}$) mit einem Ammoniakge-
halt von 3 Mol.-% und einer Temperatur von 30 °C soll Ammoniak mit Waschwasser
bis auf 0,3 Mol.-% abgereichert werden. Der eingesetzte Gegenstromabsorber wird bei
200 mbar Überdruck betrieben. Das Waschwasser wird mit 30 °C und einer Vorbeladung
von 0,5 mmol$_{\text{Ammoniak}}$/mol$_{\text{Wasser}}$ zugeführt. Der Absorber soll mit dem Zweifachen des
Mindestlösungsmittelverhältnisses der isothermen Betriebsweise gefahren werden.

a) Berechnen Sie den zu absorbierenden Ammoniakmassenstrom.
b) Ermitteln Sie den Waschwassermassenstrom und die Ammoniakbeladung im austretenden Waschwasser bei isothermer Betriebsweise.
c) Bestimmen Sie den abzuführenden Wärmestrom.
d) Berechnen Sie die Temperaturerhöhung des Waschwassers bei adiabatem Betrieb,
   wenn der für den isothermen Betrieb ermittelte Waschwassermengenstrom verwendet
   wird. Hierbei sei die Energieänderung in der Gasphase vernachlässigbar. Prüfen Sie,
   ob mit dem für den isothermen Betrieb errechneten Waschwassermengenstrom die
   geforderte Spezifikation bezüglich der Ammoniakabreicherung eingehalten wird.

Gegeben:

Molmasse Lösungsmittel (Wasser)	$\tilde{M}_W$	$= 18\,\text{kg/kmol}$
Molmasse Trägergas (Luft)	$\tilde{M}_g$	$= 29\,\text{kg/kmol}$
Molmasse Ammoniak	$\tilde{M}_{\text{NH}_3}$	$= 17\,\text{kg/kmol}$
Spez. Wärmekapazität Wasser	c_{pW}	$= 4{,}18\,\text{kJ}/(\text{kg}\cdot\text{K})$
Spez. Wärmekap. flüss., gelöster Ammoniak	$c_{p\text{NH}_3}$	$= 4{,}7\,\text{kJ}/(\text{kg}\cdot\text{K})$
Henry-Koeffizient NH$_3$ in H$_2$O bei 30 °C	H	$= 1{,}18\,\text{bar}$
Konstante für Temperaturabh. von H	C	$= -4200\,\text{K}$
Bezugstemperatur	ϑ	$= 30\,°\text{C}$
Absorptionsenthalpie NH$_3$ in H$_2$O bei 30 °C	Δh_{Ab}	$= 1914\,\text{kJ/kg}$
Eintretender Gasvolumenstrom	$\dot{V}_{g\alpha}$	$= 10.000\,\text{m}^3/\text{h}$
Gaseintrittstemperatur	$\vartheta_{g\alpha}$	$= 30\,°\text{C}$
Ammoniakgehalt Gaseintritt	y_α	$= 0{,}03\,\text{mol/mol}$
Ammoniakgehalt Gasaustritt	y_ω	$= 0{,}003\,\text{mol/mol}$
Lösungsmitteleintrittstemperatur	$\vartheta_{f\alpha}$	$= 30\,°\text{C}$
Vorbeladung des Lösungsmittels	X_α	$= 0{,}0005\,\text{mol/mol}$
Absorberdruck	p	$= 1{,}2\,\text{bar}$

Lösung

Lösungsansatz:
Mit der gasseitigen Massenbilanz wird der übergehende Ammoniakstrom bestimmt. Aus flüssigkeitsseitiger Massenbilanz und Gleichgewichtsbedingungen werden der Waschwassermassenstrom und die Austrittsbeladung berechnet. Der abzuführende Wärmestrom resultiert aus einer Energiebilanz.

Lösungsweg:
a) Der gesamte eintretende Molenstrom der Luft $\dot{G}_\alpha$ ergibt sich mit dem idealen Gasgesetz zu:

$$\dot{G}_\alpha = \frac{p\dot{V}_{g\alpha}}{RT}. \tag{12.33}$$

Der eintretende Ammoniakmolenstrom berechnet sich demzufolge nach

$$\dot{N}_{\mathrm{NH_3}g\alpha} = \dot{G}_\alpha y_\alpha \tag{12.34}$$

und der austretende Ammoniakmolenstrom mit:

$$\dot{N}_{\mathrm{NH_3}g\omega} = \dot{G}_\omega y_\omega. \tag{12.35}$$

Die Differenz zwischen ein- und austretendem Gasmolenstrom ergibt sich aus dem absorbierten Ammoniakmolenstrom:

$$\dot{G}_\alpha - \dot{G}_\omega = \dot{N}_{\mathrm{NH_3}g\alpha} - \dot{N}_{\mathrm{NH_3}g\omega} = \dot{G}_\alpha y_\alpha - \dot{G}_\omega y_\omega. \tag{12.36}$$

Hieraus folgt der austretende Gasmolenstrom

$$\dot{G}_\omega = \dot{G}_\alpha \frac{1 - y_\alpha}{1 - y_\omega} \tag{12.37}$$

und damit der abgetrennte Ammoniakmolenstrom

$$\dot{N}_{\mathrm{NH_3}g\alpha} - \dot{N}_{\mathrm{NH_3}g\omega} = \dot{N}_{\mathrm{NH_3}} = \dot{G}_\alpha - \dot{G}_\omega = \frac{p\dot{V}_{g\alpha}}{RT} \frac{y_\alpha - y_\omega}{1 - y_\omega}$$

$$\rightarrow \quad \boxed{\dot{N}_{\mathrm{NH_3}} = 3{,}58 \, \frac{\mathrm{mol}}{\mathrm{s}}}. \tag{12.38}$$

b) Zur Berechnung des Waschwassermolenstroms muss zunächst der minimale Molenstrom für den isothermen Betriebsfall bestimmt werden. Für diesen Fall gilt, dass das Waschwasser den Absorber ammoniakgesättigt verlässt, d. h., im Gleichgewicht mit der

eintretenden Gasphase steht. Damit ergibt sich der maximale Ammoniakmolanteil des
Waschwassers:

$$x^*_{\mathrm{NH}_3} = y_\alpha \frac{p}{H} \quad \rightarrow \quad x^*_{\mathrm{NH}_3} = 0,0305. \tag{12.39}$$

Die Umrechnung des Molanteils in eine Beladung erfolgt nach:

$$x_{\mathrm{NH}_3} = \frac{N_{\mathrm{NH}_3}}{N_{\mathrm{H}_2\mathrm{O}} + N_{\mathrm{NH}_3}} = \frac{1}{\frac{N_{\mathrm{H}_2\mathrm{O}}}{N_{\mathrm{NH}_3}} + 1} = \frac{1}{\frac{1}{X_{\mathrm{NH}_3}} + 1}$$

$$\rightarrow \quad X_{\mathrm{NH}_3} = \frac{x_{\mathrm{NH}_3}}{1 - x_{\mathrm{NH}_3}} \quad \rightarrow \quad X^*_{\mathrm{NH}_3} = 0,0315. \tag{12.40}$$

Damit ergibt sich für den minimalen reinen Waschwassermolenstrom:

$$\dot{L}_{r_{\min}} \left(X^*_{\mathrm{NH}_3} - X_{\mathrm{NH}_3\alpha} \right) = \dot{N}_{\mathrm{NH}_3} \quad \rightarrow \quad \dot{L}_{r_{\min}} = 116 \frac{\mathrm{mol}}{\mathrm{s}}. \tag{12.41}$$

Hieraus resultiert der Wasserwassermassenstrom:

$$\dot{M}_W = 2 \dot{L}_{r_{\min}} \tilde{M}_W \quad \rightarrow \quad \boxed{\dot{M}_W = 4,16 \frac{\mathrm{kg}}{\mathrm{s}}}. \tag{12.42}$$

Mit dem Betriebsmolenstrom wird die Austrittsbeladung bestimmt:

$$X_{\mathrm{NH}_3\omega} = \frac{\dot{N}_{\mathrm{NH}_3}}{\dot{L}_r} + X_{\mathrm{NH}_3\alpha} \quad \rightarrow \quad \boxed{X_{\mathrm{NH}_3\omega} = 0,016}. \tag{12.43}$$

c) Der durch die Absorption frei werdende Wärmestrom muss, um eine isotherme Betriebsweise zu realisieren, abgeführt werden. Da ein- und austretende Stoffströme die
gleiche Temperatur aufweisen, lautet die Energiebilanz:

$$\dot{Q}_{\mathrm{kühl}} = \dot{N}_{\mathrm{NH}_3} \tilde{M}_{\mathrm{NH}_3} \Delta h_{Ab} \quad \rightarrow \quad \boxed{\dot{Q}_{\mathrm{kühl}} = 117\,\mathrm{kW}}. \tag{12.44}$$

d) Für den stationären adiabaten Betrieb lautet die Energiebilanz:

$$0 = \dot{H}_{f_\alpha} + \dot{H}_{g_\alpha} - \dot{H}_{f_\omega} - \dot{H}_{g_\omega} + \dot{Q}_{\mathrm{Abs}}. \tag{12.45}$$

Die Energieänderung in der Gasphase kann vernachlässigt werden. Für die verbleibenden
Terme gilt:

$$\dot{H}_{f_\alpha} = \dot{L}_r h_{W_\alpha} + \dot{L}_r X_\alpha h_{\mathrm{NH}_3\alpha} = \dot{L}_r \tilde{M}_W c_{pW} \vartheta_{f\alpha} + \dot{L}_r X_\alpha \tilde{M}_{\mathrm{NH}_3} c_{p\mathrm{NH}_3} \vartheta_{f\alpha}. \tag{12.46}$$

$$\dot{H}_{f_\omega} = \dot{L}_r h_{W_\omega} - \dot{L}_r X_\omega h_{\mathrm{NH}_3\omega} = \dot{L}_r \tilde{M}_W c_{pW} \vartheta_{f\omega} - \dot{L}_r X_\omega \tilde{M}_{\mathrm{NH}_3} c_{p\mathrm{NH}_3} \vartheta_{f\omega}. \tag{12.47}$$

$$\dot{Q}_{\mathrm{Abs}} = \dot{M}_{\mathrm{NH}_3\mathrm{abs}} \Delta h_{Ab} = \dot{N}_{\mathrm{NH}_3} \tilde{M}_{\mathrm{NH}_3} \Delta h_{Ab}. \tag{12.48}$$

Als Bezugszustand zur Berechnung der spezifischen Enthalpien wird üblicherweise eine Temperatur von 0 °C gewählt. Nach Einsetzen der Gln. (12.46)–(12.48) in die Energiebilanz Gl. (12.45) folgt:

$$0 = \dot{L}_r \tilde{M}_W c_{pW} \vartheta_{f\alpha} + \dot{L}_r X_\alpha \tilde{M}_{NH_3} c_{pNH_3} \vartheta_{f\alpha} - \dot{L}_r \tilde{M}_W c_{pW} \vartheta_{f\omega}$$
$$- \dot{L}_r X_\omega \tilde{M}_{NH_3} c_{pNH_3} \vartheta_{f\omega} + \dot{N}_{NH_3} \tilde{M}_{NH_3} \Delta h_{Ab}. \tag{12.49}$$

Durch Umstellung ergibt sich für die Austrittstemperatur des Waschwassers:

$$\vartheta_{f\omega} = \frac{\dot{L}_r \vartheta_{f\alpha} \left(\tilde{M}_W c_{pW} + X_{NH_3\alpha} \tilde{M}_{NH_3} c_{pNH_3} \right) + \dot{N}_{NH_3} \tilde{M}_{NH_3} \Delta h_{Ab}}{\dot{L}_r \left(\tilde{M}_W c_{pW} + X_{NH_3\omega} \tilde{M}_{NH_3} c_{pNH_3} \right)}$$
$$\rightarrow \quad \boxed{\vartheta_{f\omega} = 36{,}1\,°C}. \tag{12.50}$$

Aufgrund der erhöhten Temperatur des Waschmittels verringert sich die Löslichkeit des Ammoniaks. Dies wird durch die Änderung des Henry-Koeffizienten gemäß Gl. (Lb 1.143)

$$H(T) = H(T_{ref}) \exp\left[C \left(\frac{1}{T} - \frac{1}{T_{ref}} \right) \right]$$
$$\rightarrow \quad H(T_{f\omega}) = H(T_{f\alpha}) \exp\left[C \left(\frac{1}{T_{f\omega}} - \frac{1}{T_{f\alpha}} \right) \right] \quad \rightarrow \quad H(T_{f\omega}) = 1{,}55\,\text{bar} \tag{12.51}$$

erfasst. Trotz der geringen Temperaturzunahme von 6,1 °C verringert sich die Löslichkeit um mehr als 30 %. Der Gleichgewichtsmolanteil des Waschwassers berechnet sich damit zu

$$x^*_{NH_3} = y_\alpha \frac{p}{H} \quad \rightarrow \quad x^*_{NH_3} = 0{,}0232 \tag{12.52}$$

und hieraus die Gleichgewichtsbeladung

$$X^*_{NH_3} = \frac{x^*_{NH_3}}{1 - x^*_{NH_3}} \quad \rightarrow \quad X^*_{NH_3} = 0{,}0238 > X_{NH_3\omega} = 0{,}016. \tag{12.53}$$

Dieser Wert überschreitet die berechnete Austrittsbeladung, sodass die Spezifikation eingehalten werden kann. Dies erfordert eine erhöhte Stufenzahl, da der Mindestwaschmittelmolenstrom zunimmt

$$\dot{L}_{r\min} \left(X^*_{NH_3} - X_{NH_3\alpha} \right) = \dot{N}_{NH_3} \quad \rightarrow \quad \dot{L}_{r\min} = 154\,\frac{\text{mol}}{\text{s}} \quad \rightarrow \quad \frac{\dot{L}_{r\min}}{\dot{L}_r} = 1{,}5 \tag{12.54}$$

und den für den isothermen Betrieb gewählten Wert von zwei unterschreitet.

12.4   Arbeitsbereich einer Siebbodenkolonne [2]***

▶   **Thema** Belastungsbereich und Belastungskennfeld von Kolonnenböden

Eine Siebbodenkolonne von 1,6 m Durchmesser und einem Bodenabstand h_B von 0,5 m
wird mit dem Stoffsystem Benzol/Toluol bei 1 bar betrieben.

a) Ermitteln Sie den Arbeitsbereich der Kolonne indem Sie folgende Grenzen bestim-
    men:
      i)   maximale Gasgeschwindigkeit nach dem Ansatz von Souders und Brown
     ii)   Leerblasgrenze nach Stichlmair
    iii)   maximale Gasgeschwindigkeit infolge zu großer Zweiphasenschichthöhe
     iv)   minimale Gasgeschwindigkeit für gleichmäßige Begasung
      v)   minimale Gasgeschwindigkeit zur Vermeidung des Durchregnens
     vi)   maximale Flüssigkeitsbelastung
    vii)   minimale Flüssigkeitsbelastung
b) Stellen Sie diese Grenzen in einem Belastungsdiagramm $v_g = f(v_f)$ dar.

Gegeben:

Gasdichte	ρ_g	$= 2{,}66 \,\text{kg/m}^3$
Flüssigkeitsdichte	ρ_f	$= 813 \,\text{kg/m}^3$
Oberflächenspannung	σ	$= 0{,}02 \,\text{N/m}$
Öffnungsverhältnis	φ_{ak}	$= 0{,}1$
Lochdurchmesser	d_L	$= 12 \,\text{mm}$
Ablaufwehrhöhe	h_W	$= 50 \,\text{mm}$
relative Wehrlänge	L_W/D	$= 0{,}7$
Schachtauslaufwehrhöhe	h_S	$= 30 \,\text{mm}$
Flüssigkeitsgehalt im Ablaufschacht	ε_{fs}	$= 0{,}4$
Widerstandsbeiwert der Bohrung	ζ_0	$= 2{,}6$

Hinweise:

1. Der Gasbelastungsfaktor für die Beziehung nach Souders und Brown kann mit Hilfe
    nachstehender Beziehung bestimmt werden:

$$K_V = 0{,}0045 \frac{\sqrt{h_B}}{\sqrt[5]{d_L}} \quad (h_B \text{ und } d_L \text{ in mm}). \tag{12.55}$$

2. Näherungsweise kann das Verhältnis A_{ak}/A für die Kolonne wie folgt abgeschätzt
    werden:

$$\frac{A_{ak}}{A} = 1 - 0{,}6 \left(\frac{L_w}{D} \right)^{3{,}36}. \tag{12.56}$$

Lösung

Lösungsansatz:
Die unterschiedlichen Beziehungen für die Belastungsgrenzen werden für die Bestimmung des Arbeitsbereichs genutzt.

Lösungsweg:
i) Maximale Gasbelastung nach dem Ansatz von Souders und Brown

Die zulässige maximale Gasgeschwindigkeit berechnet sich unter Verwendung des Gasbelastungsfaktors K_V nach Gl. (Lb 12.19):

$$F_{max} = K_V \sqrt{\rho_f - \rho_g}. \tag{12.57}$$

Mit dem Wert für K_V gemäß

$$K_V = 0{,}0045 \frac{\sqrt{h_B}}{\sqrt[5]{d_L}} \quad \rightarrow \quad K_V = 0{,}0612 \, \frac{m}{s} \tag{12.58}$$

ergibt sich die maximale Gasbelastung:

$$F_{max} = \rho_g \, v_{g_{max}} = K_V \sqrt{\rho_f - \rho_g} \quad \rightarrow \quad v_{g_{max}} = K_V \sqrt{\frac{\rho_f - \rho_g}{\rho_g}}$$

$$\rightarrow \quad \boxed{v_{g_{max}} = 1{,}07 \, \frac{m}{s}}. \tag{12.59}$$

ii) Leerblasgrenze nach Stichlmair

Die Gasgeschwindigkeit für den vollständigen Flüssigkeitsaustrag ergibt sich gemäß (Gl. (Lb 12.22)):

$$v_{gFl} = 2{,}5 \left(\varphi_{ak}^2 \, \sigma g \, \frac{\rho_f - \rho_g}{\rho_g^2} \right)^{0{,}25} \quad \rightarrow \quad \boxed{v_{gFl} = 1{,}72 \, \frac{m}{s}}. \tag{12.60}$$

iii) Maximale Gasgeschwindigkeit infolge zu großer Zweiphasenschichthöhe

Für die Höhe der Zweiphasenschicht gilt (Gl. (Lb 12.23)):

$$h_{2ph} = h_w + \frac{1{,}45}{g^{1/3}} \left(\frac{\dot{V}_f}{L_w} \frac{1}{\varepsilon_f} \right)^{2/3} + \frac{125}{(\rho_f - \rho_g) g} \left[\frac{(v_g - w_B) \sqrt{\rho_g}}{1 - \varepsilon_f} \right]^2 \tag{12.61}$$

mit $w_B = 0{,}2 \, m/s$. Die resultierende Grenzkurve lässt sich dann durch iterative Lösung von Gl. (12.61) erhalten, wenn für die zweiphasige Schichthöhe der Bodenabstand

h_B eingesetzt wird. Der Flüssigkeitsvolumenanteil in der Schicht berechnet sich nach Gl. (Lb 12.24):

$$\varepsilon_f = 1 - \left(\frac{F}{F_{Fl}}\right) 0{,}28. \tag{12.62}$$

iv) Minimale Gasgeschwindigkeit für gleichmäßige Begasung

Um eine gleichmäßige Begasung des Bodens sicherzustellen, muss für die Gasgeschwindigkeit in der Bohrung gelten (Gl. (Lb 12.26)):

$$F_L = \sqrt{\rho_g}\, w_{gL} \geq \sqrt{2\frac{\sigma}{d_L}} \quad \rightarrow \quad w_{gL} = \frac{\dot{V}_g}{A_{\text{Loch}}} = \frac{\dot{V}_g}{A_{ak}}\frac{A_{ak}}{A_{\text{Loch}}} \geq \sqrt{2\frac{\sigma}{\rho_g d_L}}$$

$$\rightarrow \quad v_{g\min} = \varphi_{ak}\sqrt{2\frac{\sigma}{\rho_g d_L}}$$

$$\rightarrow \quad \boxed{v_{g\min} = 0{,}112\,\frac{\text{m}}{\text{s}}}. \tag{12.63}$$

v) minimale Gasgeschwindigkeit zur Vermeidung des Durchregnens

Zur Vermeidung des Durchregnens ist folgender F-Faktor in der Bohrung erforderlich:

$$F_L \geq \sqrt{0{,}37 d_L g \frac{\left(\rho_f - \rho_g\right)^{1{,}25}}{\rho_g^{\,0{,}25}}}, \tag{12.64}$$

woraus als Mindestgasgeschwindigkeit folgt:

$$v_{g\min} = \varphi_{ak}\sqrt{0{,}37 d_L g \left(\frac{\rho_f - \rho_g}{\rho_g}\right)^{1{,}25}} \quad \rightarrow \quad \boxed{v_{g\min} = 0{,}745\,\frac{\text{m}}{\text{s}}}. \tag{12.65}$$

Damit ist die Vermeidung des Durchregnens das kritischere Kriterium für die Mindestgasgeschwindigkeit.

vi) Maximale Flüssigkeitsbelastung

Die maximale Flüssigkeitsbelastung berechnet sich nach Gl. (Lb 12.30) durch:

$$\frac{\dot{V}_f}{L_W} = 0{,}61\varepsilon_{fS} h_S \sqrt{2 g h_B \frac{\rho_f - \rho_g}{\rho_f}\left(1 - \frac{h_p + h_f}{\varepsilon_{fS} h_B}\right)}$$

$$\rightarrow \quad v_{f\max} = 0{,}61\varepsilon_{fS}\frac{h_S L_W}{A_{ak}}\sqrt{2 g h_B \frac{\rho_f - \rho_g}{\rho_f}\left(1 - \frac{h_p + h_f}{\varepsilon_{fS} h_B}\right)}. \tag{12.66}$$

Zur Bestimmung der Druckverlusthöhe

$$h_p = \frac{\Delta p}{\rho_g g}. \tag{12.67}$$

muss der Druckverlust des Bodens berechnet werden. Dieser resultiert aus der Addition von trockenem Druckverlust (Gl. (Lb 12.34))

$$\Delta p_t = \frac{\zeta_0}{\varphi_{ak}^2} \frac{v_g^2 \rho_g}{2}, \tag{12.68}$$

und hydrostatischem Druckverlust (Gl. (Lb 12.36))

$$\Delta p_f = h_f \rho_f g = h_{2ph} \varepsilon_f \rho_f g, \tag{12.69}$$

mit der Höhe der Zweiphasenschicht h_{2ph} gemäß Gl. (12.61). Die Höhe der reinen Flüssigkeitsschicht ergibt sich dabei nach:

$$h_f = \frac{\Delta p_f}{\rho_f g}. \tag{12.70}$$

vii) Minimale Flüssigkeitsbelastung

Gemäß Erfahrungswerten beträgt die minimale Wehrbelastung:

$$\frac{\dot{V}_f}{L_W} = 2 \, \frac{\text{m}^3}{\text{m}\,\text{h}} \quad \rightarrow \quad v_{f\min} = \frac{\dot{V}_f}{A_{ak}} = \frac{\dot{V}_f}{L_W} \frac{L_W}{A_{ak}}$$

$$\rightarrow \quad \boxed{v_{f\min} = 3{,}78 \cdot 10^{-4} \, \frac{\text{m}}{\text{s}}}. \tag{12.71}$$

b) Der Arbeitsbereich, der sich aus den verschiedenen Begrenzungen für die Siebbodenkolonne ergibt, ist in Abb. 12.3 dargestellt.

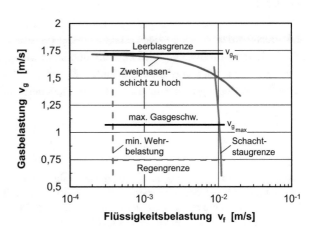

Abb. 12.3 Arbeitsbereich der Siebbodenkolonne

12.5   Fluiddynamische Charakterisierung einer Siebbodenkolonne[**]

▶   **Thema** Belastungsbereich und Belastungskennfeld von Kolonnenböden/
Druckverlust des Gases

In einer Siebbodenkolonne sollen Acetatdämpfe aus Luft unter Verwendung von Wasser
bei 20 °C und 1 bar ausgewaschen werden. Durch die Kolonne strömen 3000 m_N^3/h Luft[1].
Die Höhe des Ablaufwehres h_W beträgt 40 mm. Die Flüssigkeit strömt mit einem längen-
bezogenen Volumenstrom von 4,2 m^3/(m·h) über das Wehr, dessen Länge 0,7 D beträgt.
Der Anteil der aktiven Bodenfläche an der gesamten Kolonnenquerschnittsfläche ist 80 %.
Die Löcher (d_L = 3 mm) sind in einer Dreiecksteilung mit t/d_L = 3 angeordnet. Der
Widerstandsbeiwert ζ_0 beträgt 1,0 und der Bodenabstand 0,31 m.

a) Berechnen Sie den Kolonnendurchmesser für den Fall, dass die Geschwindigkeit im
   aktiven Kolonnenbereich 50 % der maximalen Gasgeschwindigkeit nach dem Ansatz
   von Souders und Brown beträgt.
b) Prüfen Sie, ob mit dem Ergebnis von a) die Mindestgasbelastung überschritten wird.
c) Bestimmen Sie den gesamten Druckverlust eines Bodens.

Gegeben:

Gasdichte	$\rho_g = 1,2\,kg/m^3$
Gasviskosität	$\eta_g = 18,2\,mPa \cdot s$
Wasserdichte	$\rho_f = 1000\,kg/m^3$
Wasserviskosität	$\eta_f = 1\,mPa \cdot s$
Grenzflächenspannung	$\sigma = 0,072\,N/m$

Lösung

Lösungsansatz:
Der Kolonnendurchmesser wird über die maximale Gasgeschwindigkeit bestimmt, zu deren Berechnung der Gasbelastungsfaktor K_V ermittelt wird. Die Mindestgasbelastung
wird für die Regengrenze sowie das Durchregnen berechnet.

---

[1] Als *physikalischer Normzustand* haben sich folgende Bedingungen etabliert: Standarddruck
p_n = 1,01325 bar, Standardtemperatur T_n = 273,15 K = 0 °C. Angaben wie Normkubikmeter,
Normliter, Normkubikzentimeter etc. beziehen sich zumeist auf diesen „physikalischen Normzustand" nach DIN 1343, wenngleich dies nicht zwingend der Fall sein muss.

Lösungsweg:

a) Der Kolonnendurchmesser soll für 50 % der maximalen Gasleerrohrgeschwindigkeit bestimmt werden, die sich mit Gl. (Lb 12.18) berechnen lässt:

$$v_{g_{max}} = \sqrt{\frac{4\, d_T\, g}{3\, \zeta_T}} \sqrt{\frac{\rho_f - \rho_g}{\rho_g}} = K_V \sqrt{\frac{\rho_f - \rho_g}{\rho_g}}. \qquad (12.72)$$

Der Gasbelastungsfaktor K_V kann aus Abb. Lb 12.10 abgelesen werden. Für die Berechnung des dazu erforderlichen Strömungsparameters wird der reale Gasvolumenstrom benötigt. Aus dem Gasvolumenstrom in Normkubikmetern ergibt sich bei 20 °C und 1 bar mithilfe des idealen Gasgesetzes:

$$\dot{V}_g = \dot{V}_{gN} \frac{p_n}{p} \frac{T}{T_n} \quad \rightarrow \quad \dot{V}_g = 3262\, \frac{\text{m}^3}{\text{h}}. \qquad (12.73)$$

Um den Strömungsparameter zur Berechnung von K_V bestimmen zu können, wird der Flüssigkeitsvolumenstrom benötigt. Bekannt ist lediglich der längenbezogene Volumenstrom, sodass die Wehrlänge abgeschätzt werden muss. Da die Wehrlänge etwa 70 % des Kolonnendurchmessers beträgt (s. Abb. Lb 12.8) ergibt sich formal ein iteratives Vorgehen. Wird ein F-Faktor von $1\, \text{kg}^{1/2}/(\text{s}\, \text{m}^{1/2})$ angesetzt, so ergibt sich als geschätzter Kolonnendurchmesser:

$$F = v_g \sqrt{\rho_g} = \frac{\dot{V}_g}{\frac{\pi}{4} D^2} \sqrt{\rho_g} \quad \rightarrow \quad D = \sqrt{\frac{4\, \dot{V}_g}{\pi\, F} \sqrt{\rho_g}} \quad \rightarrow \quad D = 1{,}12\, \text{m}. \qquad (12.74)$$

Daraus folgt eine Wehrlänge von:

$$L_W = 0{,}7 D \quad \rightarrow \quad L_W = 0{,}787\, \text{m}. \qquad (12.75)$$

Damit lässt sich der für die Bestimmung von K_V benötigte Strömungsparameter berechnen:

$$\frac{\dot{V}_f}{\dot{V}_g} \sqrt{\frac{\rho_f}{\rho_g}} = \frac{\dot{V}_{fL}\, L_W}{\dot{V}_g} \sqrt{\frac{\rho_f}{\rho_g}} \quad \rightarrow \quad \frac{\dot{V}_f}{\dot{V}_g} \sqrt{\frac{\rho_f}{\rho_g}} = 0{,}0292. \qquad (12.76)$$

Aus Abb. Lb 12.10 ergibt sich für den Gasbelastungsfaktor $K_V = 0{,}065\, \text{m/s}$. Der Wert muss noch für die gegebene Oberflächenspannung korrigiert werden:

$$K_V' = K_V \left(\frac{\sigma}{0{,}02}\right)^{0{,}2} \quad \rightarrow \quad K_V' = 8{,}4 \cdot 10^{-2}\, \frac{\text{m}}{\text{s}}. \qquad (12.77)$$

Dieser Wert wird dann in Gl. (Lb 12.19) eingesetzt:

$$v_{g_{max}} = K_V' \sqrt{\frac{\rho_f - \rho_g}{\rho_g}} \quad \rightarrow \quad v_{g_{max}} = 2{,}42\, \frac{\text{m}}{\text{s}}. \qquad (12.78)$$

Abb. 12.4 Abmessungen einer
Dreiecksteilung

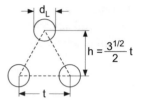

Daraus folgt für den Kolonnendurchmesser:

$$\dot{V}_g = v_g A_{ak} = 0.5 v_{g_{max}} 0.8 A_{ges} \quad \rightarrow \quad D = \sqrt{\frac{10}{\pi} \frac{\dot{V}_g}{v_{g_{max}}}}$$

$$\rightarrow \quad \boxed{D = 1.09\,\mathrm{m}}. \tag{12.79}$$

Der Unterschied zum geschätzten Kolonnendurchmesser ist so gering, dass angesichts der Ablesegenauigkeit in Abb. Lb 12.10 keine weitere Rechnung mehr erforderlich ist.

b) Die Mindestgasbelastung ergibt sich durch zwei Phänomene: die *ungleichmäßige Begasung* und die *Regengrenze*. Beide Grenzen müssen betrachtet werden. Das Einhalten einer gleichmäßigen Begasung kann über den F-Faktor ermittelt werden. Hierfür muss die Gasgeschwindigkeit in der Bohrung w_{gL} bestimmt werden. Für diese Berechnung wird das Öffnungsverhältnis (Bohrungsfläche/aktive Querschnittsfläche) benötigt, das sich aus der Geometrie ergibt. Gemäß Abb. 12.4 liegt jeweils eine halbe Lochquerschnittsfläche in einem gleichseitigen Dreieck. Demzufolge ergibt sich für das Öffnungsverhältnis:

$$\frac{A_{\mathrm{Loch}}}{A_{ak}} = \varphi_{ak} = \frac{\frac{1}{2}\frac{\pi}{4}d_L^2}{\frac{1}{2}\frac{\sqrt{3}}{2}t^2} = \frac{\pi}{2\sqrt{3}}\left(\frac{t}{d_L}\right)^{-2} = 0.101. \tag{12.80}$$

Daraus resultiert die Gasgeschwindigkeit in der Bohrung:

$$w_{gL} = v_g \frac{A_{ak}}{A_{\mathrm{Loch}}} = 0.5 v_{g_{max}} \frac{2\sqrt{3}}{\pi}\left(\frac{t}{d_L}\right)^2 \quad \rightarrow \quad w_{gL} = 12\,\frac{\mathrm{m}}{\mathrm{s}}. \tag{12.81}$$

Für eine gleichmäßige Begasung muss nach Gl. (Lb 12.26) gelten:

$$F_L = \sqrt{\rho_g}\, w_{gL} \geq \sqrt{\frac{2\sigma}{d_L}}. \tag{12.82}$$

Eingesetzt ergibt sich:

$$F_L = 13.2\,\frac{\mathrm{kg}^{1/2}}{\mathrm{s}\,\mathrm{m}^{1/2}} \quad \text{und} \quad \sqrt{\frac{2\sigma}{d_L}} = 6.93\,\frac{\mathrm{kg}^{1/2}}{\mathrm{s}\,\mathrm{m}^{1/2}}. \tag{12.83}$$

Gemäß Gl. (Lb 12.26) ist der Boden demzufolge gleichmäßig begast.

Die Regengrenze wird ebenfalls über den F_L-Faktor beschrieben. Hier muss gelten:

$$F_L \geq \sqrt{0{,}37 d_L g \frac{\left(\rho_f - \rho_g\right)^{1{,}25}}{\rho_g{}^{0{,}25}}} \tag{12.84}$$

Aus den gegebenen Werten resultiert:

$$\sqrt{0{,}37 d_L g \frac{\left(\rho_f - \rho_g\right)^{1{,}25}}{\rho_g{}^{0{,}25}}} = 7{,}64 \leq F_L = 13{,}2. \tag{12.85}$$

Gemäße Gl. (Lb 12.29) kommt zu keinem Durchregnen. Damit wird mit der unter a) bestimmten Gasgeschwindigkeit die Mindestgasgeschwindigkeit überschritten.

c) Der Druckverlust eines Bodens kann mit Gl. (Lb 12.33) berechnet werden:

$$\Delta p = \Delta p_t + \Delta p_f + \Delta p_R \tag{12.86}$$

Die drei Druckverlustterme können unabhängig voneinander berechnet werden. Üblicherweise ist Δp_R deutlich geringer als die beiden anderen Anteile und wird deshalb in den meisten Fällen vernachlässigt. Der trockene Druckverlust wird über Gl. (Lb 12.34) berechnet:

$$\Delta p_t = \zeta_0 \frac{w_{gL}^2 \rho_g}{2} \quad \rightarrow \quad \Delta p_t = 86{,}7 \, \text{Pa}. \tag{12.87}$$

Für die Bestimmung der hydrostatischen Druckdifferenz mit Gl. (Lb 12.36)

$$\Delta p_f = h_f \rho_f g = h_{2ph} \varepsilon_f \rho_f g \tag{12.88}$$

wird einerseits der Flüssigkeitsgehalt (Gl. (Lb 12.24)) benötigt:

$$\varepsilon_f = 1 - \left(\frac{F}{F_{\max}}\right)^{0{,}28}. \tag{12.89}$$

Der maximale F-Faktor berechnet sich nach Gl. (Lb 12.22)

$$F_{\max} = 2{,}5 \left[\varphi_{ak}^2 \sigma g \left(\rho_f - \rho_g\right)\right]^{0{,}25} \quad \rightarrow \quad F_{\max} = 4{,}09 \, \frac{\text{kg}^{1/2}}{\text{s m}^{1/2}}, \tag{12.90}$$

woraus der Flüssigkeitsgehalt resultiert:

$$\varepsilon_f = 1 - \left(\frac{F}{F_{\max}}\right)^{0{,}28} = 1 - \left(\frac{0{,}5 v_{g\max} \rho_g^{1/2}}{F_{\max}}\right)^{0{,}28} \quad \rightarrow \quad \varepsilon_f = 0{,}27 \tag{12.91}$$

Weiterhin ist die Höhe der Zweiphasenschicht (Gl. (Lb 12.23)) erforderlich, wobei für w_B der Wert 0,2 m/s einzusetzen ist:

$$h_{2ph} = h_W + \frac{1,45}{g^{1/3}} \left(\frac{\dot{V}_f/L_w}{\varepsilon_f} \right)^{2/3} + \frac{125}{(\rho_f - \rho_g)\,g} \left(\frac{(v_g - w_B)\,\sqrt{\rho_g}}{1 - \varepsilon_f} \right)^2$$

$$\rightarrow \quad h_{2ph} = 0,0874 \text{ m}. \tag{12.92}$$

Damit ergibt sich der hydrostatisch bedingte Druckverlust (Gl. (Lb 12.36)):

$$\Delta p_f = h_{2ph} \varepsilon_f \rho_f g \quad \rightarrow \quad \Delta p_f = 232 \text{ Pa}. \tag{12.93}$$

Unter Vernachlässigung von Δp_R folgt für den Druckverlust eines Bodens:

$$\Delta p = \Delta p_t + \Delta p_f \quad \rightarrow \quad \boxed{\Delta p = 318 \text{ Pa}}. \tag{12.94}$$

12.6   Druckverlust in einer Vakuumkolonne[*]

▶   **Thema** Druckverlust des Gases über einen Boden

Eine als Verstärkerkolonne betriebene Rektifikationskolonne mit 800 mm Durchmesser soll mit Unterdruck betrieben werden. In der Kolonne sind 20 Glockenböden eingesetzt. Jeder dieser Böden trägt $n = 16$ Bayer-Glocken mit einem Durchmesser von jeweils 80 mm und weist eine Wehrhöhe von 20 mm auf. Am Kopf der Kolonne soll ein Druck von 10 mbar eingehalten werden. Der Dampf weist bei Betriebsdruck eine mittlere Dichte von 0,038 kg/m³ die Flüssigkeit eine von 950 kg/m³ auf. Die Volumenströme betragen unter Betriebsbedingungen $\dot{V}_g = 9000$ m³/h und $\dot{V}_f = 1$ m³/h. Der Grenzflächenspannung σ ist gleich 0,015 N/m. Als engster freier Querschnitt ist der Bohrungsquerschnitt einzusetzen. Die Wehrlänge L_W beträgt $0{,}5D$.

a)   Berechnen Sie den Druckverlust über einen Boden.
b)   Berechnen Sie den Druck im Sumpf der Kolonne.

Hinweis:

Der Druckverlust Δp_R durch Nebeneinflüsse ist vernachlässigbar klein.

Lösung

Lösungsansatz:
Die aktive Fläche wird über geometrische Überlegungen bestimmt und mit der resultierenden Gasgeschwindigkeit die beiden Anteile des Druckverlusts berechnet.

Abb. 12.5 Aktive Kolonnenfläche

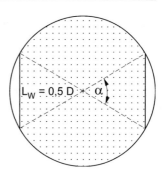

Lösungsweg:

a) Für die Berechnung des Druckverlusts müssen gemäß Gl. (Lb 12.33) unter Vernachlässigung von Δp_R zwei Anteile bestimmt werden, der trockene und der hydrostatische Druckverlust.

Zur Berechnung der Gasgeschwindigkeit muss die aktive Kolonnenfläche aus geometrischen Überlegungen ermittelt werden. Abb. 12.5 zeigt die geometrische Konstruktion der Eckpunkte der Wehre am Rand des runden Kolonnenbehälters. Aus $L_W = 0{,}5D$ folgt $\alpha = 60°$. Die aktive Fläche entspricht der Querschnittsfläche abzüglich der Fläche für Zu- und Ablaufschacht und berechnet sich entsprechend gemäß:

$$A_{ak} = \pi \left(\frac{D}{2} \right)^2 - 2 \left[\frac{1}{6} \pi \left(\frac{D}{2} \right)^2 - \frac{\sqrt{3}}{4} \left(\frac{D}{2} \right)^2 \right] = \left(\frac{\pi}{6} + \frac{\sqrt{3}}{8} \right) D^2$$

$$\rightarrow \quad A_{ak} = 0{,}474 \, \text{m}^2. \tag{12.95}$$

Die relative freie Querschnittsfläche ergibt sich dann als das Verhältnis der Glockenfläche zur aktiven Fläche.

$$\varphi = \frac{A_{Gl}}{A_{ak}} = \frac{n \pi \left(\frac{d_{Gl}}{2} \right)^2}{A_{ak}} \quad \rightarrow \quad \varphi = 0{,}17. \tag{12.96}$$

Aus Abb. Lb 12.13 lässt sich für diese freie Querschnittsfläche ein Widerstandsbeiwert

$$\zeta' \approx 70 \tag{12.97}$$

für die Bayerglocke abschätzen. Die Gasleerohrgeschwindigkeit ergibt sich gemäß:

$$v_g = \frac{\dot{V}_g}{A_{ak}}. \tag{12.98}$$

Der trockene Druckverlustanteil berechnet sich dann zu (Gl. (Lb 12.35)):

$$\Delta p_t = \zeta' \frac{\rho_g}{2} v_g^2 = \zeta' \frac{\rho_g}{2} \left(\frac{\dot{V}_g}{A_{ak}} \right)^2 \quad \rightarrow \quad \Delta p_t = 37 \, \text{Pa}. \tag{12.99}$$

Die hydrostatische Druckdifferenz ergibt sich durch Gl. (Lb 12.36):

$$\Delta p_f = h_f \rho_f g = h_{2ph} \varepsilon_f \rho_f g. \tag{12.100}$$

Für die Berechnung werden ε_f und h_{2ph} benötigt. Mit Gl. (Lb 12.22) ergibt sich der maximale F-Faktor:

$$F_{\max} = 2{,}5 \left[\varphi_{ak}^2 \sigma g \left(\rho_f - \rho_g \right) \right]^{0{,}25} \quad \rightarrow \quad F_{\max} = 3{,}54 \, \frac{\mathrm{kg}^{1/2}}{\mathrm{s}\,\mathrm{m}^{1/2}}. \tag{12.101}$$

Für den Flüssigkeitsgehalt gilt Gl. (Lb 12.24):

$$\varepsilon_f = 1 - \left(\frac{F}{F_{\max}} \right)^{0{,}28} = 1 - \left(\frac{v_g \sqrt{\rho_g}}{F_{\max}} \right)^{0{,}28} \quad \rightarrow \quad \varepsilon_f = 0{,}293. \tag{12.102}$$

Die Höhe der Zweiphasenschicht ergibt sich aus Gl. (Lb 12.23) mit $w_B = 0{,}2\,\mathrm{m/s}$:

$$h_{2ph} = h_w + \frac{1{,}45}{g^{1/3}} \left(\frac{\dot{V}_f / L_w}{\varepsilon_f} \right)^{2/3} + \frac{125}{\left(\rho_f - \rho_g \right) g} \left(\frac{\left(v_g - w_B \right) \sqrt{\rho_g}}{1 - \varepsilon_f} \right)^2$$
$$\rightarrow \quad h_{2ph} = 0{,}0583\,\mathrm{m} \tag{12.103}$$

und damit der hydrostatische Druckverlust:

$$\Delta p_f = h_{2ph} \varepsilon_f \rho_f g \quad \rightarrow \quad \Delta p_f = 159\,\mathrm{Pa}. \tag{12.104}$$

Durch die Vernachlässigung von Δp_R ergibt sich der gesamte Druckverlust (Gl. (Lb 12.33)) über einen Boden zu:

$$\Delta p = \Delta p_t + \Delta p_f \quad \rightarrow \quad \boxed{\Delta p = 196\,\mathrm{Pa}}. \tag{12.105}$$

b) Der Druckverlust über die gesamte Höhe der Kolonne ergibt sich als das Zwanzigfache des Druckverlusts über einen Boden. Der Druck am Boden beträgt demzufolge:

$$p_{\mathrm{Sumpf}} = p_{\mathrm{Kopf}} + 20\Delta p \quad \rightarrow \quad \boxed{p_{\mathrm{Sumpf}} = 49{,}2\,\mathrm{mbar}}. \tag{12.106}$$

12.7 Zusammenhang zwischen gas- und flüssigkeitsseitigem Bodenverstärkungsverhältnis[***]

▶ **Thema** Stoffübergang in der Zweiphasenschicht

Gasseitige und flüssigkeitsseitige Bodenverstärkungsverhältnisse lassen sich bei totalem Rücklauf und einer idealen Kolbenströmung der Flüssigkeit über den Boden durch folgende Beziehung ineinander umrechnen:

$$E_{gM} = \frac{E_{fM}}{E_{fM} + \frac{m\dot{G}}{\dot{L}}\left(1 - E_{fM}\right)}. \tag{12.107}$$

Leiten Sie diesen Zusammenhang her.

Annahmen:

1. Die Konzentration in der Flüssigkeit verändert sich während der Überströmung des Bodens, bleibt jedoch an jeder Stelle des Bodens über der Höhe konstant.
2. Das thermodynamische Gleichgewicht lässt sich mit einem konstanten Verteilungskoeffizienten m beschreiben.

Lösung

Lösungsansatz:
Analog zur Definition des gasseitigen Bodenverstärkungsverhältnisses wird das flüssigseitige hergeleitet. Zusätzlich werden Beziehungen zwischen Gas- und Flüssigmolanteil aus der Gleichgewichts- und der Bilanzgerade hergeleitet.

Lösungsweg:
Die Definition des gasseitigen Bodenverstärkungsverhältnisses nach Gl. (Lb 12.44) bezieht die reale Änderung des Molteils des Leichtsieders in der Gasphase auf die maximal mögliche Änderung:

$$E_{gM} \equiv \frac{y_n - y_{n-1}}{y^*(x_n) - y_{n-1}}. \tag{12.108}$$

Analog wird dazu das flüssigkeitsseitige Bodenverstärkungsverhältnis definiert:

$$E_{fM} \equiv \frac{x_{n+1} - x_n}{x_{n+1} - x^*(y_n)}. \tag{12.109}$$

Abb. 12.6 Ausschnitt aus
einem McCabe-Thiele-
Diagramm mit linearer
Betriebs- und Gleichgewichtslinie

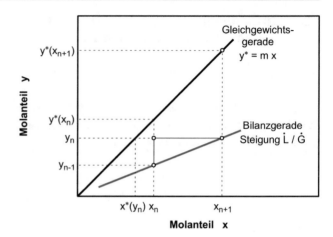

Für die Verdeutlichung der Zusammenhänge der Molenbrüche ist in Abb. 12.6 eine Skizze aus einem McCabe-Thiele-Diagramm aufgetragen, das Gleichgewichts- und Bilanzgerade mit den jeweiligen Steigungen enthält. Für die Bilanzlinie gilt gemäß Gl. (Lb 12.5a):

$$y = \frac{\dot{L}}{\dot{G}}x + \frac{\dot{D}}{\dot{G}}x_D. \tag{12.110}$$

Infolge des totalen Rücklaufs liegt kein Destillatstrom vor $\dot{D} = 0$. Die Steigung der Bilanzlinie beträgt:

$$\frac{\dot{L}}{\dot{G}} = \frac{y_n - y_{n-1}}{x_{n+1} - x_n}. \tag{12.111}$$

Für das Gleichgewicht gilt:

$$x^*(y_n) = \frac{y_n}{m} \quad \text{bzw.} \quad y^*(x_n) = m x_n. \tag{12.112}$$

Das flüssigseitige Bodenverstärkungsverhältnis kann demzufolge durch die Gleichungen für Bilanz- und Gleichgewichtslinie auch über die Molanteile der Gasseite dargestellt werden:

$$E_{fM} = \frac{\frac{\dot{G}}{\dot{L}}(y_n - y_{n-1})}{\frac{\dot{G}}{\dot{L}}y_n - \frac{y_n}{m}} = \frac{y_n - y_{n-1}}{\left(1 - \frac{\dot{L}}{\dot{G}}\frac{1}{m}\right)y_n}$$

$$\rightarrow \quad \left[E_{fM}\left(1 - \frac{\dot{L}}{\dot{G}}\frac{1}{m}\right)\right]^{-1} = \frac{y_n}{y_n - y_{n-1}}. \tag{12.113}$$

Das gasseitige Bodenverstärkungsverhältnis kann analog umgeformt werden, sodass der gleiche Bruch auf der rechten Seite auftritt. Zunächst wird der Kehrwert gebildet:

$$\frac{1}{E_{gM}} = \frac{y^*(x_n) - y_{n-1}}{y_n - y_{n-1}} = \frac{\frac{m\dot{G}}{\dot{L}} y_{n-1} - y_{n-1}}{y_n - y_{n-1}} = \left(\frac{m\dot{G}}{\dot{L}} - 1 \right) \frac{y_{n-1}}{y_n - y_{n-1}}$$

$$\rightarrow \quad \left[E_{gM} \left(\frac{m\dot{G}}{\dot{L}} - 1 \right) \right]^{-1} = \frac{y_{n-1}}{y_n - y_{n-1}} + 1 - 1 = \frac{y_n}{y_n - y_{n-1}} - 1$$

$$\rightarrow \quad \left[E_{gM} \left(\frac{m\dot{G}}{\dot{L}} - 1 \right) \right]^{-1} + 1 = \frac{y_n}{y_n - y_{n-1}}. \tag{12.114}$$

Nach Gleichsetzen der linken Seiten der Gln. (12.113) und (12.114) und Auflösung nach dem gasseitigen Bodenverstärkungsverhältnis folgt:

$$\frac{1}{E_{gM} \left(\frac{m\dot{G}}{\dot{L}} - 1 \right)} + 1 = \frac{1}{E_{fM} \left(1 - \frac{\dot{L}}{\dot{G}} \frac{1}{m} \right)}$$

$$\rightarrow \quad \frac{1}{E_{gM} \left(\frac{m\dot{G}}{\dot{L}} - 1 \right)} = \frac{1 - E_{fM} \left(1 - \frac{\dot{L}}{\dot{G}} \frac{1}{m} \right)}{E_{fM} \left(1 - \frac{\dot{L}}{\dot{G}} \frac{1}{m} \right)} \tag{12.115}$$

$$\rightarrow \quad E_{gM} = \frac{E_{fM} \left(\frac{m\dot{G} - \dot{L}}{m\dot{G}} \right)}{1 - E_{fM} \left(1 - \frac{\dot{L}}{\dot{G}} \frac{1}{m} \right) \left(\frac{m\dot{G} - \dot{L}}{\dot{L}} \right)}$$

$$\rightarrow \quad \boxed{E_{gM} = \frac{E_{fM}}{E_{fM} + \frac{m\dot{G}}{\dot{L}} \left(1 - E_{fM} \right)}}. \tag{12.116}$$

12.8 Zusammenhang von gasseitigem Boden- und Punktverstärkungsverhältnis***

▶ **Thema** Stoffübergang in der Zweiphasenschicht

Zwischen dem Boden- und dem Punktverstärkungsverhältnis eines Bodens besteht für den Fall der idealen Kolbenströmung der Flüssigkeit folgender Zusammenhang (Gl. (Lb 12.57)):

$$E_{gM} = \frac{\dot{L}}{m\dot{G}} \left[\exp \left(\frac{m\dot{G}}{\dot{L}} E_g \right) - 1 \right]. \tag{12.117}$$

Leiten Sie diesen Zusammenhang her.

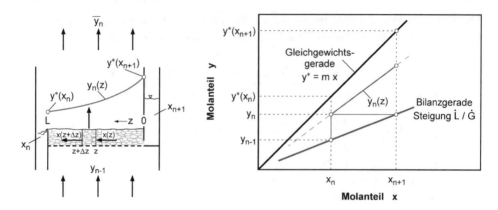

Abb. 12.7 Differenzielle Massenbilanz für einen kleinen Abschnitt des Bodens

Annahmen:

1. Die Flüssigkeitskonzentration ändere sich also nicht über der Schichthöhe, sondern allein mit der Überströmungslänge.
2. Der Boden sei rechteckig mit einer Überströmungslänge L.
3. Sowohl die Gleichgewichts- als auch die Bilanzlinie sind Geraden und die Molenströme sind konstant. Das thermodynamische Gleichgewicht lässt sich mit dem Verteilungskoeffizienten m beschreiben.

Lösung

Lösungsansatz:
Erstellen der differentiellen Bilanz in der Flüssigkeit zur Bestimmung des Konzentrationsverlaufs über den Boden und zur Berechnung der Verstärkungsverhältnisse.

Lösungsweg:
Für die Berechnung des Konzentrationsverlaufs in der flüssigen Phase über der Lauflänge des Bodens wird eine differentielle Bilanz aufgestellt (s. Abb. 12.7). Dabei muss beachtet werden, dass nur ein Teil des gesamten Gasmolenstroms durch den Bilanzraum strömt. Dies wird über das Verhältnis $\Delta z / L$ berücksichtigt:

$$\dot{L}\left[x(z) - x(z + \Delta z)\right] = \dot{G}\left[y_n(z) - y_{n-1}\right]\frac{\Delta z}{L}$$

$$\rightarrow \quad \dot{L}\frac{x(z) - x(z + \Delta z)}{\Delta z} = \dot{G}\left[y_n(z) - y_{n-1}\right]\frac{1}{L}. \tag{12.118}$$

Für $\Delta z \rightarrow 0$ ergibt sich damit nachstehende Differenzialgleichung:

$$- \dot{L} \frac{dx}{dz} = \dot{G} \left[y_n \left(z \right) - y_{n-1} \right] \frac{1}{L} \tag{12.119}$$

Diese DGL beinhaltet Molanteile in Flüssigkeits- und Gasphase. Die Verknüpfung wird über das Punktverstärkungsverhältnis hergestellt. Dazu wird für den Gleichgewichtsmolanteil in der Gasphase

$$y^* = mx \tag{12.120}$$

in die Definitionsgleichung des Punktverstärkungsverhältnisses (Gl. (Lb 12.43)) eingesetzt und diese nach x aufgelöst:

$$E_g \equiv \frac{y_n(z) - y_{n-1}}{y^*(x) - y_{n-1}} \quad \rightarrow \quad x = \frac{1}{m} \left\{ \frac{1}{E_g} \left[y_n(z) - y_{n-1} \right] + y_{n-1} \right\}. \tag{12.121}$$

Der Term x wird in das Differential in Gl. (12.119) eingesetzt, wodurch die konstanten Größen entfallen:

$$- \dot{L} \frac{1}{m} \frac{1}{E_g} \frac{dy_n(z)}{dz} = \dot{G} \left[y_n(z) - y_{n-1} \right] \frac{1}{L}$$

$$\rightarrow \quad \frac{-dy_n(z)}{y_n(z) - y_{n-1}} = \frac{m\dot{G}}{\dot{L}} E_g \frac{dz}{L}. \tag{12.122}$$

Diese DGL wird durch Trennung der Variablen gelöst:

$$\ln \left[y_n(z) - y_{n-1} \right] = -\frac{m\dot{G}}{\dot{L}} E_g \frac{z}{L} + C_1. \tag{12.123}$$

Die Integrationskonstante C_1 resultiert aus der Randbedingung:

$$z = L: \quad x = x_n \quad \rightarrow \quad y_n = E_g \left(m x_n - y_{n-1} \right) + y_{n-1}$$

$$\rightarrow \quad C_1 = \ln \left[E_g \left(m x_n - y_{n-1} \right) \right] + \frac{m\dot{G}}{\dot{L}} E_g. \tag{12.124}$$

Die Lösung der DGL lautet demzufolge:

$$\ln \left[y_n(z) - y_{n-1} \right] = -\frac{m\dot{G}}{\dot{L}} E_g \frac{z}{L} + \ln \left[E_g \left(m x_n - y_{n-1} \right) \right] + \frac{m\dot{G}}{\dot{L}} E_g$$

$$\rightarrow \quad \frac{y_n(z) - y_{n-1}}{E_g \left(m x_n - y_{n-1} \right)} = \exp \left[\frac{m\dot{G}}{\dot{L}} E_g \left(1 - \frac{z}{L} \right) \right]. \tag{12.125}$$

Über eine Mittelung des Gasanteils über die Länge des Bodens kann das Bodenverstärkungsverhältnis eingesetzt werden. Dafür wird zunächst nach $y_n(z)$ aufgelöst:

$$y_n(z) = E_g \left(m x_n - y_{n-1} \right) \exp \left[\frac{m\dot{G}}{\dot{L}} E_g \left(1 - \frac{z}{L} \right) \right] + y_{n-1}. \tag{12.126}$$

Die mittlere Dampfkonzentration ergibt sich durch Integration:

$$\overline{y}_n = \frac{1}{L} \int_0^L \left\{ E_g \left(mx_n - y_{n-1}\right) \exp\left[\frac{m\dot{G}}{\dot{L}} E_g \left(1 - \frac{z}{L}\right)\right] + y_{n-1} \right\} dz$$

$$\rightarrow \quad \overline{y}_n = \frac{1}{L} \left\{ \left(mx_n - y_{n-1}\right) L \frac{\dot{L}}{m\dot{G}} \left[\exp\left(\frac{m\dot{G}}{\dot{L}} E_g\right) - 1\right] + y_{n-1} L \right\}$$

$$\rightarrow \quad \boxed{E_{gM} = \frac{\overline{y}_n - y_{n-1}}{y^*(x_n) - y_{n-1}} = \frac{\dot{L}}{m\dot{G}} \left[\exp\left(\frac{m\dot{G}}{\dot{L}} E_g\right) - 1\right]}. \qquad (12.127)$$

12.9 Berechnung des gasseitigen Punkt- und Bodenverstärkungsverhältnisses für einen Absorber [2]**

▶ **Thema** Stoffübergang in der Zweiphasenschicht

Für den in Aufgabe 12.3 beschriebenen Absorptionsprozess von Ammoniak aus Luft soll angenommen werden, dass die Flüssigkeit den Querstromboden rückvermischungsfrei überströmt.

a) Bestimmen Sie Zahl der gasseitigen Übergangseinheiten.
b) Berechnen Sie das Punkt- und das Bodenverstärkungsverhältnis.

Gegeben:

Gasdichte	ρ_g	$= 1{,}38\,\text{kg/m}^3$
Flüssigkeitsdichte	ρ_f	$= 994\,\text{kg/m}^3$
Molmasse Gasphase	$\tilde{M}_g$	$= 29\,\text{kg/kmol}$
Molmasse Flüssigkeit	$\tilde{M}_f$	$= 18\,\text{kg/kmol}$
Oberflächenspannung	σ	$= 0{,}065\,\text{N/m}$
Diffusionskoeffizient Gasphase	D_g	$= 2{,}12 \cdot 10^{-5}\,\text{m}^2/\text{s}$
Diffusionskoeffizient Flüssigphase	D_f	$= 2{,}94 \cdot 10^{-9}\,\text{m}^2/\text{s}$
Steigung der Gleichgewichtskurve	m	$= 1{,}13$
Kolonnendurchmesser	D	$= 1{,}6\,\text{m}$
Öffnungsverhältnis	$A_L/A_{ak}\ \varphi$	$= 0{,}1$
Flächenverhältnis	$A_{ak}/A_{ges}\ \varphi_{ak}$	$= 0{,}825$
Wehrhöhe	h_W	$= 50\,\text{mm}$
bezogene Wehrlänge	L_W/D	$= 0{,}7$
Gasvolumenstrom	$\dot{V}_g$	$= 10.000\,\text{m}^3/\text{h}$
Flüssigkeitsmassenstrom	$\dot{V}_f$	$= 15\,\text{m}^3/\text{h}$
Betriebsdruck	p	$= 1{,}2\,\text{bar}$
Betriebstemperatur	ϑ	$= 33\,°\text{C}$

Hinweis:

Für die Berechnung der spezifischen Phasengrenzfläche kann der Mittelwert der Phasengrenzflächen für das Blasen- und das Tropfenregime verwendet werden.

Lösung

Lösungsansatz:
Anwendung der Beziehungen zur Berechnung der gasseitigen Übergangseinheit sowie der Verstärkungsverhältnisse

Lösungsweg:
Die Zahl der gasseitigen Übergangseinheiten ergibt sich aus den Gln. (Lb 12.49), (Lb 12.50) und (Lb 12.54):

$$N_{og} = \frac{2a \sqrt{\frac{D_g h_{2ph}}{\pi v_g \varepsilon_g}}}{1 + m \frac{c_g}{c_f} \sqrt{\frac{D_g}{D_f}}}. \tag{12.128}$$

Für die Berechnung der spezifischen Phasengrenzfläche a wird das Verhältnis F/F_{max} benötigt. Aus den gegebenen Daten lassen sich F_{max} (Gl. (Lb 12.22))

$$F_{max} = v_{g\,max} \sqrt{\rho_g} = \frac{\dot{V}_g}{A_{ak}} = 2{,}5 \left[\varphi^2 \sigma g \left(\rho_f - \rho_g \right) \right]^{0,25} \quad \rightarrow \quad F_{max} = 3{,}97. \tag{12.129}$$

sowie F berechnen:

$$F = \frac{\dot{V}_g}{\frac{\pi}{4} D^2 \frac{A_{ak}}{A_{ges}}} \sqrt{\rho_g} \quad \rightarrow \quad F = 1{,}97. \tag{12.130}$$

Damit ergibt sich ein Verhältnis der F-Faktoren von

$$\frac{F}{F_{max}} = 0{,}496, \tag{12.131}$$

demzufolge sich die Zweiphasenschicht im Sprudelregime befindet. Für die Berechnung der spezifischen Phasengrenzfläche wird gemäß Hinweis der Mittelwert aus der Grenzfläche der Blasenschicht (Gl. (Lb 12.41))

$$a_B = 6 \left(\frac{\Delta \rho g}{6\sigma} \right)^{1/2} \left(\frac{F}{F_{max}} \right)^{0,28} \quad \rightarrow \quad a_B = 779 \, \frac{m^2}{m^3} \tag{12.132}$$

und der des Tropfenregimes (Gl. (Lb 12.39))

$$a_T = \frac{F^2}{2\sigma\varphi^2}\left[1 - \left(\frac{F}{F_{\max}}\right)^{0,28}\right] \quad \rightarrow \quad a_T = 531\,\frac{\text{m}^2}{\text{m}^3} \qquad (12.133)$$

gebildet:

$$a = \frac{a_B + a_T}{2} \quad \rightarrow \quad a = 655\,\frac{\text{m}^2}{\text{m}^3}. \qquad (12.134)$$

Der Flüssigkeitsanteil in der Sprudelschicht berechnet sich nach Gl. (Lb 12.24):

$$\varepsilon_f = 1 - \left(\frac{F}{F_{\max}}\right)0{,}28 \quad \rightarrow \quad \varepsilon_f = 0{,}178. \qquad (12.135)$$

Die Höhe der Zweiphasenschicht ergibt sich gemäß Gl. (Lb 12.23):

$$h_{2ph} = h_w + \frac{1{,}45}{g^{1/3}}\left(\frac{\dot{V}_f}{L_w}\frac{1}{\varepsilon_f}\right)^{2/3} + \frac{125}{(\rho_f - \rho_g)\,g}\left(\frac{F - w_B\sqrt{\rho_g}}{1 - \varepsilon_f}\right)^2$$

$$\rightarrow \quad h_{2ph} = 0{,}158\,\text{m}. \qquad (12.136)$$

Mit den molaren Konzentrationen in der Gas-

$$c_g = \frac{p}{RT} \quad \rightarrow \quad c_g = 0{,}0471\,\frac{\text{mol}}{\text{L}}. \qquad (12.137)$$

und in der Flüssigphase

$$c_f = \frac{\rho_f}{\tilde{M}_f} \quad \rightarrow \quad c_f = 55{,}2\,\frac{\text{mol}}{\text{L}}. \qquad (12.138)$$

ergibt sich die Zahl der Übergangseinheiten gemäß Gl. (12.128):

$$\boxed{N_{og} = 1{,}07}. \qquad (12.139)$$

b) Das Punktverstärkungsverhältnis ergibt sich gemäß Gl. (Lb 12.50):

$$E_g = 1 - \exp\left(-N_{og}\right) \quad \rightarrow \quad \boxed{E_g = 0{,}656}. \qquad (12.140)$$

Hieraus folgt für das Bodenverstärkungsverhältnis aufgrund der rückvermischungsfreien Strömung gemäß Gl. (Lb 12.57):

$$E_{gM} = \frac{\dot{L}}{m\dot{G}}\left[\exp\left(\frac{m\dot{G}}{\dot{L}}E_g\right) - 1\right] \quad \rightarrow \quad \boxed{E_{gM} = 0{,}816}. \qquad (12.141)$$

Literatur

1. Bockhardt HD, Güntzschel P, Poetschukat A (1993) Aufgabensammlung zur Verfahrenstechnik für Ingenieure. Deutscher Verlag für Grundstoffindustrie, Leipzig Stuttgart
2. Sattler K, Adrian T (2016) Thermische Trennverfahren. Wiley-VCH, Weinheim

Füllkörper- und Packungskolonnen

13

Zentraler Inhalt des Kapitels ist die Anwendung der erforderlichen physikalischen sowie mathematischen Kenntnisse und Methoden zur Dimensionierung von Packungs- oder
Füllkörperkolonnen. Mit der fluiddynamischen Auslegung wird der Kolonnendurchmesser festgelegt. Hierzu gehören die Berechnungen des Flüssigkeitsgehalts und des Druckverlusts sowie die Bestimmung des Arbeitsbereichs der Kolonne. Für die thermodynamische Dimensionierung der Kolonnenhöhe ist neben der Kenntnis der thermodynamischen
Gleichgewichtsdaten die Bestimmung des Stoffübergangs erforderlich.

13.1 Nasser Druckverlust von Hiflow Ringen [3]*

▶ **Thema** Belastungskennfeld

Eine 1 m hohe Schüttung aus 50 mm Hiflow Ringen wird mit einer Gasleerrohrgeschwin-
digkeit $v_g = 2{,}36\,\mathrm{m/s}$ und einer Berieselungsdichte von $v_f = 5{,}55 \cdot 10^{-3}\,\mathrm{m^3/(m^2 s)}$
durchströmt.

Berechnen Sie den nassen Druckverlust.

Gegeben:

Gasdichte	$\rho_g = 1{,}2\,\mathrm{kg/m^3}$
Flüssigkeitsdichte	$\rho_f = 1000\,\mathrm{kg/m^3}$
Kin. Viskosität der Flüssigkeit	$v_f = 10^{-6}\,\mathrm{m^2/s}$
Kin. Viskosität des Gases	$v_g = 13 \cdot 10^{-6}\,\mathrm{m^2/s}$

Elektronisches Zusatzmaterial Die Online-Version dieses Kapitels (https://doi.org/10.1007/978-
3-662-60393-2_13) enthält Zusatzmaterial, das für autorisierte Nutzer zugänglich ist.

Porosität der Schüttung $\varepsilon = 0,926$

Spez. Füllkörperoberfläche $a_t = 90{,}7\,\mathrm{m^2/m^3}$

Hinweis:

Die Abhängigkeit des Widerstandsbeiwerts ζ der Hiflow Ringe entspricht in etwa derjenigen von Bialeckiringen (s. Abb. Lb 8.7).

Lösung

Lösungsansatz:

Anwendung der Abb. Lb 13.11 zur Bestimmung des nassen Druckverlusts auf Basis des trockenen Druckverlusts sowie der dimensionslosen Berieselungsdichte

Lösungsweg:

Zur Bestimmung des Druckverlustes ist es erforderlich, den Widerstandsbeiwert und demzufolge die Reynoldszahl zu bestimmen. Hierzu wird zunächst der charakteristische Partikeldurchmesser mittels Gl. (Lb 13.4) berechnet:

$$d_P = 6\,(1 - \varepsilon)\,\frac{1}{a} \quad \rightarrow \quad d_P = 4{,}9\,\mathrm{mm}. \tag{13.1}$$

Hiermit kann nun die Reynoldszahl berechnet werden:

$$Re_g = \frac{v_g d_P}{v_g}\,\frac{1}{1 - \varepsilon} \quad \rightarrow \quad Re_g = 1{,}2 \cdot 10^4. \tag{13.2}$$

Unter der Annahme, dass der Widerstandsbeiwert der Hiflow Ringe in etwa demjenigen von Bialeckiringen entspricht, lässt sich in Abb. Lb 8.7 der Widerstandsbeiwert $\zeta_t = 0{,}9$ ablesen. Hiermit ergibt sich die dimensionslose Gasbelastung nach Gl. (Lb 13.34):

$$\frac{\Delta p_t}{\rho_f g H} = \zeta_t\,\frac{1 - \varepsilon}{\varepsilon^3}\,\frac{\rho_g}{\rho_f}\,\frac{v_g^2}{g d^P} \quad \rightarrow \quad \frac{\Delta p_t}{\rho_f g H} = 1{,}17 \cdot 10^{-2}. \tag{13.3}$$

Nach der Berechnung der Berieselungsdichte gemäß Gl. (Lb 13.35)

$$B^* = \left(\frac{v_f}{g^2}\right)^{1/3}\,\frac{v_f}{d_P}\,\frac{1 - \varepsilon}{\varepsilon} \quad \rightarrow \quad B^* = 1{,}98 \cdot 10^{-4} \tag{13.4}$$

kann mit Hilfe der Abb. Lb 13.11 der dimensionslose nasse Druckverlust abgelesen werden

$$\frac{\Delta p_f}{\rho_f g H} = 1{,}4 \cdot 10^{-2}, \tag{13.5}$$

woraus sich der gesuchte nasse Druckverlust ergibt:

$$\boxed{\Delta p_f = 137\,\text{Pa}}. \tag{13.6}$$

13.2 Druckverlust und Flutpunkt einer Füllkörperkolonne [2][*]

▶ **Thema** Fluiddynamik und Belastungsgrenzen

Eine Kolonne mit einem Durchmesser $D = 0{,}15\,\text{m}$ ist mit regellos geschütteten 25 mm metallischen Bialeckiringen gefüllt. Die Kolonne wird bei einer Gasleerrohrgeschwindigkeit von $v_g = 1\,\text{m/s}$ und mit der spezifischen Flüssigkeitsbelastung $v_f = 0{,}011\,\text{m/s}$ betrieben. Es wird das Stoffsystem Luft/Wasser bei 1 bar und 293 K verwendet. Die technischen Daten der eingesetzten Bialeckiringe sind Tabelle Lb 8.1 zu entnehmen.

a) Berechnen Sie den Druckverlust der zweiphasigen Strömung $\Delta p_f / H$.
b) Bestimmen Sie die Gasbelastung am Flutpunkt $v_{g,Fl}$.
c) Überprüfen Sie, ob die Füllkörper vollständig benetzt werden.

Gegeben (Stoffwerte für 1 bar und 293 K):

Gasdichte $\rho_g = 1{,}2\,\text{kg/m}^3$
Flüssigkeitsdichte $\rho_f = 998{,}2\,\text{kg/m}^3$
Flüssigkeitsviskosität $\eta_f = 10^{-3}\,\text{Pa·s}$
Gasviskosität $\eta_g = 18{,}2 \cdot 10^{-6}\,\text{Pa·s}$
Grenzflächenspannung $\sigma = 0{,}0724\,\text{N/m}$

Hinweis:

Die Konstante zur Berechnung des zweiphasigen Druckverlusts beträgt $C_{\text{turb}} = 0{,}86$.

Lösung

Lösungsansatz:
Mittels des charakteristischen Partikeldurchmessers d_P, der aus den charakteristischen Daten folgt, lässt sich der Strömungszustand und über den trockenen der zweiphasige Druckverlust berechnen. Die Gasbelastung am Flutpunkt ergibt sich unter Verwendung von Abb. Lb 13.11.

Lösungsweg:

a) Für die Berechnung des Druckverlustes wird der charakteristische Partikeldurchmesser benötigt. In Tabelle Lb 8.1 lassen sich für metallische Bialeckiringe die spezifische Oberfläche und der Lückengrad ablesen:

$$a = 225 \, \frac{\mathrm{m}^2}{\mathrm{m}^3} \quad \text{und} \quad \varepsilon = 0{,}95. \tag{13.7}$$

Hiermit lässt sich nach Gl. (Lb 13.4) der charakteristische Partikeldurchmesser d_P berechnen:

$$d_P = 6(1 - \varepsilon)\frac{1}{a} \quad \rightarrow \quad d_P = 1{,}33 \, \mathrm{mm}. \tag{13.8}$$

Für die Berechnung des Widerstandsbeiwerts muss die Reynoldszahl (Gl. (Lb 8.15)) bestimmt werden:

$$Re_g = \frac{v_g \, d_P \, \rho_g}{\eta_g} \frac{1}{1 - \varepsilon} \quad \rightarrow \quad Re_g = 1760. \tag{13.9}$$

Aus Abb. Lb 8.7 lässt sich der Widerstandsbeiwert $\zeta_t = 2{,}6$ ablesen und damit der trockene Druckverlust gemäß Gl. (Lb 8.13) berechnen:

$$\frac{\Delta p_t}{H} = \zeta_t \frac{1 - \varepsilon}{\varepsilon^3} \rho_g v_g^2 \frac{1}{d_P} \quad \rightarrow \quad \frac{\Delta p_t}{H} = 136 \, \frac{\mathrm{Pa}}{\mathrm{m}}. \tag{13.10}$$

Zur Bestimmung des Einflusses des Flüssigkeitsvolumenstroms muss zunächst die Reynoldszahl zur Charakterisierung des Strömungszustands bestimmt werden (Gl. (Lb 13.8)):

$$Re_f = \frac{v_f \rho_f}{\eta_f a} \quad \rightarrow \quad Re_f = 48{,}8 > 10. \tag{13.11}$$

Daher liegt eine turbulente Strömung vor, für die sich der feuchte Druckverlust nach Gl. (Lb 13.32) berechnet:

$$\frac{\Delta p_f}{\Delta p_t} = \left(1 - \frac{C_{\mathrm{turb}}}{\varepsilon} \frac{a^{1/3} v_f^{2/3}}{g^{1/3}}\right)^{-5}. \tag{13.12}$$

Die Konstante C_{turb} besitzt gemäß Aufgabenstellung einen Wert von 0,86, sodass:

$$\frac{\Delta p_f}{\Delta p_t} = 1{,}97 \quad \rightarrow \quad \Delta p_f = 1{,}97 \Delta p_t \quad \rightarrow \quad \boxed{\frac{\Delta p_f}{H} = 269 \, \frac{\mathrm{Pa}}{\mathrm{m}}}. \tag{13.13}$$

b) Für die Berechnung der Gasbelastung am Flutpunkt ist es zunächst erforderlich, die dimensionslose Flüssigkeitsbelastung zu bestimmen, die sich mit Gl. (Lb 13.35) ergibt:

$$B^* \equiv \left(\frac{v_f}{g^2}\right)^{1/3} \frac{v_{f,Fl}}{d_P} \frac{1 - \varepsilon}{\varepsilon} \quad \rightarrow \quad B^* = 9{,}48 \cdot 10^{-4}. \tag{13.14}$$

Zusammen mit der dimensionslosen Gasbelastung am Flutpunkt (Gl. (Lb 13.34))

$$\frac{\Delta p_t}{\rho_f g H} \equiv \zeta_t \frac{1-\varepsilon}{\varepsilon^3} \frac{\rho_g}{\rho_f} \frac{v_{g,Fl}^2}{g d_P} = 0,05, \tag{13.15}$$

lässt sich mittels Abb. Lb 13.11 die Gasbelastung am Flutpunkt ermitteln:

$$v_{g,Fl} = \sqrt{\frac{0,05}{\zeta_t} \frac{\varepsilon^3}{1-\varepsilon} \frac{\rho_f}{\rho_g} g d_P} \quad \rightarrow \quad \boxed{v_{g,Fl} = 1,89 \frac{\text{m}}{\text{s}}}. \tag{13.16}$$

c) Zur Überprüfung, ob die untere Belastungsgrenze überschritten wird, werden die Flüssigkeitskennzahl (Gl. (Lb 13.41))

$$K_f = \frac{\rho_f \sigma_f^3}{\eta_f^4 g} \quad \rightarrow \quad K_f = 3,86 \cdot 10^{10} \tag{13.17}$$

und die Schubspannungskennzahl (Gl. (Lb 13.42))

$$T_f = 0,9 \left(\frac{v_g}{v_{g,Fl}}\right)^{2,8} \quad \rightarrow \quad T_f = 0,15 \tag{13.18}$$

benötigt. Mit diesen lässt sich die minimale Flüssigkeitsbelastung berechnen (Gl. (Lb 13.40)):

$$v_{f,\min} = 7,7 \cdot 10^{-6} \frac{K_f^{2/9}}{\left(1-T_f\right)^{1/2}} \left(\frac{g}{a}\right)^{1/2}$$
$$\rightarrow \quad v_{f,\min} = 3,93 \cdot 10^{-4} \frac{\text{m}}{\text{s}} < 0,011 \frac{\text{m}}{\text{s}} = v_f. \tag{13.19}$$

Die Flüssigkeitsbelastung im Betrieb reicht demzufolge für die vollständige Benetzung der Füllkörper aus.

13.3 Fluiddynamische Dimensionierung einer Füllkörperkolonne [2]**

► **Thema** Belastungsgrenzen und Belastungskennfeld

In einer mit metallischen 50 mm Pallringen ($a_t = 105 \, \text{m}^2/\text{m}^3$, $\varepsilon = 0,95$) gefüllten Kolonne sollen stündlich 1000 kg eines Gemisches Ethylbenzol ($\tilde{M}_{EB} = 106 \, \text{g/mol}$)/Styrol ($\tilde{M}_S = 104 \, \text{g/mol}$) mit einem Molanteil $x_{EB,F} = 0,59 \, \text{mol/mol}$ aufgearbeitet werden. Dabei soll das Gemisch, in dem Ethylbenzol den Leichtsieder darstellt, bei einem

Kopfdruck von $p_K = 66,7$ mbar derart getrennt werden, dass das Kopfprodukt einen Molanteil an Ethylbenzol von $x_{EB,D} = 0,962$ und das Sumpfprodukt einen Molanteil von $x_{EB,B} = 0,0018$ aufweist.

Bestimmen Sie den Durchmesser der Kolonne, wenn diese bei 46,3 % der Flutbelastung betrieben wird und das Rücklaufverhältnis $v = 6,28$ beträgt.

Gegeben (Stoffwerte gelten für den Kopfdruck $p_K = 66,7$ mbar):

Dampfdichte	$\rho_g = 0,257\,\text{kg/m}^3$
Flüssigkeitsdichte	$\rho_f = 835,2\,\text{kg/m}^3$
Grenzflächenspannung	$\sigma_f = 25,1 \cdot 10^{-3}\,\text{N/m}$
Flüssigkeitsviskosität	$\eta_f = 0,437 \cdot 10^{-3}\,\text{kg/(m·s)}$
Dampfviskosität	$\eta_g = 7,14 \cdot 10^{-6}\,\text{kg/(m·s)}$

Lösung

Lösungsansatz:

Über Massenbilanzen werden die Gas- und Flüssigkeitsvolumenströme bestimmt, um damit den trockenen Druckverlust sowie die Berieselungsdichte zu ermitteln. Die Gasbelastung am Flutpunkt ergibt sich unter Verwendung von Abb. Lb 13.11, woraus der erforderliche Kolonnendurchmesser resultiert.

Lösungsweg:

Da es sich beim zugeführten Feedstrom um ein binäres Gemisch der Stoffe Ethylbenzol und Styrol handelt und die Summe aller Molanteile immer eins ergibt, lässt sich der Molanteil an Styrol im Feed berechnen:

$$x_{S,F} = 1 - x_{EB,F} = 0,4105. \tag{13.20}$$

Mit der mittleren molaren Masse des Feedstroms

$$\tilde{M}_F = x_{EB,F}\tilde{M}_{EB} + x_{S,F}\tilde{M}_S = 105\,\frac{\text{g}}{\text{mol}} \tag{13.21}$$

lässt sich der Feed als Molenstrom berechnen:

$$\dot{N}_F = \frac{\dot{M}_F}{\tilde{M}_F} = 9508\,\frac{\text{mol}}{\text{h}} \tag{13.22}$$

Mittels der integralen Stoffmengenbilanz für die Komponente Ethylbenzol

$$\frac{dN_E}{dt} = 0 = \dot{N}_F x_{EB,F} - \dot{N}_D x_{EB,D} - \dot{N}_B x_{EB,B}, \tag{13.23}$$

Tab. 13.1 Molanteile und Massenströme am Kolonnenkopf

Ströme	$x_{EB,D}$ [–]	$x_{S,D}$ [–]	$\tilde{M}_D$ [g/mol]	$\dot{M}$ [kg/h]
Destillat				617
	0,9618	0,0382	105,9	
Rücklauf				3874

der integralen Gesamtstoffmengenbilanz über die gesamte Kolonne

$$\dot{N}_B = \dot{N}_F - \dot{N}_D, \tag{13.24}$$

wird der Molenstrom des Destillatstroms berechnet:

$$\dot{N}_D = \dot{N}_F \frac{x_{EB,F} - x_{EB,B}}{x_{EB,D} - x_{EB,B}} \quad \rightarrow \quad \dot{N}_D = 5820 \, \frac{\text{mol}}{\text{h}}. \tag{13.25}$$

Mit einem Rücklaufverhältnis von 6,28 lässt sich der Rücklaufmolenstrom berechnen:

$$\dot{N}_R = \nu \dot{N}_D \quad \rightarrow \quad \dot{N}_R = 36,6 \, \frac{\text{kmol}}{\text{h}}. \tag{13.26}$$

Analog lassen sich sowohl die Molanteile der Ströme als auch die mittleren molaren Massen und Massenströme bestimmen. Die berechneten Werte sind in Tab. 13.1 aufgelistet.

Aus der Summe des Destillat- und des Rücklaufstroms ergibt sich der aus der Kolonne austretende Dampfmassenstrom:

$$\dot{M}_{\text{Dampf}} = \dot{M}_D + \dot{M}_R \quad \rightarrow \quad \dot{M}_{\text{Dampf}} = 4491 \, \frac{\text{kg}}{\text{h}}. \tag{13.27}$$

Der Rücklaufstrom wird flüssig in die Kolonne zurückgeführt. Somit können nun der Flüssigkeits- und Gasvolumenstrom in der Kolonne berechnet werden

$$\dot{V}_{\text{Dampf}} = \frac{\dot{M}_{\text{Dampf}}}{\rho_g} \quad \rightarrow \quad \dot{V}_{\text{Dampf}} = 17.475 \, \frac{\text{m}^3}{\text{h}} \tag{13.28}$$

sowie

$$\dot{V}_f = \frac{\dot{M}_R}{\rho_f} \quad \rightarrow \quad \dot{V}_f = 4,64 \, \frac{\text{m}^3}{\text{h}}. \tag{13.29}$$

Aus der spezifischen Oberfläche und dem Lückengrad lässt sich nach Gl. (Lb 13.4) der charakteristische Partikeldurchmesser d_P berechnen:

$$d_P = 6(1 - \varepsilon)\frac{1}{a} \quad \rightarrow \quad d_P = 2,86 \, \text{mm}. \tag{13.30}$$

Tab. 13.2 Vorgehen zur Bestimmung des Flutpunkts

Schritt	D	A	v_g	v_f	Re	ζ_t	$\Delta p_t/(\rho_f g H)$	B^*
	[m]	[m²]	[m/s]	[m/s]	[–]	[–]	[–]	[–]
1	1	0,785	6,18	$1,64 \cdot 10^{-3}$	$1,27 \cdot 10^4$	2,5	$6,11 \cdot 10^{-2}$	$5,59 \cdot 10^{-5}$
2	0,5	0,196	24,7	$6,56 \cdot 10^{-3}$	$5,08 \cdot 10^4$	2,5	0,978	$2,24 \cdot 10^{-4}$
3	0,85	0,567	8,55	$2,27 \cdot 10^{-3}$	$1,76 \cdot 10^4$	2,5	0,117	$0,774 \cdot 10^{-4}$

Im Weiteren muss die Gasleerrohrgeschwindigkeit am Flutpunkt iterativ ermittelt werden. Hierzu wird zum Start ein Kolonnendurchmesser geschätzt. Anschließend werden die zu den berechneten Volumenströmen gehörenden Leerrohrgeschwindigkeiten und die korrespondierenden Reynoldszahlen berechnet. Unter Verwendung von Abb. Lb 8.7 kann der trockene Widerstandsbeiwert ζ_t abgelesen werden, mit dem die dimensionslose Gasbelastung (Gl. (Lb 13.34)) berechnet wird:

$$\frac{\Delta p_t}{\rho_f g H} = \zeta_t \frac{1-\varepsilon}{\varepsilon^3} \frac{\rho_g}{\rho_f} \frac{v_g^2}{g\, d_P}. \tag{13.31}$$

Nach der Berechnung der dimensionslosen Gasbelastung kann in Abb. Lb 13.11 unter Verwendung der Berieselungsdichte (Gl. (Lb 13.35))

$$B^* \equiv \left(\frac{v_f}{g^2}\right)^{1/3} \frac{v_{f,Fl}}{d_P} \frac{1-\varepsilon}{\varepsilon^2} \tag{13.32}$$

abgelesen werden, ob die Flutgrenze erreicht wurde. Dieses Vorgehen wird solange wiederholt, bis die Gasleerrohrgeschwindigkeit am Flutpunkt erreicht wird. Beispielhaft ist dieses Vorgehen in Tab. 13.2 dargestellt.

Bei der Bestimmung des Widerstandsbeiwertes ist zu beachten, dass der zugehörige Verlauf der Pallringe in Abb. Lb 8.7 extrapoliert werden muss. Als Ergebnis der Iteration ergibt sich am Flutpunkt eine Gasleerrohrgeschwindigkeit von

$$v_{g,Fl} = 8,55 \frac{m}{s} \tag{13.33}$$

und damit der zugehörige Kolonnendurchmesser:

$$D_{Fl} = 0,85\,\text{m}. \tag{13.34}$$

Da die Kolonne lediglich bei einer Flutbelastung von 46,3 % betrieben werden soll, berechnet sich der Durchmesser der Betriebskolonne gemäß:

$$\dot{V}_{\text{Dampf}} = v_{g,Fl} \frac{\pi}{4} D_{Fl}^2 = v_{g,\text{Betrieb}} \frac{\pi}{4} D_{\text{Betrieb}}^2 \quad \rightarrow \quad D_{\text{Betrieb}} = D_{Fl} \sqrt{\frac{v_{g,Fl}}{v_{g,\text{Betrieb}}}}$$

$$\rightarrow \quad \boxed{D_{\text{Betrieb}} = 1,25\,\text{m}}. \tag{13.35}$$

13.4 Bestimmung des Kolonnendurchmessers einer Rektifikationskolonne [4]*

▶ **Thema** Fluiddynamik und Belastungsgrenzen

In einer mit 50 mm Pallringen aus Metall gefüllten Rektifikationskolonne soll ein binäres Benzol-Toluol-Gemisch getrennt werden. Die Kolonne wird bei einem Druck von 1 bar und einer Temperatur von 80 °C betrieben. Der Rücklaufmengenstrom $\dot{N}_R$ beträgt 281 kmol/h und der Dampfmengenstrom $\dot{N}_D$ 375 kmol/h. Die Kolonne weist eine Schichthöhe von 3 m auf. Am Kolonnenkopf beträgt der Molenbruch des Benzols im Dampf 0,987 und in der flüssigen Phase 0,969.

a) Berechnen Sie die Flutbelastung und den Kolonnendurchmesser der Kolonne, wenn die Kolonne bei 70 % der Flutbelastung betrieben werden soll.
b) Ermitteln Sie den zweiphasigen Druckverlust.
c) Bestimmen Sie den Druckverlust der Schüttung, wenn alternativ metallische Raschigringe eingesetzt werden.

Gegeben (Stoffwerte gelten für die Betriebsbedingungen):

Dampfdichte	ρ_g	$= 2{,}66 \, \text{kg/m}^3$
Flüssigkeitsdichte	ρ_f	$= 813 \, \text{kg/m}^3$
Grenzflächenspannung	σ_f	$= 20 \cdot 10^{-3} \, \text{N/m}$
Flüssigkeitsviskosität	η_f	$= 0{,}31 \cdot 10^{-3} \, \text{kg/(m·s)}$
Dampfviskosität	η_g	$= 9 \cdot 10^{-6} \, \text{kg/(m·s)}$
Molmasse Benzol	$\tilde{M}_B$	$= 78{,}1 \, \text{g/mol}$
Molmasse Toluol	$\tilde{M}_T$	$= 92{,}1 \, \text{g/mol}$

Hinweis:

Die Berechnungen sollen für die Bedingungen am Kolonnenkopf durchgeführt werden.

Lösung

Lösungsansatz:
Mittels des charakteristischen Partikeldurchmessers d_P, der aus den charakteristischen Daten folgt, lässt sich der Strömungszustand und über den trockenen der zweiphasige Druckverlust berechnen. Die Gasbelastung am Flutpunkt ergibt sich unter Verwendung von Abb. Lb 13.11.

Lösungsweg:

a) Für die Berechnung des Druckverlustes ist es zunächst erforderlich, den charakteristischen Partikeldurchmesser zu ermitteln. In Tabelle Lb 8.1 lassen sich für metallische Pallringe mit einem Nenndurchmesser von 50 mm die spezifische Oberfläche und der Lückengrad ablesen:

$$a = 105 \, \frac{\text{m}^2}{\text{m}^3} \quad \text{und} \quad \varepsilon = 0,95. \tag{13.36}$$

Hiermit lässt sich nach Gl. (Lb 13.4) der charakteristische Partikeldurchmesser d_P berechnen:

$$d_P = 6(1 - \varepsilon)\frac{1}{a} \quad \rightarrow \quad d_P = 2,86 \, \text{mm}. \tag{13.37}$$

Aus den Molenströmen müssen die Volumenströme von Dampf und Flüssigkeit berechnet werden. Hierzu muss zunächst das mittlere Molekulargewicht $\overline{M}$ bestimmt werden

$$\overline{M}_{\text{Dampf}} = y_B \tilde{M}_B + (1 - y_B) \tilde{M}_T \quad \rightarrow \quad \dot{V}_{\text{Dampf}} = \frac{\dot{N}_{\text{Dampf}} \overline{M}_{\text{Dampf}}}{\rho_g}$$

$$\rightarrow \quad \dot{V}_{\text{Dampf}} = 3,07 \, \frac{\text{m}^3}{\text{s}} \tag{13.38}$$

und:

$$\overline{M}_f = x_B \tilde{M}_B + (1 - x_B) \tilde{M}_T \quad \rightarrow \quad \dot{V}_f = \frac{\dot{N}_f \overline{M}_f}{\rho_f}$$

$$\rightarrow \quad \dot{V}_f = 7,54 \cdot 10^{-3} \, \frac{\text{m}^3}{\text{s}}. \tag{13.39}$$

Im Weiteren muss die Gasleerrohrgeschwindigkeit am Flutpunkt iterativ ermittelt werden. Hierzu wird zum Start ein Kolonnendurchmesser geschätzt. Anschließend werden die zu den berechneten Volumenströmen gehörenden Leerrohrgeschwindigkeiten und die korrespondierenden Reynoldszahlen berechnet. Unter Verwendung von Abb. Lb 8.7 kann der Widerstandsbeiwert ζ abgelesen werden, mit dem die dimensionslose Gasbelastung nach Gl. (Lb 13.34) bestimmt wird:

$$\frac{\Delta p_t}{\rho_f g H} = \zeta_t \frac{1 - \varepsilon}{\varepsilon^3} \frac{\rho_g}{\rho_f} \frac{v_g^2}{g d_P}. \tag{13.40}$$

Nach der Berechnung der dimensionslosen Gasbelastung kann in Abb. Lb 13.11 unter Verwendung der Berieselungsdichte (Gl. (Lb 13.35))

$$B^* \equiv \left(\frac{v_f}{g^2}\right)^{1/3} \frac{v_{f,Fl}}{d_P} \frac{1 - \varepsilon}{\varepsilon^2} \tag{13.41}$$

abgelesen werden, ob die Flutgrenze erreicht wurde. Dieses Vorgehen wird solange wiederholt, bis die Gasleerrohrgeschwindigkeit am Flutpunkt erreicht wird. Beispielhaft ist dieses Vorgehen in Tab. 13.3 dargestellt.

Tab. 13.3 Vorgehen zur Bestimmung des Flutpunkts

Schritt	D	A	v_g	v_f	Re	ζ	$\frac{\Delta p_t}{\rho_f g H}$	B^*
	[m]	[m^2]	[m/s]	[m/s]	[–]	[–]	[–]	[–]
1	1	0,785	3,90	$9,6 \cdot 10^{-3}$	$6,59 \cdot 10^4$	2,5	0,259	$2,95 \cdot 10^{-4}$
2	1,5	1,77	1,73	$4,27 \cdot 10^{-3}$	$2,93 \cdot 10^4$	2,5	$5,12 \cdot 10^{-2}$	$1,31 \cdot 10^{-4}$
3	1,3	1,33	2,31	$5,68 \cdot 10^{-3}$	$3,9 \cdot 10^4$	2,5	$9,08 \cdot 10^{-2}$	$1,74 \cdot 10^{-4}$

Die Flutpunktgeschwindigkeit beträgt demzufolge:

$$v_{g,Fl} = 2{,}31 \, \frac{\text{m}}{\text{s}}. \tag{13.42}$$

Daraus folgt für die Betriebsgeschwindigkeit

$$v_g = 0{,}7 v_{g,Fl} \quad \rightarrow \quad v_g = 1{,}62 \, \frac{\text{m}}{\text{s}} \tag{13.43}$$

und damit für den zu wählenden Kolonnendurchmesser:

$$v_g = \frac{\dot{V}_{\text{Dampf}}}{\frac{\pi}{4} D^2} \quad \rightarrow \quad D = \sqrt{\frac{4}{\pi} \frac{\dot{V}_{\text{Dampf}}}{v_g}} \quad \rightarrow \quad \boxed{D = 1{,}55 \, \text{m}}. \tag{13.44}$$

b) Für den gewählten Kolonnendurchmesser beträgt der dimensionslose trockene Druckverlust

$$\frac{\Delta p_t}{\rho_f g H} = \zeta_t \frac{1 - \varepsilon}{\varepsilon^3} \frac{\rho_g}{\rho_f} \frac{v_g^2}{g d_P} \quad \rightarrow \quad \frac{\Delta p_t}{\rho_f g H} = 4{,}45 \cdot 10^{-2} \tag{13.45}$$

und die Berieselungsdichte:

$$B^* \equiv \left(\frac{v_f}{g^2} \right)^{1/3} \frac{v_{f,Fl}}{d_P} \frac{1 - \varepsilon}{\varepsilon^2} \quad \rightarrow \quad B^* = 1{,}22 \cdot 10^{-4}. \tag{13.46}$$

Aus Abb. Lb 13.11 ergibt sich hierfür der bezogene zweiphasige Druckverlust:

$$\frac{\Delta p_f}{\rho_f g H} = 0{,}055 \quad \rightarrow \quad \boxed{\Delta p_f = 13{,}2 \, \text{mbar}}. \tag{13.47}$$

c) Die Berechnungen für die Raschigringe verlaufen analog. Der Unterschied besteht in den Daten der Füllkörper. In Tabelle Lb 8.1 lassen sich für metallische Raschigringe mit einem Nenndurchmesser von 50 mm die spezifische Oberfläche und der Lückengrad ablesen:

$$a = 110 \, \frac{\text{m}^2}{\text{m}^3} \quad \text{und} \quad \varepsilon = 0{,}95. \tag{13.48}$$

Tab. 13.4 Vorgehen zur Bestimmung des Flutpunkts

Schritt	D	A	v_g	v_f	Re	ζ	$\frac{\Delta p_t}{\rho_f g H}$	B^*
	[m]	[m²]	[m/s]	[m/s]	[–]	[–]	[–]	[–]
1	1	0,785	3,90	$9{,}6 \cdot 10^{-3}$	$6{,}29 \cdot 10^4$	3	0,311	$2{,}95 \cdot 10^{-4}$
2	1,5	1,77	1,73	$4{,}27 \cdot 10^{-3}$	$2{,}80 \cdot 10^4$	3,1	$6{,}35 \cdot 10^{-2}$	$1{,}31 \cdot 10^{-4}$
3	1,25	1,43	2,14	$5{,}27 \cdot 10^{-3}$	$3{,}45 \cdot 10^4$	3	$9{,}37 \cdot 10^{-2}$	$1{,}62 \cdot 10^{-4}$

Hiermit lässt sich nach Gl. (Lb 13.4) der charakteristische Partikeldurchmesser d_P berechnen:

$$d_P = 6(1 - \varepsilon)\frac{1}{a} \quad \rightarrow \quad d_P = 2{,}86\,\text{mm}. \tag{13.49}$$

Mit diesen Werten wird das iterative Verfahren des Aufgabenteils a) wiederholt, was zu den in Tab. 13.4 dargestellten Ergebnissen führt.

Bei der Bestimmung des Widerstandsbeiwertes ist zu beachten, dass der zugehörige Verlauf der Raschigringe in Abb. Lb 8.7 extrapoliert werden muss. Als Ergebnis der Iteration ergibt sich am Flutpunkt eine Gasleerrohrgeschwindigkeit von:

$$v_{g,Fl} = 2{,}14\,\frac{\text{m}}{\text{s}}. \tag{13.50}$$

Daraus folgt für die Betriebsgeschwindigkeit

$$v_g = 0{,}7 v_{g,Fl} \quad \rightarrow \quad v_g = 1{,}5\,\frac{\text{m}}{\text{s}} \tag{13.51}$$

und damit der Kolonnendurchmesser:

$$v_g = \frac{\dot{V}_{\text{Dampf}}}{\frac{\pi}{4}D^2} \quad \rightarrow \quad D = \sqrt{\frac{4}{\pi}\frac{\dot{V}_{\text{Dampf}}}{v_g}} \quad \rightarrow \quad \boxed{D = 1{,}61\,\text{m}}. \tag{13.52}$$

Für den gewählten Kolonnendurchmesser beträgt der dimensionslose trockene Druckverlust

$$\frac{\Delta p_t}{\rho_f g H} = \zeta_t \frac{1 - \varepsilon}{\varepsilon^3}\frac{\rho_g}{\rho_f}\frac{v_g^2}{g d_P} \quad \rightarrow \quad \frac{\Delta p_t}{\rho_f g H} = 4{,}74 \cdot 10^{-2} \tag{13.53}$$

und die Berieselungsdichte:

$$B^* \equiv \left(\frac{v_f}{g^2}\right)^{1/3}\frac{v_{f,Fl}}{d_P}\frac{1 - \varepsilon}{\varepsilon^2} \quad \rightarrow \quad B^* = 1{,}13 \cdot 10^{-4}. \tag{13.54}$$

Aus Abb. Lb 13.11 ergibt sich hierfür der bezogene zweiphasige Druckverlust:

$$\frac{\Delta p_f}{\rho_f g H} = 0{,}055 \quad \rightarrow \quad \boxed{\Delta p_f = 13{,}2\,\text{mbar}}. \tag{13.55}$$

Es ergibt sich also der gleiche Druckverlust für die Raschigringe wie für die Pallringe.

13.5 Stoffübergangseinheiten eines HCl-Absorbers[*]

▶ **Thema** Stoffübergang

Eine Füllkörperkolonne soll bei Raumbedingungen ($\vartheta = 20\,°C$, $p = 1\,\text{bar}$) als Absorber für HCl betrieben werden. Sie wird mit $1000\,\text{mol/h}$ reinem H_2O berieselt, der Gasmolenstrom beträgt $20\,\text{mol/h}$ und enthält einen Molanteil von 2 % HCl.

Berechnen Sie die Anzahl der erforderlichen gasseitigen Stoffübergangseinheiten NTU_{og}, wenn der Molanteil im austretenden Gas 0,2 % betragen darf.

Hinweis:

Vereinfachend soll angenommen werden, dass sich das thermodynamische Gleichgewicht zwischen HCl und H_2O durch das Henry'sche Gesetz beschreiben lässt. Der Koeffizient kann mit Abb. Lb 1.20 bestimmt werden.

Lösung

Lösungsansatz:
Bestimmung der ein- sowie austretenden Molanteile und Verwendung der Gl. (Lb 13.49).

Lösungsweg:
Mit Hilfe einer integralen Stoffmengenbilanz für die Komponente Salzsäure um den in Abb. 13.1 gestrichelt eingegrenzten Bilanzraum, kann die Betriebskurve ermittelt werden:

$$\frac{dN_{\text{HCl}}}{dt} = 0 = \dot{L}x(z) + \dot{G}y_\alpha - \dot{L}x_\omega - \dot{G}y(z)$$

$$\rightarrow \quad y(z) = y_\alpha + \frac{\dot{L}}{\dot{G}}\left[x(z) - x_\omega\right]. \tag{13.56}$$

Mit den bekannten Werten der Molanteile an Salzsäure für den Eintritt und Austritt des Gasraumes sowie der Annahme, dass die Kolonne mit reinem Wasser ($x_\alpha = 0$) berieselt wird, lässt sich der Molanteil an HCl in der flüssigen Phase am Austritt der Kolonne bei $z = 0$ berechnen:

$$x_\omega = (y_\alpha - y_\omega)\frac{\dot{G}}{\dot{L}} \quad \rightarrow \quad x_\omega = 3{,}6 \cdot 10^{-4}. \tag{13.57}$$

Bei einer bekannten Raumtemperatur von $20\,°C$ wird in Abb. Lb 1.20 der Henry Koeffizient mit $H = 30\,\text{bar}$ abgelesen. Der Molanteil in der Gasphase am Ein- und Austritt berechnet sich mit Gl. (Lb 1.143) basierend auf den Molanteilen in der flüssigen Phase:

$$y_\alpha^* p = x_\omega H \quad \rightarrow \quad y_\alpha^* = 0{,}0108 \quad \text{sowie} \quad y_\omega^* p = x_\alpha H \quad \rightarrow \quad y_\omega^* = 0. \tag{13.58}$$

Abb. 13.1 Stoffströme in dem
HCl-Absorber

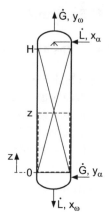

Die gesuchte Zahl der Übergangseinheiten NTU_{og} lässt sich nun nach Gl. (Lb 13.49) berechnen:

$$NTU_{og} = \frac{y_\alpha - y_\omega}{\frac{(y-y^*)_{z=0} - (y-y^*)_{z=H}}{\ln\left[\frac{(y-y^*)_{z=0}}{(y-y^*)_{z=H}}\right]}} \quad \rightarrow \quad \boxed{NTU_{og} = 3{,}82}. \tag{13.59}$$

13.6   Berechnung der gasseitigen Übergangseinheiten[**]

► **Thema** Stoffübergang

Die Berechnungsgleichung für die Zahl der gasseitigen Übergangseinheiten lautet für den Fall, dass sowohl die Bilanz als auch die Gleichgewichtslinie linear verlaufen (Gl. Lb (13.49)):

$$NTU_{og} = \int_{y_\alpha}^{y_\omega} \frac{dy}{y^* - y} = \frac{y_\alpha - y_\omega}{(y^* - y)_{ln}}. \tag{13.60}$$

Leiten Sie diese Beziehung für den Fall einer Absorption ab.

Hinweise:

1. Das thermodynamische Gleichgewicht weist einen linearen Zusammenhang zwischen dem Molanteil der betrachteten Komponente in der flüssigen und demjenigen in der Gasphase auf.
2. Für die Bilanzlinie gilt der lineare Zusammenhang:

$$y(z) = y_\alpha + \frac{\dot{L}}{\dot{G}} \left[x(z) - x_\omega \right]. \tag{13.61}$$

Lösung

Lösungsansatz:
Bestimmung der Konzentrationsdifferenz $y^* - y$ und anschließende Integration

Lösungsweg:
Da sich sowohl die Bilanz- als auch die Gleichgewichtslinie linear mit x verändern, muss sich die Differenz $y^* - y$ linear vom Gasein- zum Gasaustritt mit y ändern, sodass folgende Geradengleichung gilt:

$$y^* - y = ay + b. \tag{13.62}$$

Folgende Punkte der korrespondierende Geraden $y^* - y = f(y)$ sind bekannt:

$$y_\alpha : (y^* - y)_\alpha \quad \text{und} \quad y_\omega : (y^* - y)_\omega . \tag{13.63}$$

Aus diesen Punkten lässt sich die Geradengleichung bestimmen. Für die Geradensteigung gilt

$$a = \frac{(y^* - y)_\omega - (y^* - y)_\alpha}{y_\omega - y_\alpha} \tag{13.64}$$

und für den Ordinatenabschnitt:

$$(y^* - y)_\alpha = ay_\alpha + b \quad \rightarrow \quad b = (y^* - y)_\alpha - ay_\alpha . \tag{13.65}$$

Die Geradengleichung lautet demzufolge:

$$(y^* - y) = ay + (y^* - y)_\alpha - ay_\alpha . \tag{13.66}$$

Die Integration ergibt:

$$NTU_{og} = \int_{y_\alpha}^{y_\omega} \frac{dy}{y^* - y} = \int_{y_\alpha}^{y_\omega} \frac{dy}{ay + b} = \frac{1}{a} \ln (ay + b)\big|_{y_\alpha}^{y_\omega} = \frac{1}{a} \ln \left(\frac{ay_\omega + b}{ay_\alpha + b} \right) . \tag{13.67}$$

Eingesetzt folgt:

$$NTU_{og} = \frac{y_\omega - y_\alpha}{(y^* - y)_\omega - (y^* - y)_\alpha} \ln \left[\frac{\frac{(y^* - y)_\omega - (y^* - y)_\alpha}{y_\omega - y_\alpha} (y_\omega - y_\alpha) + (y^* - y)_\alpha}{(y^* - y)_\alpha} \right]$$

$$\rightarrow \quad NTU_{og} = \frac{y_\alpha - y_\omega}{\frac{(y^* - y)_\alpha - (y^* - y)_\omega}{\ln \frac{(y^* - y)_\alpha}{(y^* - y)_\omega}}}$$

$$\rightarrow \quad \boxed{NTU_{og} = \frac{y_\alpha - y_\omega}{(y^* - y)_{ln}}} . \tag{13.68}$$

13.7   Thermodynamische Auslegung eines CO_2-Absorbers [1][*]

▶   **Thema** Stoffübergang

In einer Packungskolonne von 0,4 m Durchmesser wird ein organisches Amin zur Absorption von CO_2 aus einem Gasstrom eingesetzt. Das eingeleitete Gas enthält einen CO_2-Molanteil von 0,0126 und soll auf einen Anteil von 0,0004 abgereichert werden. Das Amin wird frisch also ohne CO_2 zugeführt. Das thermodynamische Gleichgewicht zeigt einen linearen Zusammenhang der Molanteile in den beiden Phasen. Am Gaseintritt beträgt der Gleichgewichtsmolanteil des CO_2 in der flüssigen Phase 0,008. Der Gasmolenstrom beträgt 2,3 mol/s der der Flüssigkeit 4,8 mol/s. Der spezifische Stoffdurchgangskoeffizient $k_g a$ ist gleich $5 \cdot 10^{-5}$ mol/(cm³·s).
     Bestimmen Sie Höhe der Kolonne.

Hinweis:

Sowohl die Bilanz- als auch die Gleichgewichtslinie verlaufen linear.

Lösung

Lösungsansatz:
Nutzung des NTU/HTU Ansatzes (Gl. (Lb 13.47))

Lösungsweg:
Aus der Gesamtmolbilanz für die Kolonne folgt für den Molanteil des CO_2 in dem austretenden Flüssigkeitsstrom:

$$\frac{dN_{CO_2}}{dt} = 0 = \dot{L}x_\alpha + \dot{G}y_\alpha - \dot{L}x_\omega - \dot{G}y_\omega \quad \rightarrow \quad x_\omega = x_\alpha + \frac{\dot{G}}{\dot{L}}(y_\alpha - y_\omega)$$

$$\rightarrow \quad x_\omega = 5{,}85 \cdot 10^{-3}. \tag{13.69}$$

Der Gleichgewichtskoeffizient ergibt sich aus der Angabe am Gaseintritt:

$$y = mx \quad \rightarrow \quad m = \frac{y_\alpha}{x^*} \quad \rightarrow \quad m = 1{,}58. \tag{13.70}$$

Die Kolonnenhöhe berechnet sich nach den Gl. (Lb 13.47):

$$H = NTU_{og} \cdot HTU_{og}. \tag{13.71}$$

Zur Berechnung von HTU_{og} wird die logarithmische Konzentrationsdifferenz (Gl. (Lb 13.48)) benötigt:

$$(y - y^*)_{ln} = \frac{(y - y^*)_\alpha - (y - y^*)_\omega}{\ln \frac{(y-y^*)_\alpha}{(y-y^*)_\omega}} = \frac{y_\alpha - mx_\omega - (y_\omega - mx_\alpha)}{\ln \frac{y_\alpha - mx_\omega}{y_\omega - mx_\alpha}}$$

$$\rightarrow \quad (y - y^*)_{ln} = 1{,}4 \cdot 10^{-3}. \tag{13.72}$$

Für die Zahl der gasseitigen Übergangseinheiten gilt (Gl. (Lb 13.49))

$$NTU_{og} = \int_{y_\alpha}^{y_\omega} \frac{dy}{y^* - y} = \frac{y_\alpha - y_\omega}{(y^* - y)_{ln}} \quad \rightarrow \quad NTU_{og} = 8{,}72 \tag{13.73}$$

und für die Höhe einer Übergangseinheit (Gl. (Lb 13.50)):

$$HTU_{og} = \frac{\dot{G}}{k_g a A} \quad \rightarrow \quad HTU_{og} = 0{,}366 \, \text{m}. \tag{13.74}$$

Daraus resultiert die Kolonnenhöhe:

$$H = NTU_{og} \cdot HTU_{og} \quad \rightarrow \quad \boxed{H = 3{,}19 \, \text{m}}. \tag{13.75}$$

13.8 Bestimmung des HTU_{og}-Werts eines NH_3-Absorbers [4][*]

▶ **Thema** Stoffübergang

Aus einem wassergesättigten Luftstrom (insgesamt $10.000 \, \text{m}^3/\text{h}$) soll Ammoniak mit Waschwasser ($15{,}9 \, \text{t/h}$) abgereichert werden. Der eingesetzte Absorber besitzt einen Durchmesser von $1{,}7 \, \text{m}$ und wird bei $200 \, \text{mbar}$ Überdruck betrieben. Als Füllkörper werden $50 \, \text{mm}$ Raschigringe aus Keramik verwendet.

Bestimmen Sie den HTU_{og}-Wert der Schüttung.

Gegeben (Stoffwerte gelten für die Betriebsbedingungen):

Gasdichte	$\rho_g = 1{,}37 \, \text{kg/m}^3$
Flüssigkeitsdichte	$\rho_f = 994 \, \text{kg/m}^3$
Gasviskosität	$\nu_g = 13{,}3 \cdot 10^{-6} \, \text{m}^2/\text{s}$
Flüssigkeitsviskosität	$\nu_f = 0{,}75 \cdot 10^{-6} \, \text{m}^2/\text{s}$
Diffusionskoeffizient NH_3/Luft	$D_g = 2{,}12 \cdot 10^{-5} \, \text{m}^2/\text{s}$
Diffusionskoeffizient NH_3/Wasser	$D_f = 2{,}94 \cdot 10^{-9} \, \text{m}^2/\text{s}$
Mittleres Molargewicht Gasphase	$\tilde{M}_g = 29 \, \text{g/mol}$
Mittleres Molargewicht Flüssigphase	$\tilde{M}_f = 18 \, \text{g/mol}$
Grenzflächenspannung	$\sigma = 0{,}072 \, \text{N/m}$
Henry-Koeffizient	$H = 1{,}36 \, \text{bar}$

Hinweis:

Sowohl die Bilanz- als auch die Gleichgewichtslinie verlaufen linear.

Lösung

Lösungsansatz:
Bestimmung der Stoffübergangskoeffizienten und Nutzung der Berechnungsgleichung für NTU_{og} (Gl. (Lb 13.49))

Lösungsweg:
Die Höhe einer Übergangseinheit berechnet sich nach (Gl. (Lb 13.50)):

$$HTU_{og} = \frac{\dot{G}}{a_f A} \left(\frac{1}{\beta_g c_g} + \frac{m}{\beta_f c_f} \right). \tag{13.76}$$

Die entsprechenden Parameter werden im Weiteren bestimmt. Die volumenbezogene Oberfläche des trockenen Rachigrings folgt aus Gl. (Lb 13.51):

$$a = \frac{k}{d_r}. \tag{13.77}$$

Für keramische Raschigringe ist $k = 4{,}6$ (Tabelle Lb 13.1), sodass sich als trockene Oberfläche ergibt:

$$a = 92 \, \frac{m^2}{m^3}. \tag{13.78}$$

Die wirksame Phasengrenzfläche berechnet sich nach Gl. (Lb 13.52):

$$\frac{a_f}{a} = \frac{1}{\sqrt[4]{1 + \left(\frac{k}{C_a} \right)^4 \left(\frac{v_f \sigma}{v_f d_r^3 \rho_f g} \right)^2}}. \tag{13.79}$$

Die Konstante C_a besitzt gemäß Tabelle Lb 13.2 den Wert 0,0155. Die Flüssigkeitsleerrohrgeschwindigkeit beträgt:

$$v_f = \frac{\dot{M}_f}{\rho_f \frac{\pi}{4} D^2} \quad \rightarrow \quad v_f = 1{,}96 \cdot 10^{-3} \, \frac{m}{s}. \tag{13.80}$$

Daraus resultiert eine wirksame Phasengrenzfläche gemäß Gl. (13.79) von:

$$a_f = 61{,}6 \, \frac{m^2}{m^3}. \tag{13.81}$$

Der gasseitige Stoffübergangskoeffizient berechnet sich nach Gl. (Lb 13.53):

$$\beta_g = C_g \left(\frac{\rho_g D_g^2 v_g^2}{\eta_g d_r} \right)^{1/3} \quad \text{für } Re_g = \frac{v_g d_r}{\varepsilon v_g} > 1000. \tag{13.82}$$

Mit der Gasleerrohrgeschwindigkeit

$$v_g = \frac{\dot{V}_g}{\frac{\pi}{4} D^2} \quad \rightarrow \quad v_g = 1{,}22 \, \frac{\text{m}}{\text{s}} \tag{13.83}$$

und einer Porosität der Schicht von 0,77 gemäß Tabelle Lb 8.1 ergibt sich eine Reynoldszahl von

$$Re_g = 5970 > 1000, \tag{13.84}$$

sodass mit der Konstanten $C_g = 0{,}417$ (Tabelle Lb 13.2) gemäß Gl. (13.82) folgender Stoffübergangskoeffizient resultiert:

$$\beta_g = 4{,}19 \cdot 10^{-2} \, \frac{\text{m}}{\text{s}}. \tag{13.85}$$

Der flüssigkeitsseitige Stoffübergangskoeffizient bestimmt sich gemäß Gl. (Lb 13.54)

$$\beta_f = C_f \sqrt{\frac{6 D_f}{\pi d_r}} \left(\frac{v_f \sigma}{3 d_r \rho_f} \right)^{1/6}, \tag{13.86}$$

wobei die Konstante C_f gemäß Tabelle Lb 13.2 gleich 4 ist. Somit ergibt sich:

$$\beta_f = 1{,}33 \cdot 10^{-4} \, \frac{\text{m}}{\text{s}}. \tag{13.87}$$

Die molaren Konzentrationen der flüssigen und der Gasphase berechnen sich gemäß:

$$c_g = \frac{\rho_g}{\tilde{M}_g} \quad \rightarrow \quad c_g = 47{,}2 \, \frac{\text{mol}}{\text{m}^3} \quad \text{und}$$

$$c_f = \frac{\rho_f}{\tilde{M}_f} \quad \rightarrow \quad c_f = 5{,}52 \cdot 10^4 \, \frac{\text{mol}}{\text{m}^3}. \tag{13.88}$$

Der Gleichgewichtskoeffizient (Gl. (Lb 3.13))

$$m \equiv \frac{dy_A^*}{dx_A} \tag{13.89}$$

ergibt sich bei Gültigkeit des Henry'schen Gesetzes als:

$$m = \frac{H}{p} \quad \rightarrow \quad m = 1{,}33. \tag{13.90}$$

Damit lässt sich die Höhe der Übergangseinheiten berechnen:

$$HTU_{og} = \frac{\dot{V}_g \rho_g}{\tilde{M}_g a_f A} \left(\frac{1}{\beta_g c_g} + \frac{m}{\beta_f c_f} \right) = \frac{v_g}{a_f} \left(\frac{1}{\beta_g} + \frac{mc_g}{\beta_f c_f} \right)$$

$$\rightarrow \quad \boxed{HTU_{og} = 0,619\,\text{m}}. \tag{13.91}$$

13.9 Füllkörperschütthöhe eines Gegenstromabsorbers[***]

▶ **Thema** Stoffübergang

Ein Luftstrom enthält Chlor mit einem Molanteil von 12 %, der auf 2 % reduziert werden soll. Als Absorbens wird reines Wasser mit einem Volumenstrom, der das 1,25-fache des Mindestwassermengenstroms darstellt, verwendet. Der eintretende Gasmengenstrom beträgt 100 kmol/h. Die Kolonne mit einem Durchmesser von 2 m wird isotherm bei 20 °C und 1 bar betrieben. Der gasseitige Stoffdurchgangskoeffizient beträgt 0,036 mol/(s·m²) und die wirksame Phasengrenzfläche a_f der Füllkörper 90 m²/m³.

a) Bestimmen Sie den minimalen Wassermassenstrom.
b) Berechnen Sie die Austrittskonzentration des Chlors im Waschwasser.
c) Ermitteln Sie die erforderliche Höhe der Füllkörperschüttung.

Gegeben (Stoffwerte gelten für die Betriebsbedingungen):

Gasdichte	ρ_g	$= 1,4\,\text{kg/m}^3$
Flüssigkeitsdichte	ρ_f	$= 998\,\text{kg/m}^3$
Molargewicht Cl₂	$\tilde{M}_{Cl}$	$= 70,9\,\text{g/mol}$
Mittleres Molargewicht Luft	$\tilde{M}_f$	$= 29\,\text{g/mol}$
Molargewicht Wasser	$\tilde{M}_{H_2O}$	$= 18\,\text{g/mol}$

Die in Tab. 13.5 aufgeführten Gleichgewichtsdaten wurden für Chlor im Stoffsystem Wasser/Luft gemessen.

Tab. 13.5 Gleichgewichtsdaten für Chlor im Stoffsystem Wasser/Luft

$x \cdot 10^4$ [–]	1	2	3	4,5	5,8
y [–]	0,006	0,024	0,06	0,132	0,197

Hinweise:

1. Aufgrund der geringen Löslichkeit des Chlors im Wasser kann der Waschwassermolenstrom als konstant angenommen werden.
2. Die Abnahme des Gasmolenstroms muss bei der Berechnung berücksichtigt werden.
3. Sowohl die Bilanz- als auch die Gleichgewichtslinie verlaufen nicht linear.
4. Die Gleichgewichtskurve für die Löslichkeit von Chlor in Wasser lässt sich durch ein Polynom 4. Ordnung, das durch den Nullpunkt geht, wiedergeben.

Lösung

Lösungsansatz:
Aufstellen der integralen Molbilanz für die gesamte Kolonne. Integration der differenziellen Molbilanz zur Bestimmung der Kolonnenhöhe mit anschließender grafischer Lösung des auftretenden Integrals.

Lösungsweg:
a) Der minimale Wassermengenstrom ergibt sich für den Fall, dass sich die Konzentration des Chlors im Waschwasser im Gleichgewicht zur Konzentration im eintretenden Gas befindet. Die integrale Molbilanz über die gesamte Kolonne lautet

$$\dot{L}_\alpha + \dot{G}_\alpha - \dot{L}_\omega - \dot{G}_\omega = 0, \tag{13.92}$$

während die Komponentenbilanz für Chlor die Beziehung

$$\frac{dN_{CO_2}}{dt} = 0 = \dot{L}_\alpha x_\alpha + \dot{G}_\alpha y_\alpha - \dot{L}_\omega x_\omega - \dot{G}_\omega y_\omega \tag{13.93}$$

liefert. Für den austretenden Gasmolenstrom gilt:

$$\dot{G}_\alpha - \dot{G}_\omega = \dot{G}_\alpha y_\alpha - \dot{G}_\omega y_\omega \quad \rightarrow \quad \dot{G}_\omega = \dot{G}_\alpha \frac{1 - y_\alpha}{1 - y_\omega} \quad \rightarrow \quad \dot{G}_\omega = 90 \frac{kmol}{h}. \tag{13.94}$$

Gemäß Hinweis wird der Waschwassermassenstrom als konstant angenommen, sodass aus Gl. (13.93) folgt:

$$\dot{L} x_\alpha + \dot{G}_\alpha y_\alpha - \dot{L} x_\omega - \dot{G}_\alpha \frac{1 - y_\alpha}{1 - y_\omega} y_\omega = 0 \quad \rightarrow \quad \dot{L} = \frac{\dot{G}_\alpha}{x_\omega - x_\alpha} \frac{y_\alpha - y_\omega}{1 - y_\omega}. \tag{13.95}$$

Der maximal mögliche Molanteil in der Flüssigphase ergibt sich aus dem Gleichgewichtszusammenhang, wenn für y der Eintrittsmolanteil eingesetzt wird.

Die Gleichgewichtsdaten lassen sich durch folgendes Polynom (Excel Trendlinie) wiedergeben:

$$y^* = -1{,}702 \cdot 10^{12} x^4 + 1{,}236 \cdot 10^9 x^3 + 4{,}403 \cdot 10^5 x^2 + 0{,}4211 x, \qquad (13.96)$$

das durch den Ursprung geht. Durch Zielwertsuche (Excel) folgt im Gleichgewicht zum Molanteil in der Gasphase y_α in der flüssigen Phase der Molanteil:

$$x^*(y_\alpha) = 0{,}000427. \qquad (13.97)$$

Hieraus resultiert der minimale Waschwassermassenstrom:

$$\dot{M}_{f_{min}} = \tilde{M}_{H_2O} \frac{\dot{G}_\alpha}{x^* - x_\alpha} \frac{y_\alpha - y_\omega}{1 - y_\omega} \quad \rightarrow \quad \boxed{\dot{M}_{f_{min}} = 4{,}3 \cdot 10^5 \, \frac{kg}{h}}. \qquad (13.98)$$

b) Für den Fall der 1,25-fachen Wassermenge folgt für den Molanteil des Chlors im austretenden Waschwasser aus Gl. (13.95):

$$x_\omega = x_\alpha + \tilde{M}_{H_2O} \frac{\dot{G}_\alpha}{\dot{M}_f} \frac{y_\alpha - y_\omega}{1 - y_\omega} \quad \rightarrow \quad \boxed{x_\omega = 3{,}41 \cdot 10^{-4}}. \qquad (13.99)$$

c) Die Höhe der Füllkörperschüttung resultiert aus der differenziellen Mengenbilanz in Gl. (Lb 13.43):

$$-\dot{G}(y)dy = k_g \, (y - y^*) \, a_f A dz. \qquad (13.100)$$

Aufgrund der Abhängigkeit von $\dot{G}$ von der Höhe und damit von y gemäß Gl. (13.94)

$$\dot{G}\,(y) = \dot{G}_\alpha \frac{1 - y_\alpha}{1 - y} \qquad (13.101)$$

ergibt sich für die Höhe der Kolonne nach Integration dieser Gleichung:

$$H = \int\limits_{y_\alpha}^{y_\omega} \frac{dy}{(y^* - y)\,(1 - y)} \frac{\dot{G}_\alpha\,(1 - y_\alpha)}{k_g a_f A}. \qquad (13.102)$$

Diese Gleichung stellt eine allgemeinere Form des üblichen Produktes aus Anzahl und Höhe der gasseitigen Übergangseinheiten dar. Der zweite Term entspricht der Höhe einer gasseitigen Übergangseinheit (Gl. (Lb 13.50)), wobei die hier berücksichtigte Abnahme des Gasmolenstroms zu einer geringfügigen Modifikation führt:

$$HTU_{og}^* = \frac{\dot{G}_\alpha\,(1 - y_\alpha)}{k_g a_f A} \quad \rightarrow \quad HTU_{og}^* = 2{,}4\,\text{m}. \qquad (13.103)$$

Abb. 13.2 Arbeitsdiagramm
des Absorbers

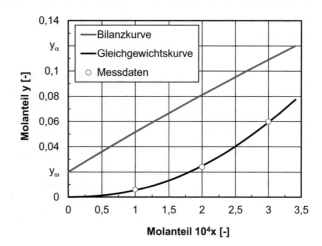

Die Anzahl der Stoffübergangseinheiten berechnet sich durch das von der Definition der
NTU_{og} (Gl. (Lb 13.49)) etwas abweichende Integral:

$$NTU^*_{og} = \int\limits_{y_\alpha}^{y_\omega} \frac{dy}{(y^* - y)(1 - y)} = \int\limits_{y_\omega}^{y_\alpha} -\frac{dy}{(y^* - y)(1 - y)}.$$ (13.104)

Die Gleichgewichtskonzentration y^* korrespondiert zu dem jeweilige Molanteil x in der
flüssigen Phase, der wiederum über die Bilanzgleichung

$$\dot{L}x + \dot{G}_\alpha y_\alpha - \dot{L}x_\omega - \dot{G}(y)y = 0 \quad \rightarrow \quad x = x_\omega - \frac{\dot{G}_\alpha}{\dot{L}}\left(y_\alpha - \frac{1 - y_\alpha}{1 - y}y\right)$$

$$\rightarrow \quad x = x_\omega - \frac{\dot{G}_\alpha}{\dot{L}}\frac{y_\alpha - y}{1 - y}$$ (13.105)

mit der Konzentration y in der Gasphase verknüpft ist. In Abb. 13.2 ist das Arbeitsdiagramm des Absorbers mit den gekrümmten Bilanz- und Gleichgewichtslinien dargestellt.
    Die Lösung des Integrals in Gl. (13.104) kann nicht analytisch, sondern muss bei-
spielsweise grafisch erfolgen. In Abb. 13.3 sind die Werte der Funktion unter dem Integral
dargestellt. Die Fläche unter der Kurve lässt sich beispielsweise mit der Trapezregel bestimmen:

$$NTU^*_{og} = \int\limits_{y_\omega}^{y_\alpha} -\frac{dy}{(y^* - y)(1 - y)} = 2{,}48.$$ (13.106)

Damit ergibt sich nach Gl. (13.102) für die Höhe der Füllkörperschicht:

$$H = NTU^*_{og} \cdot HTU^*_{og} \quad \rightarrow \quad H = 5{,}96\,\text{m}.$$ (13.107)

Abb. 13.3 Hilfsdiagramm zur
Bestimmung der *NTU*

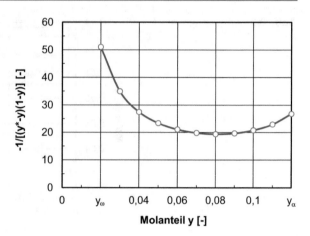

Literatur

1. Cussler EL (1997) Diffusion, 2. Aufl. Cambridge University Press, Cambridge, New York, Melbourne
2. Maćkowiak J (2003) Fluiddynamik von Füllkörpern und Packungen, 2. Aufl. Springer, Berlin Heidelberg New York
3. Mersmann A (2013) Druckverlust und Flutgrenze berieselter Packungen. In: VDI e.V. (Hrsg) VDI-Wärmeatlas. Springer, Berlin Heidelberg, S 1346–1353 https://doi.org/10.1007/978-3-642-19981-3_81
4. Sattler K, Adrian T (2016) Thermische Trennverfahren. Wiley-VCH, Weinheim

Strömungsmaschinen

14

Den zentralen Inhalt des Kapitels stellt die Anwendung der erforderlichen Kenntnisse zur Auswahl von Strömungs- und Verdrängungsmaschinen dar, wobei der Schwerpunkt auf die Strömungsmaschinen gelegt wird. Als zentraler mathematischer Zusammenhang wird die Euler'sche Hauptgleichung der Strömungsmaschinen verwendet, mit der unter anderem die Förderhöhe und der Fördervolumenstrom bestimmt werden. Aus dem Verlauf der Kennlinien werden zusammen mit der Anlagenkennlinie die Betriebspunkte ermittelt. Die Pumpenauswahl erfolgt anhand des Cordier-Diagramms.

14.1 Bestimmung der theoretischen Schaufelarbeit einer Kreiselpumpe[*]

▶ **Thema** Euler'sche Hauptgleichung

Eine radial fördernde Kreiselpumpe mit gegebenen Abmessungen wird mit einer drallfreien Saugseitenströmung ($\alpha_1 = 90°$) betrieben.

Bestimmen Sie aus den Abmessungen der Pumpe und der Drehzahl:

a) den geförderten Volumenstrom und
b) die theoretische Schaufelarbeit.

Gegeben:

Laufraddurchmesser	$D_1 = 50\,\text{mm}$	$D_2 = 250\,\text{mm}$
Schaufelbreiten	$B_1 = 10\,\text{mm}$	$B_2 = 5\,\text{mm}$

Elektronisches Zusatzmaterial Die Online-Version dieses Kapitels (https://doi.org/10.1007/978-3-662-60393-2_14) enthält Zusatzmaterial, das für autorisierte Nutzer zugänglich ist.

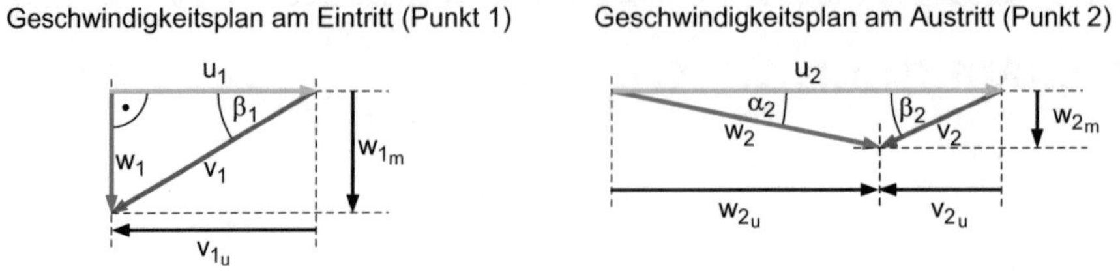

Geschwindigkeitsplan am Eintritt (Punkt 1)   Geschwindigkeitsplan am Austritt (Punkt 2)

Abb. 14.1 Geschwindigkeitspläne am Ein- und Austritt des Laufrads

Winkel $\beta_1 = 30°$ $\beta_2 = 25°$
Verengungsfaktoren $k_1 = 1{,}2$ $k_2 = 1{,}05$
Drehzahl $n \; = 30\,\mathrm{s}^{-1}$

Lösung

Lösungsansatz:
Anwendung der Euler'schen Hauptgleichung.

Lösungsweg:
a) Die Umfangsgeschwindigkeit ergibt sich aus:

$$u_1 = \pi n D_1 \quad \rightarrow \quad u_1 = 4{,}71\,\frac{\mathrm{m}}{\mathrm{s}}. \tag{14.1}$$

Die Meridiankomponente der Absolutgeschwindigkeit, die infolge der drallfreien Saugseitenströmung auch gleich der Absolutgeschwindigkeit ist, berechnet sich gemäß (s. Abb. 14.1):

$$w_{1m} = w_1 = u_1 \tan \beta_1 \quad \rightarrow \quad w_{1_m} = 2{,}72\,\frac{\mathrm{m}}{\mathrm{s}}. \tag{14.2}$$

Zwischen dem Volumenstrom und der Meridiangeschwindigkeit $w_{1\mathrm{m}}$ besteht aufgrund der Kontinuitätsgleichung der Zusammenhang (Gl. (Lb 14.5)):

$$w_{1m} = \frac{\dot{V}}{\pi D_1 B_1} k_1 \quad \rightarrow \quad \dot{V} = w_{1m}\frac{\pi D_1 B_1}{k_1} \quad \rightarrow \quad \boxed{\dot{V} = 12{,}8\,\frac{\mathrm{m}^3}{\mathrm{h}}}. \tag{14.3}$$

b) Für die Berechnung der spezifischen, theoretischen Schaufelleistung werden die Umfangsgeschwindigkeit am Schaufelaustritt

$$u_2 = \pi n D_2 \quad \rightarrow \quad u_2 = 23{,}6\,\frac{\mathrm{m}}{\mathrm{s}} \tag{14.4}$$

sowie die Umfangskomponente der Absolutgeschwindigkeit benötigt. Dazu muss die Relativgeschwindigkeit v_2 berechnet werden. Aus der Meridiankomponente

$$v_{2_m} = w_{2_m} = \frac{\dot{V}}{\pi D_2 B_2} k_2 = w_{1m} \frac{D_1 B_1}{D_2 B_2} \frac{k_2}{k_1}$$

$$\rightarrow \quad v_{2_m} = \pi n D_1 \tan \beta_1 \frac{D_1 B_1}{D_2 B_2} \frac{k_2}{k_1} = 0{,}925 \frac{\text{m}}{\text{s}} \tag{14.5}$$

folgt die Relativgeschwindigkeit:

$$v_2 = \frac{v_{2_m}}{\sin \beta_2} = \pi n D_1 \frac{\tan \beta_1}{\sin \beta_2} \frac{D_1 B_1}{D_2 B_2} \frac{k_2}{k_1} \quad \rightarrow \quad v_2 = 2{,}25 \frac{\text{m}}{\text{s}}. \tag{14.6}$$

Mit dem Kosinussatz lässt sich die Absolutgeschwindigkeit ermitteln:

$$w_2^2 = u_2^2 + v_2^2 - 2u_2 v_2 \cos \beta_2 \quad \rightarrow \quad w_2 = \sqrt{u_2^2 + v_2^2 - 2u_2 v_2 \cos \beta_2}$$

$$\rightarrow \quad w_2 = 21{,}5 \frac{\text{m}}{\text{s}}. \tag{14.7}$$

Die Umfangskomponente der Absolutgeschwindigkeit ergibt sich aus:

$$w_{2_u}^2 = w_2^2 - w_{2_m}^2 = w_2^2 - v_{2_m}^2 \quad \rightarrow \quad w_{2_u} = \sqrt{w_2^2 - v_{2_m}^2} = 21{,}5 \frac{\text{m}}{\text{s}}. \tag{14.8}$$

Die spezifische, theoretische Schaufelarbeit berechnet sich gemäß der Euler'schen Hauptgleichung (Lb 14.13) für eine drallfreie Saugseitenströmung:

$$Y_{\text{Sch}} = u_2 w_{2_u} \quad \rightarrow \quad \boxed{Y_{\text{Sch}} = 507 \frac{\text{m}^2}{\text{s}^2}}. \tag{14.9}$$

14.2 Bestimmung des Moments und der Druckerhöhung einer Radialpumpe [1]**

▶ **Thema** Euler'sche Hauptgleichung

Das Laufrad einer Radialpumpe besteht aus einer Reihe sehr eng stehender dünner Schaufeln mit konstanter Höhe B und dreht sich mit der Drehzahl n. Die Schaufeleintritts- und -austrittsrichtung sind durch die Winkel β_1 und β_2 gegeben. Eine Flüssigkeit der Dichte ρ strömt dem Schaufelrad von innen in radialer Richtung (drallfrei) zu. Die Strömungsrichtung im mitdrehenden System stimme überall mit der Schaufelrichtung überein, sodass die Euler'sche Hauptgleichung anwendbar ist.

a) Berechnen Sie die absoluten und relativen Ein- und Austrittsgeschwindigkeiten w_1, v_1 und w_2, v_2.

b) Bestimmen Sie den Volumenstrom $\dot{V}$ durch das Laufrad.

c) Berechnen Sie das Moment M, mit dem das Laufrad angetrieben werden muss.

d) Ermitteln Sie den Betrag Δp_g, um den sich der Gesamtdruck der Flüssigkeit beim Durchgang durch das Rad ändert.

Gegeben:

Flüssigkeitsdichte	$\rho = 1000\,\text{kg}/\text{m}^3$	
Laufraddurchmesser	$D_1 = 250\,\text{mm}$	$D_2 = 500\,\text{mm}$
Schaufelbreite	$B = 100\,\text{mm}$	
Winkel	$\beta_1 = 20°$	$\beta_2 = 75°$
Verengungsfaktoren	$k_1 = 1,2$	$k_2 = 1,05$
Drehzahl	$n = 25\,\text{s}^{-1}$	

Lösung

Lösungsansatz:
Anwendung der Euler'schen Hauptgleichung.

Lösungsweg:
Für die Lösung kann der Geschwindigkeitsplan gemäß Abb. 14.1 verwendet werden.

a) Die Absolutgeschwindigkeit am Eintritt ergibt sich über die Umfangsgeschwindigkeit am Eintritt

$$u_1 = \pi n D_1 \tag{14.10}$$

als:

$$w_1 = \pi n D_1 \tan \beta_1 \quad \rightarrow \quad \boxed{w_1 = 7{,}15\,\frac{\text{m}}{\text{s}}}. \tag{14.11}$$

Da die Strömung drallfrei zufließt, berechnet sich die Meridiankomponente der Relativgeschwindigkeit nach

$$v_{1_m} = u_1 \tan \beta_1 = \pi n D_1 \tan \beta_1 = w_1, \tag{14.12}$$

woraus die Relativgeschwindigkeit am Eintritt folgt:

$$v_1 = \frac{v_{1_m}}{\sin \beta_1} \quad \rightarrow \quad v_1 = \frac{\pi n D_1}{\cos \beta_1} \quad \rightarrow \quad \boxed{v_1 = 20{,}9\,\frac{\text{m}}{\text{s}}}. \tag{14.13}$$

Aus der Meridiankomponente der Relativgeschwindigkeit am Austritt

$$v_{2_m} = \frac{\dot{V}}{\pi D_2 B} \quad \rightarrow \quad v_{2_m} = \pi n \frac{D_1^2}{D_2} \tan \beta_1 \qquad (14.14)$$

resultiert die Relativgeschwindigkeit:

$$v_2 = \frac{v_{2_m}}{\sin \beta_2} \quad \rightarrow \quad v_2 = \pi n \frac{D_1^2 \tan \beta_1}{D_2 \sin \beta_2} \quad \rightarrow \quad \boxed{v_2 = 3{,}7 \frac{\text{m}}{\text{s}}}. \qquad (14.15)$$

Die Absolutgeschwindigkeit am Austritt berechnet sich mit dem Kosinussatz:

$$w_2^2 = u_2^2 + v_2^2 - 2u_2 v_2 \cos \beta_2 \quad \rightarrow \quad w_2 = \pi n \sqrt{D_2^2 + \left(\frac{D_1^2 \tan \beta_1}{D_2 \sin \beta_2} \right)^2 - 2D_1^2 \frac{\tan \beta_1}{\tan \beta_2}}$$

$$\rightarrow \quad \boxed{w_2 = 38{,}5 \frac{\text{m}}{\text{s}}}. \qquad (14.16)$$

b) Aus der Kontinuitätsgleichung folgt der Volumenstrom:

$$w_1 = \frac{\dot{V}}{\pi D_1 B} \quad \rightarrow \quad \dot{V} = \pi^2 n D_1^2 B \tan \beta_1 \quad \rightarrow \quad \boxed{\dot{V} = 0{,}561 \frac{\text{m}^3}{\text{s}}}. \qquad (14.17)$$

c) Aus der Umfangskomponente der Relativgeschwindigkeit

$$v_{2_u} = v_2 \cos \beta_2 \quad \rightarrow \quad v_{2_u} = \pi n \frac{D_1^2 \tan \beta_1}{D_2 \tan \beta_2} \qquad (14.18)$$

ergibt sich die Umfangskomponente der Absolutgeschwindigkeit:

$$w_{2_u} = u_2 - v_{2_u} = \pi n D_2 \left(1 - \frac{D_1^2 \tan \beta_1}{D_2^2 \tan \beta_2} \right). \qquad (14.19)$$

Die Schaufelleistung berechnet sich gemäß der Gln. (Lb 14.11) und (Lb 14.12):

$$P_{\text{Sch}} = M \omega = 2 \pi n M \quad \text{und} \quad P_{\text{Sch}} = \dot{M} u_2 w_{2,u}. \qquad (14.20)$$

Daraus ergibt sich das Moment:

$$M = \frac{\dot{M} u_2 w_{2,u}}{2 \pi n} \quad \rightarrow \quad M = \rho \pi^2 n D_1^2 B \tan \beta_1 \frac{\pi n D_2}{2 \pi n} \pi n D_2 \left(1 - \frac{D_1^2 \tan \beta_1}{D_2^2 \tan \beta_2} \right)$$

$$\rightarrow \quad M = \frac{\pi^3}{2} \rho n^2 D_1^2 B \tan \beta_1 \left(D_2^2 - D_1^2 \frac{\tan \beta_1}{\tan \beta_2} \right)$$

$$\rightarrow \quad \boxed{M = 5{,}38 \, \text{kN m}}. \qquad (14.21)$$

d) Die Schaufelleistung führt zur Druckerhöhung:

$$P_{\mathrm{Sch}} = M\omega = \Delta p \dot{V} \quad \rightarrow \quad \Delta p = \pi^2 \rho n^2 \left(D_2^2 - D_1^2 \frac{\tan \beta_1}{\tan \beta_2} \right)$$

$$\rightarrow \quad \boxed{\Delta p = 15{,}0 \,\mathrm{bar}}. \tag{14.22}$$

14.3 Förderleistung eines rotierenden Rohres [3]**

▶ **Thema** Energiebilanz und Druckerhöhung

In einem Wasserreservoir gleichbleibender Spiegelhöhe befindet sich ein um die Hochachse mit konstanter Winkelgeschwindigkeit ω drehendes, gebogenes Rohr (Abb. 14.2). Das Rohr ist bereits zu Anfang mit Wasser gefüllt und wird reibungsfrei durchströmt.

Berechnen Sie:

a) den Volumenstrom im Rohr,
b) die zur Drehung des Rohres erforderliche Leistung,
c) den Wirkungsgrad der Fördereinrichtung.

Gegeben:

Flüssigkeitsdichte	ρ	$= 1000 \,\mathrm{kg/m^3}$
Rohrdurchmesser	d	$= 100 \,\mathrm{mm}$
Horizontale Rohrlänge	R	$= 500 \,\mathrm{mm}$
Förderhöhe	H	$= 500 \,\mathrm{mm}$
Drehzahl	n	$= 1 \,\mathrm{s^{-1}}$

Abb. 14.2 Gebogenes, rotierendes Rohr, das gefüllt ist, in ein Wasserreservoir eintaucht und eine Flüssigkeitsvolumenstrom fördert

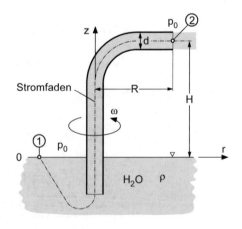

Hinweise:

1. Für ein mit einer reibungsfreien Flüssigkeit durchströmtes, rotierendes Rohr gilt die Bernoulli-Gleichung für rotierende Systeme in der Form

$$\rho g z + p + \frac{\rho}{2} v^2 - \frac{\rho}{2} u^2 = \text{konst.} \tag{14.23}$$

mit der Relativgeschwindigkeit v und der Umfangsgeschwindigkeit u.

2. Der Wirkungsgrad der Fördereinrichtung wird definiert durch das Verhältnis der Nutzleistung durch Anhebung des Wasserstroms zur insgesamt zugeführten Leistung.

Lösung

Lösungsansatz:
Anwendung der Energiebilanz für strömende Systeme.

Lösungsweg:
a) Für einen Stromfaden vom Punkt 1 zu Punkt 2 folgt aus der Bernoulli-Gleichung für rotierende Systeme Gl. (14.23):

$$\rho g z_1 + p_1 + \frac{\rho}{2} v_1^2 - \frac{\rho}{2} u_1^2 = \rho g z_2 + p_2 + \frac{\rho}{2} v_2^2 - \frac{\rho}{2} u_2^2. \tag{14.24}$$

Dabei gilt für die beiden Punkte:

Punkt 1: $z_1 = 0$; $p_1 = p_0$; $u_1 = 0$; $v_1 = 0$
Punkt 2: $z_2 = H$; $p_2 = p_0$; $u_2 = \omega R$

Eingesetzt in Gl. (14.24) folgt die Austrittsgeschwindigkeit aus dem Rohr

$$p_0 = \rho g H + p_0 + \frac{\rho}{2} v_2^2 - \frac{\rho}{2} (2\pi n R)^2 \quad \rightarrow \quad v_2 = \sqrt{(2\pi n R)^2 - 2 g H}$$

$$\rightarrow \quad v_2 = 0{,}244 \, \frac{\text{m}}{\text{s}} \tag{14.25}$$

und daraus der Volumenstrom:

$$\dot{V} = A_{\text{Rohr}} v_2 \quad \rightarrow \quad \dot{V} = \frac{\pi}{4} d^2 \sqrt{(2\pi n R)^2 - 2 g H} \quad \rightarrow \quad \boxed{\dot{V} = 6{,}9 \, \frac{\text{m}^3}{\text{h}}}. \tag{14.26}$$

b) Gemäß der Energiebilanz (Gl. (Lb 14.27)) gilt für die spezifische Arbeit in einem rotierenden System, dass von einer reibungsfreien, inkompressiblen Flüssigkeit durchströmt wird:

$$Y_{12} = \frac{P}{\rho \dot{V}} = \frac{1}{\rho} (p_2 - p_1) + \frac{1}{2} \left(w_2^2 - w_1^2 \right) + g \left(z_2 - z_1 \right)$$

$$\rightarrow \quad Y_{12} = \frac{1}{2} w_2^2 + gH. \tag{14.27}$$

Aufgrund des rechten Winkels zwischen u_2 und v_2 berechnet sich die Absolutgeschwindigkeit durch:

$$w_2^2 = u_2^2 + v_2^2. \tag{14.28}$$

Durch Einsetzen in Gl. (14.27) zusammen mit Gl. (14.25) folgt die spezifische Arbeit:

$$Y_{12} = \frac{1}{2} \left[(2\pi n R)^2 + (2\pi n R)^2 - 2gH \right] + gH = (2\pi n R)^2 . \tag{14.29}$$

Die identische Lösung ergibt sich durch Verwendung der Euler'schen Hauptgleichung (Lb 14.13), da die Umfangskomponente der Absolutgeschwindigkeit gleich der Umfangsgeschwindigkeit u_2 ist. Damit folgt für die zugeführte Leistung:

$$Y_{12} = \frac{P}{\rho \dot{V}} = (2\pi n R)^2 \quad \rightarrow \quad P = \rho \frac{\pi}{4} d^2 (2\pi n R)^2 \sqrt{(2\pi n R)^2 - 2gH}$$

$$\rightarrow \quad \boxed{P = 18{,}9\,\text{W}} . \tag{14.30}$$

c) Die Nutzleistung ergibt sich aus dem Anheben des Wasserstroms um die Höhe H:

$$P_{\text{Nutz}} = \dot{V} \rho g H. \tag{14.31}$$

Für den Förderwirkungsgrad folgt daraus:

$$\eta = \frac{P_{\text{Nutz}}}{P} = \frac{\dot{V} \rho g H}{\dot{V} \rho (2\pi n R)^2} \quad \rightarrow \quad \eta = \frac{gH}{(2\pi n R)^2} \quad \rightarrow \quad \boxed{\eta = 0{,}497} . \tag{14.32}$$

14.4 Förderhöhe und Fördervolumenstrom einer Kreiselpumpe in einer Anlage [1]**

▶ **Thema** Betriebspunkte von Kreiselpumpen

Eine Pumpe, deren Kennlinie durch die Beziehung

$$\Delta p = \Delta p_0 \left(1 - \frac{\dot{V}^2}{\dot{V}_0^2} \right) \tag{14.33}$$

gegeben ist (Δp_0 und $\dot{V}_0$ sind Konstanten, die für die Pumpe bei vorgegebener Drehzahl typisch sind), saugt Flüssigkeit der Dichte ρ aus einem großen Vorratsbehälter an und fördert sie durch getrennte Leitungen zu zwei Verbrauchern. Diese befinden sich in der Höhe H über dem Flüssigkeitsspiegel im Behälter und weisen den gleichen statischen Druck p_0 wie die Gasphase im Vorratsbehälter auf. Die Verbraucherzuleitungen besitzen die Querschnittsflächen A_1 und A_2. Die Reibungsdruckverluste in den Leitungen und alle übrigen Verluste sind durch die Widerstandsbeiwerte ζ_1 und ζ_2 zu berücksichtigen.

a) Berechnen Sie die geförderten Volumenströme $\dot{V}_1$ und $\dot{V}_2$.
b) Ermitteln Sie die von der Pumpe aufzubauende Druckdifferenz.
c) Bestimmen Sie die hierzu erforderliche Pumpleistung P.

Gegeben:

Flüssigkeitsdichte	ρ	$= 1000 \, \text{kg/m}^3$
Förderhöhe	H	$= 45 \, \text{m}$
Querschnittsfläche Rohr 1	A_1	$= 15 \, \text{cm}^2$
Querschnittsfläche Rohr 2	A_2	$= 10 \, \text{cm}^2$
Bezugsvolumenstrom	$\dot{V}_0$	$= 12 \, \text{L/s}$
Anfahrdruckdifferenz	Δp_0	$= 7{,}2 \, \text{bar}$
Widerstandsbeiwert Rohr 1	ζ_1	$= 170$
Widerstandsbeiwert Rohr 2	ζ_2	$= 90$

Lösung

Lösungsansatz:
Berechnung des Schnittpunkts der Pumpen- und der Anlagenkennlinie.

Lösungsweg:
a) Die von der Pumpe aufzubauende Druckdifferenz entspricht dem Druckverlust der Anlage und ergibt sich aus:

$$\Delta p_{\text{Anl}} = \Delta p_{\text{dyn}} + \Delta p_{\text{stat}}. \tag{14.34}$$

Diese Druckdifferenz ist in beiden Leitungen identisch, woraus folgt:

$$\Delta p_{\text{Anl}_1} = \Delta p_{\text{Anl}_2} = \zeta_1 \frac{\rho}{2} \left(\frac{\dot{V}_1}{A_1} \right)^2 + \rho g H = \zeta_2 \frac{\rho}{2} \left(\frac{\dot{V}_2}{A_2} \right)^2 + \rho g H$$

$$\rightarrow \quad \dot{V}_2 = \sqrt{\frac{\zeta_1}{\zeta_2} \frac{A_2}{A_1}} \, \dot{V}_1. \tag{14.35}$$

Die Summe der beiden Volumenströme entspricht dem von der Pumpe geförderten Volumenstrom:

$$\dot{V} = \dot{V}_1 + \dot{V}_2 = \dot{V}_1 \left(1 + \sqrt{\frac{\zeta_1}{\zeta_2} \frac{A_2}{A_1}} \right)$$

$$\rightarrow \quad \dot{V}_1 = \frac{\dot{V}}{1 + \underbrace{\sqrt{\frac{\zeta_1}{\zeta_2} \frac{A_2}{A_1}}}_{m}} = \frac{\dot{V}}{(1 + m)} \quad \text{mit } m = 0{,}916. \tag{14.36}$$

Gleichzeitig ist die von der Pumpe erzeugte Druckdifferenz gleich dem Druckverlust der Anlage:

$$\Delta p_P = \Delta p_0 \left(1 - \frac{\dot{V}^2}{\dot{V}_0^2} \right) = \zeta_1 \frac{\rho}{2} \left(\frac{\dot{V}_1}{A_1} \right)^2 + \rho g H = \zeta_1 \frac{\rho}{2} \left(\frac{\dot{V}}{(1+m) A_1} \right)^2 + \rho g H$$

$$\rightarrow \quad \dot{V}_0^2 - \dot{V}^2 = \frac{\zeta_1 \rho \dot{V}_0^2}{2 \Delta p_0 A_1^2 (1 + m)^2} \dot{V}^2 + \frac{\rho g H \dot{V}_0^2}{\Delta p_0}. \tag{14.37}$$

Hieraus folgt für den geförderten Volumenstrom:

$$\dot{V} = \dot{V}_0 \sqrt{\frac{1 - \frac{\rho g H}{\Delta p_0}}{1 + \frac{\zeta_1 \rho \dot{V}_0^2}{2 \Delta p_0 A_1^2 (1+m)^2}}}. \tag{14.38}$$

Damit ergeben sich die folgenden Volumenströme in den einzelnen Leitungen:

$$\dot{V}_1 = \frac{\dot{V}}{1+m} = \frac{\dot{V}_0}{1+m} \sqrt{\frac{1 - \frac{\rho g H}{\Delta p_0}}{1 + \frac{\zeta_1 \rho \dot{V}_0^2}{2 \Delta p_0 A_1^2 (1+m)^2}}} \quad \rightarrow \quad \dot{V}_1 = \dot{V}_0 \sqrt{\frac{1 - \frac{\rho g H}{\Delta p_0}}{(1+m)^2 + \frac{\zeta_1 \rho \dot{V}_0^2}{2 \Delta p_0 A_1^2}}}$$

$$\rightarrow \quad \boxed{\dot{V}_1 = 2{,}23 \, \frac{\text{L}}{\text{s}}} \tag{14.39}$$

sowie (s Gl. (14.29)). :

$$\dot{V}_2 = \sqrt{\frac{\zeta_1}{\zeta_2} \frac{A_2}{A_1}} \, \dot{V}_1 \quad \rightarrow \quad \boxed{\dot{V}_2 = 2{,}04 \, \frac{\text{L}}{\text{s}}}. \tag{14.40}$$

b) Der Druckverlust lässt sich auf zwei Weisen berechnen. Aus der Pumpenkennlinie folgt:

$$\Delta p = \Delta p_0 \left(1 - \frac{\dot{V}^2}{\dot{V}_0^2} \right) \quad \rightarrow \quad \Delta p = \Delta p_0 \left(1 - \frac{1 - \frac{\rho g H}{\Delta p_0}}{1 + \frac{\zeta_1 \rho \dot{V}_0^2}{2 \Delta p_0 A_1^2 (1+m)^2}} \right). \tag{14.41}$$

Aus der Anlagenkennlinie ergibt sich alternativ:

$$\Delta p_{\text{Anl}_1} = \zeta_1 \frac{\rho}{2} \left(\frac{\dot{V}_1}{A_1} \right)^2 + \rho g H$$

$$\rightarrow \quad \Delta p_{\text{Anl}_1} = \zeta_1 \frac{\rho}{2} \frac{\dot{V}_0^2}{A_1^2} \frac{1 - \frac{\rho g H}{\Delta p_0}}{(1+m)^2 + \frac{\zeta_1 \rho \dot{V}_0^2}{2 \Delta p_0 A_1^2}} + \rho g H$$

$$\rightarrow \quad \Delta p_{\text{Anl}_1} = \frac{\frac{\zeta_1 \rho \dot{V}_0^2}{2\,A_1^2(1+m)^2} - \rho g H \left(\frac{\zeta_1 \rho \dot{V}_0^2}{2 \Delta p_0 A_1^2(1+m)^2} \right)}{1 + \frac{\zeta_1 \rho \dot{V}_0^2}{2 \Delta p_0 A_1^2(1+m)^2}} + \frac{\rho g H + \rho g H \left(\frac{\zeta_1 \rho \dot{V}_0^2}{2 \Delta p_0 A_1^2(1+m)^2} \right)}{1 + \frac{\zeta_1 \rho \dot{V}_0^2}{2 \Delta p_0 A_1^2(1+m)^2}}$$

$$\rightarrow \quad \Delta p_{\text{Anl}_1} = \frac{\frac{\zeta_1 \rho \dot{V}_0^2}{2\,A_1^2(1+m)^2} + \rho g H}{1 + \frac{\zeta_1 \rho \dot{V}_0^2}{2 \Delta p_0 A_1^2(1+m)^2}} = \Delta p_0 \frac{\frac{\zeta_1 \rho \dot{V}_0^2}{2 \Delta p_0 A_1^2(1+m)^2} + \frac{\rho g H}{\Delta p_0}}{1 + \frac{\zeta_1 \rho \dot{V}_0^2}{2 \Delta p_0 A_1^2(1+m)^2}}. \tag{14.42}$$

Die Erweiterung des Zählers mit eins führt zu:

$$\Delta p_{\text{Anl}_1} = \Delta p_0 \frac{\left(1 + \frac{\zeta_1 \rho \dot{V}_0^2}{2 \Delta p_0 A_1^2(1+m)^2} - 1 + \frac{\rho g H}{\Delta p_0} \right)}{1 + \frac{\zeta_1 \rho \dot{V}_0^2}{2 \Delta p_0 A_1^2(1+m)^2}}$$

$$\rightarrow \quad \Delta p_{\text{Anl}_1} = \Delta p_0 \left(1 - \frac{1 - \frac{\rho g H}{\Delta p_0}}{1 + \frac{\zeta_1 \rho \dot{V}_0^2}{2 \Delta p_0 A_1^2(1+m)^2}} \right). \tag{14.43}$$

Dies stellt das identische Ergebnis wie Gl. (14.41) dar. Als Zahlenwert ergibt sich:

$$\boxed{\Delta p = 6{,}29\,\text{bar}}. \tag{14.44}$$

c) Die erforderliche Pumpenleistung resultiert aus der Beziehung:

$$P = \Delta p \left(\dot{V}_1 + \dot{V}_2 \right) \quad \rightarrow \quad \boxed{P = 2{,}68\,\text{kW}}. \tag{14.45}$$

14.5 Ermittlung des Betriebspunkts einschließlich der zugehörigen Kenndaten einer Kreiselpumpe [3]**

▶   **Thema** Betriebspunkte von Kreiselpumpen

Für eine Kreiselpumpe wurden mit Wasser die in Tab. 14.1 aufgeführten Daten der Kennlinie gemessen.

Tab. 14.1 Punkte auf der Kennlinie einer Kreiselpumpe

Volumenstrom $\dot{V}_x$ in m³/h	0	30	50	70	100	120
Förderhöhe H_{P_x} in m	34	35,5	34,5	32,5	28	24

Die Anlagenkennlinie ergibt sich aus einem Höhenunterschied zwischen Unter- und Oberwasserspiegel von 24 m, wobei die Drücke an beiden Stellen identisch und die Geschwindigkeiten vernachlässigbar klein sind. Der alle Einzelwiderstände beinhaltende Gesamtwiderstandsbeiwert beträgt 6,27 für die Rohrleitung von 100 mm Durchmesser.

Im Rahmen der Auslegung sollen folgende Größen berechnet werden:

a) Förderstrom und -höhe für den sich einstellenden Betriebspunkt,
b) Verlust- und Gesamtförderhöhe, die von der Pumpe zu überwinden sind,
c) notwendige Antriebsleistung bei geschätzt 78 % Wirkungsgrad,
d) Verlustleistung der Rohrleitung.

Gegeben:

Flüssigkeitsdichte $\rho = 1000\,\mathrm{kg/m^3}$

Lösung

Lösungsansatz:
Bestimmung der Anlagen- und der Pumpenkennlinie zur Ermittlung des Betriebspunkts.

Lösungsweg:
a) Die Anlagenkennlinie berechnet sich gemäß Gl. (Lb 14.46):

$$H_{\mathrm{Anl}} = \frac{Y_{\mathrm{Anl}}}{g} = \underbrace{\frac{p_{OW} - p_{UW}}{\rho g} + z_{OW} - z_{UW}}_{\text{statische Höhe } H_{\mathrm{stat}}} + \underbrace{\frac{w_{OW}^2 - w_{UW}^2}{2\,g} + H_{\mathrm{Verl}}}_{\text{dynamische Höhe } H_{\mathrm{dyn}}}. \qquad (14.46)$$

Die statische Höhe ergibt sich im vorliegenden Fall als:

$$H_{\mathrm{stat}} = z_{OW} - z_{UW} = 24\,m. \qquad (14.47)$$

Für die dynamische Höhe gilt:

$$H_{\mathrm{dyn}} = \frac{w_{OW}^2 - w_{UW}^2}{2\,g} + H_{\mathrm{Verl}} = \zeta_E \frac{1}{2\,g} \left(\frac{\dot{V}_x}{\frac{\pi}{4}d^2} \right)^2$$

$$\rightarrow \quad H_{\mathrm{dyn}} = \frac{8}{\pi^2} \frac{\zeta_E}{g\,d^4} \dot{V}_x^2. \qquad (14.48)$$

Abb. 14.3 Kennlinien der
Pumpe und der Anlage

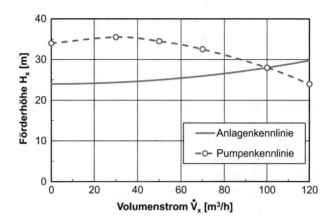

Aus der Auftragung der Kennlinien der Pumpe und der Anlage (s. Abb. 14.3) ergeben sich für den Betriebspunkt folgende Daten:

$$\boxed{\dot{V}_B = 100\,\frac{\text{m}^3}{\text{h}}} \quad \text{und} \quad \boxed{H_B = 28\,\text{m}}. \tag{14.49}$$

b) Die Verlusthöhe entspricht der dynamischen Höhe:

$$H_{\text{Verl}} = H_{\text{dyn}} = \frac{8}{\pi^2}\frac{\zeta_E}{g\,d^4}\dot{V}_x^2 \quad \rightarrow \quad \boxed{H_{\text{dyn}} = 4\,\text{m}}. \tag{14.50}$$

Zur Überprüfung wird die Übereinstimmung der Anlagenförderhöhe gemäß Gl. (14.46) mit der Förderhöhe am Betriebspunkt berechnet:

$$H_{\text{Anl}} = H_{\text{stat}} + H_{\text{dyn}} \quad \rightarrow \quad \boxed{H_{\text{Anl}} = 28\,\text{m} = H_B}. \tag{14.51}$$

c) Die Antriebsleistung ergibt sich aus:

$$P_{\text{Antrieb}} = \frac{P_{\text{nutz}}}{\eta} = \frac{\dot{V}_B\,\rho g\,H_{\text{Anl}}}{\eta} \quad \rightarrow \quad \boxed{P_{\text{Antrieb}} = 9{,}78\,\text{kW}}. \tag{14.52}$$

d) Die Rohrleitungsverluste berechnen sich gemäß:

$$P_{\text{Verl}} = \dot{V}_B\,\rho g\,H_{\text{dyn}} \quad \rightarrow \quad \boxed{P_{\text{Verl}} = 1{,}09\,\text{kW}}. \tag{14.53}$$

14.6   Ermittlung der maximalen Saughöhe einer Anlage für eine Kreiselpumpe[*]

▶ **Thema** Kavitation und Haltedruckhöhe

Innerhalb einer Anlage soll die Aufstellung einer Kreiselpumpe überprüft werden. Die Flüssigkeit wird aus einem Vorratsbehälter abgezogen, der unter einem Druck p_{UW} von 1 bar steht. Die Rohrleitung zwischen Vorratsbehälter und Pumpe mit einem Durchmesser von 100 mm und einer Länge von 10 m besitzt eine bezogene Rauigkeit k/d von $2 \cdot 10^{-4}$. Durch Umlenkungen und Einbauten ergibt sich ein Widerstand ζ_E von 4,8. Die Pumpe wird mit einer Drehzahl von $48\,\mathrm{s}^{-1}$ bei einer Geschwindigkeit im Saugstutzen w_{saug} von 2 m/s betrieben.

Für zwei unterschiedliche Temperaturen der Flüssigkeit sind die maximal zulässigen Saughöhen der Anlage zu bestimmen.

Gegeben:

Temperatur	$\vartheta_1 = 15\,°\mathrm{C}$	$\vartheta_2 = 60\,°\mathrm{C}$	
Flüssigkeitsdichte	$\rho_1 = 999\,\mathrm{kg/m^3}$	$\rho_2 = 983{,}1\,\mathrm{kg/m^3}$	
Flüssigkeitsviskosität	$\nu_1 = 1{,}47 \cdot 10^{-6}\,\mathrm{m^2/s}$	$\nu_2 = 4{,}75 \cdot 10^{-7}\,\mathrm{m^2/s}$	
Sättigungsdampfdruck	$p_{S1} = 1707\,\mathrm{Pa}$	$p_{S2} = 19.920\,\mathrm{Pa}$	

Hinweis:

Die Mindestzulaufhöhe der Pumpe lässt sich mit der Beziehung

$$H_{Hp} = \frac{3}{g}\left(n^2\,\dot{V}\right)^{2/3} \tag{14.54}$$

berechnen.

Lösung

Lösungsansatz:
Nutzung der Beziehung zur Berechnung der maximalen Saughöhe

Lösungsweg:
Die maximale Saughöhe berechnet sich gemäß Gl. (Lb 14.59):

$$H_{S_{\max}} = H_{S_{\max,th}} - H_{Hp} = \frac{p_{UW} - p_S}{g\rho} + \frac{1}{2}\frac{w_{UW}^2}{g} - H_{\mathrm{Verl}} - H_{Hp}. \tag{14.55}$$

Für die Rohrleitungsverluste gilt:

$$H_{\text{Verl}} = \frac{\Delta p_{RL}}{\rho g} = \frac{\overline{w}_{\text{saug}}^2}{2\,g}\left(\zeta\frac{L}{d} + \zeta_E\right). \tag{14.56}$$

Der Widerstandsbeiwert zur Berechnung der Reibungsverluste ergibt sich aufgrund der Reynoldszahl

$$Re = \frac{\overline{w}_{\text{saug}}d}{\nu} \quad \rightarrow \quad Re = 1{,}36 \cdot 10^5. \tag{14.57}$$

und der vorliegenden Rohrrauigkeit k/d aus dem Moody-Diagramm (s. Abb. Lb 5.8):

$$\zeta = 0{,}017. \tag{14.58}$$

Daraus folgt gemäß Gl. (14.56) die Verlusthöhe:

$$H_{\text{Verl}} = 1{,}33\,\text{m}. \tag{14.59}$$

Für die Mindestzulaufhöhe gilt gemäß Hinweis der Zusammenhang:

$$H_{H_P} = \frac{3}{g}\left(n^2\,\dot{V}\right)^{2/3} \quad \rightarrow \quad H_{H_P} = 3{,}35\,\text{m}. \tag{14.60}$$

Nach Gl. (14.55) resultiert daraus eine maximale Saughöhe von:

$$\boxed{H_{S_{\text{max}}} = 5{,}36\,\text{m}}. \tag{14.61}$$

Die analoge Rechnung durchgeführt für eine Temperatur von 60 °C führt zu folgenden Werten:

$$Re = 4{,}21 \cdot 10^5 \quad \rightarrow \quad \zeta = 0{,}016 \quad \rightarrow \quad H_{\text{Verl}} = 1{,}30\,\text{m}. \tag{14.62}$$

Die Mindestzulaufhöhe der Pumpe ändert sich infolge der Temperaturänderung nicht. Damit berechnet sich die maximale Saughöhe:

$$\boxed{H_{S_{\text{max}}} = 3{,}66\,\text{m}}. \tag{14.63}$$

Insbesondere der erhöhte Sättigungsdampfdruck führt zu einer deutlichen Abnahme der maximalen Saughöhe.

14.7 Auswahl und Charakterisierung einer Kreiselpumpe**

▶   **Thema** Dimensionslose Kennzahlen sowie Kavitation und Haltedruckhöhe

Für eine Produktionsanlage soll eine Kreiselpumpe dimensioniert werden. Geplant ist die Aufstellung der Pumpe auf einer Bühne 4 m oberhalb des Flüssigkeitsspiegels im Vorlagebehälter. Die Pumpendrehzahl soll $48\,\text{s}^{-1}$ betragen.

Für die Auslegung sollen folgende Größen bestimmt bzw. berechnet werden:

a) Pumpenart und Laufradaußendurchmesser,
b) Leistung,
c) maximale Saughöhe,
d) maximale Saughöhe bei einem Druck p_{UW} von 2,5 bar,
e) Volumenstrom, Förderhöhe und Leistung, wenn nur ein Motor mit $n = 24\,\text{s}^{-1}$ verfügbar ist.

Gegeben:

Flüssigkeitsdichte	ρ	$= 1000\,\text{kg/m}^3$
Flüssigkeitsviskosität	ν	$= 10^{-6}\,\text{m}^2/\text{s}$
Dampfdruck	p_S	$= 1226\,\text{Pa}$
Förderhöhe	H	$= 70\,\text{m}$
Rohrlänge	L	$= 10\,\text{m}$
Rohrdurchmesser	d	$= 0,2\,\text{m}$
Rohrrauigkeit	k	$= 0,02\,\text{mm}$
Widerstandsbeiwert Rohrleitungseinbauten	ζ_E	$= 5,6$
Volumenstrom	$\dot{V}$	$= 25\,\text{L/s}$
Behälterinnendruck	p_{UW}	$= 1\,\text{bar}$

Hinweis:

Die Mindestzulaufhöhe der Pumpe lässt sich mit der Beziehung

$$H_{Hp} = \frac{3}{g}\left(n^2\,\dot{V}\right)^{2/3} \tag{14.64}$$

berechnen.

Lösung

Lösungsansatz:
Nutzung des Cordier-Diagramms, der Beziehung zur Berechnung der maximalen Saughöhe sowie der Affinitätsgesetze

Lösungsweg:

a) Die Laufzahl berechnet sich gemäß Gl. (Lb 14.72):

$$\sigma = \frac{2n\sqrt{\pi\dot{V}}}{(2Y)^{3/4}} = \frac{2n\sqrt{\pi\dot{V}}}{(2gH)^{3/4}} \quad \rightarrow \quad \sigma = 0{,}119. \tag{14.65}$$

Aus dem Cordier-Diagramm (Abb. Lb 14.25) resultiert hieraus eine Radialkreiselpumpe als optimale Pumpenart. Ebenfalls aus dem Cordier-Diagramm folgt die optimale Durchmesserzahl:

$$\delta_{\text{opt}} = 7{,}6. \tag{14.66}$$

Mit der Durchmesserzahl lässt sich gemäß Gl. (Lb 14.67) der Außendurchmesser festlegen:

$$D_2 = \delta_{\text{opt}}\frac{2}{\sqrt{\pi}}\frac{\dot{V}^{1/2}}{(2Y)^{1/4}} = \delta_{\text{opt}}\frac{2}{\sqrt{\pi}}\frac{\dot{V}^{1/2}}{(2gH)^{1/4}} \quad \rightarrow \quad \boxed{D_2 = 223\,\text{mm}}. \tag{14.67}$$

b) Die Nutzleistung ergibt sich aus:

$$P_{\text{Nutz}} = \dot{V}\Delta p = V\rho gH \quad \rightarrow \quad \boxed{P_{\text{Nutz}} = 17{,}2\,\text{kW}}. \tag{14.68}$$

c) Die maximale Saughöhe berechnet sich nach Gl. (Lb 14.59):

$$H_{S_{\text{max}}} = \frac{p_{UW} - p_S}{g\rho} + \frac{1}{2}\frac{w_{UW}^2}{g} - H_{\text{Verl}} - H_{H_P}. \tag{14.69}$$

Für die Rohrleitungsverluste gilt:

$$H_{\text{Verl}} = \frac{\Delta p_{RL}}{\rho g} = \frac{\overline{w}_{\text{saug}}^2}{2g}\left(\zeta\frac{L}{d} + \zeta_E\right). \tag{14.70}$$

Der Widerstandsbeiwert zur Berechnung der Reibungsverluste ergibt sich aufgrund der Reynoldszahl

$$Re = \frac{\overline{w}d}{\nu} = \frac{\dot{V}}{\frac{\pi}{4}d^2}\frac{d}{\nu} \quad \rightarrow \quad Re = 1{,}59\cdot10^5. \tag{14.71}$$

und der Rohrrauigkeit aus dem Moody-Diagramm (s. Abb. Lb 5.8):

$$\zeta = 0{,}016. \tag{14.72}$$

Daraus folgt gemäß Gl. (14.70) die Verlusthöhe:

$$H_{\text{Verl}} = 0{,}207\,\text{m}. \tag{14.73}$$

Für die Mindestzulaufhöhe gilt gemäß Hinweis der Zusammenhang:

$$H_{Hp} = \frac{3}{g}(n^2 \dot{V})^{2/3} \quad \rightarrow \quad H_{Hp} = 4{,}56\,\text{m}. \tag{14.74}$$

Nach Gl. (14.69) resultiert daraus eine maximale Saughöhe von:

$$\boxed{H_{S_{\text{max}}} = 5{,}3\,\text{m}}. \tag{14.75}$$

d) Infolge des erhöhten Unterwasserdrucks vergrößert sich die maximale Saughöhe:

$$\boxed{H_{S_{\text{max}}} = 20{,}6\,\text{m}}. \tag{14.76}$$

e) Die infolge der anderen Drehzahl auftretenden veränderten Betriebsparameter lassen sich mit den Affinitätsgesetzen (s. Gl. Lb 14.68) berechnen:

$$\frac{\dot{V}_1}{\dot{V}_2} = \frac{n_1}{n_2} \quad \rightarrow \quad \dot{V}_2 = \frac{n_2}{n_1}\dot{V}_1 \quad \rightarrow \quad \boxed{\dot{V}_2 = 12{,}5\,\frac{\text{L}}{\text{s}}}. \tag{14.77}$$

$$\frac{Y_1}{Y_2} = \frac{n_1^2}{n_2^2} \quad \rightarrow \quad H_2 = \frac{n_2^2}{n_1^2}H_1 \quad \rightarrow \quad \boxed{H_2 = 17{,}5\,\text{m}}. \tag{14.78}$$

$$\frac{P_1}{P_2} = \frac{n_1^3}{n_2^3} \quad \rightarrow \quad P_2 = \frac{n_2^3}{n_1^3}P_1 \quad \rightarrow \quad \boxed{P_2 = 2{,}15\,\text{kW}}. \tag{14.79}$$

14.8   Ermittlung der Betriebsdaten einer geometrisch ähnlichen Pumpe[*]

▶   **Thema** Ähnlichkeitsbeziehungen

Eine Radialpumpe besitze folgende Betriebsdaten: $\dot{V} = 100\,\text{m}^3/\text{h}$, $Y = 500\,\text{J/kg}$ und $P = 17{,}5\,\text{kW}$. Es soll eine geometrisch ähnliche Pumpe, die mit einem um 25 % größeren Laufraddurchmesser bei einer um 50 % geringeren Drehzahl arbeitet, mit dem gleichen Medium betrieben werden.

Bestimmen Sie die Betriebsdaten $\dot{V}$, Y und P der geometrisch ähnlichen Pumpe.

Lösung

Lösungsansatz:
Anwendung der Ähnlichkeitsbeziehungen

Lösungsweg:
Die Ähnlichkeitsbeziehung für den Volumenstrom lautet (Gl. (Lb 14.67)):

$$\frac{\dot{V}}{\dot{V}_M} = \frac{nD^3}{n_M D_M^3} \quad \rightarrow \quad \dot{V} = \frac{nD^3}{n_M D_M^3} \dot{V}_M \quad \rightarrow \quad \boxed{\dot{V} = 97{,}7 \, \frac{\text{m}^3}{\text{h}}}. \qquad (14.80)$$

Das Ähnlichkeitsgesetz für die spezifische Arbeit besagt (Gl. (Lb 14.67)):

$$\frac{Y}{Y_M} = \frac{n^2 D^2}{n_M^2 D_M^2} \quad \rightarrow \quad Y = \frac{n^2 D^2}{n_M^2 D_M^2} Y_M \quad \rightarrow \quad \boxed{Y = 195 \, \frac{\text{J}}{\text{kg}}}. \qquad (14.81)$$

Die Leistung berechnet sich gemäß Gl. (Lb 14.67):

$$\frac{P}{P_M} = \frac{\rho n^3 D^5}{\rho n_M^3 D_M^5} \quad \rightarrow \quad P = \frac{\rho n^3 D^5}{\rho n_M^3 D_M^5} P_M \quad \rightarrow \quad \boxed{P = 6{,}68 \, \text{kW}}. \qquad (14.82)$$

14.9   Charakterisierung einer Pumpe für Modellversuche (angelehnt an [2])[*]

▶   **Thema**   Dimensionslose Kennzahlen

Für ein Pumpspeicherwerk ist eine Pumpenturbine mit den in Tab. 14.2 aufgeführten Kenndaten vorgesehen.

Der Laufraddurchmesser D_2 beträgt 3010 mm. Für die Modellversuche, die auch mit Wasser durchgeführt werden, mit $D_{2_M} = 490$ mm steht eine maximale Antriebsleistung von 1,5 MW zur Verfügung.

a) Bestimmen Sie die maximal mögliche Modelldrehzahl.
b) Berechnen Sie Förderhöhe, -volumenstrom und -leistung bei einer Drehzahl der Modellpumpe von $n_M = 31{,}67 \, \text{s}^{-1}$.

Lösung

Lösungsansatz:
Anwendung der Affinitätsgesetze

Tab. 14.2 Kenndaten der Pumpenturbine

Volumenstrom $\dot{V}_x$	25,7 m³/h
Förderhöhe H_{P_x}	289,5 m
Leistung P	78,9 MW
Drehzahl n	8,33 s⁻¹

Lösungsweg:

a) Die Ähnlichkeitsbeziehung für die Leistung lautet (Gl. (Lb 14.67)):

$$\frac{P}{P_M} = \frac{\rho n^3 D^5}{\rho_M n_M^3 D_M^5} \quad \rightarrow \quad n_M = n^3 \left(\frac{D}{D_M}\right)^{5/3} \left(\frac{P_M}{P}\right)^{1/3}$$

$$\rightarrow \quad \boxed{n_{M_{max}} = 45{,}8 \frac{1}{s}}. \tag{14.83}$$

b) Für den Volumenstrom gilt das Affinitätsgesetz (Gl. (Lb 14.67)):

$$\frac{\dot{V}}{\dot{V}_M} = \frac{n D^3}{n_M D_M^3} \quad \rightarrow \quad \dot{V}_M = \frac{n_M D_M^3}{n D^3} \dot{V} \quad \rightarrow \quad \boxed{\dot{V} = 0{,}422 \frac{m^3}{h}}. \tag{14.84}$$

Das Ähnlichkeitsgesetz für die spezifische Arbeit besagt (Gl. (Lb 14.67)):

$$\frac{Y}{Y_M} = \frac{n^2 D^2}{n_M^2 D_M^2} \quad \rightarrow \quad H_M = \frac{n_M^2 D_M^2}{n^2 D^2} H \quad \rightarrow \quad \boxed{H_M = 111\,m}. \tag{14.85}$$

Die Leistung berechnet sich gemäß Gl. (Lb 14.67):

$$\frac{P}{P_M} = \frac{\rho n^3 D^5}{\rho_M n_M^3 D_M^5} \quad \rightarrow \quad P_M = \frac{n_M^3 D_M^5}{n^3 D^5} P \quad \rightarrow \quad \boxed{P_M = 496\,W}. \tag{14.86}$$

14.10 Ermittlung von Laufradform und -durchmesser einer Kreiselpumpe (angelehnt an [2])[**]

▶ **Thema** Dimensionslose Kennzahlen

Ein Pumpenlaufrad soll für folgende Betriebsdaten entworfen werden: $\dot{V} = 0{,}08\,m^3/s$, $H = 60\,m$ und $n = 24{,}5\,s^{-1}$.

a) Ermitteln Sie die Lauf- und Durchmesserzahl.
b) Legen Sie Laufradform und -durchmesser fest.
c) Bestimmen Sie die Geschwindigkeitsdreiecke am Ein- und Austritt des Laufrads.

Gegeben:

Innendurchmesser	$D_1 = 0{,}17\,m$	
Schaufelbreiten	$B_1 = 48\,mm$	$B_2 = 32\,mm$
Verengungsfaktoren	$k_1 = 1{,}18$	$k_2 = 1{,}33$
Minderleistungsfaktor	$k_m = 0{,}775$	

Hinweise:

1. Das Laufrad weist eine drallfreie Zuströmung auf.
2. Der zu erwartende Wirkungsgrad der Pumpe beträgt 82 %.

Lösung

Lösungsansatz:
Nutzung des Cordier-Diagramms und der Euler'schen Hauptgleichung

Lösungsweg:
a) Die Laufzahl berechnet sich gemäß Gl. (Lb 14.72):

$$\sigma = \frac{2n\sqrt{\pi\dot{V}}}{(2Y)^{3/4}} = \frac{2n\sqrt{\pi\dot{V}}}{(2\,gH)^{3/4}} \quad \rightarrow \quad \sigma = 0{,}122. \tag{14.87}$$

Aus dem Cordier-Diagramm (Abb. Lb 14.25) folgt hieraus eine optimale Durchmesserzahl:

$$\boxed{\delta_{\text{opt}} = 7{,}6}. \tag{14.88}$$

b) Aus dem Cordier-Diagramm resultiert weiterhin, dass eine Radialpumpe verwendet werden sollte. Mit der Durchmesserzahl lässt sich unter Verwendung von Gl. (Lb 14.67) der Außendurchmesser festlegen:

$$D_2 = \delta_{\text{opt}}\frac{2}{\sqrt{\pi}}\frac{\dot{V}^{1/2}}{(2Y)^{1/4}} = \delta_{\text{opt}}\frac{2}{\sqrt{\pi}}\frac{\dot{V}^{1/2}}{(2\,gH)^{1/4}} \quad \rightarrow \quad \boxed{D_2 = 414\,\text{mm}}. \tag{14.89}$$

c) Die Umfangsgeschwindigkeit am Laufradeintritt ergibt sich aus:

$$u_1 = \pi n D_1 \quad \rightarrow \quad \boxed{u_1 = 13{,}1\,\frac{\text{m}}{\text{s}}}. \tag{14.90}$$

Die Meridiankomponente der Absolutgeschwindigkeit, die aufgrund der Drallfreiheit gleich der Absolutgeschwindigkeit sowie der Meridiankomponente der Relativgeschwindigkeit ist (s. Abb. 14.4), berechnet sich über die Kontinuitätsbeziehung aus dem Volumenstrom

$$w_{1m} = w_1 = v_{1_m} = \frac{\dot{V}}{\pi D_1 B_1}k_1 \quad \rightarrow \quad \boxed{w_1 = 3{,}68\,\frac{\text{m}}{\text{s}}}. \tag{14.91}$$

Geschwindigkeitsplan am Eintritt (Punkt 1)   Geschwindigkeitsplan am Austritt (Punkt 2)

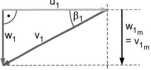 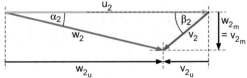

Abb. 14.4 Geschwindigkeitsdreiecke am Ein- und Austritt des Laufrads

Die Relativgeschwindigkeit lässt sich aufgrund des rechten Winkels zwischen Umfangs-
und Absolutgeschwindigkeit bestimmen durch:

$$v_1 = \sqrt{u_1^2 + w_1^2} \quad \rightarrow \quad \boxed{v_1 = 13{,}6\,\frac{\mathrm{m}}{\mathrm{s}}}. \tag{14.92}$$

Für den Einströmwinkel gilt:

$$\tan \beta_1 = \frac{w_1}{u_1} \quad \rightarrow \quad \beta_1 = \arctan \frac{w_1}{u_1} \quad \rightarrow \quad \boxed{\beta_1 = 15{,}7^\circ}. \tag{14.93}$$

Die Umfangsgeschwindigkeit am Laufradaustritt ergibt sich aus:

$$u_2 = \pi n D_2 \quad \rightarrow \quad \boxed{u_2 = 31{,}9\,\frac{\mathrm{m}}{\mathrm{s}}}. \tag{14.94}$$

Die Meridiankomponente der Absolut- und der Relativgeschwindigkeit berechnet sich
über die Kontinuitätsbeziehung aus dem Volumenstrom:

$$w_{2m} = v_{2m} = \frac{\dot{V}}{\pi D_2 B_2} k_2 \quad \rightarrow \quad w_{2m} = v_{2m} = 2{,}56\,\frac{\mathrm{m}}{\mathrm{s}}. \tag{14.95}$$

Die Umfangskomponente der Absolutgeschwindigkeit lässt sich aus der theoretischen
spezifischen Arbeit über die Euler'sche Hauptgleichung ermitteln, für die aufgrund der
Drallfreiheit gilt:

$$Y_{Sch_\infty} = u_2 w_{2_u}. \tag{14.96}$$

Die tatsächliche Schaufelarbeit ist demgegenüber durch den Minderleistungsfaktor und
den Pumpenwirkungsgrad vermindert:

$$Y = gH = k_m \eta Y_{Sch_\infty} = k_m \eta u_2 w_{2_u} \quad \rightarrow \quad w_{2_u} = \frac{gH}{k_m \eta u_2}$$

$$\rightarrow \quad w_{2_u} = 29{,}1\,\frac{\mathrm{m}}{\mathrm{s}}. \tag{14.97}$$

Damit lässt sich der Austrittswinkel berechnen:

$$\tan\beta_2 = \frac{w_{2m}}{u_2 - w_{2_u}} \quad\rightarrow\quad \beta_2 = \arctan\left(\frac{w_{2m}}{u_2 - w_{2_u}}\right) \quad\rightarrow\quad \boxed{\beta_2 = 42{,}3°}. \quad (14.98)$$

Die Absolutgeschwindigkeit ergibt sich aus den Komponenten:

$$w_2 = \sqrt{w_{2_u}^2 + w_{2_m}^2} \quad\rightarrow\quad \boxed{w_2 = 29{,}2\,\frac{\text{m}}{\text{s}}}. \quad (14.99)$$

Analog berechnet sich die Relativgeschwindigkeit:

$$v_2 = \sqrt{v_{2_u}^2 + v_{2_m}^2} = \sqrt{(u_2 - w_{2_u})^2 + v_{2_m}^2} \quad\rightarrow\quad \boxed{v_2 = 3{,}8\,\frac{\text{m}}{\text{s}}}. \quad (14.100)$$

Der Winkel α_2 zwischen Umfangsgeschwindigkeit und Absolutgeschwindigkeit folgt aus:

$$\tan\alpha_2 = \frac{w_{2m}}{w_{2u}} \quad\rightarrow\quad \alpha_2 = \arctan\frac{w_{2m}}{w_{2u}} \quad\rightarrow\quad \boxed{\alpha_2 = 5{,}03°}. \quad (14.101)$$

Literatur

1. Becker E, Piltz E (1971) Übungen zur technischen Strömungslehre. B.G. Teubner, Stuttgart
2. Menny K (2006) Strömungsmaschinen – Hydraulische und thermische Kraft- und Arbeitsmaschinen, 5. Aufl. B.G. Teubner, GWV Fachverlage, Wiesbaden
3. Sigloch H (2006) Strömungsmaschinen – Grundlagen und Anwendungen, 3. Aufl. Hanser, München Wien

Wirbelschichtapparate

15

Zentraler Inhalt des Kapitels ist die quantitative Beschreibung des Betriebsverhaltens von Wirbelschichtapparaten. Zu deren Auslegung gehört die Bestimmung der wesentlichen Betriebsgrößen Druckverlust, Lockerungsgeschwindigkeit und Expansionsverhalten. Zusätzlich muss der Betriebszustand bestimmt werden. Weiterhin sind der Wärme- und Stoffübergang zwischen Fluid und Partikeln zu quantifizieren.

15.1 Auslegung eines kontinuierlichen Wirbelschichttrockners [1]**

▶ **Thema** Druckverlustcharakteristik

In einem kontinuierlich betriebenen Trockner soll ein Feststoffmassenstrom von 10.000 kg/h mit einer Dichte von 2580 kg/m³ getrocknet werden. Für diesen Prozess werden $2{,}16 \cdot 10^4$ kg/h Gas mit einer Dichte bei Wirbelschichttemperatur von 0,7 kg/m³ verwendet. Die Verweilzeit des Feststoffs im Trockner beträgt eine Stunde. Versuche haben gezeigt, dass die Lockerungsgeschwindigkeit bei 0,15 m/s liegt und dass ein inakzeptabler Austrag des Feststoffs auftritt, wenn die Gasleerrohrgeschwindigkeit 1,8 m/s überschreitet. Der Lückengrad am Lockerungspunkt beträgt 38 %.

a) Berechnen Sie den Druckverlust und die notwendige Gebläseleistung für eine Bauweise von $H = D$. Liegt die Gasleerrohrgeschwindigkeit außerhalb des zulässigen Betriebsbereichs, muss der Apparatedurchmesser angepasst werden, damit die maximale Gasgeschwindigkeit nicht überschritten wird. In diesem Fall müssten ebenfalls der Druckverlust und die Gebläseleistung ermittelt werden.

Elektronisches Zusatzmaterial Die Online-Version dieses Kapitels (https://doi.org/10.1007/978-3-662-60393-2_15) enthält Zusatzmaterial, das für autorisierte Nutzer zugänglich ist.

b) Bestimmen Sie die Gasleerrohrgeschwindigkeit für den Fall, dass für das Gebläse eine maximale Leistung von 80 KW festliegt. Überprüfen Sie, ob sich in diesem Fall die Gasgeschwindigkeit innerhalb des Betriebsbereichs befindet.

Hinweise:

1. Als Höhe der Wirbelschicht kann vereinfachend die Höhe am Lockerungspunkt verwendet werden. Insbesondere wegen möglicher Gasblasenbildung innerhalb der Wirbelschicht kann der tatsächliche Zusammenhang zwischen Bettausdehnung und Gasgeschwindigkeit nur experimentell ermittelt werden.
2. Neben dem Druckverlust der Wirbelschicht muss für die Gebläseauslegung noch derjenige des Gasverteilers berücksichtigt werden. Dieser muss ausreichend groß sein, um eine gleichmäßige Verteilung des Gases über den Querschnitt sicherzustellen. Hier soll mit einem Wert von 35 mbar gerechnet werden.
3. Die Gebläseleistung berechnet sich aus dem Produkt aus der gesamten Druckdifferenz und dem Gasvolumenstrom.

Lösung

Lösungsansatz:
Anwendung der Beziehung zur Berechnung des Druckverlusts unter Variation der jeweiligen geometrischen Bedingungen.

Lösungsweg:
a) Die im Trockner befindliche Masse berechnet sich gemäß:

$$M_s = \dot{M}_s \tau \quad \rightarrow \quad M_s = 10^4 \, \text{kg}. \tag{15.1}$$

Hieraus ergibt sich das gesamte Schüttungsvolumen:

$$V_{\text{Schüttung}} = \frac{M_s}{(1 - \varepsilon)\,\rho_s} \quad \rightarrow \quad V_{\text{Schüttung}} = 6{,}3 \, \text{m}^3. \tag{15.2}$$

Bei $H = D$ ergibt sich der Apparatedurchmesser:

$$V_{\text{Schüttung}} = \frac{\pi}{4} D^3 \quad \rightarrow \quad D = \sqrt[3]{\frac{4}{\pi} V_{\text{Schüttung}}} \quad \rightarrow \quad D = 2 \, \text{m}. \tag{15.3}$$

Daraus resultiert eine Gasleerrohrgeschwindigkeit von:

$$v_g = \frac{\dot{M}_g}{\rho_g \frac{\pi}{4} D^2} \quad \rightarrow \quad v_g = 2{,}74 \, \frac{\text{m}}{\text{s}}. \tag{15.4}$$

Der durch die Wirbelschicht verursachte Druckverlust berechnet sich nach Gl. (Lb 15.1):

$$\Delta p_{WS} = \frac{F_G - F_A}{A} = \frac{V_s \left(\rho_s - \rho_g\right) g}{A} = \frac{M_s g}{A} \left(1 - \frac{\rho_g}{\rho_s}\right)$$

$$\rightarrow \quad \Delta p_{WS} = 0,313 \text{ bar}. \tag{15.5}$$

Für die Berechnung der Gebläseleistung muss noch der Druckverlust für den Gasverteiler berücksichtigt werden. Insgesamt ergibt sich die Gebläseleistung gemäß:

$$P = (\Delta p_{WS} + \Delta p_{\text{Verteiler}}) \frac{\dot{M}_g}{\rho_g} \quad \rightarrow \quad \boxed{P = 298 \text{ kW}}. \tag{15.6}$$

Die Berechnung der Gasleerrohrgeschwindigkeit zeigt, dass deren Wert für diese Geometrie oberhalb des Maximalwerts liegt. Für die maximal zulässige Geschwindigkeit ergibt sich ein Apparatedurchmesser von

$$D = \sqrt{\frac{\dot{M}_g}{\rho_g \frac{\pi}{4} v_{g\max}}} \quad \rightarrow \quad D = 2,46 \text{ m}, \tag{15.7}$$

woraus eine Wirbelschichthöhe von

$$H = \frac{V_{\text{Schüttung}}}{\frac{\pi}{4} D^2} \quad \rightarrow \quad H = 1,31 \text{ m} \tag{15.8}$$

folgt. In diesem Fall resultiert ein Druckverlust der Wirbelschicht von

$$\Delta p_{WS} = \frac{F_G - F_A}{A} = \frac{V_s \left(\rho_s - \rho_g\right) g}{A} = \frac{M_s g}{A} \left(1 - \frac{\rho_g}{\rho_s}\right)$$

$$\rightarrow \quad \Delta p_{WS} = 0,206 \text{ bar}, \tag{15.9}$$

woraus sich die Gebläseleitung berechnet:

$$P = (\Delta p_{WS} + \Delta p_{\text{Verteiler}}) \frac{\dot{M}_g}{\rho_g} \quad \rightarrow \quad \boxed{P = 207 \text{ kW}}. \tag{15.10}$$

b) Bei festgelegter Maximalleistung des Kompressors muss aus der Leistungsbeziehung (Gl. (15.6)) der Apparatedurchmesser bestimmt werden:

$$P = (\Delta p_{WS} + \Delta p_{\text{Verteiler}}) \frac{\dot{M}_g}{\rho_g} = \left[\frac{M_s g}{A} \left(1 - \frac{\rho_g}{\rho_s}\right) + \Delta p_{\text{Verteiler}}\right] \frac{\dot{M}_g}{\rho_g}$$

$$\rightarrow \quad A = \frac{M_s g}{P \frac{\rho_g}{\dot{M}_g} - \Delta p_{\text{Verteiler}}} \left(1 - \frac{\rho_g}{\rho_s}\right)$$

$$\rightarrow \quad D = \sqrt{\frac{4}{\pi} \frac{M_s g}{P \frac{\rho_g}{\dot{M}_g} - \Delta p_{\text{Verteiler}}} \left(1 - \frac{\rho_g}{\rho_s}\right)} \rightarrow D = 4,63 \text{ m}. \tag{15.11}$$

Hieraus folgt die Wirbelschichthöhe:

$$H = \frac{V_{\text{Schüttung}}}{\frac{\pi}{4}D^2} \quad \rightarrow \quad H = 0{,}37\,\text{m}. \tag{15.12}$$

In dieser Schüttung stellt sich eine Gasleerrohrgeschwindigkeit von

$$v_g = \frac{\dot{M}_g}{\rho_g \frac{\pi}{4}D^2} \quad \rightarrow \quad \boxed{v_g = 0{,}51\,\frac{\text{m}}{\text{s}}}. \tag{15.13}$$

ein. Dieser Wert liegt im Bereich zwischen der Lockerungsgeschwindigkeit und der zulässigen Maximalgeschwindigkeit.

15.2   Lockerungsbedingungen einer Wirbelschicht[*]

▶   **Thema** Druckverlustcharakteristik und Lockerungsgeschwindigkeit

In einer Wirbelschicht sollen Granulatpartikel mit einem Durchmesser von 1 mm durch einen Luftstrom aufgewirbelt werden. Die Höhe der ruhenden Feststoffschicht beträgt 0,7 m. Diese wird am Lockerungspunkt laminar von der Luft durchströmt.

a) Stellen Sie die Kräftebilanz am Lockerungspunkt auf und berechnen Sie hieraus den Druckverlust am Lockerungspunkt (Annahme: $H = H_L$)
b) Berechnen Sie die Geschwindigkeit am Lockerungspunkt v_L unter Annahme laminarer Strömungsverhältnisse.
c) Aus technischen Gründen soll die Höhe der Wirbelschicht um 20 % gegenüber der Höhe am Auflockerungspunkt gesteigert werden. Bestimmen Sie die Veränderungen des Druckverlusts, des Lückengrads und der Gasgeschwindigkeit unter der Annahme, dass keine Partikel ausgetragen werden. Diskutieren Sie dieses Ergebnis für Δp anhand einer Skizze.

Gegeben:

Feststoffdichte	$\rho_s = 1400\,\text{kg/m}^3$,
Lockerungsporosität	$\varepsilon_L = 0{,}4$
Gasdichte (20 °C)	$\rho_g = 1{,}2\,\text{kg/m}^3$
Gasviskosität (20 °C)	$v_g = 15{,}1 \cdot 10^{-6}\,\text{m}^2/\text{s}$

Annahmen zu c):

1. Es werden keine Partikel ausgetragen.
2. Die ausgedehnte Wirbelschicht kann für die Berechnung der Gasgeschwindigkeit vereinfachend als Festbett angesehen werden.

Lösung

Lösungsansatz:
Erstellen der Kräftebilanz und Nutzung der Berechnungsgleichung für die Lockerungsgeschwindigkeit, anschließend Vergleich mit der ausgedehnteren Wirbelschicht.

Lösungsweg:
a) Aufstellen der Kräftebilanz (Gl. (Lb 15.1)):

$$\Delta p_{WS} = \frac{F_G - F_A}{A} = \frac{V_s \left(\rho_s - \rho_f\right) g}{A}. \tag{15.14}$$

Über die Definitionsgleichung des Feststoffvolumenanteils lässt sich das Partikelvolumen ausdrücken:

$$\varphi_V = (1 - \varepsilon) = \frac{V_s}{V_{\text{ges}}} = \frac{V_s}{AH} \quad \rightarrow \quad \frac{V_s}{A} = (1 - \varepsilon)\, H. \tag{15.15}$$

Eingesetzt in Gl. (15.14) ergibt sich der Druckverlust:

$$\Delta p_{WS} = (1 - \varepsilon)\, H \left(\rho_s - \rho_g\right) g \quad \rightarrow \quad \boxed{\Delta p_{WS} = 57{,}6\,\text{mbar}}. \tag{15.16}$$

b) Zur Berechnung der Lockerungsgeschwindigkeit wird der Druckverlust des ruhenden Festbetts gleich dem der Wirbelschicht gemäß Gl. (15.16) gesetzt. Der Druckverlust des Festbetts berechnet sich nach (Gl. (Lb 8.13)):

$$\Delta p_{FB} = \zeta \frac{1 - \varepsilon}{\varepsilon^3} \frac{\rho_g v^2}{d_P} H. \tag{15.17}$$

Für die Bestimmung des Widerstandsbeiwerts soll die Ergun-Gleichung (Gl. (Lb 8.17)) genutzt werden, wobei der zweite Summand entfällt, da die Strömung laminar ist:

$$\zeta = \frac{150}{Re} \quad \text{mit } Re = \frac{v_L d_P}{v_g} \frac{1}{1 - \varepsilon_L}. \tag{15.18}$$

Wird Gl. (15.18) in Gl. (15.17) und die resultierende Beziehung mit Gl. (15.16) gleichgesetzt, so folgt:

$$(1 - \varepsilon)\left(\rho_s - \rho_g\right) g = \frac{150}{Re} \frac{1 - \varepsilon_L}{\varepsilon_L^3} \frac{\rho_g v_L^2}{d_P} = 150 \frac{v_g \left(1 - \varepsilon_L\right)}{v_L d_P} \frac{1 - \varepsilon_L}{\varepsilon_L^3} \frac{\rho_g v_L^2}{d_P}. \tag{15.19}$$

Aufgelöst nach der Lockerungsgeschwindigkeit folgt:

$$v_L = \frac{1}{150} \frac{\varepsilon_L^3}{1 - \varepsilon_L} \frac{g d_P^2}{v_g} \left(\frac{\rho_s}{\rho_g} - 1\right) \quad \rightarrow \quad \boxed{v_L = 0{,}539\,\frac{\text{m}}{\text{s}}}. \tag{15.20}$$

Abb. 15.1 Druckverlauf in den
Wirbelschichten

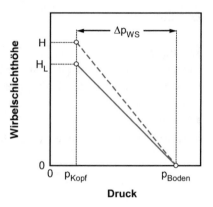

c) Gemäß Gl. (Lb 15.1) ändert sich der Druckverlust bei der Ausdehnung der Schicht nicht, da alle Partikel in der Wirbelschicht verbleiben. Es ändern sich lediglich H und die Porosität ε, wobei aufgrund der konstanten Druckdifferenz gilt:

$$H\,(1 - \varepsilon) = H_L\,(1 - \varepsilon_L) \quad \rightarrow \quad \varepsilon = 1 - \frac{H_L}{H}\,(1 - \varepsilon_L) \quad \rightarrow \quad \boxed{\varepsilon = 0{,}5}. \qquad (15.21)$$

Infolge der größeren Porosität nimmt die Sinkgeschwindigkeit des Partikelschwarms zu, sodass eine höhere Gasleerrohrgeschwindigkeit zur Aufrechterhaltung dieses Zustands erforderlich ist. Unter der getroffenen Annahme, dass sich der Druckverlust wie in einer Feststoffschüttung gleicher Porosität berechnen lässt, gilt die analoge Gleichung, wie zur Berechnung der Lockerungsgeschwindigkeit (Gl. (15.20)). Allerdings muss dabei die vergrößerte Höhe der Schüttung berücksichtigt werden:

$$v_g = \frac{1}{150} \frac{\varepsilon^3}{1 - \varepsilon} \frac{g d_P^2}{v_g} \left(\frac{\rho_s}{\rho_g} - 1 \right) \quad \rightarrow \quad \boxed{v_g = 1{,}26\,\frac{\text{m}}{\text{s}}}. \qquad (15.22)$$

Die zugehörige Reynoldszahl beträgt 167. Damit ist die Strömung nicht mehr streng laminar, aber noch so weit von turbulenten Bedingungen ($Re > 300$) entfernt, dass die Rechnung ein annähernd korrektes Ergebnis liefert.

Da sich weder die Auftriebs- noch die Gewichtskraft durch eine weitere Auflockerung verändern bleibt auch der Druckverlust über die gesamte Wirbelschicht konstant. Bei der höheren Wirbelschicht ist die Porosität geringer, weshalb der Druckverlust pro Höheneinheit geringer ist (s. Abb. 15.1). Dies wird allerdings dadurch ausgeglichen, dass aus der geringeren Porosität eine größere Höhe resultiert. Die Zusammenhänge sind in der folgenden Abbildung verdeutlicht.

15.3 Betriebsbereich einer Wirbelschicht[*]

▶ **Thema** Lockerungsgeschwindigkeit

Der Betriebsbereich der zur Abb. Lb 15.4 gehörigen Wirbelschicht soll genauer analysiert werden. Für die verschiedenen Partikelfraktionen ergeben sich unterschiedliche minimal und maximal mögliche Geschwindigkeiten. Die Partikel weisen eine Sphärizität von 0,67 und eine Dichte von $2600 \, \text{kg/m}^3$ auf. Die Lockerungsporositäten liegen bei 0,62 für die mit 0,18 mm Durchmesser feinsten und 0,45 für die größten Partikel mit einem Durchmesser von 1,4 mm. Die maximale Wirbelschichthöhe beträgt 2 m.

a) Bestimmen Sie den Bereich der Gasleerrohrgeschwindigkeit, in dem die Aufwirbelung der Partikel abhängig von deren Größe auftritt.
b) Berechnen Sie die Sinkgeschwindigkeit der feinsten und der größten Feststoffteilchen.

Hinweise:

1. Zur Bestimmung der Lockerungsgeschwindigkeit sollen monodisperse Schüttungen der kleinsten und der größten Partikel betrachtet werden.
2. Die in Abb. Lb 15.4 angegebenen Partikeldurchmesser wurden als charakteristische Durchmesser der Kugeln mit dem identischen Oberfläche/Volumen-Verhältnis wie die jeweiligen Partikel ermittelt.

Lösung

Lösungsansatz:
Zum Ermitteln des Bereiches möglicher Gasleerrohrgeschwindigkeiten müssen die obere und die untere Betriebsgrenze festgelegt werden. Die untere Betriebsgrenze, die Lockerungsgeschwindigkeit, wird im Aufgabenteil a) ermittelt. Die obere Betriebsgrenze, bei der der Austrag von Partikeln beginnt, wird in Aufgabenteil b) bestimmt.

Lösungsweg:
a) Die Aufwirbelung der Partikel tritt auf, wenn die Gasleerrohrgeschwindigkeit größer oder gleich der Lockerungsgeschwindigkeit v_L ist, die sich mit Gl. (Lb 15.5) berechnet:

$$v_L = 7{,}14 \, (1 - \varepsilon_L) \, v_g a_P \left[\sqrt{1 + 0{,}067 \frac{\varepsilon_L^3}{(1 - \varepsilon_L)^2} \frac{(\rho_s - \rho_g) \, g}{\rho_g v_g^2} \frac{1}{a_P^3}} - 1 \right]. \qquad (15.23)$$

Abgesehen von a_P sind alle Werte entweder in der Aufgabe oder in Abb. Lb 15.4 gegeben. Die volumenspezifische Oberfläche kann mit dem Partikeldurchmesser und der Sphärizität berechnet werden:

$$a_P = \frac{A_{P\,\mathrm{ges}}}{V_{P\,\mathrm{ges}}} = \frac{6}{d_P}. \tag{15.24}$$

Eingesetzt in Gl. (15.23) folgt:

$$v_L = 7{,}14\,(1 - \varepsilon_L)\,\frac{\eta_g}{\rho_g}\,\frac{6}{d_P}\left[\sqrt{1 + 0{,}067\,\frac{\varepsilon_L^3}{(1 - \varepsilon_L)^2}\,\frac{(\rho_s - \rho_g)\,g}{\rho_g v_g^2}\left(\frac{d_P}{6}\right)^3} - 1\right]. \tag{15.25}$$

Mit den Werten für die größten und für die kleinsten Partikel ergeben sich die Lockerungsgeschwindigkeiten:

$$\boxed{v_L(d_P = 0{,}18\,\mathrm{mm}) = 0{,}179\,\frac{\mathrm{m}}{\mathrm{s}}} \quad \text{und} \quad \boxed{v_L(d_P = 1{,}4\,\mathrm{mm}) = 1{,}02\,\frac{\mathrm{m}}{\mathrm{s}}}. \tag{15.26}$$

Für kleinere Partikel treten höhere Druckverluste bei der Durchströmung der nicht aufgewirbelten Schüttung auf. Außerdem ist in diesem Fall die Lockerungsporosität zusätzlich noch deutlich geringer. Insgesamt hängt die Lockerungsgeschwindigkeit daher entscheidend von den großen Partikeln ab.

b) Als theoretische Maximalgeschwindigkeit kann die Sinkgeschwindigkeit der Einzelpartikeln betrachtet werden. In diesem Fall wird das Teilchen aus der Wirbelschicht ausgetragen. Für die Sinkgeschwindigkeit eines Partikels gilt Gl. (Lb 7.4):

$$w_P = \sqrt{\frac{4}{3}\,\frac{|\rho_P - \rho_f|}{\rho_f}\,g d_P\,\frac{1}{\zeta}}. \tag{15.27}$$

Der Widerstandsbeiwert kann für nichtkugelförmige Teilchen berechnet werden nach (Gl. (Lb 7.20)):

$$\zeta = \frac{24}{Re}\left[1 + 8{,}1716\exp\left(-4{,}0655\psi\right)Re^{0{,}0964+0{,}5565\psi}\right]$$
$$+ \frac{73{,}69\,Re\cdot\exp\left(-5{,}0748\psi\right)}{Re + 5{,}378\exp\left(6{,}2122\psi\right)}. \tag{15.28}$$

Aufgrund des impliziten Zusammenhangs muss die Berechnung iterativ erfolgen. Die Zielwertsuche in Excel liefert die Sinkgeschwindigkeiten:

$$\boxed{w_P(d_P = 0{,}18\,\mathrm{mm}) = 0{,}941\,\frac{\mathrm{m}}{\mathrm{s}}} \quad \text{und} \quad \boxed{w_P(d_P = 1{,}4\,\mathrm{mm}) = 4{,}53\,\frac{\mathrm{m}}{\mathrm{s}}}. \tag{15.29}$$

Der Reaktor kann demzufolge nur mit Gasleerrohrgeschwindigkeiten im Bereich von 0,708–0,941 m/s betrieben werden, um eine vollständige Aufwirbelung aller Partikel ohne das Austragen von Partikeln zu garantieren.

15.4 Messung der Lockerungsgeschwindigkeit und Sphärizität einer Partikelschüttung [1]*

▶ **Thema** Lockerungsgeschwindigkeit

Eine Schüttung besteht aus Partikeln mit einem Durchmesser d_V, der als Durchmesser der volumengleichen Kugel bestimmt wurde, von $427\,\mu$m und einer Dichte von $2780\,\text{kg/m}^3$. Die Lockerungsporosität beträgt $41{,}7\,\%$. Experimentell wurde die in Tab. 15.1 aufgeführte Abhängigkeit des Druckverlusts von der Gasleerrohrgeschwindigkeit bestimmt.

a) Ermitteln Sie die Lockerungsgeschwindigkeit.
b) Bestimmen Sie die Sphärizität der Partikel.

Gegeben:

Gasdichte $\qquad\qquad\qquad \rho_g = 1{,}21\,\text{kg/m}^3$
Dynamische Gasviskosität $\quad \eta_g = 18{,}2 \cdot 10^{-6}\,\text{m}^2/\text{s}$

Lösung

Lösungsansatz:
Auftragung der Druckverlustcharakteristik zur Bestimmung der Lockerungsgeschwindigkeit; Anwendung der Beziehung für die Lockerungsgeschwindigkeit zur Berechnung der Sphärizität

Lösungsweg:
a) Die Auftragung der gemessenen Druckverlustdaten zeigt Abb. 15.2. Die Lockerungsgeschwindigkeit ergibt sich aus dem Schnittpunkt der verlängerten Geraden des Festbettdruckverlusts mit dem konstanten Wert der Wirbelschicht:

$$v_L = 14\,\frac{\text{cm}}{\text{s}}. \tag{15.30}$$

Tab. 15.1 Experimentelle Daten für die Druckverlustcharakteristik

v_g in cm/s	2	4	6	8	10	12	14	16	18	20	22	24	26	28	30
Δp in mbar	3,5	7,0	10,5	14,0	17,3	20,1	22	23,1	23,9	24,4	24,4	24,4	24,4	24,4	24,4

Abb. 15.2 Gemessene Druckverlustcharakteristik

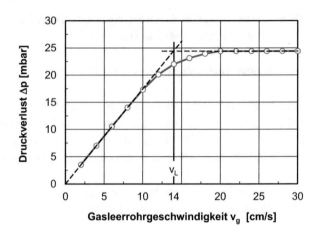

Gasleerrohrgeschwindigkeit v_g [cm/s]

b) Für die Lockerungsgeschwindigkeit gilt gemäß Gl. (Lb 15.5):

$$v_L = 7{,}14\,(1 - \varepsilon_L)\,v_g a_P\left[\sqrt{1 + 0{,}067\frac{\varepsilon_L^3}{(1 - \varepsilon_L)^2}\frac{(\rho_s - \rho_g)\,g}{\rho_g v_g^2}\frac{1}{a_P^3}} - 1\right]. \tag{15.31}$$

Wird diese Beziehung nach a_P aufgelöst so ergibt sich eine quadratische Gleichung:

$$\left(\frac{v_L}{7{,}14\,(1 - \varepsilon_L)\,v_g a_P}\right)^2 + \frac{2v_L}{7{,}14\,(1 - \varepsilon_L)\,v_g a_P} = 0{,}067\frac{\varepsilon_L^3}{(1 - \varepsilon_L)^2}\frac{(\rho_s - \rho_g)\,g}{\rho_g v_g^2}\frac{1}{a_P^3}$$

$$\rightarrow\quad a_P^2 + \underbrace{\frac{v_L}{14{,}28\,(1 - \varepsilon_L)\,v_g}}_{p}a_P \underbrace{-0{,}239\frac{\varepsilon_L^3}{(1 - \varepsilon_L)}\frac{(\rho_s - \rho_g)\,g}{\eta_g v_L}}_{q} = 0. \tag{15.32}$$

Die Lösung dieser Gleichung lautet:

$$a_{P_{1,2}} = -\frac{p}{2} \pm \sqrt{\frac{p^2}{4} - q}. \tag{15.33}$$

Im vorliegenden Fall ist lediglich die Lösung

$$a_P = -\frac{p}{2} + \sqrt{\frac{p^2}{4} - q}. \tag{15.34}$$

physikalisch sinnvoll, da größer null. Auf diese Weise ergibt sich eine spezifische Oberfläche der Schüttung von:

$$a_P = 1{,}73 \cdot 10^4\,\frac{\text{m}^2}{\text{m}^3}. \tag{15.35}$$

Zur Bestimmung der Sphärizität muss dieser Wert mit dem eines einzelnen kugelförmigen Partikels mit dem charakteristischen Durchmesser verglichen werden:

$$\psi \equiv \frac{\text{volumenspezifische Oberfläche der volumengleichen Kugel}}{\text{volumenspezifische Teilchenoberfläche}} = \frac{\frac{6}{d_V}}{a_P}$$

$$\rightarrow \boxed{\psi = 0{,}813}. \tag{15.36}$$

15.5 Aufwirbelung einer Katalysatorschicht aus Mikrokugeln [2]*

▶ **Thema** Lockerungsgeschwindigkeit

Eine aus Mikrokugeln bestehende Katalysatorschicht soll von einem Gasstrom aufgewirbelt werden. Die Kugeln weisen die in Tab. 15.2 aufgeführte Häufigkeitsdichte der Partikelgröße E auf:

a) Berechnen Sie die Lockerungsgeschwindigkeit und vergleichen Sie das Ergebnis mit dem experimentellen Wert von $v_L = 0{,}026\,\text{m/s}$.
b) Bestimmen Sie die Sinkgeschwindigkeiten der feinsten und größten Einzelpartikel.

Gegeben:

Feststoffdichte	$\rho_s = 1830\,\text{kg/m}^3$,
Lockerungsporosität	$\varepsilon_L = 0{,}45$
Gasdichte	$\rho_g = 1\,\text{kg/m}^3$
Gasviskosität	$\eta_g = 17 \cdot 10^{-6}\,\text{kg/(m·s)}$

Lösung

Lösungsansatz:
Nutzung der geeigneten Gleichungen zur Berechnung des Sauterdurchmessers, der Lockerungsgeschwindigkeit für polydisperse Partikel sowie der Partikelsinkgeschwindigkeiten.

Tab. 15.2 Experimentelle bestimmte Häufigkeitsdichte der Mikrokugeln

d_P in μm	5	8	10	12	14	15	16	17	18	20	22	24	26
E in Anzahl/cm	5	13	23	45	95	135	145	115	88	50	22	12	1

Lösungsweg:

a) Der Sauterdurchmesser ist wie folgt definiert (Gl. (Lb 8.4)):

$$d_{32} \equiv \frac{\sum_{i=1}^{n} d_{P_i}^3}{\sum_{i=1}^{n} d_{P_i}^2}. \tag{15.37}$$

Da im vorliegenden Fall die Anzahlgrößenverteilung E gegeben ist, erfolgt die Berechnung anhand der einzelnen Größenklassen gemäß:

$$d_{32} = \frac{\sum_{j=1}^{13} E_j d_{P_j}^3}{\sum_{j=1}^{13} E_j d_{P_j}^2} \quad \rightarrow \quad d_{32} = 16,9\,\mu\text{m}. \tag{15.38}$$

Der Sauterdurchmesser repräsentiert definitionsgemäß den Kugeldurchmesser eines monodispersen Kollektivs mit dem gleichen Oberfläche/Volumen-Verhältnis, sodass für die spezifische Oberfläche gilt:

$$a_P = \frac{A_{\text{Kugel}}}{V_{\text{Kugel}}} = \frac{6}{d_{32}}. \tag{15.39}$$

Die Lockerungsgeschwindigkeit kann mit Gl. (Lb 15.5) berechnet werden:

$$v_L = 7,14\,(1 - \varepsilon_L)\,v_g a_P \left[\sqrt{1 + 0,067\frac{\varepsilon_L^3}{(1 - \varepsilon_L)^2}\frac{(\rho_s - \rho_g)\,g}{\rho_g v_g^2}\frac{1}{a_P^3}} - 1\right]$$

$$\rightarrow \quad v_L = 7,14\,(1 - \varepsilon_L)\,v_g \frac{6}{d_{32}} \left[\sqrt{1 + \frac{0,067}{216}\frac{\varepsilon_L^3}{(1 - \varepsilon_L)^2}\frac{(\rho_s - \rho_g)\,g}{\rho_g v_g^2}d_{32}^3} - 1\right]$$

$$\rightarrow \quad \boxed{v_L = 3,33 \cdot 10^{-4}\,\frac{\text{m}}{\text{s}}}. \tag{15.40}$$

Der berechnete Wert liegt um nahezu zwei Größenordnungen unterhalb der gemessenen Lockerungsgeschwindigkeit. Ursächlich für diese große Diskrepanz sind die Haftkräfte, die bei kleinen Partikeln den Aufwirbelvorgang maßgeblich mit beeinflussen und zu deutlich erhöhten Lockerungsgeschwindigkeiten führen. Daher ist Gl. (Lb 15.5) für derartig kleine Partikel nicht mehr anwendbar.

b) Aus der Kräftebilanz an einem Partikel kann die Bewegungsgleichung hergeleitet werden (s. Gl. (Lb 7.4)):

$$w_P = \sqrt{\frac{4}{3}\frac{\rho_s - \rho_g}{\rho_g}\frac{g\,d_P}{\zeta}} \tag{15.41}$$

Aufgrund der geringen Partikelgröße kann angenommen werden, dass die Sinkbewegung im Bereich der schleichenden Umströmung stattfindet und demzufolge für den Widerstandsbeiwert gilt (s. Gl. (Lb 7.6)):

$$\zeta = \frac{24}{Re}.$$ (15.42)

Eingesetzt in Gl. (15.41) ergeben sich die Partikelsinkgeschwindigkeiten:

$$w_P = \frac{\rho_s - \rho_g}{18} \frac{g d_p^2}{\eta_g}$$

$$\rightarrow \boxed{w_P(5\,\mu m) = 1{,}47\,\frac{mm}{s}} \quad \text{und} \quad \boxed{w_P(25\,\mu m) = 39{,}6\,\frac{mm}{s}}.$$ (15.43)

Die Reynoldszahl für die Partikel mit einem Durchmesser von $5\,\mu m$ beträgt $4{,}31 \cdot 10^{-4}$ und die der $25\,\mu m$ Teilchen $0{,}0396$. Demzufolge ist die Annahme einer schleichenden Umströmung und damit die Verwendung der Widerstandsbeziehung (Gl. (15.42)) für beide Partikel gerechtfertigt.

Da die Lockerungsgeschwindigkeit bei $26\,mm/s$ liegt, wird ein Großteil der Mikrokugeln aus der Schicht ausgetragen.

15.6 Ausdehnungsverhalten einer homogenen Wirbelschicht[**]

▶ **Thema** Expansionsverhalten homogener Wirbelschichten

Eine monodisperse Schüttung aus Feststoffkugeln mit einem Durchmesser von $40\,\mu m$ und einer Gesamtmasse M_s von $800\,kg$ wird durch Luft aufgewirbelt. Mit Überschreiten der Lockerungsleerrohrgeschwindigkeit v_L von $1{,}33\,mm/s$ liegt für alle Gasleerrohrgeschwindigkeiten eine homogene Wirbelschicht vor. Der Apparatedurchmesser D beträgt $0{,}8\,m$, die Apparatehöhe H misst $5\,m$.

a) Bestimmen Sie die kritische Gasleerrohrgeschwindigkeit $v_{g_{krit}}$, bei der sich die Wirbelschicht bis zur Apparatehöhe H erstreckt.

b) Stellen Sie die Größen Höhe, Porosität und Druckverlust der Wirbelschicht als Funktion der Gasleerrohrgeschwindigkeit im Bereich v_L bis $v_{g_{krit}}$ dar.

c) Bei einer Steigerung der Gasleerrohrgeschwindigkeit über $v_{g_{krit}}$ hinaus, werden Kugeln sukzessiv ausgetragen. Ergänzen Sie das unter b) erstellte Diagramm durch die Darstellung der Größen Höhe, Porosität und Druckverlust für den Bereich $v_{g_{krit}}$ bis $v_g = w_P$.

Gegeben:

Gasdichte	$\rho_g = 1{,}21\,kg/m^3$
Feststoffdichte	$\rho_s = 1800\,kg/m^3$
Dynamische Gasviskosität	$\eta_g = 18{,}2 \cdot 10^{-6}\,kg/(m{\cdot}s)$

Lösung

Lösungsansatz:
Nutzung der Beziehung nach Richardson und Zaki (Gl. (Lb 15.8)) zur Berechnung des
Zusammenhangs zwischen v_g und Porosität sowie der Kräftebilanz nach Gl. (Lb 15.1) zur
Bestimmung des Druckverlusts.

Lösungsweg:
a) Das Feststoffvolumen in der Wirbelschicht ergibt sich nach:

$$V_s = \frac{M_s}{\rho_s} \quad \rightarrow \quad V_s = 0{,}44\,\text{m}^3. \tag{15.44}$$

Damit folgt für die maximale Porosität bei Erreichen der kritischen Gasleerrohrgeschwindigkeit:

$$\varepsilon_{\max} = \frac{V_{\text{ges}} - V_s}{V_{\text{ges}}} = 1 - \frac{M_s}{\rho_s \frac{\pi}{4} D^2 H} \quad \rightarrow \quad \varepsilon_{\max} = 0{,}823. \tag{15.45}$$

In der Wirbelschicht entspricht die Gasleerrohrgeschwindigkeit der Schwarmsinkgeschwindigkeit des Feststoffs, die mit der Beziehung von Richardson und Zaki (Gl.
(Lb 15.8)) berechnet werden kann:

$$\frac{w_{ss}}{w_P} = \frac{v_g}{w_P} = \varepsilon^m \quad \text{mit } m = 5{,}5\,Ar^{-0{,}06} = 5{,}5 \left(\frac{\Delta\rho}{\rho_g} \frac{g d_P^3}{v_g^2} \right)^{-0{,}06}. \tag{15.46}$$

Für die Sinkgeschwindigkeit eines Partikels gilt Gl. (Lb 7.4):

$$w_P = \sqrt{\frac{4}{3} \frac{|\rho_P - \rho_g|}{\rho_g} g d_P \frac{1}{\zeta}}. \tag{15.47}$$

Der Widerstandsbeiwert kann für kugelförmige Teilchen mit Gl. (Lb 7.7) berechnet werden:

$$\zeta = \frac{24}{Re} + \frac{4}{Re^{1/2}} + 0{,}4. \tag{15.48}$$

Aufgrund des impliziten Zusammenhangs muss die Berechnung iterativ erfolgen. Die
Zielwertsuche in Excel liefert die Sinkgeschwindigkeit w_P:

$$w_P = 7{,}97 \, \frac{\text{cm}}{\text{s}}. \tag{15.49}$$

Mit diesem Wert und der maximalen Porosität nach Gl. (15.45) lässt sich mittels Gl. (15.46) die kritische Gasleerrohrgeschwindigkeit berechnen:

$$v_{g_{krit}} = w_P \varepsilon^m \quad \text{mit } m = 55{,}5 \left(\frac{\Delta\rho}{\rho_g} \frac{g\, d_P^3}{v_g^2} \right)^{-0{,}06} = 5{,}05$$

$$\rightarrow \quad \boxed{v_{g_{krit}} = 2{,}98\, \frac{\text{cm}}{\text{s}}}. \tag{15.50}$$

b) Gemäß Gln. (15.46) und (15.50) gilt für den Zusammenhang zwischen Porosität und Gasleerrohrgeschwindigkeit:

$$\frac{v_g}{w_P} = \varepsilon^m \quad \text{mit } m = 5{,}05 \quad \rightarrow \quad \varepsilon(v_g) = \left(\frac{v_g}{w_P} \right)^{1/m}. \tag{15.51}$$

Für die Höhe der Wirbelschicht ergibt sich gleichzeitig:

$$\varepsilon = 1 - \frac{V_s}{\frac{\pi}{4}D^2 H} \quad \rightarrow \quad H_{WS}(v_g) = \frac{V_s}{[1 - \varepsilon(v_g)]\frac{\pi}{4}D^2}. \tag{15.52}$$

Der Druckverlust berechnet sich aus dem Kräftegleichgewicht gemäß Gl. (Lb 15.1) und ist in dem betrachteten Bereich der Gasleerrohrgeschwindigkeit konstant:

$$\Delta p = \frac{F_G - F_A}{A} = \frac{V_s\,(\rho_s - \rho_f)\,g}{\frac{\pi}{4}D^2} \quad \rightarrow \quad \Delta p = 0{,}156\,\text{bar}. \tag{15.53}$$

Diese Abhängigkeiten der Porosität, der Wirbelschichthöhe und des Druckverlusts von der Gasleerrohrgeschwindigkeit zeigt Abb. 15.3.

c) Überschreitet die Gasleerrohrgeschwindigkeit den Wert $v_{g_{krit}}$, so werden zunehmend Kugeln ausgetragen, da sich die Porosität gemäß Gl. (15.51) beständig mit v_g erhöht. Während die Höhe der Wirbelschicht H_{WS} konstant gleich der Apparatehöhe H bleibt, nehmen die Masse des Feststoffs und damit der Druckverlust aufgrund der steigenden Porosität gemäß

$$\Delta p = \frac{F_G - F_A}{A} = \frac{V_s\,(\rho_s - \rho_f)\,g}{\frac{\pi}{4}D^2} = \frac{[1 - \varepsilon(v_g)]\,V_{ges}\,(\rho_s - \rho_f)\,g}{\frac{\pi}{4}D^2}$$

$$= [1 - \varepsilon(v_g)]\,H\,(\rho_s - \rho_f)\,g. \tag{15.54}$$

immer weiter ab. Für $v_g = w_P$ werden alle Kugeln ausgetragen, die Porosität erreicht den Wert eins und der Drucklust wird zu null (s. Abb. 15.3).

Abb. 15.3 Abhängigkeit der Porosität, der Wirbelschichthöhe und des Druckverlusts von der Gasleerrohrgeschwindigkeit

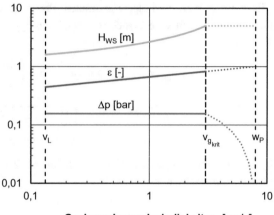

Gasleerrohrgeschwindigkeit v_g [cm/s]

15.7 Auslegung einer Wirbelschicht aus Anthrazit-Kohlepartikeln [2]*

▶ **Thema** Lockerungsgeschwindigkeit und Betriebszustände in Wirbelschichten

Anthrazit-Kohlepartikel sollen in einer Wirbelschicht durch einen Gasstrom aufgewirbelt werden. Für die Auslegung des Gasverdichters muss der erforderliche Gasdurchsatz bestimmt werden.

a) Bestimmen Sie die Sinkgeschwindigkeit eines einzelnen Korns.
b) Ermitteln Sie unter Berücksichtigung von Tab. Lb 15.1 die Lockerungsgeschwindigkeit v_L.
c) Ermitteln Sie die Geldart-Gruppe, der die Partikel zuzurechnen sind.

Gegeben:

Charakteristischer Partikeldurchmesser	$d_P = 100\,\mu m$
Partikeldichte	$\rho_P = 2000\,kg/m^3$
Sphärizität	$\psi = 0{,}63$
Gasdichte	$\rho_g = 1{,}22\,kg/m^3$
Gasviskosität	$\eta_g = 18 \cdot 10^{-6}\,kg/(m{\cdot}s)$

Lösung

Lösungsansatz:
Nutzung der Berechnungsgleichungen für die Sink- sowie die Lockerungsgeschwindigkeit als untere und obere Belastungsgrenzen; anschließend Anwendung des Zustandsdiagramms nach Geldart.

Lösungsweg:
a) Aus der Kräftebilanz an einem Partikel kann die Bewegungsgleichung hergeleitet werden. Demzufolge gilt für die Sinkgeschwindigkeit eines Partikels gemäß Gl. (Lb 7.4):

$$w_P = \sqrt{\frac{4}{3}\frac{|\rho_P - \rho_f|}{\rho_f}g\,d_P\frac{1}{\zeta}}. \tag{15.55}$$

Der Widerstandsbeiwert kann für nichtkugelförmige Teilchen berechnet werden nach (Gl. (Lb 7.20)):

$$\zeta = \frac{24}{Re}\left[1 + 8{,}1716\exp\left(-4{,}0655\psi\right)Re^{0{,}0964+0{,}5565\psi}\right] \\ + \frac{73{,}69\,Re \cdot \exp\left(-5{,}0748\psi\right)}{Re + 5{,}378\exp\left(6{,}2122\psi\right)}. \tag{15.56}$$

Die Reynoldszahl ist dabei definiert als:

$$Re = \frac{w_P d_P}{\nu}. \tag{15.57}$$

Insgesamt liegt ein impliziter Zusammenhang vor, der iterativ gelöst werden muss, z. B. durch Verwendung der Zielwertsuche in Excel. Aus dieser Iteration ergibt sich als Einzelpartikelsinkgeschwindigkeit:

$$\boxed{w_P = 0{,}32\,\frac{\mathrm{m}}{\mathrm{s}}}. \tag{15.58}$$

b) In Tabelle Lb 15.1 kann für die Lockerungsporosität ε_L mit der gegebenen Sphärizität und dem gegebenen Partikeldurchmesser der Wert 0,6 abgelesen werden. Die Lockerungsgeschwindigkeit kann mit Gl. (Lb 15.5) berechnet werden:

$$v_L = 7{,}14\left(1 - \varepsilon_L\right)v_g a_P\left[\sqrt{1 + 0{,}067\frac{\varepsilon_L^3}{\left(1-\varepsilon_L\right)^2}\frac{\left(\rho_s - \rho_g\right)g}{\rho_g v_g^2}\frac{1}{a_P^3}} - 1\right]. \tag{15.59}$$

Für die Berechnung muss noch die spezifische Partikeloberfläche a_P ermittelt werden. Diese ergibt sich mit der gegebenen Sphärizität über:

$$a_P = \frac{A_{P\text{ges}}}{V_{P\text{ges}}} = \frac{6}{d_P}. \tag{15.60}$$

Eingesetzt in Gl. (15.59) folgt:

$$v_L = 7,14\,(1 - \varepsilon_L)\,\frac{\eta_g}{\rho_g}\,\frac{6}{d_P}\left[\sqrt{1 + 0,067\frac{\varepsilon_L^3}{(1 - \varepsilon_L)^2}\frac{(\rho_s - \rho_g)\,g}{\rho_g v_g^2}\left(\frac{d_P}{6}\right)^3} - 1\right]$$

$$\rightarrow \quad \boxed{v_L = 0,0388\,\frac{\text{m}}{\text{s}}}. \tag{15.61}$$

c) In dem Geldart-Diagramm (Abb. Lb 15.6) kann abgelesen werden, dass sich die Anthrazit-Kohlepartikel nach der Gruppierung von Geldart an der Grenze zwischen den Gruppe A und B einordnen lassen.

15.8   Bestimmung des Zustandes von Wirbelschichten [2]*

▶   **Thema**   Betriebszustände von Wirbelschichten

Zwei Wirbelschichten werden mit Feststoffteilchen der Dichte $1500\,\text{kg/m}^3$ bei Gasleerrohrgeschwindigkeiten von $0,4\,\text{m/s}$ bzw. $0,8\,\text{m/s}$ betrieben. Dabei unterscheiden sich die Partikelgrößen ($d_{P_1} = 60\,\mu\text{m}$, $d_{P_2} = 450\,\mu\text{m}$) sowie die Fluidisiergase ($\rho_{g_1} = 1,5\,\text{kg/m}^3$, $\eta_{g_1} = 20\cdot10^{-6}\,\text{kg/(m·s)}$ und $\rho_{g_2} = 1\,\text{kg/m}^3$; $\eta_{g_2} = 25\cdot10^{-6}\,\text{kg/(m·s)}$).
  Bestimmen Sie die Betriebszustände der beiden Wirbelschichten für die zwei Gasleerrohrgeschwindigkeiten.

Lösung

Lösungsansatz:
Mithilfe der dimensionslosen Gasgeschwindigkeiten und Partikeldurchmesser kann der Zustand im allgemeinen Zustandsdiagramm (Abb. Lb 15.7) bestimmt werden.

Lösungsweg:
Der dimensionslose Partikeldurchmesser berechnet sich über Gl. (Lb 15.11)

$$d_P^* = d_P\sqrt[3]{\frac{\rho_g\,(\rho_s - \rho_g)\,g}{\eta_g^2}} = Ar^{1/3} \tag{15.62}$$

und die dimensionslose Gasgeschwindigkeit gemäß Gl. (Lb 15.12):

$$v^* = v_g\sqrt[3]{\frac{\rho_g^2}{\eta_g\,(\rho_s - \rho_g)\,g}}. \tag{15.63}$$

Tab. 15.3 Dimensionslose Partikelgrößen und Gasgeschwindigkeiten

Wirbelschicht	Gasleerrohrgeschwindigkeit v_g [m/s]			
	0,4		0,8	
	d_P^*	v^*	d_P^*	v^*
1	2,28	0,788	2,28	1,58
2	12,9	0,558	12,9	1,12

Abb. 15.4 Zustandsdiagramm mit den Werten für beide Wirbelschichten

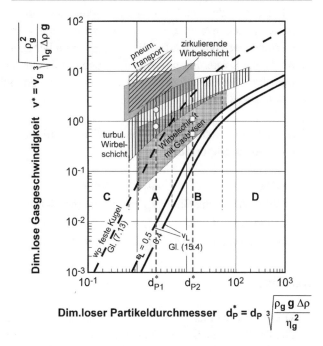

Für die beiden Wirbelschichten ergeben sich für die zwei Gasleerrohrgeschwindigkeiten die in Tab. 15.3 aufgeführten Daten.

Die Auftragung dieser Werte in Form des Zustandsdiagramms (Abb. Lb 15.7), wie in Abb. 15.4 dargestellt, verdeutlicht die unterschiedlichen Verhaltensweisen der beiden Wirbelschichten. Die aus kleineren Partikeln bestehende Wirbelschicht zeigt turbulentes Verhalten. Darüber hinaus liegt die Gasleerrohrgeschwindigkeit oberhalb der Partikelsinkgeschwindigkeit, sodass diese Wirbelschicht nur über eine gekoppelte Partikelabscheidung und- rückführung betreibbar ist. Die Wirbelschicht mit den größeren Partikeln zeigt Gasblasen, die sich bei der geringeren Gasbelastung gerade erst ausbilden.

15.9   Abkühlung von Luft in einer Wirbelschicht [1]**

▶   **Thema** Wärmeübergang zwischen Fluid und Partikeln

Eine Schüttung von Partikeln mit einem charakteristischen Durchmesser von 427 μm wird gerade gleichmäßig durch Luft aufgewirbelt. Die Luft tritt bei Atmosphärendruck mit einer Temperatur von 122 °C ein. Die Partikel sind vollständig vermischt und besitzen eine Temperatur von 22 °C. Bei dieser Temperatur beträgt die Lockerungsgeschwindigkeit 0,28 m/s, die Lockerungsporosität 42 % und der Anordnungsfaktor 1,8.

Berechnen Sie die notwendige Eindringtiefe der Luft in die Wirbelschicht, um das Gas auf 32 °C abzukühlen.

Gegeben (Stoffdaten bei Atmosphärendruck und mittlerer Wirbelschichttemperatur von 72 °C):

Gasdichte	$\rho_g = 1{,}009 \, \mathrm{kg/m^3}$
Spez. Wärmekapazität Gas	$c_g = 1{,}01 \, \mathrm{kJ/(kg \cdot K)}$
Wärmeleitfähigkeit Gas	$\lambda_g = 0{,}03 \, \mathrm{W/(m \cdot K)}$
Kinematische Gasviskosität	$\eta_g = 20{,}8 \cdot 10^{-6} \, \mathrm{kg/(m \cdot s)}$

Annahmen:

1. Die Gasphase durchströmt die Wirbelschicht in Form einer idealen Kolbenströmung.
2. Die Partikeltemperatur bleibt unverändert.
3. Die Rechnung ist für die mittlere Temperatur von 72 °C durchzuführen.

Lösung

Lösungsansatz:
Aufstellen einer Energiebilanz für die Temperaturänderung des Gases und Bestimmung des vorliegenden Wärmeübergangskoeffizienten.

Lösungsweg:
Für die Berechnung wird der äußere Wärmeübergangskoeffizient benötigt, der sich aus dem Wert des Festbetts ergibt. Die Reynoldszahl wird mit der Gasgeschwindigkeit berechnet, die zunächst mit Hilfe der Zustandsgleichung für ideale Gase auf die mittlere Temperatur des Gases von 72 °C umgerechnet werden muss:

$$v_g = v_L \frac{T_{g_\alpha} + T_s}{2 \, T_s} \quad \rightarrow \quad v_g = 0{,}327 \, \frac{\mathrm{m}}{\mathrm{s}}. \tag{15.64}$$

Damit ergibt sich eine Reynoldszahl (Gl. (Lb 8.26)) von:

$$Re = \frac{v_g d_P}{\varepsilon_L v_g} \quad \rightarrow \quad Re = 16{,}2. \tag{15.65}$$

Die Prandtlzahl beträgt:

$$Pr = \frac{v_g \rho_g c_g}{\lambda_g} \quad \rightarrow \quad Pr = 0{,}69. \tag{15.66}$$

Für die Bestimmung der Nußeltzahl im Festbett müssen die mittlere Nußeltzahl bei laminarer Strömung (Gl. (Lb 8.24))

$$Nu_{P_{\text{lam}}} = 0{,}664 Re^{1/2} Pr^{1/3} \quad \rightarrow \quad Nu_{P_{\text{lam}}} = 2{,}37 \tag{15.67}$$

und bei turbulenter Strömung (Gl. (Lb 8.25))

$$Nu_{P_{\text{turb}}} = \frac{0{,}037 Re^{0{,}8} Pr}{1 + 2{,}443 Re^{-0{,}1} \left(Pr^{2/3} - 1\right)} \quad \rightarrow \quad Nu_{P_{\text{turb}}} = 0{,}394 \tag{15.68}$$

berechnet werden. Hieraus folgt die mittlere Nußeltzahl (Gl. (Lb 8.23))

$$Nu_P = 2 + \left(Nu_{P_{\text{lam}}}^2 + Nu_{P_{\text{turb}}}^2\right)^{1/2} \quad \rightarrow \quad Nu_P = 4{,}4. \tag{15.69}$$

Die Nußeltzahl für das Festbett ergibt sich unter Verwendung des Anordnungsfaktors zu (Gl. (Lb 8.27)):

$$Nu = \frac{\alpha_a d_P}{\lambda_g} = f_\varepsilon Nu_P \quad \rightarrow \quad Nu = 7{,}93, \tag{15.70}$$

woraus der äußere Wärmeübergangskoeffizient folgt:

$$\alpha_a = 557 \, \frac{\text{W}}{\text{m}^2 \, \text{K}}. \tag{15.71}$$

Für die Erwärmung des Gases gilt im stationären Fall folgende Energiebilanz:

$$\dot{M}_g c_g \left(\vartheta_{g\alpha} - \vartheta_g\right) = \alpha_a A_s \Delta\vartheta_{\log} = \alpha_a A_s \frac{\left(\vartheta_{g\alpha} - \vartheta_s\right) - \left(\vartheta_g - \vartheta_s\right)}{\ln\left(\frac{\vartheta_{g\alpha} - \vartheta_s}{\vartheta_g - \vartheta_s}\right)}$$

$$= \alpha_a A_s \frac{\vartheta_{g\alpha} - \vartheta_g}{\ln\left(\frac{\vartheta_{g\alpha} - \vartheta_s}{\vartheta_g - \vartheta_s}\right)}. \tag{15.72}$$

Die fehlende Partikeloberfläche ergibt sich aus:

$$A_s = a_P A_{WS} H (1 - \varepsilon_L) = 6 \frac{A_{WS} H}{d_P} (1 - \varepsilon_L).$$ (15.73)

Eingesetzt in Gl. (15.72) und nach der Eindringtiefe aufgelöst folgt:

$$H = \frac{v_g \rho_g c_g d_P}{6 \alpha_a (1 - \varepsilon_L)} \ln \left(\frac{\vartheta_{g\alpha} - \vartheta_s}{\vartheta_g - \vartheta_s} \right) \quad \rightarrow \quad \boxed{H = 1{,}69 \cdot 10^{-4}\,\text{m}}.$$ (15.74)

Die Eindringtiefe ist demzufolge extrem gering und unterstreicht den intensiven Energietransport, der in einer Wirbelschicht stattfindet. Tatsächlich ist diese Rechnung stark vereinfacht, so beispielsweise durch die Annahme einer konstanten Partikeltemperatur. Wenn das Gas nicht gleichmäßig verteilt zugeführt wird, entstehen nicht fluidisierte Zonen, die einen verringerten Energietransport bewirken.

15.10 Abkühlung von Kaffeebohnen in einer Wirbelschicht [3]***

► **Thema** Wärmeübergang zwischen Fluid und Partikeln

Nach dem Röstprozess sollen Kaffeebohnen von 300 °C auf eine Temperatur unterhalb von 35 °C innerhalb von 150 s abgekühlt werden. Die Abkühlung soll in einer Wirbelschicht erfolgen. Hierzu wird ein Gasstrom von 20 °C mit einer Massenstromdichte von 3 kg/(m²s) durch den Apparat gefördert. Die auf die Querschnittsfläche bezogene Feststoffmasse beträgt 60 kg/m². Die Partikel weisen einen charakteristischen Durchmesser von 6 mm sowie eine Sphärizität von 0,83 auf und die Lockerungsporosität beträgt 40 %.

a) Überprüfen Sie, ob unter den gegebenen Bedingungen der Betrieb einer Wirbelschicht möglich ist.
b) Ermitteln Sie, ob die maximale Abkühlzeit eingehalten werden kann.

Gegeben (Stoffdaten bei mittlerer Wirbelschichttemperatur):

Partikeldichte	$\rho_s = 630\,\text{kg/m}^3$
Spez. Wärmekapazität Feststoff	$c_s = 1{,}7\,\text{kJ/(kg} \cdot \text{K)}$
Wärmeleitfähigkeit Feststoff	$\lambda_s = 0{,}1\,\text{W/(m} \cdot \text{K)}$
Gasdichte	$\rho_g = 1\,\text{kg/m}^3$
Spez. Wärmekapazität Gas	$c_g = 1{,}0\,\text{kJ/(kg} \cdot \text{K)}$
Wärmeleitfähigkeit Gas	$\lambda_g = 0{,}029\,\text{W/(m} \cdot \text{K)}$
Kinematische Gasviskosität	$v_g = 20 \cdot 10^{-6}\,\text{m}^2/\text{s}$

Annahmen:

1. Die Wirbelschicht ist vollständig vermischt, sodass die Temperaturen ϑ_P und ϑ_g nur von der Zeit und nicht vom Ort abhängig sind.
2. Für die Energiebilanz kann die Energiespeicherung in der Gasphase vernachlässigt werden.
3. Für die Wärmeabgabe von den Bohnen an das Gas müssen beide Übergangswiderstände berücksichtigt werden. Vereinfachend kann zur Berechnung des Wärmestroms die treibende Temperaturdifferenz zwischen der mittleren Partikeltemperatur und der Gastemperatur eingesetzt werden. Der Anordnungsfaktor ist dabei mit Gl. (Lb 8.28)

$$f_\varepsilon = 1 + 1{,}5\,(1 - \varepsilon) \tag{15.75}$$

zu berechnen.

Lösung

Lösungsansatz:
Berechnung der Lockerungs- und Sinkgeschwindigkeit; Aufstellen einer Energiebilanz für die Temperaturänderung der Bohnen und Bestimmung der erforderlichen Prozessdaten.

Lösungsweg:
a) Die Lockerungsgeschwindigkeit berechnet sich nach Gl. (Lb 15.5):

$$v_L = 7{,}14\,(1 - \varepsilon_L)\,v_g a_P \left[\sqrt{1 + 0{,}067\,\frac{\varepsilon_L^3}{(1 - \varepsilon_L)^2}\,\frac{(\rho_s - \rho_g)\,g}{\rho_g v_g^2}\,\frac{1}{a_P^3}} - 1\right]. \tag{15.76}$$

Da sich die spezifische Partikeloberfläche aus dem charakteristischen Partikeldurchmesser

$$\frac{A_P}{V_P} = a_P = \frac{6}{d_P} \tag{15.77}$$

ergibt, folgt für die Lockerungsgeschwindigkeit:

$$v_L = 42{,}84\,(1 - \varepsilon_L)\,\frac{v_g}{d_P} \left[\sqrt{1 + 3{,}1 \cdot 10^{-4}\,\frac{\varepsilon_L^3}{(1 - \varepsilon_L)^2}\,\frac{(\rho_s - \rho_g)\,g}{\rho_g v_g^2}\,d_P^3} - 1\right]$$

$$\rightarrow \quad v_L = 1{,}08\,\frac{\text{m}}{\text{s}}. \tag{15.78}$$

Die Partikelsinkgeschwindigkeit berechnet sich mit einem Widerstandsbeiwert gemäß
Gl. (Lb 7.20)

$$
\begin{aligned}
\zeta = {} & \frac{24}{Re}\left[1 + 8{,}1716\exp\left(-4{,}0655\psi\right)Re^{0{,}0964+0{,}5565\psi}\right] \\
& + \frac{73{,}69\,Re\cdot\exp\left(-5{,}0748\psi\right)}{Re + 5{,}378\exp\left(6{,}2122\psi\right)}
\end{aligned}
\tag{15.79}
$$

und der Bewegungsgleichung (Gl. (Lb 7.4)):

$$
w_P = \sqrt{\frac{4}{3}\frac{|\rho_P - \rho_g|}{\rho_g}g\,d_P\frac{1}{\zeta}}.
\tag{15.80}
$$

Die beiden Gln. (15.79) und (15.80) können nur iterativ, beispielsweise mit der Zielwertsuche in Excel, gelöst werden. Aus der Iteration ergibt sich als Partikelsinkgeschwindigkeit:

$$
w_P = 7{,}04\,\frac{\mathrm{m}}{\mathrm{s}}.
\tag{15.81}
$$

Die eingestellte Gasleerohrgeschwindigkeit beträgt:

$$
v_g = \frac{\dot{M}_g}{\rho_g A_{WS}} = 3{,}0\,\frac{\mathrm{m}}{\mathrm{s}}.
\tag{15.82}
$$

Diese Geschwindigkeit erfüllt die Bedingung

$$
v_L < v_g < w_P,
$$

sodass ein Wirbelschichtbetrieb vorliegt.

b) Die instationäre Energiebilanz für die Wirbelschicht liefert:

$$
M_s c_s \frac{d\overline{\vartheta}_s(t)}{dt} = -\dot{M}_g c_g\left(\vartheta_{g_\omega} - \vartheta_{g_\alpha}\right).
\tag{15.83}
$$

Hierbei stellt $\overline{\vartheta}_s$ die über das Bohnenvolumen gemittelte Temperatur dar, die ebenso wie
$\vartheta_{g_!}$ zunächst unbekannt ist. Da der in den Gasstrom transportierte Wärmestrom konvektiv
von der Oberfläche der Bohnen an das Gas übertragen wird, gilt ebenso:

$$
\dot{M}_g c_g\left(\vartheta_{g_\omega} - \vartheta_{g_\alpha}\right) = kA_s\left(\overline{\vartheta}_s - \vartheta_{g_\omega}\right).
\tag{15.84}
$$

Umgestellt nach der Austrittstemperatur, die wegen der vollständigen Vermischung in der gesamten Wirbelschicht vorliegt, ergibt sich:

$$\vartheta_{g_\omega} = \frac{kA_s\overline{\vartheta}_s(t) + \dot{M}_g c_g \vartheta_{g\alpha}}{kA_s + \dot{M}_g c_g}$$

$$\rightarrow \quad \vartheta_{g_\omega} = \frac{C^*\overline{\vartheta}_s(t) + \vartheta_{g\alpha}}{C^* + 1} \quad \text{mit } C^* = \frac{kA_s}{\dot{M}_g c_g}. \tag{15.85}$$

Eingesetzt in Gl. (15.83) folgt damit:

$$M_s c_s \frac{d\overline{\vartheta}_s(t)}{dt} = -\dot{M}_g c_g \left(\frac{C^*\overline{\vartheta}_s(t) + \vartheta_{g\alpha}}{C^* + 1} - \vartheta_{g\alpha} \right)$$

$$\rightarrow \quad \frac{d\overline{\vartheta}_s(t)}{dt} = -\underbrace{\frac{\dot{M}_g c_g}{M_s c_s} \frac{C^*}{C^* + 1}}_{C^{**}} (\overline{\vartheta}_s(t) - \vartheta_{g\alpha}). \tag{15.86}$$

Durch Trennung der Variablen lässt sich diese DGL integrieren:

$$\ln\left[C^{**} \left(\overline{\vartheta}_s(t) - \vartheta_{g\alpha} \right) \right] = -C^{**} t + C_1. \tag{15.87}$$

Aus der Anfangsbedingung

AB: bei $t = 0 \quad \overline{\vartheta}_s = \vartheta_{s0}$

kann die Integrationskonstante bestimmt werden

$$C_1 = \ln\left[C^{**} \left(\vartheta_{s0} - \vartheta_{g\alpha} \right) \right] \tag{15.88}$$

und damit die zeitliche Temperaturentwicklung:

$$\ln\left[\frac{\overline{\vartheta}_s(t) - \vartheta_{g\alpha}}{\vartheta_{s0} - \vartheta_{g\alpha}} \right] = -C^{**} t \quad \rightarrow \quad \frac{\overline{\vartheta}_s(t) - \vartheta_{g\alpha}}{\vartheta_{s0} - \vartheta_{g\alpha}} = \exp\left(-\frac{\dot{M}_g c_g}{M_s c_s} \frac{C^*}{C^* + 1} t \right). \tag{15.89}$$

Die zur Berechnung von C^* erforderlich Oberfläche der Bohnen berechnet sich nach:

$$\frac{A_s}{A_{WS}} = \pi d_P^2 \frac{N_{\text{Bohnen}}}{A_{WS}} \quad \text{mit } \frac{V_s}{A_{WS}} = \frac{M_s}{A_{WS}\rho_s} = \frac{\pi}{6} d_P^3 \frac{N_{\text{Bohnen}}}{A_{WS}}$$

$$\rightarrow \quad A_s = 6 \frac{M_s}{\rho_s d_P}. \tag{15.90}$$

Damit folgt für C^*:

$$C^* = \frac{6kM_s}{\rho_s d_P \dot{M}_g c_g}. \tag{15.91}$$

Der zur Berechnung dieses Werts erforderliche Wärmedurchgangskoeffizient ergibt sich aus:

$$\frac{1}{k} = \frac{1}{\alpha_i} + \frac{1}{\alpha_a}.$$ (15.92)

Zur Ermittlung des inneren Wärmeübergangskoeffizienten können die Ergebnisse aus Abschn. Lb 7.5.2 für den Stoffübergangskoeffizienten herangezogen werden. Für den rein molekularen Wärmetransport durch Leitung berechnet sich die zeitabhängige Nußeltzahl (analog zu Gl. (Lb 7.103)) gemäß:

$$Nu = \frac{\alpha_i d_P}{\lambda_s} = -\frac{2}{3 Fo_i} \ln \left[\frac{6}{\pi^2} \sum_{n=1}^{\infty} \frac{1}{n^2} \exp\left(-Fo_i \pi^2 n^2\right) \right].$$ (15.93)

Die Fourierzahl für die maximale Abkühlungsdauer von 150 s beträgt:

$$Fo_i = \frac{4at}{d_P^2} \quad \rightarrow \quad Fo_i = 1{,}56.$$ (15.94)

Aus Gl. (15.93) folgt die Nußeltzahl bereits mit dem ersten Summanden und daraus der innere Wärmeübergangskoeffizient:

$$Nu = \frac{\alpha_i d_P}{\lambda_s} = 6{,}79 \quad \rightarrow \quad \alpha_i = 113 \frac{W}{m^2 K}.$$ (15.95)

Der äußere Wärmeübergangskoeffizient ergibt sich aus dem Wert des Festbetts. Die Reynoldszahl wird mit der Lockerungsgeschwindigkeit berechnet (Gl. (Lb 8.26)):

$$Re_L = \frac{v_L d_P}{\varepsilon_L v_g} \quad \rightarrow \quad Re = 809.$$ (15.96)

Die Prandtlzahl beträgt:

$$Pr = \frac{v_g \rho_g c_g}{\lambda_g} \quad \rightarrow \quad Pr = 0{,}69.$$ (15.97)

Für die Bestimmung der Nußeltzahl im Festbett müssen die mittlere Nußeltzahl bei laminarer Strömung (Gl. (Lb 8.24))

$$Nu_{P_{\text{lam}}} = 0{,}664 Re_L^{1/2} Pr^{1/3} \quad \rightarrow \quad Nu_{P_{\text{lam}}} = 16{,}7$$ (15.98)

und bei turbulenter Strömung (Gl. (Lb 8.25))

$$Nu_{P_{\text{turb}}} = \frac{0{,}037 Re_L^{0{,}8} Pr}{1 + 2{,}443 Re_L^{-0{,}1} \left(Pr^{2/3} - 1\right)} \quad \rightarrow \quad Nu_{P_{\text{turb}}} = 7{,}46$$ (15.99)

berechnet werden. Hieraus folgt die mittlere Nußeltzahl (Gl. (Lb 8.23))

$$Nu_P = 2 + \left(Nu_{P_{lam}}^2 + Nu_{P_{turb}}^2\right)^{1/2} \quad \rightarrow \quad Nu_P = 20{,}3. \tag{15.100}$$

Die Nußeltzahl für das Festbett ergibt sich unter Verwendung des Anordnungsfaktors (Gl. (15.75)) gemäß Gl. (Lb 8.27) zu:

$$Nu = \frac{\alpha_a d_P}{\lambda_g} = f_\varepsilon Nu_P = [1 + 1{,}5\,(1 - \varepsilon_L)]\,Nu_P \quad \rightarrow \quad Nu = 38{,}5, \tag{15.101}$$

woraus der äußere Wärmeübergangskoeffizient folgt:

$$\alpha_a = 186\,\frac{W}{m^2\,K}. \tag{15.102}$$

Mit dem Wärmedurchgangskoeffizienten

$$\frac{1}{k} = \frac{1}{\alpha_i} + \frac{1}{\alpha_a} \quad \rightarrow \quad k = 70{,}4\,\frac{W}{m^2\,K} \tag{15.103}$$

berechnet sich die Konstante C^* (Gl. (15.91)):

$$C^* = \frac{6k M_s}{\rho_s d_P \dot{M}_g c_g} \quad \rightarrow \quad C^* = 2{,}24. \tag{15.104}$$

Für die Endtemperatur nach 150 s Abkühlung ergibt sich damit

$$\frac{\overline{\vartheta}_s(t) - \vartheta_{g\alpha}}{\vartheta_{s0} - \vartheta_{g\alpha}} = \exp\left(-\frac{\dot{M}_g c_g}{M_s c_s}\frac{C^*}{C^* + 1}t\right) \quad \rightarrow \quad \frac{\overline{\vartheta}_s(150\,\mathrm{s}) - \vartheta_{g\alpha}}{\vartheta_{s0} - \vartheta_{g\alpha}} = 0{,}0475, \tag{15.105}$$

was einer Endtemperatur von

$$\boxed{\overline{\vartheta}_s\,(150\,\mathrm{s}) = 33{,}3\,°\mathrm{C}} \tag{15.106}$$

entspricht. Damit wird die gewünschte Abkühlung unter 35 °C erreicht.

Literatur

1. Howard JR (1989) Fluidized Bed Technology: Principles and Applications. Adam Hilger, Bristol New York
2. Kunii D, Levenspiel O (1991) Fluidization engineering, 2. Aufl. Butterworth-Heinemann, Boston
3. Martin H (2013) Wärmeübertragung in Wirbelschichten. In: VDI (Hrsg) VDI-Wärmeatlas, 11. Aufl. Springer, Berlin Heidelberg, S 1489–1498 https://doi.org/10.1007/978-3-642-19981-3_100

Feststofftransport in Rohrleitungen

16

Zentraler Inhalt des Kapitels ist die Anwendung der erforderlichen physikalischen sowie mathematischen Kenntnisse und Methoden zur Dimensionierung von pneumatischen
Fördersystemen. Für die Auslegung ist die Transportgeschwindigkeit des Feststoffs von
entscheidender Bedeutung. Diese ergibt sich mit den entsprechenden mathematischen
Beziehungen aus den Designparametern Gasvolumenstrom, Druckverlust und Rohrdurchmesser.

16.1 Experimentelle Bestimmung der Feststofftransportgeschwindigkeit [1]*

► **Thema** Berechnungen von Leitungen für die pneumatische Förderung

In einer horizontalen Rohrleitung sollen 1000 kg/h Feststoff ($\rho_s = 1250\,\text{kg/m}^3$) pneu-
matisch gefördert werden. Der Feststoff soll ohne Horizontalgeschwindigkeit eingespeist
und durch einen Luftstrom ($\rho_g = 1,2\,\text{kg/m}^3$) beschleunigt werden. In einem Laborver-
suchsstand wird unter gleichen Betriebsbedingungen gemessen, dass 0,176 m³ Luft für
den Transport von 1 kg Feststoff benötigt werden, bei einer Gasleerrohrgeschwindigkeit
von 32 m/s. Bei diesem Versuch wird ein Feststoffvolumenanteil im Rohr von 0,5 Vol.-%
gemessen.

a) Bestimmen Sie den Durchmesser d des Förderrohres.
b) Berechnen Sie die Transportgeschwindigkeit des Feststoffs.
c) Ermitteln Sie den Druckverlust aufgrund der Gutsbeschleunigung.

Elektronisches Zusatzmaterial Die Online-Version dieses Kapitels (https://doi.org/10.1007/978-
3-662-60393-2_16) enthält Zusatzmaterial, das für autorisierte Nutzer zugänglich ist.

© Springer-Verlag GmbH Deutschland, ein Teil von Springer Nature 2020   479
M. Kraume, *Transportvorgänge in der Verfahrenstechnik*,
https://doi.org/10.1007/978-3-662-60393-2_16

Lösung

Lösungsansatz:
Anwendung von Definitionen, Nutzung der Kontinuitätsgleichung und der Beziehung für den Beschleunigungsdruckverlust

Lösungsweg:
a) Aus den Messdaten ergibt sich die Feststoffbeladung:

$$\mu \equiv \frac{\dot{M}_s}{\dot{M}_g} = \frac{M_s}{\rho_g V_g} \quad \rightarrow \quad \mu = 4{,}73. \tag{16.1}$$

Der Gasvolumenstrom in der Förderleitung berechnet sich dann nach:

$$\dot{V}_g = \frac{\dot{M}_s}{\mu \rho_g} \quad \rightarrow \quad \dot{V}_g = 0{,}0489 \, \frac{\mathrm{m}^3}{\mathrm{s}}. \tag{16.2}$$

Aus der gegebenen Gasleerrohrgeschwindigkeit lässt sich mit der Kontinuitätsgleichung der Rohrdurchmesser berechnen:

$$\dot{V}_g = \frac{\pi}{4} d^2 v_g \quad \rightarrow \quad d = \sqrt{\frac{4}{\pi} \frac{\dot{V}_g}{v_g}} \quad \rightarrow \quad \boxed{d = 44{,}1 \, \mathrm{mm}}. \tag{16.3}$$

b) Aufgrund der Kontinuitätsbeziehung berechnet sich die Transportgeschwindigkeit des Feststoffs gemäß:

$$\dot{M}_s = \varphi_V w_s \frac{\pi}{4} d^2 \rho_s \quad \rightarrow \quad w_s = \frac{4 \dot{M}_s}{\varphi_V \pi d^2 \rho_s} \quad \rightarrow \quad \boxed{w_s = 29{,}1 \, \frac{\mathrm{m}}{\mathrm{s}}}. \tag{16.4}$$

c) Der Beschleunigungsdruckverlust ergibt sich nach Gl. (Lb 16.32):

$$\Delta p_b = \mu \rho_g v_g w_s \quad \rightarrow \quad \boxed{\Delta p_b = 52{,}9 \, \mathrm{mbar}}. \tag{16.5}$$

16.2   Bezogene Feststofftransportgeschwindigkeit von Polypropylen-Granulat und -Pulver[*]

▶   **Thema** Berechnungen von Leitungen für die pneumatische Förderung

In einer pneumatischen Förderanlage soll Polypropylen transportiert werden. Für eine erste überschlägige Berechnung soll die bezogene Feststofftransportgeschwindigkeit C für horizontale und vertikale Leitungsabschnitte ermittelt werden. Die Gasleerrohrgeschwindigkeit wird mit 25 m/s abgeschätzt.

a) Bestimmen Sie C für Polypropylen-Granulat mit einem durchschnittlichen Durchmesser von 3,5 mm.

b) Bestimmen Sie C für Polypropylen-Pulver mit einem durchschnittlichen Durchmesser von 0,22 mm.

Gegeben:

Feststoffdichte	$\rho_s = 1000 \, \text{kg/m}^3$
Gasdichte	$\rho_g = 1,2 \, \text{kg/m}^3$
Gasviskosität	$\eta_g = 1,8 \cdot 10^{-5} \, \text{Pa} \cdot \text{s}$
Gleitreibungsbeiwert	$f = 0,8$
Widerstandsbeiwert	$\lambda_S^* = 0,002$
Rohrdurchmesser	$d = 0,05 \, \text{m}$

Annahmen:

1. Die Berechnung der stationären Feststoffgeschwindigkeit kann für den Übergangsbereich ($k = 0,5$) erfolgen.
2. Die Partikelsinkgeschwindigkeit kann vereinfachend für kugelförmige Polymerpartikel berechnet werden.

Lösung

Lösungsansatz:
Nutzung der Beziehung für den Gesamtdruckverlust, speziell für den Zusatzdruckverlust, sowie der Abb. Lb 16.10

Lösungsweg:
a) Zur Bestimmung des Geschwindigkeitsverhältnisses C wird Abb. Lb 16.10 genutzt. Hierfür muss die Sinkgeschwindigkeit des Einzelpartikels ermittelt werden. Da gemäß Annahme ein kugelförmiges Polymerpartikel betrachtet werden kann, erfolgt die Berechnung auf Basis der Archimedeszahl (Gl. (Lb 7.9)):

$$Ar = \frac{\rho_s - \rho_g}{\rho_g} \frac{g \, d_P^3 \rho_g^2}{\eta_g^2} \quad \rightarrow \quad Ar = 1,56 \cdot 10^6. \tag{16.6}$$

Mit Gl. (Lb 7.10) lässt sich aus der Archimedeszahl die Partikelsinkgeschwindigkeit bestimmen:

$$w_P = 18 \left(\sqrt{1 + \frac{\sqrt{Ar}}{9}} - 1 \right)^2 \frac{\eta_g}{\rho_g d_P} \quad \rightarrow \quad w_P = 9,02 \, \frac{\text{m}}{\text{s}}. \tag{16.7}$$

Mit Hilfe dieser Werte kann der Wandreibungsparameter F^*, welcher zur Bestimmung des Geschwindigkeitsverhältnisses C benötigt wird, berechnet werden:

$$F^* = \frac{w_P^{1,5} v_g^{0,5}}{dg} \frac{\lambda_S^*}{2} \quad \rightarrow \quad F^* = 0{,}276. \tag{16.8}$$

Zur weiteren Bestimmung des Zusatzdruckverlusts muss zwischen den horizontalen ($\alpha = 0°$) und vertikalen ($\alpha = 90°$) Rohrabschnitten unterschieden werden. Der Beiwert β wird mit Gl. (Lb 16.24) bestimmt:

$$\beta \equiv \sin\alpha + f\cos\alpha \quad \rightarrow \quad \beta_h = f \quad \text{bzw.} \quad \beta_v = 1. \tag{16.9}$$

Die Schwerkraftparameter in den horizontalen und vertikalen Rohrabschnitten nehmen somit unterschiedliche Werte an. Es ergeben sich:

$$B_h^{-2/3} = \frac{v_g}{w_P \beta_h^{2/3}} = \frac{v_g}{w_P f^{2/3}} \quad \rightarrow \quad B_h^{-2/3} = 3{,}22 \quad \text{bzw.} \quad B_v^{-2/3} = \frac{v_g}{w_P}$$

$$\rightarrow \quad B_v^{-2/3} = 2{,}77. \tag{16.10}$$

Unter Verwendung von Abb. Lb 16.10 resultieren die bezogenen Transportgeschwindigkeiten. Dabei ist im Fall der vertikalen Strömung die Richtung (auf- bzw. abwärts) noch zu berücksichtigen:

$$\boxed{C_h = 0{,}6} \quad \text{bzw.} \quad \boxed{C_{v_{\text{aufwärts}}} = 0{,}5} \quad \text{und} \quad \boxed{C_{v_{\text{abwärts}}} = 0{,}95}. \tag{16.11}$$

b) Die Rechnung verläuft analog zu a). Mit den Gln. (16.6) und (16.7) folgt für die Sinkgeschwindigkeit der Pulverteilchen:

$$Ar = 386 \quad \rightarrow \quad w_P = 0{,}755 \, \frac{\text{m}}{\text{s}}, \tag{16.12}$$

mit der sich der Wandreibungsparameter ergibt:

$$F^* = \frac{w_P^{1,5} v_g^{0,5}}{dg} \frac{\lambda_S^*}{2} \quad \rightarrow \quad F^* = 6{,}69 \cdot 10^{-3}. \tag{16.13}$$

Die Schwerkraftparameter in den horizontalen und vertikalen Rohrabschnitten ergeben sich als:

$$B_h^{-2/3} = \frac{v_g}{w_P \beta_h^{2/3}} = \frac{v_g}{w_P f^{2/3}} \quad \rightarrow \quad B_h^{-2/3} = 38{,}4 \quad \text{bzw.} \quad B_v^{-2/3} = \frac{v_g}{w_P}$$

$$\rightarrow \quad B_v^{-2/3} = 33{,}1. \tag{16.14}$$

Unter Verwendung von Abb. Lb 16.10 resultieren die bezogenen Transportgeschwindigkeiten:

$$\boxed{C_h = 0{,}9} \quad \text{bzw.} \quad \boxed{C_{v_{\text{aufwärts}}} = 0{,}9} \quad \text{und} \quad \boxed{C_{v_{\text{abwärts}}} = 1{,}05}. \tag{16.15}$$

16.3   Auslegung einer pneumatischen Förderanlage für Steinkohle[**]

▶   **Thema** Berechnungen von Leitungen für die pneumatische Förderung

In einer pneumatischen Förderanlage sollen 6,2 t/h Steinkohle mit einer mittleren Korngröße von 4 mm horizontal über eine Strecke von 30 m mit Luft gefördert werden. Die
Anlage arbeitet mit Druckförderung bei einem Ansaugdruck p_1 des Verdichters von 1 bar,
der dem Umgebungsdruck entspricht. Die Leitungen sollen aus gehärtetem Stahl bestehen.
Vor dem Bau müssen Rohre und Verdichter dimensioniert werden.

a) Bestimmen Sie den Durchmesser d des Förderrohres, wenn die mittlere Luftgeschwindigkeit bezogen auf den freien Querschnitt 20 m/s betragen soll.
b) Berechnen Sie den Gesamtdruckverlust Δp_{ges} bei stationärer Förderung.
c) Ermitteln Sie die erforderliche Verdichterleistung.

Gegeben:

Feststoffdichte	$\rho_s = 1900 \, \text{kg/m}^3$
Mittlere Gasdichte	$\rho_g = 1,2 \, \text{kg/m}^3$
Gasviskosität	$\eta_g = 1,8 \cdot 10^{-5} \, \text{Pa} \cdot \text{s}$
Rohrrauigkeit	$k = 0,17 \, \text{mm}$
Gleitreibungsbeiwert	$f = 0,8$
Feststoffbeladung	$\mu = 9$

Annahmen:

1. Die Berechnung der stationären Feststoffgeschwindigkeit kann für den Übergangsbereich ($k = 0,5$) erfolgen.
2. Die Partikelsinkgeschwindigkeit kann vereinfachend für kugelförmige Kohlepartikel
   berechnet werden.
3. Zur Berechnung der Verdichterleistung kann von einer isothermen Verdichtung infolge
   geringer Druckerhöhung Δp_{ges} ausgegangen werden. Die Leistung ergibt sich mit dem
   Druck p_2 auf der Druckseite des Verdichters gemäß:

$$P_{\text{isotherm}} = -\dot{V}_g \, p_1 \ln \left(\frac{p_1}{p_2} \right) \tag{16.16}$$

Lösung

Lösungsansatz:
Nutzung der Beziehung für den Gesamtdruckverlust, speziell für den Zusatzdruckverlust,
sowie der Abb. Lb 16.10

Lösungsweg:

a) Zur Bestimmung des Durchmessers muss der Gasvolumenstrom bestimmt werden:

$$\dot{M}_g = \dot{V}_g \rho_g = \frac{\dot{M}_s}{\mu} \quad \rightarrow \quad \dot{V}_g = \frac{\dot{M}_s}{\mu \rho_g} \quad \rightarrow \quad \dot{V}_g = 0{,}159 \, \frac{\text{m}^3}{\text{s}}. \tag{16.17}$$

Mit der bekannten Gasleerrohrgeschwindigkeit lässt sich aus dem Gasvolumenstrom der Rohrdurchmesser ermitteln:

$$d = \sqrt{\frac{\dot{V}_g}{\frac{\pi}{4} v_g}} \quad \rightarrow \quad \boxed{d = 0{,}101 \, \text{m}}. \tag{16.18}$$

b) Der Gesamtdruckverlust berechnet sich additiv aus dem Druckverlust der einphasigen Gasströmung und dem zusätzlichen Druckverlust hervorgerufen durch die Feststoffpartikel. Der Druckverlust der reinen Gasströmung folgt aus Gl. (Lb 5.35):

$$\Delta p_g = \zeta_g \frac{\rho_g}{2} v_g^2 \frac{\Delta L}{d}. \tag{16.19}$$

Der Widerstandsbeiwert ζ_g ergibt sich für raue Rohre aus Abb. Lb 5.8. Hierfür wird die Reynoldszahl der Gasströmung benötigt:

$$Re = \frac{v_g d \rho_g}{\eta_g} \quad \rightarrow \quad Re = 1{,}34 \cdot 10^5. \tag{16.20}$$

Mit der bezogenen Rohrrauigkeit k/d

$$\frac{k}{d} = 1{,}69 \cdot 10^{-3} \tag{16.21}$$

kann der Widerstandsbeiwert grafisch aus Abb. Lb 5.8 zu $\zeta_g = 0{,}024$ bestimmt werden. Der Druckverlust der Gasströmung beträgt somit:

$$\Delta p_g = \zeta_g \frac{\rho_g}{2} v_g^2 \frac{\Delta L}{d} \quad \rightarrow \quad \Delta p_g = 1715 \, \text{Pa}. \tag{16.22}$$

Der zusätzliche Druckverlust Δp_Z berechnet sich im stationären Fall nach Gl. (Lb 16.23):

$$\Delta p_Z = \mu \frac{\rho_g}{2} v_g^2 \frac{\Delta L}{d} \left(C \lambda_S^* + \frac{2}{C Fr} \beta \right). \tag{16.23}$$

Der Widerstandsbeiwert λ_S^* ergibt sich für das betrachtete System gemäß Tab. Lb 16.1 zu:

$$\lambda_S^* = 0{,}0023. \tag{16.24}$$

Zur Bestimmung des Geschwindigkeitsverhältnisses C wird Abb. Lb 16.10 genutzt. Hierfür muss die Sinkgeschwindigkeit des Einzelpartikels ermittelt werden. Da gemäß Annahme ein kugelförmiges Kohleteilchen betrachtet werden kann, erfolgt die Berechnung auf Basis der Archimedeszahl (Gl. (Lb 7.9)):

$$Ar = \frac{\rho_s - \rho_g}{\rho_g} \frac{g d_P^3 \rho_g^2}{\eta_g^2} \quad \rightarrow \quad Ar = 4{,}42 \cdot 10^6. \tag{16.25}$$

Mit Gl. (Lb 7.10) lässt sich aus der Archimedeszahl die Partikelsinkgeschwindigkeit bestimmen:

$$w_P = 18 \left(\sqrt{1 + \frac{\sqrt{Ar}}{9}} - 1 \right)^2 \frac{\eta_g}{\rho_g d_P} \quad \rightarrow \quad w_P = 13{,}8 \, \frac{\text{m}}{\text{s}}. \tag{16.26}$$

Mit Hilfe dieser Werte kann der Wandreibungsparameter F^*, welcher zur Bestimmung des Geschwindigkeitsverhältnisses C benötigt wird, berechnet werden:

$$F^* = \frac{w_P^{1,5} v_g^{0,5}}{dg} \frac{\lambda_S^*}{2} \quad \rightarrow \quad F^* = 0{,}268. \tag{16.27}$$

Auf Grund der horizontalen Förderung ergibt sich ein Winkel $\alpha = 0°$. Der Beiwert β folgt aus Gl. (Lb 16.24):

$$\beta \equiv \sin\alpha + f\cos\alpha = f. \tag{16.28}$$

Der Schwerkraftparameter $B^{-2/3}$ berechnet sich somit zu:

$$B^{-2/3} = \frac{v_g}{w_P \beta^{2/3}} = \frac{v_g}{w_P f^{2/3}} \quad \rightarrow \quad B^{-2/3} = 1{,}68. \tag{16.29}$$

Mit den Werten für F^* und $B^{-2/3}$ kann die bezogene Transportgeschwindigkeit C grafisch aus Abb. Lb 16.10 zu

$$C = 0{,}35 \tag{16.30}$$

ermittelt werden. Für die Berechnung des Zusatzdruckverlusts nach Gl. (16.23) muss noch die Froudezahl Fr bestimmt werden:

$$Fr = \frac{v_g^2}{gd} \quad \rightarrow \quad Fr = 405. \tag{16.31}$$

Der durch die Feststoffpartikel zusätzlich verursachte Druckverlust (Gl. (16.23)) wird somit zu:

$$\Delta p_Z = \mu \frac{\rho_g}{2} v_g^2 \frac{\Delta L}{d} \left(C \lambda_S^* + \frac{2}{C \, Fr} \beta \right) \quad \rightarrow \quad \Delta p_Z = 7{,}78 \cdot 10^3 \, \text{Pa}. \tag{16.32}$$

Der Gesamtdruckverlust ergibt sich aus der Summe der beiden einzelnen Druckverluste:

$$\Delta p_{\text{ges}} = \Delta p_g + \Delta p_Z \quad \rightarrow \quad \boxed{\Delta p_{\text{ges}} = 9{,}5 \cdot 10^3 \text{ Pa}}. \tag{16.33}$$

c) Die aufzubringende Leistung für eine isotherme Druckerhöhung berechnet sich gemäß:

$$P_{\text{isotherm}} = -\dot{V}_g \, p_1 \ln\left(\frac{p_1}{p_2}\right) = \dot{V}_g \, p_1 \ln\left(1 + \frac{\Delta p_{\text{ges}}}{p_1}\right)$$

$$\rightarrow \quad \boxed{P_{\text{isotherm}} = 1{,}45 \text{ kW}}. \tag{16.34}$$

Ergänzung
Für geringe Druckerhöhungen lässt sich der natürliche Logarithmus in eine Potenzreihe entwickeln. Wird die Reihe nach dem ersten Glied abgebrochen, so ergibt sich für die erforderliche Verdichterleistung das Produkt aus Gasvolumenstrom und Druckverlust:

$$P = \dot{V}_g \, \Delta p_{\text{ges}} \quad \rightarrow \quad P = 1{,}51 \text{ kW}. \tag{16.35}$$

Die so berechnete Leistung ist stets größer als die isotherme Verdichterleistung.

16.4 Auslegung einer pneumatischen Flugförderung für Polyethylen-Granulat [4]**

▶   **Thema** Berechnungen von Leitungen für die pneumatische Förderung

Durch die in Abb. 16.1 skizzierte Rohrleitung sollen 1,8 t/h Polyethylen-Granulat mit einer Feststoffbeladung $\mu \approx 10$ und einer Gasleerrohrgeschwindigkeit von 25 m/s gefördert werden. Die Rohrleitung weist eine vernachlässigbare Rauigkeit auf und der Widerstandsbeiwert infolge der Wandstöße λ_S^* beträgt 0,002. Es gelten die analogen Annahmen wie für Aufg. 16.3.

Berechnen Sie den notwendigen Luftvolumenstrom, den Rohrdurchmesser und die isotherme Gebläseleistung.

Abb. 16.1 Pneumatische Förderanlage zum Transport von Polyethylen-Granulat

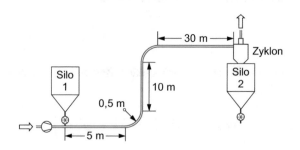

Gegeben:

Partikelgröße	$d_P = 3,5\,\text{mm}$
Feststoffdichte	$\rho_s = 1070\,\text{kg/m}^3$
Gasdichte	$\rho_{g0} = 1,2\,\text{kg/m}^3$
Gasviskosität	$\eta_g = 1,8 \cdot 10^{-5}\,\text{Pa} \cdot \text{s}$
Gleitreibungsbeiwert	$f = 0,8$
Verlustbeiwert des Zyklons	$\zeta_{\text{ges}} = 25$

Lösung

Lösungsansatz:
Nutzung der Beziehung für den Gesamtdruckverlust, speziell für den Zusatzdruckverlust, sowie der Abb. Lb 16.10.

Lösungsweg:
Der Volumenstrom des Fördergases ergibt sich aus der Feststoffbeladung:

$$\dot{M}_g = \dot{V}_g \rho_g = \frac{\dot{M}_s}{\mu} \quad \rightarrow \quad \dot{V}_g = \frac{\dot{M}_s}{\mu \rho_g} \quad \rightarrow \quad \boxed{\dot{V}_g = 0,0417\,\frac{\text{m}^3}{\text{s}}}. \tag{16.36}$$

Mit der bekannten Gasleerrohrgeschwindigkeit resultiert aus dem Gasvolumenstrom der Rohrdurchmesser:

$$d = \sqrt{\frac{4\,\dot{V}_g}{\pi\,v_g}} \quad \rightarrow \quad \boxed{d = 46,1\,\text{mm}}. \tag{16.37}$$

Der Gesamtdruckverlust setzt sich aus dem Druckverlust der einphasigen Gasströmung und dem durch die Feststoffströmung verursachten Zusatzdruckverlust zusammen. Zusätzlich müssen die Einbauten bezüglich ihres Druckverlusts berücksichtigt werden. Der Druckverlust, welcher sich bei der einphasigen Durchströmung von Rohrleitungssystemen ergibt, berechnet sich nach Gl. (Lb 5.59):

$$\Delta p_g = \sum_i \left(\zeta \frac{\rho_g}{2} v_g^2 \frac{L}{d} \right)_i + \sum_j \left(\zeta_E \frac{\rho_g}{2} v_g^2 \right)_j. \tag{16.38}$$

Für den Druckverlust durch die Gasströmung wird die Reynoldszahl benötigt:

$$Re = \frac{v_g d \rho_g}{\eta_g} \quad \rightarrow \quad Re = 7,68 \cdot 10^4. \tag{16.39}$$

Der Widerstandsbeiwert der Gasströmung kann nach Gl. (Lb 5.37) bestimmt werden:

$$\zeta_g = (100Re)^{-1/4} \quad \rightarrow \quad \zeta_g = 0{,}019. \tag{16.40}$$

Für die Rohrbögen muss zusätzlich ein Widerstandsbeiwert ermittelt werden. Die entsprechende Berechnungsgleichung für einen 90°-Krümmer ist Abb. Lb 5.13 zu entnehmen:

$$\zeta_K = 0{,}131 + 0{,}163 \left(\frac{d}{R} \right)^{3,5} \quad \rightarrow \quad \zeta_K = 0{,}131. \tag{16.41}$$

Unter Beachtung des Zyklons ergibt sich ein Druckverlust der einphasigen Gasphasenströmung von

$$\Delta p_g = \frac{\rho_g}{2} v_g^2 \left(\zeta_g \frac{L_{\text{ges}}}{d} + 2\zeta_K + \zeta_{\text{Zyklon}} \right) \quad \rightarrow \quad \Delta p_g = 1{,}64 \cdot 10^4 \, \text{Pa}. \tag{16.42}$$

Zur Berechnung des aus Partikelstößen an der Wand sowie Hub und Wandreibung resultierenden Zusatzdruckverlusts wird Abb. Lb 16.10 genutzt. Die Sinkgeschwindigkeit des Einzelpartikels w_P kann über die dimensionslose Archimedeszahl Ar

$$Ar = \frac{\rho_s - \rho_g}{\rho_g} \frac{g d_P^3 \rho_g^2}{\eta_g^2} \quad \rightarrow \quad Ar = 1{,}66 \cdot 10^6 \tag{16.43}$$

bestimmt werden. Aus der Archimedeszahl ergibt sich nach Gl. (Lb 7.10) direkt die Partikelsinkgeschwindigkeit:

$$w_P = 18 \left(\sqrt{1 + \frac{\sqrt{Ar}}{9}} - 1 \right)^2 \frac{\eta_g}{\rho_g d_P} \quad \rightarrow \quad w_P = 9{,}36 \, \frac{\text{m}}{\text{s}}. \tag{16.44}$$

Zur Nutzung von Abb. Lb 16.10 müssen der Wandreibungsparameter F^* und der Schwerkraftparameter B berechnet werden. Für F^* gilt:

$$F^* = \frac{w_P^{1,5} v_g^{0,5}}{dg} \frac{\lambda_S^*}{2} \quad \rightarrow \quad F^* = 0{,}317. \tag{16.45}$$

Zur weiteren Bestimmung des Zusatzdruckverlusts muss zwischen den horizontalen ($\alpha = 0°$) und vertikalen ($\alpha = 90°$) Rohrabschnitten unterschieden werden. Der Beiwert β wird mit Gl. (Lb 16.24) bestimmt:

$$\beta \equiv \sin \alpha + f \cos \alpha \quad \rightarrow \quad \beta_h = f \quad \text{bzw.} \quad \beta_v = 1. \tag{16.46}$$

Die Schwerkraftparameter in den horizontalen und vertikalen Rohrabschnitten nehmen somit unterschiedliche Werte an. Es ergeben sich:

$$B_h^{-2/3} = \frac{v_g}{w_P \beta_h^{2/3}} = \frac{v_g}{w_P f^{2/3}} \quad \rightarrow \quad B_h^{-2/3} = 3{,}1 \quad \text{bzw.} \quad B_v^{-2/3} = \frac{v_g}{w_P}$$

$$\rightarrow \quad B_v^{-2/3} = 2{,}67. \tag{16.47}$$

Unter Verwendung von Abb. Lb 16.10 resultieren die bezogenen Transportgeschwindigkeiten:

$$C_h = 0{,}52 \quad \text{bzw.} \quad C_v = 0{,}48. \tag{16.48}$$

Schließlich wird noch die Froudezahl benötigt:

$$Fr = \frac{v_g^2}{gd} \quad \rightarrow \quad Fr = 1383. \tag{16.49}$$

Damit kann der zusätzliche Druckverlust in den horizontalen Rohrabschnitten bestimmt werden:

$$\Delta p_{Z,h} = \mu \frac{\rho_g}{2} v_g^2 \frac{\Delta L_h}{d} \left(C_h \lambda_S^* + \frac{2}{C_h Fr} \beta_h \right) \quad \rightarrow \quad \Delta p_{Z,h} = 9302 \, \text{Pa}. \tag{16.50}$$

Analog hierzu ergibt sich für das vertikale Rohr der zusätzliche Druckverlust:

$$\Delta p_{Z,v} = \mu \frac{\rho_g}{2} v_g^2 \frac{\Delta L_v}{d} \left(C_v \lambda_S^* + \frac{2}{C_v Fr} \beta_v \right) \quad \rightarrow \quad \Delta p_{Z,v} = 3234 \, \text{Pa}. \tag{16.51}$$

Des Weiteren muss der Beschleunigungsdruckverlust berücksichtigt werden, welcher durch die Beschleunigung des geförderten Guts verursacht wird. Dieser kann mit Hilfe von Gl. (Lb 16.32) berechnet werden, wobei angenommen wird, dass die Partikel zu Beginn keine Geschwindigkeit in horizontaler Richtung besitzen:

$$\Delta p_b = \mu \rho_g v_g w_{s_{\text{end}}} = \mu \rho_g v_g^2 C_h \quad \rightarrow \quad \Delta p_b = 3900 \, \text{Pa}. \tag{16.52}$$

Zuletzt müssen die zusätzlichen Druckverluste der Krümmer betrachtet werden (Abb. Lb 16.13). Die Feststoffgeschwindigkeiten vor und nach den Krümmern berechnen sich aus den bezogenen Transportgeschwindigkeiten Gl. (Lb 16.13):

$$w_{s\,h} = C_h v_g \quad \text{bzw.} \quad w_{s\,v} = C_v v_g. \tag{16.53}$$

Als Schätzwert für 90°-Krümmer gilt, dass sich die Feststoffgeschwindigkeit durch den Krümmer im Vergleich zur Eintrittsgeschwindigkeit etwa halbiert. Somit weist der Feststoff nach dem Krümmer noch eine Geschwindigkeit von $w_{s2} = 0{,}5 w_{s1}$ auf. Der Feststoff muss anschließend auf die im weiteren Rohrabschnitt vorliegende Transportgeschwindigkeit beschleunigt werden, was zu dem Druckverlust des Feststoffs im Krümmer führt:

$$\Delta p_{K1} = \mu \rho_g v_g \left(w_v - 0.5w_h\right) = \mu \rho_g v_g^2 \left(C_v - 0.5C_h\right)$$

$$\rightarrow \quad \Delta p_{K1} = 1650\,\text{Pa}. \tag{16.54}$$

Analog ergibt sich für den zweiten Krümmer hinter dem vertikalen Rohrabschnitt ein Druckverlust von:

$$\Delta p_{K2} = \mu \rho_g v_g \left(w_h - 0.5w_v\right) = \mu \rho_g v_g^2 \left(C_h - 0.5C_v\right)$$

$$\rightarrow \quad \Delta p_{K2} = 2100\,\text{Pa}. \tag{16.55}$$

Somit resultiert der gesamte Druckverlust als Summe aller Einzeldruckverluste:

$$\Delta p_{\text{ges}} = \Delta p_g + \Delta p_{Z,h} + \Delta p_{Z,v} + \Delta p_b + \Delta p_{K1} + \Delta p_{K2}$$

$$\rightarrow \quad \boxed{\Delta p_{\text{ges}} = 366\,\text{mbar}}. \tag{16.56}$$

Die Leistung für eine isotherme Druckerhöhung berechnet sich gemäß (s. Aufg. 16.3):

$$P_{\text{isotherm}} = -\dot{V}_g p_1 \ln\left(\frac{p_1}{p_2}\right) = \dot{V}_g p_1 \ln\left(1 + \frac{\Delta p_{\text{ges}}}{p_1}\right)$$

$$\rightarrow \quad \boxed{P_{\text{isotherm}} = 1.3\,\text{kW}}. \tag{16.57}$$

Für geringe Druckerhöhungen lässt sich der natürliche Logarithmus in eine Potenzreihe entwickeln. Wird die Reihe nach dem ersten Glied abgebrochen, so ergibt sich für die erforderliche Verdichterleistung das Produkt aus Gasvolumenstrom und Druckverlust:

$$P = \dot{V}_g \Delta p_{\text{ges}} \quad \rightarrow \quad \boxed{P = 1.53\,\text{kW}}. \tag{16.58}$$

16.5 Dimensionierung einer Flugförderungsanlage für Kunststoffpulver [2]***

▶ **Thema** Berechnungen von Leitungen für die pneumatische Förderung

Kunststoffpulver mit einem charakteristischen Durchmesser von $150\,\mu\text{m}$, annähernder Kugelform und einer Dichte von $1000\,\text{kg/m}^3$ soll mit einem Gasmassenstrom $\dot{M}_g$ von $1680\,\text{kg/h}$ bei einer Feststoffbeladung von $\mu = 4.8$ gefördert werden. Dabei soll die Vergleichsgeschwindigkeit des Gases $22\,\text{m/s}$ betragen. Die Länge der gesamten Rohrleitung beträgt $800\,\text{m}$, wobei der Leitungsverlauf in Abb. 16.2 schematisch dargestellt ist. Der Feststoff wird aus dem Ruhezustand (Position 0) beschleunigt. Dabei beträgt die Länge

Abb. 16.2 Rohrleitungsverlauf der Flugförderungsanlage

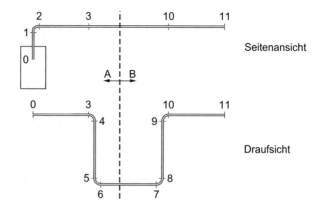

der vertikalen Steigleitung $(\overline{01})$ 50 m, während alle anderen Teilabschnitte jeweils eine Länge von 150 m aufweisen. Der Krümmungsradius der Krümmer beträgt 0,5 m. Aufgrund der Gasexpansion muss die Rohrleitung, wie eine Überschlagsrechnung zeigt, in zwei gleich lange Abschnitte mit unterschiedlichen Durchmessern unterteilt werden. Dabei fällt der Druck im Abschnitt A von 3,3 bar auf 2 bar und im anschließenden Abschnitt B auf 1 bar ab. Es gelten die analogen Annahmen wie für Aufg. 16.3.

a) Berechnen Sie die Rohrdurchmesser beider Abschnitte.
b) Überprüfen Sie, ob die zugrunde gelegten Druckverluste korrekt sind.

Gegeben:

Gasdichte (1 bar) $\rho_g = 1,2\,\text{kg/m}^3$
Gasviskosität $\eta_g = 18,2 \cdot 10^{-6}\,\text{Pa} \cdot \text{s}$
Gleitreibungsbeiwert $f = 0,5$
Widerstandsbeiwert $\lambda_S^* = 0,005$

Hinweise:

1. Die Gasdichten sind für den mittleren Druck zu berechnen. Das Gas verhält sich ideal.
2. Das Rohr kann als hydraulisch glatt betrachtet werden.

Lösung

Lösungsansatz:
Nutzung der Beziehung für den Gesamtdruckverlust, speziell für den Zusatzdruckverlust, sowie der Abb. Lb 16.10.

Lösungsweg:

a) Für die weiteren Berechnungen ist zunächst die mittlere Gasdichte zu ermitteln. Mit den mittleren Drücken in beiden Abschnitten

$$\overline{p} = \frac{p_\alpha + p_\beta}{2} \quad \rightarrow \quad \overline{p}_A = 2{,}65\,\text{bar} \quad \text{bzw.} \quad \overline{p}_B = 1{,}5\,\text{bar.} \tag{16.59}$$

berechnen sich für das als ideales Gas zu betrachtende Fördermedium die korrespondierenden mittleren Dichten:

$$\overline{\rho}_g = \frac{\overline{p}}{p_0}\rho_g(p_0) \quad \rightarrow \quad \overline{\rho}_{gA} = 3{,}18\,\frac{\text{kg}}{\text{m}^3} \quad \text{bzw.} \quad \overline{\rho}_{gB} = 1{,}8\,\frac{\text{kg}}{\text{m}^3}. \tag{16.60}$$

Zur Bestimmung des Durchmessers muss der Gasvolumenstrom bestimmt werden:

$$\dot{M}_g = \dot{V}_g\rho_g = \frac{\dot{M}_s}{\mu} \quad \rightarrow \quad \dot{V}_g = \frac{\dot{M}_s}{\mu\overline{\rho}_g}$$

$$\rightarrow \quad \dot{V}_{gA} = 0{,}0306\,\frac{\text{m}^3}{\text{s}} \quad \text{bzw.} \quad \dot{V}_{gB} = 0{,}054\,\frac{\text{m}^3}{\text{s}}. \tag{16.61}$$

Aus der Vergleichsgeschwindigkeit ergibt sich die Betriebsgeschwindigkeit des Gases nach Gl. (Lb 16.37)

$$v_g = v_{g0}\sqrt{\frac{\rho_g(p_0)}{\overline{\rho}_g}} \quad \rightarrow \quad v_{gA} = 13{,}5\,\frac{\text{m}}{\text{s}} \quad \text{bzw.} \quad v_{gB} = 18\,\frac{\text{m}}{\text{s}}, \tag{16.62}$$

mit der zusammen mit dem Gasvolumenstrom der Rohrdurchmesser bestimmt wird:

$$d = \sqrt{\frac{\dot{V}_g}{\frac{\pi}{4}v_g}} \quad \rightarrow \quad \boxed{d_A = 53{,}7\,\text{mm}} \quad \text{bzw.} \quad \boxed{d_B = 61{,}9\,\text{mm}}. \tag{16.63}$$

b) Der Gesamtdruckverlust in den beiden Abschnitten setzt sich aus dem Druckverlust der einphasigen Gasströmung und dem durch die Feststoffströmung verursachten Zusatzdruckverlust zusammen. Weiterhin müssen die Einbauten bezüglich ihres Druckverlusts berücksichtigt werden. Der Druckverlust, welcher sich bei der einphasigen Durchströmung von Rohrleitungssystemen ergibt, berechnet sich nach Gl. (Lb 5.59):

$$\Delta p_g = \sum_i \left(\zeta\frac{\rho_g}{2}v_g^2\frac{L}{d}\right)_i + \sum_j \left(\zeta_E\frac{\rho_g}{2}v_g^2\right)_j. \tag{16.64}$$

Für den Druckverlust durch die Gasströmung wird die Reynoldszahl benötigt:

$$Re = \frac{v_g d\rho_g}{\eta_g} \quad \rightarrow \quad Re_A = 1{,}27\cdot10^5 \quad \text{bzw.} \quad Re_B = 1{,}1\cdot10^5. \tag{16.65}$$

Für diese Reynoldszahlen kann der Widerstandsbeiwert mit Gl. (Lb 5.38) berechnet werden:

$$\zeta_g = 0,0054 + \frac{0,3964}{Re^{0,3}} \quad \rightarrow \quad \zeta_{gA} = 0,0171 \quad \text{bzw.} \quad \zeta_{gB} = 0,0176. \tag{16.66}$$

Für die Krümmer muss zusätzlich ein Widerstandsbeiwert ermittelt werden. Die entsprechende Berechnungsgleichung für einen 90°-Krümmer ist Abb. Lb 5.13 zu entnehmen:

$$\zeta_K = 0,131 + 0,163 \left(\frac{d}{R}\right)^{3,5} \quad \rightarrow \quad \zeta_{KA} = 0,131 \quad \text{bzw.} \quad \zeta_{KB} = 0,131. \tag{16.67}$$

Somit beträgt der gemäß Gl. (16.64) durch die reine Gasströmung verursachte Druckverlust

$$\Delta p_{gA} = \zeta_{gA} \frac{\rho_{gA}}{2} v_{gA}^2 \frac{\Delta L_A}{d_A} + n_A \zeta_{KA} \frac{\rho_{gA}}{2} v_{gA}^2$$

$$= \frac{\rho_{gA}}{2} v_{gA}^2 \left(\zeta_{gA} \frac{\Delta L_A}{d_A} + n_A \zeta_{KA}\right) \quad \rightarrow \quad \Delta p_{gA} = 0,371 \, \text{bar} \tag{16.68}$$

$$\Delta p_{gB} = \frac{\rho_{gB}}{2} v_{gB}^2 \left(\zeta_{gB} \frac{\Delta L_B}{d_B} + n_B \zeta_{KB}\right) \quad \rightarrow \quad \Delta p_{gB} = 0,331 \, \text{bar}, \tag{16.69}$$

wobei für den Abschnitt A drei und für B zwei Krümmer berücksichtigt wurden. Der zusätzliche Druckverlust Δp_Z berechnet sich im stationären Fall nach Gl. (Lb 16.23):

$$\Delta p_Z = \mu \frac{\rho_g}{2} v_g^2 \frac{\Delta L}{d} \left(C \lambda_S^* + \frac{2}{C Fr} \beta\right). \tag{16.70}$$

Zur Bestimmung des Geschwindigkeitsverhältnisses C wird Abb. Lb 16.10 genutzt. Hierfür muss die Sinkgeschwindigkeit des Einzelpartikels bestimmt werden. Da gemäß Annahme kugelförmige Kunststoffteilchen betrachtet werden können, erfolgt die Berechnung auf Basis der Archimedeszahl (Gl. (Lb 7.9)):

$$Ar = \frac{\rho_s - \rho_g}{\rho_g} \frac{g d_P^3 \rho_g^2}{\eta_g^2} \quad \rightarrow \quad Ar_A = 317 \quad \text{bzw.} \quad Ar_B = 180. \tag{16.71}$$

Mit Gl. (Lb 7.10) lässt sich aus der Archimedeszahl die Partikelsinkgeschwindigkeit bestimmen:

$$w_P = 18 \left(\sqrt{1 + \frac{\sqrt{Ar}}{9}} - 1\right)^2 \frac{\eta_g}{\rho_g d_P}$$

$$\rightarrow \quad w_{PA} = 0,362 \, \frac{\text{m}}{\text{s}} \quad \text{bzw.} \quad w_{PB} = 0,405 \, \frac{\text{m}}{\text{s}}. \tag{16.72}$$

Mit Hilfe dieser Werte kann der Wandreibungsparameter F^*, welcher zur Bestimmung des Geschwindigkeitsverhältnisses C benötigt wird, berechnet werden:

$$F^* = \frac{w_P^{1,5} v_g^{0,5}}{dg} \frac{\lambda_S^*}{2} \quad \to \quad F_A^* = 3,8 \cdot 10^{-3} \quad \text{bzw.} \quad F_B^* = 4,54 \cdot 10^{-3}. \quad (16.73)$$

Zur weiteren Bestimmung des Zusatzdruckverlusts muss zwischen den horizontalen ($\alpha = 0°$) und vertikalen ($\alpha = 90°$) Rohrabschnitten unterschieden werden. Der Beiwert β berechnet sich nach Gl. (Lb 16.24):

$$\beta \equiv \sin\alpha + f\cos\alpha \quad \to \quad \beta_h = f = 0,5 \quad \text{bzw.} \quad \beta_v = 1. \quad (16.74)$$

Die Schwerkraftparameter in den horizontalen und vertikalen Rohrabschnitten nehmen somit unterschiedliche Werte an. Es ergeben sich:

$$B_v^{-2/3} = \frac{v_g}{w_P \beta_v^{2/3}} \quad \to \quad B_v^{-2/3} = 37,4 \quad \text{sowie} \quad B_h^{-2/3} = \frac{v_g}{w_P \beta_h^{2/3}}$$

$$\to \quad B_{hA}^{-2/3} = 59,3 \quad \text{bzw.} \quad B_{hB}^{-2/3} = 70,4. \quad (16.75)$$

Mit den Werten für F^* und $B^{-2/3}$ können die bezogenen Transportgeschwindigkeiten C grafisch aus Abb. Lb 16.10 ermittelt werden:

$$C_v = 0,95 \quad \text{sowie} \quad C_{hA} = 0,96 \quad \text{bzw.} \quad C_{hB} = 0,96. \quad (16.76)$$

Für die Berechnung des Zusatzdruckverlusts nach Gl. (16.23) muss noch die Froudezahl Fr bestimmt werden:

$$Fr = \frac{v_g^2}{gd} \quad \to \quad Fr_A = 347 \quad \text{bzw.} \quad Fr_B = 532. \quad (16.77)$$

Damit kann der zusätzliche Druckverlust in den horizontalen Rohrabschnitten berechnet werden:

$$\Delta p_{Z,h} = \mu \frac{\rho_g}{2} v_g^2 \frac{\Delta L_h}{d} \left(C_h \lambda_S^* + \frac{2}{C_h Fr} \beta_h \right)$$

$$\to \quad \Delta p_{Z,hA} = 0,709\,\text{bar} \quad \text{bzw.} \quad \Delta p_{Z,hB} = 0,609\,\text{bar}. \quad (16.78)$$

Analog hierzu ergibt sich für das vertikale Rohr in Abschnitt A der zusätzliche Druckverlust:

$$\Delta p_{Z,v} = \mu \frac{\rho_g}{2} v_g^2 \frac{\Delta L_v}{d} \left(C_v \lambda_S^* + \frac{2}{C_v Fr} \beta_v \right) \quad \to \quad \Delta p_{Z,v} = 0,14\,\text{bar}. \quad (16.79)$$

Des Weiteren muss der Beschleunigungsdruckverlust berücksichtigt werden, welcher durch die Beschleunigung des geförderten Guts verursacht wird. Dieser kann mit Hilfe von Gl. (Lb 16.32) berechnet werden, wobei angenommen wird, dass die Partikel zu Beginn keine Geschwindigkeit in vertikaler Richtung besitzen:

$$\Delta p_b = \mu \rho_{gA} v_{gA} w_{s A_{\text{end}}} = \mu \rho_{gA} v_{gA}^2 C_v \quad \rightarrow \quad \Delta p_b = 2648\,\text{Pa}. \tag{16.80}$$

Zuletzt müssen die zusätzlichen Druckverluste der Krümmer betrachtet werden (Abb. Lb 16.13). Die Feststoffgeschwindigkeiten vor und nach den Krümmern berechnen sich aus Gl. (Lb 16.13):

$$w_{s\,h} = C_h v_g \quad \text{bzw.} \quad w_{s\,v} = C_v v_g. \tag{16.81}$$

Als Schätzwert für 90°-Krümmer gilt, dass sich die Feststoffgeschwindigkeit durch den Krümmer im Vergleich zur Eintrittsgeschwindigkeit etwa halbiert. Somit weist der Feststoff nach dem Krümmer noch eine Geschwindigkeit von $w_{s2} = 0{,}5 w_{s1}$ auf. Der Feststoff muss anschließend auf die im weiteren Rohrabschnitt vorliegende Transportgeschwindigkeit beschleunigt werden, was zu dem Druckverlust des Feststoffs im Krümmer führt:

$$\Delta p_{Kv} = \mu \rho_{gA} v_{gA} \left(w_{vA} - 0{,}5 w_{hA} \right) = \mu \rho_{gA} v_{gA}^2 \left(C_v - 0{,}5 C_{hA} \right)$$
$$\rightarrow \quad \Delta p_{Kv} = 1310\,\text{Pa}. \tag{16.82}$$

Analog ergibt sich für die weiteren Krümmer im horizontalen Abschnitt ein Druckverlust von:

$$\Delta p_{Kh} = \mu \rho_g v_g \left(w_h - 0{,}5 w_h \right) = 0{,}5 \mu \rho_g v_g^2 C_h$$
$$\rightarrow \quad \Delta p_{KhA} = 1338\,\text{Pa} \quad \text{bzw.} \quad \Delta p_{KhB} = 1338\,\text{Pa}. \tag{16.83}$$

Somit resultieren für die beiden Abschnitte folgende Gesamtdruckverluste:

$$\Delta p_{A_{\text{ges}}} = \Delta p_{gA} + \Delta p_{Z,hA} + \Delta p_{Z,v} + \Delta p_b$$
$$+ \Delta p_{Kv} + 2\Delta p_{KhA} \quad \rightarrow \quad \boxed{\Delta p_{A_{\text{ges}}} = 1{,}29\,\text{bar}} \tag{16.84}$$

$$\Delta p_{B_{\text{ges}}} = \Delta p_{gB} + \Delta p_{Z,hB} + 2\Delta p_{KhB} \quad \rightarrow \quad \boxed{\Delta p_{B_{\text{ges}}} = 0{,}967\,\text{bar}}. \tag{16.85}$$

Damit entsprechen die Druckverluste den in der Aufgabenstellung angenommenen Werten.

16.6   Pneumatische Schiffsentladungsanlage im Hafen von Lissabon[**]

(weitere Details zur Förderanlage s. [3])

▶   **Thema** Berechnungen von Leitungen für die pneumatische Förderung/Förder-
geschwindigkeit

Um die Liegezeiten großer Überseeschiffe mit mehreren 100.000 t Ladung kurz zu halten,
müssen große Gutmassenströme bei der Entladung realisiert werden können. Im Hafen
von Lissabon wurde eine Schiffsentladeanlage für 600 t/h Sojabohnen
($\psi = 0{,}87$; $f = 0{,}8$) gebaut, die horizontal über eine Länge von 32 m und vertikal
über einen Förderweg von 25 m transportiert werden. Die Gasleerrohrgeschwindigkeit
beträgt 25 m/s bei einem Rohrdurchmesser von 600 mm. Es gelten die Annahmen 1 und
3 der Aufg. 16.3.

a) Überprüfen Sie, ob mit dem gewählten Rohrdurchmesser das Verstopfen der Leitung
   vermieden wird.
b) Bestimmen Sie die erforderliche Antriebsleistung des eingesetzten Turboverdichters.

Gegeben:

Gasdichte $\rho_g = 1{,}2 \, \text{kg/m}^3$
Gasviskosität $\eta_g = 18{,}2 \cdot 10^{-6} \, \text{Pa} \cdot \text{s}$
Widerstandsbeiwert $\lambda_S^* = 0{,}002$

Hinweis:

Schüttgutdaten für Sojabohnen sind Tabelle Lb 16.2 zu entnehmen.

Lösung

Lösungsansatz:
Nutzung der empirischen Beziehung für die Stopfgrenze, der Gleichung für den Gesamtdruckverlust, speziell für den Zusatzdruckverlust, sowie der Abb. Lb 16.10.

Lösungsweg:
a) Eine Abschätzung über die Stopfgrenze für horizontale Rohren gibt Gl. Lb 16.39:

$$v_{g\text{Stopf}} \approx 0{,}25 \sqrt{\frac{\rho_{ss}}{\rho_g} g d}. \tag{16.86}$$

Mit dieser Gleichung wird die Stopfgeschwindigkeit $v_{g\text{Stopf}}$ abgeschätzt, unterhalb derer
das Rohr zu verstopfen beginnt. Die Gültigkeit von Gl. (16.86) wird durch die Nebenbedingung

$$\mu \frac{\rho_g}{\rho_{ss}} < 0{,}75 \tag{16.87}$$

begrenzt, zu deren Bestimmung die Feststoffbeladung μ bestimmt werden muss (Gl. (Lb 16.1)):

$$\mu \equiv \frac{\dot{M}_s}{\dot{M}_g} = \frac{\dot{M}_s}{A v_g \rho_g} = \frac{\dot{M}_s}{\frac{\pi}{4} d^2 v_g \rho_g} \quad \rightarrow \quad \mu = 19{,}6. \tag{16.88}$$

Die Überprüfung der Nebenbedingung (Gl. (16.87))

$$\mu \frac{\rho_g}{\rho_{ss}} = 0{,}034 < 0{,}75. \tag{16.89}$$

zeigt, dass Gl. (16.86) zur Bestimmung der Stopfgeschwindigkeit genutzt werden kann:

$$v_{g\,\text{Stopf}} \approx 0{,}25 \frac{\sqrt{gd}}{\sqrt{\frac{\rho_g}{\rho_{ss}}}} \quad \rightarrow \quad \boxed{v_{g\,\text{Stopf}} \approx 14{,}5 \,\frac{\text{m}}{\text{s}} < v_{g\,\text{Betrieb}} = 25 \,\frac{\text{m}}{\text{s}}.} \tag{16.90}$$

Somit ist die Stopfgeschwindigkeit geringer als die tatsächlich vorherrschende Gasgeschwindigkeit und es kommt nicht zum Verstopfen des Rohres.

b) Die Auslegung des Turboverdichters erfolgt für den Betrieb maximaler Auslastung also bei maximalem Förderweg. Die benötigte Antriebsleistung des Verdichters berechnet sich aus dem Gasvolumenstrom und dem Gesamtdruckverlust. Der Gasvolumenstrom berechnet gemäß:

$$\dot{V}_g = v_g A = v_g \frac{\pi}{4} d^2 \quad \rightarrow \quad \dot{V}_g = v_g A = 7{,}07 \,\frac{\text{m}^3}{\text{s}}. \tag{16.91}$$

Der Gesamtdruckverlust Δp_{ges} ergibt sich aus dem Druckverlust der einphasigen Gasströmung Δp_g, dem Zusatzdruckverlust aus Wandstößen sowie Hub und Wandreibung Δp_Z und dem Beschleunigungsdruckverlust Δp_b. Zur Berechnung des Druckverlusts der einphasigen Gasströmung muss der Widerstandsbeiwert der Strömung bestimmt werden. Dazu ist die Reynoldszahl erforderlich:

$$Re = \frac{v_g d \rho_g}{\eta_g} \quad \rightarrow \quad Re = 10^6. \tag{16.92}$$

Für diese Reynoldszahl kann der Widerstandsbeiwert mit Gl. (Lb 5.38) berechnet werden:

$$\zeta_g = 0{,}0054 + \frac{0{,}3964}{Re^{0{,}3}} \quad \rightarrow \quad \zeta_g = 0{,}0117. \tag{16.93}$$

Somit beträgt der durch die reine Gasströmung verursachte Druckverlust:

$$\Delta p_g = \zeta_g \frac{\rho_g}{2} v_g^2 \frac{\Delta L}{d} \quad \rightarrow \quad \Delta p_g = 416 \,\text{Pa}. \tag{16.94}$$

Hierbei ist zu beachten, dass sowohl horizontale als auch vertikale Rohre einbezogen wurden. Die Bestimmung des Zusatzdruckverlusts durch Hub und Wandreibung erfolgt mit Hilfe von Abb. Lb 16.10. Hierfür muss unter anderem die Sinkgeschwindigkeit des Einzelpartikels w_P bekannt sein, die sich gemäß Gl. (Lb 7.4) berechnet:

$$w_P = \sqrt{\frac{4}{3} \frac{|\rho_P - \rho_f|}{\rho_f} g d_P \frac{1}{\zeta}}. \tag{16.95}$$

Der Widerstandsbeiwert kann für nichtkugelförmige Teilchen berechnet werden nach (Gl. (Lb 7.20)):

$$\zeta = \frac{24}{Re_P} \left\{ 1 + [8,1716 \ \exp{(-4,0655\psi)}] \ Re_P^{0,0964+0,5565\psi} \right\}$$
$$+ \frac{73,69 Re_P \exp{(-5,0748\psi)}}{Re_P + 5,378 \exp{(6,2122\psi)}}. \tag{16.96}$$

Die Partikel-Reynoldszahl ist dabei definiert als:

$$Re_P = \frac{w_P d_P}{\nu}. \tag{16.97}$$

Insgesamt liegt ein impliziter Zusammenhang vor, der iterativ gelöst werden muss, z. B. durch Verwendung der Zielwertsuche in Excel. Aus dieser Iteration ergibt sich als Einzelpartikelsinkgeschwindigkeit:

$$w_P = 10 \frac{m}{s}. \tag{16.98}$$

Somit folgt für den Wandreibungsparameter F^* in Abb. Lb 16.10:

$$F^* = \frac{w_P^{1,5} v_g^{0,5}}{dg} \frac{\lambda_S^*}{2} \quad \rightarrow \quad F^* = 0,0269. \tag{16.99}$$

Zur weiteren Bestimmung des Zusatzdruckverlusts muss zwischen den horizontalen ($\alpha = 0°$) und vertikalen ($\alpha = 90°$) Rohrabschnitten unterschieden werden. Der Beiwert β berechnet sich nach Gl. (Lb 16.24):

$$\beta \equiv \sin\alpha + f \cos\alpha \quad \rightarrow \quad \beta_h = f \quad \text{bzw.} \quad \beta_v = 1. \tag{16.100}$$

Die Schwerkraftparameter in den horizontalen und vertikalen Rohrabschnitten nehmen somit unterschiedliche Werte an. Es ergeben sich:

$$B_h^{-2/3} = \frac{v_g}{w_P \beta_h^{2/3}} = \frac{v_g}{w_P f^{2/3}}$$

$$\rightarrow \quad B_h^{-2/3} = 2,9 \quad \text{sowie} \quad B_v^{-2/3} = \frac{v_g}{w_P \beta_v^{2/3}} = \frac{v_g}{w_P} \quad \rightarrow \quad B_v^{-2/3} = 2,5. \tag{16.101}$$

Unter Verwendung von Abb. Lb 16.10 resultieren die bezogenen Transportgeschwindig-keiten:

$$C_h = 0{,}63 \quad \text{bzw.} \quad C_v = 0{,}6. \tag{16.102}$$

Schließlich wird noch die Froudezahl benötigt:

$$Fr = \frac{v_g^2}{gd} \quad \rightarrow \quad Fr = 106. \tag{16.103}$$

Damit kann der zusätzliche Druckverlust in den horizontalen Rohrabschnitten bestimmt werden:

$$\Delta p_{Z,h} = \mu \frac{\rho_g}{2} v_g^2 \frac{\Delta L_h}{d} \left(C_h \lambda_S^* + \frac{2}{C_h Fr} \beta_h \right) \quad \rightarrow \quad \Delta p_{Z,h} = 9894\,\text{Pa}. \tag{16.104}$$

Analog hierzu ergibt sich für das vertikale Rohr der zusätzliche Druckverlust:

$$\Delta p_{Z,v} = \mu \frac{\rho_g}{2} v_g^2 \frac{\Delta L_v}{d} \left(C_v \lambda_S^* + \frac{2}{C_v Fr} \beta_v \right) \quad \rightarrow \quad \Delta p_{Z,v} = 10.006\,\text{Pa}. \tag{16.105}$$

Da sich der Feststoff zu Beginn der Förderung im Ruhezustand befindet, muss er zur Förderung auf die Feststofftransportgeschwindigkeit beschleunigt werden. Aus dieser Beschleunigung resultiert ein Druckverlust, welcher nach Gl. (Lb 16.32) berechnet werden kann. Dabei lässt sich die Endgeschwindigkeit des Feststoffs als Produkt aus bezogener Transportendgeschwindigkeit C und Gasgeschwindigkeit v_g beschreiben. Zur Dimensionierung wird mit C_h gerechnet, da dieser Wert größer als C_v ist und somit die sichere Auslegung darstellt. Es ergibt sich ein Beschleunigungsdruckverlust von:

$$\Delta p_b = \mu \rho_g v_g w_{s_h} = \mu \rho_g v_g^2 C_h \quad \rightarrow \quad \Delta p_b = 9284\,\text{Pa}. \tag{16.106}$$

Zu beachten ist hierbei, dass im Rahmen der Druckverlustberechnung keine Einbauten im Rohrleitungssystem in die Berechnung einbezogen wurden. Der Gesamtdruckverlust ergibt sich additiv aus sämtlichen Teildruckverlusten und beträgt:

$$\Delta p_{\text{ges}} = \Delta p_g + \Delta p_{Z,h} + \Delta p_{Z,v} + \Delta p_b \quad \rightarrow \quad \Delta p_{\text{ges}} = 0{,}296\,\text{bar}. \tag{16.107}$$

Die Leistung für eine isotherme Druckerhöhung berechnet sich gemäß (s. Aufg. 16.3):

$$P_{\text{isotherm}} = -\dot{V}_g p_1 \ln\left(\frac{p_1}{p_2}\right) = \dot{V}_g p_1 \ln\left(1 + \frac{\Delta p_{\text{ges}}}{p_1}\right)$$

$$\rightarrow \quad \boxed{P_{\text{isotherm}} = 183\,\text{kW}}. \tag{16.108}$$

Für geringe Druckerhöhungen lässt sich der natürliche Logarithmus in eine Potenzreihe entwickeln. Wird die Reihe nach dem ersten Glied abgebrochen, so ergibt sich für die erforderliche Verdichterleistung das Produkt aus Gasvolumenstrom und Druckverlust:

$$P = \dot{V}_g \, \Delta p_{\text{ges}} \quad \rightarrow \quad \boxed{P = 209\,\text{kW}}. \tag{16.109}$$

Literatur

1. Howard JR (1989) Fluidized bed technology: principles and applications. Adam Hilger, Bristol New York
2. Muschelknautz U (2013) Druckverlust bei der pneumatischen Förderung. In: VDI e.V. (Hrsg) VDI-Wärmeatlas. Springer, Berlin Heidelberg, S 1382–1399 https://doi.org/10.1007/978-3-642-19981-3_88
3. Siegel W (1991) Pneumatische Förderung: Grundlagen, Auslegung, Anlagenbau, Betrieb. Vogel, Würzburg
4. Stieß M (1994) Mechanische Verfahrenstechnik. Springer, Berlin Heidelberg New York

Gas/Flüssigkeits-Strömungen in Rohrleitungen

17

Zentraler Inhalt des Kapitels ist die Darstellung der Methoden zur quantitativen Bestimmung des Druckabfalls von Gas/Flüssigkeits-Strömungen. Hierfür werden die Charakterisierung der Strömungsform und ihre Bestimmung mittels empirischer Beschreibungsansätze benötigt. Als Beispiele für zahlreiche Berechnungsverfahren in der Literatur werden zwei elementare Modelle zur Druckverlustbestimmung, die auf den Erhaltungsgleichungen für Masse und Impuls basieren, angewendet.

17.1 Strömungsform eines Glycerin/Luft-Gemischs[*]

▶ **Thema** Strömungsformen in horizontalen Rohren

Ein Gemisch aus Glycerin und Luft strömt durch eine horizontale Rohrleitung ($d = 5\,\text{mm}$). Der Volumenstrom der Luft beträgt $10^{-5}\,\text{m}^3/\text{s}$. Der Wert des Martinelli Parameters X am gesuchten Betriebspunkt beträgt $7{,}23 \cdot 10^3$.

Für die Gas/Flüssigkeits-Strömung soll bestimmt werden, ob eine Schwall- oder Blasenströmung vorliegt.

Gegeben:

Flüssigkeitsdichte $\rho_f = 1260\,\text{kg}/\text{m}^3$
Gasdichte $\rho_g = 1{,}3\,\text{kg}/\text{m}^3$
Flüssigkeitsviskosität $\eta_f = 1{,}48\,\text{kg}/(\text{m} \cdot \text{s})$
Gasviskosität $\eta_g = 17 \cdot 10^{-6}\,\text{kg}/(\text{m} \cdot \text{s})$

Elektronisches Zusatzmaterial Die Online-Version dieses Kapitels (https://doi.org/10.1007/978-3-662-60393-2_17) enthält Zusatzmaterial, das für autorisierte Nutzer zugänglich ist.

© Springer-Verlag GmbH Deutschland, ein Teil von Springer Nature 2020
M. Kraume, *Transportvorgänge in der Verfahrenstechnik*,
https://doi.org/10.1007/978-3-662-60393-2_17

Lösung

Lösungsansatz:
Nutzung der Strömungsbilderkarte für horizontale Rohre nach Taitel und Dukler

Lösungsweg:
Die Strömungsform kann mit Abb. Lb 17.4 bestimmt werden. Da der Wert des Martinelli Parameters gegeben ist, muss nur noch der Ordinatenwert bestimmt werden. Dies gelingt durch Berechnung des Strömungskoeffizienten T_D, welcher den Übergang von Schwall- zu Blasenströmung darstellt, nach folgender Gleichung:

$$T_D = \sqrt{\frac{\left(\frac{\Delta p}{L}\right)_{1f}}{(\rho_f - \rho_g)\,g}} = X \sqrt{\frac{\left(\frac{\Delta p}{L}\right)_{1g}}{(\rho_f - \rho_g)\,g}}. \tag{17.1}$$

Der einphasige, längenbezogene Druckverlust der Gasströmung kann mit Hilfe der gegebenen Werte berechnet werden. Die zur Berechnung benötigte Gasleerrohrgeschwindigkeit berechnet sich zu:

$$v_g = \frac{\dot{V}_g}{A_{\text{quer}}} \quad \rightarrow \quad v_g = 0{,}509\,\frac{\text{m}}{\text{s}}. \tag{17.2}$$

Daraus ergibt sich die Reynoldszahl zu:

$$Re_{1g} = \frac{v_g d \rho_g}{\eta_g} \quad \rightarrow \quad Re_{1g} = 195. \tag{17.3}$$

Somit muss der Widerstandsbeiwert der einphasigen Gasströmung mit Gl. (Lb 5.36) berechnet werden:

$$\zeta_{1g} = \frac{64}{Re_{1g}} \quad \rightarrow \quad \zeta_{1g} = 0{,}329. \tag{17.4}$$

Somit berechnet sich der einphasige, längenbezogene Druckverlust der Gasströmung zu:

$$\left(\frac{\Delta p}{L}\right)_{1g} = \zeta_{1g} \frac{\rho_g}{2} v_g^2 \frac{1}{d} \quad \rightarrow \quad \left(\frac{\Delta p}{L}\right)_{1g} = 11{,}1\,\frac{\text{Pa}}{\text{m}}. \tag{17.5}$$

Mit diesem Wert kann der Wert für T_D nach Gl. (17.1) durch Einsetzten bestimmt werden:

$$T_D = 217. \tag{17.6}$$

Aus Abb. Lb 17.4 ergibt sich, dass die Mischung aus Glycerin und Luft die Rohrleitung als Blasenströmung durchströmt.

17.2   Gas/Flüssigkeits-Strömung in einem Kühlkreislauf [1]***

▶   **Thema** Strömungsformen in vertikalen Rohren/Berechnung des Druckverlusts
von Gas/Flüssigkeits-Strömungen

Ein Kühlkreislauf wird mit einem Gesamtmassenstrom von 12,5 kg/s Dichlordifluorme-
than (CCl_2F_2) betrieben. Nach der Durchströmung eines Drosselorgans und der daraus
resultierenden Entspannungsverdampfung tritt das Kältemittel als Gas/Flüssigkeits-
Gemisch in eine 10 m lange isolierte vertikale Steigleitung DN 150 (hydraulisch glattes
Rohr) bei $p = 1,5$ bar und $T = 253$ K ein. Der Strömungsmassengasgehalt am Eintritt
beträgt 0,02.

a) Berechnen Sie den Schlupf S, den Gasgehalt ε_g und die mittleren Phasengeschwindigkeiten $\overline{w}_g$ bzw. $\overline{w}_f$.
b) Bestimmen Sie die Strömungsform.
c) Ermitteln Sie den Gesamtdruckverlust der Zweiphasenströmung.

Gegeben:

Flüssigkeitsdichte	ρ'^1	$= 1460\,\text{kg/m}^3$
Dampfdichte	ρ''	$= 9,1\,\text{kg/m}^3$
Flüssigkeitsviskosität	η'	$= 0,3 \cdot 10^{-3}\,\text{kg/(m} \cdot \text{s)}$
Dampfviskosität	η''	$= 9,3 \cdot 10^{-6}\,\text{kg/(m} \cdot \text{s)}$
Wärmekapazität der Flüssigkeit	c_p'	$= 0,94\,\text{kJ/(kg} \cdot \text{K)}$
Wärmekapazität der Flüssigkeit	c_p''	$= 0,57\,\text{kJ/(kg} \cdot \text{K)}$
Verdampfungsenthalpie	Δh_v	$= 162\,\text{kJ/kg}$

Hinweis:

Unter den vorliegenden Bedingungen ergibt sich bei einer Druckänderung von 10 mbar
eine Änderung der Siedetemperatur von annähernd 0,2 K.

Lösung

Lösungsansatz:
Nutzung einer Strömungsbilderkarte und des heterogenen Modells zur Druckverlustbestimmung

---

[1] Der einfache Hochstrich (Prime) ′ kennzeichnet Zustände oder Zustandsgrößen in der flüssigen
Phase, entsprechend gilt der Zweistrich (Doppelprime) ″ für die zugehörigen Größen in der Gasphase.

Lösungsweg:

a) Der Schlupf S kann direkt mit Gl. (Lb 17.23) berechnet werden:

$$S = \left(\frac{\rho'}{\rho''}\right)^{0,205} \left(\frac{\dot{m}_{\text{ges}}d}{\eta'}\right)^{-0,016} = \left(\frac{\rho'}{\rho''}\right)^{0,205} \left(\frac{4\dot{M}_{\text{ges}}}{\pi d \eta'}\right)^{-0,016}$$

$$\rightarrow \quad \boxed{S = 2,31}. \tag{17.7}$$

Mit Hilfe des Schlupfs kann der volumenbezogene Gasgehalt ε_g mit Gl. (Lb 17.15) bestimmt werden:

$$\varepsilon_g = \left(1 + \frac{1 - \dot{x}''}{\dot{x}''}\frac{\rho''}{\rho'}S\right)^{-1} = 0,59 \quad \rightarrow \quad \boxed{\varepsilon_g = 0,587}. \tag{17.8}$$

Die mittleren Phasengeschwindigkeiten berechnen sich mit den Gln. (Lb 17.12) und (Lb 17.13). Es ergibt sich für die mittlere Dampfgeschwindigkeit $\overline{w}_g$ ein Wert von

$$\overline{w}_g = \frac{\dot{x}''\dot{m}_{\text{ges}}}{\varepsilon_g\rho''} = \frac{4\dot{x}''\dot{M}_{\text{ges}}}{\varepsilon_g\rho''\pi d^2} \quad \rightarrow \quad \boxed{\overline{w}_g = 2,65\,\frac{\text{m}}{\text{s}}} \tag{17.9}$$

und für die mittlere Flüssigkeitsgeschwindigkeit $\overline{w}_f$:

$$\overline{w}_f = \frac{(1 - \dot{x}'')\dot{m}_{\text{ges}}}{(1 - \varepsilon_g)\rho'} = \frac{4(1 - \dot{x}'')\dot{M}_{\text{ges}}}{(1 - \varepsilon_g)\rho'\pi d^2} \quad \rightarrow \quad \boxed{\overline{w}_f = 1,15\,\frac{\text{m}}{\text{s}}}. \tag{17.10}$$

b) Die Strömungsform ergibt sich aus der Strömungsbilderkarte in Abb. Lb 17.6. Dafür müssen die Impulsstromdichten der Gas- und Flüssigphase bestimmt werden:

$$\frac{(1 - \dot{x}'')^2\,\dot{m}_{\text{ges}}^2}{\rho'} = \frac{(1 - \dot{x}'')^2}{\rho'}\left(\frac{4\dot{M}_{\text{ges}}}{\pi d^2}\right)^2 \quad \rightarrow \quad \frac{(1 - \dot{x}'')^2\,\dot{m}_{\text{ges}}^2}{\rho'} = 329\,\frac{\text{kg}}{\text{m}\,\text{s}^2} \tag{17.11}$$

und

$$\frac{\dot{x}''^2\dot{m}_{\text{ges}}^2}{\rho''} = \frac{\dot{x}''^2}{\rho''}\left(\frac{4\dot{M}_{\text{ges}}}{\pi d^2}\right)^2 \quad \rightarrow \quad \frac{\dot{x}''^2\,\dot{m}_{\text{ges}}^2}{\rho''} = 22\,\frac{\text{kg}}{\text{m}\,\text{s}^2}. \tag{17.12}$$

Aus der Strömungsbilderkarte folgt, dass eine Kolbenströmung mit Übergang zur Schaumströmung vorliegt. Unter Berücksichtigung der Tatsache, dass Kolbenblasen eine deutliche Relativgeschwindigkeit gegenüber der Flüssigkeit aufweisen, ist der berechnete Schlupf von 2,31 plausibel.

c) Der Druckverlust der Strömung ergibt sich gemäß Gl. (Lb 17.43) aus drei Anteilen:

$$\Delta p_{\text{ges}} = \Delta p_{2ph} + \Delta p_h + \Delta p_b. \tag{17.13}$$

Zur Berechnung des zweiphasigen Reibungsdruckverlusts Δp_{2ph} wird aufgrund des vorhandenen Schlupfs nicht das homogene Modell, sondern das Verfahren von Lockhart und Martinelli verwendet. Die einphasigen, längenbezogenen Druckverluste berechnen sich nach:

$$\left(\frac{\Delta p}{L}\right)_{1i} = \zeta_{1i}\frac{\rho_i}{2}v_i^2\frac{1}{d} \tag{17.14}$$

Es ist zu beachten, dass die Druckverluste mit der jeweiligen Leerrohrgeschwindigkeit v_i bestimmt werden. Diese berechnen sich nach Gl. (Lb 17.10)

$$v_g = \frac{\dot{x}''\dot{m}_{\text{ges}}}{\rho''} = \varepsilon_g\overline{w}_g \quad\rightarrow\quad v_g = 1{,}55\,\frac{\text{m}}{\text{s}} \tag{17.15}$$

sowie Gl. (Lb 17.11):

$$v_f = \frac{(1-\dot{x}'')\dot{m}_{\text{ges}}}{\rho'} = \left(1-\varepsilon_g\right)\overline{w}_f \quad\rightarrow\quad v_f = 0{,}475\,\frac{\text{m}}{\text{s}}. \tag{17.16}$$

Ausgehend von diesen Geschwindigkeiten können die zugehörigen Reynoldszahlen bestimmt werden:

$$Re_g = \frac{v_g d\rho''}{\eta''} \quad\rightarrow\quad Re_g = 2{,}28\cdot 10^5 \tag{17.17}$$

und

$$Re_f = \frac{v_f d\rho'}{\eta'} \quad\rightarrow\quad Re_f = 3{,}47\cdot 10^5. \tag{17.18}$$

Mit beiden Reynoldszahlen können für das hydraulisch glatte Rohr mit Gl. (Lb 5.38)

$$\zeta_{1i} = 0{,}0054 + \frac{0{,}3964}{Re_{1i}^{0{,}3}} \tag{17.19}$$

die Widerstandsbeiwerte berechnet werden:

$$\zeta_{1g} = 0{,}0152 \quad\text{und}\quad \zeta_{1f} = 0{,}014. \tag{17.20}$$

Mit diesen Werten lassen sich die einphasigen, längenbezogenen Druckverluste nach Gl. (17.14) bestimmen:

$$\left(\frac{\Delta p}{L}\right)_{1g} = 1{,}11\,\frac{\text{Pa}}{\text{m}} \quad\text{und}\quad \left(\frac{\Delta p}{L}\right)_{1f} = 15{,}4\,\frac{\text{Pa}}{\text{m}}. \tag{17.21}$$

Hieraus folgt der Martinelli Parameter zu:

$$X = \sqrt{\frac{\left(\frac{\Delta p}{L}\right)_{1f}}{\left(\frac{\Delta p}{L}\right)_{1g}}} \quad \rightarrow \quad X = 3{,}72. \tag{17.22}$$

Da sowohl die Reynoldszahl der Gas- als auch der Flüssigkeitsströmung größer als 2000 ist und somit in beiden Phasen turbulente Bedingungen vorliegen, ergibt sich aus Tab. Lb 17.1 ein Wert von

$$\psi_{Kf} = \frac{\left(1 + X^{0{,}504}\right)^{2 \cdot 1{,}98}}{X^2} \quad \rightarrow \quad \psi_{Kf} = 5{,}16 \tag{17.23}$$

für die Korrekturfunktion des einphasigen, längenbezogenen Druckverlusts. Der zweiphasige Druckverlust berechnet somit zu:

$$\Delta p_{2ph} = \psi_{Kf} \left(\frac{\Delta p}{L}\right)_{1f} L \quad \rightarrow \quad \Delta p_{2ph} = 795\,\text{Pa}. \tag{17.24}$$

Für die Bestimmung des hydrostatischen Druckverlusts Δp_{2ph} ist die Gemischdichte

$$\rho_{\text{Gemisch}} = \varepsilon_g \rho'' + \left(1 - \varepsilon_g\right) \rho' \quad \rightarrow \quad \rho_{\text{Gemisch}} = 609 \, \frac{\text{kg}}{\text{m}^3} \tag{17.25}$$

erforderlich:

$$\Delta p_h = \rho_{\text{Gemisch}} g L \quad \rightarrow \quad \Delta p_h = 5{,}94 \cdot 10^4\,\text{Pa}. \tag{17.26}$$

Auf Grund der Druckänderung kommt es zu einer Absenkung der Siedetemperatur, was in einer Änderung des Strömungsmassengasgehalts resultiert. Die Siedetemperatur verringert sich durch den Druckverlust um:

$$\Delta T_S = \left(\Delta p_{2ph} + \Delta p_h\right) \frac{0{,}2\,\text{K}}{10\,\text{mbar}} \quad \rightarrow \quad \Delta T_S = 12{,}1\,\text{K}. \tag{17.27}$$

Aufgrund dieser Temperaturänderung kommt es zu einer Entspannungsverdampfung. Da es sich um eine isolierte Leitung handelt und somit keine Energie über die Systemgrenzen transportiert werden kann, führt die infolge Temperaturabsenkung frei werdende Energie zur Verdampfung von flüssigem CCl_2F_2. Der zusätzliche Dampfstrom am Ende der Leitung ergibt sich aus einer Energiebilanz und beträgt:

$$\Delta \dot{M}_g \Delta h_v = \dot{M}_{\text{ges}} \left[\left(1 - \dot{x}''\right) c_p' + \dot{x}'' c_p''\right] \Delta T_S$$

$$\rightarrow \quad \Delta \dot{M}_g = \frac{\dot{M}_{\text{ges}} \left[\left(1 - \dot{x}''\right) c_p' + \dot{x}'' c_p''\right] \Delta T_S}{\Delta h_v} \quad \rightarrow \quad \Delta \dot{M}_g = 0{,}871 \, \frac{\text{kg}}{\text{s}}. \tag{17.28}$$

Somit beträgt der Gasmassenstrom am Ende der Leitung

$$\dot{M}_{g\omega} = \dot{M}_g + \Delta\dot{M}_g \quad \rightarrow \quad \dot{M}_{g\omega} = 1,12\,\frac{\text{kg}}{\text{s}}, \tag{17.29}$$

woraus ein Strömungsmassengasgehalt am Leitungsausgang von

$$\rightarrow \quad \dot{x}''_\omega = \frac{\dot{M}_{g\omega}}{\dot{M}_{\text{ges}}} = 0,0897 \tag{17.30}$$

resultiert. Allein aufgrund der beiden Druckverluste Δp_{2ph} und Δp_h nimmt der Druck am Leitungsende auf

$$p_\omega = p_\alpha - \Delta p_{2ph} - \Delta p_h \quad \rightarrow \quad p_\omega = 0,895\,\text{bar} \tag{17.31}$$

ab. Entsprechend verringert sich auch die Dampfdichte. Aus dem idealen Gasgesetz folgt für die Dampfdichte am Rohrende:

$$\rho''_\omega = \rho_\alpha \frac{p_\omega}{p_\alpha} \quad \rightarrow \quad \rho''_\omega = 5,43\,\frac{\text{kg}}{\text{m}^3}. \tag{17.32}$$

Infolge der veränderten Dampfdichte beträgt der Schlupf am Rohrende gemäß Gl. (Lb 17.23):

$$S_\omega = \left(\frac{\rho'}{\rho''}\right)^{0,205} \left(\frac{\dot{m}_{\text{ges}}d}{\eta'}\right)^{-0,016} = \left(\frac{\rho'}{\rho''}\right)^{0,205} \left(\frac{4\dot{M}_{\text{ges}}}{\pi d\eta'}\right)^{-0,016}$$

$$\rightarrow \quad S_\omega = 2,57. \tag{17.33}$$

Mit Hilfe von Gl. (Lb 17.15) kann der volumenbezogene Gasgehalt am Ende der Leitung berechnet werden:

$$\varepsilon_{g\omega} = \left(1 + \frac{1 - \dot{x}''_\omega}{\dot{x}''_\omega}\frac{\rho''_\omega}{\rho'}S_\omega\right)^{-1} \quad \rightarrow \quad \varepsilon_{g\omega} = 0,912. \tag{17.34}$$

Somit ergeben am Ende der Leitung auch andere mittlere Geschwindigkeiten für die beiden Phasen:

$$\overline{w}_{g\omega} = \frac{\dot{x}''_\omega \dot{m}_{\text{ges}}}{\varepsilon_{g\omega}\rho''_\omega} = \frac{4\dot{x}''_\omega \dot{M}_{\text{ges}}}{\pi d^2 \varepsilon_{g\omega}\rho''_\omega} \quad \rightarrow \quad \overline{w}_{g\omega} = 12,8\,\frac{\text{m}}{\text{s}} \tag{17.35}$$

und

$$\overline{w}_{f\omega} = \frac{\overline{w}_{g\omega}}{S_\omega} \quad \rightarrow \quad \overline{w}_{f\omega} = 5\,\frac{\text{m}}{\text{s}}. \tag{17.36}$$

Der Beschleunigungsdruckverlust Δp_b folgt gemäß Gl. (Lb 17.40) aus einer integralen Impulsbilanz vom Anfang bis zum Ende der Leitung:

$$\Delta p_b = \frac{\dot{M}_{g\omega}\overline{w}_{g\omega} + \dot{M}_{f\omega}\overline{w}_{f\omega} - \dot{M}_{g\alpha}\overline{w}_{g\alpha} - \dot{M}_{f\alpha}\overline{w}_{f\alpha}}{\frac{\pi}{4}d^2}$$

$$= \frac{4\dot{M}_{\text{ges}}}{\pi d^2}\left[\dot{x}_\omega''\overline{w}_{g\omega} + \left(1 - \dot{x}_\omega''\right)\overline{w}_{f\omega} - \dot{x}_\alpha''\overline{w}_{g\alpha} - \left(1 - \dot{x}_\alpha''\right)\overline{w}_{f\alpha}\right]$$

$$\rightarrow \quad \Delta p_b = 3{,}2 \cdot 10^3\,\text{Pa} \tag{17.37}$$

Der Gesamtdruckverlust in der Leitung beträgt damit gemäß Gl. (17.13):

$$\Delta p_{\text{ges}} = \Delta p_{2ph} + \Delta p_h + \Delta p_b \quad \rightarrow \quad \boxed{\Delta p_{\text{ges}} = 0{,}637\,\text{bar}}. \tag{17.38}$$

17.3 Gas/Flüssigkeits-Strömung in einem Naturumlaufverdampfer [2]**

▶   **Thema** Berechnung des Druckverlusts von Gas/Flüssigkeits-Strömungen – Homogenes Modell

Ein Gas/Dampf-Gemisch bewegt sich in einem 10 m langen vertikalen Verdampferteil eines Naturumlaufverdampfers. Die Eintrittstemperatur von 360 °C entspricht der Sättigungstemperatur. Auf Grund der geringen Massenstromdichte von 350 kg/(m² · s) ist der Reibungsdruckverlust vernachlässigbar klein. Da der Druck von 186,7 bar nahe dem kritischen Druck von 220,6 bar ist, kann als Näherung das homogene Modell verwendet werden. Die Wärmestromdichte bleibt entlang des Strömungswegs konstant und am Austritt beträgt der Strömungsmassengasgehalt 0,3. Der Dampfgehalt steigt näherungsweise linear in Strömungsrichtung an, wobei der Dampfgehalt am Eintritt null ist.

Bestimmen Sie den Druckabfall und die Masse in dem Verdampferteil.

Gegeben:

Flüssigkeitsdichte	ρ'	$= 528{,}3\,\text{kg/m}^3$
Gasdichte	ρ''	$= 143{,}5\,\text{kg/m}^3$
Rohrdurchmesser	d	$= 0{,}05\,\text{m}$

Lösung

Lösungsansatz:
Berechnung des hydrostatischen und des Beschleunigungsdruckverlusts

Lösungsweg:

Der Druckverlust berechnet sich im homogenen Modell nach Gl. (Lb 17.35) additiv aus den Anteilen Reibung (Δp_{2ph}), Hydrostatik (Δp_h) und Beschleunigung (Δp_b):

$$-\frac{dp}{dz} = \underbrace{\frac{U}{A}\tau_W}_{\Delta p_{2ph}} + \underbrace{\rho_{\mathrm{hom}}g\sin\Theta}_{\Delta p_h} + \underbrace{\dot{m}_{\mathrm{ges}}\frac{d\overline{w}_{\mathrm{hom}}}{dz}}_{\Delta p_b}. \tag{17.39}$$

Der Druckverlust hervorgerufen durch Reibung kann nach der Aufgabenstellung vernachlässigt werden, so dass nur der hydrostatische und der Beschleunigungsanteil betrachtet werden muss. Der hydrostatische Anteil kann mit Hilfe von Gl. (Lb 17.28) umgeschrieben werden zu:

$$dp_h = \rho_{\mathrm{hom}}g\sin\Theta dz = \left[\frac{\rho'\rho''}{\rho'' + \dot{x}''(z)\,(\rho' - \rho'')}\right]g\sin\Theta dz. \tag{17.40}$$

Die lineare Zunahme des Dampfmassengasgehalts berechnet sich mit folgender Gleichung:

$$\dot{x}''(z) = \frac{\dot{x}''_\omega - \dot{x}''_\alpha}{L}z. \tag{17.41}$$

In dieser Beziehung beschreibt z die Lauflänge Gl. (17.41). kann in differentieller Schreibweise dargestellt werden:

$$dz = \frac{L}{\dot{x}''_\omega - \dot{x}''_\alpha}d\dot{x}''. \tag{17.42}$$

Wird dieser Zusammenhang in Gl. (17.40) eingesetzt, folgt:

$$dp_h = \frac{\rho'gL\sin\Theta}{\dot{x}''_\omega - \dot{x}''_\alpha}\frac{d\dot{x}''}{\dot{x}''\left(\frac{\rho'-\rho''}{\rho''}\right) + 1}. \tag{17.43}$$

Diese Gleichung kann nun vom Anfang bis zum Ende des Verdampferteils integriert werden. Es ergibt sich unter Berücksichtigung des Winkels $\Theta = 90°$ und demzufolge $\sin\Theta = 1$:

$$\Delta p_h = \frac{\rho'gL}{\dot{x}''_\omega - \dot{x}''_\alpha}\int_{\dot{x}''_\alpha}^{\dot{x}''_\omega}\frac{d\dot{x}''}{\dot{x}''\left(\frac{\rho'-\rho''}{\rho''}\right) + 1}$$

$$\rightarrow \quad \Delta p_h = \frac{\rho'gL}{\dot{x}''_\omega - \dot{x}''_\alpha}\frac{\rho''}{\rho' - \rho''}\ln\left[\dot{x}''\left(\frac{\rho'-\rho''}{\rho''}\right) + 1\right]_{\dot{x}''_\alpha}^{\dot{x}''_\omega}. \tag{17.44}$$

Durch Einsetzen der Integrationsgrenzen, wobei die Strömung in den Verdampfer einphasig ist ($\dot{x}''_\alpha = 0$), lässt sich der hydrostatische Druckverlust berechnen:

$$\Delta p_h = \frac{\rho' g L}{\dot{x}''_\omega} \frac{\rho''}{\rho' - \rho''} \ln\left[\dot{x}''_\omega\left(\frac{\rho' - \rho''}{\rho''}\right) + 1\right] \quad \rightarrow \quad \Delta p_h = 0{,}38\,\text{bar}. \qquad (17.45)$$

Neben dem hydrostatischen Druckverlust Δp_h muss der Beschleunigungsdruckverlust Δp_b beachtet werden. Dieser folgt mit Hilfe von Gl. (Lb 17.39) nach deren Integration:

$$\begin{aligned}
\Delta p_b &= \dot{m}^2_{\text{ges}}\left(\frac{1}{\rho_{\text{hom}_\omega}} - \frac{1}{\rho_{\text{hom}_\alpha}}\right)\\
&= \dot{m}^2_{\text{ges}}\left[\frac{\rho'' + \dot{x}''_\omega\left(\rho' - \rho''\right)}{\rho'\rho''} - \frac{\rho'' + \dot{x}''_\alpha\left(\rho' - \rho''\right)}{\rho'\rho''}\right].
\end{aligned} \qquad (17.46)$$

Da zu Beginn reine Flüssigkeit vorliegt, vereinfacht sich diese Beziehung zu:

$$\Delta p_b = \dot{m}^2_{\text{ges}}\left[\frac{\rho'' + \dot{x}''_\omega\left(\rho' - \rho''\right)}{\rho'\rho''} - \frac{1}{\rho'}\right] \quad \rightarrow \quad \Delta p_b = 187\,\text{Pa}. \qquad (17.47)$$

Der Gesamtdruckverlust beträgt somit:

$$\Delta p_{\text{ges}} = \Delta p_h + \Delta p_b \quad \rightarrow \quad \boxed{\Delta p_{\text{ges}} = 0{,}382\,\text{bar}}. \qquad (17.48)$$

Die Masse des Wassers im Verdampferteil ergibt sich aus der Integration über die Länge des Verdampfers:

$$M = \int_0^L \rho_{\text{hom}} A_{\text{quer}}\, dz. \qquad (17.49)$$

Analog zum Vorgehen bei der Bestimmung des Druckverlusts kann diese Beziehung mit Hilfe der Gln. (Lb 17.28) und Gl. (17.42) umgeschrieben und integriert werden zu:

$$\begin{aligned}
M &= \int_{\dot{x}''_\alpha}^{\dot{x}''_\omega} \frac{\rho'}{1 + \dot{x}''\left(\frac{\rho' - \rho''}{\rho''}\right)} \frac{A_{\text{quer}} L}{\dot{x}''_\omega - \dot{x}''_\alpha}\, d\dot{x}''\\
\rightarrow \quad M &= \frac{\rho' A_{\text{quer}} L}{\dot{x}''_\omega} \frac{\rho''}{\rho' - \rho''} \ln\left[\dot{x}''_\omega\left(\frac{\rho' - \rho''}{\rho''}\right) + 1\right].
\end{aligned} \qquad (17.50)$$

Unter Verwendung der Annahmen und der gegebenen Werte folgt die Wassermasse in einem Verdampferrohr:

$$\boxed{M = 7{,}61\,\text{kg}}. \qquad (17.51)$$

17.4 Druckverlust eines Wasser/Dampf-Gemischs[**]

▶ **Thema** Berechnung des Druckverlusts von Gas/Flüssigkeitsströmungen – Homogenes/heterogenes Modell

Ein Wassermassenstrom von 100 t/h wird in einer horizontalen Rohrleitung DN 200 (hydraulisch glattes Rohr) bei 4 bar und 140 °C einphasig in ein Ventil geführt und auf 3,4 bar entspannt. Hierbei findet eine Entspannungsverdampfung statt, bis eine Siedetemperatur von 137,9 °C erreicht ist.

a) Ermitteln Sie die Rohrlänge, die nach dem Ventil mit einem Druckabfall von 0,2 bar zurückgelegt werden kann. Verwenden Sie hierzu das homogene Modell, wobei die Viskosität des zweiphasigen Gemischs mit Gl. (Lb 17.31) berechnet werden kann. Vernachlässigen Sie dabei den Beschleunigungsdruckverlust.
b) Bestimmen Sie die auftretende Strömungsform.
c) Berechnen Sie den Druckverlust mit der unter a) bestimmten Rohrlänge unter Verwendung des heterogenen Modells.

Gegeben:

Flüssigkeitsdichte	ρ'	$= 926 \, \text{kg/m}^3$
Dampfdichte	ρ''	$= 1{,}86 \, \text{kg/m}^3$
Flüssigkeitsviskosität	η'	$= 0{,}196 \cdot 10^{-3} \, \text{kg/(m} \cdot \text{s)}$
Dampfviskosität	η''	$= 0{,}0137 \cdot 10^{-3} \, \text{kg/(m} \cdot \text{s)}$
Wärmekapazität der Flüssigkeit	c_p'	$= 4{,}29 \, \text{kJ/(kg} \cdot \text{K)}$
Verdampfungsenthalpie	Δh_v	$= 2140 \, \text{kJ/kg}$

Lösung

Lösungsansatz:
Anwendung der Beziehungen für das homogene und das heterogene Modell sowie Nutzung von Strömungsbilderkarten

Lösungsweg:
a) Gemäß Energieerhaltungssatz muss die zur Verdampfung benötigte Energie dem strömenden Medium entnommen werden, was zu einer Temperaturabnahme führt. Somit kann der Dampfmassenstrom aus folgender Energiebilanz berechnet werden:

$$\dot{M}_{\text{ges}} c_p' \Delta T = \dot{M}'' \Delta h_v \quad \rightarrow \quad \dot{M}'' = \frac{\dot{M}_{\text{ges}} c_p' \Delta T}{\Delta h_v} \quad \rightarrow \quad \dot{M}'' = 0{,}117 \, \frac{\text{kg}}{\text{s}}. \quad (17.52)$$

Daraus folgt nach Gl. (Lb 17.9) der Strömungsmassengasgehalt:

$$\dot{x}'' = \frac{\dot{M}''}{\dot{M}_{\text{ges}}} \quad \rightarrow \quad \dot{x}'' = 0{,}00421. \tag{17.53}$$

Zur Anwendung des homogenen Modells müssen die Stoffwerte der homogenen Strömung bestimmt werden. Die Dichte des homogenen Gemischs berechnet sich nach Gl. (Lb 17.28):

$$\rho_{\text{hom}} = \frac{\rho' \rho''}{\rho'' + \dot{x}''\,(\rho' - \rho'')} \quad \rightarrow \quad \rho_{\text{hom}} = 300 \, \frac{\text{kg}}{\text{m}^3}. \tag{17.54}$$

Nach Gl. (Lb 17.29) kann mit der Dichte des homogenen Gemischs die mittlere Geschwindigkeit des homogenen Gemischs bestimmt werden:

$$\overline{w}_{\text{hom}} = \frac{\dot{M}_{\text{ges}}}{A_{\text{quer}} \rho_{\text{hom}}} \quad \rightarrow \quad \overline{w}_{\text{hom}} = 2{,}95 \, \frac{\text{m}}{\text{s}}. \tag{17.55}$$

Zur Ermittlung der dynamischen Viskosität des homogenen Gemischs existieren verschiedene Ansätze der Mittelwertbildung, die zu differierenden Ergebnissen führen. Unter Verwendung von Gl. (Lb 17.31) ergibt sich:

$$\eta_{\text{hom}} = \dot{x}'' \eta'' + \left(1 - \dot{x}''\right) \eta' \quad \rightarrow \quad \eta_{\text{hom}} = 0{,}195 \cdot 10^{-3} \, \frac{\text{kg}}{\text{m}\,\text{s}}. \tag{17.56}$$

Für die Bestimmung des Druckverlusts wird der Widerstandsbeiwert ζ_{2ph} benötigt, der von der Reynoldszahl

$$Re = \frac{\rho_{\text{hom}} \overline{w} d}{\eta_{\text{hom}}} \quad \rightarrow \quad Re = 9{,}06 \cdot 10^5 \tag{17.57}$$

abhängt (Gl. (Lb 17.37)):

$$\zeta_{2ph} = 0{,}0056 + 0{,}5 \cdot Re^{-0{,}32} \quad \rightarrow \quad \zeta_{2ph} = 0{,}0118. \tag{17.58}$$

Der zweiphasige, längenbezogene Druckverlust ($\Delta p_{2ph}/L$) berechnet sich im homogenen Modell analog zur einphasigen Rohrströmung nach folgender Gleichung:

$$\left(\frac{\Delta p}{L}\right)_{2ph} = \zeta_{2ph} \frac{\rho_{\text{hom}}}{2} \overline{w}_{\text{hom}}^2 \frac{1}{d} \quad \rightarrow \quad \left(\frac{\Delta p}{L}\right)_{2ph} = 77 \, \frac{\text{Pa}}{\text{m}}. \tag{17.59}$$

Bei einem verfügbaren Druckverlust von 0,2 bar ergibt sich eine maximale Länge des Rohres von

$$L = \frac{\Delta p_{\text{max}}}{\left(\frac{\Delta p}{L}\right)_{2ph}} \quad \rightarrow \quad \boxed{L = 260 \, \text{m}}. \tag{17.60}$$

b) Die Bestimmung der Strömungsform gelingt über Strömungsbilderkarten, in diesem Beispiel über Abb. Lb 17.4. Zum korrekten Ablesen der Strömungsform müssen die einphasigen Druckverluste bekannt sein. Hierfür werden die Leerrohrgeschwindigkeiten der beiden Phasen benötigt, mit welchen sich dann die jeweiligen Reynoldszahlen der Phasen und die Druckverluste analog zum einphasig durchströmten Rohr bestimmen lassen. Für die Flüssigkeit ergeben sich folgende Werte:

$$v_f = \frac{(1 - \dot{x}'') \dot{M}_{\mathrm{ges}}}{A_{\mathrm{quer}} \rho'} = \frac{4 (1 - \dot{x}'') \dot{M}_{\mathrm{ges}}}{\pi d^2 \rho'} \quad \rightarrow \quad v_f = 0{,}951 \, \frac{\mathrm{m}}{\mathrm{s}}, \tag{17.61}$$

$$Re_{1f} = \frac{v_f d \rho'}{\eta'} \quad \rightarrow \quad Re_{1f} = 8{,}98 \cdot 10^5. \tag{17.62}$$

Daraus folgt der Widerstandsbeiwert für hydraulisch glatte Rohre mit Gl. (Lb 5.38):

$$\zeta_{1f} = 0{,}0054 + \frac{0{,}3964}{Re_{1f}^{0,3}} \quad \rightarrow \quad \zeta_{1f} = 0{,}0119. \tag{17.63}$$

Demzufolge beträgt der längenbezogene Druckverlust der einphasigen Flüssigkeitsströmung:

$$\left(\frac{\Delta p}{L}\right)_{1f} = \zeta_{1f} \frac{\rho'}{2} v_f^2 \frac{1}{d} \quad \rightarrow \quad \left(\frac{\Delta p}{L}\right)_{1f} = 24{,}9 \, \frac{\mathrm{Pa}}{\mathrm{m}}. \tag{17.64}$$

Analog ergibt sich für die einphasige Dampfströmung mit den Zwischenergebnissen

$$v_g = \frac{4 \dot{x}'' \dot{M}_{\mathrm{ges}}}{\pi d^2 \rho''} \quad \rightarrow \quad v_g = 2 \, \frac{\mathrm{m}}{\mathrm{s}}, \tag{17.65}$$

$$Re_{1g} = \frac{v_g d \rho''}{\eta''} \quad \rightarrow \quad Re_{1g} = 5{,}34 \cdot 10^4 \tag{17.66}$$

und

$$\zeta_{1g} = 0{,}0054 + \frac{0{,}3964}{Re_{1g}^{0,3}} \quad \rightarrow \quad \zeta_{1g} = 0{,}0205 \tag{17.67}$$

ein längenbezogener Druckverlust von:

$$\left(\frac{\Delta p}{L}\right)_{1g} = \zeta_{1g} \frac{\rho''}{2} v_g^2 \frac{1}{d} \quad \rightarrow \quad \left(\frac{\Delta p}{L}\right)_{1g} = 0{,}381 \, \frac{\mathrm{Pa}}{\mathrm{m}}. \tag{17.68}$$

Der für Abb. Lb 17.4 benötigte Martinelli Parameter ist definiert gemäß Gl. (Lb 17.16):

$$X \equiv \sqrt{\frac{\left(\frac{\Delta p}{L}\right)_{1f}}{\left(\frac{\Delta p}{L}\right)_{1g}}} \quad \rightarrow \quad X = 8{,}08. \tag{17.69}$$

Zur Bestimmung eines Ordinatenwertes muss der Strömungskoeffizient T_D nach Gl. (Lb 17.20) berechnet werden:

$$T_D = \sqrt{\frac{\left(\frac{\Delta p}{L}\right)_{1f}}{(\rho_f - \rho_g)\, g}} \quad \rightarrow \quad T_D = 0{,}0524. \tag{17.70}$$

Gemäß Abb. Lb 17.4 liegt bei diesen Werten eine Schwallströmung vor. Dasselbe Ergebnis folgt aus der einfacheren Strömungsbilderkarte gemäß Abb. Lb 17.3.

c) Es ist zu prüfen, ob die auftretende Schwallströmung die Bedingungen für das homogene Modell erfüllt und eventuell mit dem heterogenen Modell ein deutlich anderer Druckverlust berechnet wird. Bei Nutzung des heterogenen Modells wird aus dem einphasigen Druckverlust mit Hilfe einer Korrekturfunktion auf den zweiphasigen Druckverlust geschlossen. Zur Bestimmung der Korrekturfunktion müssen die Strömungsregime der einphasigen Strömungen bekannt sein. Die Reynoldszahlen (Gln. (17.62) und (17.66)) belegen, dass in beiden Fällen turbulente Strömungsverhältnisse vorliegen, da die jeweiligen Reynoldszahlen beide den kritischen Wert von 2000 überschreiten. Somit können aus Tab. Lb 17.1 die Parameter i und j mit $i = 0{,}504$ und $j = 1{,}98$ abgelesen werden. Damit ergibt sich bei Nutzung des einphasigen Druckverlusts der Flüssigkeit die Korrekturfunktion:

$$\psi_{Kf} = \frac{\left(1 + X^i\right)^{2j}}{X^2} \quad \rightarrow \quad \psi_{Kf} = 3{,}24. \tag{17.71}$$

Die Berechnung des längenbezogenen, zweiphasigen Druckverlusts erfolgt mit Gl. (Lb 17.45):

$$\left(\frac{\Delta p}{L}\right)_{2ph} = \psi_{Kf} \left(\frac{\Delta p}{L}\right)_{1f} \quad \rightarrow \quad \left(\frac{\Delta p}{L}\right)_{2ph} = 80{,}7\,\frac{\text{Pa}}{\text{m}}. \tag{17.72}$$

Der absolute zweiphasige Druckverlust ergibt sich aus Multiplikation mit der in Aufgabenteil a) bestimmten Rohrlänge:

$$\Delta p_{2ph} = \left(\frac{\Delta p}{L}\right)_{2ph} L \quad \rightarrow \quad \boxed{\Delta p_{2ph} = 0{,}209\,\text{bar}}. \tag{17.73}$$

Das Ergebnis zeigt, dass der Unterschied zwischen beiden Modellen in diesem Fall sehr gering ausfällt.

17.5 Korrekturfunktion für das homogene Modell***

▶ **Thema** Berechnung des Druckverlusts von Gas/Flüssigkeitsströmungen – Homogenes Modell

Für eine vollständig turbulente Gas/Flüssigkeits-Strömung ($\rho_f = 10^3 \rho_g$) in einem horizontalen Rohr der Länge L ist mit Hilfe des homogenen Modells der Druckverlust zu berechnen.

a) Bestimmen Sie die resultierende Korrekturfunktion ψ_{Kf} als Funktion des Martinelli Parameters X.

b) Vergleichen Sie die Korrekturfunktion $\psi_{Kf}(X)$ grafisch analog zu Abb. Lb 17.11 mit der Lösung gemäß Lockhart-Martinelli.

Hinweis:

Die Widerstandsbeiwerte der reinen Flüssigkeitsströmung und der zweiphasigen Strömung können näherungsweise als gleich angesehen werden $\zeta_{1f} \approx \zeta_{2ph}$.

Lösung

Lösungsansatz:
Berechnung des Druckverlusts mit dem homogenen Modell und Vergleich mit dem heterogenen Modell nach Lockhart-Martinelli

Lösungsweg:
a) Nach Gl. (Lb 17.45) ist die Korrekturfunktion ψ_{Kf} definiert als das Verhältnis von zweiphasigem Druckverlust und dem Druckverlust der einphasigen Flüssigkeitsströmung:

$$\psi_{Kf} = \frac{\left(\frac{\Delta p}{L}\right)_{2ph}}{\left(\frac{\Delta p}{L}\right)_{1f}} = \frac{\Delta p_{2ph}}{\Delta p_{1f}}. \tag{17.74}$$

Der Druckverlust der homogenen Zweiphasenströmung lässt sich unter Berücksichtigung von Gl. (Lb 17.28) nach Gl. (Lb 17.36) ermitteln:

$$\left(\frac{\Delta p}{L}\right)_{2ph} = \zeta_{2ph} \frac{\rho_{\text{hom}}}{2} \overline{w}_{\text{hom}}^2 \frac{1}{d} = \zeta_{2ph} \frac{1}{2d} \frac{\dot{m}_{\text{ges}}^2}{\rho_{\text{hom}}} = \zeta_{2ph} \frac{1}{2d} \frac{(\dot{m}_f + \dot{m}_g)^2}{\varepsilon_g \rho_g + \varepsilon_f \rho_f}. \tag{17.75}$$

Der Druckverlust der einphasigen Flüssigkeitsströmung berechnet sich mit:

$$\left(\frac{\Delta p}{L}\right)_{1f} = \zeta_{1f} \frac{\rho_f}{2} v_f^2 \frac{1}{d} = \zeta_{1f} \frac{1}{2d} \frac{\dot{m}_f^2}{\rho_f}. \tag{17.76}$$

Nach Gl. (17.74) kann die Korrekturfunktion aus dem Verhältnis der beiden Druckverluste bestimmt werden. Für eine turbulente Strömung ($\zeta_{2ph} \approx \zeta_{1f}$) ergibt sich das Verhältnis zu:

$$\frac{\Delta p_{2ph}}{\Delta p_{1f}} = \left(\frac{\dot{m}_f + \dot{m}_g}{\dot{m}_f}\right)^2 \frac{1}{\varepsilon_g \frac{\rho_g}{\rho_f} + \varepsilon_f}. \tag{17.77}$$

Für eine vollständig turbulente Strömung ergibt sich der Martinelli Parameter X als:

$$X = \sqrt{\frac{\left(\frac{\Delta p}{L}\right)_{1f}}{\left(\frac{\Delta p}{L}\right)_{1g}}} = \sqrt{\frac{\zeta_{1f} \frac{\rho_f}{2} v_f^2 \frac{1}{d}}{\zeta_{1g} \frac{\rho_g}{2} v_g^2 \frac{1}{d}}} = \sqrt{\frac{\rho_f v_f^2}{\rho_g v_g^2}} = \frac{v_f}{v_g}\sqrt{\frac{\rho_f}{\rho_g}}. \tag{17.78}$$

Mit Hilfe von Gl. (17.78) können die Volumenanteile der Gas- und Flüssigphase, welche in Gl. (17.77) auftreten, als Funktionen des Martinelli Parameters beschrieben werden. In einer homogenen Strömung stimmen der Gasgehalt und der Strömungsgasgehalt aufgrund der identischen Geschwindigkeiten beider Phasen überein:

$$\varepsilon_g = \dot{\varepsilon}_g = \frac{\dot{V}_g}{\dot{V}_g + \dot{V}_f} = \frac{v_g}{v_g + v_f} = \frac{1}{1 + \frac{v_f}{v_g}} = \frac{1}{1 + \frac{v_f}{v_g}\sqrt{\frac{\rho_f}{\rho_g}}\sqrt{\frac{\rho_g}{\rho_f}}}$$

$$= \frac{1}{1 + X\sqrt{\frac{\rho_g}{\rho_f}}}. \tag{17.79}$$

Analog resultiert für den Flüssigkeitsvolumenanteil ε_f:

$$\varepsilon_f = \frac{\dot{V}_f}{\dot{V}_g + \dot{V}_f} = \frac{v_f}{v_g + v_f} = \frac{1}{1 + \frac{v_g}{v_f}} = \frac{1}{1 + \frac{1}{\frac{v_f}{v_g} \cdot \sqrt{\frac{\rho_f}{\rho_g}}\sqrt{\frac{\rho_g}{\rho_f}}}} = \frac{1}{1 + \frac{1}{X}\sqrt{\frac{\rho_f}{\rho_g}}}. \tag{17.80}$$

Mit den in den Gln. (17.79) und (17.80) hergeleiteten Beschreibungen, können nun die Faktoren aus Gl. (17.77) umgeschrieben werden zu

$$\left(\frac{\dot{m}_f + \dot{m}_g}{\dot{m}_f}\right)^2 = \left(1 + \frac{\dot{m}_g}{\dot{m}_f}\right)^2 = \left(1 + \frac{v_g \rho_g}{v_f \rho_f}\right)^2 = \left(1 + \frac{1}{\frac{v_f}{v_g}\sqrt{\frac{\rho_f}{\rho_g}}\sqrt{\frac{\rho_f}{\rho_g}}}\right)^2$$

$$= \left(1 + \frac{1}{X}\sqrt{\frac{\rho_g}{\rho_f}}\right)^2 \tag{17.81}$$

für den ersten Faktor und

$$
\left(\varepsilon_g \frac{\rho_g}{\rho_f} + \varepsilon_f \right)^{-1} = \left(\frac{\rho_g}{\rho_f} \frac{1}{1 + X \sqrt{\frac{\rho_g}{\rho_f}}} + \frac{1}{1 + \frac{1}{X} \sqrt{\frac{\rho_f}{\rho_g}}} \right)^{-1}
$$

$$
= \left[\frac{\frac{\rho_g}{\rho_f} \left(1 + \frac{1}{X} \sqrt{\frac{\rho_f}{\rho_g}} \right) + \left(1 + X \sqrt{\frac{\rho_g}{\rho_f}} \right)}{\left(1 + X \sqrt{\frac{\rho_g}{\rho_f}} \right) \cdot \left(1 + \frac{1}{X} \sqrt{\frac{\rho_f}{\rho_g}} \right)} \right]^{-1} \tag{17.82}
$$

für den zweiten Faktor. Gemäß Gl. (17.74) ergibt sich damit der gesuchte Zusammenhang zwischen der Korrekturfunktion ψ_{Kf} und dem Martinelli Parameter:

$$
\boxed{ \psi_{Kf} = \left(1 + \frac{1}{X} \sqrt{\frac{\rho_g}{\rho_f}} \right)^2 \frac{\left(1 + X \sqrt{\frac{\rho_g}{\rho_f}} \right) \left(1 + \frac{1}{X} \sqrt{\frac{\rho_f}{\rho_g}} \right)}{\frac{\rho_g}{\rho_f} \left(1 + \frac{1}{X} \sqrt{\frac{\rho_f}{\rho_g}} \right) + \left(1 + X \sqrt{\frac{\rho_g}{\rho_f}} \right)} . } \tag{17.83}
$$

Diese Funktion kann mit Hilfe des Hinweises

$$
\rho_g \ll \rho_f \quad \rightarrow \quad \varepsilon_g \frac{\rho_g}{\rho_f} \ll \varepsilon_f \tag{17.84}
$$

deutlich vereinfacht werden. In diesem Fall lautet Gl. (17.82):

$$
\left(\varepsilon_g \frac{\rho_g}{\rho_f} + \varepsilon_f \right)^{-1} = \frac{1}{\varepsilon_f} = 1 + \frac{1}{X} \sqrt{\frac{\rho_f}{\rho_g}} . \tag{17.85}
$$

Gemäß der Gln. (17.74) und (17.81) folgt daraus:

$$
\frac{\Delta p_{2ph}}{\Delta p_{1f}} = \left(1 + \frac{1}{X} \sqrt{\frac{\rho_g}{\rho_f}} \right)^2 \cdot \left(1 + \frac{1}{X} \sqrt{\frac{\rho_f}{\rho_g}} \right) . \tag{17.86}
$$

Gl. (17.86) kann ausmultipliziert und wiederum zusammengefasst werden, so dass sich die Korrekturfunktion ψ_{Kf} mit der getroffenen Vereinfachung schreiben lässt als:

$$
\boxed{ \psi_{Kf} = 1 + \frac{1}{X} \left(\sqrt{\frac{\rho_f}{\rho_g}} + 2 \sqrt{\frac{\rho_g}{\rho_f}} \right) + \frac{1}{X^2} \left(2 + \frac{\rho_g}{\rho_f} \right) + \frac{1}{X^3} \sqrt{\frac{\rho_g}{\rho_f}} . } \tag{17.87}
$$

Aus dieser Beziehung wird deutlich, dass der zweiphasige Druckverlust immer größer als der einphasige ist.

Abb. 17.1 Korrekturfunktion ψ_{Kf} nach dem homogenen Modell und Lockhart-Martinelli sowie das Verhältnis der Druckverluste nach beiden Modellen in Abhängigkeit vom Martinelli Parameter

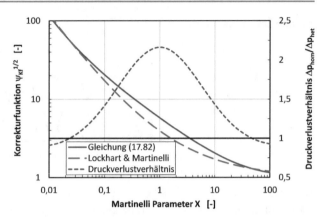

b) Gemäß Lockhart und Martinelli gilt unter vollständig turbulente Bedingungen für die Korrekturfunktion ψ_{Kf} (Tab. Lb 17.1) $i = 0{,}504$ und $j = 1{,}98$:

$$\psi_{Kf} = \frac{\left(1 + X^i\right)^{2j}}{X^2}. \tag{17.88}$$

Die Abb. 17.1 zeigt den Verlauf der beiden Korrekturfunktionen. Wie das ebenfalls dargestellte Verhältnis der beiden Druckverluste

$$\frac{\left(\Delta p_{2ph}\right)_{\text{hom}}}{\left(\Delta p_{2ph}\right)_{\text{het}}} = \frac{\left(\psi_{Kf}\right)_{\text{hom}}}{\left(\psi_{Kf}\right)_{\text{het}}} \tag{17.89}$$

verdeutlicht, berechnet sich mit dem homogenen Modell bis auf die extremen Verhältnisse des Martinelli Parameters ein höherer Druckverlust als mit dem heterogenen Modell. Dies erklärt sich aus der Tatsache, dass beim homogenen Modell die Gasphase einen größeren Teil des Querschnitts einnimmt und demzufolge die Flüssigkeit schneller als im heterogenen Fall strömt. Dies führt zu einem rechnerisch höheren Druckverlust.

17.6 Bestimmung des Reibungsdruckverlusts mit dem heterogenen Modell[*]

▶ **Thema** Berechnung des Druckverlusts von Gas/Flüssigkeitsströmungen – Heterogenes Modell

Ein Gemisch aus Wasser und Wasserdampf mit einem Strömungsmassengasgehalt von 0,1 wird bei einer Temperatur von 130 °C und einem Druck von 2,7 bar horizontal durch eine Rohrleitung (hydraulisch glattes Rohr) mit einem Durchmesser von 2,5 cm transportiert. Der Massenstrom beträgt 88 kg/h.

a) Berechnen Sie den Reibungsdruckverlust mit dem heterogenen Modell.

b) Messungen ergaben einen Reibungsdruckverlust von 1 mbar/m. Diskutieren Sie die Ergebnisse.

Gegeben:

Flüssigkeitsdichte $\rho' = 935\,\text{kg/m}^3$

Dampfdichte $\rho'' = 1{,}5\,\text{kg/m}^3$

Flüssigkeitsviskosität $\eta' = 0{,}211 \cdot 10^{-3}\,\text{kg/(m} \cdot \text{s)}$

Dampfviskosität $\eta'' = 0{,}0132 \cdot 10^{-3}\,\text{kg/(m} \cdot \text{s)}$

Lösung

Lösungsansatz:
Berechnung des zweiphasigen Druckverlusts mit dem Druckverlust des einphasigen Gases und dem Korrekturfaktor nach Lockhart und Martinelli

Lösungsweg:
a) Beim heterogenen Modell wird der zweiphasige Druckverlust ausgehend vom einphasigen Druckverlust einer Phase bestimmt. Die Einflüsse der anderen Phase werden von einer Korrekturfunktion berücksichtigt, welche sich in Abhängigkeit von den Strömungszuständen beider Phasen ergibt. Zur Berechnung des einphasigen Druckverlusts der Gasphase wird die Leerrohrgeschwindigkeit der Gasphase benötigt:

$$v_g = \frac{\dot{x}'' \dot{M}}{\rho'' \frac{\pi}{4} d^2} \quad \rightarrow \quad v_g = 3{,}32\,\frac{\text{m}}{\text{s}}. \tag{17.90}$$

Mit dieser Geschwindigkeit kann die Reynoldszahl der einphasigen Dampfströmung ermittelt werden

$$Re_{1g} = \frac{v_g d \rho''}{\eta''} \quad \rightarrow \quad Re_{1g} = 9431, \tag{17.91}$$

die zur Bestimmung des Widerstandsbeiwerts der Dampfströmung mit Gl. (Lb 5.37) für hydraulische glatte Rohre erforderlich ist:

$$\zeta_{1g} = \left(100 Re_{1g}\right)^{-0{,}25} \quad \rightarrow \quad \zeta_{1g} = 0{,}0321. \tag{17.92}$$

Damit ergibt sich der längenbezogene Druckverlust der reinen Dampfströmung:

$$\left(\frac{\Delta p}{L}\right)_{1g} = \zeta_{1g} \frac{\rho''}{2} v_g^2 \frac{1}{d} \quad \rightarrow \quad \left(\frac{\Delta p}{L}\right)_{1g} = 10{,}6\,\frac{\text{Pa}}{\text{m}}. \tag{17.93}$$

Zur Bestimmung des Martinelli Parameters wird der einphasige, längenbezogene Druckverlust der Flüssigkeit benötigt. Dieser ergibt sich analog wie derjenige für die einphasige Dampfströmung mit den Zwischenergebnissen

$$v_f = \frac{4\,(1 - \dot{x}'')\,\dot{M}}{\pi\,d^2\rho'} \quad \rightarrow \quad v_f = 0{,}0479\,\frac{\text{m}}{\text{s}}, \tag{17.94}$$

$$Re_{1f} = \frac{v_f\,d\rho'}{\eta'} \quad \rightarrow \quad Re_{1f} = 5310 \tag{17.95}$$

und

$$\zeta_{1f} = \left(100 Re_{1f}\right)^{-0{,}25} \quad \rightarrow \quad \zeta_{1f} = 0{,}0370, \tag{17.96}$$

was zu einem längenbezogenen Druckverlust von

$$\left(\frac{\Delta p}{L}\right)_{1f} = \zeta_{1f}\frac{\rho'}{2}v_f^2\frac{1}{d} = 1{,}59\,\frac{\text{Pa}}{\text{m}} \quad \rightarrow \quad \left(\frac{\Delta p}{L}\right)_{1f} = 1{,}59\,\frac{\text{Pa}}{\text{m}} \tag{17.97}$$

führt. Aus den beiden längenbezogenen Druckverlusten kann nach Gl. (Lb 17.16) der Martinelli Parameter bestimmt werden:

$$X = \sqrt{\frac{\left(\frac{\Delta p}{L}\right)_{1f}}{\left(\frac{\Delta p}{L}\right)_{1g}}} \quad \rightarrow \quad X = 0{,}387. \tag{17.98}$$

Die Korrekturfunktion ψ_{Kg} ergibt sich gemäß Tab. Lb 17.1 für $Re_{1g} > 2000$ und $Re_{1f} > 2000$ mit $i = 0{,}504$ und $j = 1{,}98$ zu:

$$\psi_{Kg} = \left(1 + X^i\right)^{2j} \quad \rightarrow \quad \psi_{Kg} = 6{,}76. \tag{17.99}$$

Damit berechnet sich der zweiphasige, längenbezogene Druckverlust nach Gl. (Lb 17.44):

$$\left(\frac{\Delta p}{L}\right)_{2ph} = \psi_{Kg}\left(\frac{\Delta p}{L}\right)_{1g} \quad \rightarrow \quad \boxed{\left(\frac{\Delta p}{L}\right)_{2ph} = 71{,}7\,\frac{\text{Pa}}{\text{m}}}. \tag{17.100}$$

b) Die Abweichungen des berechneten Druckverlusts von dem gemessenen Wert von 100 Pa/m lassen sich auf zwei Aspekte zurückführen. Die Ergebnisse des Modells nach Lockhart und Martinelli besitzen einen relativ großen Unsicherheitsbereich von $\pm\,50\,\%$. Zusätzlich wurde bei der Rechnung der Beschleunigungsdruckverlust nicht berücksichtigt. Allerdings sollte dessen Einfluss relativ gering sein, da es sich um eine Zweiphasenströmung ohne Stoffübergang (z. B. Verdampfung/Kondensation) handelt. Alles in allem sind die Abweichungen zwischen Modellrechnung und Messung in dem zu erwartenden Bereich.

17.7 Korrekturfaktoren des Lockhart-Martinelli-Modells für eine idealisierte Schichtenströmung***

▶ **Thema** Berechnung des Druckverlusts von Gas/Flüssigkeitsströmungen – Heterogenes Modell

Eine flüssige und eine gasförmige Phase bewegen sich in Form einer Schichtenströmung durch ein horizontales Rohr (s. Abb. 17.2). Dabei sollen die Reibungskräfte an der Gas/Flüssigkeits-Grenzfläche vernachlässigbar klein sein. Beide Phasen strömen hierbei vollständig turbulent. Die Fläche des von der Flüssigkeit durchströmten Kreissegments A_f ist abhängig von dem Mittelpunktswinkel α und berechnet sich gemäß:

$$A_f = \frac{d^2}{8} (\alpha - \sin \alpha). \tag{17.101}$$

Dabei ist α im Bogenmaß einzusetzen. Vereinfacht können die Druckverluste der beiden einzelnen Phasen unter Verwendung des jeweiligen hydraulischen Durchmessers berechnet werden.

a) Berechnen Sie unter Variation des Mittelpunktswinkels zwischen null und 2π den Schlupf und die Korrekturfaktoren des Modells nach Lockhart und Martinelli.
b) Zeichnen Sie den Zusammenhang zwischen ψ_{Kg} bzw. ψ_{Kf} und dem Martinelli Parameter X. Vergleichen Sie die Verläufe mit den von Lockhart und Martinelli angegebenen Werten gemäß Tab. Lb 17.1. Erläutern Sie die auftretenden Unterschiede.

Gegeben:

Flüssigkeitsdichte $\rho_f = 1000 \, \text{kg/m}^3$
Gasdichte $\rho_g = 1{,}2 \, \text{kg/m}^3$

Lösung

Lösungsansatz:
Berechnung des einphasigen Druckverlusts für beide Phasen durch Verwendung der Druckverlustbeziehung für Kreisrohre unter Berücksichtigung der jeweiligen hydrauli-

Abb. 17.2 Schematische Darstellung der Schichtenströmung

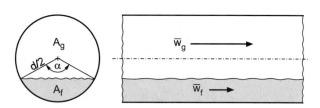

schen Durchmesser. Aus der Gleichsetzung beider Druckverluste folgen der Schlupf und die Korrekturfaktoren.

Lösungsweg:

a) Zur Berechnung des Druckverlusts der beiden Phasen muss der jeweilige hydraulische Durchmesser (Gl. (Lb 5.41)) bestimmt werden. Zu dessen Berechnung wird nur der benetzte Rohrumfang betrachtet, da die Reibungsverluste an der Gas/Flüssigkeits-Phasengrenzfläche gemäß Annahme vernachlässigt werden können. Für die Flüssigphase gilt

$$d_{h_f} = 4 \frac{\text{durchströmte Fläche}}{\text{benetzter Umfang}} = 4 \frac{A_f}{U_f} = 4 \frac{\frac{d^2}{8}(\alpha - \sin\alpha)}{\alpha \frac{d}{2}}$$

$$\rightarrow \quad d_{h_f} = d \left(1 - \frac{\sin\alpha}{\alpha}\right) \tag{17.102}$$

und für die Gasphase:

$$d_{h_g} = 4 \frac{A_g}{U_g} = 4 \frac{\frac{d^2}{8}(2\pi - \alpha + \sin\alpha)}{\left(\pi - \frac{\alpha}{2}\right)d} \quad \rightarrow \quad d_{h_g} = d \left(1 + \frac{\sin\alpha}{2\pi - \alpha}\right). \tag{17.103}$$

Der Druckverlust der beiden Strömungen in dem betrachteten Rohrabschnitt ist identisch und gleich dem zweiphasigen Druckverlust. Der einphasige Druckverlust berechnet sich gemäß Abschn. Lb 5.1.3 mit den effektiven Geschwindigkeiten $\overline{w}_g$ und $\overline{w}_f$ sowie dem hydraulischen Durchmesser nach:

$$\Delta p_{2ph} = \Delta p_f = \zeta_f \frac{\rho_f}{2} \overline{w}_f^2 \frac{L}{d_{h_f}} = \Delta p_g = \zeta_g \frac{\rho_g}{2} \overline{w}_g^2 \frac{L}{d_{h_g}}. \tag{17.104}$$

Aufgrund der vorausgesetzten vollständigen Turbulenz beider Strömungen sind die Widerstandsbeiwerte ζ_f und ζ_g gleich. Damit ergibt sich der Schlupf zwischen beiden Phasen als:

$$S = \frac{\overline{w}_g}{\overline{w}_f} = \sqrt{\frac{\rho_f}{\rho_g} \frac{d_{h_g}}{d_{h_f}}}. \tag{17.105}$$

Unter Verwendung der Gln. (17.102) und (17.103) folgt die Beziehung für den Schlupf:

$$S = \sqrt{\frac{\rho_f}{\rho_g} \frac{1 + \frac{\sin\alpha}{2\pi - \alpha}}{1 - \frac{\sin\alpha}{\alpha}}} \quad \rightarrow \quad \boxed{S = \sqrt{\frac{\rho_f}{\rho_g} \frac{\alpha}{\alpha - \sin\alpha} \left(1 + \frac{\sin\alpha}{2\pi - \alpha}\right)}}. \tag{17.106}$$

Mit dem zweiphasigen Druckverlust (Gl. (17.104)) ergeben sich die Korrekturfunktionen gemäß

$$\psi_{kf} = \left(\frac{\Delta p_{2ph}}{\Delta p_{1f}}\right)^{1/2} = \left(\frac{\zeta_f \frac{\rho_f}{2}\overline{w}_f^2 \frac{L}{d_{h_f}}}{\zeta_f \frac{\rho_f}{2} v_f^2 \frac{L}{d}}\right)^{1/2} = \frac{A}{A_f}\left(\frac{d}{d_{h_f}}\right)^{1/2}$$

$$= \frac{\frac{\pi}{4}d^2}{\frac{d^2}{8}(\alpha - \sin\alpha)}\left[\frac{d}{d\left(1 - \frac{\sin\alpha}{\alpha}\right)}\right]^{1/2} \rightarrow \boxed{\psi_{kf} = \frac{2\pi\alpha^{1/2}}{(\alpha - \sin\alpha)^{3/2}}} \quad (17.107)$$

und:

$$\psi_{kg} = \left(\frac{\Delta p_{2ph}}{\Delta p_{1g}}\right)^{1/2} = \left(\frac{\zeta_g \frac{\rho_g}{2}\overline{w}_g^2 \frac{L}{d_{h_g}}}{\zeta_g \frac{\rho_g}{2} v_g^2 \frac{L}{d}}\right)^{1/2} = \frac{A}{A_g}\left(\frac{d}{d_{h_g}}\right)^{1/2}$$

$$= \frac{\frac{\pi}{4}d^2}{\frac{d^2}{8}(2\pi - \alpha + \sin\alpha)}\left[\frac{d}{d\left(1 + \frac{\sin\alpha}{2\pi - \alpha}\right)}\right]^{1/2}$$

$$\rightarrow \boxed{\psi_{kg} = \frac{2\pi (2\pi - \alpha)^{1/2}}{(2\pi - \alpha + \sin\alpha)^{3/2}}}. \quad (17.108)$$

Der Martinelli Parameter berechnet sich durch:

$$X = \left(\frac{\Delta p_{1f}}{\Delta p_{1g}}\right)^{1/2} = \left(\frac{\zeta_f \frac{\rho_f}{2} v_f^2 \frac{L}{d}}{\zeta_g \frac{\rho_g}{2} v_g^2 \frac{L}{d}}\right)^{1/2} = \frac{\overline{w}_f}{\overline{w}_g}\frac{A_f}{A_g}\left(\frac{\rho_f}{\rho_g}\right)^{1/2}. \quad (17.109)$$

Das Verhältnis der von der Flüssig- bzw. der Gasphase durchströmten Flächen A_f/A_g resultiert aus:

$$\frac{A_f}{A_g} = \frac{\frac{d^2}{8}(\alpha - \sin\alpha)}{\frac{d^2}{8}(2\pi - \alpha + \sin\alpha)} = \frac{\alpha - \sin\alpha}{2\pi - \alpha + \sin\alpha}. \quad (17.110)$$

Eingesetzt in Gl. (17.109) folgt zusammen mit Gl. (17.106) damit für den Martinelli Parameter:

$$X = \frac{1}{S}\frac{\alpha - \sin\alpha}{2\pi - \alpha + \sin\alpha}\left(\frac{\rho_f}{\rho_g}\right)^{1/2}$$

$$= \left[\frac{\rho_f}{\rho_g}\frac{\alpha}{\alpha - \sin\alpha}\left(1 + \frac{\sin\alpha}{2\pi - \alpha}\right)\right]^{-1/2}\frac{\alpha - \sin\alpha}{2\pi - \alpha + \sin\alpha}\left(\frac{\rho_f}{\rho_g}\right)^{1/2}$$

$$\rightarrow \quad X = \left(\frac{\alpha - \sin\alpha}{2\pi - \alpha + \sin\alpha}\right)^{3/2}\left(\frac{2\pi}{\alpha} - 1\right)^{1/2}. \quad (17.111)$$

Abb. 17.3 Vergleich der Korrekturfaktoren nach Lockhart und Martinelli mit dem Ergebnis der Rechnung für die vereinfachte Schichtenströmung

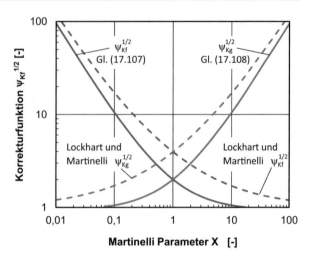

b) In Abb. 17.3 werden die nach den Gln. (17.107) und (17.108) berechneten Korrekturfaktoren als Funktion des Martinelli Parameters nach Gl. (17.111) im Vergleich zu den nach Lockhart und Martinelli mit Tab. Lb 17.1 bestimmten Werten dargestellt. Die berechneten Korrekturfaktoren geben zwar die Verläufe tendenziell richtig wieder, doch sie unterschätzen die gemessenen Korrekturfaktoren von Lockhart und Martinelli. Es fällt auf, dass sogar Faktoren kleiner als eins berechnet werden, was auf die Annahme vernachlässigbarer Reibungskräfte an der Gas/Flüssigkeits-Phasengrenzfläche zurückzuführen ist. Die getroffenen Vereinfachungen sind demzufolge insgesamt wenig geeignet das tatsächliche Verhalten zu beschreiben.

17.8　Verhältnis der Impulsstromdichten nach dem heterogenen und dem homogenen Modell[**]

▶ **Thema** Berechnung des Druckverlusts von Gas/Flüssigkeitsströmungen – Heterogenes und homogenes Modell

Die nach dem heterogenen und dem homogenen Modell ermittelten Druckverluste unterscheiden sich, wobei mit dem homogenen Modell für ansonsten gleiche Bedingungen höhere Druckverluste berechnet werden. Dies erklärt sich aus der Tatsache, dass beim homogenen Modell die Gasphase einen größeren Teil des Querschnitts einnimmt und demzufolge die Flüssigkeit schneller als im heterogenen Fall strömt. Daher unterscheiden sich die Impulsstromdichten in den beiden Berechnungsansätzen.

Berechnen Sie das Verhältnis der Impulsstromdichten $\dot{I}_{het}/\dot{I}_{hom}$ in Abhängigkeit vom Strömungsgasgehalt einer Gas/Flüssigkeits-Strömung ($\rho_f = 1000\,\mathrm{kg/m^3}$, $\rho_g = 1,2\,\mathrm{kg/m^3}$) für Schlupfwerte von 1, 5, 10 und 30. Stellen Sie das Ergebnis grafisch dar.

Lösung

Lösungsansatz:
Berechnung der Impulsstromdichten gemäß homogener und heterogener Strömung unter
Berücksichtigung des Schlupfs und des Strömungsgasgehalts.

Lösungsweg:
Der Impulsstrom der homogenen Strömung berechnet sich gemäß:

$$\dot{I}_{\text{hom}} = \dot{M}_{\text{ges}}\overline{w}_{\text{hom}} = \left(\rho_g\dot{V}_g + \rho_f\dot{V}_f\right)\frac{\dot{V}_g + \dot{V}_f}{A}$$

$$= \rho_g\dot{V}_g\frac{\dot{V}_g + \dot{V}_f}{A} + \rho_f\dot{V}_f\frac{\dot{V}_g + \dot{V}_f}{A}. \tag{17.112}$$

Für den Impulsstrom der heterogenen Strömung gilt:

$$\dot{I}_{\text{het}} = \dot{M}_g\overline{w}_g + \dot{M}_f\overline{w}_f = \rho_g\dot{V}_g\overline{w}_g + \rho_f\dot{V}_f\overline{w}_f = \rho_g\frac{\dot{V}_g^2}{A_g} + \rho_f\frac{\dot{V}_f^2}{A_f}. \tag{17.113}$$

Die jeweiligen Querschnittsflächen für die Gas- und Flüssigphase ergeben sich aus dem
Schlupf:

$$S = \frac{\overline{w}_g}{\overline{w}_f} = \frac{\dot{V}_g}{\dot{V}_f}\frac{A_f}{A_g} = \frac{\dot{V}_g}{\dot{V}_f}\left(\frac{A}{A_g} - 1\right) \quad \rightarrow \quad A_g = \frac{\overline{w}_g}{\overline{w}_f} = \frac{\dot{V}_g}{\dot{V}_f}\frac{A_f}{A_g}$$

$$\rightarrow \quad A_g = \frac{A}{S\frac{\dot{V}_f}{\dot{V}_g} + 1}. \tag{17.114}$$

Analog resultiert die Querschnittsfläche für die Flüssigphase:

$$A_f = A - A_g \quad \rightarrow \quad A_f = \frac{A}{\frac{1}{S}\frac{\dot{V}_g}{\dot{V}_f} + 1}. \tag{17.115}$$

Mit beiden Querschnittsflächen folgt für den Impulsstrom gemäß Gl. (17.113):

$$\dot{I}_{\text{het}} = \rho_g\frac{\dot{V}_g^2}{A}\left(S\frac{\dot{V}_f}{\dot{V}_g} + 1\right) + \rho_f\frac{\dot{V}_f^2}{A}\left(\frac{1}{S}\frac{\dot{V}_g}{\dot{V}_f} + 1\right)$$

$$\rightarrow \quad \dot{I}_{\text{het}} = \rho_g\dot{V}_g\frac{S\dot{V}_f + \dot{V}_g}{A} + \rho_f\dot{V}_f\frac{\dot{V}_f + \dot{V}_g\frac{1}{S}}{A}. \tag{17.116}$$

Für den Fall einer schlupffreien also homogenen Strömung ergibt sich mit $S = 1$ die
Gl. (17.112).

Der Strömungsgasgehalt ist gemäß Gl. (Lb 17.8) definiert als:

$$\dot{\varepsilon}_g \equiv \frac{\dot{V}_g}{\dot{V}_{\text{ges}}} \quad \rightarrow \quad \dot{\varepsilon}_f = \frac{\dot{V}_f}{\dot{V}_{\text{ges}}} = 1 - \dot{\varepsilon}_g. \tag{17.117}$$

Damit lässt sich der Flüssigkeitsvolumenstrom in der homogenen Impulsstromdichte (Gl. (17.112))

$$\dot{I}_{\text{hom}} = \rho_g \dot{V}_g \frac{\dot{V}_{\text{ges}}}{A} + \rho_f \dot{V}_{\text{ges}} \left(1 - \dot{\varepsilon}_g\right) \frac{\dot{V}_{\text{ges}}}{A}$$

$$\rightarrow \quad \dot{I}_{\text{hom}} = \frac{\dot{V}_g^2}{A} \left(\rho_g \frac{1}{\dot{\varepsilon}_g} + \rho_f \frac{1 - \dot{\varepsilon}_g}{\dot{\varepsilon}_g^2} \right). \tag{17.118}$$

als auch in der heterogenen Impulsstromdichte (Gl. (17.116)) ersetzen:

$$\dot{I}_{\text{het}} = \frac{\dot{V}_g^2}{A} \left[\rho_g \left(S \frac{1 - \dot{\varepsilon}_g}{\dot{\varepsilon}_g} + 1 \right) + \rho_f \frac{1 - \dot{\varepsilon}_g}{\dot{\varepsilon}_g} \left(\frac{1 - \dot{\varepsilon}_g}{\dot{\varepsilon}_g} + \frac{1}{S} \right) \right]. \tag{17.119}$$

Auch in diesem Fall stimmen die Gleichungen für die schlupffreie Strömung mit $S = 1$ überein. Damit ergibt sich das gesuchte Verhältnis der Impulsstromdichten als:

$$\boxed{ \frac{\dot{I}_{\text{het}}}{\dot{I}_{\text{hom}}} = \frac{\rho_g \left[S \left(1 - \dot{\varepsilon}_g\right) + \dot{\varepsilon}_g \right] + \rho_f \left(1 - \dot{\varepsilon}_g\right) \left(\frac{1 - \dot{\varepsilon}_g}{\dot{\varepsilon}_g} + \frac{1}{S} \right)}{\rho_g + \rho_f \frac{1 - \dot{\varepsilon}_g}{\dot{\varepsilon}_g}} } . \tag{17.120}$$

Dieser Zusammenhang ist in Abb. 17.4 dargestellt. Es wird deutlich, dass die Impulsstromdichte für das heterogene Modell immer kleiner oder maximal gleich der des homogenen Modells ist. Da Druckverlust und Impulsstromdichte immer gekoppelt sind, führt das homogene Modell stets zu rechnerisch höheren Druckverlusten als das heterogene.

Abb. 17.4 Verhältnis der Impulsstromdichten nach dem heterogenen und dem homogenen Modell in Abhängigkeit vom Strömungsgasgehalt für verschiedene Werte des Schlupfs

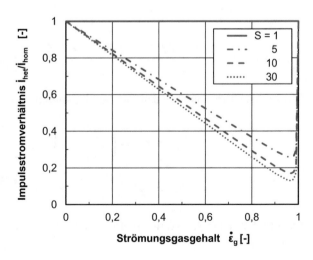

Literatur

1. Wellenhofer A, Muschelknautz S (2013) Druckverlust von Gas-Flüssigkeitsströmungen in Rohren, Leitungselementen und Armaturen. In: VDI e.V. (Hrsg) VDI-Wärmeatlas. Springer, Berlin Heidelberg, S 1293–1305 https://doi.org/10.1007/978-3-642-19981-3_81
2. Schmidt H (2013) Berechnung der Phasenanteile. In: VDI e.V. (Hrsg) VDI-Wärmeatlas. Springer, Berlin Heidelberg, S 1285–1292 https://doi.org/10.1007/978-3-642-19981-3_81

Mischen und Rühren

Zentraler Inhalt des Kapitels ist die Quantifizierung der physikalischen Gesetzmäßigkeiten von ein- und mehrphasigen Mischvorgängen. Hierzu zählen vorrangig die Leistungseinträge für das Aufrechterhalten zweiphasiger Zustände, die Realisierung eines bestimmten Energie- bzw. Stofftransports oder das Erreichen definierter Mischzeiten bzw. -längen. Apparativ wird das Hauptaugenmerk wegen seiner branchenübergreifenden, hohen Bedeutung auf den Rührbehälter gelegt. Daneben werden auch noch statische Mischer bezüglich ihrer wesentlichen Eigenschaften charakterisiert.

18.1 Auswirkungen der Scale-up Regel konstanter volumenspezifischer Leistungseintrag[*]

▶ **Thema** Leistungscharakteristik

Experimente in einem flachbödigen Behälter mit 0,3 m Durchmesser und einem H/D von eins zeigten, dass ein Leistungseintrag P für einen bestimmten Rührprozess erforderlich ist. Das Scale-up auf einen geometrisch ähnlichen Großapparat mit 3 m Durchmesser soll unter der Bedingung eines identischen volumenspezifischen Leistungseintrags durchgeführt werden, wobei in beiden Maßstäben vollständig turbulente Bedingungen vorliegen.

Bestimmen Sie die Veränderung der Rührerumfangsgeschwindigkeit und der Reynoldszahl mit der Maßstabsvergrößerung.

Elektronisches Zusatzmaterial Die Online-Version dieses Kapitels (https://doi.org/10.1007/978-3-662-60393-2_18) enthält Zusatzmaterial, das für autorisierte Nutzer zugänglich ist.

© Springer-Verlag GmbH Deutschland, ein Teil von Springer Nature 2020
M. Kraume, *Transportvorgänge in der Verfahrenstechnik*,
https://doi.org/10.1007/978-3-662-60393-2_18

Lösung

Lösungsansatz:
Verwendung der Beziehungen für den Leistungseintrag, die Rührerumfangsgeschwindigkeit und die Reynoldszahl

Lösungsweg:
Die Scale-up Regel konstanter volumenspezifischer Leistungseintrag bedeutet:

$$\frac{P}{V} = \frac{Ne\rho n^3 d^5}{\frac{\pi}{4} D^2 H} = \frac{4}{\pi} Ne\rho n^3 \left(\frac{d}{D}\right)^3 d^2 = \text{konst.} \tag{18.1}$$

Demzufolge gilt für das Modell (Mod) und die Hauptausführung (HA):

$$\frac{4}{\pi} Ne_{\text{HA}}\rho_{\text{HA}} n_{\text{HA}}^3 \left(\frac{d_{\text{HA}}}{D_{\text{HA}}}\right)^3 d_{\text{HA}}^2 = \frac{4}{\pi} Ne_{\text{Mod}}\rho_{\text{Mod}} n_{\text{Mod}}^3 \left(\frac{d_{\text{Mod}}}{D_{\text{Mod}}}\right)^3 d_{\text{Mod}}^2. \tag{18.2}$$

Aufgrund der geometrischen Ähnlichkeit gilt:

$$\frac{d_{\text{HA}}}{D_{\text{HA}}} = \frac{d_{\text{Mod}}}{D_{\text{Mod}}}. \tag{18.3}$$

Die vollständig turbulenten Bedingungen führen zu identischen Newtonzahlen und die Verwendung gleicher Medien in beiden Maßstäben zu identischen Dichten. Damit gilt nach Gl. (18.2):

$$n_{\text{HA}}^3 D_{\text{HA}}^2 = n_{\text{Mod}}^3 D_{\text{Mod}}^2. \tag{18.4}$$

Damit ergibt sich für die Rührerumfangsgeschwindigkeit bei konstantem spezifischen Leistungseintrag:

$$w_{\text{tip}} = \pi n d \quad \rightarrow \quad \pi n_{\text{HA}}^3 D_{\text{HA}}^3 \frac{1}{D_{\text{HA}}} = \pi n_{\text{Mod}}^3 D_{\text{Mod}}^3 \frac{1}{D_{\text{Mod}}}$$

$$\rightarrow \quad w_{\text{tip}_{\text{HA}}}^3 \frac{1}{D_{\text{HA}}} = w_{\text{tip}_{\text{Mod}}}^3 \frac{1}{D_{\text{Mod}}} \quad \rightarrow \quad w_{\text{tip}_{\text{HA}}} = w_{\text{tip}_{\text{Mod}}} \left(\frac{D_{\text{HA}}}{D_{\text{Mod}}}\right)^{1/3}$$

$$\rightarrow \quad \boxed{w_{\text{tip}_{\text{HA}}} = 2{,}15 w_{\text{tip}_{\text{Mod}}}}. \tag{18.5}$$

Für die Reynoldszahlen gilt:

$$Re = \frac{n d^2}{\nu} \quad \rightarrow \quad \frac{n_{\text{HA}} d_{\text{HA}}^2}{\nu_{\text{HA}}} \nu_{\text{HA}} n_{\text{HA}}^2 = \frac{n_M d_M^2}{\nu_M} \nu_M n_M^2$$

$$\rightarrow \quad Re_{\text{HA}} \nu_{\text{HA}} n_{\text{HA}}^2 = Re_M \nu_M n_M^2. \tag{18.6}$$

Da in beiden Maßstäben das gleiche Medium verwendet wird und gemäß Gl. (18.4)

$$\frac{n_{HA}}{n_M} = \left(\frac{D_M}{D_{HA}}\right)^{2/3} \tag{18.7}$$

gilt, folgt:

$$Re_{HA} = Re_M \frac{n_M^2}{n_{HA}^2} \quad \rightarrow \quad Re_{HA} = Re_M \left(\frac{D_{HA}}{D_M}\right)^{4/3}$$

$$\rightarrow \quad \boxed{Re_{HA} = 21{,}5 Re_M}. \tag{18.8}$$

18.2 Wärmeübergang in einem emaillierten Rührbehälter [2]*

▶ **Thema** Leistungscharakteristik/Wärmetransport

Ein emaillierter Rührkesselreaktor ($D = H = 1{,}76\,\text{m}$) ist mit einem Impellerrührer (gem. Abb. Lb 18.7 mit $d = 1{,}17\,\text{m}$) sowie Stromstörern ausgerüstet, der mit $n = 90\,\text{min}^{-1}$ betrieben wird. Die Dicke der Emailleschicht beträgt 1,3 mm mit einer Wärmeleitfähigkeit von 1,16 W/(m·K). Die Stahlwand besitzt eine Dicke von 20 mm bei einer Wärmeleitfähigkeit von 52 W/(m·K). Der Behälter ist mit einem Doppelmantel ausgeführt und muss gekühlt werden mit einer mittleren Temperaturdifferenz von 60 K. Der Wärmeübergangskoeffizient im Mantelraum beträgt 1000 W/(m²·K). Die Konstante C_{turb} des Impellerrührers in der Wärmeübergangsbeziehung (Gl. (Lb 18.17)) besitzt einen Wert von 0,33.

a) Ermitteln Sie den Leistungseintrag durch den Rührer.
b) Bestimmen Sie den Wärmeübergangskoeffizienten α_i an der Behälterinnenwand. (Der Einfluss des Viskositätsverhältnisses η/η_{Tw} kann vernachlässigt werden.)
c) Berechnen Sie den Wärmedurchgangskoeffizienten.
d) Ermitteln Sie den insgesamt abführbaren Wärmestrom $\dot{Q}$ und den Reaktionswärmestrom $\dot{Q}_R$.

Gegeben (Stoffdaten der Reaktorflüssigkeit):

Dichte	ρ	$= 1496\,\text{kg/m}^3$
Viskosität	η	$= 1{,}85 \cdot 10^{-3}\,\text{kg/(m}\cdot\text{s)}$
Spez. Wärmekapazität	c_P	$= 2303\,\text{J/(kg}\cdot\text{K)}$
Wärmeleitfähigkeit	λ	$= 0{,}488\,\text{W/(m}\cdot\text{K)}$

Annahmen:

1. Aufgrund der geringen Krümmung kann die Behälterwand für die Berechnung des Wärmedurchgangskoeffizienten als eben betrachtet werden.
2. Für die Berechnung des abführbaren Wärmestroms kann die Behälterwand als Summe aus der Mantel- und der Bodenfläche eines Zylinders bestimmt werden.

Lösung

Lösungsansatz:
Verwendung der Leistungscharakteristik und der Wärmeübergangsbeziehung

Lösungsweg:
a) Unter Nutzung der Reynoldszahl

$$Re = \frac{\rho n d^2}{\eta} = 1{,}66 \cdot 10^6 \tag{18.9}$$

ergibt sich aus Abb. Lb 18.6

$$Ne = 0{,}75 \tag{18.10}$$

und damit der Leistungseintrag (Gl. (Lb 18.9)):

$$P = Ne\rho n^3 d^5 \quad \rightarrow \quad \boxed{P = 8{,}3\,\text{kW}}. \tag{18.11}$$

b) Da es sich aufgrund der Reynoldszahl um eine turbulente Strömung handelt, berechnet sich der Wärmeübergangskoeffizient auf der Behälterinnenseite nach Gl. (Lb 18.17):

$$Nu = \frac{\alpha_i D}{\lambda} = C_{\text{turb}} Re^a Pr^b \left(\frac{\eta}{\eta_{T=T_w}} \right)^e. \tag{18.12}$$

Die Prandtlzahl beträgt

$$Pr = \frac{\nu}{a} = 8{,}73, \tag{18.13}$$

woraus sich mit Gl. (18.12) die Nußeltzahl und daraus der Wärmeübergangskoeffizient α_i ergibt:

$$Nu = 9{,}53 \cdot 10^3 \quad \rightarrow \quad \boxed{\alpha_i = 2640\,\text{W}}. \tag{18.14}$$

c) Der Wärmedurchgangskoeffizient berechnet sich für eine ebene Wand aus den vier Wärmedurchgangswiderständen, die durch die beiden Wärmeübergänge sowie die Wärmeleitung durch die zweischichtige Wand entstehen (s. Gl. (Lb 3.6)):

$$k = \left(\frac{1}{\alpha_i} + \frac{s_{\text{Emaille}}}{\lambda_{\text{Emaille}}} + \frac{s_{\text{Stahl}}}{\lambda_{\text{Stahl}}} + \frac{1}{\alpha_a} \right)^{-1} \quad \rightarrow \quad \boxed{k = 347 \, \frac{\text{W}}{\text{m}^2 \, \text{K}}}. \tag{18.15}$$

d) Die Wärmeübertragungsfläche ergibt sich aus der Mantel- sowie der Bodenfläche:

$$A = \frac{\pi}{4} D^2 + \pi D H = \frac{5}{4} \pi D^2 \quad \rightarrow \quad A = 12{,}2 \, \text{m}^2. \tag{18.16}$$

Damit ergibt sich der abführbare gesamte Wärmestrom:

$$\dot{Q} = k A \Delta T \quad \rightarrow \quad \boxed{\dot{Q} = 253 \, \text{kW}}. \tag{18.17}$$

Der Reaktionswärmestrom ist gegenüber diesem Wärmestrom geringer, da auch die zugeführte mechanische Leitung abgeführt werden muss:

$$\dot{Q}_R = \dot{Q} - P \quad \rightarrow \quad \boxed{\dot{Q}_R = 245 \, \text{kW}}. \tag{18.18}$$

18.3 Homogenisieren zweier Flüssigkeiten**

▶ **Thema** Leistungscharakteristik/Homogenisieren in Rührbehältern

Zwei zähflüssige Komponenten sollen in einem Rührbehälter mit vier Stromstörern und $D = 1 \, \text{m}$ homogenisiert werden. Die homogene Mischung besitzt eine dynamische Viskosität von $1{,}5 \, \text{kg/(m·s)}$ und eine Dichte von $1070 \, \text{kg/m}^3$. Die angestrebte Mischgüte beträgt 99,5 %. Als Rührer stehen ein Propeller- sowie ein Scheibenrührer (Geometrie entsprechend Abb. Lb 18.7) zur Verfügung. Die angestrebte Mischzeit Θ beträgt 100 s.

Bestimmen Sie für beide Rührer den notwendigen Leistungseintrag.

Lösung

Lösungsansatz:
Verwendung der Mischzeit- und der Leistungscharakteristiken

Tab. 18.1 Schätzungen zur Bestimmung der erforderlichen Drehfrequenz für den Scheibenrührer

Schätzung	Drehfrequenz n [min^{-1}]	Reynoldszahl Re [–]	Mischzeitkennzahl $n\Theta$ [–]	Mischzeit Θ [s]
1	900	963	≈ 110	7,33
2	300	321	≈ 300	60

Lösungsweg:

Umrechnung der Mischzeit auf 95 % Mischgüte nach Gl. (Lb 18.19):

$$\frac{(n\Theta)_{1-\delta}}{(n\Theta)_{0,95}} \approx 1 + 0,56 \log\left(\frac{0,05}{\delta}\right)$$

$$\rightarrow \quad \Theta_{0,95} = \Theta_{0,995}\left[1 + 0,56\log\left(\frac{0,05}{\delta}\right)\right]^{-1}$$

$$\rightarrow \quad \Theta_{0,95} = 64{,}1\,\text{s}. \tag{18.19}$$

Die erforderliche Drehfrequenz ergibt sich aus der Mischzeitcharakteristik (Abb. Lb 18.9). Allerdings ist ein iteratives Vorgehen erforderlich, da n sowohl in der Reynoldszahl als auch der Mischzeitkennzahl auftritt.

- Scheibenrührer

  Aus der angegebenen Geometrie (Abb. Lb 18.7) folgt ein Rührerdurchmesser $d = 0,3\,\text{m}$. Die Ermittlung der Drehfrequenz erfolgt mit den in Tab. 18.1 aufgeführten Schätzungen.

  Im Rahmen der möglichen Genauigkeit ist das Ergebnis der zweiten Schätzung akzeptabel. Aus der Leistungscharakteristik (Abb. Lb 18.6) ergibt die Newtonzahl

$$Ne \approx 3{,}5 \tag{18.20}$$

  mit der sich die Leistung berechnet:

$$P = Ne\rho n^3 d^5 \quad \rightarrow \quad \boxed{P = 1{,}14\,\text{kW}}. \tag{18.21}$$

- Propellerrührer

  Aus der angegebenen Geometrie (Abb. Lb 18.7) folgt ein Rührerdurchmesser $d = 0,3\,\text{m}$. Die Ermittlung der Drehfrequenz erfolgt mit den in Tab. 18.2 aufgeführten Schätzungen.

  Im Rahmen der möglichen Genauigkeit ist das Ergebnis der zweiten Schätzung akzeptabel. Aus der Leistungscharakteristik (Abb. Lb 18.6) folgt die Newtonzahl

$$Ne \approx 0{,}5 \tag{18.22}$$

Tab. 18.2 Schätzungen zur Bestimmung der erforderlichen Drehfrequenz für den Propellerrührer

Schätzung	Drehfrequenz n [min^{-1}]	Reynoldszahl Re [–]	Mischzeitkennzahl $n\Theta$ [–]	Mischzeit Θ [s]
1	900	963	≈ 750	50
2	750	835	≈ 800	62

mit der sich die Leistung berechnet:

$$\boxed{P = 2{,}86\,\text{kW}}.\qquad(18.23)$$

18.4 Aufheizen eines Rührbehälters[*]

▶ **Thema** Wärmetransport

Ein flachbödiger Rührbehälter von 2 m Durchmesser und einer Füllhöhe von 2 m enthält 6233 kg einer verdünnten wässrigen Lösung von $\vartheta_{\text{anf}} = 40\,°\text{C}$ bei einem Druck von 5 bar. Als Rührer wird eine Standardscheibenrührer gemäß Abb. Lb 18.7 mit einer Drehfrequenz von 100 min^{-1} verwendet. Die Flüssigkeit wird über die Behälterwand beheizt. Als Heizmedium wird Wasserdampf verwendet, der bei 120 °C im Mantelraum kondensiert. Die Konstante C_{turb} in Gl. (Lb 18.17) beträgt für den Scheibenrührer 0,74.

a) Bestimmen Sie den Wärmeübergangskoeffizienten an der Behälterinnenwand.
b) Berechnen Sie die Zeit, die notwendig ist, um den Behälterinhalt auf $\vartheta_{\text{end}} = 80\,°\text{C}$ zu erwärmen.
c) Ermitteln Sie den volumenspezifischen Leistungseintrag.

Gegeben (Stoffdaten von Wasser für eine mittlere Temperatur von 60 °C [6]):

Flüssigkeitsdichte	$\rho_f = 983{,}1\,\text{kg/m}^3$
Dynamische Viskosität	$\eta_f = 0{,}4668 \cdot 10^{-3}\,\text{kg/(m·s)}$
Spez. Wärmekapazität	$c_{\text{pf}} = 4185\,\text{J/(kg·K)}$
Flüssigkeitswärmeleitfähigkeit	$\lambda_f = 0{,}651\,\text{W/(m·K)}$
Dynamische Viskosität (120 °C)	$\eta_f = 0{,}2321 \cdot 10^{-3}\,\text{kg/(m·s)}$

Annahmen:

1. Der entscheidende Widerstand für den Wärmedurchgang liegt auf der Innenseite, sodass die Wandinnentemperatur der Kondensationstemperatur entspricht.
2. Der Energiebedarf zur Erwärmung des Behälters kann vernachlässigt werden.

Lösung

Lösungsansatz:
Verwendung der empirischen Wärmeübergangsbeziehung sowie Aufstellen der Energiebilanz für den Behälterinhalt

Lösungsweg:
a) Zur Auswahl der anzuwendenden Wärmeübergangsbeziehung wird die Reynoldszahl bestimmt:

$$Re = \frac{nd^2}{\nu} \quad \rightarrow \quad Re = 1{,}27 \cdot 10^6. \tag{18.24}$$

Demzufolge liegt eine turbulente Strömung vor und die Gl. (Lb 18.17) kann zur Berechnung des Wärmeübergangskoeffizienten verwendet werden:

$$Nu = \frac{\alpha_i D}{\lambda} = C_{\text{turb}} Re^{2/3} Pr^{1/3} (\eta/\eta_{T=T_w})\,0{,}14 \quad \rightarrow \quad Nu = 1{,}38 \cdot 10^4. \tag{18.25}$$

Damit ergibt sich der Wärmeübergangskoeffizient an der Behälterinnenseite zu:

$$\alpha_i = \frac{Nu\lambda}{D} \quad \rightarrow \quad \boxed{\alpha_i = 4{,}48 \cdot 10^3 \, \frac{\text{W}}{\text{m}^2\,\text{K}}}. \tag{18.26}$$

b) Zur Bestimmung der Aufheizzeit muss eine instationäre Energiebilanz für den Flüssigkeitsinhalt des Behälters aufgestellt werden:

$$\frac{dE}{dt} = \dot{Q} \quad \rightarrow \quad \frac{d\left(V\rho c_p T(t)\right)}{dt} = \alpha_i \pi D^2 \left(T_{w_i} - T(t)\right). \tag{18.27}$$

Hieraus ergibt sich durch Trennung der Variablen:

$$\frac{d\,T(t)}{T_{w_i} - T(t)} = \frac{\alpha_i \pi D^2}{\frac{\pi}{4} D^2 H \rho c_p} dt \quad \rightarrow \quad -\ln\left(T_{w_i} - T(t)\right) = \frac{4\alpha_i}{H\rho c_p} t + C. \tag{18.28}$$

Die Konstante lässt sich mittels der Anfangsbedingung

AB: bei $t = 0 \quad T = T_{\text{anf}}$

bestimmen:

$$C = -\ln\left(T_{w_i} - T_{\text{anf}}\right). \tag{18.29}$$

Damit ergibt sich der notwendige Zeitbedarf für die Erwärmung:

$$t = \frac{H\rho c_p}{4\alpha_i} \ln\left(\frac{T_{w_i} - T_{\mathrm{anf}}}{T_{w_i} - T_{\mathrm{end}}}\right) \quad \rightarrow \quad \boxed{t = 318\,\mathrm{s}}. \tag{18.30}$$

c) Für die Berechnung des Leistungseintrags wird die Newtonzahl benötigt. Aus Abb. Lb 18.6 kann der Wert $Ne = 5$ entnommen werden. Damit ergibt sich der volumenbezogene Leistungseintrag:

$$\frac{P}{V} = \frac{Ne\rho n^3 d^5}{\frac{\pi}{4}D^2 H} \quad \rightarrow \quad \boxed{\frac{P}{V} = 283\,\frac{\mathrm{W}}{\mathrm{m}^3}}. \tag{18.31}$$

18.5 Wärmetechnische Auslegung eines Rührbehälters [4]*

▶ **Thema** Wärmetransport

In einem flachbödigen Rührkessel ($D = 1{,}05\,\mathrm{m}$, $H/D = 1$) mit Stromstörern soll eine wässrige Flüssigkeit erwärmt werden. Um einen möglichst guten Wärmeübergang zu erreichen, wird ein Scheibenrührer (Abmessungen gemäß Abb. Lb 18.7) eingesetzt. Der Wärmeübergangskoeffizient auf der Innenseite des Behälters soll $4000\,\mathrm{W/(m^2 K)}$ betragen. Die Konstante C_{turb} zur Berechnung des Wärmeübergangskoeffizienten unter turbulenten Bedingungen beträgt 0,66.

a) Legen Sie die notwendige Drehfrequenz des Rührers fest.
b) Berechnen Sie die dann eingetragene Rührerleistung und den korrespondierenden spezifischen Leistungseintrag.

Gegeben:

Flüssigkeitsdichte	$\rho_f = 992\,\mathrm{kg/m^3}$
Flüssigkeitsviskosität	$\eta_f = 0{,}658 \cdot 10^{-3}\,\mathrm{kg/(m \cdot s)}$
Flüssigkeitsviskosität Wand	$\eta_w = 0{,}55 \cdot 10^{-3}\,\mathrm{kg/(m \cdot s)}$
Spez. Wärmekapazität	$c_{\mathrm{pf}} = 4187\,\mathrm{J/(kg \cdot K)}$
Flüssigkeitswärmeleitfähigkeit	$\lambda_f = 0{,}633\,\mathrm{W/(m \cdot K)}$

Lösung

Lösungsansatz:
Verwendung der Berechnungsgleichung für den Wärmeübergangskoeffizienten (Gl. (Lb 18.17))

Lösungsweg:

a) Für die Berechnung des Wärmeübergangskoeffizienten gilt gemäß Gl. (Lb 18.17):

$$Nu = \frac{\alpha D}{\lambda} = 0{,}66 Re^{2/3} Pr^{1/3} \left(\eta / \eta_{T=T_w} \right) 0{,}14 \tag{18.32}$$

Umgestellt noch der Drehfrequenz ergibt sich:

$$n = \frac{\eta_f}{\rho d^2} \left(\frac{1}{0{,}66} \frac{Nu}{Pr^{1/3} \left(\eta / \eta_{T=T_w} \right) 0{,}14} \right)^{3/2} \quad \rightarrow \quad \boxed{n = 3{,}1\,\mathrm{s}^{-1}}. \tag{18.33}$$

Zunächst ist anhand der Reynoldszahl zu prüfen, ob damit tatsächlich turbulente Bedingungen vorliegen:

$$Re = \frac{\rho n d^2}{\eta_f} \quad \rightarrow \quad Re = 4{,}65 \cdot 10^5. \tag{18.34}$$

Demzufolge liegen turbulente Bedingungen vor und die Verwendung von Gl. (18.32) ist gerechtfertigt.

b) Der Leistungseintrag berechnet sich mit der in Abb. Lb 18.6 abzulesenden Newtonzahl $Ne = 5$:

$$P = Ne \rho n^3 d^5 \quad \rightarrow \quad \boxed{P = 462\,\mathrm{W}}. \tag{18.35}$$

Hieraus ergibt sich der volumenspezifische Leistungseintrag:

$$\frac{P}{V} = \frac{Ne \rho n^3 d^5}{\frac{\pi}{4} D^3} \quad \rightarrow \quad \boxed{\frac{P}{V} = 509\,\frac{\mathrm{W}}{\mathrm{m}^3}}. \tag{18.36}$$

18.6   Bestimmung des Wärmedurchgangskoeffizienten eines Laborrührbehälters[**]

▶   **Thema** Wärmetransport

In einem Laborrührbehälter aus Glas mit Doppelmantel soll der Wärmedurchgangskoeffizient für bestimmte Rührbedingungen gemessen werden. Die Messmethode basiert auf einem dynamischen Aufheizprozess. Dazu wird der Heizmantel ab dem Zeitpunkt $t = 0$ von Wasser als Heizmedium mit einer konstanten Temperatur $\vartheta_{M\alpha}$ von 34,2 °C und einem Volumenstrom $\dot{V}_M$ von 95 L/h durchströmt. Die anfängliche Temperatur im Behälter $\vartheta_{R\,anf}$ beträgt 19,4 °C. Während des Aufheizvorgangs werden die Austrittstemperatur des

Tab. 18.3 Zeitliche Entwicklung der Austrittstemperatur des Heizmediums und der Rührbehälter-temperatur. (Daten nach Müller M (2018) Persönliche Mitteilung)

t [min]	0	4	8	12	16,0	20,0	24,0	28,0	32,1	35,8	39,8	44,3	48,1	48,3
$\vartheta_{M\omega}$ [°C]	26,0	32,1	32,6	33,0	33,3	33,5	33,7	33,9	34,0	34,2	34,3	34,3	34,4	34,4
ϑ_R [°C]	19,4	21,5	23,4	25,2	26,6	27,8	28,9	29,7	30,4	31	31,5	32	32,3	32,4

Heizmediums und die Temperatur im Rührbehälter kontinuierlich gemessen. Der Behälter ist mit Wasser bis zur Höhe $H = D$ gefüllt. Die Ergebnisse einer Messreihe zeigt Tab. 18.3.

Bestimmen Sie aus dem Temperaturverlauf den Wärmedurchgangskoeffizienten[1].

Gegeben:

Dichte Wasser	$\rho_M = 996\,\text{kg/m}^3$
Spez. Wärmekapazität Wasser	$c_{pM} = 4179\,\text{J/(kg} \cdot \text{K)}$
Rührbehältervolumen	$V_R = 5\,\text{L}$

Annahmen:

1. Der Rührbehälter ist vollständig isoliert und demzufolge adiabat.
2. Das Heizmedium durchströmt den Heizmantel in Form einer Kolbenströmung.
3. Die Verweilzeit des Heizmediums im Heizmantel ist klein, die thermische Antwort des Mantels erfolgt entsprechend verzögerungsfrei.
4. Die zugeführte Rührenergie kann vernachlässigt werden.
5. Der Inhalt des Rührbehälters ist vollständig vermischt.
6. Die Wärmekapazität der Behälterwandungen ist vernachlässigbar.

Lösung

Lösungsansatz:
Aufstellen einer Energiebilanz zur Bestimmung des zeitlichen Temperaturverlaufs und Vergleich mit den Messdaten

---

[1] Eine detaillierte Beschreibung der Berechnung und ihrer Grundlagen findet sich bei [1].

Lösungsweg:
Der übertragene Wärmestrom führt einerseits zur Erwärmung des Behälterinhalts und andererseits zur Abkühlung des Heizmediums. Daher gelten folgende Energiebilanzen:

$$M_R c_p \frac{dT_R}{dt} = \dot{V}_M \rho c_p (\vartheta_{M\alpha} - \vartheta_{M\omega}) = kA\Delta\vartheta_{ln} = kA \frac{\vartheta_{M\alpha} - \vartheta_{M\omega}}{\ln\left(\frac{\vartheta_{M\alpha} - \vartheta_R}{\vartheta_{M\omega} - \vartheta_R}\right)}. \tag{18.37}$$

Zur Bestimmung des zeitlichen Temperaturverlaufs des Reaktorinhalts muss die Austrittstemperatur des Heizmediums ermittelt werden:

$$\dot{V}_M \rho c_p = kA \frac{1}{\ln\left(\frac{\vartheta_{M\alpha} - \vartheta_R}{\vartheta_{M\omega} - \vartheta_R}\right)} \quad \rightarrow \quad \vartheta_{M\omega} = \vartheta_R + (\vartheta_{M\alpha} - \vartheta_R)\exp\left(\frac{-kA}{\dot{V}_M \rho c_p}\right). \tag{18.38}$$

Eingesetzt in den ersten Teil der Gl. (18.37) ergibt sich die Differenzialgleichung:

$$M_R \frac{d\vartheta_R}{dt} = \dot{V}_M \rho \left\{ \vartheta_{M\alpha} - \left[\vartheta_R + (\vartheta_{M\alpha} - \vartheta_R)\exp\left(\frac{-kA}{\dot{V}_M \rho c_p}\right)\right]\right\}$$

$$= \dot{V}_M \rho (\vartheta_{M\alpha} - \vartheta_R)\left[1 - \exp\left(\frac{-kA}{\dot{V}_M \rho c_p}\right)\right], \tag{18.39}$$

die sich durch Trennung der Variablen unter Berücksichtigung der Anfangsbedingung $\vartheta_R(t=0) = \vartheta_{R\text{anf}}$ integrieren lässt:

$$\frac{d\vartheta_R}{(\vartheta_{M\alpha} - \vartheta_R)} = \frac{\dot{V}_M \rho}{M_R}\left[1 - \exp\left(\frac{-kA}{\dot{V}_M \rho c_p}\right)\right]dt$$

$$\rightarrow \quad \ln\left(\frac{\vartheta_{M\alpha} - \vartheta_{Ranf}}{\vartheta_{M\alpha} - \vartheta_R(t)}\right) = \frac{\dot{V}_M \rho}{M_R}\left[1 - \exp\left(\frac{-kA}{\dot{V}_M \rho c_p}\right)\right]dt. \tag{18.40}$$

Die Auftragung dieses Zusammenhangs zeigt Abb. 18.1. Aus der Regression ergibt sich für die Steigung m der Geraden:

$$m = \frac{\dot{V}_M \rho}{M_R}\left[1 - \exp\left(\frac{-kA}{\dot{V}_M \rho c_p}\right)\right] \quad \rightarrow \quad k = \frac{\dot{V}_M \rho c_p}{A}\ln\left(\frac{\dot{V}_M}{\dot{V}_M - mV_R}\right). \tag{18.41}$$

Für die Berechnung muss noch die Wärmeübertragungsfläche berechnet werden:

$$V_R = \frac{\pi}{4}D^3 \quad \rightarrow \quad A = \frac{\pi}{4}D^2 + \pi D^2 = \frac{5\pi}{4}D^2 = \frac{5\pi}{4}\left(\frac{4}{\pi}V_R\right)^{2/3}$$

$$\rightarrow \quad A = 0{,}135\,\text{m}^2. \tag{18.42}$$

Abb. 18.1 Zeitliche Änderung des logarithmierten Verhältnisses der Temperaturdifferenzen zu Beginn und zum Zeitpunkt t

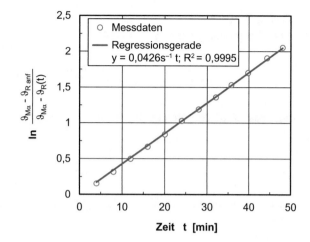

Mit dem Wert für die Steigung $m = 0{,}0426\,1/\text{min}$ ergibt sich der Wärmedurchgangskoeffizient:

$$k = 118\,\frac{\text{W}}{\text{m}^2\,\text{K}}\,.\qquad\qquad(18.43)$$

18.7 Überprüfung der Eignung eines Rührers für einen neuen Prozess [3]*

▶ **Thema** Homogenisieren in Rührbehältern

Ein bestehender Rührbehälter mit einem Propellerrührer (Geometrie gemäß Abb. Lb 18.7) soll für einen neuen Prozess eingesetzt werden. Der Behälterdurchmesser sowie die Flüssigkeitsfüllhöhe betragen 3 m. Die Rührerdrehfrequenz liegt bei 125 min⁻¹. Die Flüssigkeit wird eine Viskosität von 200 mPa·s und eine Dichte von 980 kg/m³ aufweisen. Für den Prozess wird eine erforderliche Mischgüte von 99 % benötigt.

a) Bestimmen Sie die Mischzeit.
b) Vergleichen Sie die Mischzeit mit derjenigen, die gemäß Gl. (Lb 18.21) für effiziente Rührer unter günstigen Betriebsbedingungen vorliegt.

Lösung

Lösungsansatz:
Verwendung der Mischzeitcharakteristik (Abb. Lb 18.9)

Lösungsweg:

a) Die Bestimmung der Reynoldszahl

$$Re = \frac{\rho n d^2}{\eta} = 8285 \tag{18.44}$$

zeigt, dass turbulente Bedingungen vorliegen. Aus Abb. Lb 18.9 folgt die Mischzeitkennzahl:

$$n\Theta_{0,95} \approx 150. \tag{18.45}$$

Der Umrechnungsfaktor auf eine Mischgüte von 99 % beträgt:

$$\frac{(n\Theta)_{0,99}}{(n\Theta)_{0,95}} \approx 1 + 0{,}56 \log\left(\frac{0{,}05}{0{,}01}\right) \quad \rightarrow \quad \Theta_{0,95} = \Theta_{0,99}\left[1 + 0{,}56 \log\left(\frac{0{,}05}{0{,}01}\right)\right]^{-1}$$

$$\rightarrow \quad \Theta_{0,99} = 1{,}39\Theta_{0,95}. \tag{18.46}$$

Damit ergibt sich die Mischzeit:

$$\boxed{\Theta_{0,99} = 100\,\text{s}}. \tag{18.47}$$

b) Unter günstigen Bedingungen ergibt sich für einen effizienten Rührer im turbulenten Bereich die Mischzeitkennzahl (Gl. (Lb 18.21)) sowie daraus die Mischzeit:

$$n \cdot \Theta_{0,99} = 6{,}7\left(\frac{d}{D}\right)^{-5/3} Ne^{-1/3} \quad \rightarrow \quad \Theta_{0,99} = 6{,}7\frac{1}{n}\left(\frac{d}{D}\right)^{-5/3} Ne^{-1/3}$$

$$\rightarrow \quad \boxed{\Theta_{0,99} = 33{,}9\,\text{s}}. \tag{18.48}$$

Das Ergebnis zeigt eine erheblich geringere Mischzeit für eine optimale Rührerkonfiguration.

18.8 Auslegung der Rührerleistung eines Suspendierrührwerks[**]

▶ **Thema** Suspendieren von Feststoffen

Für eine Suspension aus gleich großen Aluminiumhydroxidkugeln ($d_P = 0{,}1\,\text{mm}$, $\rho_p = 2400\,\text{kg/m}^3$) mit einem Feststoffvolumenanteil von 30 % soll ein Rührwerk ausgelegt werden. Als Rührer wird ein MIG mit Strombrechern eingesetzt. Der Rührbehälter soll einen Durchmesser von 10 m besitzen, die Füllhöhe soll 10 m betragen. Die reine Flüssigkeit besitzt eine Dichte von $1300\,\text{kg/m}^3$ und die Suspension eine dynamische

Viskosität von 10^{-3} kg/(m·s). Im Vorfeld der Auslegung wurden Versuche an einem geometrisch ähnlichen Technikumsrührwerk (Behälterdurchmesser 0,5 m) mit dem Kriterium der vollständigen Suspension durchgeführt. Die hierfür erforderliche Drehfrequenz betrug $2,6\,\text{s}^{-1}$ und der massenspezifische Leistungseintrag $\bar{\varepsilon} = 0,453$ W/kg.

Bestimmen Sie die absolute und die massenspezifische Rührerleistung der Hauptausführung für folgende Scale-up-Kriterien:

a) Identische Rührerumfangsgeschwindigkeit $w_{\text{tip}} = \pi \cdot n \cdot d$,
b) Proportionalität der massenspezifischen Rührerleistung

$$\bar{\varepsilon} \sim D^{-1} \quad \text{mit } \bar{\varepsilon} = \frac{P}{M}$$

c) Bestimmen Sie zum Vergleich die massenspezifische Schwarmsinkleistung.

Annahme:

Die Leistungscharakteristik des MIG-Rührers aus Abb. Lb 18.6 kann trotz eines leicht anderen Durchmesserverhältnisses D/d für die Berechnung verwendet werden.

Lösung

Lösungsansatz:
Ermittlung der Rührerdrehfrequenz aus der Scale-up Regel und Verwendung der Leistungscharakteristik

Lösungsweg:
a) Geometrische Ähnlichkeit von Hauptausführung (HA) und Modell (M) bedeutet

$$\frac{d_M}{d_{\text{HA}}} = \frac{D_M}{D_{\text{HA}}} = \frac{H_M}{H_{\text{HA}}} = \text{konst.} \tag{18.49}$$

Bei gleichen Umfangsgeschwindigkeiten in Hauptausführung und Modell folgt:

$$\frac{w_{\text{tip}_{\text{HA}}}}{w_{\text{tip}_M}} = 1 = \frac{\pi n_{\text{HA}} d_{\text{HA}}}{\pi n_M d_M} = \frac{n_{\text{HA}}}{n_M} \frac{D_{\text{HA}}}{D_M} \quad \rightarrow \quad n_{\text{HA}} = n_M \frac{D_M}{D_{\text{HA}}}$$

$$\rightarrow \quad n_{\text{HA}} = 7,8\,\text{min}^{-1}. \tag{18.50}$$

Für die Bestimmung des Leistungseintrags müssen noch der Rührerdurchmesser und die Newtonzahl bestimmt werden. Die Newtonzahl ergibt sich für den turbulenten Bereich aus Abb. Lb 18.6:

$$Ne = 0,65. \tag{18.51}$$

Hieraus folgt für den Rührerdurchmesser des Modellbehälters aus der Beziehung für die massenspezifische Rührerleistung (Gl. (Lb 18.9)):

$$\bar{\varepsilon}_M = \frac{Ne_M \rho_{\text{Sus}} n_M^3 d_M^5}{\frac{\pi}{4} D_M^3 \rho_{\text{Sus}}} \quad \rightarrow \quad d_M = \left(\frac{\frac{\pi}{4} D_M^3 \bar{\varepsilon}}{Ne_M n_M^3} \right)^{1/5} \quad \rightarrow \quad d_M = 0{,}33\,\text{m}. \qquad (18.52)$$

Um die Annahme einer turbulenten Strömung im Modellreaktor zu überprüfen, wird die Reynoldszahl gebildet. Hierzu muss zunächst die Suspensionsdichte bestimmt werden:

$$\rho_{\text{Sus}} = (1 - \varphi_V) \rho_f + \varphi_V \rho_P = 1630 \, \frac{\text{kg}}{\text{m}^3}$$

$$\rightarrow \quad Re_M = \frac{n_M d_M^2 \rho_{\text{Sus}}}{\eta_{\text{Sus}}} = 4{,}61 \cdot 10^5. \qquad (18.53)$$

Demzufolge liegt auch im Modellapparat eine turbulente Strömung vor.

Für den Leistungseintrag in der Hauptausführung muss noch der zugehörige Rührerdurchmesser anhand der geometrischen Ähnlichkeit bestimmt werden:

$$\frac{d_{\text{HA}}}{d_M} = \frac{D_{\text{HA}}}{D_M} \quad \rightarrow \quad d_{\text{HA}} = d_M \frac{D_{\text{HA}}}{D_M} \quad \rightarrow \quad d_{\text{HA}} = 6{,}59\,\text{m}. \qquad (18.54)$$

Der absolute Leistungseintrag ergibt sich dann als

$$P_{\text{HA}} = Ne_{\text{HA}} \rho_{\text{Sus}} n_{\text{HA}}^3 d_{\text{HA}}^5 \quad \rightarrow \quad \boxed{P_{\text{HA}} = 29\,\text{kW}}. \qquad (18.55)$$

Während der massenspezifische Leistungseintrag

$$\bar{\varepsilon}_{\text{HA}} = \frac{P_{\text{HA}}}{\rho_{\text{Sus}} \frac{\pi}{4} D_{\text{HA}}^2 H_{\text{HA}}} \quad \rightarrow \quad \boxed{\bar{\varepsilon}_{\text{HA}} = 2{,}27 \cdot 10^{-2} \, \frac{\text{W}}{\text{kg}}} \qquad (18.56)$$

beträgt.

b) Die angenommene Proportionalität bedeutet:

$$\frac{\bar{\varepsilon}_{\text{HA}}}{\bar{\varepsilon}_M} = \frac{D_M}{D_{\text{HA}}} \quad \rightarrow \quad \frac{Ne_{\text{HA}} \rho_{\text{Sus}} n_{\text{HA}}^3 d_{\text{HA}}^5}{Ne_M \rho_{\text{Sus}} n_M^3 d_M^5} \frac{D_M^2 H_M}{D_{\text{HA}}^2 H_{\text{HA}}} = \frac{D_M}{D_{\text{HA}}}. \qquad (18.57)$$

Aufgrund der turbulenten Bedingungen sind die Newtonzahlen in beiden Maßstäben identisch. Die Suspensionsdichten stimmen ebenfalls überein:

$$\frac{n_{\text{HA}}^3 d_{\text{HA}}^3}{n_M^3 d_M^3} = \frac{D_{\text{HA}}}{D_M} \frac{H_{\text{HA}}}{H_M} \frac{d_M^2}{d_{\text{HA}}^2}. \qquad (18.58)$$

Mit Gl. (18.49) folgt hieraus:

$$\frac{n_{HA}^3 \, d_{HA}^3}{n_M^3 \, d_M^3} = 1 \quad \rightarrow \quad w_{tip_{HA}} = w_{tip_M}. \tag{18.59}$$

Die betrachteten Scale-up Regeln sind daher identisch und führen demzufolge zu dem gleichen Ergebnis für den Leistungseintrag.

c) Für die Berechnung der Schwarmsinkleistung ist die Schwarmsinkgeschwindigkeit erforderlich und damit zunächst die Sinkgeschwindigkeit einer Aluminiumhydroxidkugel. Die Archimedeszahl für das Partikel beträgt (Gl. (Lb 7.9))

$$Ar \equiv \frac{\rho_P - \rho_c}{\rho_c} \frac{g \, d_P^3}{\nu_{Sus}^2} = \frac{3}{4} Re^2 \zeta \quad \rightarrow \quad Ar = 22{,}1, \tag{18.60}$$

womit sich eine Partikel-Reynoldszahl (Gl. (Lb 7.10)) von

$$Re_P = \frac{w_P d_P}{\nu_{Sus}} = 18 \left(\sqrt{1 + \frac{\sqrt{Ar}}{9}} - 1 \right)^2 \quad \rightarrow \quad Re_P = 0{,}982, \tag{18.61}$$

ergibt. Hieraus folgt eine Einzelkugelsinkgeschwindigkeit von:

$$w_P = \frac{Re_P}{d_P} \frac{\eta_{Sus}}{\rho_{Sus}} \quad \rightarrow \quad w_P = 6{,}03 \, \frac{mm}{s}. \tag{18.62}$$

Die Schwarmgeschwindigkeit lässt sich mit der Beziehung nach Richardson und Zaki (Gl. (Lb 7.50)), wobei der Exponent m für den vorliegenden Stokes'schen Bereich ($Re_P < 1$) 4,65 beträgt:

$$\frac{w_{ss}}{w_P} = (1 - \varphi_V)^{4{,}65} \quad \rightarrow \quad w_{ss} = 1{,}15 \, \frac{mm}{s}. \tag{18.63}$$

Die spezifische Schwarmsinkgeschwindigkeit berechnet sich nach Gl. (Lb 18.25):

$$\varepsilon_{Schwarm} = \frac{P_{Schwarm}}{M} = \frac{(F_G - F_A) \, w_{ss}}{\rho_{Sus} V_{ges}} = \frac{\rho_P - \rho_{Sus}}{\rho_{Sus}} g \varphi_V w_{ss}$$

$$\rightarrow \quad \boxed{\varepsilon_{Schwarm} = 1{,}6 \cdot 10^{-3} \, \frac{W}{kg}}. \tag{18.64}$$

Die Schwarmsinkleistung ist um mehr als eine Größenordnung geringer als die tatsächlich eingetragene spezifische Leistung, da durch die Flüssigkeitsströmung im Rührbehälter wesentlich größere Reibungsverluste auftreten.

18.9   Erforderliche Drehfrequenz für die vollständige Suspension[*]

▶   **Thema**   Suspendieren von Feststoffen

In einem Rührbehälter mit einem Durchmesser und einer Füllhöhe von 400 mm wurden Suspendierversuche mit einem sechsblättrigen 45°-Schrägblattrührer (125 mm Durchmesser, $Ne_{turb} = 1{,}6$) zur Bestimmung der Konstante S in der Zwietering Gleichung (Lb 18.26)

$$n_{vS} = S \left[\frac{g\left(\rho_s - \rho_f\right)}{\rho_f} \right]^{0,45} d_P^{0,2} v^{0,1} X^{0,13} d^{-0,85} \tag{18.65}$$

durchgeführt. Dabei wurden zwei monodisperse Glaskugelfraktionen ($\rho_P = 2500 \, \text{kg/m}^3$) mit verschiedenen Durchmessern ($d_{P1} = 0{,}2$ mm und $d_{P2} = 1$ mm) in Wasser ($\rho_f = 1000 \, \text{kg/m}^3$, $\eta_f = 1$ mPa·s) suspendiert. Die zur Erzielung einer vollständigen Suspension erforderlichen Drehfrequenzen sind für unterschiedliche Feststoffvolumenanteile in Tab. 18.4 aufgeführt.

a)   Bestimmen Sie aus den beiden Messreihen den gemeinsamen Mittelwert für S.
b)   Ermitteln Sie die mittlere relative Abweichung zwischen den Messwerten und den mit S berechneten Drehfrequenzen gemäß der Zwietering-Gleichung.
c)   Vergleichen Sie in einem Diagramm für die verschiedenen Feststoffvolumenanteile die zugehörigen volumenspezifischen Suspendierleistungen mit den rechnerischen volumenspezifischen Schwarmsinkleistungen.

Lösung

Lösungsansatz:
Berechnen der S Werte für jeden Messpunkt aus Gl. (Lb 18.26) mit anschließender Mittelung sowie Bestimmung der Schwarmsinkleitung mit Gl. (Lb 18.25).

Tab. 18.4 Suspendierdrehfrequenzen zur Erzielung einer vollständigen Suspension für unterschiedliche große Partikeln

φ_V in %		1	1,25	1,6	2	2,5	3,2	4	5	6,3	8	10	12,5	16	20
n_{vS}	$d_{P1} = 0{,}2$ mm	300	305	320	330	340	350	365	375	380	385	395	385	375	365
[min^{-1}]	$d_{P2} = 1$ mm	383	412	421	444	459	493	542	568	590	619	658	662	670	710

Tab. 18.5 Werte der Konstanten S berechnet aus den Messwerten für unterschiedliche große Partikeln

φ_V in %		1	1,25	1,6	2	2,5	3,2	4	5	6,3	8	10	12,5	16	20
S	$d_{P1} = 0,2$ mm	4,94	4,87	4,95	4,95	4,96	4,94	4,99	4,98	4,89	4,79	4,76	4,49	4,21	3,96
[–]	$d_{P2} = 1$ mm	4,57	4,77	4,72	4,83	4,85	5,04	5,38	5,46	5,50	5,58	5,74	5,59	5,45	5,58

Lösungsweg:

a) Wird die Zwietering-Gleichung (Lb 18.26) nach der Konstanten S aufgelöst, so folgt:

$$n_{vS} = S \left[\frac{g\left(\rho_s - \rho_f\right)}{\rho_f} \right]^{0,45} d_P^{0,2} v^{0,1} X^{0,13} d^{-0,85}$$

$$\rightarrow \quad S = \left[\frac{\rho_f}{g\left(\rho_s - \rho_f\right)} \right]^{0,45} \frac{n_{vS}}{d_P^{0,2} v^{0,1} X^{0,13} d^{-0,85}}. \tag{18.66}$$

Dabei wird als Feststoffanteil die Größe (Gl. (Lb 18.27))

$$X = 100 \frac{M_s}{M_f} = 100 \frac{\varphi_V}{1 - \varphi_V} \frac{\rho_s}{\rho_f}. \tag{18.67}$$

eingesetzt. Aus den Messwerten ergeben sich so die in Tab. 18.5 dargestellten Werte für S. Die Werte für die größere Partikelfraktion sind dabei im Mittel etwas höher. Die Mittelung über alle Werte von S liefert:

$$\boxed{\bar{S} = 4{,}99}. \tag{18.68}$$

b) Die mit diesem Wert berechneten Suspendierdrehfrequenzen sind in Abb. 18.2 im Vergleich zu den Messdaten dargestellt. Die Übereinstimmung ist für die komplexen Zusammenhänge, die beim Suspendieren bestehen, zufriedenstellend. Der Vergleich der gemessenen und berechneten Drehfrequenzen ergibt eine mittlere Abweichung von:

$$\boxed{\bar{f} = 6{,}42\,\%}. \tag{18.69}$$

c) Die Berechnung der Schwarmsinkleistung erfolgt gemäß Gl. (Lb 18.25)

$$P_{\text{Schwarm}} = (F_G - F_A)\, w_{ss} = \left(\rho_s - \rho_f\right) g V_{\text{ges}} \varphi_V w_{ss} \tag{18.70}$$

unter Nutzung der Schwarmsinkgeschwindigkeit nach Richardson und Zaki (Gl. (Lb 7.50))

$$\frac{w_{ss}}{w_P} = (1 - \varphi_V)^m \quad \text{mit } m = 5{,}5 \left(\frac{\Delta \rho}{\rho_f} \frac{g d_P^3}{v_f^2} \right)^{-0,06}. \tag{18.71}$$

Abb. 18.2 Vergleich der gemessenen und der mit dem gemittelten Wert von S berechneten Suspendierdrehfrequenzen

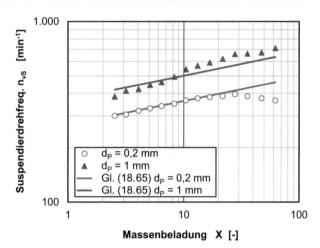

Die Partikelsinkgeschwindigkeit berechnet sich iterativ aus den Gleichungen (Lb 7.4) und (Lb 7.7):

$$w_P = \sqrt{\frac{4}{3} \frac{|\rho_P - \rho_c|}{\rho_c} g d_P \frac{1}{\zeta}} \quad \text{mit } \zeta = \frac{24}{Re} + \frac{4}{Re^{1/2}} + 0{,}4. \tag{18.72}$$

Die Rührerleistung kann für die Messdaten mit der Newtonzahl für den turbulenten Bereich bestimmt werden, da die Reynoldszahl für die geringste Drehfrequenz von $300 \, \text{min}^{-1}$ bereits $7{,}8 \cdot 10^4$ beträgt und demzufolge vollturbulente Bedingungen vorliegen. Bei der Berechnung muss berücksichtigt werden, dass für die Dichte der Wert für die Suspension eingesetzt werden, der sich ergibt gemäß Gl. (Lb 18.22):

$$\rho_{Sus} = \rho_f + \varphi_V \left(\rho_s - \rho_f \right). \tag{18.73}$$

Die Abhängigkeit der Schwarmsink- und der Rührleistung vom Feststoffvolumenanteil zeigt Abb. 18.3. Aus dieser wird deutlich, dass die Rührleistung um den Faktor zehn und mehr größer als die Schwarmsinkleistung ist.

18.10 Charakterisierung eines begasten Rührkessels [7]**

▶   **Thema** Dispergierung von Gasen

Ein flachbödiger Rührbehälter ($D = 1 \, \text{m}$, $H = 1 \, \text{m}$), der mit vier Stromstörern und einem Scheibenrührer (Geometrie nach Abb. Lb 18.7) ausgerüstet ist, wird mit Wasser gefüllt und mit Luft begast. Die Gasleerrohrgeschwindigkeit beträgt $0{,}015 \, \text{m/s}$ und die Rührerdrehfrequenz $380 \, \text{min}^{-1}$.

Abb. 18.3 Vergleich der Schwarmsink- und der Rührleistung für die verschiedenen untersuchten Feststoffvolumenanteile

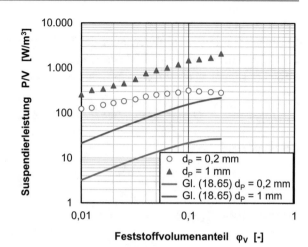

Festtoffvolumenanteil φ_V [-]

a) Bestimmen Sie den Leistungseintrag.

b) Überprüfen Sie, ob sich das System im Bereich der Überflutung befindet.

c) Bestimmen Sie den volumenbezogenen Stofftransportkoeffizienten, die spezifische Phasengrenzfläche und aus diesen beiden Größen den Stoffübergangskoeffizienten.

d) Berechnen Sie für den Vergleich zu c) den Stoffübergangskoeffizienten aus den Stoffdaten ($D_{AB} = 2 \cdot 10^{-9}\,\text{m}^2/\text{s}$), wobei angenommen werden kann, dass die Gasblasen größer als 2,5 mm sind.

e) Bestimmen Sie mit dem unter c) bestimmten volumenbezogenen Stofftransportkoeffizienten $\beta_f a$ den übergehenden volumenspezifischen Massenstrom, für eine mittlere Sauerstoffkonzentration von $\overline{c}_{O_2} = 3\,\text{mg/L}$.

Gegeben:

Wasserdichte	ρ_f	$= 1000\,\text{kg/m}^3$
Wasserviskosität	η_f	$= 10^{-3}\,\text{kg/(m} \cdot \text{s)}$
Luftdichte	ρ_g	$= 1{,}28\,\text{kg/m}^3$
Grenzflächenspannung	σ	$= 0{,}072\,\text{N/m}$
Sättigungskonzentration	$c_{O_2}^*$	$= 7{,}4\,\text{mg/L}$

Lösung

Lösungsansatz:
Nutzung der empirischen Berechnungsgleichungen für die verschiedenen Größen

Lösungsweg:

a) Um Gl. (Lb 18.33) zur Berechnung der Newtonzahl nutzen zu können, muss zunächst überprüft werden, ob der Gültigkeitsbereich dieser Beziehung eingehalten wird. Hierzu erfolgt Bestimmung der dimensionslosen Gasbelastung

$$Q = \frac{\dot{V}_g}{n d^3} = 0{,}0687 \quad \rightarrow \quad 1{,}8 \cdot 10^{-4} \le Q \le 0{,}5, \tag{18.74}$$

der Froudezahl

$$Fr = \frac{n^2 d}{g} = 1{,}23 \quad \rightarrow \quad Fr \ge 0{,}65 \tag{18.75}$$

sowie der Reynoldszahl:

$$Re = \frac{n d^2}{\nu} = 5{,}71 \cdot 10^5 \quad \rightarrow \quad Re \ge 10^4. \tag{18.76}$$

Damit ist der Gültigkeitsbereich eingehalten und mit Gl. (Lb 18.33) ergibt sich die Newtonzahl des Scheibenrührers

$$Ne = 1{,}5 + (0{,}5 \, Q^{0{,}075} + 1600 Q^{2{,}6})^{-1} \quad \rightarrow \quad Ne = 2{,}02 \tag{18.77}$$

und damit der Leistungseintrag:

$$P = Ne \rho n^3 d^5 \quad \rightarrow \quad \boxed{P = 1{,}25 \, \text{kW}}. \tag{18.78}$$

b) Zur Bestimmung der Gasbelastung am Flutpunkt mit Gl. (Lb 18.31) muss die Aufstiegsgeschwindigkeit der größten stabilen Einzelblase w_E mit Gl. (Lb 7.29) berechnet werden:

$$w_E = 1{,}24 \sqrt[4]{\frac{\Delta \rho g \sigma}{\rho_f^2}} \quad \rightarrow \quad w_E = 0{,}202 \, \frac{\text{m}}{\text{s}}. \tag{18.79}$$

Die Gasleerrohrgeschwindigkeit am Flutpunkt berechnet sich mit Gl. (Lb 18.31):

$$v_{gFl} = \frac{n_D^2 d^2}{w_E} \left[0{,}1 + \frac{n_D^2 d^2}{g \, (D - d)} \frac{d}{D} \right] \left(\frac{d}{D} \right)^3$$
$$\rightarrow \quad v_{gFl} = 0{,}125 \, \frac{\text{m}}{\text{s}} \quad \rightarrow \quad \boxed{v_{gFl} > v_g \text{ keine Überflutung}}. \tag{18.80}$$

c) Der volumenbezogene Stofftransportkoeffizient kann mit Gl. (Lb 18.43) berechnet werden. Die zugehörigen Konstanten für das System Wasser/Luft finden sich in Tabelle Lb 18.4:

$$\beta_f a = 7{,}5 \cdot 10^{-5} \left(\frac{P/V}{\rho_f g v_g} \right)^{0{,}43} v_g \left(\frac{v_f^2}{g} \right)^{-1/3} \quad \rightarrow \quad \boxed{\beta_f a = 0{,}0671 \, \text{s}^{-1}}. \tag{18.81}$$

Zur Bestimmung der spezifischen Phasengrenzfläche wird Gl. (Lb 18.36) verwendet:

$$a = 1{,}44 \frac{(P/V)^{0{,}4} \rho_f^{0{,}2}}{\sigma^{0{,}6}} \left(\frac{v_g}{w_B} \right)^{1/2} \quad \rightarrow \quad \boxed{a = 126 \, \frac{\text{m}^2}{\text{m}^3}}, \quad (18.82)$$

wobei für die Blasenaufstiegsgeschwindigkeit w_B gemäß Literaturquelle für die Gleichung ein Wert von 0,265 m/s eingesetzt wird. Aus den Gln. (18.81) und (18.82) ergibt sich der Stoffübergangskoeffizient:

$$\beta_f = \frac{\beta_f a}{a} \quad \rightarrow \quad \boxed{\beta_f = 5{,}31 \cdot 10^{-4} \, \frac{\text{m}}{\text{s}}}. \quad (18.83)$$

d) Unter der Annahme, dass die Gasblasen größer als 2,5 mm sind, kann mit Gl. (Lb 18.38) der Stoffübergangskoeffizient aus den Stoffdaten berechnet werden:

$$\beta_f = 0{,}42 \left(\frac{D_{AB}}{\nu_f} \right)^{1/2} \left(\frac{\Delta \rho g \nu_f}{\rho_f} \right)^{1/3} \quad \rightarrow \quad \boxed{\beta_f = 4{,}02 \cdot 10^{-4} \, \frac{\text{m}}{\text{s}}}. \quad (18.84)$$

e) Der übergehende volumenspezifische Massenstrom berechnet sich mit:

$$\frac{\dot{M}_{O_2}}{V} = \beta_f a \left(c_{O_2}^* - \bar{c}_{O_2} \right) \quad \rightarrow \quad \boxed{\frac{\dot{M}_{O_2}}{V} = 1{,}06 \, \frac{\text{kg}_{O_2}}{\text{m}^3 \, \text{h}}}. \quad (18.85)$$

18.11 Experimentelle Bestimmung des volumenbezogenen Stoffdurchgangskoeffizienten[**]

▶ **Thema** Dispergierung von Gasen

Der volumenbezogene Stoffdurchgangskoeffizient $\beta_f a$ im begasten Rührbehälter kann u. a. mit einer dynamischen Messmethode bestimmt werden. Hierbei wird die Ab- oder Desorption von O_2 in oder aus Wasser bzw. wässrigen Lösungen mit einer Messsonde verfolgt. Mit Stickstoff wird zunächst der gelöste Sauerstoff aus der Flüssigkeit gestrippt. Anschließend wird ein konstanter Luftstrom eingestellt und der Anstieg der O_2-Konzentration in der Flüssigphase gemessen. Aus der zeitlichen Konzentrationsänderung kann über eine Massenbilanz $\beta_f a$ berechnet werden. Im Rahmen einer solchen Messung wurden für $v_g = 10 \, \text{cm/s}$ mit einem Scheibenrührer die in Tab. 18.6 aufgeführten Messdaten ermittelt.

Bestimmen Sie den volumenbezogenen Stofftransportkoeffizient $\beta_f a$ aus dieser Versuchsreihe.

Tab. 18.6 Zeitliche Änderung der Konzentration des gelösten Sauerstoffs

t in s	25	50	75	100	125	150	175	200
$\overline{c}_{O_2}/c^*_{O_2}$	0,2	0,38	0,51	0,61	0,7	0,76	0,81	0,86

Annahmen:

1. ideale Vermischung in beiden Phasen,
2. keine O_2-Abreicherung in der Gasphase,
3. keine zeitliche Verzögerung des Aufbaus der Phasengrenzfläche,
4. Vernachlässigung der Sondenträgheit,
5. Das Flüssigkeitsvolumen entspricht annähernd dem Gesamtvolumen.

Lösung

Lösungsansatz:
Instationäre Stoffbilanz für die flüssige Phase

Lösungsweg:
Instationäre Stoffbilanz für Sauerstoff in der flüssigen Phase für einen Batchprozess:

$$V_f \frac{d\,\overline{c}_{O_2}}{dt} = \beta_f a V_{\text{ges}} \left(c^*_{O_2} - \overline{c}_{O_2} \right). \tag{18.86}$$

Aufgrund des geringen Gasgehalts gilt $V_f \approx V_{\text{ges}}$. Durch Umstellung der Bilanz folgt:

$$\frac{d\,\xi}{dt} = \beta_f a \,(1 - \xi) \quad \text{mit } \xi \equiv \frac{\overline{c}_{O_2}}{c^*_{O_2}}. \tag{18.87}$$

Die Differenzialgleichung lässt sich mit der Anfangsbedingung

AB: bei $t = 0 \quad \xi = 0$

unter Trennung der Variablen lösen:

$$\frac{d\,\xi}{(1 - \xi)} = \beta_f a dt \quad \rightarrow \quad \ln(1 - \xi) \equiv -\beta_f a t. \tag{18.88}$$

Der Wert von $\beta_f a$ lässt sich demzufolge aus der Auftragung $-\ln(1 - \xi) = f(t)$ als Steigung der Geraden ermitteln. Aus Abb. 18.4 ergibt sich aus der mittels Regression ermittelten Geradensteigung für den volumenbezogenen Stoffübergangskoeffizienten:

$$\boxed{\beta_f a = 9,61 \cdot 10^{-3}\,\text{s}^{-1}}. \tag{18.89}$$

Abb. 18.4 Zeitliche Änderung der bezogenen mittleren Sauerstoffkonzentration

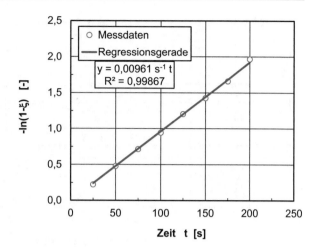

18.12   Scale-up eines Scheibenrührers[*]

▶   **Thema** Maßstabsübertragung

Ein Scheibenrührer (geometrische Verhältnisse gemäß Abb. Lb 18.7) wird in einem Modelbehälter (Mod) betrieben. Mit einer Drehfrequenz von $450\,\mathrm{min}^{-1}$ wird das Prozessziel erreicht. Für einen geometrisch vollständig ähnlichen technischen Apparat (Hauptausführung HA), der mit der identischen Flüssigkeit betrieben wird, soll die erforderliche Drehfrequenz ausgelegt werden. Hierzu können die Leistungscharakteristik nach Abb. Lb 18.6 und die Mischzeitcharakteristik gemäß Abb. Lb 18.9 genutzt werden.

Bestimmen Sie die Drehfrequenz für die Scale-up-Regeln

a) konstanter volumenbezogener Leistungseintrag P/V,
b) konstante Rührerumfangsgeschwindigkeit w_{tip} sowie
c) konstante Mischzeit Θ

und vergleichen Sie die sich so ergebenden verschiedenen Drehfrequenzen, Leistungseinträge, Rührerumfangsgeschwindigkeiten und Mischzeiten.

Gegeben:

Behälterdurchmesser	D_{Mod}	$= 0,3\,\mathrm{m}$
Behältervolumen	V_{Mod}	$= 0,0212\,\mathrm{m}^3$
Rührerdurchmesser	d_{Mod}	$= 0,09\,\mathrm{m}$
Behälterdurchmesser	D_{HA}	$= 3\,\mathrm{m}$
Behältervolumen	V_{HA}	$= 21,2\,\mathrm{m}^3$

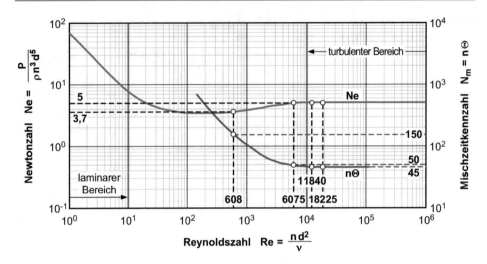

Abb. 18.5 Leistungs- und Mischzeitcharakteristik eines Scheibenrührers nach den Abb. Lb 18.7 und Lb 18.9

Rührerdurchmesser $d_{\mathrm{HA}} = 0,9$
Flüssigkeitsviskosität $\eta_f\ \ = 0,1\,\mathrm{kg}/(\mathrm{m}\cdot\mathrm{s})$
Flüssigkeitsdichte $\rho_f\ \ = 1000\,\mathrm{kg/m^3}$

Lösung

Lösungsansatz:
Anwendung der Diagramme für die Newtonzahl sowie die Mischzeitkennzahl

Lösungsweg:
Sowohl die Leistungs- als auch die Mischzeitcharakteristik sind in Abb. 18.5 zusammenfassend dargestellt. Zunächst werden die Rührparameter für die Modellausführung berechnet. Die Reynoldszahl (Gl. (Lb 18.1)) beträgt

$$Re_{\mathrm{Mod}} \equiv \frac{n\,d^2}{\nu} \quad \rightarrow \quad Re_{\mathrm{Mod}} = 608 \tag{18.90}$$

und die Rührerumfangsgeschwindigkeit:

$$w_{\mathrm{tip}_{\mathrm{Mod}}} = \pi\,n\,d \quad \rightarrow \quad w_{\mathrm{tip}_{\mathrm{Mod}}} = 2,12\,\frac{\mathrm{m}}{\mathrm{s}}. \tag{18.91}$$

Aus Abb. 18.5 folgt die Newtonzahl $Ne_{\mathrm{Mod}} = 3,7$ und daraus der Leistungseintrag (Gl. (Lb 18.9)):

$$P = Ne\rho n^3 d^5 \quad \rightarrow \quad P_{\mathrm{Mod}} = 9,22\,\mathrm{W} \tag{18.92}$$

sowie der volumenbezogene Leistungseintrag:

$$\frac{P_{\text{Mod}}}{V_{\text{Mod}}} = 435 \, \frac{\text{W}}{\text{m}^3}.$$ (18.93)

Aus Abb. 18.5 folgt die Mischzeitzahl $(n\Theta)_{\text{Mod}} = 150$ und daraus die Mischzeit:

$$\Theta_{\text{Mod}} = 20 \, \text{s}.$$ (18.94)

a) Scale-up-Regel $P/V = \text{konst.}$

Aus dem volumenbezogenen Leistungseintrag des Modells (Gl. (18.93)) ergibt sich für die Leistung in der Hauptausführung:

$$\frac{P_{\text{Mod}}}{V_{\text{Mod}}} = \frac{P_{\text{HA}}}{V_{\text{HA}}} \quad \rightarrow \quad \boxed{P_{\text{HA}} = 9{,}22 \, \text{kW}}.$$ (18.95)

Um hieraus die Drehfrequenz bestimmen zu können, muss die Newtonzahl der Hauptausführung bekannt sein. Da diese wiederum von der Reynoldszahl abhängt, wird zunächst eine Schätzung der Reynoldszahl vorgenommen. Es wird angenommen, dass die Reynoldszahl ausreichend groß ist, sodass die Newtonzahl $Ne_{\text{HA}} = 5$ des vollturbulenten Bereichs vorliegt (s. Abb. 18.5). Hieraus folgt die Drehfrequenz

$$n_{\text{HA}} = \left(\frac{P_{\text{HA}}}{Ne_{\text{HA}} \rho d_{\text{HA}}^5}\right)^{1/3} \quad \rightarrow \quad \boxed{n_{\text{HA}} = 87{,}7 \, \frac{1}{\text{min}}}$$ (18.96)

und daraus die Rührerumfangsgeschwindigkeit:

$$w_{\text{tip}_{\text{HA}}} = \pi n_{\text{HA}} d_{\text{HA}} \quad \rightarrow \quad \boxed{w_{\text{tip}_{\text{HA}}} = 4{,}13 \, \frac{\text{m}}{\text{s}}}.$$ (18.97)

Die zugehörige Reynoldszahl beträgt

$$Re_{\text{HA}} = 1{,}18 \cdot 10^4,$$ (18.98)

sodass die bei der Schätzung der Newtonzahl getroffene Annahme berechtigt war. Aus Abb. 18.5 folgt die Mischzeitzahl $(n\Theta)_{\text{HA}} = 45$ und daraus die Mischzeit:

$$\boxed{\Theta_{\text{HA}} = 30{,}8 \, \text{s}}.$$ (18.99)

b) Scale-up-Regel $w_{\text{tip}} = \text{konst.}$

Bei gleicher Rührerumfangsgeschwindigkeit lässt sich die Drehfrequenz der Hauptausführung direkt bestimmen:

$$w_{\text{tip}_{\text{Mod}}} = w_{\text{tip}_{\text{HA}}} = \pi n_{\text{HA}} d_{\text{HA}} \quad \rightarrow \quad n_{\text{HA}} = \frac{w_{\text{tip}_{\text{HA}}}}{\pi d_{\text{HA}}}$$

$$\rightarrow \quad \boxed{n_{\text{HA}} = 45 \, \frac{1}{\text{min}}}.$$ (18.100)

Für die zugehörige Reynoldszahl

$$Re_{HA} = 6{,}08 \cdot 10^3 \tag{18.101}$$

ergibt sich aus Abb. 18.5 die Newtonzahl $Ne = 5$ und damit die Rührerleistung:

$$P_{HA} = Ne_{HA}\rho n_{HA}^3\, d_{HA}^5 \quad \rightarrow \quad \boxed{P_{HA} = 1{,}25\,\text{kW}}. \tag{18.102}$$

Hieraus folgt als spezifischer Leistungseintrag:

$$\boxed{\frac{P_{HA}}{V_{HA}} = 58{,}8\,\frac{\text{W}}{\text{m}^3}}. \tag{18.103}$$

Aus Abb. 18.5 resultiert bei der berechneten Reynoldszahl die Mischzeitzahl $(n\Theta)_{HA} = 50$ und daraus die Mischzeit:

$$\boxed{\Theta_{HA} = 66{,}7\,\text{s}}. \tag{18.104}$$

c) Scale-up-Regel $\Theta = $ konst. Zunächst muss die Reynoldszahl geschätzt werden. Wie unter a) wird angenommen, dass vollständig turbulente Bedingungen vorliegen. Für diesen Fall ergibt sich aus Abb. 18.5 die Mischzeitzahl $(n\Theta)_{HA} = 45$ und daraus die Drehfrequenz:

$$\Theta_{Mod} = \Theta_{HA} = \frac{(n\Theta)_{HA}}{n_{HA}} \quad \rightarrow \quad \boxed{n_{HA} = 135\,\frac{1}{\text{min}}}. \tag{18.105}$$

Die zugehörige Reynoldszahl beträgt

$$Re_{HA} = 1{,}82 \cdot 10^4, \tag{18.106}$$

sodass die bei der Schätzung der Mischzeitzahl getroffene Annahme berechtigt war. Aus Abb. 18.5 folgt die Newtonzahl $Ne_{HA} = 5$ und daraus die Leistung

$$P_{HA} = Ne_{HA}\rho n_{HA}^3\, d_{HA}^5 \quad \rightarrow \quad \boxed{P_{HA} = 33{,}6\,\text{kW}} \tag{18.107}$$

sowie der volumenspezifische Leistungseintrag:

$$\boxed{\frac{P_{HA}}{V_{HA}} = 1586\,\frac{\text{W}}{\text{m}^3}}. \tag{18.108}$$

Die Rührerumfangsgeschwindigkeit beträgt:

$$w_{tip_{HA}} = \pi n_{HA} d_{HA} \quad \rightarrow \quad \boxed{w_{tip_{HA}} = 6{,}36\,\frac{\text{m}}{\text{s}}}. \tag{18.109}$$

Tab. 18.7 Gegenüberstellung der verschiedenen Rührparameter bei Anwendung unterschiedlicher Scale-up-Regeln

Rührparameter		Modell	Hauptausführung		
			$P/V =$ konst.	$w_{tip} =$ konst.	$\Theta =$ konst.
n	[1/min]	450	**87,7**	**45**	**135**
w_{tip}	[m/s]	2,12	4,13	**2,12**	6,36
Re	[–]	607,5	11.840	6075	18.225
Ne	[–]	3,7	5	5	5
P	[W]	9,47	9220	1245	33.630
P/V	[W/m^3]	435	**435**	59	1586
$n \cdot \Theta$	[–]	150	45	50	45
Θ	[s]	20	30,8	66,7	**20**

Die Gegenüberstellung der wesentlichen Rührparameter für die verschiedenen Maßstabsübertragungsregeln zeigt Tab. 18.7. Aus ihr wird deutlich, dass die verschiedenen Regeln zu drastisch unterschiedlichen Drehfrequenzen und insbesondere Leistungseinträgen sowie Mischzeiten führen. Für die meisten praktischen Anwendungen sind gleiche Mischzeiten in Modell und Hauptausführung aufgrund des enorm hohen Leistungseintrags im Großapparat technisch nicht ohne Weiteres realisierbar.

18.13 Auslegung eines SMX-Mischers [5][*]

▶ **Thema** Statische Mischer

Mit einem SMX-Mischer soll ein Massenstrom $\dot{M}_1 = 120$ kg/h ($\rho_1 = 1200$ kg/m^3) eines Pigment-Masterbatches mit einem Pigmentmassenanteil $\xi_1 = 0,3$ zur Färbung eines geschmolzenen Polymers in einen Massenstrom $\dot{M}_2 = 900$ kg/h ($\rho_2 = 1000$ kg/m^3) eingemischt werden. Die maximal zulässige Abweichung des Massenanteils $\Delta\xi_{max}$ im Endprodukt beträgt 0,1 Gew.-%. Die Viskosität der Ausgangsstoffe und der Mischung beträgt 10 Pa·s.

Für zwei unterschiedliche Mischerdurchmesser von 50 und 80 mm sollen folgende Größen bestimmt werden:

a) Strömungszustand,
b) notwendige Mischerlänge,
c) Druckverlust über den gesamten Mischer,
d) erforderliche Leistung.

Annahme:

Die maximale Konzentrationsabweichung entspricht für übliche Verteilungen in etwa der dreifachen Standardabweichung.

Lösung

Lösungsansatz:
Anwendung der Diagramme für den Widerstandsbeiwert sowie den Variationskoeffizienten

Lösungsweg:
a) Berechnung der Reynoldszahlen zur Bestimmung der Strömungsform
Bestimmung des Volumenstroms des Gemisches

$$\dot{V}_{\text{Gem}} = \frac{\dot{M}_1}{\rho_1} + \frac{\dot{M}_2}{\rho_2}. \tag{18.110}$$

sowie der Dichte

$$\rho_{\text{Gem}} = \frac{\dot{M}_1 + \dot{M}_2}{\dot{V}_{\text{Gem}}}. \tag{18.111}$$

Hiermit ergeben sich folgende Reynoldszahlen:

$$Re = \frac{\overline{w} d \rho_{\text{Gem}}}{\eta} = \frac{4 \dot{V}_{\text{Gem}}}{\pi d^2} \frac{d \rho_{\text{Gem}}}{\eta} = \frac{4}{\pi} \frac{\dot{M}_1 + \dot{M}_2}{d \eta}. \tag{18.112}$$

Für die beiden Mischerdurchmesser ergeben sich hieraus folgende Reynoldszahlen:

$$d_1 = 50\,\text{mm:} \quad Re_1 = 0{,}722 \quad \text{und} \quad d_2 = 80\,\text{mm:} \quad Re_2 = 0{,}451. \tag{18.113}$$

▶   In beiden Mischern liegt eine laminare Strömung vor.

b) Zur Bestimmung der erforderlichen Mischerlänge muss der Variationskoeffizient bestimmt werden. Der mittlere Pigmentmassenanteil ergibt sich gemäß:

$$\overline{\xi} = \frac{\xi_1 \dot{M}_1}{\dot{M}_1 + \dot{M}_2} = 0{,}0353. \tag{18.114}$$

Der erforderliche Variationskoeffizient ergibt sich aus der Annahme, dass gilt

$$\Delta \xi_{\text{max}} \approx \overline{3(\xi - \overline{\xi})}, \tag{18.115}$$

zu

$$\frac{\sigma}{\overline{\xi}} = \frac{\frac{1}{3} \Delta \xi_{\text{max}}}{\overline{\xi}} \quad \rightarrow \quad \frac{\sigma}{\overline{\xi}} = 9{,}44 \cdot 10^{-3}. \tag{18.116}$$

Aus Abb. Lb 18.29 ergibt sich für den SMX-Mischer eine erforderliche Mischerlänge von:

$$L_m/d \approx 9. \tag{18.117}$$

Damit werden folgende Mischerlängen benötigt:

$$\boxed{L_1 = 0,45\,\text{m}} \quad \text{und} \quad \boxed{L_2 = 0,72\,\text{m}}. \tag{18.118}$$

c) Nach Gl. (Lb 18.57) berechnet sich der Druckverlust gemäß:

$$\Delta p = \zeta \frac{\rho_{\text{Gem}}}{2} \overline{w}^2 \frac{L}{d} = \zeta \frac{\rho_{\text{Gem}}}{2} \left(\frac{4\,\dot{V}_{\text{Gem}}}{\pi d^2} \right)^2 \frac{L}{d} = \zeta \frac{8}{\pi^2} \left(\dot{M}_1 + \dot{M}_2 \right) \dot{V}_{\text{Gem}} \frac{L}{d^5}. \tag{18.119}$$

Aus Abb. Lb 18.28 ergeben sich für die beiden SMX-Mischer folgende Widerstandsbeiwerte:

$$\zeta_1 \approx 6 \cdot 10^3 \quad \text{und} \quad \zeta_2 \approx 8 \cdot 10^3. \tag{18.120}$$

Unter Verwendung von Gl. (18.119) ergeben sich daraus die Druckverluste:

$$\boxed{\Delta p_1 \approx 5,51\,\text{bar}} \quad \text{und} \quad \boxed{\Delta p_2 \approx 1,12\,\text{bar}}. \tag{18.121}$$

d) Die erforderliche Leistung ergibt sich nach:

$$P = \Delta p \dot{V}_{\text{Gem}} \quad \rightarrow \quad \boxed{P_1 = 153\,\text{W}} \quad \text{und} \quad \boxed{P_2 = 31,1\,\text{W}}. \tag{18.122}$$

Literatur

1. Johnson M, Heggs PJ, Mahmud T (2016) Assessment of overall heat transfer coefficient models to predict the performance of laboratory-scale jacketed batch reactors. Org Process Des Dev 20:204–214
2. Judat H, Sperling R (2003) Wärmeübergang im Rührkessel. In: Kraume M (Hrsg) Mischen und Rühren. Wiley-VCH, Weinheim
3. Paul EL, Atiemo-Obeng VA, Kresta SM (2004) Handbook of industrial mixing. John Wiley & Sons, Hoboken
4. Stieß M (2009) Mechanische Verfahrenstechnik-Partikeltechnologie, 3. Aufl. Bd. 1. Springer, Berlin Heidelberg
5. Streiff F (2003) Statisches Mischen. In: Kraume M (Hrsg) Mischen und Rühren. Wiley-VCH, Weinheim
6. Wagner W, Kretzschmar HJ (2013) Wasser. In: VDI e.V. (Hrsg) VDI-Wärmeatlas, 11. Aufl. Springer, Berlin Heidelberg https://doi.org/10.1007/978-3-642-19981-3_12
7. Zehner P (2003) Begasen im Rührbehälter. In: Kraume M (Hrsg) Mischen und Rühren. Wiley-VCH, Weinheim

Blasensäulen

19

Zur mathematischen Modellierung von Blasensäulenreaktoren werden neben der Kinetik der chemischen Reaktion weitere prozesstechnische Größen benötigt. So wird der Gas/Flüssigkeits-Stofftransport durch den volumenbezogenen Stoffübergangskoeffizienten $\beta_f a$, die Verweilzeit der Phasen durch den Gasgehalt ε_g und der Vermischungszustand insbesondere durch den axialen Dispersionskoeffizienten D_{ax} beschrieben. Diese Parameter ergeben sich aus den Stoffparametern, der Apparategeometrie und den beiden Leerrohrgeschwindigkeiten als Prozessparametern. Die zugehörigen Berechnungsgleichungen werden in diesem Kapitel genutzt, um letztlich den Umsatz in einem Blasensäulenreaktor zu beschreiben. Hierzu muss eine differenzielle oder integrale Massenbilanz aufgestellt und gelöst werden. Dabei zeigt sich, dass der Umsatz deutlich von der Apparategröße abhängt. Insgesamt erweist sich die Maßstabsübertragung vielfach als herausfordernd.

19.1 Experimentelle Bestimmung des Dispersionskoeffizienten**

▶ **Thema** Dispersion

Dispersionskoeffizienten in der flüssigen Phase können mit einer einfachen stationären Messmethode bestimmt werden (s. Abb. 19.1). Dabei wird der Apparat kontinuierlich von dem Flüssigkeitsvolumenstrom $\dot{V}_f$ durchströmt. An einer bestimmten Stelle wird mit einem konstanten Volumenstrom $\dot{V}_S$ ein Spurstoff mit der Konzentration $c_{S_{zu}}$ dosiert. Die Spurstoffkonzentration wird in verschiedenen Höhen der Blasensäule gemessen. Abb. 19.1 zeigt den grundsätzlichen Versuchsaufbau bei Gleichstrom der beiden Phasen. Die Spurstoffdosierung erfolgt über eine Flächenquelle, so dass die Konzentration des Spurstoffs im hier anzunehmenden Idealfall über den Querschnitt identisch ist.

Elektronisches Zusatzmaterial Die Online-Version dieses Kapitels (https://doi.org/10.1007/978-3-662-60393-2_19) enthält Zusatzmaterial, das für autorisierte Nutzer zugänglich ist.

© Springer-Verlag GmbH Deutschland, ein Teil von Springer Nature 2020
M. Kraume, *Transportvorgänge in der Verfahrenstechnik*,
https://doi.org/10.1007/978-3-662-60393-2_19

Abb. 19.1 Messauf-
bau zur Bestimmung von
flüssigkeitsseitigen Dispersionskoeffizienten in einer
Blasensäule

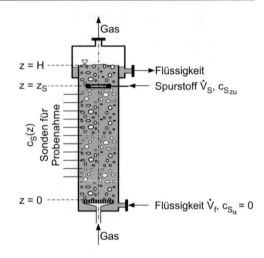

a) Leiten Sie unter der Annahme konstanter Konzentrationen über den Querschnitt die
   Gleichung für den axialen Konzentrationsverlauf des Spurstoffs $c_S(z)$ für den Gleich-
   strombetrieb der Blasensäule her.
b) Bestimmen Sie die Austrittskonzentration des Spurstoffs. Dabei kann angenommen
   werden, dass die Dichten des Flüssigkeits- und des Spurstoffstroms gleich sind.

Lösung

Lösungsansatz:
Aufstellen einer differentiellen Komponentenbilanz für den Spurstoff in Abhängigkeit von
der axialen Koordinate z.

Lösungsweg:
a) Für den Spurstoff wird eine Bilanz über die im Höhenabschnitt Δz befindliche Flüssigphase aufgestellt (s. Abb. Lb 18.21). Dabei werden die konvektiven Ströme $\dot{N}_K$ sowie
Dispersionsströme $\dot{N}_D$ beachtet. Bei Beachtung des Gleichstrombetriebs lautet die Bilanz
für stationäre Bedingungen:

$$0 = \dot{N}_{K_z} - \dot{N}_{K_{z+\Delta z}} + \dot{N}_{D_z} - \dot{N}_{D_{z+\Delta z}}. \tag{19.1}$$

Wird diese Gleichung durch Δz dividiert und der Grenzübergang $\Delta z \to 0$ durchgeführt,
so folgt:

$$0 = \frac{d\dot{N}_{K_z}}{dz} + \frac{d\dot{N}_{D_z}}{dz}. \tag{19.2}$$

Nach Einsetzen der Molenströme gemäß den Gln. (Lb 19.28) und (Lb 19.29) ergibt sich:

$$0 = \frac{d\left(v_f\, A c_S\right)}{dz} + \frac{d}{dz}\left[-D_f\, A\left(1-\varepsilon_g\right)\frac{dc_S}{dz}\right]$$

$$\rightarrow\quad \frac{d^2 c_S}{dz^2} - \frac{v_f}{D_f\left(1-\varepsilon_g\right)}\frac{dc_S}{dz} = 0. \tag{19.3}$$

Bei der Lösung der Differenzialgleichung werden folgende Randbedingungen berücksichtigt, wobei die erste für den Flüssigkeitseintritt bereits bei der Erläuterung des Dispersionsmodells in Abschn. Lb 4.2.2 hergeleitet wurde (s. Gl. (Lb 4.20) oder Gl. (Lb 19.35)):

1. RB: bei $z = 0$ (Flüssigkeitseintritt)

$$c_S(z=0) = c_{S_\alpha} + \frac{D_f\left(1-\varepsilon_g\right)}{v_f}\left.\frac{dc_S}{dz}\right|_{z=0} = \frac{D_f\left(1-\varepsilon_g\right)}{v_f}\left.\frac{dc_S}{dz}\right|_{z=0}. \tag{19.4}$$

2. RB: bei $z = z_S$ (Flüssigkeitsaustritt)

$$c_S(z=z_S) = c_{S\omega}. \tag{19.5}$$

Nach der 1. Integration von Gl. (19.3)

$$\frac{dc_S}{dz} - \frac{v_f}{D_f\left(1-\varepsilon_g\right)}c_S\left(z\right) = C_1 \tag{19.6}$$

und Einsetzen der 1. Randbedingung folgt für die Integrationskonstante C_1:

$$\left.\frac{dc_S}{dz}\right|_{z=0} - \frac{v_f}{D_f\left(1-\varepsilon_g\right)}\frac{D_f\left(1-\varepsilon_g\right)}{v_f}\left.\frac{dc_S}{dz}\right|_{z=0} = C_1 \quad\rightarrow\quad C_1 = 0. \tag{19.7}$$

Die 2. Integration erfolgt durch Trennung der Variablen:

$$\int \frac{D_f\left(1-\varepsilon_g\right)}{v_f}\frac{dc_S}{c_S} = \int dz \quad\rightarrow\quad \frac{D_f\left(1-\varepsilon_g\right)}{v_f}\ln c_S(z) = z + C_2. \tag{19.8}$$

Mit der 2. Randbedingung ergibt sich die zweite Integrationskonstante:

$$\frac{D_f\left(1-\varepsilon_g\right)}{v_f}\ln c_{S_\omega} = z_S + C_2 \quad\rightarrow\quad C_2 = \frac{D_f\left(1-\varepsilon_g\right)}{v_f}\ln c_{S_\omega} - z_S. \tag{19.9}$$

Damit lautet die Differenzialgleichung (Gl. (19.3)):

$$\frac{D_f\left(1-\varepsilon_g\right)}{v_f}\ln c_S(z) = z + \frac{D_f\left(1-\varepsilon_g\right)}{v_f}\ln c_{S_\omega} - z_S$$

$$\rightarrow\quad \boxed{\frac{c_S(z)}{c_{S_\omega}} = \exp\left[-\frac{v_f}{D_f\left(1-\varepsilon_g\right)}\left(z_S - z\right)\right].} \tag{19.10}$$

b) Um die Austrittskonzentration c_{S_ω} zu berechnen, muss eine Molbilanz für den Spurstoff über die gesamte Blasensäule aufgestellt werden:

$$0 = \dot{N}_{S_\alpha} - \dot{N}_{S_\omega} + \dot{N}_{S_{zu}} \quad \rightarrow \quad 0 = \dot{V}_{f_\alpha} c_{S_\alpha} - \dot{V}_{f_\omega} c_{S_\omega} + \dot{V}_S c_{S_{zu}}. \tag{19.11}$$

Da im Flüssigkeitszulauf kein Spurstoff vorhanden ist ($c_{S_\alpha} = 0$) und sich die Volumenströme der Flüssigkeit und des Spurstoffs aufgrund der identischen Dichte addieren, folgt für die Austrittskonzentration des Spurstoffs c_{S_ω}:

$$0 = -\left(\dot{V}_{f_\alpha} + \dot{V}_S\right) c_{S_\omega} + \dot{V}_S c_{S_{zu}} \quad \rightarrow \quad \boxed{c_{S_\omega} = \frac{\dot{V}_S}{\dot{V}_{f_\alpha} + \dot{V}_S} c_{S_{zu}}}. \tag{19.12}$$

19.2 Gegenüberstellung gemessener und berechneter Dispersionskoeffizienten[*]

▶ **Thema** Dispersion

In einer mit Wasser und Luft betriebenen Technikumsblasensäule ($D = 0,3\,\mathrm{m}$) werden Dispersionskoeffizienten unter Verwendung des unter Aufgabe 19.1 dargestellten Messaufbaus bestimmt. Der Spurstoff wird in der Höhe $z = 7,75\,\mathrm{m}$ gleichmäßig über den Querschnitt zugeführt. Der Volumenstrom der wässrigen Spurstofflösung $\dot{V}_S$ beträgt 50 L/h bei einer Konzentration des Spurstoffs von 50 g/L. Die Messungen werden bei unterschiedlichen Gasdurchsätzen und einer Flüssigkeitsleerrohrgeschwindigkeit v_f von 1 cm/s durchgeführt. Die Konzentration des Spurstoffs wird in sieben verschiedenen Höhen bestimmt. Tab. 19.1 zeigt die Ergebnisse der Konzentrationsmessungen des Spurstoffs in g/L für die verschiedenen Höhen und Gasleerrohrgeschwindigkeiten.

a) Bestimmen Sie die flüssigkeitsseitigen Dispersionskoeffizienten für die fünf vorliegenden Messreihen.

b) Vergleichen Sie die Ergebnisse mit den Vorhersagen durch die Gl. (Lb 19.5). Bestimmen Sie die Abweichungen.

Gegeben:

Flüssigkeitsdichte	$\rho_f = 998\,\mathrm{kg/m^3}$
Gasdichte	$\rho_g = 1,2\,\mathrm{kg/m^3}$
Flüssigkeitsviskosität	$\eta_f = 1,0\,\mathrm{mPa \cdot s}$
Grenzflächenspannung	$\sigma = 0,072\,\mathrm{N/m}$

Tab. 19.1 Gemessene Spurstoffkonzentrationen in g/L in verschiedenen Höhen für unterschiedliche Gasleerrohrgeschwindigkeiten [4]

v_g	Höhe z [m]						
[cm/s]	0,75	1,75	2,75	4,75	5,75	6,25	7,25
0,7	0,108	0,154	0,200	0,415	0,539	0,646	0,815
3,0	0,246	0,292	0,385	0,569	0,692	0,769	0,877
6,0	0,231	0,292	0,354	0,508	0,600	0,723	0,862
11,4	0,308	0,354	0,415	0,600	0,692	0,769	0,908
19,4	0,354	0,415	0,477	0,662	0,723	0,800	0,923

Hinweise:

1. Zur Bestimmung der jeweiligen Gasgehalte kann Gl. (Lb 19.9) genutzt werden. Da es sich um eine reine Flüssigkeit handelt, weist die dort auftretende Konstante C_1 den Wert 0,2 auf.
2. Für den Konzentrationsverlauf kann Gl. (19.10) aus Aufgabe 19.1 verwendet werden.

Lösung

Lösungsansatz:
Die Messdaten werden halblogarithmisch aufgetragen, so dass sich mit Gl. (19.10) aus der Steigung der jeweilige Dispersionskoeffizient bestimmen lässt. Der erforderliche Gasgehalt wird iterativ mit Gl. (Lb 19.9) berechnet. Die Werte werden dann mit den berechneten Dispersionskoeffizienten nach Gl. (Lb 19.5) verglichen.

Lösungsweg:
a) Um aus der Steigung der Messdaten den Dispersionskoeffizienten ermitteln zu können, muss zunächst der Gasgehalt bestimmt werden. Dazu wird die Gl. (Lb 19.9) von [1]

$$\frac{\varepsilon_g}{\left(1 - \varepsilon_g\right)^4} = C_1 \left(\frac{gD^2 \rho_f}{\sigma}\right)^{1/8} \left(\frac{gD^3 \rho_f^2}{\eta_f^2}\right)^{1/12} \left(\frac{v_g}{\sqrt{gD}}\right) \tag{19.13}$$

herangezogen. Mittels Zielwertsuche in Excel lassen sich die Tab. 19.2 aufgeführten Gasgehalte berechnen.

Für die Bestimmung des Dispersionskoeffizienten aus den gemessenen Spurstoffkonzentrationsprofilen wird die Aufgabe 19.1 hergeleitete Berechnungsgleichung (Gl. (19.10)) für den axialen Konzentrationsverlauf des Spurstoffs

$$\frac{c_S(z)}{c_{S_\omega}} = \exp\left[-\frac{v_f}{D_f\left(1 - \varepsilon_g\right)}\left(z_S - z\right)\right] \tag{19.14}$$

Tab. 19.2 Berechnete Gasgehalte und Dispersionskoeffizienten aus den Messdaten sowie mit Gl. (Lb 19.5) berechnet

v_g	ε_g	D_f Messung	D_f Gl. (Lb 19.5)
[cm/s]	[–]	[10^{-2} m^2/s]	[10^{-2} m^2/s]
0,7	0,0217	3,23	3,03
3,0	0,0744	5,45	4,92
6,0	0,121	5,74	6,20
11,4	0,177	7,21	7,68
19,4	0,230	8,87	9,17

Abb. 19.2 Abhängigkeit der bezogenen Spurstoffkonzentration vom Abstand von der Dosierstelle

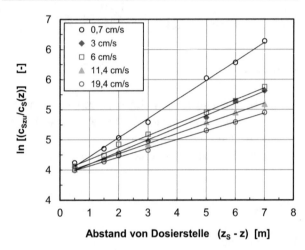

herangezogen und logarithmiert:

$$\ln \frac{c_{S_\omega}}{c_S(z)} = \frac{v_f}{D_f \left(1 - \varepsilon_g\right)} \left(z_S - z\right). \tag{19.15}$$

Diese Beziehung entspricht einer Geradengleichung. Die entsprechende Auftragung der Messwerte zeigt Abb. 19.2. Unter Verwendung der durch lineare Regression mit Excel bestimmten Steigungen

$$m = \frac{v_f}{D_f \left(1 - \varepsilon_g\right)} \tag{19.16}$$

lassen sich die in Tab. 19.2 enthaltenen Dispersionskoeffizienten aus den Messdaten bestimmen.

b) Für die Berechnung der flüssigkeitsseitigen Dispersionskoeffizienten kann Gl. (Lb 19.5) nach Zehner u. Schuch [7] verwendet werden:

$$D_f = \frac{D}{2} \sqrt[3]{\frac{1}{2,5} \frac{\rho_f - \rho_g}{\rho_f} g D v_g}. \tag{19.17}$$

Unter Vernachlässigung der Gasdichte lassen sich die Tab. 19.2 aufgeführten Dispersionskoeffizienten berechnen. Die Abweichungen betragen weniger als 10 %.

19.3 Mischungszustand in einer Blasensäule[*]

▶ **Thema** Dispersion

Eine Blasensäule von 1 m Durchmesser und 5 m Füllhöhe wird mit dem Stoffsystem Wasser (rein)/Luft bei 20 °C betrieben. Die Gasleerrohrgeschwindigkeit beträgt 6 cm/s und die Flüssigkeitsleerrohrgeschwindigkeit 0,1 cm/s.

Überprüfen Sie, ob vereinfachend mit idealer Vermischung der Gas- und Flüssigkeitsphase gerechnet werden kann.

Gegeben:

Flüssigkeitsdichte	$\rho_f = 998 \,\mathrm{kg/m^3}$
Gasdichte	$\rho_g = 1,2 \,\mathrm{kg/m^3}$
Flüssigkeitsviskosität	$\eta_f = 1,0 \,\mathrm{mPa \cdot s}$
Gasviskosität	$\eta_f = 17,1 \,\mathrm{mPa \cdot s}$
Grenzflächenspannung	$\sigma = 0,072 \,\mathrm{N/m}$

Hinweis:

Zur Lösung sind die entsprechenden Bodensteinzahlen für beide Phasen zu bilden und anhand dieser die Vermischung zu bewerten.

Lösung

Lösungsansatz:
Berechnung der Dispersionskoeffizienten für Gas- und Flüssigkeitsphase und anschließende Bestimmung der Bodensteinzahl zur Bewertung des Mischungsgrads.

Lösungsweg:
Die Bodensteinzahl dient zur Einordnung des Mischungszustands. In Kap. 4 sind folgende Grenzfälle des Dispersionsmodells für die Bodensteinzahl

$$Bo = \frac{wL}{D_{ax}} \tag{19.18}$$

bzw. für den zugehörigen Dispersionskoeffizienten angegeben:

- rückvermischungsfreie Strömung (ideales Strömungsrohr) für $Bo \to \infty$ bzw. $D_{ax} \to 0$
- ideale Vermischung (idealer Rührbehälter) für $Bo \to 0$ bzw. $D_{ax} \to \infty$.

Für die Berechnung des flüssigkeitsseitigen Dispersionskoeffizienten kann Gl. (Lb 19.5) nach [Zehner u. Schuch 1984] verwendet werden:

$$D_{ax} = \frac{D}{2} \sqrt[3]{\frac{1}{2,5} \frac{\Delta \rho}{\rho_f} g D v_g} \quad \rightarrow \quad D_{ax} = 0,309 \, \frac{m^2}{s}$$

$$\rightarrow \quad Bo_f = \frac{v_f H}{D_{ax}} \quad \rightarrow \quad Bo_f = 0,016 \ll 1. \quad (19.19)$$

Damit ergibt sich für die Flüssigkeitsphase eine ideale Vermischung.

Um die Bodensteinzahl für die Gasphase zu bestimmen, muss zunächst der Gasgehalt mit Gl. (Lb 19.9) [1] ermittelt werden. Wie in den Aufgaben 19.1 und 19.2 wird diese Gleichung iterativ mit der Zielwertsuche in Excel gelöst:

$$\frac{\varepsilon_g}{\left(1 - \varepsilon_g\right)^4} = C_1 \left(\frac{g D^2 \rho_f}{\sigma}\right)^{1/8} \left(\frac{g D^3 \rho_f^2}{\eta_f^2}\right)^{1/12} \left(\frac{v_g}{\sqrt{gD}}\right) \quad \rightarrow \quad \varepsilon_g = 0,121. \quad (19.20)$$

Zudem werden für die Schwarmgeschwindigkeit der Blasen die Kontinuitätsbeziehung

$$w_{Bs} = \frac{v_g}{\varepsilon_g} \quad \rightarrow \quad w_{Bs} = 0,495 \, \frac{m}{s} \quad (19.21)$$

sowie für den gasseitigen Diffusionskoeffizienten Gl. (Lb 19.6)

$$\varepsilon_g D_g = 0,2 D v_g \frac{\frac{\Delta \rho}{\rho_f} g D v_g}{w_{Bs}^3} \quad \rightarrow \quad D_g = \frac{0,2}{\varepsilon_g} D v_g \frac{\frac{\Delta \rho}{\rho_f} g D v_g}{w_{Bs}^3}$$

$$\rightarrow \quad D_g = 0,479 \quad (19.22)$$

herangezogen. Damit ergibt sich die Bodensteinzahl für die Gasphase

$$Bo_g = \frac{v_g H}{D_g} \quad \rightarrow \quad Bo_g = 0,626 < 1, \quad (19.23)$$

sodass auch von einer idealen Durchmischung der Gasphase ausgegangen werden kann.

19.4 Bestimmung des Gasgehalts[**]

▶ **Thema** Gasgehalt

Für ein C_{10}–C_{14} Paraffingemisch soll bei einer Temperatur von 60 °C der Gasgehalt infolge Stickstoffbegasung mit einer Leerrohrgeschwindigkeit von 1 bis 4 cm/s abgeschätzt werden. Der Säulendurchmesser beträgt 98 mm und die Gemischhöhe etwa 80 cm. Die gemessenen Gasgehalte sind in Tab. 19.3 aufgeführt.

Tab. 19.3 Gemessene Gasgehalte für unterschiedliche Gasleerrohrgeschwindigkeiten [5]

v_g [cm/s]	1	2	3	4
ε_g [–]	0,045	0,092	0,124	0,151

a) Bestimmen Sie die Gasgehalte, die sich ergeben, wenn der Blasenschwarm als Kollektiv von größten stabilen Einzelblasen ohne gegenseitige Beeinflussung betrachtet wird.

b) Vergleichen Sie die gemessenen Gasgehalte und die nach der Beziehung von Akita u. Yoshida [1] (Gl. (Lb 19.9)) berechneten.

Gegeben:

Flüssigkeitsdichte $\rho_f = 715\,\mathrm{kg/m^3}$

Flüssigkeitsviskosität $\eta_f = 0,81\,\mathrm{mPa \cdot s}$

Grenzflächenspannung $\sigma = 0,0218\,\mathrm{N/m}$

Lösung

Lösungsansatz:
Nutzung der Kontinuitätsbeziehung bei Vorliegen eines homogenen Strömungsbereichs sowie Anwendung der Korrelationsbeziehung Gl. (Lb 19.9).

Lösungsweg:
a) Der Gasgehalt ergibt sich nach Gl. (Lb 19.9):

$$\varepsilon_g = \frac{v_g}{w_B}. \tag{19.24}$$

Hierfür wird die Blasenaufstiegsgeschwindigkeit w_B benötigt. Unter der Annahme, dass die Blasen sich als Kollektiv von größten stabilen Einzelblasen bewegen, kann deren Aufstiegsgeschwindigkeit mit Gl. (Lb 7.29) berechnet werden:

$$w_E = 1,24 \sqrt[4]{\frac{\Delta\rho g \sigma}{\rho_f^2}}. \tag{19.25}$$

Diese Annahme geht von einem homogenen Strömungszustand aus, bei dem die Blasen mit einheitlicher Blasengröße und -form über den Säulenquerschnitt annähernd gleichmäßig verteilt sind. Es kann davon ausgegangen werden, dass die Dichte von Stickstoff viel kleiner als die Flüssigkeitsdichte ist. Somit vereinfacht sich Gl. (19.25) zu:

$$w_E = 1,24 \sqrt[4]{\frac{g\sigma}{\rho_f}} \quad \rightarrow \quad w_E = 16,3\,\frac{\mathrm{cm}}{\mathrm{s}}. \tag{19.26}$$

Tab. 19.4 Berechnete Gasgehalte und Messwerte für die unterschiedlichen Gasleerrohrgeschwindigkeiten

Quelle	v_g [cm/s]	1	2	3	4
Messwerte	ε_g [–]	0,045	0,092	0,124	0,151
Blasenaufstieg Gl. (19.24)	ε_g [–]	0,061	0,123	0,184	0,245
Akita u. Yoshida [1]	ε_g [–]	0,032	0,058	0,08	0,098

Abb. 19.3 Paritätsdiagramm der gemessenen und berechneten Gasgehalte

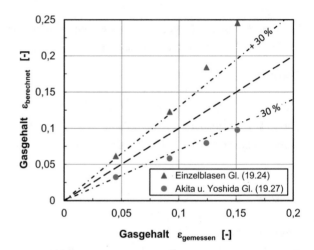

Damit ergeben sich für die vier verschiedenen Leerrohrgeschwindigkeiten die in Tab. 19.4 aufgeführten Gasgehalte. Die so berechneten Gasgehalte sind teilweise um mehr als 50 % größer als die Messwerte (s. Abb. 19.3). Dies bedeutet, dass die reale Aufstiegsgeschwindigkeit der Blasen größer sein muss. Wie Abb. Lb 7.13 verdeutlicht, ist dies auch ohne Bildung von Großblasen möglich.

b) Die von Akita u. Yoshida [1] publizierte Gl. (Lb 19.9) zur Berechnung des Gasgehalts

$$\frac{\varepsilon_g}{\left(1 - \varepsilon_g\right)^4} = C_1 \left(\frac{gD^2\rho_f}{\sigma}\right)^{1/8} \left(\frac{gD^3\rho_f^2}{\eta_f^2}\right)^{1/12} \left(\frac{v_g}{\sqrt{gD}}\right) \tag{19.27}$$

ist implizit. Sie muss demzufolge iterativ gelöst werden, wie dies z. B. durch Anwendung der Zielwertsuche in Excel möglich ist. Die so erhaltenen Ergebnisse sind ebenfalls in Tab. 19.4 dargestellt. Bei den Ergebnissen ist zu beachten, dass Akita und Yoshida ihre Beziehung für Apparatedurchmesser größer 150 mm und Füllhöhen oberhalb von 1 m aufgestellt haben. Die hier betrachtete Blasensäule erfüllt diese Werte nicht ganz. Insgesamt liegen die berechneten Werten um ca. 30 % unterhalb der Messwerte.

19.5   Ermittlung spezifischer Phasengrenzflächen[*]

▶   **Thema** Stofftransport – Volumenspezifische Phasengrenzfläche

In einer Blasensäule von 0,14 m Durchmesser und einer Gemischhöhe von 2,7 m wurden mit dem Stoffsystem wässrige Salzlösung/Luft ($\sigma = 0{,}072\,\mathrm{N/m}$, $\rho_f = 1087\,\mathrm{kg/m^3}$, $\eta_f = 1{,}3\,\mathrm{mPa\cdot s}$) die in Tab. 19.5 enthaltenen Gasgehalte und Phasengrenzflächen gemessen.

Für Xylol wurden bei 60 °C ($\sigma = 0{,}0249\,\mathrm{N/m}$, $\rho_f = 829\,\mathrm{kg/m^3}$, $\eta_f = 0{,}442\,\mathrm{mPa\cdot s}$) in einer mit Luft betriebenen Blasensäule von 0,095 m Durchmesser (Gemischhöhe 0,6 m) die in Tab. 19.6 enthaltenen Gasgehalte und Phasengrenzflächen experimentell ermittelt.

a) Überprüfen Sie, inwieweit Gl. (Lb 19.11) geeignet ist, die Phasengrenzfläche für die beiden Stoffsysteme abzuschätzen.

b) Im homogenen Strömungsbereich ($v_g < 3 \dots 5\,\mathrm{cm/s}$) beeinflussen sich die Gasblasen nur schwach. Berechnen Sie die Phasengrenzflächen, die sich ergeben, wenn die Eigenschaften der größten stabilen Einzelblase als repräsentativ für den Blasenschwarm angenommen werden.

c) Tragen Sie die unter a) und b) erhaltenen Ergebnisse in einem Paritätsdiagramm gegen die Messwerte auf.

Lösung

Lösungsansatz:
Anwendung der Beziehung von Akita und Yoshida (Gl. (Lb 19.11)) sowie Annahme der Gültigkeit des Ansatzes gemäß Gl. (Lb 19.9) und Abschätzung des Sauterdurchmessers mithilfe des Durchmessers der größten stabilen Einzelblase (Gl. (Lb 19.2)).

Tab. 19.5 Gemessene Gasgehalte und Phasengrenzflächen für das Stoffsystem wässrige Salzlösung/Luft [6]

v_g [cm/s]	2	4	6	10	15
ε_g [–]	0,072	0,15	0,235	0,28	0,33
a [m²/m³]	60	125	195	255	300

Tab. 19.6 Gemessene Gasgehalte und Phasengrenzflächen für das Stoffsystem Xylol/Luft [5]

v_g [cm/s]	1	2	3	4
ε_g [–]	0,035	0,073	0,112	0,155
a [m²/m³]	56	145	240	300

Tab. 19.7 Gemessene und berechnete spezifische Phasengrenzflächen für das Stoffsystem wässrige Salzlösung/Luft

Quelle	v_g [cm/s]	2	4	6	10	15
Messdaten	a [m²/m³]	60	125	195	255	300
berechnet Gl. (19.28)	a [m²/m³]	69,9	160	266	324	390
berechnet Gl. (19.29)	a [m²/m³]	55,4	115	181	216	254

Tab. 19.8 Gemessene und berechnete spezifische Phasengrenzflächen für das Stoffsystem Xylol/Luft

Quelle	v_g [cm/s]	1	2	3	4
Messdaten	a [m²/m³]	56	145	240	300
berechnet Gl. (19.28)	a [m²/m³]	48,1	110	179	258
berechnet Gl. (19.29)	a [m²/m³]	40	83	128	177

Lösungsweg:

a) Für die spezifische Phasengrenzfläche kann bei geringen Geschwindigkeiten die Korrelation von Akita u. Yoshida [2] (Gl. (Lb 19.11)) herangezogen werden:

$$a D = \frac{1}{3} \left(\frac{gD^2 \rho_f}{\sigma} \right)^{0,5} \left(\frac{gD^3}{v_f^2} \right)^{0,1} \varepsilon_g^{1,13}. \tag{19.28}$$

Umgestellt nach a ergeben sich damit die in Tab. 19.7 dargestellten Werte für das Stoffsystem Salzlösung/Luft und für das Stoffsystem Xylol/Luft die Daten gemäß Tab. 19.8.

b) Für die volumenspezifische Phasengrenzfläche gilt gemäß Gl. (Lb 19.10):

$$a = \frac{6\varepsilon_g}{d_{32}}. \tag{19.29}$$

Der Sauterdurchmesser lässt sich im homogenen Strömungsbereich abschätzen mit dem Durchmesser der größten stabilen Einzelblase, der mit Gl. (Lb 7.23) bestimmt wird. Da die Gasdichte wesentlich geringer als die Flüssigkeitsdichte ist, kann statt der Dichtedifferenz die Flüssigkeitsdichte allein verwendet werden:

$$d_{32} = d_E = 3 \sqrt{\frac{\sigma}{\Delta \rho g}} \approx 3 \sqrt{\frac{\sigma}{\rho_f g}}. \tag{19.30}$$

Damit ergeben sich für die beiden Stoffsysteme folgende Blasendurchmesser:

$$d_{E S/L} = 7,8 \, \text{mm} \quad \text{und} \quad d_{E X/L} = 5,25 \, \text{mm}. \tag{19.31}$$

Hieraus resultieren mit Gl. (19.29) für das Stoffsystem Salzlösung/Luft die volumenspezifischen Phasengrenzflächen gemäß Tab. 19.7 und für das Stoffsystem Xylol/Luft gemäß Tab. 19.8.

c) Die Gegenüberstellung gemessener und berechneter Werte in Form des in Abb. 19.4 dargestellten Paritätsdiagramms verdeutlicht die teilweise erheblichen Abweichungen von

Abb. 19.4 Paritäts-
diagramm der gemessenen
und berechneten spezifischen
Phasengrenzflächen

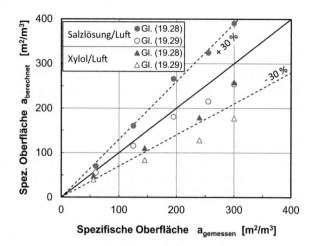

$\pm$ 30 % und mehr. Tatsächlich sind die vorliegenden Gleichungen nicht in der Lage, die Phasengrenzflächen mit höherer Genauigkeit vorauszuberechnen. Dies ist insbesondere auf den teilweise noch unzureichend erfassten Einfluss der Stoffparameter zurückzuführen. Die mit der Annahme der größten stabilen Einzelblase berechneten Phasengrenzflächen liegen zumeist unter den gemessenen Werten. Dies verdeutlicht, dass die tatsächlichen Blasengrößen etwas geringer sind und deshalb eine größere Phasengrenzfläche besitzen.

19.6 Messung volumenspezifischer Stoffübergangskoeffizienten[*]

▶ **Thema** Stofftransport – Volumenbezogener Stoffübergangskoeffizient

In einer Blasensäule ($D = 0,2$ m, $H_{ges} = 1,5$ m) wird der Stoffübergang von Sauerstoff aus Luft in Wasser ($\rho_f = 1000$ kg/m^3) untersucht. Bei einem Flüssigkeitsdurchsatz von 2,4 m^3/h wird am Boden ein Eintrittsmassenanteil von 0,9 ppm O$_2$ in der flüssigen Phase gemessen, während der Austrittsmassenanteil am Kopf des Apparates 6,8 ppm beträgt. Der als unabhängig von der Höhe angenommene Sättigungswert beträgt 8,3 ppm.

Bestimmen Sie den $\beta_f a$-Wert unter folgenden Annahmen:

a) die flüssige Phase ist ideal vermischt,
b) die flüssige Phase zeigt eine ideale Kolbenströmung.

Lösung

Lösungsansatz:
Aufstellen einer integralen, stationären Sauerstoffmassenbilanz für die Flüssigkeitsphase in der gesamten Kolonne für verschiedene Sauerstoffkonzentrationsverläufe in der Flüssigkeit.

Lösungsweg:
a) Die angegebenen Massenanteile müssen zunächst in Massenkonzentrationen umgerechnet werden. Aufgrund des geringen Massenanteils des Sauerstoffs lässt sich diese Umrechnung folgendermaßen durchführen:

$$\xi_{O_2} = \frac{M_{O_2}}{M_{ges}} \approx \frac{M_{O_2}}{M_{H_2O}} = \frac{M_{O_2}}{\rho_{H_2O}V_{H_2O}} = \frac{\rho_{O_2}}{\rho_{H_2O}} \quad \rightarrow \quad \rho_{O_2} = \xi_{O_2}\rho_{H_2O}. \tag{19.32}$$

Zunächst wird eine integrale, stationäre Mengenbilanz für den Sauerstoff in der Flüssigphase aufgestellt:

$$\frac{dM_{f,O_2}}{dt} = 0 = \dot{M}_{f,O_2\alpha} - \dot{M}_{f,O_2\omega} + \dot{M}_{O_2,S\ddot{U}} \quad \text{mit } \dot{M}_{O_2,S\ddot{U}} = \beta_f a V \Delta\rho_{O_2}. \tag{19.33}$$

Unter der Annahme, dass die flüssige Phase vollkommen durchmischt ist, entspricht die vorliegende Sauerstoffkonzentration in der gesamten Blasensäule auch der Austrittskonzentration. Die treibende Konzentrationsdifferenz ergibt sich demnach aus der Differenz von mittlerer Sättigungskonzentration und Austrittskonzentration:

$$\Delta\rho_{O_2} = \rho_{O_2}^* - \rho_{f,O_2\omega}. \tag{19.34}$$

Daraus folgt die Bilanz

$$\beta_f a V \left(\rho_{O_2}^* - \rho_{f,O_2\omega}\right) = \dot{V} \left(\rho_{f,O_2\omega} - \rho_{f,O_2\alpha}\right), \tag{19.35}$$

die nach $\beta_f a$ aufgelöst werden kann:

$$\beta_f a = \frac{\dot{V}}{V}\frac{\rho_{f,O_2\omega} - \rho_{f,O_2\alpha}}{\rho_{O_2}^* - \rho_{f,O_2\omega}} \quad \rightarrow \quad \beta_f a = \frac{\dot{V}}{\frac{\pi}{4}D^2 H}\frac{\rho_{f,O_2\omega} - \rho_{f,O_2\alpha}}{\rho_{O_2}^* - \rho_{f,O_2\omega}}$$

$$\rightarrow \quad \boxed{\beta_f a = 0{,}0556\,\frac{1}{s}}. \tag{19.36}$$

b) Aus der Annahme einer idealen Kolbenströmung folgt, dass sich ein Konzentrationsverlauf in Abhängigkeit von der Höhe ausbildet. Ausgehend von der Bilanz (Gl. (19.33)) muss als treibende Konzentrationsdifferenz die logarithmische Konzentrationsdifferenz verwenden:

$$\Delta\rho_{O_2,ln} = \frac{\left(\rho_{O_2}^* - \rho_{f,O_2\omega}\right) - \left(\rho_{O_2}^* - \rho_{f,O_2\alpha}\right)}{\ln\left(\frac{\rho_{O_2}^* - \rho_{f,O_2\omega}}{\rho_{O_2}^* - \rho_{f,O_2\alpha}}\right)} = \frac{\rho_{f,O_2\omega} - \rho_{f,O_2\alpha}}{\ln\left(\frac{\rho_{O_2}^* - \rho_{f,O_2\alpha}}{\rho_{O_2}^* - \rho_{f,O_2\omega}}\right)}. \tag{19.37}$$

Eingesetzt in die Bilanz (Gl. (19.33)) ergibt sich:

$$\beta_f a V \frac{\rho_{f,O_2\omega} - \rho_{f,O_2\alpha}}{\ln\left(\frac{\rho_{O_2}^* - \rho_{f,O_2\alpha}}{\rho_{O_2}^* - \rho_{f,O_2\omega}}\right)} = \dot{V}\left(\rho_{f,O_2\omega} - \rho_{f,O_2\alpha}\right). \tag{19.38}$$

Aufgelöst nach $\beta_f a$ resultiert daraus:

$$\beta_f a = \frac{\dot{V}}{V} \ln\left(\frac{\rho_{O_2}^* - \rho_{f,O_2\alpha}}{\rho_{O_2}^* - \rho_{f,O_2\omega}}\right) \quad \rightarrow \quad \boxed{\beta_f a = 0{,}0226 \, \frac{1}{s}}. \tag{19.39}$$

Im Vergleich zu a) ergibt sich unter der Annahme einer Kolbenströmung ein deutlich geringerer volumenbezogener Stoffübergangskoeffizient. Bei der Kolbenströmung liegt eine höhere treibende Konzentrationsdifferenz vor als in einer ideal vermischten Blasensäule. Bei voraussetzungsgemäß gleichem übertragenem Massenstrom, resultiert für die Kolbenströmung der rechnerisch geringere Transportkoeffizient.

19.7 Befeuchtung eines Luftstroms in einer Waschflasche[**]

▶ **Thema** Stofftransport – Volumenbezogener Stoffübergangskoeffizient

Ein Luftvolumenstrom $\dot{V}_g$ von 50 L/h soll mit Wasserdampf gesättigt werden. Dazu wird der Luftstrom mit einer relativen Feuchte von 40 % in eine mit Wasser gefüllte Waschflasche ($D = 3$ cm, Gemischhöhe $H = 0{,}13$ m) eingeleitet und am Boden in die Flüssigkeit dispergiert. Die eintretenden Luft und das Wasser weisen die Umgebungstemperatur von 20 °C auf.

a) Bestimmen Sie die relative Feuchte des austretenden Gases.
b) Berechnen Sie den übertragenen Wassermassenstrom $\dot{M}_W$.
c) Ermitteln Sie die Abkühlung, die aus der Verdunstung des Wassers resultiert. Für den Wärmedurchgangskoeffizienten k für den konvektiven Wärmetransport von der Umgebung an den Inhalt der Waschflasche ist ein Wert von 20 W/(m²·K) einzusetzen.

Gegeben:

Wasserdichte	$\rho_f = 1000\,\text{kg/m}^3$
Luftdichte	$\rho_{\text{Luft}} = 1{,}28\,\text{kg/m}^3$
Dynamische Flüssigkeitsviskosität	$\eta_f = 1\,\text{mPa} \cdot \text{s}$
Oberflächenspannung	$\sigma = 0{,}072\,\text{N/m}$
Molekulargewicht Wasser	$\tilde{M}_W = 18\,\text{g/mol}$
Sättigungsdampfdruck Wasser	$p_S = 24\,\text{mbar}$
Stoffübergangskoeffizient	$\beta_g = 2{,}4 \cdot 10^{-2}\,\text{m/s}$

Annahmen:

1. Die Luft durchströmt die Waschflasche rückvermischungsfrei.
2. Die Änderung des Luftvolumenstroms infolge des übergehenden Wassermassenstroms kann vernachlässigt werden.
3. Für die Luft gilt das ideale Gasgesetz.
4. Der Gasgehalt kann nach Gl. (Lb 19.9) und die spezifische Phasengrenzfläche nach Gl. (Lb 19.11) berechnet werden.
5. Die Temperatur ist im gesamten Gemisch gleich.

Lösung

Lösungsansatz:
Für die Gasphase wird eine differenzielle Bilanz über der Höhe aufgestellt und gelöst.

Lösungsweg:
a) Aufgrund der rückvermischungsfreien Strömung (Annahme 1) verändert sich die Konzentration des Wassers in der Gasphase innerhalb einer Schicht mit der Dicke Δz unter stationären Bedingungen gemäß:

$$\frac{dM_W}{dt} = 0 = \dot{M}_{W_{\text{konv}}}(z) - \dot{M}_{W_{\text{konv}}}(z + \Delta z) + \beta_g a\, A\, \Delta z\, [\rho_S - \rho_W(z)]. \qquad (19.40)$$

Nach Division durch Δz und dem Grenzübergang $\Delta z \rightarrow 0$ ergibt sich:

$$\frac{d\dot{M}_{W_{\text{konv}}}}{dz} = \beta_g a\, A\, [\rho_S - \rho_W(z)]. \qquad (19.41)$$

Da gemäß Annahme 2 der Luftvolumenstrom als konstant über der Höhe angenommen werden kann, folgt:

$$\frac{d\dot{M}_{W_{\text{konv}}}}{dz} = \dot{V}_g \frac{d\rho_W}{dz} = \beta_g a \, A \left[\rho_S - \rho_W(z)\right]$$

$$\rightarrow \quad \frac{d\rho_W}{dz} = \frac{\beta_g a}{v_g} \left[\rho_S - \rho_W(z)\right].$$
(19.42)

Diese Differenzialgleichung lässt sich durch Trennung der Variablen unter Berücksichtigung der Randbedingung

RB: bei $z = 0$ (Flüssigkeitseintritt):

$$\rho_W(z = 0) = \rho_{W\alpha} = \varphi_\alpha \rho_S.$$
(19.43)

lösen:

$$\int_{\rho_{W\alpha}}^{\rho_{W\omega}} \frac{d\rho_W}{(\rho_S - \rho_W(z))} = \int_0^H \frac{\beta_g a}{v_g} \, dz \quad \rightarrow \quad \ln\left(\frac{\rho_S - \rho_{W\omega}}{\rho_S - \rho_{W\alpha}}\right) = -\frac{\beta_g a}{v_g} H.$$
(19.44)

Aufgelöst nach der Austrittskonzentration resultiert die relative Feuchte der austretenden Luft:

$$\rho_{W\omega} = \rho_S - (\rho_S - \rho_{W\alpha}) \exp\left(-\frac{\beta_g a}{v_g} H\right)$$

$$\rightarrow \quad \varphi_\omega = 1 - (1 - \varphi_\alpha) \exp\left(-\frac{\beta_g a}{v_g} H\right).$$
(19.45)

Für die Berechnung muss die spezifische Phasengrenzfläche ermittelt werden, was die Kenntnis des Gasgehalts erfordert. Die verfügbare Gl. (Lb 19.9) muss iterativ gelöst werden, was beispielsweise mit der Zielwertsuche in Excel möglich ist:

$$\frac{\varepsilon_g}{(1 - \varepsilon_g)^4} = C_1 \left(\frac{gD^2\rho_f}{\sigma}\right)^{1/8} \left(\frac{gD^3\rho_f^2}{\eta_f^2}\right)^{1/12} \left(\frac{v_g}{\sqrt{gD}}\right) \quad \rightarrow \quad \varepsilon_g = 0{,}0534.$$
(19.46)

Die spezifische Phasengrenzfläche beträgt (Gl. (Lb 19.11)):

$$aD = \frac{1}{3} \left(\frac{gD^2\rho_f}{\sigma}\right)^{0{,}5} \left(\frac{gD^3}{v_f^2}\right)^{0{,}1} \varepsilon_g^{1{,}13} \quad \rightarrow \quad a = 31{,}2 \, \frac{\text{m}^2}{\text{m}^3}.$$
(19.47)

Damit ergibt sich die relative Feuchte am Luftaustritt (Gl. (19.45)):

$$\boxed{\varphi_\omega = 0{,}996}.$$
(19.48)

b) Der verdunstete Wassermassenstrom berechnet sich durch die Bilanzierung der Gasphase über die gesamte Waschflasche:

$$\dot{M}_W = \dot{V}_g \left(\rho_{W\omega} - \rho_{W\alpha} \right) \quad \rightarrow \quad \dot{M}_W = \dot{V}_g \rho_S \left(\varphi_\omega - \varphi_\alpha \right). \tag{19.49}$$

Da sich die Luft wie ein ideales Gas verhält, resultiert daraus:

$$\dot{M}_W = \dot{V}_g \rho_S \left(\varphi_\omega - \varphi_\alpha \right) = \dot{V}_g \left(\varphi_\omega - \varphi_\alpha \right) \frac{p_S}{RT} \tilde{M}_W \quad \rightarrow \quad \boxed{\dot{M}_W = 0{,}528 \, \frac{\text{g}}{\text{h}}}. \tag{19.50}$$

c) Infolge der Verdunstung wird dem Wasser der Wärmestrom $\dot{Q}$

$$\dot{Q} = \dot{M}_W \Delta h_v \tag{19.51}$$

entzogen, der zu einer Abkühlung des Wassers führt. Im Gleichgewichtszustand wird durch den gleichzeitigen konvektiven Wärmeübergang dieser Wärmestrom der Waschflasche zugeführt:

$$\dot{Q} = k A \left(\vartheta_{\text{Umgebung}} - \vartheta_{\text{Waschflasche}} \right). \tag{19.52}$$

Durch Gleichsetzung der beiden Wärmeströme ergibt sich die Temperaturabsenkung:

$$\vartheta_{\text{Umgebung}} - \vartheta_{\text{Waschflasche}} = \Delta \vartheta = \frac{\dot{M}_W \Delta h_v}{k \pi D H} \quad \rightarrow \quad \boxed{\Delta \vartheta = 1{,}47 \,^{\circ}\text{C}}. \tag{19.53}$$

Infolge dieser Abkühlung nimmt der Sättigungsdampfdruck des Wassers ab. Eine genauere Rechnung müsste daher iterativ erfolgen.

19.8   Absorption von Sauerstoff in Wasser[**]

▶   **Thema** Modellierung von Blasensäulenreaktoren

In einer Blasensäule mit einem Flüssigkeitsstand H_f von 3 m und einem Durchmesser D von 0,2 m soll Sauerstoff ($\tilde{M}_{O_2} = 32 \, \text{g/mol}$) in reines, am Eintritt O_2-freies Wasser (20 °C, $\rho_f = 998 \, \text{kg/m}^3$, $\tilde{M}_{H_2O} = 18 \, \text{g/mol}$) eingetragen werden. Als Leerrohrgeschwindigkeiten werden $v_f = 3{,}5 \cdot 10^{-2} \, \text{m/s}$ für das Wasser und $v_g = 0{,}01 \, \text{m/s}$ für den Sauerstoff eingestellt. Der Druck am Kopf p_0 beträgt 1 bar. Für den Stoffübergangskoeffizienten wurde $\beta_f a = 0{,}01 \, \text{s}^{-1}$ ermittelt. Die mittlere Dichte des Zweiphasengemisches ρ_{2ph} in der Blasensäule beträgt $950 \, \text{kg/m}^3$.

a) Berechnen Sie die Abhängigkeit der Sättigungskonzentration des Sauerstoffs $\rho_{O_2}^*$ von der Höhe z.

b) Leiten Sie die Austrittskonzentration $\rho_{O_2\omega}$ unter Annahme einer idealen Durchmischung der Flüssigphase her.

c) Berechnen Sie unter der Annahme einer Kolbenströmung der flüssigen Phase den Verlauf der Sauerstoffkonzentration im Wasser ρ_{O_2} über der Höhe z sowie die resultierende Austrittskonzentration $\rho_{O_2\omega}$.

d) Erstellen Sie ein Diagramm, in dem die ρ_{O_2}-Profile für die ideale Durchmischung und die Kolbenströmung zusammen mit der Gleichgewichtskonzentration als Funktion der z-Koordinate dargestellt sind.

e) Berechnen Sie den übergehenden Molenstrom unter der Annahme einer idealen Durchmischung bzw. einer Kolbenströmung der flüssigen Phase.

f) Erklären Sie die in b) und c) auftretenden Unterschiede infolge der verschiedenen Annahmen.

Hinweise:

1. Die Lösung einer heterogenen Differenzialgleichung 1. Ordnung der Form

$$\frac{d\rho(z)}{dz} + P(z)\,\rho = Q(z) \tag{19.54}$$

lautet

$$\rho(z) = \exp\left[-\int P(z)dz\right]\left\{\int Q(z)\exp\left[\int P(z)dz\right]dz + C\right\}, \tag{19.55}$$

wobei für $t = t_0$ der Funktionswert $T(t_0)$ gleich der Konstanten C ist.

2. Lösung eines Integrals einer Exponentialfunktion:

$$\int z \exp(Pz)\,dz = \frac{1}{P^2}(Pz-1)\exp(Pz). \tag{19.56}$$

Lösung

Lösungsansatz:
Über integrales als auch differentielles Bilanzieren werden Ausgangskonzentrationen für verschiedene Ansätze des Vermischungsgrads bestimmt. Um den Verlauf der Sättigungskonzentration zu ermitteln, wird das Henry-Gesetz verwendet.

Lösungsweg:
a) Um die Sättigungskonzentration zu bestimmen, wird das Henry-Gesetz (Gl. (Lb 1.143)) herangezogen. Da die Gasphase aus reinem Sauerstoff besteht, ist der Gesamtdruck gleich dem Sauerstoffpartialdruck in der Gasphase:

$$p = x_{O_2}^* H. \tag{19.57}$$

Anhand der Abb. Lb 1.20 kann der Henry-Koeffizient für reinen Sauerstoff bei 20 °C in Wasser ermittelt werden:

$$H = 4 \cdot 10^4 \, \text{bar}. \tag{19.58}$$

Die Umrechnung des Molanteils in die Massenkonzentration ergibt sich gemäß:

$$x_{O_2} = \frac{N_{O_2}}{N_{H_2O} + N_{O_2}} \approx \frac{N_{O_2}}{N_{H_2O}} = \frac{M_{O_2}}{M_{H_2O}} \frac{\tilde{M}_{H_2O}}{\tilde{M}_{O_2}} = \frac{M_{O_2}}{V_{H_2O} \, \rho_{H_2O} \tilde{M}_{O_2}} \frac{\tilde{M}_{H_2O}}{}$$

$$= \rho_{O_2} \frac{\tilde{M}_{H_2O}}{\rho_{H_2O} \tilde{M}_{O_2}}. \tag{19.59}$$

Damit folgt für die Sättigungskonzentration unter Einbeziehung des Henry-Gesetzes:

$$x_{O_2}^* = \frac{p}{H} = \rho_{O_2}^* \frac{\tilde{M}_{H_2O}}{\rho_{H_2O} \tilde{M}_{O_2}} \quad \rightarrow \quad \rho_{O_2}^*(p) = \frac{p}{H} \frac{\rho_{H_2O} \tilde{M}_{O_2}}{\tilde{M}_{H_2O}}. \tag{19.60}$$

Aufgrund der Änderung des hydrostatischen Drucks mit der Apparatehöhe (Reaktorboden: $z = 0$)

$$p = p_0 + \rho_{2ph} g \left(H_f - z \right), \tag{19.61}$$

ändert sich die Gleichgewichtskonzentration gleichzeitig linear mit der Kolonnenhöhe:

$$\rho_{O_2}^*(z) = \rho_{O_2}^*(p_0) \left[1 + \frac{\rho_{2ph} g \left(H_f - z \right)}{p_0} \right]. \tag{19.62}$$

Durch Einsetzen der Sättigungskonzentration für den Druck p_0 im Reaktorkopf gemäß Gl. (19.60) ergibt sich für die höhenabhängige Sättigungskonzentration:

$$\boxed{\rho_{O_2}^*(z) = \frac{\rho_{H_2O}}{H} \frac{\tilde{M}_{O_2}}{\tilde{M}_{H_2O}} \left[p_0 + \rho_{2ph} g \left(H_f - z \right) \right].} \tag{19.63}$$

b) Liegt eine ideal vermischte Flüssigkeitsphase vor, so kann eine integrale, stationäre Massenbilanz für den flüssigen Reaktorinhalt aufgestellt werden, um die Austrittskonzentration $\rho_{O_2\omega}$ zu bestimmen:

$$\frac{dM_{O_2}}{dt} = 0 = \dot{M}_{O_2\alpha} - \dot{M}_{O_2\omega} + \dot{M}_{O_2 zu}, \tag{19.64}$$

dabei berechnet sich der übergehende Stoffstrom durch:

$$\dot{M}_{O_2 zu} = \beta_f a V \Delta \rho_{O_2}. \tag{19.65}$$

Unter der Annahme, dass die flüssige Phase vollkommen durchmischt ist, entspricht die Sauerstoffkonzentration in der gesamten Flüssigphase der Austrittskonzentration. Die treibende Konzentrationsdifferenz ergibt sich daher als Differenz von Sättigungskonzentration und Austrittskonzentration:

$$\Delta \rho_{O_2} = \rho_{O_2}^* - \rho_{O_2\omega}. \tag{19.66}$$

Aufgrund der linearen Abhängigkeit der Sättigungskonzentration von der Höhe (Gl. (19.63)) kann in Gl. (19.66) der arithmetische Mittelwert für die halbe Höhe eingesetzt werden:

$$\rho_{O_2}^* \left(z = \frac{H_f}{2} \right) = \overline{\rho}_{O_2}^* = \frac{\rho_{H_2O}}{H} \frac{\tilde{M}_{O_2}}{\tilde{M}_{H_2O}} \left(p_0 + \rho_{2ph}g\frac{H_f}{2} \right)$$

$$\rightarrow \quad \overline{\rho}_{O_2}^* = 5{,}06 \cdot 10^{-2} \, \frac{kg}{m^3}. \tag{19.67}$$

Damit folgt aus der Massenbilanz (Gl. (19.64)) sowie den Gln. (19.65), (19.66) und (19.63):

$$0 = \dot{M}_{O_2\alpha} - \dot{M}_{O_2\omega} + \beta_f a V \left(\overline{\rho}_{O_2}^* - \rho_{O_2\omega} \right)$$
$$= v_f A \left(\rho_{O_2\alpha} - \rho_{O_2\omega} \right) + \beta_f a A H_f \left(\overline{\rho}_{O_2}^* - \rho_{O_2\omega} \right). \tag{19.68}$$

Aufgelöst ergibt sich die Austrittskonzentration unter Berücksichtigung der Eintrittskonzentration $\rho_{O_2\alpha} = 0 \, kg/m^3$ (O_2-freies Wasser im Zulauf):

$$\rho_{O_2\omega} = \overline{\rho}_{O_2}^* \left(\frac{\beta_f a H_f}{\beta_f a H_f + v_f} \right) \quad \rightarrow \quad \boxed{\rho_{O_2\omega} = 2{,}33 \cdot 10^{-2} \, \frac{kg}{m^3}}. \tag{19.69}$$

c) Für die Berechnung des Konzentrationsverlaufs bei einer Kolbenströmung muss eine differentielle Bilanz aufgestellt werden. Hierzu wird ein Höhenabschnitt der Blasensäule mit der Höhe Δz als Bilanzvolumen betrachtet. Im stationären Fall ergibt sich:

$$\frac{dM_{O_2}}{dt} = 0 = \dot{M}_{O_2}(z) - \dot{M}_{O_2}(z + \Delta z) + \dot{M}_{O_2zu}$$
$$\rightarrow \quad v_f A \left[\rho_{O_2}(z) - \rho_{O_2}(z + \Delta z) \right] + \beta_f a A \Delta z \left[\rho_{O_2}^*(z) - \rho_{O_2}(z) \right] = 0. \tag{19.70}$$

Nach Division durch das Volumen des Bilanzelements $A \cdot \Delta z$ und dem Übergang $\Delta z \rightarrow 0$ folgt:

$$\frac{d\rho_{O_2}(z)}{dz} + \frac{\beta_f a}{v_f} \rho_{O_2}(z) = \frac{\beta_f a}{v_f} \rho_{O_2}^*(z). \tag{19.71}$$

Wird die Gleichgewichtskonzentration gemäß Gl. (19.63) eingesetzt, dann lautet die Differenzialgleichung:

$$\frac{d\rho_{O_2}(z)}{dz} + \underbrace{\frac{\beta_f a}{v_f}}_{P} \rho_{O_2}(z) = \underbrace{\underbrace{\frac{\beta_f a}{v_f} \frac{\rho_{H_2O}}{H} \frac{\tilde{M}_{O_2}}{\tilde{M}_{H_2O}} \left(p_0 + \rho_{2ph} g H_f\right)}_{A} - \underbrace{\frac{\beta_f a}{v_f} \frac{\rho_{H_2O}}{H} \frac{\tilde{M}_{O_2}}{\tilde{M}_{H_2O}} \rho_{2ph} g z}_{B}}_{Q(z)}$$

$$\rightarrow \quad \frac{d\rho_{O_2}(z)}{dz} + P\rho_{O_2}(z) = \underbrace{A - Bz}_{Q(z)}. \tag{19.72}$$

Diese Differenzialgleichung lässt sich mit den beiden Hinweisen (Gln. (19.54) und (19.55)) lösen:

$$\rho_{O_2}(z) = \exp(-Pz)\left[\int Q(z) \exp(Pz)\,dz + C\right]$$

$$= \exp(-Pz)\left[A \int \exp(Pz)\,dz - B \int z \exp(Pz)\,dz + C\right]$$

$$= \exp(-Pz)\left[\frac{A}{P} \exp(Pz) - \frac{B}{P^2}(Pz - 1)\exp(Pz) + C\right]$$

$$= \frac{A}{P} - \frac{B}{P^2}(Pz - 1) + C \exp(-Pz) \tag{19.73}$$

Die Integrationskonstante bestimmt sich mit der Randbedingung:

RB: bei $z = 0$ (Flüssigkeitseintritt):

$$\rho_{O_2}(z = 0) = 0. \tag{19.74}$$

Aus Gl. (19.73) folgt daraus:

$$0 = \frac{A}{P} + \frac{B}{P^2} + C \quad \rightarrow \quad C = -\frac{A}{P} - \frac{B}{P^2}. \tag{19.75}$$

Damit ergibt sich gemäß Gl. (19.73) das Konzentrationsprofil:

$$\rho_{O_2}(z) = \frac{A}{P} - \frac{B}{P^2}(Pz - 1) + \left(-\frac{A}{P} - \frac{B}{P^2}\right)\exp(-Pz)$$

$$\rightarrow \quad \rho_{O_2}(z) = \left(\frac{A}{P} + \frac{B}{P^2}\right)[1 - \exp(-Pz)] - \frac{B}{P}z. \tag{19.76}$$

Abb. 19.5 Abhängigkeit der Konzentration des gelösten Sauerstoffs für zwei Modellannahmen sowie der Sättigungskonzentration von der Höhe

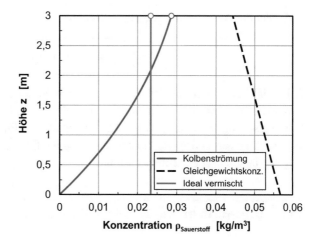

Nach Einsetzen der Größen A, B und P folgt daraus der Konzentrationsverlauf für den Fall eines ideal vermischten Systems:

$$\rho_{O_2}(z) = \frac{\rho_{H_2O}}{H} \frac{\tilde{M}_{O_2}}{\tilde{M}_{H_2O}} \left\{ \left[p_0 + \rho_{2ph} g \left(H_f + \frac{v_f}{\beta_f a} \right) \right] \left[1 - \exp\left(-\frac{\beta_f a}{v_f} z \right) \right] - \rho_{2ph} g z \right\}.$$

(19.77)

Hieraus ergibt sich die Austrittskonzentration, indem für z die Höhe der Blasensäule eingesetzt wird:

$$\rho_{O_2\omega} = 2{,}86 \cdot 10^{-2} \, \frac{\text{kg}}{\text{m}^3}.$$

(19.78)

d) Die Verläufe der Gelöstsauerstoffkonzentration, die sich aus den beiden Modellannahmen ergeben, sowie die Höhenabhängigkeit der Sättigungskonzentration zeigt Abb. 19.5.

e) Durch eine integrale Stoffmengenbilanz lässt sich der übergehende Molenstrom bestimmen:

$$\frac{dN_{f,O_2}}{dt} = 0 = \dot{N}_{f,O_2\alpha} - \dot{N}_{f,O_2\omega} + \dot{N}_{O_2,\text{über}}$$

$$\rightarrow \quad \dot{N}_{O_2,\text{über}} = \dot{V}_f \left(c_{f,O_2\omega} - c_{f,O_2\alpha} \right) = \dot{V}_f c_{f,O_2\omega} = \dot{V}_f \frac{\rho_{O_2\omega}}{\tilde{M}_{O_2}}.$$

(19.79)

Liegt eine ideale Durchmischung vor, so berechnet sich der übergehende Stoffstrom zu

$$\dot{N}_{O_2,\text{über}} = 2{,}89 \, \frac{\text{mol}}{\text{h}}$$

(19.80)

und unter der Annahme einer Kolbenströmung zu

$$\boxed{\dot{N}_{O_2,\text{über}} = 3,54\,\frac{\text{mol}}{\text{h}}}.$$ (19.81)

f) Der im Fall der Kolbenströmung berechnete größere übergehende Stoffstrom resultiert aus dem damit verbundenen höheren, treibenden Konzentrationsgefälle. Bei idealer Durchmischung weist der gesamte Reaktorinhalt dieselbe Gelöstsauerstoffkonzentration auf, was zu einer niedrigeren treibenden Konzentrationsdifferenz und damit zu einem geringeren übergehenden Stoffstrom führt.

19.9   Umsatz in einem Blasensäulenreaktor[***]

▶   **Thema** Modellierung von Blasensäulenreaktoren

In einer Blasensäule mit einem Durchmesser von 0,2 m und einer Höhe des Gas/Flüssigkeits-Gemischs von 2 m wird eine flüssige, organische Komponente A mit Luftsauerstoff zu einem Peroxid P oxidiert:

$$A + O_2 \rightarrow P.$$

Die Reaktion findet bei 15 bar und 150 °C in der Flüssigphase statt und ist 1. Ordnung bezüglich des Sauerstoffs, da die Komponente A in großem Überschuss vorliegt. Die organische Komponente wird sauerstofffrei der Blasensäule am Boden zugeführt.

a) Berechnen Sie den höhenabhängigen Verlauf der Sauerstoffkonzentration in der flüssigen Phase.
b) Ermitteln Sie die mittlere Sauerstoffkonzentration in der flüssigen Phase.
c) Bestimmen Sie die pro Stunde produzierte Masse an Peroxid.
d) Überprüfen Sie, ob die Annahme einer vernachlässigbaren Änderung der Sauerstoffkonzentration in der Gasphase gerechtfertigt ist, indem Sie den Anteil des eintretenden Sauerstoffs, der durch die Reaktion verbraucht wird, berechnen.

Gegeben:

Dichte der organischen Komponente	ρ_A	$= 645\,\text{kg/m}^3$
Luftdichte bei Reaktionsbedingungen	ρ_{Luft}	$= 12,3\,\text{kg/m}^3$
Dynamische Flüssigkeitsviskosität	η_f	$= 0,2\,\text{mPa} \cdot \text{s}$
Molanteil Sauerstoff in Luft	y_{O_2}	$= 0,21$
Oberflächenspannung	σ	$= 0,015\,\text{N/m}$
Diffusionskoeffizient	D_{gf}	$= 8 \cdot 10^{-9}\,\text{m}^2/\text{s}$
Molekulargewicht A	$\tilde{M}_A$	$= 84\,\text{g/mol}$
Molekulargewicht Sauerstoff	$\tilde{M}_{O_2}$	$= 32\,\text{g/mol}$

Gasleerrohrgeschwindigkeit $v_g = 0{,}02 \, \text{m/s}$
Flüssigkeitsleerrohrgeschwindigkeit $v_f = 0{,}02 \, \text{m/s}$
Reaktionsgeschwindigkeitskonstante $k_1 = 0{,}004 \, 1/\text{s}$

Annahmen:

1. Es handelt sich um ein eindimensionales, stationäres Problem, die Konzentration c_{O_2} hängt nur von der Höhe z ab.
2. Vereinfachend kann mit einer mittleren Sättigungskonzentration des Sauerstoffs in der Flüssigphase $c_{O_2}^*$ über der gesamten Reaktorhöhe von $58 \, \text{mol/m}^3$ gerechnet werden.
3. Die Abnahme der Sauerstoffkonzentration in der Gasphase soll für die Berechnung unter a) vernachlässigt werden.
4. Gültigkeit des idealen Gasgesetzes.
5. Dispersionskoeffizient, Gasgehalt und spezifischer Stoffübergangskoeffizient können mit den Beziehungen (Lb 19.5), (Lb 19.9) und (Lb 19.12) berechnet werden.

Hinweise:

1. Die allgemeine Lösung einer homogenen Differenzialgleichung 2. Ordnung mit konstanten Koeffizienten

$$\frac{d^2\psi}{d\,z^2} + A_1 \frac{d\psi}{dz} + A_2\psi = 0 \tag{19.82}$$

lautet

$$\psi(z) = C_1 \exp(\lambda_1 z) + C_2 \exp(\lambda_2 z). \tag{19.83}$$

Hierbei stellen C_1 und C_2 Integrationskonstanten dar. Die Werte für λ_1 und λ_2 berechnen sich nach:

$$\lambda_{1,2} = -\frac{A_1}{2} \pm \sqrt{\frac{A_1^2}{4} - A_2}. \tag{19.84}$$

2. Eine heterogene Differenzialgleichung 2. Ordnung mit konstanten Koeffizienten

$$\frac{d^2\psi}{d\,z^2} + A_1 \frac{d\psi}{dz} + A_2\psi = A_3 \tag{19.85}$$

kann durch die Substitution

$$\xi = A_2\psi - A_3 \tag{19.86}$$

in eine homogene Differenzialgleichung umgewandelt werden.

Lösung

Lösungsansatz:
Es wird eine differenzielle Bilanz für den Sauerstoff in der flüssigen Phase aufgestellt und mit den zugehörigen Randbedingungen gelöst. Mittels des Konzentrationsverlaufs wird der Umsatz zum Peroxid P ermittelt.

Lösungsweg:
a) Für die Berechnung des Konzentrationsverlaufs des Sauerstoffs über der Höhe wird ein Höhenabschnitt der Blasensäule mit der Höhe Δz als Bilanzvolumen betrachtet. Im stationären Fall ergibt sich:

$$\frac{dN_O}{dt} = 0 = \dot{N}_{O_2\mathrm{konv}}(z) - \dot{N}_{O_2\mathrm{konv}}(z + \Delta z) + \dot{N}_{O_2\mathrm{disp}}(z) - \dot{N}_{O_2\mathrm{disp}}(z + \Delta z)$$

$$+ \dot{N}_{O_2 S\ddot{U}} - \dot{N}_{O_2\mathrm{Reak}}$$

$$\rightarrow \quad v_f A \left[c_{O_2}(z) - c_{O_2}(z + \Delta z) \right] + D_{ax} A \left(1 - \varepsilon_g \right) \left(\left. \frac{dc_{O_2}}{dz} \right|_z - \left. \frac{dc_{O_2}}{dz} \right|_{z+\Delta z} \right)$$

$$+ \beta_f a A \Delta z \left[c_{O_2}^* - c_{O_2}(z) \right] - k_1 c_{O_2}(z) A \Delta z \left(1 - \varepsilon_g \right) = 0. \qquad (19.87)$$

Nach Division durch das Volumen des Bilanzelements $A \cdot \Delta z$ und dem Übergang $\Delta z \to 0$ folgt:

$$\frac{d^2 c_{O_2}(z)}{d z^2} - \frac{v_f}{D_{ax}\left(1 - \varepsilon_g \right)} \frac{dc_{O_2}(z)}{dz} - \frac{\beta_f a}{D_{ax}\left(1 - \varepsilon_g \right)} c_{O_2}(z) - \frac{k_1}{D_{ax}} c_{O_2}(z)$$

$$+ \frac{\beta_f a c_{O_2}^*}{D_{ax}\left(1 - \varepsilon_g \right)} = 0$$

$$\rightarrow \quad \frac{d^2 c_{O_2}(z)}{d z^2} - \underbrace{\frac{v_f}{D_{ax}\left(1 - \varepsilon_g \right)}}_{a_1} \frac{dc_{O_2}(z)}{dz} - \underbrace{\left[\frac{1}{D_{ax}} \left(\frac{\beta_f a}{1 - \varepsilon_g} + k_1 \right) \right]}_{a_2} c_{O_2}(z)$$

$$+ \underbrace{\frac{\beta_f a c_{O_2}^*}{D_{ax}\left(1 - \varepsilon_g \right)}}_{a_3} = 0. \qquad (19.88)$$

Dabei berechnet sich der axiale Dispersionskoeffizient in der flüssigen Phase nach Gl. (Lb 19.5):

$$D_{ax} = \frac{D}{2} \sqrt[3]{\frac{1}{2,5} \frac{\Delta\rho}{\rho_f} g D v_g} \quad \rightarrow \quad D_{ax} = 2,49 \cdot 10^{-2} \frac{\mathrm{m}^2}{\mathrm{s}}. \qquad (19.89)$$

Die Ermittlung des Gasgehalts unter Verwendung der Gl. (Lb 19.9) erfolgt iterativ z. B. mittels Zielwertsuche in Excel:

$$\frac{\varepsilon_g}{\left(1-\varepsilon_g\right)^4} = C_1 \left(\frac{gD^2\rho_f}{\sigma}\right)^{1/8} \left(\frac{gD^3\rho_f^2}{\eta_f^2}\right)^{1/12} \left(\frac{v_g}{\sqrt{gD}}\right) \quad \rightarrow \quad \varepsilon_g = 0{,}0707. \quad (19.90)$$

Für den volumenbezogenen Stoffübergangskoeffizienten kann Gl. (Lb 19.12) verwendet werden:

$$\frac{\beta_f a D^2}{D_{gf}} = 0{,}6 \left(\frac{v_f}{D_{gf}}\right)^{0{,}5} \left(\frac{gD^2\rho_f}{\sigma}\right)^{0{,}62} \left(\frac{gD^3}{v_f^2}\right)^{0{,}31} \varepsilon_g^{1{,}1}$$

$$\rightarrow \quad \beta_f a = 8{,}34 \cdot 10^{-2} \, \frac{1}{s}. \quad (19.91)$$

Damit ergeben sich die Konstanten in Gl. (19.88) gemäß:

$$a_1 = 0{,}865 \, \frac{1}{m}, \quad a_2 = 3{,}77 \, \frac{1}{m^2}, \quad a_3 = 209 \, \frac{mol}{m^5}. \quad (19.92)$$

Um zu einer homogenen Differenzialgleichung 2. Ordnung zu kommen, wird folgende Substitution vorgenommen:

$$\xi = a_2 c_{O_2}(z) - a_3. \quad (19.93)$$

Hieraus ergeben sich die Ableitungen:

$$\frac{d\xi}{dz} = a_2 \frac{dc_{O_2}(z)}{dz} \quad \text{und} \quad \frac{d^2\xi}{dz^2} = a_2 \frac{d^2 c_{O_2}(z)}{dz^2}. \quad (19.94)$$

Eingesetzt in Gl. (19.88) resultiert die homogene Differenzialgleichung 2. Ordnung:

$$\frac{d^2\xi}{dz^2} - a_1 \frac{d\xi}{dz} - a_2 \xi = 0. \quad (19.95)$$

Gemäß Hinweis lauten die Koeffizienten der Lösung (Gl. (19.83))

$$\xi(z) = C_1 \exp\left(\lambda_1 z\right) + C_2 \exp\left(\lambda_2 z\right). \quad (19.96)$$

dann gemäß Gl. (19.84):

$$\lambda_{1,2} = \frac{a_1}{2} \pm \sqrt{\frac{a_1^2}{4} + a_2} \quad \rightarrow \quad \lambda_1 = 2{,}42 \, \frac{1}{m} \quad \text{und} \quad \lambda_2 = -1{,}56 \, \frac{1}{m}. \quad (19.97)$$

Die Integrationskonstanten ergeben sich aus den beiden Randbedingungen (Gln. (Lb 19.35) und (Lb 19.36)):

1. RB: bei $z = 0$ (Flüssigkeitseintritt):

$$c_{O_2}(z = 0) = c_{O_{2\alpha}} + \frac{D_{ax}\left(1 - \varepsilon_g\right)}{v_f} \left.\frac{dc_{O_2}}{dz}\right|_{z=0}$$

$$\rightarrow \quad \xi(z = 0) = \frac{1}{a_1} \left.\frac{d\xi}{dz}\right|_{z=0} - a_3, \tag{19.98}$$

2. RB: bei $z = H$ (Flüssigkeitsaustritt):

$$\left.\frac{dc_{O_2}}{dz}\right|_{z=H} = 0 \quad \rightarrow \quad \left.\frac{d\xi}{dz}\right|_{z=H} = 0. \tag{19.99}$$

Diese Randbedingung führt zu:

$$\left.\frac{d\xi}{dz}\right|_{z=H} = C_1\lambda_1 \exp\left(\lambda_1\, H\right) + C_2\lambda_2 \exp\left(\lambda_2\, H\right) = 0$$

$$\rightarrow \quad C_1 = -C_2 \frac{\lambda_2 \exp\left(\lambda_2\, H\right)}{\lambda_1 \exp\left(\lambda_1\, H\right)}. \tag{19.100}$$

Aus der 1. Randbedingung folgt:

$$\xi(z = 0) = C_1 + C_2 = \frac{1}{a_1}\left(C_1\lambda_1 + C_2\lambda_2\right) - a_3$$

$$\rightarrow \quad C_1\left(1 - \frac{\lambda_1}{a_1}\right) + C_2\left(1 - \frac{\lambda_2}{a_1}\right) = -a_3. \tag{19.101}$$

Daraus folgt für die Konstanten C_2

$$C_2 = \frac{-a_3}{\left(1 - \frac{\lambda_2}{a_1}\right) - \left(1 - \frac{\lambda_1}{a_1}\right)\frac{\lambda_2 \exp(\lambda_2\, H)}{\lambda_1 \exp(\lambda_1\, H)}} \quad \rightarrow \quad C_2 = -74{,}8\,\frac{\text{mol}}{\text{m}^5} \tag{19.102}$$

und C_1:

$$C_1 = \frac{a_3 \frac{\lambda_2 \exp(\lambda_2\, H)}{\lambda_1 \exp(\lambda_1\, H)}}{\left(1 - \frac{\lambda_2}{a_1}\right) - \left(1 - \frac{\lambda_1}{a_1}\right)\frac{\lambda_2 \exp(\lambda_2\, H)}{\lambda_1 \exp(\lambda_1\, H)}} \quad \rightarrow \quad C_1 = -1{,}69 \cdot 10^{-2}\,\frac{\text{mol}}{\text{m}^5}. \tag{19.103}$$

Nach Rücksubstitution ergibt sich damit der Konzentrationsverlauf des Sauerstoffs in der flüssigen Phase gemäß:

$$c_{O_2}(z) = \frac{\xi + a_3}{a_2} \quad \rightarrow \quad c_{O_2}(z) = \frac{C_1}{a_2} \exp\left(\lambda_1 z\right) + \frac{C_2}{a_2} \exp\left(\lambda_2 z\right) + \frac{a_3}{a_2}. \tag{19.104}$$

Der daraus resultierende Konzentrationsverlauf des Sauerstoffs ist in Abb. 19.6 dargestellt.

Abb. 19.6 Abhängigkeit der
Konzentration des gelösten
Sauerstoffs in der flüssigen
Phase von der Höhe

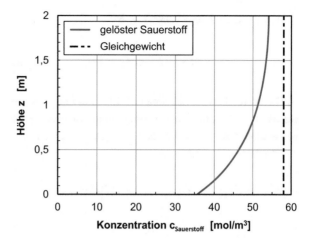

b) Die mittlere Sauerstoffkonzentration $\bar{c}_{O_2}$ ergibt sich aus der Integration von $c_{O_2}(z)$ über
der Höhe:

$$\bar{c}_{O_2} = \frac{1}{H} \int_0^H c_{O_2}(z)\,dz$$

$$\rightarrow \quad \bar{c}_{O_2} = \frac{1}{H} \int_0^H \left(\frac{C_1}{a_2} \exp(\lambda_1 z) + \frac{C_2}{a_2} \exp(\lambda_2 z) + \frac{a_3}{a_2} \right) dz$$

$$\rightarrow \quad \bar{c}_{O_2} = \frac{1}{H} \left\{ \frac{C_1}{a_2 \lambda_1} [\exp(\lambda_1 H) - 1] + \frac{C_2}{a_2 \lambda_2} [\exp(\lambda_2 H) - 1] + \frac{a_3}{a_2} H \right\}$$

$$\rightarrow \quad \boxed{\bar{c}_{O_2} = 49{,}3 \ \frac{\text{mol}}{\text{m}^3}}. \tag{19.105}$$

c) Das gebildete Peroxid berechnet sich gemäß der vorliegenden Stöchiometrie nach dem
Verbrauch des Sauerstoffs über der Höhe. Aus dieser Überlegung folgt die Bilanz:

$$\dot{N}_P = -\dot{N}_{O_{\text{Reak}}} \quad \rightarrow \quad \dot{N}_P = \int_0^H k_1 c_{O_2}(z)\,(1 - \varepsilon_g)\,A\,dz = k_1\,(1 - \varepsilon_g)\,A \int_0^H c_{O_2}(z)\,dz$$

$$= k_1\,(1 - \varepsilon_g)\,\frac{\pi}{4}\,D^2\,H\,\bar{c}_{O_2}$$

$$\rightarrow \quad \dot{N}_P = 41{,}5 \ \frac{\text{mol}}{\text{h}}. \tag{19.106}$$

Der produzierte Massenstrom ergibt sich aus dem Molekulargewicht des Peroxids, dass
gemäß Reaktionsgleichung gleich der Summe der Molekulargewichte der organischen

Komponente und dem Sauerstoff ist:

$$\dot{M}_P = \dot{N}_P \left(\tilde{M}_A + \tilde{M}_{O_2}\right) \quad \rightarrow \quad \boxed{\dot{M}_P = 4{,}81 \, \frac{\text{kg}}{\text{h}}}. \tag{19.107}$$

d) Die Abreicherung des Sauerstoffs in der Gasphase resultiert aus dem Verbrauch für die Reaktion. Nach der Reaktionsgleichung wird für die Bildung des Peroxids der identische Molenstrom an Sauerstoff benötigt. Der Molenstrom des eintretenden Sauerstoffs folgt aus dem idealen Gasgesetz:

$$\dot{N}_{O_2\alpha} = \dot{V}c_{O_2\alpha} = \dot{V}\,y_{O_2\alpha}c_{\text{ges}} = v_g\,\frac{\pi}{4}D^2\,y_{O_2\alpha}\,\frac{p}{RT} \quad \rightarrow \quad \dot{N}_{O_2\alpha} = 203\,\frac{\text{mol}}{\text{h}}. \tag{19.108}$$

Daraus folgt die Abreicherung des Sauerstoffs in der Luft:

$$\frac{\dot{N}_{O_2\alpha} - \dot{N}_{O_2\omega}}{\dot{N}_{O_2\alpha}} = \frac{\dot{N}_P}{\dot{N}_{O_2\alpha}} \quad \rightarrow \quad \boxed{\frac{\dot{N}_{O_2\alpha} - \dot{N}_{O_2\omega}}{\dot{N}_{O_2\alpha}} = 20{,}5\,\%}. \tag{19.109}$$

Dieser Wert zeigt, dass die berechnete Peroxidproduktion etwas überschätzt wird. Für eine genauere Rechnung müsste die Änderung der Gasphasenzusammensetzung über der Höhe gleichzeitig betrachtet werden. Dies würde zu zwei gekoppelten Differenzialgleichungen führen, deren Lösung deutlich aufwändiger ist.

19.10 Abhängigkeit des Umsatzes in einem Blasensäulenreaktor von der Durchmischung[***]

▶   **Thema** Modellierung von Blasensäulenreaktoren

Für den Blasensäulenreaktor aus Aufgabe 19.9 soll mit den dort aufgeführten Daten die Abhängigkeit des Umsatzes von der Durchmischung untersucht werden.

Berechnen Sie die pro Stunde gebildete Peroxidmasse

a) unter der Annahme einer idealen Vermischung der Blasensäule analog einem idealen Rührkessel,

b) für eine Blasensäule, in der eine rückvermischungsfreie Strömung der Flüssigphase wie in einem idealen Strömungsrohr vorliegt.

c) Berechnen Sie die mittlere Sauerstoffkonzentration in der flüssigen Phase für die rückvermischungsfreie Strömung.

d) Erklären Sie die Unterschiede der berechneten Peroxidmassen pro Zeit nach a) und b) sowie unter Einbeziehung des Ergebnisses von Aufgabe 19.9 bei Verwendung des axialen Dispersionsmodells. Stellen Sie hierzu die Konzentrationsverläufe für die drei unterschiedlichen Modelle in einem Diagramm dar.

Gegeben (neben den Daten aus Aufgabe 19.9):

Volumenbez. Stoffübergangskoeffizient $\quad \beta_f a = 8{,}34 \cdot 10^{-2}\,1/\text{s}$

Gasgehalt $\qquad\qquad\qquad\qquad\qquad \varepsilon_g = 0{,}0707$

Annahmen:

1. Es handelt sich um ein eindimensionales, stationäres Problem, die Konzentration c_O hängt nur von der Höhe z ab.
2. Vereinfachend kann mit einer mittleren Sättigungskonzentration des Sauerstoffs in der Flüssigphase $c_{O_2}^*$ über der gesamten Reaktorhöhe von $58\,\text{mol}/\text{m}^3$ gerechnet werden.
3. Die Abnahme der Sauerstoffkonzentration in der Gasphase soll für die Berechnung vernachlässigt werden.

Lösung

Lösungsansatz:
Für den Fall der idealen Vermischung wird eine integrale Massenbilanz und für den rückvermischungsfreien Betrieb eine differenzielle Bilanz jeweils für die flüssige Phase aufgestellt und gelöst.

Lösungsweg:
a) Bei idealer Vermischung kann eine integrale Massenbilanz für die gesamte Blasensäule eingesetzt werden:

$$\frac{dN_{O_2}}{dt} = 0 = \dot{N}_{O_2\alpha} - \dot{N}_{O_2\alpha} + \dot{N}_{O_2 S\ddot{U}} - \dot{N}_{O_2 \text{Reak}}$$

$$\rightarrow\quad v_f A \left(c_{O_2\alpha} - c_{O_2\omega}\right) + \beta_f a A H \left(c_{O_2}^* - c_{O_2\omega}\right) - k_1 A H c_{O_2\omega} \left(1 - \varepsilon_g\right) = 0. \quad (19.110)$$

Damit ergibt sich die Austrittskonzentration des Sauerstoffs in der flüssigen Phase:

$$c_{O_2\omega} = \frac{v_f c_{O_2\alpha} + \beta_f a H c_{O_2}^*}{v_f + \beta_f a H + k_1 H \left(1 - \varepsilon_g\right)} \quad \rightarrow \quad c_{O_2\omega} = 49{,}8\,\frac{\text{mol}}{\text{m}^3}. \quad (19.111)$$

Unter Einbeziehung der Reaktionskinetik folgt hieraus der gebildete Mengenstrom an Peroxid:

$$\dot{N}_P = k_1 \left(1 - \varepsilon_g\right) \frac{\pi}{4} D^2 H c_{O_2\omega} \quad \rightarrow \quad \dot{N}_P = 41{,}9\,\frac{\text{mol}}{\text{h}}. \quad (19.112)$$

Der produzierte Massenstrom ergibt sich aus dem Molekulargewicht des Peroxids, dass gemäß Reaktionsgleichung gleich der Summe der Molekulargewichte der organischen

Komponente und dem Sauerstoff ist:

$$\dot{M}_P = \dot{N}_P(\tilde{M}_A + \tilde{M}_{O_2}) \quad \rightarrow \quad \boxed{\dot{M}_P = 4{,}86\,\frac{\text{kg}}{\text{h}}}. \tag{19.113}$$

b) Bei Annahme einer rückvermischungsfreien Strömung muss eine differenzielle Massenbilanz für einen kleinen Höhenabschnitt Δz der Blasensäule aufgestellt werden. Unter stationären Bedingungen gilt:

$$\dot{N}_{O_2\text{konv}}(z) - \dot{N}_{O_2\text{konv}}(z + \Delta z) + \dot{N}_{O_2 S \ddot{U}} - \dot{N}_{O_2\text{Reak}} = 0$$
$$\rightarrow \quad v_f A \left[c_{O_2}(z) - c_{O_2}(z + \Delta z)\right] + \beta_f a A \Delta z \left[c_{O_2}^* - c_{O_2}(z)\right]$$
$$- k_1 c_{O_2}(z) A \Delta z \left(1 - \varepsilon_g\right) = 0. \tag{19.114}$$

Nach Division durch $A \cdot \Delta z$ und dem Grenzübergang $\Delta z \rightarrow 0$ ergibt sich die Differenzialgleichung 1. Ordnung:

$$- v_f \frac{d\, c_{O_2}(z)}{dz} + \beta_f a \left[c_{O_2}^* - c_{O_2}(z)\right] - k_1 c_{O_2}(z) \left(1 - \varepsilon_g\right) = 0$$
$$\rightarrow \quad \frac{dc_{O_2}(z)}{dz} + \underbrace{\frac{\beta_f a + k_1 \left(1 - \varepsilon_g\right)}{v_f}}_{a_1} c_{O_2}(z) - \underbrace{\frac{\beta_f a}{v_f}}_{a_2} c_{O_2}^* = 0 \tag{19.115}$$

Diese Gleichung lässt sich durch Trennung der Variablen integrieren:

$$\frac{d\, c_{O_2}(z)}{a_2 - a_1 c_{O_2}(z)} = dz \quad \rightarrow \quad \ln\left[a_2 - a_1 c_{O_2}(z)\right] = -a_1 z + C_1. \tag{19.116}$$

Mit der Randbedingung bei $z = 0$ (Flüssigkeitseintritt): $c_{O_2\alpha} = c_{O_2}(z = 0) = 0$ folgt für C_1

$$C_1 = \ln\left(a_2\right) \tag{19.117}$$

und damit für den Konzentrationsverlauf:

$$c_{O_2}(z) = \frac{a_2}{a_1}\left[1 - \exp\left(-a_1 z\right)\right]$$
$$\rightarrow \quad c_{O_2}(z) = \frac{\beta_f a c_{O_2}^*}{\beta_f a + k_1 \left(1 - \varepsilon_g\right)}\left\{1 - \exp\left[-\frac{\beta_f a + k_1 \left(1 - \varepsilon_g\right)}{v_f} z\right]\right\}. \tag{19.118}$$

Das gebildete Peroxid berechnet sich gemäß der Stöchiometrie nach dem Verbrauch des Sauerstoffs über der Höhe. Aus dieser Überlegung folgt die Bilanz:

$$\dot{N}_P = -\dot{N}_{O_{\text{Reak}}} \quad \rightarrow \quad \dot{N}_P = \int_0^H k_1 c_{O_2}(z) A \left(1 - \varepsilon_g\right) dz. \tag{19.119}$$

Wird die Abhängigkeit $c_O(z)$ gemäß Gl. (19.104) in das Integral eingesetzt, so ergibt sich der gebildete Massenstrom an Peroxid $\dot{M}_P$:

$$\dot{N}_P = k_1 \left(1 - \varepsilon_g\right) \frac{\pi}{4} D^2 \int\limits_0^H \frac{a_2}{a_1} \left[1 - \exp\left(-a_1 z\right)\right] dz$$

$$\rightarrow \quad \dot{N}_P = k_1 \left(1 - \varepsilon_g\right) \frac{\pi}{4} D^2 \frac{a_2}{a_1} \left[H + \frac{1}{a_1} \left[\exp\left(-a_1 H\right) - 1\right]\right]$$

$$\rightarrow \quad \dot{N}_P = 41{,}3 \, \frac{\text{mol}}{\text{h}} \quad \rightarrow \quad \boxed{\dot{M}_P = 4{,}79 \, \frac{\text{kg}}{\text{h}}}. \tag{19.120}$$

c) Die mittlere Sauerstoffkonzentration $\bar{c}_{O_2}$ resultiert aus der Integration von $c_{O_2}(z)$ über der Höhe:

$$\bar{c}_{O_2} = \frac{1}{H} \int\limits_0^H c_{O_2}(z) dz. \tag{19.121}$$

Unter Verwendung der Gl. (19.119) ergibt sich die mittlere Konzentration als:

$$\dot{N}_P = \int\limits_0^H k_1 c_{O_2}(z) \left(1 - \varepsilon_g\right) A \, dz = k_1 \left(1 - \varepsilon_g\right) A \int\limits_0^H c_{O_2}(z) dz$$

$$= k_1 \left(1 - \varepsilon_g\right) A H \bar{c}_{O_2}$$

$$\rightarrow \quad \bar{c}_{O_2} = \frac{\dot{N}_P}{k_1 \left(1 - \varepsilon_g\right) A H} \quad \rightarrow \quad \boxed{\bar{c}_{O_2} = 45{,}7 \, \frac{\text{mol}}{\text{m}^3}}. \tag{19.122}$$

d) Die Konzentrationsverläufe für die rückvermischungsfreie Strömung, die ideal vermischte Blasensäule sowie für die Anwendung des Dispersionsmodells gemäß Aufgabe 19.9 (Gl. (19.104)) zeigt Abb. 19.7. Hierdurch wird deutlich, warum die verschiedenen Modelle zu nahezu identischen Ergebnissen für den Umsatz an Peroxid kommen. Trotz der unterschiedlichen Verläufe stimmen, wie die Rechnungen zeigen, die über die Höhe gemittelten Konzentrationen des Sauerstoffs in der flüssigen Phase annähernd überein. Da eine Reaktion 1. Ordnung vorliegt, wird demzufolge etwa die gleiche Menge an Peroxid gebildet. Im Gegensatz zu einphasigen Reaktionen erweist sich die Vermischung der flüssigen Phase in diesem Fall nicht als nachteilig. Die Ergebnisse ändern sich allerdings, wenn eine Reaktion höherer Ordnung unter Einbeziehung der Konzentration der flüssigen Reaktionskomponente vorliegt.

Abb. 19.7 Abhängigkeit der
Konzentration des gelösten
Sauerstoffs in der flüssigen
Phase von der Höhe

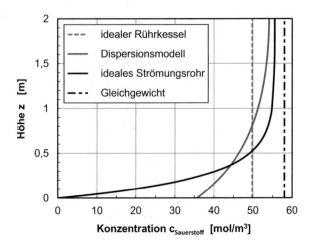

19.11   Scale-up eines Blasensäulenreaktors***

▶   **Thema** Maßstabsübertragung

In einem Blasensäulenreaktor im Labormaßstab ($D = 50$ mm, $H = 400$ mm) wurde eine
Reaktion des Typs

$$A + B \rightarrow P$$

untersucht, wobei A die flüssige Komponente und B die gasförmige darstellt. Die Reaktion findet bei 20 bar und 120 °C in der Flüssigphase statt. Sie ist 1. Ordnung bezüglich der
gasförmigen Komponente B, da die Komponente A in großem Überschuss vorliegt. Die
flüssige Komponente A wird frei von B der Blasensäule am Boden mit einer Leerrohrgeschwindigkeit von 0,3 mm/s zugeführt. Die Gasleerrohrgeschwindigkeit beträgt 0,03 m/s.
Die Ergebnisse aus dem Laborreaktor sollen auf einen Technikumsreaktor (Maßstabsübertragungsfaktor 5: $D = 250$ mm, $H = 1$ m) sowie auf den großtechnischen Apparat
(Maßstabsübertragungsfaktor 25: $D = 1,25$ m, $H_f = 10$ m) hochgerechnet werden. Als
Scale-up Regeln sollen die Flüssigphasenverweilzeit sowie die Gasleerrohrgeschwindigkeit in allen Maßstäben konstant gehalten werden.

a) Berechnen Sie den höhenabhängigen Verlauf der Konzentration von B in der flüssigen
    Phase für alle drei Reaktorgrößen. Für eine einheitliche Darstellung beziehen Sie dazu
    die Koordinate z auf die jeweilige Apparatehöhe.
b) Ermitteln Sie die jeweilige mittlere Konzentration an B in der flüssigen Phase.
c) Bestimmen Sie die pro Stunde produzierte Masse an Produkt und die Raum-Zeit-
    Ausbeute (Gl. (Lb 19.26))
    in den verschiedenen Maßstäben.
d) Bestimmen Sie die Umsätze von A und B.
e) Ziehen Sie Schlussfolgerungen aus den verschiedenen Ergebnissen.

Gegeben:

Dichte der organischen Komponente	$\rho_A = 750\,\text{kg/m}^3$
Gasdichte bei Reaktionsbedingungen	$\rho_B = 11{,}5\,\text{kg/m}^3$
Dynamische Flüssigkeitsviskosität	$\eta_f = 1\,\text{mPa}\cdot\text{s}$
Oberflächenspannung	$\sigma = 0{,}03\,\text{N/m}$
Diffusionskoeffizient	$D_{\text{Bf}} = 8\cdot10^{-9}\,\text{m}^2/\text{s}$
Molekulargewicht A	$\tilde{M}_A = 42\,\text{g/mol}$
Molekulargewicht B	$\tilde{M}_B = 28\,\text{g/mol}$
Reaktionsgeschwindigkeitskonstante	$k_1 = 0{,}01\,\text{1/s}$

Annahmen:

1. Es handelt sich um ein eindimensionales, stationäres Problem, die Konzentration c_B hängt nur von der Höhe z ab.
2. Vereinfachend kann mit einer mittleren Sättigungskonzentration von B in der Flüssigphase c_B^* über der gesamten Reaktorhöhe von $11{,}5\,\text{mol/m}^3$ in allen Maßstäben gerechnet werden.
3. Für die Gasphase gilt das ideale Gasgesetz.
4. Dispersionskoeffizient, Gasgehalt und spezifischer Stoffübergangskoeffizient können mit den Beziehungen (Lb 19.5), (Lb 19.9) und (Lb 19.12) berechnet werden.
5. Die Lösung der differenziellen Massenbilanz kann aus Aufgabe 19.9 übernommen werden.

Lösung

Lösungsansatz:
Es wird eine differenzielle Bilanz für die Komponente B in der flüssigen Phase aufgestellt und mit den zugehörigen Randbedingungen gelöst. Mittels des Konzentrationsverlaufs wird der Umsatz zum Produkt P ermittelt.

Lösungsweg:
a) Für die Berechnung des Konzentrationsverlaufs des Sauerstoffs über der Höhe wird ein Höhenabschnitt der Blasensäule mit der Höhe Δz als Bilanzvolumen betrachtet (s. Aufgabe 19.9). Im stationären Fall ergibt sich:

$$
\frac{dN_B}{dt} = 0
$$

$$
= \dot{N}_{B_{\text{konv}}}(z) - \dot{N}_{B_{\text{konv}}}(z + \Delta z) + \dot{N}_{B_{\text{disp}}}(z) - \dot{N}_{B_{\text{disp}}}(z + \Delta z) + \dot{N}_{B_{S\ddot{U}}} - \dot{N}_{B_{\text{Reak}}}
$$

$$
\rightarrow \quad v_f A\left[c_B(z) - c_B(z + \Delta z)\right] + D_{ax} A\left(1 - \varepsilon_g\right)\left(\left.\frac{dc_B}{dz}\right|_z - \left.\frac{dc_B}{dz}\right|_{z+\Delta z}\right)
$$

$$
+ \beta_f a A \Delta z \left[c_B^* - c_B(z)\right] - k_1 c_B(z) A \Delta z \left(1 - \varepsilon_g\right) = 0. \tag{19.123}
$$

Nach Division durch das Volumen des Bilanzelements $A \cdot \Delta z$ und dem Übergang $\Delta z \to 0$ folgt:

$$\frac{d^2 c_B(z)}{d z^2} - \frac{v_f}{D_{ax}(1-\varepsilon_g)}\frac{dc_B(z)}{dz} - \frac{\beta_f a}{D_{ax}(1-\varepsilon_g)}c_B(z) - \frac{k_1}{D_{ax}}c_B(z)$$

$$+ \frac{\beta_f a c_B^*}{D_{ax}(1-\varepsilon_g)} = 0$$

$$\to \quad \frac{d^2 c_B(z)}{d z^2} - \underbrace{\frac{v_f}{D_{ax}(1-\varepsilon_g)}}_{a_1}\frac{dc_B(z)}{dz} - \underbrace{\left[\frac{1}{D_{ax}}\left(\frac{\beta_f a}{1-\varepsilon_g}+k_1\right)\right]}_{a_2}c_B(z)$$

$$+ \underbrace{\frac{\beta_f a c_B^*}{D_{ax}(1-\varepsilon_g)}}_{a_3} = 0. \tag{19.124}$$

Die Konstanten lassen sich bei Kenntnis der Dispersions- und volumenbezogenen Stoffübergangskoeffizienten sowie der Gasgehalte berechnen, die mit den in Annahme 4 angegebenen Gleichungen bestimmt werden können. Dazu muss die Flüssigkeitsleerrohrgeschwindigkeit für die verschiedenen Maßstäbe auf Basis der Daten des Labormaßstabs und der Maßstabsübertragungsregel gleicher Flüssigphasenverweilzeiten berechnet werden:

$$\tau = \frac{V_{fR}}{\dot{V}_f} = \frac{(1-\varepsilon_g)\, AH}{v_f A} = \frac{(1-\varepsilon_g)\, H}{v_f}$$

$$\to \quad v_f = v_{f_{\text{Lab}}}\frac{(1-\varepsilon_g)}{(1-\varepsilon_{g_{\text{Lab}}})}\frac{H}{H_{\text{Lab}}}. \tag{19.125}$$

Die sich damit ergebende Werte enthält Tab. 19.9. D_{ax} und $\beta_f a$ nehmen mit steigendem Apparatedurchmesser zu. ε_g bleibt dagegen konstant, da sich die Gasleerrohrgeschwindigkeit nicht ändert und der Apparatedurchmesser keinen Einfluss auf den Gasgehalt ausübt.

Um zu einer homogenen Differenzialgleichung 2. Ordnung zu kommen, wird folgende Substitution vorgenommen:

$$\xi = a_2 c_B(z) - a_3. \tag{19.126}$$

Hieraus ergeben sich die Ableitungen:

$$\frac{d\xi}{dz} = a_2\frac{dc_B(z)}{dz} \quad \text{und} \quad \frac{d^2\xi}{dz^2} = a_2\frac{d^2 c_B(z)}{dz^2}. \tag{19.127}$$

Eingesetzt in Gl. (19.124) resultiert die homogene Differenzialgleichung 2. Ordnung:

$$\frac{d^2\xi}{dz^2} - a_1\frac{d\xi}{dz} - a_2\xi = 0. \tag{19.128}$$

Tab. 19.9 Berechnete Dispersionskoeffizienten, Gasgehalte und volumenbezogene Stoffübergangskoeffizienten sowie verschiedene Konstanten für die drei unterschiedlich großen Blasensäulenreaktoren

D [m]	v_f [mm/s]	D_{ax} [m²/s] Gl. (Lb 19.5)	ε_g [–] Gl. (Lb 19.9)	$\beta_f a$ [1/s] Gl. (Lb 19.12)	a_1 [1/m]	a_2 [1/m²]	a_3 [mol/m⁵]	λ_1 [1/m]	λ_2 [1/m]	C_1 [mol/m⁵]	C_2 [mol/m⁵]
0,05	0,3	$4{,}48 \cdot 10^{-3}$	0,076	$4{,}28 \cdot 10^{-2}$	0,0725	32,7	119	5,75	−5,68	$-1{,}54 \cdot 10^{-2}$	−1,51
0,25	1,5	$3{,}834 \cdot 10^{-2}$	0,076	$5{,}63 \cdot 10^{-2}$	0,0424	4,20	18,3	2,07	−2,03	$-1{,}01 \cdot 10^{-4}$	−0,374
1,25	7,5	0,327	0,076	$7{,}40 \cdot 10^{-2}$	0,0248	0,550	2,81	0,754	−0,729	$-3{,}23 \cdot 10^{-8}$	−0,0925

Gemäß Hinweis lauten die Koeffizienten der Lösung (Gl. (19.83))

$$\xi(z) = C_1 \exp(\lambda_1 z) + C_2 \exp(\lambda_2 z). \tag{19.129}$$

dann gemäß Gl. (19.84):

$$\lambda_{1,2} = \frac{a_1}{2} \pm \sqrt{\frac{a_1^2}{4} + a_2}. \tag{19.130}$$

Die Konstanten λ_1 und λ_2 für die drei Reaktoren zeigt Tab. 19.9.

Die Integrationskonstanten ergeben sich aus den beiden Randbedingungen (Gln. (Lb 19.35) und (Lb 19.36)):

1. RB: bei $z = 0$ (Flüssigkeitseintritt):

$$c_B(z = 0) = c_{B\alpha} + \frac{D_{ax}\left(1 - \varepsilon_g\right)}{v_f} \frac{dc_B}{dz}\bigg|_{z=0}$$

$$\rightarrow \quad \xi(z = 0) = \frac{1}{a_1} \frac{d\xi}{dz}\bigg|_{z=0} - a_3 \tag{19.131}$$

2. RB: bei $z = H$ (Flüssigkeitsaustritt):

$$\frac{dc_B}{dz}\bigg|_{z=H} = 0 \quad \rightarrow \quad \frac{d\xi}{dz}\bigg|_{z=H} = 0. \tag{19.132}$$

Diese Randbedingung führt zu:

$$\frac{d\xi}{dz}\bigg|_{z=H} = C_1 \lambda_1 \exp(\lambda_1 H) + C_2 \lambda_2 \exp(\lambda_2 H) = 0$$

$$\rightarrow \quad C_1 = -C_2 \frac{\lambda_2 \exp(\lambda_2 H)}{\lambda_1 \exp(\lambda_1 H)}. \tag{19.133}$$

Aus der 1. Randbedingung folgt:

$$\xi(z = 0) = C_1 + C_2 = \frac{1}{a_1}(C_1 \lambda_1 + C_2 \lambda_2) - a_3$$

$$\rightarrow \quad C_1\left(1 - \frac{\lambda_1}{a_1}\right) + C_2\left(1 - \frac{\lambda_2}{a_1}\right) = -a_3. \tag{19.134}$$

Daraus folgt für die Konstanten C_2

$$C_2 = \frac{-a_3}{\left(1 - \frac{\lambda_2}{a_1}\right) - \left(1 - \frac{\lambda_1}{a_1}\right)\frac{\lambda_2 \exp(\lambda_2 H)}{\lambda_1 \exp(\lambda_1 H)}} \tag{19.135}$$

und C_1:

$$C_1 = \frac{a_3 \frac{\lambda_2 \exp(\lambda_2 H)}{\lambda_1 \exp(\lambda_1 H)}}{\left(1 - \frac{\lambda_2}{a_1}\right) - \left(1 - \frac{\lambda_1}{a_1}\right)\frac{\lambda_2 \exp(\lambda_2 H)}{\lambda_1 \exp(\lambda_1 H)}}. \tag{19.136}$$

Abb. 19.8 Abhängigkeit der Konzentration der in der flüssigen Phase gelösten Komponente A von der dimensionslosen Höhe in den drei unterschiedlich großen Reaktoren

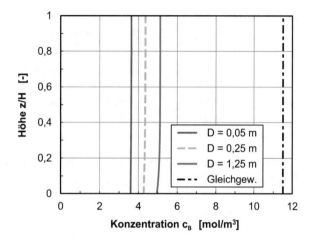

Die aus diesen Gleichungen resultierenden Konstanten C_1 und C_2 sind Tab. 19.9 für die drei Maßstäbe aufgelistet. Nach Rücksubstitution ergibt sich damit der Konzentrationsverlauf der Komponente A in der flüssigen Phase gemäß:

$$c_B(z) = \frac{\xi + a_3}{a_2} \quad \rightarrow \quad c_B(z) = \frac{C_1}{a_2} \exp(\lambda_1 z) + \frac{C_2}{a_2} \exp(\lambda_2 z) + \frac{a_3}{a_2}. \qquad (19.137)$$

Der daraus resultierende Konzentrationsverlauf der Komponente A in der flüssigen Phase über der dimensionslosen Höhe ist in Abb. 19.8 für die verschiedenen Reaktorgrößen dargestellt. Der mit steigender Apparategröße zunehmende Stoffübergang bewirkt eine Vergrößerung der Konzentration der Komponente B in der Flüssigkeit, die wiederum gemäß der Reaktionskinetik zu einer leicht erhöhten volumenspezifischen Produktivität des Reaktors führt.

b) Die mittlere Konzentration $\overline{c}_B$ ergibt sich aus der Integration von $c_B(z)$ über der Höhe:

$$\overline{c}_B = \frac{1}{H} \int_0^H c_A(z)\,dz$$

$$\rightarrow \quad \overline{c}_B = \frac{1}{H} \int_0^H \left(\frac{C_1}{a_2} \exp(\lambda_1 z) + \frac{C_2}{a_2} \exp(\lambda_2 z) + \frac{a_3}{a_2} \right) dz$$

$$\rightarrow \quad \overline{c}_B = \frac{1}{H} \left\{ \frac{C_1}{a_2 \lambda_1} [\exp(\lambda_1 H) - 1] + \frac{C_2}{a_2 \lambda_2} [\exp(\lambda_2 H) - 1] + \frac{a_3}{a_2} H \right\}. \qquad (19.138)$$

Die berechneten Ergebnisse werden in Tab. 19.10 aufgelistet.

Tab. 19.10 Mittlere Konzentrationen an B in der Flüssigphase, produzierte Produktmassen pro Stunde sowie Raum-Zeit-Ausbeuten für die unterschiedlich großen Blasensäulenreaktoren

D	$\overline{c}_B$	$\dot{M}_P$	RZA	X_A	X_B
[m]	[mol/m³]	[kg/h]	[kg/(m³h)]	[%]	[%]
0,05	3,62	0,0662	84,3	2,50	0,730
0,25	4,33	9,90	101	2,99	4,37
1,25	5,09	1455	119	3,51	25,7

c) Das gebildete Produkt berechnet sich nach dem Verbrauch der Komponente B über der Höhe. Aus dieser Überlegung folgt die differenzielle Bilanz:

$$\dot{N}_P = -\dot{N}_{B_{\text{Reak}}}$$

$$\rightarrow \quad \dot{N}_P = \int\limits_0^H k_1 c_B(z)\left(1 - \varepsilon_g\right) A \, dz = k_1 \left(1 - \varepsilon_g\right) A \int\limits_0^H c_B(z) dz$$

$$= k_1 \left(1 - \varepsilon_g\right) \frac{\pi}{4} D^2 H \overline{c}_B. \tag{19.139}$$

Der produzierte Massenstrom ergibt sich aus dem Molekulargewicht des Produkts, dass gemäß Reaktionsgleichung gleich der Summe der Molekulargewichte der Komponenten A und B ist:

$$\dot{M}_P = \dot{N}_P (\tilde{M}_A + \tilde{M}_{O_2}). \tag{19.140}$$

Die Ergebnisse der drei Reaktoren werden zusammen mit der daraus resultierenden Raum-Zeit-Ausbeute (Gl. (Lb 19.26))

$$RZA \equiv \frac{\dot{M}_P}{V_{\text{ges}}} \tag{19.141}$$

in Tab. 19.10 aufgeführt.

d) Für die Umsätze von A und B gilt:

$$X_A = \frac{\dot{N}_P}{\dot{N}_{A_\alpha}} \quad \text{bzw.} \quad X_B = \frac{\dot{N}_P}{\dot{N}_{B_\alpha}}. \tag{19.142}$$

Die eintretenden Molenströme der beiden Komponenten ergeben sich gemäß:

$$\dot{N}_{A_\alpha} = \frac{v_f \frac{\pi}{4} D^2 \rho_f}{\tilde{M}_A} \quad \text{bzw.} \quad \dot{N}_{B_\alpha} = \frac{v_g \frac{\pi}{4} D^2 \rho_g}{\tilde{M}_B}. \tag{19.143}$$

Die entsprechenden Umsätze für A und B sind Tab. 19.10 aufgelistet.

e) Die Ergebnisse zeigen, dass die Prozessparameter Dispersionskoeffizient und volumenbezogener Stoffübergangskoeffizient bei den gewählten Maßstabsübertragungsregeln mit der Reaktorgröße ansteigen. Die Konzentrationsverläufe illustrieren, dass in allen Maßstäben eine fast vollständige Vermischung vorliegt. Die steigenden volumenbezogenen Stoffübergangskoeffizienten führen zu höheren Konzentrationen von B in der flüssigen Phase, die wiederum aufgrund der angenommenen Kinetik erhöhte Produktbildungsraten bewirken, wie die Raum-Zeit-Ausbeuten verdeutlichen. Der stark ansteigende Umsatz an B zeigt, dass eine konstante Gasleerrohrgeschwindigkeit keine zuverlässige Scale-up Regel darstellt. Üblicherweise wird bei der Maßstabsübertragung das Verhältnis $\dot{V}_g / V_f$ gleich gehalten, da die benötigte Menge des gasförmigen Reaktionspartners proportional zur Menge der flüssigen Komponente im Reaktor ist. Im vorliegenden Fall ist dies nicht bedeutsam, da der flüssige Reaktionspartner im großen Überschuss vorliegt und dessen Konzentration sich im Reaktionsvolumen praktisch nicht ändert.

Literatur

1. Akita K, Yoshida F (1973) Gas holdup and volumetric mass transfer coefficient in bubble columns. Ind Eng Chem Proc Des Dev 12:76–80
2. Akita K, Yoshida F (1974) Bubble Size Interfacial Area and Liquid Phase Mass Transfer-Coefficient in Bubble Columns. Ind Eng Chem Proc Des Dev 13:517–523
3. Deckwer WD (1985) Reaktionstechnik in Blasensäulenreaktoren. Sauerländer, Aarau
4. Kirchhoff B (1990) Ermittlung der Beschreibungsparameter zur Modellierung von zweiphasig betriebenen Blasensäulen. Diplomarbeit Univ Dortmund
5. Quicker G, Deckwer WD (1981) Gasgehalt und Phasengrenzfläche in begasten Kohlenwasserstoffen. Chem Ing Tech 53:474–475
6. Schumpe A (1981) Die chemische Bestimmung von Phasengrenzflächen in Blasensäulen bei uneinheitlichen Blasengrössen. Dissertation Univ Hannover
7. Zehner P, Schuch G (1984) Konzept zur Beschreibung der Vermischung der Gasphase in Blasensäulen. Chem Ing Tech 56:934–935

Printed in the United States
By Bookmasters